中国科学技术协会　主编

中国稀土学科史

中国学科史研究报告系列

中国稀土学会　编著

中国科学技术出版社
·北　京·

图书在版编目（CIP）数据

中国稀土学科史 / 中国科学技术协会主编；中国稀
土学会编著 . -- 北京：中国科学技术出版社，2025.5
　（中国学科史研究报告系列）
ISBN 978-7-5046-8902-3

Ⅰ.①中… Ⅱ.①中… ②中… Ⅲ.①稀土金属—有
色金属冶金—技术史—中国 Ⅳ.①TF845-092

中国版本图书馆 CIP 数据核字 (2020) 第 220675 号

策　　划	秦德继	
责任编辑	高立波	
封面设计	李学维	
装帧设计	中文天地	
责任校对	焦　宁	
责任印制	徐　飞	

出　　版	中国科学技术出版社
发　　行	中国科学技术出版社有限公司
地　　址	北京市海淀区中关村南大街 16 号
邮　　编	100081
发行电话	010-62173865
传　　真	010-62173081
网　　址	http://www.cspbooks.com.cn

开　　本	787mm×1092mm　1/16
字　　数	520 千字
印　　张	21.25
版　　次	2025 年 5 月第 1 版
印　　次	2025 年 5 月第 1 次印刷
印　　刷	河北鑫玉鸿程印刷有限公司
书　　号	ISBN 978-7-5046-8902-3 / TF·29
定　　价	138.00 元

序

　　学科史研究是科学技术史研究的一个重要领域，研究学科史会让我们对科学技术发展的认识更加深入。著名的科学史家乔治·萨顿曾经说过，科学技术史研究兼有科学与人文相互交叉、相互渗透的性质，可以在科学与人文之间起到重要的桥梁作用。尽管学科史研究有别于科学研究，但它对科学研究的裨益却是显而易见的。

　　通过学科史研究，不仅可以全面了解自然科学学科发展的历史进程，增强对学科的性质、历史定位、社会文化价值以及作用模式的认识，了解其发展规律或趋势，而且对于科技工作者开拓科研视野、增强创新能力、把握学科发展趋势、建设创新文化都有着十分重要的意义。同时，也将为从整体上拓展我国学科史研究的格局，进一步建立健全我国的现代科学技术制度提供全方位的历史参考依据。

　　中国科协于2008年首批启动了学科史研究试点，开展了中国地质学学科史研究、中国通信学学科史研究、中国中西医结合学科史研究、中国化学学科史研究、中国力学学科史研究、中国地球物理学学科史研究、中国古生物学学科史研究、中国光学工程学学科史研究、中国海洋学学科史研究、中国图书馆学学科史研究、中国药学学科史研究和中国中医药学科史研究12个研究课题，分别由中国地质学会、中国通信学会、中国中西医结合学会与中华医学会、中国科学技术史学会、中国力学学会、中国地球物理学会、中国古生物学会、中国光学学会、中国海洋学会、中国图书馆学会、中国药学会和中华中医药学会承担。六年来，圆满完成了《中国地质学学科史》《中国通信学科史》《中国中西医结合学科史》《中国化学学科史》《中国力学学科史》《中国地球物理学学科史》《中国古生物学学科史》《中国光学工程学学科史》《中国海洋学学科史》

《中国图书馆学学科史》《中国药学学科史》和《中国中医药学学科史》12卷学科史的编撰工作。

上述学科史以考察本学科的确立和知识的发展进步为重点，同时研究本学科的发生、发展、变化及社会文化作用，与其他学科之间的关系，现代学科制度在社会、文化背景中发生、发展的过程。研究报告集中了有关史学家以及相关学科的一线专家学者的智慧，有较高的权威性和史料性，有助于科技工作者、有关决策部门领导和社会公众了解、把握这些学科的发展历史、演变过程、进展趋势以及成败得失。

研究科学史，学术团体具有很大的优势，这也是增强学会实力的重要方面。为此，我由衷地希望中国科协及其所属全国学会坚持不懈地开展学科史研究，持之以恒地出版学科史，充分发挥中国科协和全国学会在增强自主创新能力中的独特作用。

前　言

　　稀土由于其结构的特殊性而具有独特的光、电、磁等效应，成为国内外科学家最为关注的一组元素，被誉为"二十一世纪新材料的宝库"和"现代工业的维生素"。稀土对改造提升传统产业及发展新能源、新能源汽车、节能环保、高端装备、新一代信息技术、新材料、生物医疗等战略新兴产业起着不可替代的重要作用。发达国家已将稀土作为发展高新技术产业的关键元素和战略物资。

　　经过近七十年的努力，我国稀土学科发展取得了令人瞩目的成就，为我国稀土产业成长和稀土在高科技中应用提供了强有力的支撑。我国稀土已拥有四个世界第一，即资源、产量、出口量、消费量均居世界首位。除了资源以外，其余三个第一主要是依靠技术创新和稀土科学技术进步取得的重要进展。稀土已成为我国在国际上具有话语权和较大影响力的产业之一。

　　稀土学科是我国特色学科，对该学科在我国的生成、演化历史进行系统梳理和研究，《中国稀土学科史》以较翔实的史料对稀土学科做了介绍和描述。鉴于稀土学科具有相对独特的地位和影响，稀土学科发端、成长、日臻成熟的历程值得认真梳理和总结并从中获得启迪。

　　我们提出以下观点供分析讨论：

　　（1）稀土学科是一门多学科多领域交叉、渗透、融合、互动形成的学科，涉及物理学、化学、医学、生物学、矿物学、冶金学、地质学、材料学等多个学科，这些学科的基础研究和工程化技术进展，为稀土学科的发展演进提供了理论依据和应用借鉴。稀土应用还与电子、电器、电机、机械、仪器仪表、运输工具及航空、航天、舰船等专业息息相关。在材料类申请的专利中有相当多的新材料采用了稀土作为重要的基本组分，在各类基础研究和工程化技术研发中，大量研究课题也与稀土有关。

与"互联网＋效应"十分相似，稀土＋效应（现象）不但在高新技术产业和新产品中存在，也同样在涉及稀土的诸多其他学科中屡见不鲜，从而大大丰富了各相关学科研究的内涵和外延。

（2）同其他工程学科一样，稀土学科发端于西方发达国家但却植根于中国科技发展的沃土，因此跟踪—模仿—创新也是稀土学科发展的三部曲。由于国情、资源、投入等特定原因及国外专利技术的制约，我国稀土学科，尤其是地质选冶专业以较快的速度完成了跟跑进入并跑，进而在稀土地质、选矿、湿法冶金、火法冶金及环保治理、部分功能材料等工程学科进入领跑阶段。这里有国家重视和持续支持的因素，也有稀土企业对技术刚性需求的有效拉动，形成稀土科技开发与产业发展的良性互动。为此总结稀土学科的历史进程，探讨其发展特点、模式、本学科发展与相关学科的关联，与产业及经济、社会发展之间的影响，是十分必要的，也是回顾过去、展望未来的基础性工作。

（3）稀土学科的发展从起步阶段就得到各级政府的高度重视，特别是从20世纪五六十年代，集中优势力量开展的稀土地采选冶科技攻关会战开始，在不同历史时期摸索和总结了不同而有效的经验和模式，卓有成效地促进了稀土学科的发展，并加快了稀土科技成果转化为生产力的步伐。特别是进入21世纪后，随着国力增强和科技投入的增加，以及科技体制机制的深化改革，稀土学科已经并将会获得更好更快的发展，从而推动稀土全产业链的提升，为战略新兴产业和"中国制造2025"提供高性能、高性价比的基础材料。

通过对学科史的研究，可增强对稀土学科性质、历史定位、经济社会价值及发展模式的认识，其成功经验和失败教训也可为今后学科发展和政策制定提供参考和借鉴。

本书编写得到中国科协学会学术部的支持和指导，刘兴平部长参加了学科史编写开题会，就编撰工作思路和内容、工作进度提出了要求。中国科学技术出版社衔接和安排了修改、校审、出版的相关工作，在此表示衷心感谢。《中国稀土学科史》的编写，得到了有关高等院校、科研院所、稀土企业和管理部门以及稀土专家学者的大力支持和热心参与，尤其令人感动的是王夔、倪嘉缵两位老先生亲自动笔撰写有关章节。国内各高校科研院所及稀土企业、有关学会以及王彩凤、丁嘉榆同志等为本书的编写提供了有重要参考价值的历史资料和照片，在此一并致以诚挚的谢意。

2016年9月2日召开了该书编写开题会，经讨论初步制订了编写大纲，提出了编写规范要求，明确了各章节承担单位和作者及编写进度；在初稿形成之后又两次召开会议讨论和修改，并就普遍存在的问题和进一步修改建议通知各位作者；2018年4月22召开了审读会，对已形成的审读稿进行评议讨论，提出了修改补充意见，经再次修改后形成书稿交出版社。

本书各章作者如下：

第1章：张洪杰、廖伍平、唐金魁；第2章：窦学宏、李星国、孙菊英、王凤娥、闫宏伟、李振民、韩晓英；第3章：廖春发；第4章：闫宏伟；第5章：倪嘉缵、王夔、李永绣、覃波、尤洪鹏、吕伟、郝茜、肖吉昌、陈跃峰、龙腊生、王炳武、唐金魁、程鹏、张杰鹏、刘家成、唐瑜、杜若冰；第6章：叶祖光、丁嘉榆、杨占峰、杨主明、高海洲、李永绣、袁长林、罗丽萍、池汝安、张鉴、陈炳炎、陈丽萍、廖伍平、廖春生、马莹、梁行方、于雅樵、刘玉宝；第7章：陈希颖、卢先利、胡家聪、关成君、邱鑫、孟健、孟繁智；第8章：胡伯平、朱明刚、黄焦宏、张志辉、江丽萍、蒋利军、苑慧萍、闫慧忠、吴健民、李成宇、孙聆东、陈耀强、杨向光、田辉平、胡丽丽、潘裕柏、曹学强、薛冬峰、孙丛婷、涂朝阳、窦宁、徐怡庄、刘建钢、庞然、古宏伟、孙良成、刘小鱼；第9章：张安文、肖方明、陈占恒；第10章：李永绣、吴健民、孟庆江、王立民、王春笋、闫宏伟、李丹；大事记主要参考了《中国稀土发展纪实》，各单位补充内容后由闫宏伟负责汇总；院士简介主要参考了中国科学院和中国工程院网站内容。

为本书提供资料和参与讨论的有：刘文华、刘英、刘鹏宇、邓杰、周芳、邓善芝、张臻悦、张伯明、孙伟、牛晓东、田政、杨强、管凯、李柏顺、欧阳柳章、林振、林君、孙聆东、梁飞、徐华光、邱红、翁泽安、任国浩、徐兰兰、王静、陈俊、郑德、郝超伟、来国桥、张镇。

本书经过多次补充修改后，由叶祖光对第6章，马志鸿、马莹对第

7 章、第 8 章，张安文对其余各章进行了统稿。全书由张安文对各章节重复部分和文字做了处理。

石杰、李平及中国稀土学会秘书组负责与各位作者联系、资料搜集和打印、各次会议和讨论的组织工作和其他相关编写工作。

由于稀土学科涉及相关学科多，参与本书编写的作者也较多，加之涉及某些单位和某些时间段的史料搜集困难，因此本书在写作风格的一致性和史实的完整性、准确性，以及专业方向的全覆盖等尚有很多不足，期盼读者和业内专家批评指正。

中国稀土学会

2018 年 12 月 8 日

目　　录

第1章 绪论

1.1 学科概括及特点

中国是世界公认的稀土大国，中国稀土产业在世界上占有资源、产量、出口量和消费量四个第一。稀土产业的发展有力地推动了稀土学科的建设和发展，学科建设投入持续增长，学科队伍不断壮大，学科平台更加完善，国际合作与交流也日益紧密，特别是进入21世纪以来，稀土学科的发展更是迎来了前所未有的机遇。

目前，稀土学科呈现多重发展的趋势，一些基础研究应用化趋势明显，基础研究与应用研究的界限日益模糊，基础研究成果转化周期缩短，科学与技术的结合和相互作用、相互转换更加迅速，稀土学科取得了显著进步，特别是在稀土功能材料方面，通过对不同种类材料性质的探索和产品开发，解决了我国战略性新兴产业发展中遇到的现实难题。总体来说，稀土学科的发展呈现以下几个特点。

1）基础研究的若干重要前沿领域已具有深厚的积累，在应用方面也孕育着新突破。如在稀土催化作用的理论方面，研究了表面和体相氧的活化、氧空穴的形成和迁移、CeO_2 与负载金属之间的相互作用机制、小分子反应物（CO、O_2、NO_x）的吸附和反应路径等，有望进一步提升和开发高性能的稀土复合催化材料的理论基础；在稀土发光材料的基础研究方面，针对稀土功能材料的结构复杂多变、合成控制难等问题，充分利用纳米材料表界面相对于体相材料的高活性、易于受配位作用影响和调变的特点，发展了基于配位化学作用准确控制功能纳米晶结构、性质和组装的方法。

2）部分基础研究致力于原始创新。稀土学科基础研究发展势头良好，相当一部分新兴、热点方向与国际同步发展。特别是随着材料工程技术的迅猛发展，材料不仅在种类上得到拓展，而且在包括光、声、电、磁、超导、高塑以及超强、超硬、耐高温等性能上获得了极大发展和深度发掘。如在稀土储氢材料基础研究方面取得了较大进展，开展基于固体与分子经验电子理论（EET）、密度泛函理论的第一性原理的研究；支持向量回归（SVR）与粒子群优化算法结合构建数学模型，各种元素组分对合金电化学特性的影响研究；应用PCI模型模拟研究合金的氢化/脱氢动力学；通过高分辨同步加速器粉末X射线和中子衍射研究合金及其氢化物/氘化物。

3）应用研究稳步发展，与国计民生相关的学科方向得到大力发展，科学技术应用转化的速度不断加快，造就新的追赶和跨越的机会。如稀土学科发展的基本方向之一是稀土冶金，主要研究从稀土矿物原料到稀土化合物及金属材料整个过程中的化学与分离提纯的科学技术问题。近年来，稀土资源过度开采和环境污染等影响稀土行业可持续发展的问题引起了政府的极大重视，稀土绿色分离化学研究与冶炼分离工业应用技术开发得到了更大的关注和支持。

稀土学科平台建设更加完善，硬件设施和软环境都得到了加强和改善。国家重点实验室、国家工程研究中心等成为学科发展的良好平台，稀土学科队伍规模不断壮大，学科队伍结构不断优化。据初步统计，我国从事稀土开发应用及相关研究的科技工作者中有 50 多位是中国科学院院士和中国工程院院士。目前稀土学科队伍已经形成老、中、青科研人员的人才梯队，举荐人才的力度也在不断增强，青年学术带头人数量迅速增长。科技人才跨国流动的速度与规模继续保持增长态势，国家重点创新项目、重点实验室、企业技术中心等重视智力引进，重点支持了一批海外高层次人才回国创新创业。稀土学科与世界科学的快速融合，拓展了学科发展的国际视野，更好地服务了教育、科技、经济和社会的发展。

稀土学科在经历数十年的历史沉淀和时间检验后，其发展方向将更加明确，今后要更加注重瞄准科技前沿研究和国家重大战略需求，继续强化学科基础，把握学科发展方向，支撑战略新兴产业发展，努力突破学科发展瓶颈，强化自主创新后劲。

1.2　学科发展的演化进程

早期的稀土研究主要集中在单一稀土分离上，直到 1947 年，使用离子交换解决了单一稀土分离难题后，对稀土的深入研究才真正开展起来。我国稀土研究晚于美国等发达国家。1954年，我国借鉴国外相关资料建立了第一个独居石处理车间，随后开展了分级结晶、铈的氧化、离子交换分离单一稀土等研究。到 1958 年，完成了采用 EDTA 淋洗分离 15 个单一稀土的制备工作，后续相继又开展了稀土络合物化学、稀土水盐相图、稀土熔盐化学、稀土分析化学及稀土萃取化学研究。20 世纪 60 年代后期，不同的萃取剂被合成出来，萃取剂结构与萃取性能之间的关系也得到深入研究，一些轻稀土的生产也采用了萃取分离工艺。在此基础上，稀土研究从溶液化学逐渐发展到稀土化合物制备及性质研究，如对稀土氧化物、硫化物、硼化物等的研究，有关稀土的结构理论和固体化学研究也得到相应发展。最初，结合稀土分离、分析的需要进行了稀土络合物研究，进入 70 年代后，稀土研究发展为稀土在定向聚合、催化剂以及发光、激光及磁性材料等领域的应用研究。在继续发展稀土萃取化学的基础上，突出了稀土配位化学、稀土固体化学、稀土生物无机化学的研究，进一步扩大了稀土应用领域研究。同时，新兴稀土工业及新材料的生产需要，稀土分析化学也逐步从经典分析方法发展到应用各种现代仪器的分析方法。

同样，我国稀土产业的创业史也是稀土科学技术的发展进步史。我国稀土资源不但储量丰富，而且品种齐全，主要有混合型稀土矿、离子型稀土矿、氟碳铈镧矿、独居石、磷钇矿等。我国稀土冶炼技术研发主要依靠自主研究，经过学术界和产业界 60 年的共同努力，我国已实现从稀土资源大国到生产大国的跨越。

近 30 年来稀土研究迅猛发展，随着稀土元素特殊性质的不断认识和发现，20 世纪 70—90 年代，每隔 3～5 年，就会找到稀土的一种新用途，特别是它们的光学、磁学性质已广泛应用在当今新材料、新技术领域。稀土学科已经与多学科交叉融合和渗透，涵盖了物理、化学、生物、航天、农业、机电、电子、医学等领域，成为提高我国自主创新能力和国际核心竞争力不可缺少的一支主力军。

1.3　学科发展的主要影响因素

学科是一种范式，随着科学技术的发展，范式也会发生变化。重大科学问题和社会需求的出现会重新条理化学科知识，学科也会因为人类对自然社会认识的加深而发展。因此，学科发展与国家需求、社会发展、实际生产生活同呼吸共命运。影响学科发展的因素有很多方面，但主要集中在以下几点。

1）服务国家重大需求和政策导向是学科发展的主导因素。学科发展的动力源于学科本身不断发展和深入的内在驱动，以及经济社会快速进步与发展的社会需求。要发挥科技创新在全面创新中的引领作用，推动战略前沿领域创新突破，为经济社会发展提供持久动力。国家"十三五"规划对科技创新进行了战略部署，对加快学科发展具有重要意义。

2）资源与环境问题是制约稀土学科发展的重大因素，提高稀土资源综合利用率、减少环境污染仍是我国稀土产业未来发展的永恒目标。稀土冶炼学科的重点将在稀土资源高效清洁冶炼分离技术的研发，注重从源头和过程减少消耗和"三废"排放以及化工原料和水资源的循环利用，实现污染物近零排放。十多年来，国内的原创性技术如模糊萃取/联动萃取新工艺，非皂化或镁（钙）皂化清洁萃取分离技术，氟碳铈矿稀土，钍、氟综合回收绿色清洁流程等不仅保证了我国稀土分离技术在世界上的领先地位，而且促进了稀土学科的发展。

3）人才为本，人才资源是第一资源。规模宏大的创新型科技人才队伍为学科建设提供强大的人才保障和智力支持。构建与国际接轨、具有中国特色、符合市场经济规律的科技人才制度体系，培养造就勇于创新的学科队伍，调整和优化人才布局，形成人才衔接有序、梯次配备的结构，完善人才培养模式，将极大地保障稀土学科的发展。

4）学术共同体的建设和加强。学科发展、学科基础研究、科学前沿的重大突破、重大原创性科研成果的产生，往往都离不开学术共同体的发展，包括国家重点实验室、国家工程研究中心、企业国家重点实验室和企业技术中心、技术创新联盟培育基地、学科社团、学科协会以及民间组织等。学术共同体的建设不仅提供了雄厚的物质保障、良好的学术环境，而且突显了学科文化培育的主导性，通过多种形式和途径将学科精髓渗透到教育教学、科研、产业、管理及社会服务中。

5）提升科技研发开放与合作也是影响学科发展的主要因素。以全球视野搭建合作创新平台，营造开放创新环境，将向学科中注入强大动力。加强国际、国内科学研究机构之间的学术交流关系，开展广泛、深入的合作研究，将有力地促进学科发展。

1.4　学科演化的过程

稀土学科从早期稀土元素的发现，单一稀土元素的分离到近现代稀土的开发利用，其演化过程不仅是丰富的知识和学科传统的增进与发展，也是学术共同体、学科的社会文化价值以及学科和知识的发展与社会之间的影响和互动。稀土学科演化的判据及规律主要表现在以下方面。

首先，与其他技术交叉融汇，学科交叉促进产生新方向。学科的发展越来越呈现多技术相互交叉、相互渗透、高度综合以及系统化、整体化的发展态势，在促进传统学科发展的同时，产生新研究方向，孕育出新兴产业。譬如，稀土上转换纳米发光材料、稀土有机和络合物荧光材料在太阳能的利用、生物成像、探测和传感器等领域中获得广泛应用；稀土发光材料在信息显示、照明工程、光电子等产业中的应用。

其次，学科分支必须协调发展。既要支持基础性学科分支，对当前没有明确应用目标却具有长远发展战略意义的学科分支前瞻部署，也要针对产业技术的学科分支，整个产业链均衡发展，促进产学研用一条龙的产业发展模式。譬如，稀土材料研究取得的重大进展，促使稀土固体化学向高层次的发展；稀土在低合金钢、特殊合金钢中的应用，把稀土的资源优势转化为钢材的品种优势，具有重大的经济价值。

再次，科学社会化日趋深入，科学活动转变为"大科学"。例如，稀土发光透明陶瓷产业是高技术含量、高附加值稀土应用产业的代表，发光透明陶瓷既是当前国内外瞩目的先进材料，也是今后高新材料的发展方向之一；多功能稀土高分子助剂，不仅有利于解决中国高丰度轻稀土积压难题，而且也为纺织、建筑、汽车、家电、电子、医疗、船舶、运输、航天航空、军工等相关行业提供新产品和技术支撑，促进具有中国特色稀土化工新产业链的形成。

最后，科技成果转化多姿多彩。科技成果转化需要科技界、经济界共同参与，也需要科技政策、经济政策的协调配套。应鼓励共建开发平台和建立民间非营利技术服务平台等，不仅解决科技成果转化"最先一公里"的资金问题，而且保证产业化"最后一公里"的资金支持。

稀土学科史从整体上把握学科的演进线索与学科制度的产生和过程发展，以学科知识传统的建立、重建以及认同为枢纽，展示学科知识的发展以及学术共同体的发展历程，完成学科的成长以及学科社会－文化价值的实现过程，并且将稀土学科史置于我国特定的社会、文化环境中，厘清稀土史上的重大突破与学科的运作方式之间的联系，理顺稀土学科分支发展的逻辑关系与历史关系，准确有据地把握稀土学科的现状与发展趋势。

第2章 中国稀土学科的创立和发展

2.1 近代稀土学科的孕育

2.1.1 稀土元素的发现

"稀土"意思是"稀少的土",但其由来是个历史误会,因为稀土并不稀少,而且也不是"土"。17种稀土元素都是典型金属,在地壳中含量并不低,其元素总丰度比常见金属锌高3倍,比铅高9倍,比金高30000倍。17种稀土元素彼此化学性质相似,常常在矿物中共生,难以用简单的化学方法将它们分离。

稀土元素(Rare Earth Element)从18世纪末被陆续发现,当时人们常把不溶于水的固体氧化物称为"土"。由于稀土最初是以氧化物形态分离出来,又认为很稀少,因而得名为稀土(Rare Earth,简写RE或R)。从1794年芬兰化学家加多林(J.Gadolin)发现钇,到1947年美国人马林斯基(J.A.Marinsky)等发现钷,17种稀土元素的发现历时153年。其中除钷外,其余稀土元素都是由欧洲的矿物学家、化学家和冶金学家所发现。

1788年,瑞典人卡尔·阿雷尼乌斯(Karl Arrhenius)在斯德哥尔摩附近的伊特必(Ytterby)小镇上发现一块特殊的黑色矿石,命名为伊特必矿。

1794年,芬兰化学家加多林分析了这种矿物,发现了一种新的土性氧化物。三年后(1797年),瑞典人爱克伯格(A.G.Ekeberg)证实并以发现地名给这种新物质命名为"钇土"(Yttria),至此发现了元素钇(Yttrium)。

1803年,德国化学家克拉普罗兹(M.H.Klaproth)和瑞典化学家贝采利乌斯(J.J. Berzelius)及希生格尔(W.Hisinger)分别同时从矿石(铈硅矿)中获得一种新的物质,称为"铈土"(Ceria),从而发现了元素"铈"(Cerium)。

1839年,在贝采利乌斯发现"铈"之后经过36年,瑞典化学家莫桑德尔(C.G. Mosander)发现了"镧",其命名源于希腊语"隐藏者"之意。

1841年,瑞典化学家莫桑德尔从"铈土"中发现了名为"迪迪姆"(Didymium,希腊语为"孪生"的意思)的物质,其实就是镨钕化合物。

1843年,发现铽和铒。莫桑德尔又发现最初的"钇土"并非是单一元素,从中分离出了钇(Y)、铽(Tb)和铒(Er)三种稀土元素。为了纪念"钇土"矿石发现地斯德哥尔摩伊特比小镇,莫桑德尔截取了字母Y(用于给钇命名)之后的两组字母分别把铽命名为Terbium,把铒命名为Erbium。

1885年,奥地利化学家韦尔斯巴克(C.F.Auer Von Welsbach)从"迪迪姆"中分离出两种新元素镨（Pr）和钕（Nd）。从发现"迪迪姆"到分离出单一的镨和钕元素，经历了整整44年。

1878年，钬（Ho）由瑞典化学家克利夫（Per Theodore Cleve）发现，为纪念自己的出生地斯德哥尔摩（Stockholm，古代拉丁语中为Holmia），将其中的一种新元素命名为Holmium。钬在汉字中是命名这个稀土元素的专用字。

1879年，又一个发现稀土元素的丰收年，分别发现了钪、钐和铥。瑞典化学家L. F. 尼尔森（L.F.Nilson）从硅铍钇矿中发现了钪，并根据尼尔森故乡斯堪的纳维亚把它定名为钪（Scandium），是门捷列耶夫周期表中预言的"类硼"。法国化学家勒科·波依斯包德朗（Boisbaudran）在"迪迪姆"中发现了新的稀土元素钐（Sm）。瑞典化学家克利夫（Per Theodore Cleve）从"铒土"中分离出铥（Tm），用斯堪的纳维亚的古代名称Thule命名为Thulium。

1880年，瑞士化学家琼·马利格纳克（Jean de Marignac）发现钆（Gd），为纪念第一个稀土元素钇的伟大发现者芬兰科学家加多林，将其命名为Gadolinium。

1886年发现镝。法国化学家L. 德·布瓦博德郎（Lecog de Boisbaudran）对氧化钬进行上千次重结晶，得到一种新的稀土元素，将其命名为镝（Dysprosium）。命名源自希腊文dysprosodos，意为"难以接近"或"难以得到"，表明稀土元素分离发现过程之艰难。

1901年，法国科学家德马克（Eugene A.Demarcay）从"钐"中发现了新元素铕（Eu），其名称Europium源于Europe（欧洲）一词。

1947年发现钷。美国橡树岭国立实验室的化学家J.A. 马林斯基（J.A. Marinsky）、L.E. 格伦丁宁（L.E. Glendenin）和C. 克里尔（C. Coryell），从原子能反应堆用过的铀燃料中用离子交换法成功地分离出一种新的化学元素，即元素周期表中的61号元素。随后以希腊神话中的英雄天神普罗米修斯（Prometheus）的名字将这种元素命名为钷（Promethium）。

从1794年发现钇到1947年发现钷，找到全部17种稀土元素跨越了三个世纪，前后经历了153年，足见科学家们发现全部17种稀土元素经历了异常艰难的历程。

2.1.2 白云鄂博稀土资源的发现

1927年7月3日，中瑞（典）西北科学考察团中的中国地质工作者丁道衡在途经包头白云鄂博时，首次发现白云鄂博矿主峰裸露的铁矿体，并采集岩矿标本。1933年，丁道衡在《地质汇报》第23期上发表了《绥远白云鄂博铁矿报告》，首次将白云鄂博矿公之于世，引起国内外地质矿业界的关注（图2-1）。

我国著名矿物学家、中央研究院地质研究所研究员何作霖（1899—1967）在北平对丁道衡采回的白云鄂博矿石进行研究，发现该矿含有两种稀土矿物，并于1935年在《中国地质学会会志》第14卷第2期上发表题为《绥远白云鄂博稀土类矿物的初步研究》的研究报告（英文），他以"白云矿"和"鄂博矿"对所发现的两种稀土矿物予以命名（图2-2）。后经验证，这两种矿物即是氟碳铈矿和独居石。

图 2-1　丁道衡（1898—1955）

1945年，北京大学理学院日籍职员富田达对黄春江调查队所送的白云鄂博岩矿标本进行了室内研究，证实"白云矿"和"鄂博矿"为铈矿物。据报告称，少量白云鄂博铁矿石曾在鞍山"昭和制钢所"进行试炼，效果良好。部分稀土矿样曾送日本京都帝大田久保和东京帝大黑田处进行了室内研究。

1946 年 8 月，台湾省地质工作者黄春江提交的《绥远百灵庙白云鄂博附近铁矿报告》，在《地质评论》第 11 号发表，认为该矿床不但规模宏大，而且含有"殊堪注目"的稀有元素矿物。

1947 年，中央地质调查所北平分所所长高平等 4 人踏勘了白云鄂博矿区，并在北平对采集的岩矿标本进行室内研究。高平在《地质评论》第 13 卷第 3 ~ 4 合期上发

图 2-2　何作霖（1899—1967）

表了《内蒙古草原地质》的报告，对白云鄂博矿中铁和稀土元素矿产资源的发现进行了评价。

中华人民共和国成立前，由于常年战乱，白云鄂博稀土资源未得到开发，稀土元素的少量应用也依靠进口。

2.1.3　近现代稀土的开发利用概况

由于铈属于矿中最富存的稀土元素，又是易于氧化成四价态的变价元素，易于与其他三价态的稀土元素分离，故稀土的开发应用最早始于铈。

1886 年，在发现"铈土"的 83 年后，才为铈（也是稀土）找到第一个用途——用作汽灯纱罩的发光增强剂。

奥地利人韦尔斯巴赫（Auer Von Welsbach）发现，将 99% 的氧化钍和 1% 的氧化铈混合物加热时会发出强光，用于煤气灯纱罩可以大大提高汽灯的亮度。汽灯在当时电灯尚未普及的欧洲是照明的主要光源，对于工业生产、商贸和生活至关重要。从 18 世纪 90 年代开始，汽灯纱罩的大规模生产增加了对钍和铈的需求，有力地推动了世界范围内对稀土矿藏的勘察，在巴西和印度陆续发现了大型独居石矿，遂发展成为所谓的独居石工业，也就是早期稀土工业。尽管第一次世界大战后，电灯逐步取代了煤气灯，但铈又被不断开发出新的用途。

1903 年，韦尔斯巴赫又发现铈的第二大用途——制造打火石，稀土给人类带来了新的火种。

1910 年，发现了铈的第三大用途，用于探照灯和电影放映机的电弧碳棒。探照灯曾是战争防空的重要用具，电弧碳棒则是当时放映电影的优质光源。

铈的三大用途也代表了稀土早期的三大用途。早期的稀土工业完全建立在对铈的性能开发和利用上。20 世纪 50 年代初，我国稀土工业起步于这三大应用。这些用途都与发光有关，可以说铈作为稀土元素家族的优秀代表，一开始就作为全新的"光明使者"为人类造福。

20 世纪 30 年代，上海已开始生产汽灯纱罩，其原料硝酸钍和硝酸铈均从英国进口，这是我国最早的稀土应用产业萌芽。

从 20 世纪 30 年代起，欧美国家还将氧化铈开始用作玻璃脱色剂、澄清剂、着色剂和研磨抛光剂。二氧化铈作为化学脱色剂和澄清剂可以取代有剧毒的白砒（氧化砷）从而减少操作和环境污染。铈钛黄颜料用作玻璃着色剂可以制造出漂亮的亮黄色工艺美术玻璃。氧化铈

作为主成分制造的各种规格的抛光粉，已完全取代铁红抛光粉，大大提高了抛光效率和抛光质量，早期用于平板玻璃和眼镜片抛光。

铈的化学活泼性使它在冶金领域中也大展身手。1948 年，英国人 H. 莫勒（H. Morrogh）宣布用铈处理铸铁可以获得球墨铸铁，随后冶金学家发现由于镁易燃烧会产生强烈镁光，生产球墨铸铁时单独加镁反应过于激烈，处理过程不够安全。20 世纪 50 年代，中国科学院上海冶金陶瓷研究所邹元爔研究成功：用硅铁还原含稀土的包钢高炉渣制取稀土铁合金的独特工艺，进而制得稀土硅铁镁中间合金用作球化剂，既克服了单独用镁的弊病，又取得更稳定的球化效果，从此开始了稀土在球墨铸铁以及蠕墨铸铁中的广泛应用。

20 世纪 50 年代之前，由于单一稀土分离和提纯困难，除了铈和镧用烦琐的分级结晶法提取和应用外，其余单一稀土元素的提取和应用均很少，对稀土功能材料的应用研究进展缓慢。

从 1947 年美国宣布用离子交换法分离稀土元素获得成功，美国学者斯佩丁（Spedding）进一步将离子交换分离稀土工艺加以改进，到 20 世纪 50 年代中期，该法已取代传统的分级结晶工艺，能将稀土元素全分离或提纯并实现产业化，为深入研究各个单一稀土的本征特性提供了条件。特别是 1958 年起，有机溶剂萃取法开始用于稀土分离和提纯，使稀土分离效率提高而生产成本大幅降低，为各种稀土功能材料的开发和应用研究奠定了基础。稀土功能材料应用从 20 世纪 60 年代起获得突飞猛进的发展。西方工业发达国家在稀土发光、永磁、催化、特种合金、阴极发射、超导、特种军工材料等高科技稀土新型材料及应用方面，不断取得技术突破，使稀土新材料及应用渗透到国民经济、国防军工和航天技术等各个领域。

2.2 稀土学科体系概况

2.2.1 稀土学科的分支

稀土元素及其化合物具有多种独特而优异的性能，在科学研究和新技术的开发中占有重要地位。稀土学科在发展过程中产生了不同分支，如表 2-1 所示。不同的学科分支包含了丰富多彩的稀土研究及应用领域。

表 2-1 稀土学科的分支

稀土原料开采、选矿及冶炼分离	稀土矿的勘探，矿物品位测定与开采技术，稀土矿石的破碎、磁选、浮选等选矿技术，湿法冶炼及分离技术，稀土金属火法冶金技术，稀土金属高纯化技术等
稀土金属及化合物	稀土金属、稀土合金及金属间化合物、稀土氧化物、稀土氢化物、稀土卤化物、稀土氮化物、稀土碳化物、稀土金属有机化合物、稀土盐类等
稀土材料	稀土永磁材料、稀土磁致冷材料、稀土发光材料、稀土储氢材料、稀土催化材料、稀土玻璃陶瓷、稀土抛光材料、稀土结构材料、稀土高温超导材料、稀土超磁致伸缩材料、稀土发热材料、稀土磁光材料、稀土助剂、稀土微肥等
稀土材料的应用	智能制造、石油化工、轻工印染、稀土农业、信息通信、航空航天、新能源、新材料、磁动力、机器人、轨道交通、新能源汽车、海洋工程、生物医药、智能家电等
研究方法	模拟计算法（第一性原理、相图热力学等）、实验法等

1）从稀土原料开采与分离的方向出发，稀土学科主要可以划分为稀土矿石采选、稀土元素分离、稀土金属冶炼、稀土金属提纯等方向。从稀土矿物到制备高纯稀土金属，通常涵盖了如表 2-2 所示不同学科分支。

表 2-2　从稀土矿到高纯稀土金属的学科分支

稀土采选	稀土采选技术包括矿石采集与精矿分离，以达到目的矿物单体解离目标，最终通过磁选、浮选获得高品位稀土精矿
湿法冶金	稀土精矿经硫酸法或烧碱法处理，采用溶剂萃取等方法获得单一稀土氧化物、氟化物、氯化物等
火法冶金	通过熔盐电解法、热还原、真空蒸馏法制备单一稀土金属或特定合金
高纯化处理	通过固态电迁移、电弧熔炼等方法获得极低杂质含量的高纯稀土金属

2）从稀土材料性能的方向出发，稀土学科可以划分为稀土磁性材料、稀土发光材料、稀土储氢材料、稀土催化材料、稀土玻璃陶瓷、稀土抛光材料、稀土结构材料、稀土激光材料等方向。其中以钕铁硼合金为代表的稀土永磁材料、以镧镍 5（$LaNi_5$）等合金为代表的稀土储氢材料、以 $Y_2O_3:Eu^{3+}$ 等代表的稀土发光材料分别是所在领域使用最广、商业化程度最高的功能产品。

3）从稀土金属及其化合物的种类出发，稀土学科可以划分为稀土纯金属、稀土合金及金属间化合物、稀土元素的氧化物、稀土元素的氢化物、稀土元素的卤化物、稀土元素的氮化物、稀土元素的碳化物、稀土金属有机化合物、稀土盐类等。不同化合物有其独特的应用，例如，稀土合金及金属间化合物以及稀土元素的氢化物常被应用在储氢材料；稀土氢化物薄膜随薄膜厚度及氢含量的变化导致透光率及颜色发生变化，可作为氢气传感器材料等。

4）稀土材料的应用领域包括冶金机械、石油化工、轻工印染、稀土农业、机电信息、航空航天、新能源、新材料、轨道交通、新能源汽车、海洋工程、生物医药等。稀土材料应用范围极其广泛，从普通工农业及制造业产品到高精尖技术所需的核心功能材料，乃至国防工业的重要零部件，都离不了稀土元素。

5）从研究的方法出发，稀土学科可以划分为模拟计算法、实验法等方向。稀土元素由于其独特的外层电子结构和性质，在理论计算方面的工作相对较少。近年来，利用模拟计算法包括第一性原理计算，相图热力学计算的研究逐渐涌现。模拟计算法与实验法相辅相成、互相验证，有望为稀土学科的发展提供新的活力和方向。

2.2.2　稀土学科的研究方法

（1）纯度分析、元素扩散的研究方法

按照元素种类，稀土金属中的杂质可以分为金属杂质和非金属杂质，其中金属杂质包括稀土金属杂质和非稀土金属杂质；非金属杂质主要有碳、氮、氧、氢、硫，高纯度稀土金属中，非金属杂质主要以间隙杂质的状态存在。

稀土金属的纯度主要有两种方式表达，一种是以金属杂质含量来计算其纯度，另一种是以全杂质含量来计算纯度，即稀土金属绝对纯度。稀土金属中金属杂质含量测试方法主要包括电感耦合等离子体质谱法（Inductively Coupled Plasma Mass Spectrometer，ICP-MS）和辉光放电质谱法（glow discharge mass spectrometry，GDMS）。金属中非金属杂质氧、氮、氢的含量采用惰气脉冲熔融红外吸收法进行测试。激光电离质谱（Laser Ionization Mass Spectrometry，LIMS）可测试除 H 外的其他所有杂质元素。氟化物、碳、硫的测试采用高频红外碳硫分析仪测定。

金属杂质在稀土金属中的扩散研究很少，其研究方法主要为放射性元素示踪法，由于稀土金属非常容易氧化，并且在高温下很容易与容器材料发生化学反应，因此通过水溶液电镀的传统方法是不可行的，为此开发了高真空示踪技术和无水有机溶液电镀的方法来测试扩散系数。

（2）稀土元素 4f 电子及其轨道和研究方法

稀土元素电子结构的共性表现为最外面两层电子层结构均为 $ns^2(n-1)s^2(n-1)p^6(n-1)d^{1}f^{0-14}$ 的形式。稀土元素容易电离放出 ns^2、$(n-1)d^1$ 或 $4f^1$ 等电子而显示正三价的稳定原子价态。此外，由于不同稀土元素 4f 电子数目的不同可以表现出不同的价态。不单是价态方面的影响，稀土内层 4f 电子被外层电子所屏蔽，也使其具有许多与众不同的光、电、磁和化学特性。

一直以来，稀土 4f 轨道在稀土化合物成键中的作用颇受争议。传统观点认为，内层 4f 轨道受到 5s、5p、5d 和 6s 电子的屏蔽而不成化学键，但这与稀土的光学、顺磁化率以及催化性质不相吻合，这也促进了稀土方面的量子化学理论计算的发展。近年来，通过对稀土化合物的 X 射线光电子能谱（XPS）和电子光谱研究发现了 4f 电子的成键作用。

建立微观结构与宏观性能的关系，注重稀土化学的理论发展，跟进实验现象的探索，是实现稀土功能化定向合成，促进化学与物理、材料等基础和应用领域的交叉融合的最佳方法。

（3）稀土原子稳定性及其研究方法

稀土原子的稳定性与其原子结构有很大关系。对于镧系金属而言，镧系相邻元素之间的半径差值较小，且平均相邻元素原子半径减小 1 皮米左右，共缩小 14.3 皮米，三价离子半径平均每个减小 1.5 皮米左右，共减少 21.3 皮米。这种现象对于其他过渡金属是反常的，被称为镧系收缩。

镧系元素的原子和离子的主量子数相同，半径的差别来自经受的有效核电荷的引力大小。随着镧系元素的原子序数增加，新增加的电子填充在 4f 轨道上。由于 4f 电子对原子核的屏蔽不完全，因此随着原子序数递增，外层电子所经受的有效核电荷的引力递增，造成电子壳层依次减小。对于铕（Eu）和镱（Yb），其电子构型为半充满的 $4f^7$ 和全充满的 $4f^{14}$，比较稳定，导致其金属键远比其他镧系元素弱，因此金属半径出现反常地增大现象。

稀土元素的价态正常情况为三价，但一定条件下某些稀土元素具有稳定的二价或四价，如 Sm^{2+}、Yb^{2+}、Ce^{4+}、Pr^{4+}、Tb^{4+} 等，这些具有集中价态特征的稀土元素被称为变价稀土元素。影响稀土价态稳定性的因素与稀土元素的第三电离能、光学电负性和 RE^{3+}/RE^{2+} 的标准还原电位等有关。

研究稀土元素价态的实验手段有电子自旋顺磁共振波谱（ESR）、光电子能谱（XPS）、穆斯堡尔谱、光电压光谱、X 射线吸收光谱等，其他一些光谱技术也是价态研究的重要手段。

（4）钙钛矿型及络合物型稀土材料的特点和研究方法

常见合成钙钛矿型稀土材料的方法包括溶胶–凝胶法、共沉淀法、配位沉淀法及机械粉碎活化法。人们利用这些方法制备了各类钙钛矿型稀土材料，并大量研究了钙钛矿型稀土材料的磁性、导电性、光催化活性、燃烧催化性、敏感特性等各种性质。

此外人们可以通过离子代换、改变掺杂量、控制颗粒尺寸、制备纳米颗粒材料等其他方法不同程度地改变钙钛矿稀土材料的居里温度、磁熵变、表面界面效应、电子能级等，从而进一步改善其磁性、光催化活性、燃烧催化性和敏感性等性质。

以 $LaFeO_3$ 中部分 Fe 被其他金属取代后对光催化活性的影响为例，Fe 被 Cu 金属离子取代后，催化软料脱色率明显增加，因此其光催化活性大大增加。

络合物型稀土材料是指由稀土离子作为中心离子，有机小分子螯合剂作为配体，完全或部分由配位键结合形成的稀土络合物材料。稀土离子本身具有荧光特性，与有机小分子螯合剂络合生成的稀土络合物的荧光强度会进一步显著增强，因此稀土络合物是一种优越的荧光材料，在各种离子的分析测定和荧光能量转移体系中具有广泛应用。对于络合物型稀土材料，影响其性质最大的因素自然是络合分子的种类，人们通过改变不同的络合分子，能够得到具有不同发光特性的络合物型稀土材料。其中，β-二酮类螯合剂是一种非常优良的络合分子，主要是因为该类螯合剂与稀土离子有很强的配位能力及其对光有着大吸收系数，并且可以通过分子内能量转移的方式将一部分能量传递给稀土离子，从而使稀土络合物发射出很强的荧光。此外，也可以通过改变稀土离子的种类，同时引入多种稀土离子或者表面修饰等方式进一步改善络合物型稀土材料的性质。

（5）稀土氧化物的结构解析

稀土氧化物在不同化学反应过程中所经历的结构变化，对于进一步明确其在整个反应过程中起到的作用，进而拓宽其应用领域具有至关重要的作用。经过学者的大量研究与积累，目前 X 射线衍射（X-ray Diffraction，XRD）、拉曼光谱（Raman Spectra）、透射电子显微镜（Transmission Electron Microscope，TEM）、选区电子衍射（Selected Area Electron Diffraction，SAED）、中子衍射（Neutron Diffraction）等技术已广泛应用于对稀土氧化物的结构解析。

此外，稀土氧化物既有长程有序的晶体结构，也有长程无序的非晶结构。稀土离子和氧的配位情况、稀土离子周围的化学环境和 RE-O 键长等结构信息可以通过 X 射线吸收精细结构（X-ray Adsorption Fine Structure，XAFS）和固体核磁（Solid State Nuclear Magnetic Resonance，SSNMR）来确定。X 射线吸收精细结构包括元素的 X 射线吸收系数在吸收边高能侧范围的振荡（Extended X-ray Adsorption Fine Structure，EXAFS）和元素吸收边位置 50 电子伏特（eV）范围内的精细结构（X-ray Adsorption Near Edge Structure，XANES）。使用这两种分析手段可以得到稀土氧化物的精细结构，进而研究不同化学过程中稀土氧化物的结构变化情况。

（6）稀土离子的光谱荧光特点和研究方法

稀土元素 4f 电子层的构型使其化合物在发光材料上应用广泛。

除钪（Sc）、钇（Y）、镧（La）、镥（Lu）外，其余稀土元素的 4f 电子可在 7 个 4f 轨道之间任意分布，产生丰富的电子能级，可吸收或发射各种波长的电磁辐射，使稀土发光材料呈现丰富多变的荧光特性。稀土元素由于 4f 电子受到外层轨道的有效屏蔽，很难受到外部环境的干扰，能级差极小，跃迁呈现尖锐的线状光谱，发光的色纯度高。荧光寿命跨越从纳秒到毫秒 6 个数量级。长寿命激发态是其重要特征之一，这主要是由于 4f 电子能级之间的自发跃迁概率小所造成的。吸收激发能量的能力强，转换效率高。

除此之外，光度分析中某些三价稀土离子的引用使某些体系的荧光强度明显提高，被称为"共显色效应"，它的发现和应用大大提高了光度分析的灵敏度和选择性。

对于稀土发光材料，通常采用以下研究方法：①吸收光谱：反映吸收能量值与投射到发光材料上的光波波长的关系；②发射光谱：表示材料所发出光的相对能量按其波长的分布；③发光效率：发光能量对吸收能量之比；④发光强度：在光学上指通过单位立体角的光通量；⑤发光增长和衰减曲线：可以获得荧光寿命及相关的结构和动力学等信息。

（7）稀土光电特点和研究方法

光和电是能量的不同表现形式，在一定条件下两种能量形式会发生转化。将电能转化成光能称为电致发光，典型例子是发光二极管（LED）；将光能转化为电能的装置称为光电池，如太阳能电池可将太阳光能转化为电能。光电之间高效转化具有重大的基础科学意义和实用价值。

电致发光的原理是通过电场作用激发发光中心，激发态电子和空穴通过辐射复合产生发光现象。评价电致发光性能的核心指标包括：发光亮度、色坐标、流明效率等。激发态和基态之间的能级差决定了电子空穴复合时发射的光子能量，进而决定发光的颜色。不同波长处的辐射能量分布可以通过发射光谱表征，但发光的颜色是人的主观感受，需要利用人的视效函数对发光光谱进行修正。流明效率为光通量与输入电功率的比值，表征了输入的电能转化为发光亮度的效率，流明效率越高，电致发光性能越好。

稀土元素具有优越的发光性能，通常作为电致发光的发光中心。稀土离子掺杂的单晶、固体荧光粉以及稀土发光配合物在电致发光中具有重要的应用，包括白光固体发光二极管、固体激光器、有机发光二极管等，将引领照明和显示技术的重大革新。

光电池的原理是利用光激发，实现电子空穴的分离，产生光生电压和电流，为外电路输出电能。评价光电转换性能的核心指标是能量转化效率，其中通过电流—电压（$I-V$）曲线的测量可以得到开路电压 V_{OC}、短路电流 I_{SC}、填充因子 FF 等参数。

太阳能电池的 $I-V$ 曲线需要在大气质量 1.5 的标准条件下测量。虽然稀土元素并不直接作为光电池的活性层，但是利用稀土的光学特性可以提高太阳能电池的光电转化效率。例如利用稀土离子的上转换和下转换特性，可以提高光电池吸光特性和太阳光谱的匹配程度，从而提高太阳能电池的光电转换效率。

（8）稀土的磁学性能及其研究方法

无论何种物质，置于磁场之中都会或多或少地带磁，或者某种物质即使没有外部磁场，也会自发地带磁，这种性质被称为磁性。稀土元素具有未填满 f 电子，轨道和自旋动量大，且深处内层并有强的轨道各向异性，所以是非常好的磁性元素，通过与其他金属或半金属元素结合，可以形成各种不同性质的优异磁性材料，显著提高磁学性质。

稀土磁性材料的研究就是要从这些最基本的实验获得磁化强度大小、所属磁性体种类、各元素的磁矩、电子轨道和状态、孤立离子的顺磁性、稀土氧化物磁性、稀土金属磁性、结晶场、交换相互作用等。此外，测量单晶体的各方向的磁化强度变化获得磁各向异性。

由于稀土元素种类多，可以与其他元素形成无数的化合物，是磁性材料中的一个宝库，包括稀土永磁材料、稀土超磁致伸缩材料、磁致冷材料、巨磁电阻材料、稀土磁泡和磁光材料等多种磁性材料。

（9）稀土金属和金属间化合物的结构和研究方法

稀土金属及其化合物具有许多优异的特性并受到广泛的重视。晶体结构是物质的特性，对性能具有决定性的作用，因此准确鉴别稀土合金中间相及其化合物是非常必要和重要的。

在常温、常压下，稀土金属有下列五种晶体结构：①钪、钇和钆到镥的所有重稀土金属（Yb 除外）为密排六方结构；②铈和镱为面心立方结构；③镧、镨、钕和镤为双六方结构；④钐为斜方结构；⑤铕为体心立方结构。当温度、压力变化时，多数稀土金属要发生晶型转变，称为固态相变。稀土金属化合物指的是稀土元素与其他金属元素或半金属元素按确切的、纯粹的化学计量组成的具有一定化学成分、晶体结构和显著金属结合键的化合物，生成趋势随电负性和原子半径差别增大而加强。17 种稀土元素（RE）与非稀土金属元素（X）结合，往往能够形成多种金属化合物 RE_mX_n（m、n 为正整数），这些化合物的结构和组成各不相同。造成这种现象的主要原因是稀土元素的原子半径较大，当它与原子半径较小的原子组合时，就会产生多种排列方式。稀土化合物晶体结构的稳定性在很大程度上取决于组元的相对原子尺寸。镧系收缩使得某些晶体结构只存在于含某些稀土元素的化合物中。虽然稀土金属化合物的结构类型较多，但是一些晶体结构之间往往是密切相关的。

对于稀土金属和金属间化合物的结构研究方法有多种，如 X 射线衍射、固体核磁、中子衍射、扫描电镜、透射电镜等。其中标准 X 射线衍射数据的建立，对于不同晶体结构的物相鉴定非常方便，利用 Rietveled 粉末衍射峰形对测得的射线衍射图谱拟合修正，可得相应化合物的晶体结构及相关结构参数。

（10）稀土材料设计计算手法

随着材料工艺的发展，人们在材料制备工艺上已积累了丰富的知识和经验，但就材料科学与工艺整体而言，还未完全脱离凭经验的试验方法。随着计算机技术的不断突破，再加上基于第一原理的理论的不断修正、创新，现已发展成一门新的交叉学科——计算材料学。

目前，就材料设计而言，以第一性原理为基础的材料设计已得到广泛共识。其中 DV-Xα 方法是由埃利斯（Ellis）等于 1970 年发展起来的一种量子力学第一性原理方法，该方法进行了电子状态模拟，此法与能带计算法不同，属于能很好地表示出第 3 添加元素或氢原子周围局部区域电子状态的一种计算方法。这种方法不仅适用于结构材料，也适用于储氢合金和钙钛矿型质子传导性氧化物类型功能材料的设计，其精确度略逊于从头计算方法，但因其采用了交换势的定域密度泛函近似，故不必计算大量的多中心积分，计算量仅为从头算法的 1/100。若结晶中的几个到几十个原子的假想集合体即原子团，以合金或化合物的结晶构造数据为基础构成原子团模型，该方法能够保证相当精确地进行计算。

2.2.3 稀土学科的交叉与融合

稀土功能材料是一个新兴的多学科交叉融合的研究领域，内涵非常丰富，其体系主要包括稀土磁性、荧光、储氢、催化材料等。近年来，随着生产工艺技术的不断进步，产品性能的不断提高，稀土功能材料的应用范围不断扩大，逐渐与许多高端技术领域交叉，并且各领域间联系密切、相互渗透、相互融合。下面将针对稀土磁性、荧光和光学以及稀土储氢等各学科在应用中的交融作简单介绍。

（1）稀土磁性

稀土永磁材料是将钐、钕等稀土金属与过渡金属（如钴、铁等）组成的合金经过一定的工艺制得的一种特殊材料。如图 2-3 所示，稀土冶炼分离技术主要有湿法冶炼分离技术和火法冶炼分离技术，因而，单从其制备方式上来讲涉及物理与化学学科的交融。

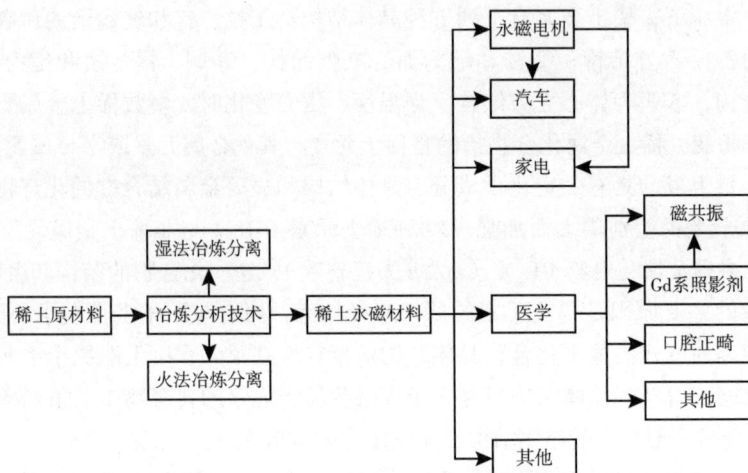

图 2-3　稀土永磁材料的工业链及应用领域

由于稀土永磁体优异的磁性能以及接近全密度的磁体结构，在永磁电机领域获得了广泛的应用，如图 2-4 所示。稀土永磁电机提高了电机的性能、效率，降低了电机的体积和重量，实现了电机的小型化，节约了能源和原材料，降低了成本。汽车工业是稀土永磁电机的最大应用潜力市场之一。每个汽车中，一般有几十个部位使用到永磁电机，例如电动座椅、电动后视镜、电动天窗、电动雨刮等，并且随着汽车电子技术要求的不断提高，其使用电机的数量也会越来越多。除此之外，在家电市场的应用方面，稀土永磁电机同样发挥着重要作用，例如冰箱、冰柜、洗衣机、电动牙刷、电动轮椅等。冰箱空调是家庭用电大户，而稀土永磁电动机具有效率高、省电、启动电流小等一系列优点，配备此种新型电机的冰箱与传统冰箱

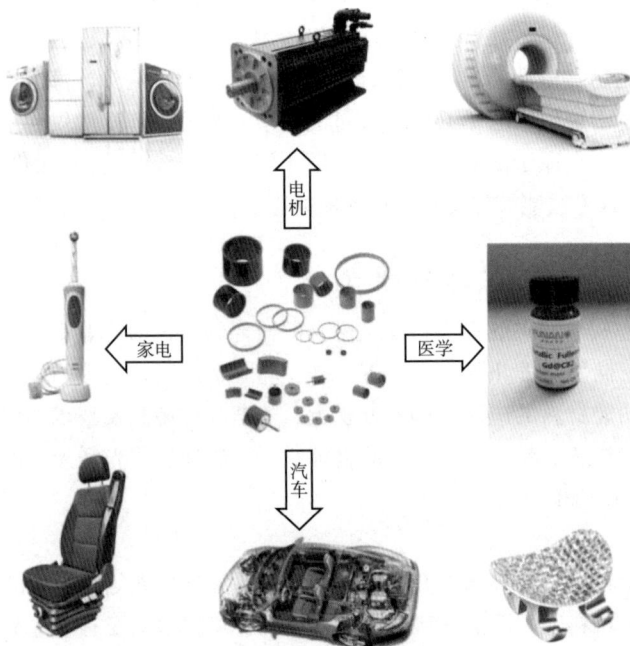

图 2-4　稀土永磁材料的应用

相比，效率可大幅提升，节电效果显著。因此，稀土电动机已经渗透在汽车工业和家电市场领域的方方面面，并发挥着举足轻重的作用。

在医学方面，永磁式 MRI-CT 磁共振成像设备采用钕铁硼永磁材料替代铁氧体永磁材料，图像清晰度大大提高。磁共振检测技术的进步与物理成像技术、化学分析技术、计算机技术等息息相关，也是医学上的一次革命性的突破。Gd 系造影剂利用了 Gd 元素顺磁性的特点，使得靶向磁共振具备了更高的敏感性，对疾病的早期诊断有帮助。另外，稀土永磁材料在口腔正畸方面的应用等，都是稀土磁性与生物医学以及临床医学领域交融的结果。

（2）稀土荧光和光学

稀土元素具有特殊的电子构型，其 $4f^N$ 电子组态具有 1600 多个能级，能级之间的跃迁通道数目更是高达 20 万个，如果再涉及 4f ~ 5d 的能级跃迁，则数目更多，因此稀土离子能够发射和吸收从紫外线到红外线的各种波长的电磁辐射，具有发光谱带窄、色纯度高、色彩鲜艳、转换效率高、耐高温高能辐射等优异的光学特性。

在光学方面，稀土发光材料主要用于节能灯、半导体照明、平板显示、长余辉、闪烁晶体等领域，除此之外在其他荧光和特种发光领域也有应用。灯用稀土三基色荧光粉由稀土离子激活的红、绿、蓝三种荧光粉组成，提高了发光效率，常被用作液晶显示器的背光源。对稀土长余辉材料的探究又是稀土荧光材料与光学方面交融的另一个重要方向。在农业方面，稀土转光剂能将太阳光中的部分紫外光转换成作物生长所需要的红橙光，以增强作物的光合作用。稀土材料用于转光膜不仅提高了农作物的产量，而且开辟了稀土荧光材料的新应用领域。此外，闪烁晶体能够在高能粒子、射线作用下发射出闪烁脉冲光，因而在 X 射线计算机断层扫描成像等医学成像检测技术、高能物理实验方面甚至军事领域得到发展和普及。

（3）稀土储氢

近年来，制备高容量、宽温区、低自放电、高功率、长寿命的镍氢动力电池是稀土储氢合金研究的热点领域，研究的重点之一是提高其活化性能和循环寿命（图 2-5）。稀土材料与电池行业的交融，加之对环保问题和安全问题的重视，使得镍氢动力电池占混合动力车电池 90% 以上的市场份额，并且每年的需求量都在增加。

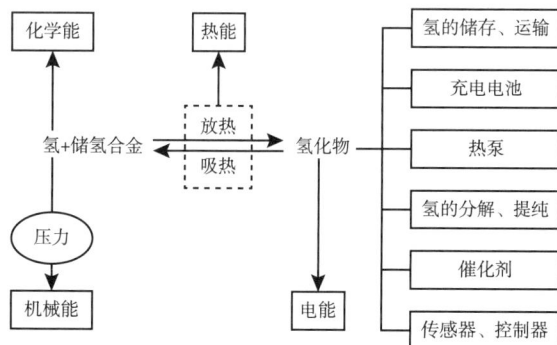

图 2-5　储氢合金氢化反应能量转换关系及相应的应用领域

金属氢化物储氢是一种固态储氢技术，具有储氢压力低、单位体积储氢密度高、安全性能好、吸放氢过程简单的优点。可以把太阳能、风能、地热等新能源发电多余的电量进行电解水制氢，用储氢容器储存氢，既提高了新能源利用率又降低了排放（图2-6）。

除此之外，金属间化合物在可逆的吸、放氢的过程中，还伴随着热能和机械能的相互转化，因此也涉及热泵、氢的分解和提纯等领域。

图 2-6　储氢材料的应用

作为具有一类高储氢密度的功能材料，稀土储氢材料在电池、汽车、家电等各领域得到广泛的应用。由于现代社会对能源的需求日益紧迫，对高性能储氢材料的开发已势在必行。

综上所述，稀土永磁材料、稀土荧光材料以及稀土储氢材料等已与我国的工业、农业、医学、国防和高科技产业等领域交融发展，取得了良好的经济效益和社会效益，并且展示了广阔的发展前景。除此之外，稀土超磁致伸缩材料、稀土陶瓷材料、稀土磁光存储材料等也同样具有较大的应用潜能。因此，我们仍需要继续不懈地努力开发，通过学科交融发挥稀土资源优势，提高稀土资源的综合开发和利用水平，促进稀土学科与各个应用领域的进一步交叉与融合。

2.3　学术共同体的建设和发展

2.3.1　中国稀土学会和地方学会

2.3.1.1　中国稀土学会

1979 年 8 月，在包头召开的全国稀土会议上，郭承基、袁承业、李薰、徐光宪等老科学家提出成立稀土学会的建议，得到了国务院副总理方毅和国家计划委员会副主任兼全国稀土推广应用领导小组组长袁宝华的支持以及出席会议代表的赞同，并在会议期间，召开了有 34 人参加的中国稀土学会筹备委员会会议，专门研究了筹备成立中国稀土学会事宜，责成全国稀土推广应用领导小组办公室进行成立中国稀土学会的筹备工作。

中国稀土学会筹备委员会名单如下：周传典、高杨文、林华、刘耀宗、徐驰、裴英武、李东英、肖祖炽、郭承基、戚斯来、倪嘉缵、魏兆融、曾云鹗、袁承业、关广岳、唐克峰、徐光宪、王裕光、李才全、蒋尧麟、朱惟雄、林宗彩、陶敏、李树潘、宝音巴图、金瑞藻、毛译普、钟俊贤、刘进俭、马鹏起、郭方、张卯钧、全钰嘉、汪文成。

1979 年 8 月 28 日，全国稀土推广应用领导小组办公室向中国科协报送了"关于成立中国稀土学会的报告"。中国科协对成立中国稀土学会积极支持，先后两次听取了关于稀土学会成立必要性和重要性的汇报，征求了有关学会的专家意见，于 1979 年 11 月 14 日正式批准成立中国稀土学会。

1980 年 4 月 26—27 日，中国稀土学会筹备委员会召开了第三次筹备会议，研究并提出中国稀土学会章程草案，讨论成立各专业学术委员会的组织和人选，协商了学会理事会候选人产生办法，确定年会论文的征集和审评办法，研究了代表产生办法和学会成立大会时间及地点等项事宜。1974 年包头冶金研究所创办的内部交流刊物《稀土与铌》，1980 年初改名为《稀土》，1980 年 4 月中国稀土学会筹备委员会决定将《稀土》杂志定为中国稀土学会会刊，并经内蒙古党委宣传部和新闻出版署审核登记，向全国发行。该杂志的编辑、出版和发行工作，仍由包头冶金研究所负责。

1980 年 12 月 2 日晚，由李东英主持召开了中国稀土学会成立大会暨第一届学术会议（图 2-7）。12 月 3 日上午成立大会正式开幕，开幕式由国家经委重工业局局长刘耀宗主持，宣读并通过了 32 人组成的大会主席团名单。冶金工业部副部长周传典致开幕词。李东英做筹备工作报告，徐光宪宣读了中国稀土学会章程（草案）。出席会议代表共 385 人，进行了 10 个专业分组讨论，提出了具体修改意见。在中国科协的指导下，在国家经委、国家科委、中国科学院、冶金部等部门的大力支持下，经过全体代表和大会工作人员的共同努力，经过民主协

图 2-7　中国稀土学会成立大会暨第一届学术会议（1980 年 12 月，北京）

商以无记名投票方式，按差额选举原则，选举产生了中国稀土学会理事会、常务理事会和理事长等。中国稀土学会第一届理事会理事 64 人、常务理事 27 人，周传典任理事长，徐光宪、刘耀宗、林华、郭承基、李东英任副理事长，李东英兼任秘书长，唐克峰、倪嘉缵任副秘书长。中国科协学会工作部副部长邓柏木同志到会讲话。12 月 5 日第一届学术会议上，组织进行了学术报告会，其中李东英、袁承业、徐光宪等专家大会报告 8 篇，分会报告论文 169 篇，涉及十几个稀土研究、生产、应用领域，具有较高的科研和应用水平。12 月 6 日召开了第一届理事会（60 名）和第一届常务理事会（27 名），中国稀土学会地采选专业委员会等 11 个专业委员会也同时宣布成立。中国稀土学会分别于 1987 年 7 月和 1989 年 3 月召开了第一届第二、第三次常务理事会。

1991 年 1 月 29—30 日，中国稀土学会在北京召开理事换届会议，组成第二届理事会。中国稀土学会理事长周传典在大会上做了题为"奋发图强，为促进稀土产品的科技进步和工贸发展贡献力量"的报告。出席大会的有国务院稀土领导小组办公室负责人及学会第一及第二届理事、各专业委员会负责人等共 110 余名代表，经中国稀土学会第二届理事会决定，授予原冶金部包头冶金研究所（包头稀土研究院前身）第一任所长李光为中国稀土学会"荣誉会员"并为"终身会员"。

1998 年 10 月 9—10 日，中国稀土学会在北京召开第三次全国会员代表大会，138 名代表参加会议。会议听取并审议了周传典理事长代表第二届理事会做的题为"团结奋进，为推进我国稀土工业的更大发展做贡献"的工作报告，通过了新的学会章程，选举产生了中国稀土学会第三届理事会理事。第三届理事会第一次会议选举产生了新一届理事会理事 166 名，常务理事 49 名。

2004 年 4 月 21—22 日，中国稀土学会在北京召开第四次全国会员代表大会，近 200 名会员代表出席了此次会议。中国钢铁工业协会党委书记、副会长吴建常，中国科协党组成员苑郑民，国家发展改革委稀土办公室王彩凤，科技部黄世兴等有关单位的领导和负责人以及稀土界老领导、老专家周传典、徐光宪、李东英、李光等到会表示祝贺。中国稀土学会第四次全国会员代表大会选举产生了中国稀土学会第四届理事会，当选理事 182 名，选举产生了新一届常务理事会和正、副理事长、秘书长，聘任了副秘书长和二级机构负责人。

2009 年 11 月 11—18 日，中国稀土学会第五次全国会员代表大会暨成立三十周年大会在北京召开。中国科协、中国钢铁工业协会、工业和信息化部、商务部、国土资源部、中国科学院等部门的领导和第五次全国会员代表大会的代表共 215 人参加了会议。中国科协书记处书记兼副主席齐让、中国钢铁工业协会党委书记兼副会长刘振江、工业和信息化部王彩凤副司长和有关部门的领导发表了讲话。原冶金工业部副部长、中国稀土学会名誉理事长周传典，中国稀土学会名誉理事长、国家最高科技奖获得者徐光宪院士，原冶金工业部副部长、国务院稀土推广应用领导小组副组长徐大铨莅临大会。中国金属学会、中国材料研究学会、中国有色金属学会派代表到会祝贺。中国材料研究学会副理事长兼秘书长韩雅芳致贺词，中国稀土学会理事长干勇院士做第四届理事会的工作报告，大会秘书长王新林、林东鲁先后主持了会议。会议听取、审议并通过了第四届理事会工作报告、《中国稀土学会章程》和章程修改报告、第四届理事会财务报告、团体会员条例和缴纳会费办法。会议以无记名投票方式投票选举产生了第五届理事会，并形成了决议。通过选举，168 名第五届理事候选人全部当选。

2016 年 12 月 18 日，中国稀土学会第六次全国会员代表大会在北京举行。本次会议由中国稀土学会理事长干勇院士主持，中国稀土学会副理事长、中国科学院长春应用化学研究所张洪杰院士致开幕词（表 2-3）。中国科协党组成员兼学会学术部部长宋军、中国钢铁工业协会党委书记兼秘书长刘振江、工业和信息化部稀土办公室贾银松主任发表了讲话，会议听取、审议并通过了第五届理事会工作报告、《中国稀土学会章程》及修改报告、第五届理事会财务报告、单位会员条例和缴纳会费办法。会议以无记名投票方式投票选举产生了第六届理事会，并形成了有关决议。

表 2-3 中国稀土学会历届理事长、副理事长、秘书长

届数	任职时间	理事长	副理事长	秘书长
1	1980—1991	周传典	徐光宪、刘耀宗、林华、郭承基、李东英	李东英
2	1991—1998	周传典	白洁、何伯泉、余宗森、张国忠、徐光宪、倪嘉缵	余宗森
3	1998—2004	毕群	干勇、王能训、严纯华、余宗森、林东鲁、倪嘉缵、郭声琨、尉锦昌	徐广尧
4	2004—2009	毕群 干勇	丁海燕、干勇、严纯华、张安文、张洪杰、杨文浩、苏文清、林东鲁、屠海令、赵增祺	王新林
5	2009—2016	干勇	屠海令、张洪杰、丁海燕、张少明、任福、李春龙、杨文浩、李波、杨占峰、黄康、魏娜、龚斌	林东鲁
6	2016 年至今	李春龙	严纯华、龚斌、李波、杨占峰、黄松涛、胡伯平、黄长庚、张尚虎、薛冬峰、黄光惠、王涛、李琼	牛京考

中国稀土学会是稀土科学技术工作者和相关单位自愿组成并依法登记的全国性、学术性、非营利性的社会组织，是党和政府联系稀土科技工作者的桥梁和纽带，是国家发展稀土科学技术事业的重要社会力量，是我国稀土行业的科技组织，是中国科学技术协会的组成部分。

中国稀土学会第六届理事会理事 160 人，常务理事 53 人。学会现有个人会员 4000 余名，单位会员 58 家，15 个专业委员会。学会内设四个办事机构：综合部、学术部、科普部和奖励办；有江西、上海和南京 3 个地方学会组织。

中国稀土学会每三年主办一次国际稀土开发与应用研讨会，每年与内蒙古自治区包头市合办包头稀土产业论坛和学会学术年会等一系列国际国内学术会议；每两年推选中国科学院和中国工程院院士、中国青年科技奖、全国优秀科技工作者及中国光华工程奖、中国青年女科学家奖等奖项，通过多渠道进行人才举荐。中国稀土学会于 2017 年起同中国稀土行业协会共同设立了中国稀土科技进步奖，每年评选一次。中国稀土学会从 2017 年起还设立了优秀科学家奖和杰出工程师奖。

2.3.1.2 地方学会

（1）江西省稀土学会

1982 年 9 月 4—5 日，江西省稀土学会第一次会员大会及江西省稀土学会第一届学术年会在南昌召开。江西省科委、江西省冶金厅等省稀土领域代表 104 人出席大会。会议选举产生

了 35 人组成的理事会，金瑞藻为理事长，蔡启缙为秘书长，李杰、刘良经、谢兰芳为副秘书长。会议决定组成五个学术委员会。

（2）上海市稀土学会

1990 年 2 月，上海市稀土学会成立，挂靠上海师范大学，时任理事长李和兴，秘书长王振华。

2.3.2 学术期刊

2.3.2.1 《中国稀土学报》（中、英文版）

（1）基本情况

《中国稀土学报》（中、英文版）是中国稀土学会的会刊，由中国稀土学会和北京有色金属研究总院共同主办，中国科学技术协会主管，报道稀土理论研究和应用技术的稀土类综合性学术刊物。主要刊登有关稀土化学与湿法冶金，稀土金属学与火法冶金，稀土发光材料、催化材料、磁性材料、能源材料、纳米材料等新材料以及稀土应用研究、稀土地质、矿物和选矿等方面的学术论文、综合评述、研究快报、研究简报和科技快讯等。2008 年 10 月以前，《中国稀土学报》一直由中国稀土学会主办，北京有色金属研究总院承办。2008 年 10 月以后，由于《中国稀土学报》业务的需要（主办单位需具备企业资格），经学会同意，将承办单位北京有色金属研究总院增加为第二主办单位。

（2）发展过程

《中国稀土学报》（中文版）（半年刊）创刊于 1983 年 6 月，由中国稀土学会主办，北京有色金属研究总院承办。同时成立第一届编委会，徐光宪院士任主编，编委会主任委员由周传典、徐大铨、徐驰组成。1985 年，中文版被美国化学文摘 CA 收录。1986 年 4 月，中文版由半年刊改为季刊。1992 年，《中国稀土学报》（中文版）被北京大学图书馆列为中文核心期刊。随着我国稀土科学技术的发展，《中国稀土学报》（中文版）每年 4 期的出刊数已不能满足国内作者刊发文章数量的需求，因此《中国稀土学报》（中文版）于 2000 年改版为双月刊，一直延续保持至今。

2003 年，《中国稀土学报》中文版创刊 20 周年。2004 年 4 月在北京召开了《中国稀土学报》创刊 20 周年纪念会暨第五届编委会第一次会议。第五届编委会由 109 人组成，其中国际编委 8 人。2004 年第 1 期出版了《中国稀土学报》创刊二十周年纪念专刊，徐光宪院士亲自题写卷首语，专刊刊发了由常务编委倪嘉缵院士、王震院士、陈难先院士、黄春辉院士，执行副主编严纯华教授，副主编金林培教授和常务编委沈保根教授、张洪杰教授等撰写的专题综述文章。

1990 年 4 月，为了更好地为稀土学科领域的国内外同行提供学术交流平台，促进国际国内学术交流、增进稀土界的友好往来与合作，《中国稀土学报》（英文版）（*Journal of Rare Earths*）应运而生，正式创刊（季刊），仍旧由徐光宪院士担任主编。1995 年，美国工程索引 EI 数据库正式收录《中国稀土学报》（英文版）。1996 年，英文版成为 SCI Expended（SCI-E）的收录期刊，到 2007 年，SCI 收录摘引率已达 100%。2002 年，《中国稀土学报》（英文版）由季刊改版为双月刊，随着投稿量的增长，文章刊发数量也在不断增长。2011 年，英文版由双月刊改版为月刊。与国内同类英文版期刊相比，《中国稀土学报》（英文版）具有创刊历史长、内容主题突出而又涉及领域广泛的特点，是世界上唯一一本专门报道稀土基础理论和应用科学研究工作的英文版科技期刊。目前，《中国稀土学报》英文版被 SCI、EI、美国剑桥科学文摘（CSA）、美国金属文摘（MA）、美国腐蚀文摘（Corrosion Abstract）、俄罗斯文摘杂志（AJ）、日本科学技术振兴机构中国文献数据库（JST）、全球最大数据库 SCOPUS 以及美国化学文摘（CA）收录。

2010 年 11 月 25 日《中国稀土学报》（英文版）创刊二十周年庆祝会暨第六届编辑委员会第二次会议在北京召开。会议增补常务编委 1 名，编委会由中国科学院、中国工程院院士 21 名及各学科知名专家及带头人共 103 人组成，其中国际编委 12 人。2010 年第 6 期出版了创刊二十周年纪念专刊，主编徐光宪院士作序，执行副主编严纯华教授、国际编委班兹利教授和阿达奇教授等撰写了综述文章。

（3）对外交流与合作

2005 年 6 月，《中国稀土学报》（英文版）成为世界领先的科技及医学出版公司爱思唯尔（Elsevier）与中国优秀英文期刊首批签约的"爱思唯尔—中国科技期刊合作项目"（CJCP）之一。自 2006 年由爱思唯尔负责《中国稀土学报》（英文版）在全球范围内的电子媒介推广、出版和发行工作。此举对于《中国稀土学报》（英文版）跻身国际科技期刊行列起到了积极的促进作用。2013 年，爱思唯尔为《中国稀土学报》在其学术平台 ScienceDirect 上免费刊登图文目录，2017 年开始，除每年第 1 期免费 OA 外，其余 11 期也免费 OA 两篇文章。同时，Full-production 服务也将免费对《中国稀土学报》（英文版）提供。

《中国稀土学报》一直通过各种方式开展对外宣传与交流工作。2006 年，《中国稀土学报》编辑部首次派人参加了在波兰弗罗茨瓦夫（Wroclaw）举行的第 6 届 F 族元素国际会议，会议召开期间委托本刊国际编委班兹利（Jean-Claude Georges Bünzli）教授在大会报告前对学报进行了简要的宣传，并张贴学报海报。此次会议后，《中国稀土学报》的国际编委增加至 12 人。

2012 年 8 月，第 8 届 F 族元素国际会议在意大利乌迪内召开，经《中国稀土学报》执行副主编严纯华院士牵头，《中国稀土学报》与主办方达成协议，作为会议赞助方在会议网站上刊登《中国稀土学报》英文版的 Logo 以及网站链接，同时在会议召开期间张贴英文版海报，并为会议三位优秀海报制作者颁发了由徐光宪院士签发的获奖证书。

2009—2016 年，《中国稀土学报》英文版为在波兰举行的国际稀土材料大会（International Conference on Rare Earths Materials，REMAT08，REMAT11，REMAT13，REMAT15）出版 4 期会议专刊。

2013 年，在中国科协"优秀国际科技期刊二等奖"项目的资助下，《中国稀土学报》派员赴台湾省台北参加了"第六届亚太催化国际会议"，进行学术活动交流，在会议上宣传《中国稀土学报》英文版。同时，在会议期间还参访了台湾省《化学会会志》编辑办公室、台湾大学等单位。

2014 年，《中国稀土学报》派员赴美国里诺参加第 27 届国际稀土研究大会，进行学术活动交流，在会议上宣传《中国稀土学报》英文版。同时，在会议期间还拜访了参加会议的本刊 3 名国际编委。本次会议后，增加了 8 名国际编委，使国际编委人数达到 21 人。

2015 年，《中国稀土学报》派员赴英国牛津大学参加第 9 届 F 族元素国际会议，进行学术活动交流，在会议上宣传《中国稀土学报》英文版。同时，在会议期间还拜访了参加会议的本刊5名国际编委。国际编委班兹利教授应邀为英文版撰写了一篇综述文章。

（4）数字化出版

2007年，为实现期刊编辑工作自动化、规范化、流程化管理、简化出版程序，降低成本，提高论文的时效性，方便作者、读者、审稿专家与编辑部的交流，从而提高期刊的影响力，使学术交流更加通畅，《中国稀土学报》中、英版开始筹备自建具有独立域名的中、英文网站。到2007年年底，初步建立了网络数字化出版系统，基本实现了期刊在线投稿和审稿功能。2008年开始，全部稿件实现网络在线投稿和审稿。2013年，为了使《中国稀土学报》英文版更能与世界先进出版系统接轨，提升期刊的国际影响力，《中国稀土学报》英文版启用了爱思唯尔的EES在线投稿和审稿系统。自从采用爱思唯尔的EES系统后，《中国稀土学报》英文版的海外投稿量大幅度增加，近几年基本占总投稿量的40%左右。2016年，《中国稀土学报》中文版也启用了中国知网的勤云投稿审稿系统，使得系统功能更加完善，更利于作者和读者免费索引检索。

（5）成果与奖项

《中国稀土学报》从创刊以来，一直注重刊物自身的发展，把提高学术质量和学术影响力、打造一流学术期刊当作刊物发展的主要目标。因此，在刊物发展的过程中，取得了不少成绩，获得了众多的荣誉。

1992年9月到2014年，《中国稀土学报》先后12次获中宣部、新闻出版署、中国科学技术协会、国家自然科学基金委、国务院稀土办等奖励，2015—2017年度，《中国稀土学报》中文版获得中国科协"精品科技期刊工程"项目"学术质量提升"项目资助。

2012—2015年年底，《中国稀土学报》英文版获得中国科协"学会能力提升专项""优秀国际科技期刊二等奖"项目资助；2016—2018年度，《中国稀土学报》英文版第二次获得中国科协"中国科技期刊国际影响力提升计划"B类项目资助。

2017年5月11日，《中国稀土学报》召开第七届编委会会议（图2-8），由中国科学院院士、北京大学严纯华教授担任主编。

图2-8　《中国稀土学报》（中、英文版）第七届编委会会议

2.3.2.2 《稀土》

《稀土》是反映我国稀土提取和应用科学特点的科技期刊，办刊宗旨是宣传、推进稀土资源综合利用，反映稀土科研现代水平，沟通科研与生产的联系，为发展我国的稀土事业服务。《稀土》杂志栏目丰富，有研究论文、综合评述、研究简报、产业与市场、行业动态等栏目。期刊内容新颖、广泛、实用性强，涉及稀土地质、选矿、冶炼、材料、化学、物理、生物等学科的研究，交流稀土在钢铁、机械、有色金属、电子、化工、玻璃、陶瓷、轻工、农业、医药等传统领域的最新发展情况，探讨稀土、永磁、催化、储氢、发光、晶体、结构材料等高新材料的应用趋势。

（1）起源

《稀土》是在原包头冶金研究所（包头稀土研究院）1974 年创办的内部交流刊物《稀土与铌》基础上演变而来的。1980 年改名为《稀土》，面向全国发行。《稀土》被定为中国稀土学会的会刊后，1982 年，中国稀土学会协助办理了《稀土》的出版登记手续。1987 年、1988 年先后经内蒙古党委宣传部和新闻出版署重新审核，确认《稀土》符合国家有关规定，重新颁发了登记证。1983 年，经中国稀土学会批准成立了《稀土》的第一届编委会，至今已成立了四届编委会。《稀土》创刊以来刊登了大量反映稀土学科进展的文献。徐光宪院士的"稀土串级萃取理论"就发表在《稀土》上。杂志的许多重要科技报道成为珍贵史料。

《稀土》内容比较丰富，涉及稀土行业的各个专业领域，具有报道范围广、专业多的特点。为了较好地反映各个领域科研、生产的发展，尽量增加刊物的报道和信息量，突出《稀土》以实用科学为主的报道方向。在总体安排上，既突出重点、统筹兼顾理论性及技术性，又照顾主要学科和生产门类；既照顾到主要读者群，又要使各个层次的读者都能从中得到所需的知识和信息。除内容精心安排外，报道的栏目和内容力求丰富实用。为了满足不同时期读者的需求，《稀土》的栏目不断更新，由创刊之初固定的研究论文、综合评述、研究简报栏目，随着人们对信息的重视及关注，又开设了《产业与市场》《行业动态》栏目，针对稀土产业的发展以及市场走势等读者关注的一些问题进行报道，使稀土行业的工作者们能及时了解稀土行业的发展现状及发展趋势，及时调整科研及生产方向。经过不断地调整，显著增加了刊物的信息容量，也提高了刊物的实效性。

（2）发展历程

《稀土》自出版发行至 2017 年 6 月底，共出版 230 期。期刊所报道的内容紧紧抓住稀土行业推广应用的新技术、新工艺、新产品和新成果。有针对性地组织报道各级基金项目资助的科学研究产出的高水平的科研论文，如国家自然科学基金、国家"863"计划、"973"计划项目及省级基金项目等，提高《稀土》基金论文比。同时，为满足作者及读者的需求及更好地为稀土行业服务，扩大了期刊载容量、加大信息的载容量，《稀土》在原有基础上陆续增加了内文页码，缩短了出版周期，加快论文的发表周期。1980 年《稀土》刊期为季刊，1986 年变更为双月刊，1999 年开本变更为 16 开，页码 78 页，2004 年《稀土》页码增至 104 页，2013—2015 年《稀土》被 EI 收录，2014 年《稀土》页码增至 120 页，2015 年《稀土》页码增至 160 页。

为顺应科技期刊数字化和网络化发展趋势，2012 年下半年建立了稿件在线处理系统，实现编辑业务管理数字化，2014 年与中国知网签订了"反学术不端协议"，在收稿及组稿时进行双重查重把关，有效提升了杂志学术质量水平。

从 2005 年开始，《稀土》每年组织有关专家开展优秀论文评选活动，从选题重要性、科学性和创新性、影响和作用、写作质量及规范几个方面进行打分，至 2016 年已成功举办了 12 届优秀论文评选活动，成为吸引优质稿件的有效途径。

（3）获奖及数据库收录情况

《稀土》突出自己的特色，报道我国稀土行业的科研成果、行业动态，涉及稀土行业的各个领域，力求做到报道全面、新颖、实用，成为稀土行业科研生产工作者的参考书。

《稀土》获得的荣誉见表 2-4。

表 2-4 《稀土》杂志获得的荣誉

授予时间	奖项名称	授予单位
1984 年	《稀土》编辑部被评为内蒙古自治区稀土推广应用先进集体	内蒙古计划委员会
1985 年	《稀土》编辑部被评为全国稀土推广应用先进集体	国家经济委员会
1997 年 12 月	内蒙古自治区优秀科技期刊三等奖	"内蒙古党委宣传部""内蒙古科委"和"内蒙古新闻出版局"联合授予
2001 年 12 月	《CAJ-CD 规范》执行优秀奖	中国学术期刊（光盘版）编辑委员会《中国学术期刊（光盘版）检索与评价数据规范》执行评优活动组织委员会
2002 年 8 月	第六届华北地区"十佳"期刊	华北地区期刊评选委员会
2002 年 8 月	第二届内蒙古期刊奖	内蒙古自治区新闻出版局
2003 年 1 月	第二届国家期刊奖百种重点期刊	中华人民共和国新闻出版总署
2004 年 9 月	第一届北方优秀期刊奖	北方期刊奖评选委员会
2005 年 2 月	第三届内蒙古期刊奖	内蒙古新闻出版局
2006 年 2 月	发表的论文被评为"第三届中国科协期刊优秀学术论文"	中国科学技术协会
2007 年 2 月	第二届北方优秀期刊奖	北方期刊奖评选委员会
2008 年 1 月	副主编宋洪芳被评为首届内蒙古出版（十佳编辑）奖	内蒙古自治区新闻出版局内蒙古自治区出版工作协会
2008 年 6 月	RCCSE 中国核心学术期刊	中国学术期刊评价委员会武汉大学中国科学评价研究中心
2009 年 1 月	发表的两篇论文被评为"第六届中国科协期刊优秀学术论文"	中国科学技术协会
2009 年 8 月	中国北方优秀期刊	中国北方期刊奖评选委员会

《稀土》数据库收录情况：《稀土》先后被"中文核心期刊""中国科学引文数据库来源期刊""中国学术期刊综合评价数据库统计源期刊""中国学术期刊网络版面总库"收录期刊之后，近年来又被国际著名数据库收录，2012 年被美国化学文摘（CA）（网络版）收录中国期刊；2013 年被美国工程索引（EI Compendex）收录，同时被荷兰 SCOPUS 数据库收录；2013

年还被日本科学技术振兴机构中国文献数据库（JST China）收录期刊。

《稀土》影响因子逐年提高，位居同类期刊前列，实现了影响力的跨越。图 2-9 为近年来《稀土》的影响因子及在材料科学综合类期刊的排名［数据来源：中国科学技术信息研究所 中国科技期刊引证报告（核心版）］。

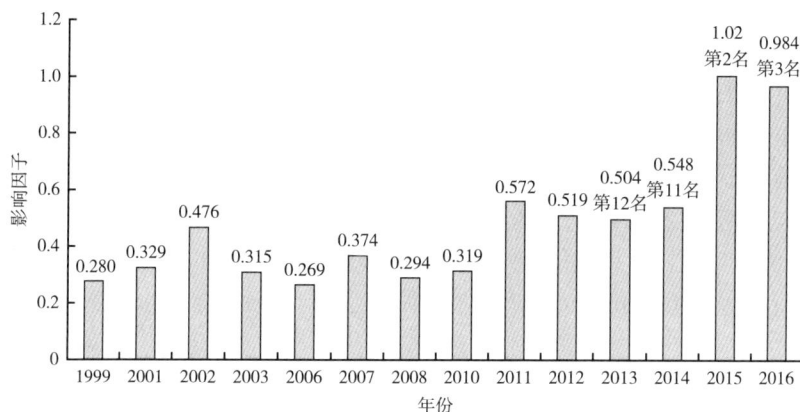

图 2-9　近年来《稀土》杂志的影响因子及在材料科学综合类期刊的排名

2.3.2.3 《稀土信息》

《稀土信息》创刊于 1984 年，作为我国第一份稀土综合信息类刊物，30 多年来《稀土信息》密切跟踪国内外稀土开发应用及市场情况，及时报道了有关稀土资源、科技、生产和应用的大量成果，伴随着我国稀土产业的繁荣发展，不但提供了大量有用的信息，还忠实记录了我国稀土事业从小到大、从弱到强的发展历程。

（1）成长历程

《稀土信息》创刊并定为月刊，由冶金工业部稀土金属情报网主办；1984 年 7 月，正式作为由全国稀土推广应用领导小组办公室和冶金工业部稀土金属情报网联办刊物，原冶金工业部副部长徐驰为《稀土信息》题写刊名并沿用至今；1986 年，《稀土信息》办理了正式期刊注册登记，刊号为 CN15-1100/TF；1988 年，《稀土信息》成为国务院稀土领导小组办公室、全国稀土信息网联办刊物；1993 年 1 月，正式成为国务院稀土领导小组办公室机关刊物，由全国稀土信息网承办。由于政府机构改革，目前《稀土信息》由国家发展和改革委员会主管，包头稀土研究院主办；《稀土信息》页码从创刊时的每期 8 页发展到目前的 48 页，从 1987 年开始至今连续刊登由国家稀土办公室总结的上一年度我国稀土界十件大事。

（2）发展定位

近年来，随着信息传播方式的多样化及快捷化，越来越多的业外媒体也开始深入稀土行业，加之人们阅读方式的转变，《稀土信息》作为纸质媒体受到了一定程度的冲击。面对这一现实状况，《稀土信息》适时调整期刊发展思路：①将期刊的信息收集发布职能向信息的研究分析延伸；②把期刊的定位从对内的信息平台转变为对外的行业媒体。目前，主要任务是把原创作品做专做深，"专"即原创作品做到与行业发展前沿相结合，从专业角度进行梳理、分析、再加工，做出一个崭新的、系统的、翔实的"信息"产品；"深"即是深度阅读，广泛深入地采访行业的生产、经营、科研、管理活动，获得第一手资讯，推出最权威的"精品"

报道。《稀土信息》将发展目标定位为全国最权威的综合性行业期刊、稀土行业重要的舆论窗口。

2.3.2.4 《中国稀土信息》(英文版)

《中国稀土信息》(英文版)(*China Rare Earth Information*)是由中国稀土学会主办,包头稀土研究院信息中心承办的对国外发行的稀土信息类刊物。自 1985 年正式创刊以来,经过不懈努力,《中国稀土信息》(英文版)的发行已经遍布全球 20 多个国家,在全球稀土及稀土相关行业信息服务上具有一定影响力和地位,是国际有识之士了解中国稀土行业的窗口杂志,更是国内稀土企业、研究机构和相关单位开展国际交流、获取信息的有效途径。

为了适应稀土行业的不断发展,使刊物更好地为稀土行业服务,自 2005 年起,刊物由双月刊改为月刊,版面由黑白版改为彩色版。《中国稀土信息》(英文版)一直秉承办刊宗旨:介绍我国稀土生产、科研、应用现状,报道国内外稀土界最新动态信息、市场商情,推广稀土新技术、新产品,加强同国外的信息交流,促进进出口贸易和中外企业的合作等。

2.4 稀土知识的普及传播

稀土知识的普及与传播大致可以分为三个阶段:报纸杂志报道阶段、专业图书出版阶段、大众科普阶段,即稀土知识普及与传播经历了从少数专家报道、专业技术人员传播到普通大众普及。

在我国稀土发现的早期阶段,稀土知识主要是老一辈科学家将自己科研成果在期刊上进行发表报道。何作霖在《中国地质学会会志》1935 年第 14 卷第 2 期上发表题为《绥远白云鄂博稀土类矿物的初步研究》(英文版)的研究报告,首次向世界宣告,在白云鄂博萤石型矿石中发现两种稀土矿物。中国台湾地质工作者黄春江提交的《绥远百灵庙白云鄂博附近铁矿报告》,在《地质评论》1946 年第 11 期发表,认为"其规模之宏大为华北该种矿床之冠"。矿中的萤石是"殊堪注目"的稀有元素矿物。1947 年,高平在《地质评论》1947 年第 13 卷第 3 ~ 4 合期上发表了《内蒙古草原地质》的报告,论述了白云鄂博铁矿和稀土元素矿产资源的发现,并进行了评价。

从 20 世纪 50 年代开始,我国稀土知识普及与传播开始通过图书出版的形式出现。1959 年,李毓英撰写的《白云鄂博铁矿地质与勘探》,对白云鄂博矿成因进行了介绍。1963 年,郭承基编写的《稀土矿物化学》,由中国工业出版社出版,其中详细列举并描述了白云鄂博矿的稀土矿物特征。1964 年,中国科学院长春应用化学研究所组织编写并由科学出版社出版了《混合稀土元素光谱图》,为稀土固体化学和物理化学的发展奠定了基础。1965 年,由中国科学院地质研究所编著的《内蒙古白云鄂博矿区物质成分研究》一书出版。1973 年,湖南冶金材料研究所编写完成并出版《稀土冶金分析》专著,为我国稀土冶金分析技术的发展发挥了重要作用。由武汉大学牵头编写的《稀土元素分析化学(上、下册)》于 1981 年由科学出版社出版,该书全面总结了在 20 世纪六七十年代我国稀土分析在理论和实践两个方面的成就,将普及与提高并重,是全国大协作的集体成果,参加撰写的主要单位有武汉大学、湖南稀土冶金研究所、包头冶金研究所、北京有色金属研究总院、中科院长春应用化学研究所等单位。1974 年,由中山大学金属系编著的《稀土物理化学常数》由冶金工业出版社出版，该书分为六章，分别介绍了稀土金属、氧化物、氢氧化物、卤化物、其他非金属二元化合物、常见含氧酸盐、络合物的物理和化学性质，由数据表和性质关系图表示。

　　1974 年年底，为了总结我国稀土在科研、生产和应用的大量成果，中国稀土学会组织由徐光宪、刘余九等全国稀土各领域的专家、学者组成的编写组，历时三年，编著了《稀土》（上、下册），于 1978 年由冶金工业出版社出版（内部发行）。本书出版后深受读者的欢迎，共 7100 套当年售完。上册主要内容为稀土概况、稀土矿物与矿床、稀土矿分解与萃取分离等；下册内容为稀土化合物制备、电解法生产金属、高纯稀土金属制取、稀土中间合金、稀土在各方面的应用，以及稀土生产中的卫生防护和"三废"处理等。1978 年，徐光宪在《北京大学学报》发表了"串级萃取理论"，提出了恒定萃取比体系和恒定混合萃取比体系的级数计算公式、最优萃取比方程、最优回萃比和回比公式及最优化分馏萃取工艺的设计步骤。稀土分离从此开始了利用数学计算的方法解决工艺设计的最优化问题，克服了以往萃取工艺试验和设计中的盲目性，大大缩短试验周期。

　　为了在全国范围宣传稀土知识，提高稀土推广应用水平，1975 年国家计划委员会、国家经济委员会、国家科学技术委员会、冶金部联合举办了全国稀土推广应用展览，冶金部包头冶金研究所和五机部五二研究所具体负责组织。该展览先后到北京、天津、上海、湖北、湖南、广东、内蒙古、甘肃、四川、辽宁等十个省、直辖市、自治区巡回展出，1975 年 10 月—1977 年 7 月共展出各种实物展品 1000 余件，文字板面展线 120 米。展出期间接待观众 17 万人次，举办讲座和座谈 283 场，有效地普及宣传了稀土科技知识，有力地推动了稀土生产和应用的发展。

　　进入 20 世纪 80 年代，与稀土知识相关的刊物陆续出现，并举办稀土展览会。1980 年，中国稀土学会发行会刊《稀土》。1980 年 7 月，《人民日报》第二版以《白云鄂博共生稀土矿综合利用取得新进展》为题，报道了白云鄂博矿综合利用的发展情况。1981 年，中国稀土学会在北京展览馆举办了《全国稀土推广应用产品展销会》，展销会共计接待国内观众 7 万余人次，国外客商 50 多家、100 多人次。1982 年，中国科学院长春应用化学研究所出版了 50 余万字的《稀土络合催化合成橡胶文集》，荣获 1982 年国家自然科学奖二等奖。

　　1984 年，《稀土信息》创刊，编辑部设在全国稀土信息网办公室（挂靠在包头稀土研究院）。该刊物主要传播和普及稀土政策、资源、产业、经济等稀土相关知识。1985 年，现为包头稀土研究院信息中心主办英文版《中国稀土信息》创刊（季刊）。该刊早期作为交流资料同国外交换交流，1992 年成为正式期刊向国内外发行。

　　1985 年 9 月，由国家计划委员会、国家经济委员会、国家科学技术委员会、冶金工业部、有色金属工业总公司、国际贸易促进会、全国稀土推广应用领导小组和中国稀土学会在北京展览馆共同举办了"国际稀土及应用展览会"。展览会展出了各种稀土产品和稀土应用产品共 2000 多种，着重宣传介绍了我国稀土资源优势、稀土生产、应用成就和科研成果。同时，展览会以展板和实物的形式传播普及了稀土知识。

　　20 世纪 80 年代后，陆续出版了多种稀土专业相关图书。刘余九编著的《稀土》由冶金工业出版社出版。全书分为八章，内容包括：稀土概述、稀土化合物生产的工艺方法、稀土金属及合金的制备方法、稀土材料的制备和应用，同时在附录中介绍了国外主要稀土生产厂商。

湖南省稀土技术协会编写了《民用铸铁锅生产中应用稀土》《稀土元素应用的第三大用户——在玻璃、陶瓷中应用》《稀土元素在铝及其合金中的应用及稀土在皮革中的应用》等具有实际操作价值的稀土应用小册子。1985年以后，涉及各领域的稀土知识相关图书开始大量出版。郭承基编著的《稀土地球化学演化》（贵州人民出版社）和褚幼义、赵琳主编的《钢中稀土夹杂物鉴定》（冶金工业出版社）于1985年出版。1987年，余宗森主编的《稀土在钢铁中的应用》由冶金工业出版社出版，该书对稀土在钢液中的物理化学常数、稀土在铁基体中的固溶量、稀土加入方法、稀土在钢铁中的分布存在状态及对成品性能影响机理等进行了研究探讨，并对稀土在钢中的应用进行了回顾与展望。1988年，徐光宪和袁承业合著的《稀土的溶剂萃取》出版，郭伯生等编著的《农业中的稀土》出版。1989年，张静、田淑贵编著的《稀土元素矿物微量半微量化学分析》由科学出版社出版。1990年，周寿增编著的《稀土永磁材料及其应用》由冶金工业出版社出版。1991年，由全国稀土职工技术培训协作中心组织编写的《稀土湿法冶金工艺岗位技术培训教材》出版。此外，《四川稀土》也于1991年创刊发行。1994年，石春山、苏锵编著的《变价稀土元素化学与物理》由科学出版社出版，清华大学盛达编著的《稀土铸铁》由冶金工业出版社出版。1995年，由徐光宪担任主编编写的《稀土》（第2版），由冶金工业出版社出版发行。1996年，由池汝安和王淀佐合著的《稀土选矿与提取技术》由科学出版社出版。1998年，倪嘉缵、洪广言主编的《稀土新材料及新流程进展》由科学出版社出版。2003年开始，中国稀土学会开始编印《中国稀土学会年鉴》，年鉴全面展示我国稀土学术研究、技术进步、创新与成果转化等方面的现状与最新进展。2005年，由倪嘉缵、洪广言编著的《中国科学院稀土研究五十年》由科学出版社出版发行。2015年，中国稀土学会编写的2015年中国工程院咨询研究报告《稀土资源可持续开发利用战略研究》由冶金工业出版社出版。2016年，中国科协主编、中国稀土学会编著的《2014—2015稀土科学技术学科发展报告》由中国科学技术出版社出版发行。2016年由中国稀土学会组织编写的《稀土科学技术丛书》开始出版发行，当年出版《稀土发光材料》《稀土玻璃》《稀土顺丁橡胶》《稀土陶瓷材料》四本，并获得国家出版基金资助。

1998年，科技部、国家计划委员会和国家冶金局在北京展览馆联合举办"98'稀土开发与应用成果展览会"。有来自全国各地240余家稀土企事业单位参展，展出了稀土资源开发利用方面的新产品、新技术、新成果，展览期间共接待4万余名观众。

此外，1985年以后面向社会大众的科学普及类图书、影视作品开始陆续出现。为了加强稀土推广应用普及宣传和对外交流，中国稀土学会编印出版了大型彩色画册《中国稀土画册》（中英文对照）。该画册选用了160多幅彩色照片，全面介绍了我国稀土资源、科研、生产、应用和学术交流等方面的情况，方毅副总理为画册题写了书名。本画册在香港印刷10000册，主要在1985年的"国际稀土及应用展览会"上发放。1990年，上海科教电影制片厂摄制完成三集科教片《神奇的稀土》，该片由杨朴淳和丁一峰编导，方毅又为本片题写了片名。1993年，中国稀土学会组织编译了日本大阪大学足立吟也主编的《稀土类物语》，书名译为《稀土及其应用原理浅说——高技术材料的魔术师》。1998年，电视系列片《稀土》在中央电视台播出，该系列片由北京京磁技术公司和中央电视台《星火科技》电视节目办公室联合摄制，内容以宣传稀土在各方面应用为主。每集5分钟，陆续播出45集。1999年，《稀土浅说》出版，该书由内蒙古自治区稀土办公室与全国稀土信息网办公室共同编写，内蒙古自治区政府主席云布龙为本书作序。全书以介绍稀土基本知识和各种用途为主要内容，为稀土知识的普及起到一定作用。2000 年，北京市稀土办公室在《北京科技报》开辟了"稀土应用园地"，文章以科普形式，由浅入深，基本涵盖了稀土与人们生活相关的领域。科普宣传起到了良好的社会效果。2000 年，苏锵在院士科普丛书系列中，著有《稀土元素——您身边的大家族》一书，生动地介绍了稀土元素特征、应用、发展等。2008 年窦学宏编著的《窦学宏稀土文选》对稀土元素和稀土应用进行了科普介绍。

1998 年以后，稀土知识逐渐通过网络传播普及。1985 年，由包头稀土研究院在国际互联网上建立的"中国稀土"网站正式开通。该网站，集稀土信息采集、传输、存储、处理和分析等多功能于一体，通过网络提供、传播稀土技术和经济信息。2012 年，由中国科协主办，中国科普研究所、中国稀土学会、中国科技新闻学会承办的科学家与媒体面对面项目——稀土与我们的生活，由中国网进行了现场图文直播，取得较好的社会反响。2015 年，由科普中国出品，中国稀土学会制作，四川大学陈耀强的科普文章"治理城市雾霾的神奇物质——稀土材料"在网络上广泛传播。

从 20 世纪 90 年代末至今，随着稀土在高科技领域的广泛应用以及稀土采、选、冶、用技术发展，稀土相关信息在国内外关注度日益提高，介绍稀土资源及冶炼应用方面的文章和相关报道越来越多。中央电视台、新华社、人民日报、经济日报、科技日报、国际商报、国土资源报、中国化工报、冶金报等国内重要媒体多次报道有关稀土消息，刊发相关文章，发表业内权威人士专访等。对 2011 年世界贸易组织稀土诉讼案方面的裁定过程及结果也做了跟踪报道。所有这些，普及了稀土相关知识，阐述了有关稀土的相关政策，正面回应了国外对中国稀土管理和贸易的关注，也使稀土在民众中被更多地了解和认识。

2.5　国内外学术交流会议及论坛

（1）会议名称：国际稀土开发与应用研讨会

主办单位：中国稀土学会

会议简介：中国稀土学会于 1985 年在北京召开了第一届国际稀土开发与应用研讨会，此后每三年举办一次，至 2016 年已经成功举办了八届，目的是促进国际稀土科学与技术交流。

（2）会议名称：中国稀土学会学术年会

主办单位：中国稀土学会

会议简介：1980 年 12 月，在北京召开"中国稀土学会成立大会"的同时，举办了"中国稀土学会第一届学术会议"，1990 年、1994 年、2000 年和 2017 年分别召开了第二届至第五届中国稀土学会学术年会，内容涵盖稀土资源开发、功能材料、稀土应用等。深入探讨稀土选冶及应用领域所面临的机遇与挑战，并致力于促进学术界和产业界的沟通与联系，促进我国稀土领域的科学和技术的发展。

（3）会议名称：中国稀土学会青年学术会议

主办单位：中国稀土学会

会议简介：第一届青年学术会议于2005年在内蒙古包头召开，2008年在广州召开了第二届。该会议以青年科技人员为主体，对稀土领域的发展现状、研究进展、工艺技术等方面进行深入交流和探讨。

（4）会议名称：全国稀土催化学术会议

主办单位：中国稀土学会催化专业委员会

会议简介：中国稀土学会第一届稀土催化学术会于1983年6月在北京召开。该会议为系列会议，每1~2年召开一次，至2016年已经召开了二十一届。该会议全面展示和反映历年来我国在稀土催化材料以及稀土催化剂研究和应用方面所取得的成就，深入探讨稀土催化领域所面临的机遇、挑战及未来发展方向。

（5）会议名称：全国稀土分析化学学术研讨会

主办单位：中国稀土学会理化检验专业委员会、中国稀土行业协会检测与标准分会

会议简介：全国稀土分析化学学术研讨会，第一届于1971年召开，每2~3年召开一届。旨在交流稀土分析化学领域所取得的科研成果及经验、促进稀土分析化学在稀土各领域的应用，建立稀土行业分析检测技术新方法、新技术及新设备应用经验交流的平台。

（6）会议名称：全国稀土发光材料学术研讨会暨国际论坛

主办单位：中国稀土学会发光专业委员会、中国物理学会发光分会

会议简介：该会议是1993年11月在上海召开的第一届会议的继续，当时会议名称是第一届灯用稀土荧光粉应用及学术研讨会。后定为稀土发光材料学术研讨会，成为每三年举行一次的系列性会议。会议交流在稀土发光基础和应用基础研究以及高新技术产业化等方面所取得的进展和成果，推出新的节能照明光源和发光材料。

（7）会议名称：全国稀土化学与湿法冶金学术研讨会

主办单位：中国稀土学会稀土化学与湿法冶金专业委员会、稀土火法冶金专业委员会、先进稀土材料产业技术创新战略联盟

会议简介：全国稀土化学与湿法冶金学术会议是稀土材料化学与湿法冶金学科的系列学术会议，首次会议于1981年12月在长春举办，此后每2~3年召开一届，截至2014年该会议已经召开了十一届。旨在推进稀土资源高效清洁提取，提高稀土资源的利用率、应用水平及应用价值，降低环境污染。

（8）会议名称：中国功能新材料学术论坛暨中国稀土行业协会储氢材料分会年会

主办单位：中国金属学会功能材料分会、中国稀土学会固体科学与新材料专业委员会、中国稀土行业协会储氢材料分会

会议简介：2012年召开了第一次会议，形成了每年举办一届的系列会议。主要围绕功能材料及稀土科学的最新进展情况展开讨论，特别是储氢材料的研究及应用以及它们的现状和发展趋势。

（9）会议名称：中国包头·稀土产业论坛

主办单位：内蒙古自治区人民政府、中国工程院、中国稀土学会、中国稀土行业协会

会议简介：首届论坛于2009年举办，为非营利性、定期、定址的会议。论坛每四年为一个周期，前三年为国内行业专题论坛，第四年为国际综合性论坛。中国包头·稀土产业论坛已成为稀土产业前沿科技交流平台、稀土产业政研成果发布平台、稀土产业发展方向

探索平台。

（10）会议名称：海峡两岸稀土功能材料与应用技术学术研讨会

主办单位：中国科学技术协会

会议简介：中国科学技术协会自 1999 年开始举办海峡两岸青年科学家学术研讨会。为进一步推动两岸科技交流、拓展交流领域、扩大交流规模，从 2008 年起改为海峡两岸青年科学家学术活动月。海峡两岸青年科学家围绕基础学科、应用学科、新兴学科、边缘交叉学科的前沿科学问题，选择两岸科技工作者共同关心的内容开展学术交流。

（11）会议名称：中国稀土萃取工程师论坛

主办单位：北京大学稀土材料化学及应用国家重点实验室

会议简介：中国稀土萃取工程师论坛自 2000 年开始创办，四年举办一届，交流和学习稀土绿色萃取分离技术的最新研究成果。

（12）会议名称：国际稀土资源利用会议暨国际功能材料研讨会（ISRERU–4 & ISFM–7）

主办单位：中国科学院长春应用化学研究所稀土资源利用国家重点实验室

会议简介：ISRERU 系列会议由中国科学院长春应用化学研究所稀土资源利用国家重点实验室主办。ISRERU–4 是继 2003 年中日稀土新材料双边会议、2006 年中日韩稀土新材料会议、2012 年 ISRERU–3 成功举办后，在长春举办的以稀土资源利用为主题的国际研讨会；国际功能材料研讨会（ISFM）系列会议在国内外有着较高的声誉和影响，其中，ISFM–5（2012）、ISFM–6（2014）已经分别在澳大利亚和新加坡成功举办。主题为稀土资源利用及声、光、电、磁等功能材料领域的最新研究进展。

（13）会议名称：中国功能材料及其应用学术会议（CN NCFMA92）

主办单位：中国仪表功能材料学会、重庆材料研究院、哈尔滨工业大学、《功能材料》期刊社

会议简介：中国功能材料及其应用学术会议是中国功能材料科技领域全国性、综合性、开放性的大型学术会议，交流功能材料领域的最新科研成果，研究功能材料发展中的一些前沿问题。每三年召开一次。

（14）会议名称：中国化学会学术年会分会——稀土材料化学及应用

主办单位：中国化学会

会议简介：中国化学会学术年会于 1933 年召开了第一届，前期每年一次，后改为每两年举办一次，至 2016 年已经成功举办了 30 届。会议设稀土材料化学及应用分会场，交流稀土化学领域的研究进展及成果。

（15）会议名称：中国材料大会——钒钛与稀土功能材料分会

主办单位：中国材料研究学会

会议简介：中国材料大会是中国材料研究学会最重要的系列会议，从 1992 年开始至 2017 年已举办 14 届。自 2008 年开始，由原来的每两年举办一次改为每年举办一次。会议为我国新材料科学研究、开发和产业化搭建一个交流平台，交流和共享材料研究的最新成果。

（16）会议名称：国际稀土永磁及应用会议（Internation Workshop on Rare–Earth Permanent Magnets and their Applications）

主办单位：中国金属学会、钢铁研究总院、中国稀土学会、北京大学、北京中科三环高

技术股份有限公司、北京工业大学、中国科学院宁波材料研究所

会议简介：迄今为止，中国北京已举办了三届"Internation Workshop on Rare-Earth Permanent Magnets and their Applications"，第七届国际稀土－钴永磁体（REPM）及其应用会议于 1981 年 9 月 16—18 日在北京举行，这是国际磁学界在我国召开的第一次有关磁学的国际会议；2005 年 8 月在北京友谊宾馆举办了国际稀土永磁及应用会议。

第3章 中国稀土学科教育的发展

中国稀土学科教育是指在稀土领域培养高职、学士、硕士、博士等方面专门人才，掌握稀土地质、勘探、稀土采矿、矿物加工、稀土冶炼分离和稀土材料等方面的基础知识、基本理论和前沿技术，受到工艺制作、工程设计、测试技能和科学研究的基本训练，达到具有稀土生产、新技术、新工艺和新材料开发及工业设计和生产组织管理的能力。稀土学科教育与稀土科研、生产紧密结合是稀土行业发展的重要推动力。稀土基础知识、专业知识教学、毕业论文的安排实施在稀土人才培养中起到重要作用。

3.1 中国稀土学科教育发展沿革与现状

在中国稀土学科教育体系中，设立了稀土相关专业，正在培养或已经培养过稀土专业人才的单位主要有兰州大学、南昌大学、北京大学、江西理工大学（江西冶金学院）、内蒙古科技大学（包头钢铁学院）、东北大学（东北工学院）、中南大学（中南工业大学）、中山大学及中国科学院长春应用化学研究所、钢铁研究总院、北京有色金属研究总院、包头稀土研究院、广州有色金属研究总院等研究院所，还有大量综合性大学和理工科大学虽未专设稀土专业，多年来也为稀土行业培养了不少人才，限于篇幅对于后者不做介绍。高校主要培养部分高职、本科、硕士及博士，研究院所主要培养硕士和博士等。

3.1.1 学科教育的发展沿革

中国稀土学科教育最早起源于20世纪50年代，大致分为理学和工学：以兰州大学、南昌大学、北京大学等为代表的理学专业，是指从无机化学专业细分发展起来的稀土元素化学专业；以江西理工大学、内蒙古科技大学、东北大学等为代表的工学专业，是指从冶金工程专业细分发展起来的稀土工程专业。此外，武汉大学、华东师范大学是稀土分析的重要教学单位。

1954年，根据高教部指示，兰州大学化学系设置无机化学专业，稀有元素专门化的设置被提上日程。1954—1955年，兰州大学化学系无机化学教研组开始重点钻研稀有元素，通过与分析化学教研室的配合，初步了解西北、全国稀有元素矿产的种类及其分布情况，为稀有元素专门化的设立做好初步准备工作。1956—1957年，兰州大学全力开始准备无机化学专业稀有元素专门课程和实验。20世纪60年代以后，兰州大学开始有针对性地发展稀土化学专业，主要开展稀土元素化学和配位化学研究（包括变价稀土化学、稀土配合物化学、稀土发光材料等），1970—1978 年，招收、培养稀土元素专业本科生 192 人。1990 年，兰州大学无机化学专业获得博士学位授权，稀土是无机化学专业研究的主要对象，主要集中在稀土元素、稀土络合物、稀土溶剂萃取、稀土生物无机化学、稀土在药物、油漆、陶瓷应用等领域的研究。1998 年，兰州大学在新组建的化学化工学院化学系内成立了配位化学与功能材料研究所，继承无机化学教研室的传统，稀土化学研究仍然是研究所的主要研究方向之一，在无机化学专业的硕士、博士培养中继续开设稀土元素化学和稀土化学前沿等课程，稀土研究侧重于稀土功能配合物合成及性质研究、精细产品合成和催化剂研究等，形成了以稀土化学为中心的特色学科方向。

南昌大学稀土学科的发展源于 1958 年建立的江西大学化学系，其中无机化学专业主要针对江西开发钨、钼、钽、铌等稀有金属资源的需要，开设了稀有元素化学专业方向，少数老师在稀土元素资源开发和分析等方面开展了一些零星的研究工作。1977—1993 年，江西大学化学系每年约招收 30 名无机化学专业本科生，培养了一批以稀土元素为主要方向的专门人才，并以此形成了以化学系无机化学教研室为主体的稀土资源开发与材料、以化学系物理化学教研室为主的稀土催化材料、以化学系和生物系教师组成的稀土分析、农用与环境保护三支稀土科研队伍。为满足稀土资源开发应用对稀土专门人才的需求，1988—1992 年，江西大学化学系共培养了 5 届稀土专科班，每班 25 人左右。1993 年，南昌大学成立后，根据教育部的宽口径培养要求，不再招收稀土专科班。稀土方向的本科人才培养主要体现在化学系的化学和应用化学专业，材料科学与工程学院的金属材料和非金属材料专业，化学与环境工程学院的化工工艺、资源与环境、化学工程等专业。1995 年，南昌大学无机化学硕士学位点获批，开始招收稀土化学、稀土资源和稀土材料方向的研究生。1999 年，南昌大学获得材料物理与化学和工业催化两个博士学位授权点，将稀土材料作为主要研究方向之一，并先后成为博士后流动站。

北京大学是我国最早开展稀土教学的单位之一，1958—1959 年，师生共同分离了 15 种单一稀土元素；1960 年，设立了稀有元素专门化，稀土化学是其中的重要部分；1963 年，涉及稀土的毕业生数人。北京科技大学理化系也曾设有稀土专业，招收过两届学生。

江西理工大学（原江西冶金学院、南方冶金学院）最早在 1972 年开设的稀有金属冶金本科专业中，组织师资力量讲授稀土元素化学、萃取冶金学等与稀土冶金相关的课程，主要突出稀土资源开发利用及深加工利用等技术，着力培养稀土冶金方向专门人才，并在此后一直注重这方面的人才培养。1984 年，江西理工大学稀有金属冶金并入有色金属冶金专业。1984—1986 年，江西理工大学招收了 3 届稀土专科班进行稀土专业技术人才培养。1987 年，稀土专科班停办，但依旧在有色金属冶金专业中开设稀土方向相关课程。自 1985 年、1996 年、1998 年招收有色金属冶金、采矿工程、材料加工工程、材料学等硕士研究生以来，江西理工大学在教学与科研中利用江西省自然资源、产业优势，在稀土冶金新工艺与理论、新材料、资源循环及综合利用等方面开展理论研究与工程化研究。为满足行业需求，2002 年 9 月，江西理工大学新增"稀土工程"本科专业，该专业在矿物加工、冶金工程、材料工程、化学工程与工艺等专业基础上整合而成。江西理工大学于 2008 年获准设立博士后流动站，2012 年，获"离子型稀土资源开发利用博士人才培养项目"博士学位授权，获批建立"国家离子型稀土工程技术研究中心"，聘请 20 多名国内外稀土界知名院士、专家作为兼职教授。2012 年

9 月，教育部进行专业设置改革，将"稀土工程"专业划入"冶金工程"专业。江西理工大学于 2013 年 9 月停止招收稀土工程专业学生，但没有终止稀土领域人才的培养，将稀土工程专业并入冶金工程专业，作为冶金工程的一个方向继续开展本科教育。同时，对于从事稀土研究方向的硕士、博士研究生的教育与培养依旧在延续。

内蒙古科技大学（原包头钢铁学院）曾在建校之初就培养过稀土冶金专业人才，从 1987 年开始连续 3 年招收冶金工程系稀土冶炼专业的学生，并组织较强的师资力量成立了稀土冶炼教研室，为稀土行业培养并输送了近百名稀土专业的毕业生。1987 年，内蒙古科技大学与北京科技大学联合培养稀土方向硕士研究生。1991 年，开始独立招收稀土方向研究生。2000 年，内蒙古科技大学和包头稀土高新技术产业开发区联合，以内蒙古科技大学作为教学基地，以包头稀土研究院和稀土高新技术产业开发区的稀土应用研发中心为实验基地，以包头地区的稀土企业为实习基地，培养稀土方向人才。2004 年 10 月 22 日，内蒙古科技大学稀土学院成立。2005 年 9 月 29 日，内蒙古科技大学从冶金工程、材料工程和应用化学等专业选入 28 名学生进行稀土工程专业培养。2013 年，稀土工程专业并入冶金工程专业，设置为冶金工程（稀土方向）。

在 20 世纪八九十年代，为解决稀土行业人才紧缺，国内多所高校和科研单位为企业举办了各类培训班，例如武汉大学的稀土仪器分析，华东师范大学的稀土分析，南昌大学的化学分析和提取工艺，北京有色金属研究总院和湖南稀土研究所的萃取分离，江西理工大学稀土分离，等等。

目前，部分职业学校也培养稀土工程专业相关的人才，如江西应用技术职业学院培养稀土地质人才等。

中国稀土学科教育发展至今，依托中国稀土资源优势，结合各地稀土开发与应用新技术，办学成果明显，为中国稀土行业培养并输送了一大批优秀稀土冶金专业技术人才和管理人才，同时在教学实践中锻炼成长了一批高素质稀土冶金与材料等方面的教学科研人员。

3.1.2　学科教育的专业设置

中国稀土学科教育最终形成了稀土工程本科专业，其所属学科为工学，学制 4 年。国内主要由我国两大稀土资源地所属高校：南方离子型稀土资源所在地的江西理工大学，北方轻稀土所在地的内蒙古科技大学设立了稀土工程本科专业。在课程设置上根据教育部稀土工程学科教学指导委员会制订的专业规范，瞄准稀土行业的发展需要，遵循工程学科的知识体系结构和专业的培养要求，充分结合各校办学目标、培养特色、学生生源以及稀土工业的实际情况，构建"宽口径、厚基础、强能力、高素质"专业培养模式，坚持知识、能力、素质协调发展和综合提高的原则，实现理论教学、实践教学和科学研究相结合，科学教育与人文教育相结合，实现教学向教育、传授向学习、研究向实践的转变，强调学生获取、运用、迁移知识与创新实践能力的培养。课程体系上采用"基础 + 核心 + 特色"的培养模式，前 7 个学期主要进行学科基础理论、方法和专业核心课程与实践的学习，第 8 个学期是毕业实习、毕业设计、毕业答辩等实践培养环节。

根据实施学分制的总体要求，按照"通识、基础、专业、实践、提高"的课程体系设计原则，稀土工程专业课程模块主要划分为 5 大模块："通识教育课程模块""学科基础课程模块""专业课程模块""实践教学模块"和"综合素质模块",包括公共必修课、专业必修课、专业任选课、实践环节和课外研学。具体课程设置如下:

1)公共必修课包含通识类课程模块和学科基础模块,其中通识类课程模块包括基础(思想道德与法律)、英语、体育、纲要、大学生计算机基础、形势与政策、概论、原理、Visual Foxpro 数据库应用技术、安全教育、军训(含军事理论课与入学教育)、大学生职业生涯与发展规划、大学生就业指导;学科基础课程模块包括高等数学、线性代数、大学物理、高级语言程序设计、机械制图、无机化学、有机化学、分析化学、概率统计、大学基础化学实验、大学物理实验、电工技术。

2)专业必修课、专业任选课属于专业课程模块,专业必修课有冶金化工设备、稀土矿物及其加工、稀土分离科学、稀土冶金学、稀土材料与应用、稀土冶金工厂设计基础、冶金热力学、冶金动力学、有色金属冶金学、金属学;专业任选课包含稀土元素化学、稀土发光材料、稀土磁性材料、稀土冶金新发展、现代分析与测试技术、热工仪表及控制、冶金反应工程学、真空冶金学、冶金试验研究方法、粉末冶金学、冶金技术经济分析、冶金环境保护概论。

3)实践教学模块包括军事技能训练、金工实习、专业基本技能实验、专业综合实验、生产实习、化工设备课程设计、专业课程设计、毕业实习和毕业设计、毕业教育。

4)课外研学主要通过校级公选课、社会实践、学科竞赛、科学研究、文学艺术创作、等级考试等活动取得,时间分散在全学程。

稀土工程专业学生本科毕业时应获得以下知识、能力与素质:①掌握稀土工程专业必需的制图、机械、电工技术和计算机基础技能;②掌握有色金属冶金特别是稀土冶金、材料制备及加工的基础理论知识;③熟练掌握一门外语并具有一定的听、说、读、写能力,能熟练地阅读稀土专业文献,拥有较强的技术开发及经营管理方面的能力,了解本专业及相关学科的科技发展动态;④具有稀土冶金与材料制备的生产组织、技术经济分析、科学管理和工业设计的初步能力;⑤具有分析解决稀土生产过程中的实际问题以及进行科学研究、开发新工艺、新技术、新产品的能力。

3.2 稀土学科教育发展特点

我国稀土学科教育的发展是各教育研究机构依据自身优势及社会需要而逐步展开的。在稀土成为国家战略资源的大背景下纵观各单位的学科发展,主要呈现以下几个特点:

1)对稀土学科相关的理论和工程技术人才培养教育及定位各有偏重。

2)培养过程表现为矿业、冶金、化学、材料等多学科理论及实践相互交叉融合。

3)人才层次多元化,梯度化。高校主要输出高职、本科、硕士及部分博士,研究院所主要培养硕士和博士高层次人才。

3.2.1 学科教育侧重点

通过对各高校及研究院所的稀土学科发展沿革看,学科的教育侧重点不同,各有特色,主要集中在矿业、冶金、化学、材料学科的基础及应用领域。

以北京大学、兰州大学为代表的高校培养方向主要侧重于化学、材料学科，更注重基础及理论研究。其中，北京大学主要以稀土材料、化学学科教育及研究为主，一直将稀土元素化学及功能材料作为教学内容，建设了国家重点学科发展项目——稀土材料化学及应用国家重点实验室。兰州大学有针对性地发展稀土化学方向和传统，在稀土功能配合物合成、稀土发光材料、稀土配合物器件化等研究方面开展工作，取得了一批具有国际先进水平的创新成果，形成了以稀土化学为中心的特色学科方向。另外，南昌大学也同样侧重于稀土化学及材料领域，围绕稀土荧光材料、催化材料和抛光材料的性能优化进行研究，在微纳米功能材料研究方面取得了系列成果。

以江西理工大学、内蒙古科技大学、东北大学为代表的高校主要侧重冶金和矿业学科的基础及应用领域的人才培养和教育，更偏重于培养冶金及矿业工程类高级人才。其中，江西理工大学围绕南方离子型稀土矿特色，形成以稀土冶金为主，并包含部分矿业加工、稀土化学、稀土材料学基础为辅的学科教育体系。各大学始终坚持"以质量求生存，以特色谋发展"为办学原则，目的是为国家输送急需的稀土冶金、稀土材料开发与应用、稀土工程设计和科技创新的高级专门人才。专业紧密结合原有稀有金属冶金教学和科研的软、硬件资源，以国家可持续发展政策为导向，形成了"多元学科有机融合"为基础，发展"现代绿色稀土冶金工程"为侧重的学科教育特色。内蒙古科技大学稀土专业主要定位是为稀土资源的高效开发利用服务，促进区域经济发展，培养高素质应用型人才。依托"白云鄂博矿稀土及铌资源高效利用省部共建教育部重点实验室""稀土现代冶金新技术及应用实验室""冶金工程（稀土方向）实验室"等实验教学平台和具有完善的选矿、分离、提纯及应用等产业链的"北方稀土"的实习平台，保障了学生从知识到实践的认识。东北大学始终坚持"厚基础、强实践、重特色"的办学传统，形成独特的冶金、能源、资源环境等稀土专门人才培养体系。依靠强势重点学科群和科技创新平台，坚持产学研结合，多渠道、多形式办学。优化课群设置，力推精品课程，整合专业课程，按照"横向拓宽、纵向理顺、加强基础、调整结构、精减学时"的要求，对课程进行精简、更新。

3.2.2　教学内容、教学方法、教学手段等方面的特点

如前所述，由于各高校的教育侧重点及方向不同，而学科的教学体系涉及化学、材料、冶金、矿物等多专业有机融合，在教学内容、方法和手段上也各有特色，同时也具备共同点，主要介绍如下。

（1）在教学内容方面

各高校在多学科交叉方面做到"分而不散、重点突出"。同时，避免内容分散和课程拼凑而使学科成为"大杂烩"，构建紧密配合，有机联系的课程内容，删减陈旧内容，避免分割过细、脱节和不必要的前后重复。例如，北京大学、兰州大学开设的课程涵盖了"无机化学→稀土元素化学→稀土配位化学→稀土固体化学→稀土分离→串级萃取理论→稀土功能材料"这一课程主线。江西理工大学则在核心基础课程的设置上经过认真论证，对所涉及化学学科的主干课程加以保留，同时，选择材料、矿物的主要专业基础课程为教学内容，但比重适当；对冶金专业的课程，则包含了主要的冶金原理相关基础课程，对传统稀土冶金工艺课程加以

优化和精简，做到重点突出，围绕"稀土资源→稀土化学→冶金提取→材料制备"技术链，完善和建立相关教学内容，同时，广泛征求各方的意见，积极编写适用稀土工程课程的教材，以保证教学内容与设置课程时的初衷相一致。

（2）在教学方法方面

主要体现在"目标内容导向、组织形式多样"上。为服务稀土工程专业的教学内容和目标，教学方法自然要以教学内容和目标为导向，由于教学内容的交叉性强，目标多元化，丰富的内容和领域也必然形成组织形式多样的教学方法。例如：兰州大学、北京大学对抽象的基础理论课程，在讲授的基础上，为充分调动学生学习的主动性、积极性，充分运用讨论、直观演示等方法，科学地组织教学内容，激发学生的求知欲望和积极的思维活动。内蒙古科技大学对专业基础课程，主要运用启发式教学方法，最为关键的就是引导和激发学生对课程的兴趣，合理地选择适宜的教学方法并能进行优化组合，因为不同学科的知识内容与学习要求不同；不同阶段、不同单元、不同课时的内容与要求也不一致，这些都要求教学方法的选择具有多样性和灵活性。江西理工大学对于专业课程，充分发挥赣州地区的稀土产业优势，尽可能多地采用任务驱动、参观、现场教学法，通过课内课程设计，可以让学生在完成"任务"的过程中，培养分析问题、解决问题的能力，培养学生独立探索及合作精神；通过参观使学生巩固已学的理论知识，掌握最新的前沿知识；以现场实物为对象，以学生活动为主体，与实践生产衔接，实现理论知识的理解和进一步深化。东北大学注重教学方法研究，实施启发式、讨论式、研究式的教学方法，充分调动学生积极性、主动性和创造性；注重学生创新精神和创新能力的培养，重视学生在教学活动中的主体地位；加强实践教学环节，改革实验教学体系，增加综合性、研究型实验，实验课开出率达到100%，综合性、设计性实验占90%以上；倡导高年级学生提前进入实验室，加强了学生科学素养和创新意识的培养。

（3）在教学手段方面

主要体现在"有机整合、积极互动"上。有机整合主要是指传统教学手段与现代教学手段（多媒体网络技术）有机整合，充分发挥现代化教学手段信息量大，长于知识的传授、长于智力发展的优势，而不忽视通过传统方法对学生进行品德、情感、审美教育，从教师那里接受思想、情感、人格、审美方面的熏陶和感染，例如：江西理工大学建立了先进教学手段的政策保障体系和相应管理制度；积极互动则是激发学习热情的主要方法，为充分体现稀土工程专业的特色，充分利用教师在稀土科研和工程实践中积累的丰富素材，鼓励学生大胆对老师的教学提出问题，引领学生真正进入和关注稀土领域的文化和专业知识，使课堂气氛活跃，在沟通和交流的过程中教师了解到学生的需要，查找问题的所在，从而找出解决问题的方法，使教学质量不断提高。兰州大学则循序渐进、稳步推进，注重理论和实际结合，将自己的科研成果结合到教学实践中，在学生充分完成无机化学等基础理论课程后，全力准备无机化学专业稀有元素专门课程和实验，紧密将稀土元素化学和稀土化学前沿等课程与自己的优势科研方向结合，相辅相成。内蒙古科技大学则在教学过程中将科研资源向本科生开放，将最新科研成果及学科前沿知识融入教学内容中，让学生在学习基础知识的过程中充分了解学科最新前沿进展，开阔学生视野，提高学习兴趣。

3.3　稀土学科人才培养情况及培养模式

3.3.1　人才培养情况

（1）招生规模

稀土学科人才的培养分为两个方面，第一类是稀土工程专业学生培养，第二类是无机化学专业等理学专业相关的稀土人才培养。关于第一类，仅有江西理工大学和内蒙古科技大学开办了相关专业。江西理工大学稀土工程专业自 2002 年开办，招收学生从 30 人到 60 人不等。内蒙古科技大学稀土工程专业于 2005 年开办，招收学生从 28 人到 80 人不等。本专业自开办以来，实际招生人数基本上与计划招生人数相符，说明专业知名度较高，生源质量和数量稳定且有保证。2012 年 9 月教育部进行了专业设置改革，将"稀土工程"专业划入"冶金工程"专业。为此，江西理工大学、内蒙古科技大学于 2013 年 9 月停止招收稀土工程专业学生，而是将稀土工程专业并入冶金工程专业，作为冶金工程的一个方向继续开展本科教育，每年培养约 40 名稀土方向的学生。在第二类稀土人才培养中，兰州大学、东北大学、南昌大学、北京大学、中山大学等每年约有 30 人毕业论文（设计）中涉及稀土学科。

此外，在研究生培养方面，国内很多高校和科研院所都在进行从稀土矿物开始到稀土材料及应用整个稀土产业链的硕、博人才的培养。近十年来，培养研究生近 1 万人，其中稀土发光材料和磁性材料是近几年的研究热门方向，培养的硕、博士研究生最多，涉及的培养单位几十家，其中北京有色金属研究总院、钢铁研究总院、江西理工大学、内蒙古科技大学、中国科学院、中山大学、南昌大学等高校和研究院所是我国稀土学科硕、博士人才培养的重要基地。

（2）招生生源

以江西理工大学稀土工程专业各年生源情况为例进行介绍，本专业生源较为稳定，考生来源遍布全国 26 个省、直辖市、自治区；生源绝大部分来自农村，具有勤劳、朴实和踏实的优秀品质，这与本专业培养的人才将来服务于厂矿企业的要求相一致。

（3）就业率和升学率、毕业去向

以江西理工大学的稀土工程专业相关数据为例进行说明，通过以上"全方位、多渠道、立体化"的学习指导及就业指导，本专业学生的培养质量一直较高。毕业生供需比在 1∶2 左右，就业率始终保持在 90% 以上。学生的考研录取率稳定在 20% 以上。本专业绝大多数毕业生就业于虔东稀土、南方高科、稀土矿业公司等大型国有及民营稀土矿山、冶金、材料等企业。历届大学毕业生一次就业率都到了 90% 以上，其中有 25.7% 的人毕业后在国有企业工作，5.5% 在外企工作，25.9% 在民营企业工作，其中 7.2% 在政府事业单位工作，还有 22.3% 继续读研。江西理工大学自 1972 年开设稀有金属冶金专业，在全国首办稀土工程专业，2012 年获批稀土资源开发与利用国家特殊需求博士人才培养项目，提升了稀土专门高级人才培养培育水平。2006—2016 年，向行业输送本、硕、博专门人才近 700 名。此外，受人力资源和社会保障部、行业协会等委托，多次承办高级人才专业培训，如 2013 年华东地区稀土行业主要污染物减排核查培训、2014 年稀土资源开发与应用国家级高级研修班等，为虔东稀土、南方高科、稀土矿业公司等龙头企业培训技术人员上千名。硕博研究生人才，其就业率可达100%，毕业后一般进入高等学校、研究院所、大型国企等工作。

3.3.2 人才培养模式

随着国内外稀土行业的发展和变化，稀土工程专业经过数年的发展，不断适应、调整办学定位、办学理念与发展目标，培养方案不断完善，主动适应社会对稀土人才的需求。在培养目标制定过程中广泛征求、调研学生、企业和家长的意见和建议。在特色资源地区丰富的人才资源、完善的产业链的依托下，已经形成了独特的稀土专业特色。如内蒙古科技大学根据《内科大教〔2012〕1号关于修订本科人才培养方案的指导意见》完成了新一轮人才培养方案，充分发挥包头市稀土资源优势特点，学科发展趋势及应用型就业需求状况，坚持"知识、素质、能力"并重的教育模式，培养基础扎实、适应能力强、动手能力强，具有创新精神的应用型人才。建立以社会需求为驱动的，以辨识、解决问题为导向的学科专业平台，为构建适应包头市经济社会发展，为人才需求体系提供引领和示范。针对内蒙古科技大学和江西理工大学稀土工程专业的人才培养模式进行综合对比分析，对其培养目标、要求、过程管理等描述如下。

（1）培养目标和要求

稀土工程专业培养德、智、体、美全面发展、掌握现代冶金方法与材料制备的基础理论、专业知识和基本技能，了解现代稀土冶金和稀土材料学科新进展，善于应用现代科学技术从事冶金工作并能从事稀土冶金及其材料制备、工程设计和管理工作的高素质应用型人才。

稀土工程专业学生主要学习稀土冶金、稀土材料等基础理论、生产工艺和设备、实验研究与设计方法、环境保护及稀土资源综合利用等基本知识，掌握一门外语，并达到规定水平，拥有较好的专业信息获取、稀土冶金工艺与稀土材料开发的知识结构，熟悉稀土冶金工艺和稀土材料的实践、工程设计、分析测试等技能。

（2）教育全过程

以江西理工大学稀土工程专业为例，本科期间本专业教育全过程培养流程如图3-1所示。在一年级学习公共基础课时，设置专业导论课程，解决新生对专业的认识问题；在二年级学习技术基础课时，设置专业科研概论，解决学生对专业目标的认识问题，促进学生为今后学习专业知识打好基础；在三年级进入专业技术基础或后期的专业课学习时，针对学生难以理解许多经验型知识的问题，配合学生课外科技活动进行专项实验研究，促进学生对专业技术的认识和创新能力的培养；对于具有一定专业基础的四年级学生，及早开始毕业设计（论文），训练学生利用本专业知识解决实际问题的工程应用能力。

（3）管理和评估制度

1）吸引优秀生源制度。为了吸引更多优秀的学生报考本专业，提高人才培养质量，学校通过加强宣传，不断提高本专业的影响力和知名度，同时在入学前和入学后都制定了相关制度和措施来稳定和提高生源质量。

2）学生学习、职业规划、就业、心理辅导等制度。学生指导工作主要是指学生学习指导、职业规划、就业指导、心理辅导四个方面，也包括如文体活动指导、科技创新活动指导等其他方面。通过细致扎实的工作，提高全体学生的文化品位、审美情趣、人文素养和科学

第一学年		第二学年			第三学年			第四学年	
一	二	三	四	短一	五	六	短二	七	八

第一学年：基础、形势与政策、体育、英语Ⅰ、高等数学(一)、无机化学、有机化学、机械制图、计算机文化基础、军事理论；纲要、形势与政策、体育、英语Ⅱ、高等数学(二)、大学物理(一)、分析化学、数据库技术及应用、计算机高级语音；金工实习

第二学年：概论、形势与政策、体育、英语Ⅲ、线性代数、大学物理、冶金物理化学；原理、形势与政策、体育、英语Ⅳ、冶金化工设备、金属学、冶金热力学、冶金动力学、现代企业管理；短一：基本技能实验、化工课程设计

第三学年：实验设计与数据处理、电工技术、热工仪表与控制、材料化学导论、稀土元素化学、稀土分离科学、稀土矿物加工、工业催化、英语听说；有色金属冶金学、真空冶金、稀土冶金工厂设计基础、稀土陶瓷与功能材料、稀土材料与应用、纳米材料与制备、稀土火法冶金、稀土湿法冶金、粉末冶金学、英语写作；短二：专业课程设计、生产实习

第四学年：就业指导、文献检索、毕业实习、毕业设计、计算机在稀土工程中应用、冶金环境保护概论、冶金技术经济分析、稀土冶金新进展、现代分析与测试技、专业综合实验

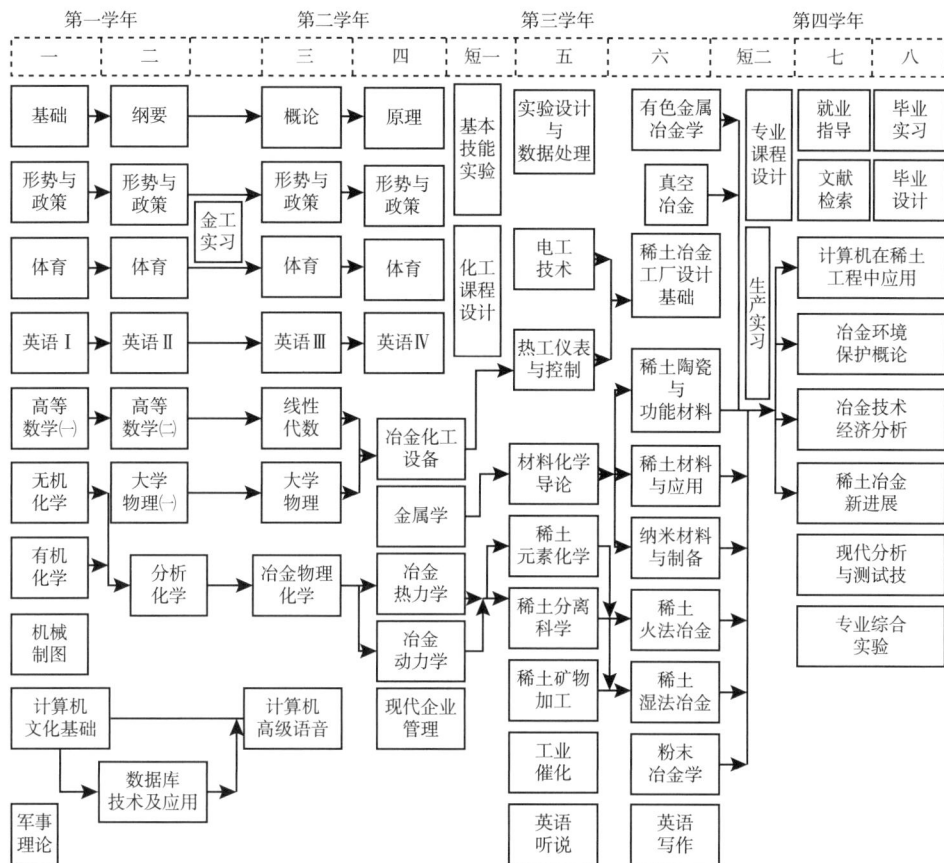

图 3-1　专业教育全过程培养流程

素质，造就具有远大理想和良好道德，具有创新精神、实践能力、可持续发展能力和国际竞争力的高素质人才，以达到稀土工程专业学生的毕业要求。

3）跟踪评价学生学习表现、内容与措施。对学生学习过程中的表现进行科学、合理的评估，是确保学生能够达到毕业要求和培养目标的保证，也是进一步提高本专业教学质量的基础。为使学生毕业时达到毕业要求，建立了校、院两级评估体系，对学生学习状况进行跟踪与评估。

4）保障理论课程教学内容的教学质量制度。由于稀土专业的特殊性、前沿性和发展迅速的特点，在教材的选用过程中，一直没有适合本专业的教材，基于以上特点，相关学校自行组织完成了稀土工程系列丛书的编写工作。同时，教师精心设计教学内容，注重知识面的覆盖，同时突出重点，确保教学质量，以及教学内容和教学目标契合本专业学生的毕业要求。定期开展各类教研活动，不断提高教师的教学水平和教学效果。此外，开展教学评价，通过麦克斯调研的方式，以学生为主体来评价教师、课程以及教学效果。

5）对课程考试的组织管理、课程考试评卷与成绩的各个环节进行了详细规定并认真组织实施。命题以课程教学大纲和考试大纲为依据，重点考核基础知识、基本理论和学生分析问题、解决问题的能力。试题内容要求覆盖面广、题型优化、题量适当、结构科学、难度适中，

具有较高的可信度和良好的区分度，期望值控制适中，能科学地反映学习效果。

6）科学的课程考核方式和严格的毕业管理。课程考核成绩由任课教师根据期末考核成绩和平时成绩进行综合评定。平时成绩由作业、出勤率、实验等部分考核成绩组成。考试内容符合大纲要求，能够反映对相应毕业要求的考察，能科学地检查教与学的效果，理论考试中记忆、理解、应用三个层次的分数比重合理。

7）完善的实践教学环节。加强实践教学环节，改革实验教学体系，增加综合性、研究型实验，实验课开出率达到100%，综合性、设计性实验占90%以上。建立和完善了校内实习基地。倡导高年级学生提前进入实验室，加强了学生科学素养和创新意识的培养。

稀土工程专业主要依托当地的稀土企业作为实践基地，教学处不定期到实习现场进行审查，促进了实践教学质量的提高。同时，学院建立的特色"顶岗实习"实践教学环节，由学院与相关冶炼企业联系，选派一定数量学生进入企业，定岗在企业中的生产、管理、分析检测等部门1~2个月，企业除了提供实践场所外，还给学生"发薪水"，可进一步提高学生的工程实践、管理、交流等方面的能力。定期组织人员对实践档案资料进行审查，对实践过程、实习内容是否符合要求进行评估。

8）严格的课程设计与毕业设计（论文）考核体系。指导教师必须具有专业背景和中级及以上职称或者硕士以上学位，有在现场工作或参加实践锻炼的经历，熟练掌握指导所需的方法、技巧和专业知识。设计要符合课程设计、毕业设计（论文）大纲对时间、设计内容的要求。课程设计选题结合冶金学科实际情况，设计能够较全面反映课程的重点内容，注重运用知识进行设计和解决问题的能力的培养，毕业设计选题应符合专业培养目标要求。课程设计选题结合实际，设计能够较全面反映课程的重点内容，注重运用知识进行设计和解决问题的能力的培养；毕业设计题目来源以工程实际和教师科研项目为主，实现一人一题。

9）激励措施制度。为了激发学生学习积极性和主动性，保障学生学习考试成绩与毕业要求一致性，学校和学院层面均设立了各类奖学金。对于品学兼优的学生每学期可获得学校综合奖学金，同时每年可参评国家奖学金，经济困难的学生还可申请国家励志奖学金，学校和系/教研室一同争取社会助学。同时，实施优秀应届本科生免试攻读硕士学位的制度。

10）学生学业预警机制。出台相关学籍管理细则，详细规定了学生学业警示、学业警告、留级、劝告退学、退学条件和处理过程。

第4章　中国稀土学科的科研体系

4.1　中国稀土科研重点实验室和国家工程中心

4.1.1　稀土科研重点实验室

我国国家重点实验室建设始于1984年，为支持基础研究和应用基础研究，原国家计划委员会组织实施了国家重点实验室建设计划，主要任务是在教育部、中国科学院等部门的有关大学和研究所中，依托原有基础建设一批国家重点实验室。

1984—1993年，利用科技三项经费，在基础理论研究方面投资9.1亿元建设了81个国家重点实验室。1991—1995年，利用世界银行贷款投资8634万美元和1.78亿元，在应用基础研究和工程领域建设了75个国家重点实验室。1998—2007年，在国家重大需求领域和新兴前沿领域新建了88个实验室，同时淘汰了17个运行较差的实验室。

2000年开始，在国家重点实验室工作基础上推动学科交叉、综合集成的国家实验室（试点）工作。2003年，为带动地方基础研究和基地建设，开展了省部共建国家重点实验室培育基地工作。2006年，为加强国家技术创新体系建设，开展了依托企业和转制院所建设国家重点实验室的工作。

建于1988年的中国科学院上海硅酸盐研究所"高性能陶瓷和超微结构国家重点实验室"，主要从事基础研究、高技术研发和成果产业化。实验室以高性能陶瓷材料和无机功能材料的设计原理，合成制备过程中的物理和化学问题，材料的组成、结构与性能关系，以及材料的表征和评价新方法等方面的基础和应用基础研究为主要研究方向。研究领域涉及先进无机材料多层次结构设计与性能、结构研究，无机材料的制备科学与工艺研究，无机纳米材料和介孔材料研究，无机新材料探索与计算材料学研究。

1990年经科技部和中国科学院批准的"磁学国家重点实验室"，是在中国科学院物理研究所近代磁学研究室的基础上逐步建立的，1951年正式组建成磁学实验室，1987年被批准为中国科学院磁学开放实验室。实验室以磁性物理的基础研究为指导，以有重大应用背景的材料——稀土过渡族金属间化合物和氧化物、自旋电子学等为重点，开展物质的基本磁性和磁电、磁热、磁光等效应研究，探讨从微观电子结构、介观、界面及复合相到宏观磁性之间的内在联系，探索新材料和新的人工结构材料的磁性物理学。实验室现分5个课题组开展相应的工作：散裂中子源设计，自旋电子学材料、物理及器件研究，磁性金属氧化物/化合物量子序调控及相关效应研究，磁性纳米结构与磁共振研究，新型磁性功能材料的探索和研究。

北京大学"稀土材料化学及应用国家重点实验室"始建于1991年，为专业从事稀土基础和应用基础研究的国家重点实验室，是在北京大学化学系稀土化学研究中心和无机化学教研室稀土发光材料组基础上共同建立起来的。研究领域包括：在分子及其组装体、团簇、纳米和体相等多尺度结构下，研究稀土功能材料的宏观性质与其微观结构的关联规律，发展稀土功能材料的设计理论和可控合成方法；研究碳基纳米材料的制备、修饰和结构调控方法；开发新型光电转换、储氢、催化和高性能电池等能源材料体系，发展信息存储、输运、转换和显示等信息材料和器件，研究生物大分子和细胞结构与功能的多功能探针和标记材料；开展稀土高效、绿色分离方法、工艺设计理论及应用研究。

1992年2月，经国家计划委员会批准的中国科学院福建物质结构研究所"结构化学国家重点实验室"前身为著名化学家卢嘉锡院士创建的福州结构化学开放实验室，是1985年中国科学院首批建立的开放实验室之一。实验室以结构化学研究为方向，开展现代结构化学研究方法在新功能材料探索中的应用，合成新型化合物，在原子和分子水平上研究新型化合物的分子和电子结构及与宏观性能之间的关系，探索其应用前景。主要研究内容包括：原子团簇化学、功能化合物的分子设计、纳米材料的结构化学、无机－有机杂化材料及超分子化学、结构敏感材料的基础研究。

2007年批准筹建的"稀土资源利用国家重点实验室"依托中国科学院长春应用化学研究所，在1987年经科技部批准成立的"稀土化学与物理重点实验室"的基础上，整合相关研究力量和相关资源组建。由著名稀土化学家倪嘉缵院士和苏锵院士把握学术方向（图4-1）。在稀土理论、稀土功能材料、稀土分离和稀土生物学等领域取得了显著成就。研究领域包括：稀土有机－无机杂化光、电、磁功能材料、新型稀土及过渡金属纳米光电及催化材料的构筑与性能、稀土功能及结构材料的基础研究与应用、铝镁稀土合金及其多孔复合材料等。

图 4-1 20世纪90年代苏锵院士（左）和倪嘉缵院士（右）进行科研探讨

2015 年由科技部批准成立的"白云鄂博稀土资源研究与综合利用国家重点实验室"依托包头稀土研究院建设。在稀土地采选、高效清洁冶炼技术、稀土轻质合金材料、稀土磁性材料及应用、稀土中有价资源综合回收利用等领域，开展应用基础研究和共性技术研究，制订国际、国家和行业标准，以提高我国稀土行业自主创新能力和整体技术水平，解决白云鄂博稀土资源综合利用中存在的重大技术难题，引领稀土科研和稀土产业快速发展。实验室对白云鄂博稀土资源做出更加科学的定位与评价，开展稀土采选、冶炼、材料、综合利用等应用基础与竞争前技术研究；寻求稀土元素应用不平衡的解决方案；制（修）订相关标准。研究方向涉及稀土采选新工艺、新技术研究，稀土矿资源高效提取清洁冶炼技术研究，稀土轻质合金材料及应用技术研究，稀土磁性材料及应用技术研究，稀土高效清洁综合回收利用技术研究 5 大领域。

2015 年由科技部批准设立的"安徽大地熊永磁材料国家重点实验室"是依托安徽大地熊新材料股份有限公司建设的一家国家级企业重点实验室，实验室将在稀土永磁材料的制备与防护技术研究方面开展前瞻性、战略性和原创性工作，突破一批行业的共性和关键难题。

4.1.2　国家工程中心

国家工程中心包括两类，一类是国家发展和改革委员会设立的国家工程研究中心，另一类是科技部设立的国家工程技术研究中心。

国家工程研究中心是国家科技创新体系的重要组成部分，是国家发展和改革委员会根据建设创新型国家和产业结构优化升级的重大战略需求，以提高自主创新能力、增强产业核心竞争能力和发展后劲为目标，组织具有较强研究开发和综合实力的高校、科研机构和企业等建设的研究开发实体。

国家工程技术研究中心由科技部审核批准。经过 20 年的建设与发展，国家工程中心总数达 346 个，包含分中心在内 359 个，分布在全国 30 个省、直辖市、自治区。国家工程中心涵盖了农业、电子与信息通信、制造业、材料、节能与新能源、现代交通、生物与医药、资源开发、环境保护、海洋、社会事业等领域。

在国家的支持下，稀土行业内先后设立了多个国家工程中心。

1993 年，由国家科委批准组建的国家磁性材料工程技术研究中心，依托北京矿冶研究总院下属的北矿磁材科技股份有限公司。研发重点为：高性能注射铁氧体磁粉的开发及应用，高性能轧制铁氧体磁粉的开发，高性能干压烧结铁氧体磁粉的开发，磁记录磁粉的开发，柔性稀土磁体的研制与产业化，各向异性钕铁硼、钐钴稀土磁粉及粒料的开发及产业化，电磁波吸收材料的研制及产业化，墨粉用四氧化三铁磁粉的研制，产品中与环境有关的有害物质的检测技术。

1995 年，由国家计划委员会批准利用世界银行贷款组建的稀土材料国家工程研究中心，依托北京有色金属研究总院建立。主要从事稀土矿石分解与提纯、高纯稀土化合物、稀土金属及合金、发光材料、磁性材料、稀土生物农用技术及其他功能材料的研究开发及生产。拥有高纯稀土化合物、稀土金属与功能材料两个专业实验室，并建设了稀土金属及合金材料、稀土磁性材料、稀土发光材料、稀土化合物材料、稀土生物农用材料等生产线。

2001 年，由国家计划委员会批准的稀土冶金及功能材料国家工程研究中心，依托包头稀土研究院建立。设有稀土湿法冶金工艺及环境保护工程化实验室及中试生产线，稀土功能材料工程化实验室及磁致伸缩材料中试生产线，稀土分析检测中心，稀土信息服务中心等。重点研究稀土湿法冶金新工艺、新产品及环保技术、特殊粉体材料及稀土化合物、大型稀土熔盐电解工艺技术、成套设备、稀土金属中间合金、高纯稀土金属及稀土金属粉、丝、棒材、稀土永磁材料、稀土超磁致伸缩材料、稀土超高温电热材料、磁制冷材料等。同时，还开展稀土分析方法的研究及稀土信息技术的研究。

2002 年，由科技部批准建立的国家稀土永磁电机工程技术研究中心，依托沈阳工业大学建立。着眼于稀土永磁应用和先进技术装备，主要研究开发各种高性能稀土永磁电机、电器和相关的控制系统。

2009 年，由国家发展和改革委员会批准成立的先进储能材料国家工程研究中心，依托湖南科力远高技术控股有限公司、湖南科力远新能源股份有限公司、中南大学资产经营有限公司、金川集团有限公司、湖南瑞祥新材料股份有限公司和泰邦科技（深圳）有限公司建立。重点开展镍系列电池材料、锂系列电池材料、超级电容电池材料、燃料电池材料以及新型传统电池材料等制备关键共性技术、工艺和装备的研究开发系统集成等领域。

2012 年，由科技部批准建立的国家离子型稀土资源高效开发利用工程技术研究中心，依托赣州稀土集团有限公司、赣州有色冶金研究所、江西理工大学建立。着重开展离子型稀土产业关键、基础和共性技术研究，主要开展离子型稀土资源绿色高效提取、清洁分离冶炼及二次资源回收利用、稀土矿区生态恢复与环境治理、稀土元素均衡利用及新型稀土材料制备技术 5 大方向研究和成果转化应用。

4.2 中国稀土科研投入及成效

我国的稀土研发始于 20 世纪 50 年代，经过 60 多年的发展，实现了从无到有、从小到大的跨越，取得了举世瞩目的成就。

中华人民共和国成立前，稀土产品全部依靠进口。从 20 世纪 50 年代开始，对白云鄂博矿进行了大规模的地质勘探和研究，并首次提取出混合稀土氧化物 115 克，从而确定白云鄂博地区蕴藏着世界上丰富的稀土资源。1958 年，中国科学院长春应用化学研究所、冶金工业部有色金属研究院从褐钇铌矿和独居石等矿中分离制备出 16 个单一稀土氧化物。

1956 年，国家发布"1956—1967 年科学技术发展远景规划纲要"，其中第 16 项涉及对稀土元素的分析、提取、分离及其化合物的研究并探索新用途的内容。1962 年冶金工业部有色金属研究院首次制备出 16 个单一稀土金属锭，填补了国内空白。

1966 年，冶金工业部组织包钢选矿厂、北京有色金属研究总院、长沙矿冶研究院等单位在包钢稀土三厂进行选矿大会战，提出了铁精矿和稀土精矿的选矿工艺流程，并利用大会战的较优工艺流程先后建成了包钢选矿厂第一、第三、第六等系列的生产线，开始了铁精矿和稀土精矿的生产。同年 10 月，北京有色金属研究总院、北京有色冶金设计院、包头冶金研究所、上海跃龙化工厂、长春应用化学研究所和包钢稀土三厂等单位开展了碳酸钠焙烧 – 硫酸浸出 P_{204} 萃取提铈和高温氯化等工艺技术的实验会战，开发出氯化稀土的生产工艺。同年，北京有色金属研究总院与复旦大学、上海跃龙化工厂合作使用甲基二甲庚酯（P_{350}）作为萃取剂，萃取分离生产 99.99% 的氧化镧，是国内稀土工业中首次采用萃取法分离稀土元素。

20 世纪 70 年代中期，经国务院批准，国家计划委员会、中国科学院和冶金工业部在包头共同主持召开了全国稀土推广应用会议。会议再次强调对白云鄂博的开发一定要坚持"以铁为主，综合利用"的方针，采取综合勘探、综合开采、综合利用，做到铁、稀土、铌、磷、萤石等全面利用，把包钢建设成钢铁有色联合企业，建成合金钢生产基地。

"六五""七五""八五"期间，在国家科研经费的支持下，开展了国家重点科技攻关，我国科技工作者先后研究成功羟肟酸胺浮选 50%～70%（REO）的高品位包头混合型稀土精矿、硫酸强化焙烧–萃取法冶炼包头稀土矿工艺、环烷酸萃取荧光级氧化钇工艺、离子型稀土原地浸矿新工艺、稀土三出口及多出口萃取分离工艺等一系列适合我国稀土资源特点的选冶流程，解决了我国北、南两大稀土资源的产业化生产工艺技术问题。在此期间，北京大学徐光宪先生创立了串级萃取理论，有力地推动了稀土萃取分离技术的发展。

稀土行业坚持"以政策为导向，以推广应用为中心，以科技发展开发和技术改造为主要手段，生产与市场开发并重"的方针，充分发挥市场的主导作用，积极推进骨干企业的技术进步，不断调整产品结构，稀土工业迅速发展。2000 年，我国稀土矿产品产量达 73000 吨，比"八五"末增加 23000 吨，稀土分离产品产量由 1996 年的 40000 吨增加到 65000 吨，其中各类高纯单一稀土产品的产量占稀土产品总量的比例由 1996 年的 24.9% 上升到 48.5%。我国稀土产品已由初级产品逐步向高附加值产品转变，产品结构向效益好的深加工方向调整，开始步入世界先进行列。稀土应用市场不断扩大，重点加强了稀土在高新技术领域的应用。稀土永磁材料、发光材料、汽车尾气净化催化剂等高技术材料的应用研究也取得了重大突破，以新材料为主体的深加工产品已初具规模，稀土产品结构调整取得了明显成效，我国稀土工业的优势地位不断巩固和加强。

"十五"期间，国家对战略性稀土资源的重视进一步提高。2001 年，朱镕基总理主持召开国务院总理办公室会议，研究我国稀土工业发展问题，并对下一步工作做出了决策部署。2003 年，温家宝总理、黄菊副总理和曾培炎副总理多次对稀土工作做出了重要批示，要求掌握新情况、研究新问题，加强稀土资源保护，规范经营秩序和出口管理，认真调查研究，切实解决稀土发展问题。

科技部组织开展了"十五"科技攻关计划重大项目"稀土应用工程"，累计投入科研经费 2.58 亿元，其中国家拨款 3500 万元。开发成功了高性能钕铁硼快冷厚带制备技术及设备，稀土在量大面广的传统领域中应用的产业化关键技术等 30 多项关键技术，其中 21 项成果实现了产业化，不仅提高了稀土产品附加值和市场竞争力，而且开发的国产化设备替代进口，打破了国外技术垄断，带动了相关产业的发展；通过对稀土应用技术的提升和稀土应用开发基地与环境的建设，使稀土在高新技术产业、传统产业中的应用有了较大幅度的增长。稀土磁性材料、稀土发光材料、稀土储氢材料等稀土新材料发展迅猛，技术装备水平和生产规模有较大提高，我国稀土产业进入了高速发展的时期。

"十一五"期间，国务院领导多次对稀土工作做出重要批示。国家发展和改革委员会制定了《稀土工业中长期发展规划（2006—2020）》，第一次提出调整产业机构，转变发展方式。《稀土工业污染物排放标准》《稀土行业准入条件》等先后出台，对我国稀土产业健康发展和科技进步起了积极推动作用。

在国家有关政策的引导和支持下，稀土科技创新取得重要进展，稀土新材料在高新技术领域的应用增长速度明显快于在传统领域的应用，特别是稀土磁性材料发展十分迅速，技术装备水平和生产规模在全球稀土永磁市场中占有重要地位；稀土采、选、冶等的关键技术攻关和研发工作不断加强，一批先进适用技术在生产中得到应用。如包头稀土精矿清洁生产项目进展顺利，南方离子型稀土矿原地浸矿新工艺的推广取得重要进展，万安培氟盐体系熔盐电解国产化装备研究成功并稳定运行，这些技术可有效提高资源利用效率，节约原材料和能源，利于环境保护。同时在稀土永磁电机等应用产品产业化不断加快的有力带动下，稀土产业链条不断延伸，稀土资源开发利用更加合理。

《国家中长期科学和技术发展规划纲要》将稀土材料列入制造业领域基础原材料优先主题。科技部、工信部等各部门均开展专项项目进行重点支持，累计投入专项经费约 22 亿元并带动领域研发投入约 70 亿元，用于支持国内稀土领域的基础研究、前沿技术研发、关键共性技术集成和产业化以及稀土创新平台建设，研发投入占总产值的比例约 2.33%。在国家的大力支持下，我国各研发机构和大型稀土企业围绕"稀土采选冶稀土化合物和金属的生产过程属于'冶'（稀土化合物及金属）—磁、光、电、催化等高端功能材料—高附加值应用"整个产业链，实现了从基础研究、前沿技术、应用技术到产业化示范全创新链的重点技术突破。通过国家重大基础研究项目（"973"项目）的布局，我国基础研究水平大幅提升，自主创新能力显著增强；通过国家高技术研究发展计划（"863"计划项目）及科技支撑计划的布局，在稀土高效清洁分离提纯技术，稀土永磁、发光、催化和能源材料及其应用技术等方面取得了一批标志性成果，显著提升了我国稀土产业的竞争优势和战略地位。

此外，经过多年发展，在国家和各级政府的资金和政策支持下，全国主要高校、科研院所和稀土企业均大力开展稀土行业科技创新。目前，我国稀土材料领域已初步形成了较完整的创新体系，建立了稀土材料国家重点实验室、国家工程研究中心、国家工程实验室、企业技术研发中心等一批国家及省部级技术研发基地，建有稀土磁、光、电等稀土功能材料的分析测试表征平台，在大学、科研院所和企业涌现出一批稀土材料制备和应用领域的学术带头人和工程技术领军人才，形成了从事稀土材料基础研究、新技术研发与工程化的高素质技术人才队伍，为高性能稀土新材料快速、可持续性发展提供了人力资源保障。

"十三五"期间稀土行业迎来了更多的机遇和挑战。一方面，我国调整稀土出口管理政策，取消出口配额和降低出口关税，实施更严格的环保要求，给行业带来了新的挑战。另一方面，可持续发展和制造强国战略为稀土行业发展创造新空间，注入新动力，《中国制造 2025》提出了十大重点领域，稀土作为关键支撑材料，未来需求将大幅增加，稀土的发展前景广阔。

4.3　中国稀土科研成果及知识产权状况

4.3.1　科研成果

通过国家科技成果信息服务平台，可以查询到 1993 年以来登记的稀土相关的各类科技成果 4415 项，其中应用技术类成果 3940 项，基础理论类成果 437 项，软科学成果 20 项。应用技术类成果占绝大部分，占比超过 89.2%，基础理论类成果占比 9.9%。这些成果分布在 28 个省、自治区和直辖市。其中，北京市、上海市、浙江省、内蒙古自治区和辽宁省登记成果最多，分别是 533 项、313 项、287 项、258 项和 226 项。这些登记的成果受到国家科技计划、自选课题、民间基金、横向委托、国际合作、地方基金、部门基金和地方计划的资助。其中得到地方资助的项目最多，达到 589 项；其次是国家科技计划支持的项目和自选项目，分别是 460 项和 458 项。项目分别涉及电子信息、先进制造、航空航天、生物医药与医疗器械、新材料、新能源与节能、环境保护、地球、空间与海洋、核应用技术和现代农业共 11 个领域。其中新材料领域登记成果 1177 项，占全部登记成果的 26.7%。全部登记成果中已经产业化应用的 1372 项，占到 31.1%。未应用、停用和试用的 279 项，占到 6.3%。

根据相关资料不完全统计，1949—2016 年，稀土相关科研成果获得省部级以上奖励 230 余项，其中国家科技进步特等奖 1 项、国家发明一等奖 2 项、国家发明二等奖 4 项、国家发明三等奖 7 项、国家发明四等奖 1 项、国家科技进步一等奖 1 项、国家科技进步二等奖 19 项、国家科技进步三等奖 6 项、国家自然科学二等奖 4 项、国家自然科学三等奖 1 项、国家自然科学四等奖 1 项、国家技术发明二等奖 4 项和国家科技攻关奖 2 项。

4.3.2　知识产权

利用中国稀土学会专利部分的数据，按照稀土产业链的分布，围绕稀土选矿、湿法冶金新技术、化合物与金属制备、稀土在钢铁及有色金属中的应用、稀土催化材料、稀土在玻璃和陶瓷中的应用、稀土永磁材料及应用、稀土发光材料及应用、稀土储氢材料与电池、稀土在环境保护领域中的应用、稀土晶体材料、稀土资源综合回收利用、稀土在生物农牧业养殖及医疗保健等领域的应用，以及其他功能材料（包括稀土抛光材料、稀土磁致伸缩材料、稀土磁制冷材料及应用、稀土靶材、稀土纳米材料等）等领域对 2003—2015 年我国申请的专利进行了统计和分析。

2003—2015 年，在我国申请的稀土相关领域专利数量总体呈增长趋势，累计申请专利数达 9111 件，年均申请 523 件。特别是 2009 年以来，专利申请数量增长最为明显，年均增长率达 36.5%。2009 年，在我国申请的专利数为 248 件，到了 2013 年、2014 年和 2015 年分别达到 1478 件、1471 件和 1879 件，增长了近 8 倍。

从申请专利的分布领域来看，化合物与金属制备、稀土在有色金属中的应用、稀土催化材料、稀土在玻璃和陶瓷中的应用、稀土永磁材料及应用、稀土发光材料及应用和其他功能材料方面的专利占比较大，每一类别均超过了 400 件，其中其他功能材料超过了 1200 件。2003—2006 年，申请专利的重点主要围绕稀土在玻璃陶瓷中的应用领域。2007—2009 年，申请专利的重点领域及科技开发重点以稀土磁性材料及应用、稀土发光材料及应用领域为主。2010—2013 年，申请专利的重点领域及科技开发重点以稀土磁性材料及应用、稀土发光材料及应用领域以及稀土靶材、稀土纳米材料等特殊领域为主，2013 年以后发光二极管（LED）领域的专利数量增加，这些趋势与目前稀土产业的发展是一致的。从申请主体来看，2008 年以前申请主体是以科研院所为主，2008—2013 年企业上升为第一申请主体，其次为科研院所。另外各类申请主体的申请数量基本保持不断增长趋势。

1）化合物与金属制备领域，近 10 年的专利主要分布在稀土化合物制备过程中的废气、废水处理技术，特殊化合物的制备技术，稀土冶金过程的环保技术以及节能技术等方面，同时还包括废旧资源的综合回收等。

2）稀土合金领域，主要围绕高强度、高韧性稀土有色金属合金的开发，如稀土镁合金、铝合金、铁合金以及其他稀土合金的开发及应用技术。

3）磁性材料领域，近10年所申请的专利的技术分布主要围绕烧结钕铁硼永磁材料的表面防护技术的开发、减镝技术的开发、高性能钕铁硼永磁材料的研发以及钕铁硼生产工艺的改进、废旧材料中稀土资源的回收利用技术等方向。此外，在黏结钕铁硼、烧结钐钴、黏结钐钴材料等领域的专利申请数量也呈增长的趋势。

4）抛光材料领域，近10年所申请的专利的技术分布主要围绕新型抛光材料、浆料的开发，如稀土抛光液等。此外，在抛光性能等方面的专利申请数量也逐渐增多。

5）稀土储氢材料及电池领域，专利申请的数量比较稳定，但近两年有增长的趋势。受国家对新能源汽车扶持政策的影响，镍氢电池的应用技术受到重视，技术分布主要围绕储氢合金的性能、电池的设计和性能等方面。

6）稀土发光材料领域，由于显示与照明器件的更新换代，稀土发光材料的应用量及市场规模逐渐减小，但近10年的统计发现该领域申请的专利数量一直呈增长趋势，且技术领域多分布在新型稀土发光材料的开发、稀土发光材料的应用技术等方向。

7）稀土催化材料领域，申请的专利主要是汽车尾气净化、烟气脱硫脱硝等方面，近些年的专利申请数量基本稳定。

根据专利分析看，目前稀土行业知识产权最大的问题在于有效专利比例不高，且我国企业在国外的专利布局严重不足，要适应全球化的经济形式，势必需要加大知识产权方面的投入。

第 5 章 稀土化学

5.1 稀土有机化学

稀土有机化学是稀土化学和有机化学中的重要分支领域。我国拥有丰富的稀土资源，在中国发展稀土有机化学研究更有特殊重要的意义。

稀土有机化学主要研究两个方面的内容：一是稀土有机配体的合成、结构和反应性，其典型代表为稀土萃取剂；二是利用稀土元素的亲氧性、强还原性、路易斯酸性等特点，开发应用于催化烯烃聚合、极性单体聚合，催化有机反应，发展绿色化学。

5.1.1 萃取剂的结构性能关系研究

萃取剂对于稀土化学来说，是最为重要的一类有机配体，这类有机化合物既具有能与金属离子络合的反应活性基团，又有可增加油溶性的疏水基团，它能将金属离子通过络合化学反应从水相选择性地转入有机相，又能通过另一类络合化学反应从有机相转到水相，借以达到金属的纯化与富集。稀土萃取剂除对稀土元素有较高的选择性外，还需满足饱和容量大、反萃酸度低、平衡速度快、化学稳定性高、水溶性小、安全性高、原料丰富以及合成方法简便等条件。我国在稀土萃取剂方面领先的研究和应用，是我国成为稀土大国的重要支撑。稀土有机萃取剂的结构和性能的研究，在稀土化学中具有重要的地位。

5.1.1.1 中性磷类萃取剂开启了稀土萃取剂研究之路

我国在 1964 年就由上海跃龙化工厂应用中性磷类萃取剂磷酸三丁酯（TBP）实现了稀土、钍、铀的分离，并生产出了 99.99% 的氧化铈，使该厂成为我国最早的钍与稀土的专业生产厂之一。TBP 是应用最广泛的萃取剂，为了提高 TBP 的分离效果，克服对设备材质溶胀的特点，中国科学院上海有机化学研究所设计并主导合成了几十个甲基磷酸酯结构，纯化后经过性能测试实验以及毒性筛选，成功地研制了甲基磷酸二（1–甲基庚基）酯（P_{350}）萃取剂。P_{350} 萃取剂上有一个甲基，因为甲基的推电子作用，使得磷酰氧原子的电荷密度增大，再加上两个甲庚基团的作用，就可以提高它的分离效果。在确定化合物后，设计过程化学的合成方案，采用我国特有的蓖麻油酸裂解产物，1–甲庚基醇与甲基磷酰二氯反应，完成了 P_{350} 的制备研究，并实现其工业生产。上海跃龙化工厂在 1968 年应用中国科学院上海有机化学研究所开发的 P_{350} 萃取剂，在硝酸体系中萃取制备了 99.99% 的氧化镧，满足了军工夜视材料的急需。由于 P_{350} 分子中临近磷酰氧基的甲基具有位阻效应，使得 P_{350} 的铀、钍分离系数相对于 TBP 提高三百多倍，是铀、钍分离最好的一个萃取剂，1988 年中性磷型萃取剂 P_{350} 获得了国家发明奖三等奖。

5.1.1.2 酸性磷类萃取剂在稀土分离中广泛应用

1966年，由包头冶金研究所等单位组成的"415"会战队，在8861厂实现了二（2-乙基己基）磷酸（P_{204}）萃取分离铈的扩大实验，取得较好指标，并用于该厂生产。这是包头稀土湿法提取用于生产的第一个流程，但仍存在萃取酸度高、饱和容量小和反萃取困难等缺点。这些缺点不仅造成萃取设备的腐蚀和环境污染，更重要的是不利于多级串级工艺的应用。中国科学院上海有机化学研究所袁承业院士领导的萃取剂研究组从结构性能关系的规律出发，将 P_{204} 分子结构中的一个烷氧基换成烷基，电负性大的氧原子被碳原子取代后，化合物的酸度降低，反萃酸度也随之降低，从而有希望解决反萃难的问题。据此，设计了一系列烷基膦酸单烷基酯类的化合物，经性能试验，筛选出2-乙基己基膦酸单2-乙基己基酯，该化合物在实验室的编号为 P_{507}。如何实现工业生产又是一个难题。从化学角度看，要合成碳-磷键，实验室的途径很多，但都不适于工业生产。通过使用过程化学的方法重新研究 P_{507} 的制备，才可能实现 P_{507} 的工业化生产。因此，设计了 P_{507} 合成的过程化学研究方案，首先应用生产过程产生的副产品氯代异辛烷作为烷基化试剂，其次在碳-磷键形成的反应中，通过工业醇钠代替金属钠。解决了工业生产中使用金属钠的棘手问题，使 P_{507} 顺利地实现工业化生产，成为一个生产量最多、使用面最广泛的萃取剂。

1971年，中国科学院上海有机化学研究所袁承业等与上海跃龙化工厂张宝臧等合作，使用新研制的 P_{507} 萃取剂，采用回流萃取法，以8%～10%的氧化镨富集物为原料，经120级回流萃取，获得99.95%的氧化镨，镨的回收率达95%，属国内首创，并推动了 P_{507} 萃取剂在稀土分离中的广泛应用（图5-1）。

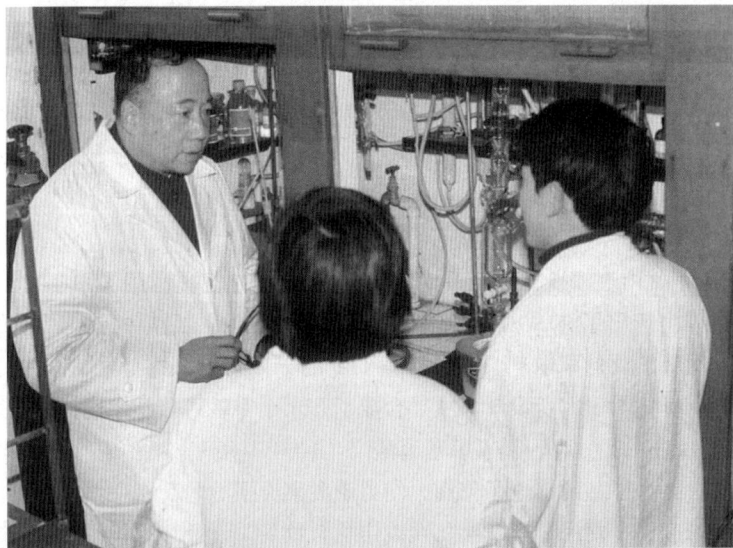

图5-1 上海有机化学研究所袁承业（左）在指导稀土萃取剂的合成实验

国外与 P_{507} 同类的化合物在20世纪60年代就有过实验室研究的记载，但因为受合成方法的限制，长期以来未能作为工业萃取剂在生产上得到应用。直到1980年，在比利时国际溶剂萃取会议上，日本大八化学公司在会上推广他们的新产品PC-88A，其化学结构与我国 P_{507} 萃取剂结构相同，而我国 P_{507} 萃取剂早在此 6 ~ 8 年前已开始了规模化工业应用。

P_{507} 的合成方法，在 1985 年获得国家发明专利，1990 年获国家发明专利三等奖。

5.1.1.3 胺类萃取剂及其在稀土分离中的应用

1975 年，包头"八二五"全国稀土会议上，讨论到包头稀土矿酸浸液放射性较高，为了保证生产安全，从包头稀土矿酸浸液中提取钍及其他放射性元素很有必要。为此组织了从包头矿酸浸液中分离钍的联合攻关，中国科学院上海有机化学研究所分工研究从稀土中分离钍的萃取剂研制，中国科学院长春应用化学研究所研究分离钍工艺流程并制得高纯硝酸钍。

中国科学院上海有机化学研究所以石油化工产品高碳脂肪酸为原料，完成了 N_{1923} 仲碳伯胺萃取剂的合成研究，该萃取剂在包头稀土生产中得到了应用。

N_{1923} 萃取剂从稀土中分离钍的研究项目由中国科学院组织的专家在上海通过了技术鉴定。"用伯胺萃取剂 N_{1923} 从包头稀土精矿硫酸焙烧水浸液中萃取分离钍和制取硝酸钍工业性试验"获得 1980 年中国科学院重大成果一等奖，N_{1923} 萃取剂获得 1982 年中国科学院重大成果二等奖。

5.1.1.4 其他萃取剂在稀土分离中的应用

环烷酸直接从氯化稀土中分离高纯氧化钇是我国独创的具有国际先进水平的工艺。环烷酸萃取剂在 1961 年开始应用到稀土分离领域，后经大量改造，被广泛应用于高纯钇的生产及稀土精矿中钇与镧系金属的预分离。由于环烷酸成分复杂，工艺条件难以控制且镥 / 钇分离系数较低，为了寻找能作为环烷酸替代品的新萃取剂，中国科学院上海有机化学研究所发展了苯氧乙酸类萃取剂（仲辛基苯氧乙酸 CA12 及仲壬基苯氧乙酸 CA100）。在此基础上，中国科学院长春应用化学研究所使用该萃取剂于 2000 年前后完成了分离稀土的半工业试验。

5.1.1.5 萃取剂结构性能关系的研究

金属的溶剂萃取可视为金属离子与有机萃取剂形成络合物的过程，也是金属原子的无机配体与萃取剂有机配体的交换或加成反应。所以金属离子的电子结构、半径、立体化学与价态对络合物的形成和稳定性有直接的影响，而萃取剂反应基团的活性、结构空间位阻效应都是萃取剂萃取能力的重要影响因素。

中国科学院上海有机化学研究所早在 1962 年，在武汉大学召开由曾昭抡教授主持的高等院校元素有机讨论会上就提出：反应基团活性、空间位阻和溶解度参数是决定萃取剂性能的三大主要结构因素。首次将反应基团活性和空间位阻效应引入萃取化学中。1964 年起，以取代苯基膦酸酯类化合物为研究对象，考察苯环取代基性质对磷－氧键特征频率的影响。

20 世纪 80 年代开始，在上述定性研究的基础上，中国科学院上海有机化学研究所对结构与性能的定量关系进行了研究，从而建立起萃取剂结构－性能的定量关系以及多因子结构的影响，为萃取剂的分子设计奠定基础。袁承业等率先将量子化学、分子力学、模式识别、因子分析及相关的分析处理的最新技术用于萃取剂的结构与性能的研究，从而把萃取剂化学提高到一个新的研究水平。

应用量子化学计算方法研究萃取剂的结构－性能关系文献报道很少。1982 年，袁承业等采用微扰分子轨道（PMO）法研究与萃取过程密切相关的分子内氢键的性质，用休克尔分子轨道（HMO）法计算了各种类型萃取剂（中性磷化合物，酸性磷化合物，β－双酮，羟肟）的结构参数：配位原子 π 电荷密度、最高占据轨道电荷密度、键序、轨道能级、碳与配位原子

间 π 键能及超离域性，并就上述结构参数与被它们萃取的金属离子性能的关系进行讨论。

模式识别处理是后来发展起来的借助电子计算机分析多维数据的有效方法。袁承业应用这类方法研究有机磷化合物的多种结构因素对萃取铀的性能的影响，所用的 K– 最近邻分类法（KNN 分类）较线性变换分离法有较大的优越性，在 82 个磷化合物中就 17 个结构特征对萃取性能的影响作了分析，得出对萃取分配比有主要贡献的结构特征。

萃取剂结构与性能关系的研究具有重要的现实意义和理论价值，萃取剂的结构与性能研究获得 1982 年国家自然科学奖二等奖。袁承业把这些研究成果与徐光宪合著在《稀土的溶剂萃取》一书中，该书获国家新闻出版署颁发的全国优秀科技图书一等奖。

随着近年来计算机及计算化学的发展，中国科学院上海有机化学研究所肖吉昌课题组利用计算化学进一步深入研究了萃取剂分子结构与反萃酸度、分离性能和饱和容量的定量关系：收集、整理分析了现有酸性磷类萃取剂的弱酸解离常数的负对数 pKa，用离散傅里叶变换（DFT）方法获取了它们的结构参数，并用多元线性回归（MLR）方法建立了萃取剂结构与 pKa 的数值方程。并在此基础上研究了具有双烷基次膦酸类萃取剂空间位阻效应对分离系数的影响。根据逐级稳定常数与总稳定常数的关系，研究了萃取剂 α 及 β 位取代基的空间位阻对萃取性能的影响。采用隐形溶剂化模型（SMD）简化萃取剂及萃合物的溶解过程，并用溶解过程的热力学能衡量它们的溶解性，进而揭示萃取剂结构对饱和容量的影响规律。

萃取剂结构与性能关系的研究，不仅对研制高效萃取剂有重要的现实意义，也是萃取剂化学研究的重要组成部分，它为萃取剂的分子设计和建立有关数字模型提供了基础数据。

5.1.2　稀土配合物在有机化学中的应用

稀土离子电子结构的特点及高配位数，使得稀土在有机合成及催化反中显示了一些独特的性能。与典型的主族和副族金属相比，稀土金属离子有以下几个特点：稀土离子属于硬酸，易于与氧（O）和氮（N）等硬碱配体作用，因此有很强的亲氧性，可应用于含氧和含氮官能团的活化及催化相应的有机反应；稀土离子通常情况下趋于高配位，其电子配位的饱和程度取决于空间位阻；稀土离子的配位取决于空间位阻，有利于合成酸碱两性催化剂；16 种稀土元素（除放射性元素钷）路易斯酸性不同，提高了获得对一个具体的有机反应具有高效催化作用的催化剂的概率；镧系氯化物（$LnCl_3$）等稀土金属对水稳定，催化的有机反应不需要无水条件，有些甚至可以在水相体系中进行，从而优于传统的用于含氧官能团活化的亲氧性主族和副族金属，例如四氯化钛（$TiCl_4$）和氟化硼（BF_3）等需在无水条件下进行的反应。由于具有上述独特性质，稀土催化剂及其催化的有机反应在包括官能团转换、碳 – 碳键形成和多组分串联反应、催化聚合等各类有机反应中得到广泛的应用，并在化学选择性、区域选择性、立体选择性等方面都显示独特的优越性。

5.1.2.1　稀土金属路易斯酸在有机官能团转化中的应用

稀土参与的有机化学反应始于 20 世纪 80 年代，以 Luche 还原（在 $CeCl_3$ 存在下使用 $NaBH_4$ 对 α，β – 不饱和羰基化合物的选择性还原）和选择性氧化试剂 CAN（硝酸铈铵 $[(NH_4)_2Ce(NO_3)_6]$）为代表。20 世纪 90 年代开始，中国科学院上海有机化学研究所钱长涛等小组将稀土三氟甲磺酸盐 $[Ln(OTf)_3]$ 等对水稳定的稀土金属路易斯酸用于催化烯反应、羟醛反应、迈克尔加成反应、曼尼希反应、环加成反应、羰基缩醛化和羟基酯化反应。由于其催化效率高、反应条件温和，催化剂可以回收并循环使用等特点而被广泛关注和应用。在此基础上发展的以联二萘酚为配体的不对称反应也取得了良好的效果。例如中国科学院上海有机化学研究所 2001 年发展的稀土金属烷氧基路易斯酸碱两性配合物可以催化 α- 不饱和酮的高对映立体选择性环氧化，电负性值可达 95%。

1989 年起，浙江大学张永敏小组利用金属钐和二碘化钐发展了一系列有趣的化学反应，特别是二碘化钐促进的羰基加成反应是合成螺环化合物的有效方法。2000 年后，中国科学院上海有机化学研究所钱长涛小组则发展了稀土金属盐和稀土金属烷氧基配合物等稀土金属试剂催化的多组分串联有机反应，如醛、胺与烯醇醚的串联曼尼希反应，醛、胺和烷基亚磷酸酯膦氢化反应，芳胺、醛和亲核烯烃狄尔斯 - 阿尔得反应等，并利用上述反应合成了一系列有重要生理活性的分子。

5.1.2.2　稀土配合物催化烯烃氢化

茂稀土金属有机氢化物是文献报道活性最高的烯烃催化氢化催化剂。在常压下，$(C_5Me_5)_2$LnH 催化 1- 己烯氢化的转换数高达 10 万。相对于相同条件下，常见的 d 区过渡金属催化剂的转换提高了数千倍。1988 年中国科学院上海有机化学研究所钱长涛等报道三茂基稀土 + 氢化钠可催化 1- 己烯氢化，其活性顺序是钐（Sm）> 镧（La）> 镨（Pr）> 钕（Nd）> 铽（Tb）> 钇（Y）> 铒（Er）> 镥（Lu）> 镱（Yb），对含端双键和内双键的双烯则 100% 可使端双键氢化而内双键不还原，稀土有机氢化物通常与 NaH 一起使烯烃氢化。

5.1.2.3　催化烯烃聚合和极性单体聚合

稀土有机配合物是广谱小分子聚合催化剂，可以催化简单烯烃、官能化烯烃、炔烃、内酯和环氧化合物等多种小分子聚合生成高聚物和共聚物。早在 20 世纪 60 年代初期，我国科学工作者就发现稀土催化剂是唯一可以使丁二烯和异戊二烯聚合成高顺 1, 4- 聚合物的齐格勒 - 纳塔定向催化剂。以后意大利、苏联、日本和美国等国家的学者也发表了大量论文及专利，此后这一领域一直是十分活跃的研究热点。中国科学院长春应用化学研究所、浙江大学等发现稀土金属配合物、烷基铝体系可以实现丁二烯的高选择性定向聚合生成顺 1, 4- 聚丁二烯，并相继发展了基于钕配合物的三组分、双组分和单组分催化体系用于 1, 4- 丁二烯的定向聚合。由于分子结构的立体规整性，用稀土催化所得顺式丁二烯橡胶比用钴（Co）、镍（Ni）等体系催化所得的同样产品，含顺式量高、支化度小。因此，加工性、耐磨性、耐热、耐疲劳等各加工性能和物理性能方面都具有优良的特性。2001 年，中国科学院长春应用化学研究所和中石油锦州石化开发了顺丁橡胶，新工艺应用稀土作为合成顺丁橡胶的催化剂，其生胶强度、黏性、耐磨性等都有较大增强，适应现代汽车轮胎低滚动阻力和高抗湿性要求。随后在 2007 年，中国科学院长春应用化学研究所和中石油吉林石化完成了稀土异戊橡胶的开发，实现了高顺式异戊橡胶的生产。2015 年，燕山石化、北京化工研究院、玉龙石化共同开发了国内外单线产能最大的异戊橡胶工业生产装置。在提出的稀土催化双烯烃聚合新机理基础上，开发的催化剂具有高活性、高顺式定向性、低成本和产品分子量及其分布可控（高聚物分子量分布系数 ≤ 2.5）的特点。工业化产品性能超过国外同类产品水平，可完全替代天然橡胶用于全钢载重子午线轮胎胎面胶。

20 世纪 80—90 年代，沈之荃研究组发现了多种稀土金属催化体用于催化末端炔烃、乙烯、苯乙烯、丙烯酸酯、内酯和环氧化合物聚合。随后，中国科学院长春应用化学研究所以稀土催化剂固定二氧化碳（CO_2）、使 CO_2 与环氧烷烃共聚制备出高分子量、热稳定和可降解聚碳酸酯。研究二氧化碳与环氧化物工具时，稀土三元催化体系可实现聚合物的诱导期从二元催化体系的 2 小时降至 0.5 小时，同时聚合物中的二氧化碳固定率超过 40%，聚合物分子量在 6 万~ 20 万可调。通过调节共聚物的头尾结构，还可实现玻璃化转变温度在 5 ~ 125℃可调。2004 年，中国科学院长春应用化学研究所与内蒙古蒙西高新技术集团公司合作，建立了年产3000 吨的环醚与二氧化碳共聚物生产线。

5.2 稀土金属有机化学

当前，在我国开展稀土金属有机化学研究的单位主要有浙江大学、四川大学、复旦大学、中国科学院上海有机化学研究所、安徽师范大学、中国科学院长春应用化学研究所、苏州大学、南开大学、北京大学等，这些研究单位大多有研究稀土金属有机化学的传统。目前，浙江大学沈之荃课题组主要研究稀土催化开环聚合合成聚酯和聚肽，四川大学冯小明课题组主要研究手性稀土路易斯酸催化剂的合成及其在催化有机不对称合成中的应用，复旦大学周锡庚课题组主要研究稀土金属有机配合物合成及其对小分子的活化以及稀土催化的远程碳 – 氢和碳 – 碳键活化、不饱和官能团交叉插入反应等，中国科学院上海有机化学研究所陈耀峰课题组主要研究稀土 – 主族元素双键配合物的合成、结构和反应性，安徽师范大学王绍武课题组主要研究基于多齿配体的稀土胺基或烃基配合物的合成及其催化的有机和高分子合成反应，中国科学院长春应用化学研究所崔冬梅课题组主要研究新型稀土催化剂的合成及其在高分子合成中的应用，苏州大学姚英明课题组主要研究含稀土的杂双金属配合物的合成及催化性能，苏州大学徐信课题组主要研究稀土 – 磷路易斯酸碱对配合物，南开大学崔春明课题组主要研究稀土 – 主族元素 σ 键的反应性以及发展稀土有机配合物加成催化剂，北京大学席振峰和张文雄课题组主要研究稀土有机杂环配合物。经过几代人数十年的努力奋斗，我国已经形成一支研究结构完整、单位分布较广的稀土金属有机化学研究队伍。

1964 年，中国科学院长春应用化学研究所沈之荃等在国际上首先公开报道采用稀土卤化物与烷基铝组成的非均相催化剂催化丁二烯高顺式 1, 4– 定向聚合，随后又发展了稀土 β – 二酮类配合物与烷基铝组成的均相催化剂。从 1970 年起，中国科学院长春应用化学研究所对稀土催化烯烃聚合进行了大量研究，在稀土催化丁二烯和异戊二烯聚合方面取得显著成绩。该所还和工业部门合作，稀土催化顺丁橡胶和异戊橡胶合成分别在锦州石化和吉林化工研究院实现了中试规模的长周期运转，并对轮胎进行了里程试验，各项性能指标达到国外同类胶种的水平。

1980 年，沈之荃调至浙江大学工作，她带领研究团队进一步开拓稀土催化剂在高分子合成中的应用。1981 年，首先应用稀土催化剂使乙炔在室温下顺式聚合，之后将稀土催化剂应用于苯乙炔和烷基炔烃聚合，随后又实现了稀土催化苯乙烯直接成膜聚合。1985 年起，将稀土催化剂应用于催化环氧烷烃、环硫烷烃、丙交酯、己内酯和环碳酸酯的开环聚合，环氧烷烃和二氧化碳的开环共聚，马来酸酐和环氧烷烃的开环共聚，苯乙烯和丙烯腈、马来酸酐的共聚以及丙烯酸酯类单体的聚合。20 世纪 90 年代后期，开展了稀土催化丁二烯气相聚合研究。

2000 年后，将稀土催化剂应用于异氰酸酯、联烯、降冰片烯、磷酸酯等单体的均聚与共聚以及经缩聚反应制备可降解脂肪族共聚酯。这些研究使中国首创开拓的稀土配位催化聚合得到了系统发展。

1978 年，钱长涛在中国科学院上海有机化学研究所组织成立稀土金属有机化学课题组，在我国率先研究稀土金属有机配合物化学。从减少环戊二烯基运动度和分子内配位稳定出发，他们设计合成了系列桥联双环戊二烯基配体和含杂原子桥联双环戊二烯基配体，并将含杂原子边臂的环戊二烯基配体引入稀土金属有机化学，成功实现一系列二茂轻稀土氯化物的合成。随后设计合成了氧桥联双茚基配体，实现了平面夹心手性稀土有机配合物的高立体选择性合成。自 1987 年开始，他们陆续报道三茂稀土配合物与氢化钠组成的双组分体系是芳基卤化物、乙烯基卤化物、有机杂原子氧化物以及碳＝碳双键的有效还原剂，还能催化多卤代芳烃的脱卤反应以及末端烯烃的异构化反应，将原先认为惰性的三茂稀土配合物发展成为有多种用途的有机合成试剂。

20 世纪 80 年代中期开始，中国科学院长春应用化学研究所沈琪等研究稀土金属有机配合物，在茂基轻稀土配合物的合成、表征及催化反应性能方面开展了系统的研究工作。研究了中性芳烃作为 π 配体在稀土金属有机化学中的应用，合成了中性芳烃三价稀土配合物，并在 1992 年报道了首例具有四核结构的中性芳烃二价稀土配合物的合成和结构。1990 年，他们报道了稀土金属有机配合物作为单组分催化剂催化苯乙烯等非极性单体以及甲基丙烯酸甲酯和丙烯腈等极性单体聚合。

20 世纪 80 年代中期，叶钟文等在安徽师范大学开展了稀土金属有机化学研究。他们在升华提纯双茂稀土羰基配合物时发现该配合物发生配体重分配生成三茂稀土配合物及稀土三羰基配合物，随后他们合成了单茂稀土配合物及双茂稀土配合物，并系统地研究了这两类稀土配合物的热稳定性。叶钟文等还合成了一种含异构苯基的新型铈配合物。

自 1985 年起，复旦大学的黄祖恩、吴文玲等在稀土烯丙基配合物方面开展了系统的研究工作。他们合成和表征了一系列的稀土烯丙基配合物，并于 1987 年报道了首例稀土烯丙基配合物的晶体结构。在 1988 年报道了首例氯离子线性桥联的双核稀土茚基配合物的合成和结构。20 世纪 80 年代末至 90 年代初，他们开展了稀土芳基配合物的合成和反应性研究。合成了苯环上含取代基的稀土芳基配合物，并发现二氧化碳非常容易插入稀土芳基配合物的稀土－碳键中。

20 世纪 80 年代中期，杭州大学张永敏等开始研究铈试剂在有机合成中的应用。他们于 1988 年报道了首例二碘化铈促进的 α－溴代酮与醛的偶联反应，高效合成活泼烯烃。随后又报道了二碘化铈促进活泼烯烃之间，活泼烯烃与腈以及醛酮类化合物之间的偶联环化反应。他们发现二碘化铈可以还原断裂 Z–Z（Z＝N, Se, Te, S）, C–C, C–X（X＝Se, S）, X–Si（X＝S, Se, Te）等化学键，为一些杂原子化合物的合成提供了新方法。他们发展了多种活化试剂的金属铈促进的新反应，开发了铈 / 氯化物体系以及铈 / 氯化物－水相体系。他们还制备了烯丙基铈试剂，发展了烯丙基化反应。

20 世纪 80 年代末，中国科学院长春应用化学研究所陈文启等开展了环辛四烯基和戊二烯基稀土配合物研究，合成并表征了一系列环辛四烯基和戊二烯基稀土金属有机配合物。在 1989 年报道了均配型（2,4－二甲基戊二烯基）稀土配合物的合成和结构，在 1991 年报道了混配型（环辛四烯基）（五甲基环戊二烯基）稀土配合物以及混配型（环辛四烯基）（2, 4- 二甲基戊二烯基）稀土配合物的合成和结构。

1994 年，苏州大学的沈琪带领团队开展了非茂稀土金属有机化学的研究，合成和表征了一系列非茂稀土金属有机配合物，如四配位的三芳氧基钐配合物等。1997 年，他们表征了茂基稀土胺基配合物与异氰酸酯反应的中间体，阐明了稀土配合物催化异氰酸酯聚合的机理。1999 年，姚英明加入苏州大学，和沈琪等一起系统研究了 β－二亚胺基稀土配合物的合成及其在催化极性单体聚合中的应用。2010 年，他们在合成稀土配合物时发现了位阻诱导的 β－二亚胺配体之间的氧化偶联反应。他们研究了桥联双芳氧基稀土配合物的合成及其在可生物降解高分子材料合成中的应用，发现配体的电子效应对外消旋 β－丁内酯聚合的立体选择性有决定性影响。他们还研究了桥联多芳氧基稳定的稀土以及稀土/锌杂双金属配合物的合成及催化性能，利用稀土催化剂实现了二氧化碳在温和条件下的高效转化。

20 世纪 90 年代后期，钱长涛等开展了应用耐水的稀土三氟磺酸盐和稀土氯化物作为路易斯酸催化多组分串联反应合成具有潜在生理活性的有机化合物。如稀土三氟磺酸盐催化乙醛酸酯与 1, 1'- 二取代烯烃反应合成含活性官能团的 α－羟基不饱和酯（Ene 反应），催化醛、有机胺和烷基亚磷酸酯一锅法高效合成 α－氨基膦酸酯，催化 β－二羰基化合物、醛与尿素一锅法高效合成二氢嘧啶酮（Biginelli 反应）；稀土氯化物催化苯甲醛、有机胺和二氢呋喃或二氢吡喃反应合成呋喃［3, 2-c］或吡喃［3, 2-c］喹啉。他们还合成了新的含配位侧链的手性 1, 1'- 联二萘酚或手性具有 C2 对称性的三齿型手性配体及其相应稀土催化剂，用于催化不对称硅氰化反应、烯反应、杂狄尔斯 - 阿尔得反应、膦酰化反应以及 α，β－不饱和酮的环氧化反应。

20 世纪末 21 世纪初，香港中文大学谢作伟课题组对碳硼烷稀土化学进行了系统研究。在 1997 年，他们报道通过盐消除反应合成 closo- ｛（THF）$_2$Na｝｛（C$_2$B$_9$H$_{11}$）$_2$La（THF）$_2$｝，随后他们利用了碳硼烷的多变性，通过改变稀土化合物前体和反应条件合成了一系列具有独特结构的碳硼烷稀土配合物。在 2000 年，他们合成了含负四价蛛网型碳硼烷配体的稀土配合物，首次确定了蛛网型碳硼烷的结构。他们还设计合成了一类桥联环戊二烯基 - 碳硼烷杂化配体，将茂稀土化学与碳硼烷稀土化学有机结合，合成了多种稀土金属有机配合物。

21 世纪初，安徽师范大学王绍武等开始研究稀土胺基配合物的合成、结构和反应性。2003 年，他们发现了侧链配位促进的稀土 - 氮键均裂反应，发展了一种经稀土 - 氮键均裂合成二价稀土配合物的新方法。2011 年，他们报道了稀土胺基配合物引发的二级胺脱氢反应，并对该反应机理进行了研究。他们系统研究了稀土胺基或烃基配合物与不同类型官能化吲哚的反应性，得到了一系列结构多样的稀土配合物，并发现了多种新颖的反应模式和成键形式。他们发现稀土单烃基配合物在助催化剂存在下可以高效催化异戊二烯 1, 4- 顺式聚合，发展了合成橡胶的多种稀土催化剂。他们还发展了用于催化醛歧化为酰胺和醇以及二级胺和芳香胺胍化反应的多种稀土胺基配合物催化剂。

2000 年后，复旦大学的周锡庚发现了一些稀土金属有机配合物的新反应。如苯基取代烯醇基配体与烯酮的 1, 7- 亲电共轭加成反应；稀土促进的苯并噻唑、苯并恶唑和 N- 甲基苯并咪唑等杂环的烯基化或双官能团化开环。周锡庚等还开展了稀土在有机合成中的应用研究，利用氯化钐实现了从 1, 3- 二羰基化合物高选择性合成 1, 3, 3'- 三羰基化合物，探索了碘化镝催化的有机反应。近期，他们发展了稀土胺基配合物催化的烯丙（丁）胺与腈的直接环化反应及仲胺基导向的炔基交换反应；利用三核结构的立体张力和屏蔽反转稀土配合物的反应选择性，实现了一些过去认为不可能或难以发生的反应，如氧配体优先烷基配体发生反应，以及增强配体的还原功能，促进 CO 和 CS_2 等发生新颖的串联复分解反应。

2005 年，崔冬梅在中国科学院长春应用化学研究所成立课题组，从事稀土催化配位聚合的研究。最初合成了具有"笼蔽"效应的配体制备出高杂同选择性的聚丙交酯；随后利用引发剂的模板作用，实现配位聚合方法制备立构规整、拓扑结构的高分子。2008 年，制备了新一代均相、单中心稀土氯化物催化体系，获得可替代天然橡胶的高顺式 1, 4- 异戊胶，同年开发了限制几何构型稀土配合物实现了异戊二烯高 3, 4- 选择性聚合，首次实现了乙烯与丁二烯及丁二烯 - 异戊二烯和苯乙烯无规配位共聚，得到新型橡胶。2017 年，利用催化剂的侧臂效应，实现极性单体的均聚和序列可控共聚，发现极性单体的自活化效应，突破了极性基团毒化催化剂的传统禁锢。

2006 年，陈耀峰在中国科学院上海有机化学研究所成立课题组，研究稀土金属有机配合物化学。起先研究稀土硼杂苯配合物的合成、结构和反应性能，随后又发展了一类基于 β - 二亚胺骨架的三齿和四齿氮配体，并利用其合成了一系列高反应活性的稀土有机配合物，如稀土烷基配合物、氢化物、桥联膦宾配合物以及单核卡宾配合物等。2009 年，他们合成和结构表征了首例稀土 - 氮双键配合物 - 钪末端氮宾配合物，首次证明了含典型稀土 - 主族元素双键的配合物可以稳定存在。系统研究并揭示了钪末端氮宾配合物不同于传统稀土配合物的独特反应性，其可以活化二氧化碳、氢气、炔烃、氟代烷烃等。2011 年，他们还报道了首个含 P^{3-} 离子的可溶性稀土磷化物，是硬路易斯酸性稀土离子与软路易斯碱配体成键的一个突破。

2007 年起，四川大学冯小明等发展了手性双氮氧配体用于和稀土离子形成手性配合物，并陆续发现这些手性稀土配合物能高效高选择性催化多类不对称反应，其中包括多个新反应。例如，利用手性双氮氧钪配合物实现了第一例高效高选择性催化不对称罗斯坎普 - 冯反应，被编入有机化学人名反应（*Organic Synthesis Based on Name Reactions*）（第三版，408 页，*Elsevier*，2011），并被冠名为"Roskamp-Feng 反应"；手性双氮氧钪配合物实现了第一例查尔酮的溴胺化反应；手性双氮氧镧配合物实现了硝基烯与硝基乙烷的不对称共轭加成反应；手性双氮氧钕配合物实现了吲哚酮与甲醛水溶液的羟醛缩合反应；手性双氮氧钪配合物实现了 30% 过氧化氢为氧化剂的 α，β - 不饱和羰基化合物环氧化反应以及硼氢化钾水溶液做还原剂的烯酮不对称 1, 2- 还原反应。

2009 年，南开大学崔春明等报道了吡咯亚胺二价钐配合物的合成和结构以及环戊二烯基 - 吡咯基二价镱胺基配合物的合成、结构及反应性，2011 年，报道了首例稀土硅烷胺的合成与结构。2012 年，他们合成了含大位阻氮杂环卡宾配体的二价镱胺基配合物，并发现这些配合物可高效催化胺与硅烷的脱氢反应以及烯烃和炔烃的膦氢化反应。近年来，北京大学张文雄和席振峰教授等合成了首例稀土杂环戊二烯配合物，实现了其对碳二亚胺分子的双加成反应和碳＝氮双键的切断，构建了一些结构新颖的含氮杂环化合物；研究了这些稀土有机杂环化合物对白磷的活化，实现了从白磷出发直接、高效、高选择性合成有机膦化合物。

5.3　稀土生物无机化学

国内稀土生物化学主要研究稀土化合物的生理、活性和毒性以及它们之间关系的化学基础。从研究稀土与生物分子的相互作用到研究稀土与细胞的相互作用所产生的细胞响应的机理，为稀土的安全性评价和医药中的应用提供理论基础。提出这个方向是基于以下的背景。

从 20 世纪 70 年代起，日益扩大的稀土开采和工农业应用引起对健康影响的关注。一方面是为什么它能够不分种属地促进生物生长，另一方面又显示各种毒性。早期的研究（主要是流行病学调查和动物实验）因不同研究组的目标不同，实验条件和方法互有差别，结果和结论不同。虽有大量研究结果提示稀土的潜在毒性，但是也有不少相反的结论。这些结果和据以产生的结论和食品安全性标准为其后的研究所质疑，但迟迟不能解决。进入 21 世纪以来，碳酸镧和钆基核磁成像剂在临床使用后发现稀土的体内沉积，又引起药源性毒性问题。长期争议不断，主要是正反双方都缺少对稀土的双向生物效应的机理研究。因此，需要对正反两方面作用机理进行研究，包括以下几个方面。

1）阐明稀土在体内的分布，识别实际作用的活性物种，物种的形成、结构、吸收、转化和转运；

2）研究它们与细胞的相互作用，跨细胞膜的转运机理，细胞响应机理等；

3）在此基础上阐明稀土促进生物生长和毒性作用的机理以及它们之间的关系；

4）探索潜在医药应用价值和存在的问题。

针对以上问题，30 多年来稀土生物化学从分子层次、细胞层次到动物层次做了大量研究，报告了许多有意义的结果，也提出了很多观点。这些成果已在倪嘉缵主编的《稀土生物无机化学》第一、第二版和王夔、杨晓改主编的《稀土的生物效应及药用研究》中详细介绍。因此本章只简单地陈述几个重要方面的进展。

5.3.1　稀土在体内存在的形式和活性物种问题

从国内稀土生物化学研究历史看，最初的研究方向之一就是阐明在生物体内稀土可能的存在形式。当时基于配位化学观点和方法研究分离出来的生物分子作为配体与稀土离子的配位化学反应，并测定生成物的结构和性质。所研究的生物分子包括氨基酸、小分子肽、蛋白质、核酸以及其他小分子，其研究结果为后来的机理研究提供基础。这些化学研究体系与生物条件相距较远。猪胰岛素在生物条件下，有多种配体共存，会形成多种物种，包括难溶和易溶的物种。因此，在 20 世纪 90 年代试图探索稀土在有大量生物分子和无机离子共存的体液内的物种分布。赵大庆、孟路等用计算机模拟结合实验方法研究稀土铽在血浆和细胞间液中的存在形式。他们发现低浓度稀土（10^{-6} mol·L^{-1}）主要以难溶磷酸盐形式存在；在可溶部分内主要是与蛋白质结合的物种。孟路等进一步用 ICP-MS 测定了稀土在血浆蛋白间的分布，结果表明结合稀土较多的主要是免疫球蛋白、白蛋白和转铁蛋白。上述结果提示在体内条件稀土可能以磷酸盐和碳酸盐固体形式存在，而且可能与蛋白结合。用培养液中加入稀土化合物观察细胞对稀土的响应的实验中，可能都有难溶稀土物种的存在和参与。由于难溶物种的量与原始化合物和实验条件有关，可能影响对实验结果的解释以及结论的做出，针对这个问题，杨晓改等发现在 DMEM 细胞培养液中加入氯化钆（$GdCl_3$）或钆配合物（GdDTPA 等）时，有以磷酸钆（$GdPO_4$）为主并结合有蛋白质的含钆难溶微纳米微粒形成，在其中培养成纤维细胞 NIH_3T_3 时，有同样的微粒贴附在细胞表面，并可以被内吞，提示可能是钆的活性物种。

5.3.2　稀土与功能蛋白的相互作用

1980—1990 年，学者就注意到稀土的生物效应可能和它们与生物大分子的作用有关。由于稀土离子与钙离子的相似性，首先集中研究钙离子结合的功能蛋白，包括钙调蛋白、钙结合蛋白、肌钙蛋白 C、三磷酸腺苷酶等的稀土配合物的结构、溶液配位化学以及对蛋白质活性的影响，等等。孙洪业、劳凤云等研究了稀土与红细胞膜骨架收缩蛋白的结合过程及对膜骨架的作用。杨晓达等提出细胞内的稀土结合并激活钙调蛋白，引起 ERK 磷酸化，促进细胞的增殖。细胞外的稀土可能通过激活细胞表面钙敏感受体，通过细胞信号传导途径使细胞内钙离子释放，间接地激活钙调蛋白，影响细胞的增殖与凋亡。杨斌盛针对与细胞分裂有关的中心蛋白与稀土的作用，稀土与中心蛋白结合方式以及对中心蛋白聚集的影响等进行了深入研究。这些结果对阐明稀土促进细胞增殖或起一定作用。

5.3.3　稀土与细胞膜的作用和跨膜转运

关于稀土离子能否跨膜转运问题，早期认为稀土仅能被吞噬功能的细胞，如枯否（库普弗）细胞所吞噬。对没有吞噬功能的细胞，仅能在细胞表面和细胞间隙中沉积。镧沉积一直用作检查细胞膜完整性的试剂。从本质讲，金属离子的跨膜转运是其与细胞膜相互作用的结果，因此注意到需要研究稀土与细胞膜的作用。袁春波等以磷脂和鞘磷脂脂质体作为细胞膜脂双层的模型研究了稀土离子的作用。结果提示稀土离子取代钙离子结合部位与磷 – 氧键结合，此种结合引起凝胶态向液晶态的转变温度提高，流动性降低。黄芬等研究稀土结合影响磷脂脂质体的多形性，结果发现稀土离子结合促使脂双层向六角形 Ⅱ 转变，又进一步研究了稀土与人红细胞的膜蛋白和磷脂的作用，发表了一些关于稀土与膜蛋白［特别是肌质网（Ca，Mg）ATP 酶、红细胞膜骨架蛋白收缩蛋白］的作用机理的研究结果。在此基础上，程驿等用原子力显微镜观察到钆作用于红细胞膜时，引起膜结构的改变，形成畸结构和打洞，通透性增加。

进一步用荧光标记法跟踪稀土跨细胞膜的动态过程，提出稀土离子自助跨膜转运途径和跨膜两步机理。细胞外的稀土离子会形成不同物种，因此有不同跨膜途径，包括吞噬作用、蛋白结合稀土的胞饮作用、稀土配合物阴离子借助阴离子通道进入细胞。杨斌盛、杜秀莲和袁兰等的研究结果分别说明因稀土离子与铁离子的相似性，结合在去铁转铁蛋白的铁结合部位，通过转铁蛋白受体进入细胞。杨晓改在加氯化钆的培养液中培养 NIH/3T3（小鼠胚胎成纤维细胞）时，在透射电镜下观察到含钆微粒在细胞表面沉积以及微粒被细胞内吞的现象。因此稀土以难溶微粒形式内吞也是进入细胞的途径。

归纳以上研究结果提示稀土可以跨膜进入细胞，而跨膜转运是一个多途径多步骤的过程。

5.3.4　与核酸的作用

稀土离子可与核酸的磷酸二酯键及糖环的羟基等作用，同时由于嘌呤等碱基的堆积能加强稀土离子及其配合物的荧光强度。1992 年，慈云祥等从分析化学角度，利用脱氧核糖核酸及核糖核酸在酸性时对铽（Ⅲ）荧光强度变化的不同，可在一定量的 DNA 存在下测定 RNA 的量。2001 年，赵雨等用共聚焦显微激光拉曼光谱研究了鲑鱼精 DNA 与稀土离子作用后的光谱。孟建新等研究了酵母 tRNA^Phe 与 Ce^{3+} 的相互作用，指出其强结合位点为 4。涂华民等研究了不同浓度及不同温度时稀土离子与 tRNA 的作用，证明具有低色效应（hypochromism）。

为了研究稀土离子对核酸中磷酸二酯键的催化或氧化断裂情况，赵雨等用光谱法证明在鲑鱼精 DNA 中，加入三价铈后，其溶液的拉曼光谱发生显著变化，证明磷酸二酯键受到破坏，碱基之间的氢键断裂。朱兵等研究了四价及三价铈在酸性介质中对单核苷酸 5'- 腺苷酸盐及 GMP 断裂作用，指出三价铈对 cAMP 具有很快的断裂速度，其原因是 Ce^{3+} 很容易氧化成 Ce^{4+}，在溶液中同时存在不同价态的铈，这时形成羟基配合物对核苷酸中的磷酸二酯键具有很高催化断裂活性。朱兵等还研究了含氮大环配合物对 pCAT 及 pUC19 质粒 DNA 的断裂作用，断裂后均成为线性 DNA，这是断裂质粒 DNA 最快催化体系。马康涛等研究了稀土化合物对微生物、动物及人的 DNA 及 RNA 完整性，指出镧、铈化合物对 28s RNA 及 18s RNA 和 β–actin、DNA 分子均有断裂作用，特别是 CeCl$_3$ 对多种生物来源的 DNA 及 RNA 中的磷酸二酯键均有断裂作用。

为了寻找活性高的抗癌化合物，卢继新等将稀土与抗癌药多柔比星作用，反应后形成稳定配合物，证明该配合物与 DNA 以嵌入及静电方式相互作用。曲晓刚等系统研究了稀土化合物与核酸的作用，发现稀土氨酸配合物对不同的 DNA 二级结构有较好的选择性。

稀土化合物对不同结构核酸具有识别功能，如稀土铕 – 氨基酸配合物可将右手螺旋 B-DNA 转化为左手螺旋 Z-DNA 且与 RNA 聚合酶类似，具有可逆性，其独特谱学特性可成为检测体内 Z-DNA 探针；大环稀土手性化合物对 GC 和 AT DNA 具有最佳选择性；多核铈配合物可构建人工 DNA 酶，该人工酶可裂解细菌生物被膜中的胞外 DNA（eDNA），具有良好的抗菌功能；另外，稀土 DNA 配合物可进行多种逻辑操作。

5.3.5 关于稀土促进动植物生长的机理

植物体内的稀土含量决定于土壤及环境中的稀土，我国关于土壤、水体及植物中的稀土含量已有详细的报道。随着稀土微量肥料的应用，急需回答稀土如何促进作物生长的机理。1988 年，储钟稀等研究了稀土对植物光合作用的机理，指出稀土元素能提高植物体内叶绿素的含量，证明在植物黄化幼苗中原叶绿素向叶绿素转变过程中的作用机制，并研究了稀土对植物促进根系生长的作用。赵贵文等详细研究了稀土叶面喷施剂对茶树生长的影响，指出喷施稀土叶面肥后均能使叶片中叶绿素含量增加 20% 左右，一般叶绿素增加的峰值产生在喷施后一个月左右。汪东风等从施用稀土后的茶叶中分离得到具有植物抗性的富含羟脯氨酸的糖蛋白（HRGP），稀土可诱导茶树中产生脯氨酸和使脯氨酸向羟脯氨酸转化。

寻找高富集稀土的植物对土壤修复、稀土元素的富集提取等都有重要作用。1992 年，李凡庆等首次在福建某离子型稀土矿区发现了铁芒萁，其叶片中稀土含量高达 0.31%。1999 年，赵贵文等用 EXAFS 方法证明铁芒萁活体叶绿素 a 中镧的配位结构。魏正贵等对江西省赣景大田乡采集的 11 种蕨类植物，芒萁叶部稀土含量进行测定为 434～3411 微克 / 克，并指出芒萁属的另一种植物铁芒萁与芒萁具有不同的形态和生态特征，而我国许多学者报道的铁芒萁实为芒萁类植物。

稀土元素在植物的生长过程还会有各种不同的特异性能。如 2005 年，梁婵娟等报道稀土离子铈能降低紫外线对白菜幼苗的伤害；2004 年，黄晓华等曾报道稀土有减低由于酸雨引起对植物的伤害，同样会影响植物中许多酶的活性；周青等报道低浓度稀土对辣根过氧化物酶有促进作用；2015 年，张轩波等研究了稀土的细胞生物无机化学，报道了稀土在植物中的亚细胞定位及其在细胞壁、细胞膜、叶绿体、液泡及细胞核的作用。

关于稀土促进动物生长的机理。聂毓秀提出低剂量稀土促进人二倍体细胞有丝分裂活动影响 DNA 及 RNA 合成、刺激生长激素水平。陈兴安和聂毓秀先后观察稀土调节免疫功能等小剂量刺激作用。目前，依然不能从机理上说明稀土如何促进动物生长。2006 年，余四旺等提出镧可能通过诱导 ERK 信号途径影响细胞增殖与细胞凋亡。近年来，杨晓改等从稀土干预动物细胞生长的信号系统入手进行研究，发现沉积在 NIH3T3 细胞表面的磷酸钆微粒能够通过整合素和表皮生长因子的介导引起 MAPK/ERK 和 PI3K/Akt 两条途径的激活，上调细胞周期蛋白，增强细胞的黏附，推动细胞周期的进行，促进细胞的增殖和存活。沈立明等根据钆与 NIH3T3 细胞作用的差异蛋白组分析，发现与应激和氧化还原有关的蛋白以及与细胞黏附和增殖有关的蛋白发生显著变化。这种促进增殖的作用机理具有两面性。用上述结论也可以解释晚期肾衰竭患者接受钆基成像剂作增强核磁诊断后为何引起肾源性系统纤维化。不稳定的线性成像剂较大环成像剂引起 NSF 的可能性小与患者组织中沉积的含钆微粒的可能有关。

除了稀土在细胞外引发上述信号系统以外，也不排除进入细胞的稀土与细胞器的作用，如稀土影响线粒体钙离子释放以及内质网应激等。

5.3.6　稀土的毒理学

我国是稀土大国，稀土应用从工业到农业极为广泛，因而人们关注稀土在环境中的分布及其含量，特别是稀土用于种植业及养殖业后通过食物链进入人体及其后续反应，我国已有大量报道。1987 年，上海第一医学院放射医学研究所曾报道了上海地区正常人体内稀土的含量，轻稀土含量高于重稀土，并测定了骨、肝、脾、肾、肺中的稀土，指出同一地区人体内稀土含量个体差异幅度很大，最高和最低值间最大可相差：骨 95.5 倍，肝 55.2 倍，肾 35.5 倍，脾 23.1 倍，肺 11.7 倍。1999 年，孟路、丁兰等用 ICP-MS 等技术，研究了长春市正常人血浆中稀土含量及其物种分布，指出正常人体内含有微量稀土，其总量每升约为 1.413 微克，各稀土的含量分布与稀土的天然丰度一致，说明并非由于某些稀土的特殊污染而造成正常人体中含有稀土。血浆中稀土的物种分析表明，稀土元素主要集中在大分子部分，与免疫球蛋白、人血白蛋白及运铁蛋白等均有结合，其中与运铁蛋白结合量最多。

早在 20 世纪 80 年代，我国就开展了对稀土的毒理学研究，纪云晶等于 1985 年及 1988 年总结了他们的结果提出硝酸稀土最大无作用剂量：对恒河猴为 100 毫克 / 千克（以硝酸、稀土计），对大鼠则为 60 毫克 / 千克（以硝酸、稀土计），计算成经口服的每日允许剂量，取安全系数为 100，按前者计为毫克 / 千克［稀土元素氧化物（REO）为 0.38 毫克 / 千克］，后者为 0.6 毫克 / 千克（REO 为 0.228 毫克 / 千克）。若人体重按 60 千克计推算，指出成人每人每日从食物中摄取稀土的容许剂量为 22.8 毫克 / 千克（REO 以恒河猴计），13.68 毫克 / 千克（REO 以大鼠计）并认为该限量远大于当前我国正常人每日可能摄入的 2.24 毫克稀土量。2000 年及 2004 年，徐厚恩等用检测下限低灵敏度极高的电感耦合等离子质谱法，以大鼠外周血双核淋巴细胞微核形成率作为染色体断裂的生物标志物，指出 2 毫克 / 千克是引起染色体损伤的阈剂量，日允许摄入量为 0.002 ~ 0.02 毫克 / 千克，该值远远低于纪云晶等早期提出的数值。

1997 年，朱为方、徐素琴等认为过去得到的无作用剂量从未在人体中得到验证，他们在离子型稀土矿区，对自然人群进行流行性调查，测算出该地区每人每日允许摄入剂量为 4.1 毫克。最大无作用剂量（Maximal No-Effective Dose）是指在一定时间内，一种外源化学物进入体内后，用最灵敏的观察指标，未能观察到任何对机体的损害作用的最高剂量，也称为未观察到损害作用的剂量（No Observed Effect Level，NOEL）。因此该值随着检测指标的灵敏度的提高及指标的选择而变化。有关稀土毒理学及 NOEL 值曾有许多报道，如陈祖义等，与何潇并不完全吻合，因该值是计算允许剂量的基础数据，应及时更新而修改已有的各类有关的稀土安全标准。在稀土的器官毒理学方面也取得了下列进展。

（1）肝肾毒性

虽然朱为方在赣南轻稀土区人群调查中发现肝功能降低以及肝、肾负担加重，刘中韬等发现农用稀土喷施作业人员的肾损伤，但都不能肯定与摄入稀土有关。当时也有动物实验报告稀土造成肝功能下降和肝损伤，但是所用剂量较高。对低剂量稀土的肝肾毒性问题未被注意。2004 年，碳酸镧进入临床治疗高磷酸血症后，临床发现一例碳酸镧诱发急性肝功能衰竭和一例肝功能降低。随后又发现含钆成像剂诱发肾源性系统纤维化。稀土的肝肾毒性问题又引起注意，但是所报告的动物实验结果因实验方案不同相差较大。裴凤奎和廖沛球等注意到以往的研究注意稀土与靶分子的作用和与细胞凋亡的关系，忽视对器官功能的影响。为从代谢产物的改变认识稀土对肝肾功能的影响，他们用高分辨磁共振、魔角旋转技术及模式识别等数据处理方法，测定腹腔注射不同剂量不同稀土元素后大鼠尿、血清、肝肾组织中代谢物的变化。结果显示，只有高剂量稀土元素才对大鼠肝、肾均造成不可逆损伤，而低剂量（< 10 毫克 / 千克）对肝、肾虽有一定的损伤，但经不同时间能得到恢复。

（2）神经毒性

20 世纪末，朱为方和范广勤先后在矿区人群中发现稀土的神经毒性的表现。当时的动物实验和细胞试验结果支持调查结果，但是由于普遍认为稀土不能穿过血脑屏障所以没有引起注意。碳酸镧生产商夏尔（Shire）公司在推出该产品时声称其不能越过血脑屏障，不具有神经毒性。尽管有人用放射示踪法测得经口给大鼠 La[140] 三天后在脑中检测到微量放射性，但是没有足够的说服力。2005 年，柴之芳、张智勇用放射示踪法结合 ICP-MS 测定了急性暴露、腹腔注射和长时间灌胃的大鼠脑内稀土的分布。结果表明，稀土能够进入脑组织。2006 年，他们发表了一篇论文说明低剂量（2 毫克 / 千克）稀土能够影响实验动物的学习记忆能力，这一结果的发表引起了围绕口服碳酸镧是否引起神经毒性问题的争议。随后，他们又报道低剂量长时间暴露对神经递质的影响和对脑组织海马区组织的氧化性损伤。近年来蔡原作了一系列研究支持氧化性损伤的观点，他认为镧进入并且积累在星形细胞内提高活性氧物种水平，降低抗氧化蛋白表达，增加脂质过氧化，并且下调 Nrf2/ARE 信号途径，因此造成细胞损伤，tBHQ 通过激活 Nrf2/ARE 信号途径而可以抑制细胞损伤。夏青等的研究也支持活性氧物种机制，只是他们认为是稀土离子抑制钙离子的吸收，干扰钙稳态，促使脑内钙离子增高，从而诱发氧化性细胞损伤。当星形胶质细胞与神经元细胞共培养时，钆上调星形胶质细胞的脑源性神经生长因子，因而对神经元起一定保护作用。

（3）对骨结构与形成的影响

已有研究表明稀土在骨中的积累，由此引起两个问题：稀土是否影响骨形成与再建以及骨结构与功能。由于是低剂量长时间暴露的效应，黄健等以 2.0 毫克 La（NO_3）$_3$/千克·天$^{-1}$ 剂量灌胃喂养 Wistar 大鼠 6 个月后，发现镧在骨中的蓄积很少，对钙、磷无显著影响，但是引起钙和磷含量降低，矿物相结晶度增加，晶体变薄，活动性碳酸根和酸性磷酸根的含量双双增加。因此认为镧可能通过抑制骨成熟而影响矿物相的结构。除因稀土的类钙性直接掺入磷酸钙矿物相以外，还会通过干预成骨细胞破骨细胞对骨形成与周转。张金超等曾系统地研究了不同稀土对成骨细胞和成骨细胞增殖、分化与钙化、破骨细胞的骨吸收功能影响以及骨髓基质细胞向成骨细胞分化的影响，发现对成骨细胞分化和钙化，低剂量稀土促进、高剂量抑制，对破骨细胞的骨吸收功能则表现低浓度促进而高浓度抑制。

5.3.7　稀土的潜在药理作用

（1）稀土的细胞毒性与抗癌作用

从 20 世纪 80 年代开始，一直有人研究稀土化合物的抗癌作用。纪云晶和邹仲之的早期研究都显示稀土能够抑制体外培养的癌细胞分裂。聂毓秀在研究稀土配合物抑制海拉细胞分裂作用时，在细胞内出现空泡。上述研究中需要较高浓度（1 毫摩尔每升）才显示出抑制作用。其后陆续有研究结果报道，但是仍然说明稀土的细胞毒性很低，直接杀伤癌细胞的能力较弱。尽管如此，人们认为不能否定稀土抗癌的潜力。

稀土诱导癌细胞失巢凋亡。苏湘鄂报道低浓度柠檬酸镧（0.1 毫摩尔每升）能够促进失巢的海拉细胞凋亡，而对贴壁的细胞凋亡没有影响。进一步机理研究提示柠檬酸镧使癌细胞失去抗失巢凋亡的能力可能与激活 caspase-9 介导的内源性凋亡有关，而 caspase-9 激活后，细胞间和细胞与基质间的联系受到影响也与诱导细胞失巢凋亡有关。

稀土与癌细胞作用的蛋白组学研究。沈立明用蛋白组学方法研究了柠檬酸镧和镱与癌细胞的作用机理，用差异蛋白组学方法检测蛋白表达的变化可见引起线粒体膜电位下降、过氧化氢产生、caspase9 激活、bax 表达上升和 bcl2 表达下降，提示通过线粒体途径诱导细胞凋亡。

（2）对血管钙化的抑制

稀土在影响骨形成和周转的同时，却表现对血管钙化的抑制。动脉硬化是一种因动脉中斑块形成与增厚导致动脉狭窄的疾病，在斑块形成中血管钙化是重要环节。抑制动脉钙化被认为可能成为动脉硬化的治疗方法。早年克拉姆什报道过镧抑制血管板块形成的作用，但是没有引起广泛注意。针对钙化是血管平滑肌细胞分化成成骨样细胞诱导磷酸钙沉积的过程，并为血液中的活性氧物种所促进，石艳玲等研究其内在机理，发现氯化镧通过一种抗肿瘤药物敏感的 G1 蛋白激活细胞外调节蛋白激酶和应激活化蛋白激酶信号途径和通过抑制过氧化氢途径抑制平滑肌细胞向成骨样细胞分化和钙化。赵文华等用小牛血管平滑肌细胞为模型研究氯化镧的作用，发现在低浓度（0.1 毫摩尔每升）镧通过上调被甘油磷酸钠所抑制的钙敏感受体，抑制细胞分化和钙沉积，而在高浓度下（>10 毫摩尔每升）反而促进磷酸钙沉积。

5.4　稀土配位化学

5.4.1　稀土配合物的萃取与分离

我国较早开展稀土配合物在稀土分离与萃取方面工作的主要单位是北京大学和中国科学院长春应用化学研究所。20世纪50年代，北京大学徐光宪等开展了pH测定法和极谱法测定配合物稳定常数的研究工作。60年代，徐光宪和吴瑾光等用滴定法测定了稀土金属镧等的配位常数，开启了稀土配合物化学的研究。70年代初，在核燃料萃取研究基础上，徐光宪、黄春辉、金天柱、李标国、严纯华等开始了使用季铵盐萃取分离稀土金属镨和钕的研究，并逐渐发展出稀土串级萃取理论，开创了中国稀土配合物研究的新时代。徐光宪、袁承业撰写了《稀土的溶剂萃取》，总结了稀土萃取方面的研究工作。

20世纪50年代，稀土分离方法的研究处于起始阶段，主要研究分级沉淀、分级结晶及离子交换等方法。为了解决上述分离过程中所出现的问题，中国科学院长春应用化学研究所开展了稀土化合物的络合、沉淀、溶解度及相图等研究。苏锵等研究了氢氧化镧的组成及其性质，测定了分级沉淀法富集和分离铈族元素过程中草酸镨和草酸钕在络合剂氨三乙酸存在下的溶解度及稀土乙基硫酸盐的溶解度和热重分析。基于铝离子能与氟形成配合物，任玉芳等研究了在铝盐存在下，采用矿浆萃取法从含氟包头矿提取稀土元素的新方法。为了寻找分级结晶分离稀土的新方法，钟焕邦等开展了稀土水盐体系的相图研究，为用硝酸复盐分级结晶法分离镧（La）、铈（Ce）、镨（Pr）、钕（Nd）和富集钐（Sm）和钇（Y）族稀土提供了依据。

20世纪60年代，兰州大学稀土化学研究室开始有针对性地发展稀土化学专业，主要开展稀土元素化学和配位化学研究。在稀土研究方面取得代表性成果："稀土元素的提取、分离、分析和应用研究——伯胺萃取法从包头矿中分离钍和混合稀土"，1978年获全国科学大会奖。谭民裕教授深入稀土厂矿实地考察、调查研究，"从离子吸附性稀土矿中提取氧化钇新工艺"，1978年获甘肃省高校优秀科技成果奖。"非三价稀土化合物的制备、性质、结构及应用"，1987年获甘肃省科技进步奖二等奖。兰州大学无机化学专业在史启祯、邓汝温、王流芳、吴集贵、宋彭生、谭民裕、杨汝栋、闫兰、甘新民、唐宁、曾正志等一批教师的努力下，稀土化学研究工作得到长足进步，主要研究集中在稀土元素研究、稀土配合物、稀土溶剂萃取、稀土生物无机化学、稀土在药物、油漆、陶瓷等方面的应用，发表与稀土有关的论文100余篇。"稀土等金属元素与含氧、氮、硫配体配合物的合成、结构、性能和应用"，1993年获甘肃省科技进步奖二等奖。"稀土特殊化合物的基础与应用研究"，1995年获甘肃省科技进步奖二等奖。

西北师范大学稀土配位化学研究室成立于1977年，开始由白光弼、高锦章、康敬万3人组成，合作研究稀土配合物的合成、性质，以及在分离和分析化学中的应用。他们使用高温熔融固液萃取技术对稀土进行了分离研究。常规的萃取分离技术是在室温下进行的，因为液体溶剂在高温下易挥发。首次提出使用固体石蜡作溶剂，萃取反应在80～95℃进行，2分钟后冷却至室温，萃合物凝聚于固体石蜡溶剂中后分离。该技术的优点是，萃取平衡快（1～3分钟即达到平衡）、无第三相出现、容易分离，在高温下稀土配合物稳定性差距拉大，有利于混合稀土的分离与测定。

南开大学无机化学学科也较早开展了稀土配位化学的研究，利用阳离子交换树脂进行高纯稀土的制备，如王耕霖等开展的"煤油大孔阳离子交换树脂分离稀土的研究"。张若桦编著的《稀土元素化学》于 1987 年由天津科学技术出版社出版。

5.4.2　稀土配合物的结构与磁性

过渡金属 - 稀土簇合物（以及配位聚合物）是磁性分子材料的重要研究对象。由于稀土与过渡金属离子（例如铜）分别属于硬酸和软酸，配位习性明显不同，传统上用同时含配位习性不同的氮 / 氧杂原子的多齿配体组装此类异核磁性配合物，结构比较简单，且存在可控性和重复性差等问题。了解并揭示稀土配合物的结构与磁性的关系是稀土配合物重要的研究方向。

1978 年以后，南开大学无机化学学科主要从事稀土固体配位化学的研究，以冠醚配体、含氮大环配体、双亚砜配体、希夫配体、草酰胺类配体、氮氧自由基配体等开展稀土配合物的合成、结构与性能的研究。合成了数百个稀土金属或稀土 - 过渡金属配合物，解析了配合物的单晶结构。如王耕霖、阎世平等开展了"二苯并 -18- 冠 -6 与硫氰酸钇配合物的合成与性质研究"，1982 年合成了一系列镧系金属硝酸盐与 1, 8- 萘并 -16- 冠 -5 配合物，并报道了硝酸镧与 1, 8- 萘并 -16- 冠 -5 配合物的晶体结构，发现稀土离子为罕见的 11- 配位构型。

南开大学廖代正等在研究过渡金属离子磁交换作用的基础上，于 1991 年率先开展了稀土离子之间和稀土 - 过渡金属离子之间的磁交换作用研究。王耕霖等主持的项目"桥联多核耦合体系的合成、结构及分子磁工程"获得 1995 年国家教委科技进步奖二等奖，廖代正等主持的"分子磁性的基础研究"获得 2003 年国家自然科学奖二等奖。此外，南开大学程鹏等报道了系列纳米管状三维结构稀土 - 过渡金属配合物。

中山大学、中国科学院福建物质结构研究所、北京大学、中国科学院长春应用化学研究所、厦门大学等单位分别开展稀土及稀土 - 过渡金属配位化合物的磁性方面的研究。1994 年起，中山大学陈小明课题组提出并建立了一条用纯氧原子配位的合成新方法，成功以羧酸根及羟基可控组装系列 2 ~ 18 核铜 - 稀土簇合物，并揭示了酸度等条件对反应产物的控制规律。其中，18 核簇合物为当时最高核数的铜 - 稀土簇合物。随后，他们进一步将这一纯氧原子配位组装方法用于将铜 - 稀土簇合物组装成为高维配位聚合物。中山大学童明良课题组在稀土单分子磁体的研究上开展了较为深入系统的研究。从稀土及稀土过渡金属簇结构基元和磁功能调控入手，发展了稀土金属簇合物分子纳米磁体和具有显著磁热效应的超低温磁制冷稀土材料的制备方法；提出了"网中链"策略制备稀土单分子磁体 / 单链磁体或阻挫磁体；通过合理设计阴离子配体来调节配位场，制备出具有创纪录自旋转换温度的稀土自旋转换材料。

中国科学院福建物质结构研究所吴新涛院士领导的研究组在稀土簇合物的研究方面开展了系列原创性的工作，主要集中在氨基酸 - 稀土 - 过渡金属簇合物的设计合成和性能研究方面。通过利用具备多配位点的生物活性氨基酸为配体，该研究组构建了系列氨基酸 - 稀土 - 过渡金属簇合物以及高核簇合物为基元的金属有机骨架材料，获得了一系列原创性的研究结果。吴新涛课题组成功制备了一风扇形的 20 核异金属稀土 - 过渡金属簇合物，其八面体内核 $[Gd_6(OH)_8]$ 为首例铁磁的稀土高核簇。磁测量表明，该化合物在低场是阻挫的亚铁磁体，而在高场则表现出 Gd^{3+} 离子的单离子行为。另外，他们合成了系列 30 核、32 核以及当时核数最高的 61 核稀土 – 过渡金属簇合物，这些簇合物均具有可观的纳米尺寸，还得到了以 30 核簇为节点，以 trans-Cu（AA）₂ 金属配体为桥的一维、二维、三维多孔的金属有机骨架化合物。无论是上述的稀土 – 铜 – 氨基酸簇合物，还是多维的 30 核簇为节点的 MOFs，都观察到有趣的磁性和对温度敏感的半导体性质。另外，中国科学院福建物质结构研究所洪茂椿课题组在稀土团簇的合成与表征方面也做了大量工作，制备了系列高核稀土团簇。中国科学院福建物质结构研究所杨国昱课题组在稀土簇合物及稀土簇基金属有机框架材料的研究中，也取得了系列研究成果。

北京大学高松、王哲明、王炳武、蒋尚达等开展了稀土配合物的分子磁性研究，并在稀土配合物磁构关系以及稀土配合物单分子方面做了大量而系统的研究。需要特别指出的是，在功能磁性材料研究中，该课题组也是我国较早开展稀土配合物磁制冷材料和单分子磁体的研究团队。

中国科学院长春应用化学研究所唐金魁等以各向异性显著的稀土离子为自旋载体，通过配体设计、功能基元组装等方法设计合成了系列结构新颖的稀土单分子磁体，率先开展了自旋载体的化学环境与单分子磁体弛豫过程之间关系的系统研究，揭示了多弛豫机理，提出和发展了有效调控弛豫过程的机制；发现了经由第二激发态的新弛豫途径，为提高单分子磁体能垒和阻塞温度开辟了广阔空间；实现了对环形磁矩的操控，引领了分子磁性前沿领域的新发展。

厦门大学龙腊生等在高核稀土及稀土过渡金属簇合物的合成与组装方面开展了较为系统的研究工作。①提出了利用原位产生的阴离子作为模板合成高核稀土及稀土 – 过渡金属簇合物的方法；②建立了高分辨质谱指导下的高核稀土 – 过渡金属簇合物的组装方法；③利用反相微乳法成功地实现了单分散高核稀土 – 过渡金属簇合物的合成；④基于简单的醋酸配体，选用各向同性的 Gd^{3+} 离子，制备多个具有高磁热效应的 $Gd_{36}Ni_{12}$、$Gd_{42}M_{10}$（M=Ni，Co）以及 Gd_{104} 高核稀土及稀土 – 过渡金属簇合物，并总结了影响磁热效应的因素。

5.4.3　稀土配合物的结构与发光

稀土配合物发光性质也是其重要研究热点和前沿研究领域之一。了解并揭示其构效关系，对于开发稀土发光材料具有重要意义。

西北师范大学稀土配位化学研究室 1977 年开始进行溶液中镧系配合物超灵敏跃迁现象的研究。1979 年，率先在《科学通报》（高锦章、康敬万、白光弼）发表了第一篇论文，引起广泛关注；1995 年，出版专著《溶液中镧系配合物光谱化学》（高锦章、杨武、康敬万，电子科技大学出版社），详细阐述了 4f 电子参与成键的性质，为稀土混合物的分离与分析测定提供了理论依据。另外，西北师范大学利用 4f 电子可参与成键（1% ~ 3%），形成配合物后其吸收光谱和荧光光谱可发生变化或位移，建立了多种高灵敏度同时测定混合稀土离子的新方法；利用稀土离子与偶氮试剂可形成 β– 型配合物的特点建立了高灵敏度的测定方法，1985 年在国外专业刊物《分析快报》（Analytical Letters）上发表（高锦章，朱向明，康敬万，白光弼）。

从 20 世纪 80 年代初开始，中国科学院长春应用化学研究所倪嘉缵、庄文德等制得了 10 种稀土单酞菁化合物及双酞菁钕、镥化合物，研究了其结构、光谱和电化学性质。中国科学院长春应用化学研究所张洪杰等以二氧化硅作为无机组分、聚丙烯酸类聚合物为有机组分，在交联剂存在下，先制备出无机／高聚物互穿网络杂化基质，再选择发光性能优异的稀土配合物并将其引入杂化基质中，通过复合或键合制成了透明块状杂化材料，考察了其发光性能。他们还以稀土有机配合物作为发射物质，以有机小分子和高聚物作为空穴传输层和电子传输层，制备出发光亮度高、色纯度好的电致发光器件。

20 世纪 80 年代初，北京大学稀土配合物化学的研究从萃取分离为主，拓展到稀土配合物的合成、表征和电子结构研究。如施萧、吴瑾光、徐光宪等研究了镝的三氟丙酮配合物、草酸钕等的晶体结构，进行了红外光谱的表征。同时，任镜清、黎乐民、王秀珍、徐光宪等发展了适合计算稀土配合物电子结构的 INDO 方法（间略微分重叠法）、密度泛函等理论计算方法，将分子轨道理论推广应用到包含 4f 轨道的稀土化合物，研究了多种稀土卤化物、稀土冠醚、酞菁配合物和稀土金属有机配合物的电子结构和成键特性。黄春辉等的专著《稀土配位化学》总结了稀土配合物的结构和成键规律。90 年代，为使我国稀土资源优势尽快转化成为技术和经济优势，北京大学稀土化学研究开始转向稀土功能材料方面的研究。黄春辉、卞祖强、刘志伟等开始了稀土配合物光致发光、电致发光材料和二阶非线性光学材料的研究。严纯华、张亚文、孙聆东等开展了稀土纳米晶材料的发光、生物影像和催化技术研究。张俊龙等开展了稀土酞菁类配合物的发光和生物成像方面的研究工作。

中山大学苏成勇课题组系统研究了三脚架型三 –（苯并咪唑 –2– 甲基）胺（NTB）配体与稀土离子的组装，得到了系列新颖的配位和氢键结构，还利用稀土离子异质同晶特性构造出 f–f 固溶体型多稀土配合物，或以区域控制外延生长策略组装出多稀土 MOF 异质结单晶。NTB 配体良好的天线效应和夹心包裹结构，赋予稀土配合物良好的可见至近红外发光。其中，Ce–NTB 的配合物获得罕见的高效蓝色发光，并以此制备了电致发光器件。实现了稀土配合物新颖的传能模式、单／双光子激发、低能量可见光激发和全谱敏化的可见 – 近红外全波段发光，建立了单金属单相和多金属单相两大类白光、调光模型。通过区域控制异相外延多稀土 MOF 单晶，实现了独特的多层次间隔色域可调发光。拓展了稀土配合物在发光器件、混光与白光材料、高等级防伪条形码、光学信息存储微器件等领域的应用。

2000 年以后，兰州大学配位化学与功能材料研究所在刘伟生和唐瑜的带领下，以稀土化学为研究重点，在稀土功能配合物设计组装、稀土配合物智能发光材料和稀土杂化纳米催化材料等方面开展研究工作，进一步拓展了稀土配合物在发光、识别、催化及生物活性等功能方面的研究，取得了一批具有国际先进水平的创新成果，形成了以稀土化学为中心的特色学科方向。"新型稀土功能配合物的设计合成及其性能研究" 2004 年获甘肃省科技进步奖一等奖，"稀土功能配合物的设计合成及其性能研究" 2011 年获教育部自然科学奖一等奖。2009 年，在无机化学研究团队基础上，筹建了甘肃省有色金属化学与资源利用重点实验室，2011 年正式通过甘肃省科技厅验收。

5.5　稀土固体化学

20 世纪 70 年代以来，稀土固体化学和新材料的研究得到了迅速的发展，并开展了稀土化合物成键性质的量子化学计算和总结了稀土元素性质递变规律，以进一步完善镧系理论。

随着材料、信息、能源和航天等科学技术的迅速发展和经济及国防建设亟须的各种稀土固体功能材料，包括单晶、多晶、非晶态、玻璃、陶瓷、薄膜、涂层、低维化合物、复合材料、超细粉末、金属、合金与金属间化合物等研发，稀土固体化学获得了飞速的发展，形成了一门重要的研究领域。对稀土固体化合物的合成、组成、结构、相图、价态与光、电、磁、热、声、力学及化学活性等化学与物理性能和理论，已展开了广泛而深入的研究，在很多领域中如高温超导体、激光、发光、高密度信息存贮、永磁、固体电解质、结构陶瓷与传感等取得了重要的应用。通过大量的基础研究与应用开发，探讨组成、结构与性能的关系，宏观与微观的关系，整体与局域的关系，有助于进一步达到稀土固体材料设计的目的，并根据应用所需要的特定性能，设计和制备出所需要的组成与结构的固体化合物。

5.5.1 掺杂稀土材料的稀土氧化物在发光领域有重要应用

以 $Y_2O_3 : Eu^{3+}$ 为例，早在 1975 年，长春市化工三厂、中国科学院长春物理研究所和中国科学院长春应用化学研究所就对稀土杂质及八种主要非稀土杂质对 $Y_2O_3 : Eu$ 发光亮度影响开展研究，初步掌握了这些杂质的影响规律。20 世纪 90 年代中期，在国家自然科学基金资助下，中国科学院长春物理研究所开展了超细（200nm 以下）及 $Ln_2O_3 : Eu$ 荧光粉的发光性质和制备方法研究。1995 年，中国科学院长春应用化学研究所用络合—沉淀法制备了 $Y_2O_3 : Eu^{3+}$ 超微粉末。1998 年，中国科学院上海硅酸盐研究所采用化学合成手段制备了不同粒径和 Eu^{3+} 掺杂浓度的纳米 Y_2O_3 粉体，并采用包膜的方法对纳米粉体进行表面处理。2001 年，长春光学精密机械与物理研究所继续深入研究稀土掺杂纳米材料的发光性质，利用高分辨谱光谱手段，区分了 Y_2O_3 中处于表面与内部的 Eu^{3+} 的发光。2003 年，中国科学技术大学采用甘氨酸 – 硝酸盐燃烧法合成了不同粒径的 $Y_2O_3 : Eu$ 纳米晶。2004 年，中国科学院长春应用化学研究所利用阳极氧化铝模板法首次合成 $Y_2O_3 : Re^{3+}$（RE=Eu，Tb），并利用水热法 $(Y, Gd)_2O_3 : Eu$ 成功组装到 AAO 模板中，具有较好的发光性能。2005 年，台湾大学将铋离子加入铕离子掺杂的氧化钇红色荧光体中，发现加入铋离子能促进红色荧光体处于 300～380 纳米的紫外线能量吸收。

5.5.2 激光晶体的研究

国内科研工作者对激光晶体进行了大量的研究。早在 1964 年，上海光学精密机械研究所成功生长出透明的 YAG : Nd 激光晶体，并实现激光输出。1966 年，中国科学院福建物质结构研究所用熔盐法生长出线度 30 毫米的 YAG : Nd 单晶。1971 年，中国科学院长春应用化学研究所采用熔盐法成功生长出光学质量好、线度达到 52 毫米的 YAG : Nd 单晶。1978 年，安徽光学精密机械与物理研究所在 YAG : Nd 中引入镥，改善了晶体的激光效率。另外，中国科学院物理研究所在 1991 年开始用提拉法生长二极管泵浦的 $YVO_4 : Nd$ 激光晶体。1998 年，安徽光学精密机械研究所根据光通信对 YVO_4 的需求，开展了具有双折射性能的 YVO_4 晶体生长研究。2002 年，安徽光学精密机械研究所生长出 $GdVO_4 : Nd$ 激光晶体，可作为激光晶体的基质。

5.5.3 稀土磁性材料

我国稀土永磁材料的研究始于 1969 年，比西方国家晚了 5 年。经过一段时间的努力，我国的稀土永磁材料研究工作已有相当的进展。1973—1975 年，王震西在法国诺贝尔物理学奖获得者路易·奈尔教授主持的磁学实验室做访问学者，从事非晶态稀土合金的结构和磁性研究。1980—1983 年，王震西采用离子注入、真空溅射和快速冷凝技术，开展了稀土 – 铁系第三代永磁材料的研究。1983 年 9 月，在北京科学会堂召开的"第七届国际稀土永磁材料讨论会"上，日本著名学者金子秀夫教授宣布："日本住友公司最近研制成功一种新型超强磁性材料，它就是磁能积高达 36 兆高奥的第三代稀土永磁—— Nd-Fe 合金。"此后第三代稀土永磁 Nd-Fe-B 在全球掀起了研究热潮，我国不少研究所和大学的物理和材料科学部门都进行了这一新型永磁材料的研究，至 1984 年已形成两个有影响的团队。一个是中国科学院的联合行动小组，组成单位有中国科学院物理研究所、电子研究所、长春应用化学研究所。另一个是冶金部所属的联合行动小组，组成单位有钢铁研究总院、包头稀土研究院、北京钢铁学院等。中国科学家研制的 Nd-Fe-B 永磁体的磁能积提高迅猛。在 1983 年稀土永磁 Nd-Fe-B 发现以前，中国科学院物理研究所磁学室已采用快淬方法开展铁基稀土合金的研究。"第七届国际稀土永磁材料讨论会"后，物理研究所磁学组与电子研究所稀土磁钢组联合攻关，发挥各自在基础理论与工艺技术上的特长，经过 120 多个夜以继日的连续奋战，终于在 1984 年 2 月在实验室试制成了中国第一块磁能积达到 38 兆高奥的钕铁硼。1987 年，物理研究所沈保根与南京大学顾本喜等人合作，利用真空快速冷凝技术开始研究 Nd-Fe-B 双相复合永磁材料。1988 年后，沈保根等进一步对快淬纳米复合永磁材料的微结构、相结构与磁性从实验和理论方面做了系统的研究。1990 年，爱尔兰柯艾和我国北京大学杨应昌分别发现了间隙元素氮能够改善材料的永磁性能，这一研究发现开创了间隙化合物研究的新篇章。1999 年，张宏伟报道了纳米永磁材料的矫顽力和晶粒尺度的关系。2001 年，张文勇、张宏伟又报道了 $Pr_2Fe_{14}B$ 型同类材料的磁性性能。

5.5.4　高温超导体

自 1986 年 4 月由美国 IBM 公司发现高温超导体以来，我国研究人员也进行深入广泛的研究。1986 年，中国科学院物理研究所获得了 48.6K 的锶镧铜氧高临界温度超导体。1987 年，中国科学院物理研究所赵忠贤领导的研究小组研制的 $YBa_2Cu_3O_7$ 从室温放入液氮，可以看到完整的超导转变过程。1987 年，北京大学和中国科学院现代物理研究中心共同研制了钇钡铜氧体系超导材料，发现该材料的超导转变温度在 100K 以上。同年，中国科学院长春应用化学研究所任玉芳、苏锵研究小组采用改进的 $YBa_2Cu_3O_7$ 材料，获得了电流密度为每平方米 1400 安培的材料。随后，中国科学技术大学在稀土铜氧化物超导体的制备、结构和超导方面开展了大量的研究工作，合成了一系列新的稀土铜氧化物超导体。

5.5.5　稀土硫氧化物的重要用途

掺 Eu^{3+} 的 Y_2O_2S 是彩色电视中发红光的荧光材料。早在 1969 年，中国科学院长春物理研究所就开展了三价铕激活的硫氧化钇（Y_2O_2S：Eu）红色荧光粉的研究，1973 年，国家计划委员会正式下达彩色电视荧光粉攻关任务，长春物理研究所为攻关组组长单位，组织中国科学院长春应用化学研究所、北京大学、北京化工厂等 13 家单位联合攻关红、绿、蓝彩电三基色荧光粉。其中涉及 Y_2O_3：Eu 和 Y_2O_2S 两种稀土红色荧光粉。1979 年，中国科技大学研究了

Tb^{3+} 激活的 Y_2O_2S 和 Gd_2O_2S 的温度效应，发现不同的激发方式（光致发光，阴极射线发光）和不同的激活剂浓度有不同的温度特性，其热稳定性按 Gd_2O_2S 到 Y_2O_2S 顺序递增。1981 年，中国科学院长春物理所研究了硫氧化钇荧光粉中 Tb^{3+} 与 Dy^{3+} 离子间的能量传递。1982 年，中国科学技术大学用杂质离子非直接相互作用模型研究了共掺杂的 Y_2O_2S 中的能量传递，计算结果和实验一致。1996 年，中山大学用微波热效应法合成 Y_2O_2S：Eu^{3+} 粉晶荧光体，研究了其光谱特性。2002 年，北京有色金属研究总院采用高温固相反应法合成了一种新型的红色长余辉发光材料 Y_2O_2S：Eu，Mg，Ti，Tb，证实该材料是具有很好的长余辉发光性能的红色长余辉发光材料。2005 年，兰州大学用硫熔法制备了系列红色长余辉发光材料 Y_2O_2S 的多晶粉末样品。这些早期的相关研究对开发新型红色长余辉材料具有一定的指导意义。

5.5.6 稀土复合氟化物转换发光材料

早在 1973 年，中国科学院长春应用化学研究所就开始了稀土复合氟化物上转换发光材料的研究，1982 年系统研究了稀土 BaF_2-YF_3：Er，Yb 和 NaF-YF_3：Er，Yb 中掺杂其他稀土离子对上转换发光性能的影响，获得了高性能的稀土上转换发光材料应用于红外探测，后来经过不断地研究，其获得的高性能 BaF_2-YF_3：Er，Yb 材料直到现在一直应用于红外探测等领域。2001 年，北方交通大学（现北京交通大学）研究组测量了 Er^{3+} 掺杂氟氧化物微晶玻璃、Er^{3+} 与 Yb^{3+} 掺杂氟氧化物微晶玻璃退火前后 3 种样品的吸收光谱、激发光谱、上转换发光光谱及其强度随泵浦光强的变化，对比讨论了其上转换发光特性。随后，该研究组合成了一种新型共掺杂 Er^{3+} 和 Yb^{3+} 的氟氧化物（ZnF_2-SiO_2 基质）材料，研究了 Er^{3+} 在这种基质材料中的吸收和在 980 纳米激发下的上转换发光。2005 年，北方交通大学（现北京交通大学）报道了 Pr^{3+} 掺杂的 LaF_3 纳米微晶 / 氟氧化物玻璃陶瓷的 4f5d 能级光谱性质，分析了两种基质中 Er^{3+} 的上转换发光机制。其后，中国科学院长春应用化学研究所、北京大学、中国科学院长春光学精密机械与物理研究所、复旦大学等单位在稀土上转换微纳米发光材料的合成、生物医学等领域的应用开展了大量富有成效的研究，有力地推动了上转换发光材料的发展。

5.6 稀土分析化学

5.6.1 稀土分析化学发展历程

5.6.1.1 稀土分析化学的起步（1950—1960 年）

1953—1957 年的"一五"计划期间为解决包头白云鄂博矿的开发利用，原北京钢铁研究院、中国科学院上海冶金陶瓷研究所、中国科学院北京化学研究所等建立了白云鄂博矿石、高炉渣的全分析检测方法。当时中国科学院长春应用化学研究所、北京地质调查研究所、北京地质科学研究院用 X 射线荧光光谱法得出稀土组分平均分子量为 141.32。据上史实，我国稀土分析的起步与稀土工业发展同步，始于第一个五年计划即 1953 年。

5.6.1.2 稀土分析化学的形成（1960—1975 年）

1963 年召开的"415 会议"和 1965—1966 年包头稀土选冶会战推动了当时的稀土冶金分析技术的发展。会战形成了我国第一批实用、可行的稀土冶金分析方法，以光谱法测定选矿样品、冶金产品、中间产品中稀土元素和化学分析法测定稀土总量、铈、钍、铁、钙、氟等非稀土元素为主，但是当年没有留下正式的出版物，各单位自行编有分析方法规程。包头冶金研究所和湖南冶金研究所分别编写了内部资料"稀土矿石及冶金化学分析法"和"稀土冶金分析"。中国科学院长春应用化学研究所、北京有色金属研究总院的光谱分析内部资料是当时比较系统、实用的稀土分析资料。正式出版的书籍有中国科学院长春应用化学研究所的《混合稀土光谱图》（科学出版社，1964），为我国早期稀土分析的发展奠定了较好的基础。

1974 年，由武汉大学主办的全国稀土元素分析化学报告会有来自全国各地的稀土分析工作者 150 多人参加，后被中国稀土学会确认为"第一届全国稀土分析化学学术报告会"。国内从事稀土分析的高校、科研单位、生产企业、地质部门等都有代表参加。这次会议不仅反映了当时我国稀土分析的水平，而且从此形成了一支经常进行学术交流、技术合作、联合编写学术著作的稀土分析团队。

1975 年后，为适应我国稀土工业和科研的发展，有关稀土分析的专著应运而生。由武汉大学牵头编写的《稀土元素分析化学（上、下册）》，于 1981 年由科学出版社出版，2000 年再版，增加了新的检测技术与分析方法。该书约 70 万字，全面总结了在 20 世纪 60—70 年代我国稀土分析在理论和实践两个方面的成就。该书以普及与提高并重为原则，成为我国最畅销的稀土专著之一，也是当时在国际上有影响的稀土分析专著。

第一次稀土分析报告会的召开和《稀土元素分析化学（上、下册）》一书的编写，极大地促进了稀土冶金分析学科在我国的形成与发展，并成为稀土冶金分析学科形成的重要标志。从此，在科研单位、高等院校及生产企业中涌现出一大批科研及分析工作者，在高校中出现了与稀土相关的院、系及教研室和相应教材，分析方法的研究、新试剂和新仪器的出现，不断充实稀土冶金分析技术与方法，并促进稀土分析化学作为一个系统学科逐步发展起来。稀土冶金分析技术的形成和应用为我国稀土事业的发展做出了重要贡献。

5.6.1.3 稀土分析化学的发展（1975 年至今）

（1）稀土分析为科研与生产服务

"包头稀土铁矿资源综合利用"列入国家"1963—1972 年科学技术发展规划"，国家科委和中国科学院于 1964 年 3 月联名向各单位下达"研究任务书"。1965 年，稀土分析工作者结合稀土的选矿及分离冶炼需求开展各种研究，配合工艺扩大试验、完成了该次会战的分析检测任务。中国科学院地质研究所编著的《内蒙古白云鄂博矿区物质成分研究》的出版离不开分析工作者的付出。由内蒙古自治区地质局主持，18 家单位 126 人参加对白云鄂博矿区物质成分进行深入研究，并提交《内蒙古自治区白云鄂博铁矿区主东铁矿体内物质成分及铌（钽）稀土元素赋存状态实验报告》，获得 1978 年全国科学大会表彰。

由国家科委立项，北京有色金属研究总院、包头稀土研究院等单位共同承担的国家"八五"重点科技攻关课题"高纯单一稀土提取技术及其分析方法"，经过 3 年半的联合攻关，取得了丰硕的成果，通过了由国家计划委员会主持的专家评审验收。专题合同要求钪、钇、镧至镥等 16 个稀土氧化物产品纯度 ≥ 99.999%（5N），非稀土杂质镁、钾、钠、铁、铜、钙、钴、镍、铬、锰、镉检测限为 0 ~ 2X 微克 / 克。

1958 年，江西省开始研究从钨矿（钨细泥）中提取稀有金属元素（钽、铌、稀土、钪）的综合回收工作，1967 年获得了含氧化钇 5% ~ 10% 的稀土精矿，1969 年江西冶金所与 908

地质大队共同发现风化壳离子吸附型稀土矿床，配合江西省重稀土的发现、探矿及分离研究，建立了一系列中重稀土检测的方法，如南昌 603 厂制定 5N 高纯氧化钇中钆、铽、镝、钬、铒化学光谱测定方法。

（2）冶金部稀土分析标准及国家、行业标准的实施

1977 年，《稀土产品化学分析方法》冶金部标准颁布实施，这是我国第一部有关稀土产品化学元素分析检测较完整的部颁标准。随后，有关稀土硅铁合金及镁硅铁合金化学分析方法冶金部标准也陆续颁布实施。

20 世纪 70 年代末 80 年代初，单一稀土金属与氧化物国家标准颁布实施。最初的产品及检测标准都是强制性标准。在 80 年代初、中期陆续转换为推荐性标准，也有部分标准转换为行业标准。80 年代配套的分析检测国家标准开始颁布实施，如《氟碳铈矿 – 独居石精矿系列》《钐铕钆富集物化学分析方法》《稀土金属及其氧化物化学分析方法》等，同时还有一部分行业检测标准，如《六硼化镧化学分析方法》等。有关稀土化合物理性能的测试，制定了氧化物粒度的测定标准，该标准采用光透沉降法进行测定。

全国稀土标准化技术委员会于 1997 年 7 月由原国家技术监督局批复成立。

至此，有关稀土分析检测的标准（国标及行标）陆续颁布实施，为稀土产品的科研、生产及贸易提供准确可靠的分析数据与分析方法。

（3）仪器分析技术促进稀土冶金分析发展

20 世纪 60 年代初期，稀土分析工作者将电弧激发 – 摄谱光谱法用于稀土元素纯度的检测，可测定 2N、3N 的稀土氧化物的纯度。

原子吸收光谱技术诞生于 20 世纪 50 年代中期，澳大利亚科学家开创了火焰原子吸收光谱法。60 年代末期，美国贾沃罗夫斯基在火焰原子吸收光谱仪上测定有机溶剂中部分稀土元素。国内于 20 世纪 70 年代初使用原子吸收光谱仪，用于测定矿石、合金中部分稀土元素的含量，测定稀土产品中非稀土元素。

电感耦合等离子体发射光谱仪在 20 世纪 70 年代末 80 年代初用于岩矿样品中稀土分析，80 年代初主要用于检测稀土纯度、稀土配分以及稀土产品中的非稀土杂质元素。

电感耦合等离子体质谱仪在 20 世纪 90 年代初用于检测高纯稀土，而等离子体质谱仪的开发及使用可以满足 5N、6N 稀土纯度的检测需要。

稀土生产工艺不断进步，稀土产品的纯度越来越高，对仪器设备的灵敏度、检出限也提出了更高的要求。仪器设备的技术进步及发展不仅满足生产的需求，同时也促进稀土分析化学技术的发展与进步。

5.6.2　稀土分析技术的主要分类

5.6.2.1　化学分析法

以物质的化学反应为基础的分析方法称为化学分析法。主要的化学分析方法有两种，重量分析法与滴定分析法（容量分析法）。

重量分析与滴定分析主要用于常量元素的检测，如稀土总量、铈、铁等的测定。稀土总量即是十几种单一稀土的合量，如果以各稀土加和求算稀土总量则误差较大。因此，草酸盐重量法和络合滴定法测定稀土总量一直沿用至今。

5.6.2.2　仪器分析法

（1）分光光度法

20 世纪 90 年代前，分光光度法是我国稀土行业中最常用的分析手段之一。在研究利用显色剂与稀土发生显色反应的分光光度法中，稀土分析技术人员做出了重要贡献。以武汉大学和华东师范大学为主的技术人员在不对称变色酸双偶氮类显色剂的研制和应用方面取得了很大进展，合成了一系列性能超过国外合成的偶氮胂Ⅲ和偶氮氯膦Ⅲ的优良显色剂。我国合成的显色剂有：偶氮胂系列有 10 多种；偶氮氯膦系列有 20 多种；偶氮溴膦系列近 10 种等。上述显色剂广泛用于钢铁、稀土合金或其材料、地质、环保等试样中微量稀土总量的测定，也曾用于轻、重稀土合量的分别测定。

稀土分析工作者对稀土与许多显色剂的不同类型（α、β 型等）显色反应和"共显色"现象进行了深入研究，从而建立了高灵敏度高选择性测定轻稀土、重稀土、个别单一稀土的方法。稀土元素多元络合物及胶束增溶反应机理的深入研究和各种表面活性剂的应用研究也曾是研究热点，研究成果进一步提高了稀土显色体系的灵敏度和选择性。

（2）荧光光度法

在荧光分析方面，我国稀土分析技术人员首先提出镨离子在紫外区存在强烈的荧光，并可以用于冶金分析；利用铈、镨、钐、铕、钆、铽、镝等离子的荧光及其导数光谱可以用于混合稀土试样的分析。

稀土分析技术人员对很多稀土配合物体系的荧光特性，特别是钇、镧、钆等存在下对钐、铕、铽、镝等许多种有机配合体系荧光的增敏现象进行了深入研究，提出了"共发光"的观点，并将此类发光体系用于高纯稀土、医药、环境等试样的分析。

（3）原子吸收和原子荧光光谱法

我国学者在稀土元素的火焰原子吸收和石墨炉原子吸收测定方面均做了许多研究工作，其广泛深入程度相当突出。对火焰原子吸收光谱仪（AAS）的研究，主要集中在有机溶剂 / 有机试剂的增敏及其机理方面取得了有理论和应用价值的成果。对石墨炉原子吸收的研究，不仅涉及了各种稀土的测定，而且在石墨管的研制（如钨钽石墨管）、原子化机理的研究方面都有独到的成果。

原子荧光光谱法是一种十分灵敏的痕量分析技术。对原子荧光的研究主要集中在发展不同的激发光源和原子化器两个方面。我国学者在强（短）脉冲方面做了有意义的探索。目前，主要用于测定稀土产品中砷、汞、锑等元素。

另外，原子吸收光谱法在稀土冶金产品中（特别是高纯稀土）非稀土杂质的测定也有应用，其选择性优于分光光度法，若结合萃取分离富集后测定，方法的测定下限可以进一步改善。

（4）原子发射光谱法

1）火花源直读光谱、直流电弧光谱法。火花源直读光谱、直流电弧光谱法是测定稀土元素较有效的测试技术，也是 20 世纪 60—70 年代稀土产品质量控制的主要分析方法，在痕量稀土分析中获得了广泛应用，测定下限在 $10^{-2}\% \sim 10^{-4}\%$。我国光谱分析工作者在这一领域曾进行了颇有特色的研究。

2）电感耦合等离子体发射光谱法（ICP-AES）。电感耦合等离子体（ICP）具有作为物质蒸发 / 原子化 / 激发 / 电离源的优异性能，ICP 光谱技术的问世及仪器的商品化动摇了传统的电弧光谱法在稀土分析中的地位。20 世纪 80 年代初，我国学者率先将 ICP-AES 技术应用于高纯稀土中的稀土和非稀土杂质的测定。

我国学者对 ICP-AES 稀土分析领域做了大量创新性的研究，取得了一些颇具特色的研究成果。直流等离子体（DCP）-AES 在我国稀土分析中也有一定的应用。我国学者首次报道将微波等离子炬（MPT）原子发射光谱法应用于痕量稀土的分析，检测限达 10^{-10} 级。

基于分析工作者在 ICP-AES 领域的大量研究，稀土国家及行业标准分析方法中建立了一整套 ICP-AES 法测定稀土元素的方法。

（5）X 射线荧光光谱法

X 射线荧光光谱法是混合稀土的配分及稀土富集物的主要分析手段之一，具有直接、准确、快速的特点，在地质、冶金分析中有广泛应用。分析工作者在 X 射线荧光光谱稀土分析研究中进行了大量卓有成效的工作。

（6）质谱分析法（ICP-MS）

以火花放电为离子源的火花源质谱法曾在高纯稀土分析中发挥过一定的作用。我国稀土分析科技人员已经建立了许多高纯稀土氧化物（从 La_2O_3 到 Lu_2O_3）中痕量稀土杂质测定的方法，无须化学分离 / 预富集，可满足纯度从 4N 至 6N 的高纯稀土产品的分析要求。

在地质试样分析方面，由于该技术所具有的突出检测功能，使之在地质试样稀土分析中具有强大的竞争力，应用十分广泛。近几年来，ICP-MS 也应用于生物 / 环境试样，有关 ICP-MS 在生物 / 环境试样中稀土分析的应用报道日益增多。另外，为了解稀土元素的毒性及生物可利用性，稀土形态分析正在引起分析工作者的关注。在质谱和非质谱干扰研究方面，分析工作者对 ICP-MS 稀土分析中的质谱干扰和基体效应、产生原因及消除或降低方法进行了系统的研究。2010 年以后，ICP-MS 在稀土分析领域的应用快速发展，开发了许多新技术、新仪器，使我国的稀土分析水平提高一大步。针对多原子离子干扰，加入碰撞池 / 反应池，使得钙、铁、砷、汞等的测定成为可能。固体进样技术与质谱技术的结合是仪器技术发展的重要方向，此类技术具有操作简便、快速、实时、多元素同时测量的特点，LA（激光剥蚀）-ICP-MS 广泛应用于地质、矿冶领域的稀土分析，克服了样品难以消解的问题；辉光放电质谱（GD-MS）利用辉光放电源作为离子源与质谱仪器连接进行质谱分析，具有极高灵敏度，可达到皮克 / 克的测定下限，适用于 >5N 的高纯稀土分析。

此外，镧系元素编码的生物分子和细胞的电感耦合等离子体质谱分析也正在兴起。

（7）其他检测技术

基于测量放射性核变的半衰期或射线能量的中子活化的分析法是一种高灵敏度、无须进行定量分离及非损坏性分析方法，在生物学、地球学和考古学等领域可以发挥作用。然而，由于受仪器和实验室的限制，这一技术只有我国极少单位和在特定的情况下才使用。电化学分析法用于单一稀土测定主要集中在极谱吸附波、离子选择电极和化学修饰电极的研究方面，尽管电分析法在稀土检测中的应用受到一定的限制，但我国学者仍然做出了一些颇有特色的工作。用于稀土测定的其他分析方法还包括光声光谱法、热透镜光谱法及染料激光内腔吸收增强法。这些非常规的、超高灵敏度的稀土检测技术，正处于实验室研究阶段。

5.6.2.3 分离富集法

分离富集法在纯稀土分析中的应用十分普遍，稀土分析工作者研究和发展了几乎所有的分离手段，诸如沉淀、萃取、色谱、电泳等。各种分离方法与流动注射和在线检测技术相结合，可以进一步提高分析效率。20 世纪 90 年代以来，稀土分析工作者将高效液相色谱、电泳技术应用于稀土元素间的分离，取得了很大的成功。

5.6.3 稀土分析化学标准化工作

5.6.3.1 冶金部标准颁布实施

1973 年，由冶金情报研究所组织，包头冶金研究所、北京有色金属研究总院、广州有色金属研究院、上海跃龙化工厂、广东珠江冶炼厂、湖南冶金研究所、江西南昌六〇三厂、包钢稀土一厂、中山大学、内蒙古大学等 23 家单位共同提交草案，由包头冶金研究所汇总定稿，负责起草了第一部较完整的冶金部标准《稀土产品化学分析方法》。该标准研究内容包括稀土产品中稀土总量、铁、钙、钍、铜、硅、钴等 26 个分析项目，28 个分析方法。

5.6.3.2 稀土国家及行业标准

稀土标准内容包含基础标准、产品标准、检测标准及实物标准（标准物质）。截至 2016 年 3 月底，稀土基础标准、稀土产品标准及检测标准共 249 项，基础标准 3 项、产品标准 98 项、方法标准 148 项；其中国家标准 176 项、行业标准 73 项。稀土实物标准 52 个，包含化学元素检测、物理性能检测以及标准溶液。基础标准有稀土术语、稀土牌号表示方法及稀土冶炼加工企业单位产品能耗限额；产品标准涵盖了从稀土精矿、单一及混合稀土盐类、稀土氧化物基金属、各种稀土合金、稀土功能材料及稀土应用材料；检测标准主要是配合稀土产品而建立相应的系列标准，如稀土精矿化学分析方法（GB/T 18114 系列）、稀土金属及其化合物中稀土总量化学分析方法（GB/T 14635）、稀土金属及其氧化物化学分析方法稀土杂质（GB/T 18115 系列）及非稀土杂质（GB/T 12690 系列）、氯化稀土碳酸轻稀土化学分析方法（GB/T 16484 系列）、灯用稀土三基色荧光粉试验方法（GB/T 14634 系列）、稀土硅铁及镁硅铁合金化学分析方法（GB/T 16477 系列）、离子型稀土矿混合稀土氧化物化学分析方法（GB/T 18882 系列）、镧镁合金化学分析方法（GB/T 29916）、镨钕镝合金化学分析方法（GB/T 29656）、镝铁合金化学分析方法（GB/T 26416 系列）、针对稀土抛光粉有化学元素检测（GB/T 20166 系列）、抛蚀量和划痕的测定（GB/T 20167），稀土金属及其化合物物理性能测试方法（GB/T 20170 系列）。稀土检测的行业标准有钕铁硼合金化学分析方法（XB/T 617 系列）、钕铁硼废料化学分析方法（XB/T 612 系列）、钐钴合金化学分析方法（XB/T 610 系列）、钇镁合金化学分析方法（XB/T 614 系列）、钇铁合金化学分析方法（XB/T 616 系列）、钕镁合金化学分析方法（XB/T 618 系列）等。2016 年 11 月，在全国稀土标准化技术委员会年会上稀土储氢材料化学分析方法系列（7 个方法）行业标准及 2 个产品标准氢淬钕铁硼永磁粉、再生钕铁硼永磁材料通过审定。

5.6.3.3 稀土标准样品

稀土分析检测发展时间只有 50 多年，稀土相关标准样品非常短缺，远远满足不了检测质量控制、仪器设备溯源的要求；近年来，逐步发展起来的激光剥蚀 - 等离子质谱法及辉光放电 - 等离子质谱法也迫切需要稀土系列标准样品的开发与研制。

20 世纪 60 年代，随着稀土在钢铁中应用研究成果的推广，包头冶金研究所研制了全国第一套稀土钢标样（16 锰稀土、20 稀土、锋钢）。60 年代中期又研制了包头白云鄂博矿原矿、铁精矿、稀土精矿、无铬轴承滚珠钢、稀土硅铁合金及镁硅铁合金化学成分标准样品，同时还研制了硅锰钒、硅钼钒稀土钢光谱分析标样，于1972年通过冶金部鉴定，在全国范围内推广使用。1972年，南昌603厂用离子交换法提纯单一稀土（镨、钕、钐、钆、铽、镝、钬、铒、铥、镱、镥、钇），为光谱分析提供标样。80—90年代，北京有色金属研究总院研制成功氧化铈和氧化钇标样。21世纪初，又研制了系列单一稀土标准溶液及混合溶液。近年来，包头稀土研究院研究了系列固体标准样品，用于测定稀土的纯度、配分稀土杂质及非稀土杂质，还有稀土精矿系列标准样品。

目前，稀土相关的标准样品共有52个，其中用于元素化学分析检测的固体标准样品22个，有氧化物测定纯度、配分以及非稀土杂质的标准样品，稀土精矿标准样品；液体标准样品20个，有单一稀土元素、混合稀土元素以及阴离子标准溶液，还有10个测定荧光粉相对亮度的标准样品。

5.6.4　稀土学会及稀土协会理化检验方面的工作

中国稀土学会成立于1979年11月，是民政部注册登记的社团组织，是中国科协所属全国性一级学会之一。理化检验专业委员会是中国稀土学会下设15个专业委员会之一，其秘书处办公地点设在有色金属研究总院国标（北京）检验认证有限公司。理化检验专业委员会旨在团结和动员广大稀土分析科技工作者，促进稀土分析科学技术的普及和推广，为稀土行业发展服务。截至本书截稿，中国稀土学会理化检验专业委员会共选举了六届理化检验专业委员会委员，业务活动主要包括：①举办了15届全国稀土分析化学学术报告会，其中首届为1974年由武汉大学主办的"全国稀土元素分析化学报告会"；②组织了2次稀土分析实验室分析结果比对活动，为提高业内分析数据的可比性提供了真实材料，服务了广大会员单位；③2次组织撰写"稀土分析行业发展报告"，为国家提供全面、实时、确切的稀土分析行业技术状况和动态；④举荐各类稀土分析科技人才。

中国稀土行业协会于2012年4月8日在北京成立，检测与标准分会成立于2014年11月18日，是中国稀土行业协会下设8个专业分会之一，秘书处办公地点设在包头稀土研究院理化检测中心。检测与标准分会致力于不断提高我国稀土行业检测与标准的国际竞争力，促进稀土材料、应用及检测与标准相关行业的持续、健康、稳定发展。检测与标准分会自成立以来，组织了行业内的检测培训业务、能力验证比对业务，多次组织专题讨论，协助稀土学会理化检验专业委员会组织了"第十五届全国稀土分析化学学术交流会"。

5.7　稀土环境化学

稀土环境化学主要研究稀土元素本身及其生产过程产生的"三废"对环境的影响程度和机理，提出能够有效降低"三废"产生量的稀土冶炼和材料制备新流程新工艺，发展能够从稀土企业的"三废"物质中回收利用有价元素，减少污染物排放和环境影响程度甚至完全消除其环境影响的新方法、新技术和新设备，开发出能够用于大气和水中其他污染物处理的稀土新材料。因此，该学科实际上是为满足稀土冶金、稀土材料、环境保护和物质循环利用的需要而建立和发展起来的，是从稀土工业发展的初期就一直存在，并得到持续发展和重视的新兴交叉学科。

5.7.1　稀土环境化学的发展

5.7.1.1　稀土环境保护专业委员会的成立与沿袭

稀土环境保护专业委员会是在中国稀土学会成立之初（1980 年 11 月）设立的。承担稀土环境保护与劳动卫生领域的研究和技术推广应用工作，也是稀土环境学科发展的基础。现挂靠单位为北京有色冶金设计研究总院（现中国恩菲工程技术有限公司）。该专业委员会的主要职责是组织稀土行业内从事稀土生产环境保护、"三废"治理、劳动卫生及职业病防治的技术人员开展新成果、新技术、新测试方法、新理论的研究与学术交流，促进本学科的技术进步，推广应用先进技术成果。参与修改制定与本专业有关的国家标准，编写与稀土有关环境保护劳动卫生论著等工作，为搞好稀土科研生产建设服务。

5.7.1.2　稀土环境保护学术交流活动

稀土环境保护专业委员会成立以来，每两年举行一次学术交流会议，共举行学术交流 16 次，交流论文近 1000 篇。

与此同时，环境保护专业委员会加强了与其他专业委员会的联系，搭建与国家相关部门之间的沟通渠道。积极与相关企业单位联系、交流、提升环保技术和装备水平，共同促进稀土环保事业的健康发展。21 世纪以来，与矿山地质选矿专业委员会、稀土化学与湿法冶金专业委员会等共同开展了多次与环境保护相关的学术会议。

中国科协和中国稀土学会还主办了以稀土资源绿色高效高值化利用为主题的新观点新学说学术沙龙，由中国科学技术出版社出版了该沙龙的文集。

5.7.1.3　稀土环保技术推广与标准制定

组织专业委员会委员参与编制、宣贯针对稀土工业行业制定的污染物排放标准《稀土工业污染物排放标准》（GB 26451—2011）。该标准已于 2011 年 10 月 1 日执行，对稀土行业保护环境、防治污染具有重要意义，同时对行业调整产业结构、优化生产工艺、促进污染防治技术进步及节能减排具有重要作用。与此同时，认真组织本专业委员会委员参与环保部《稀土企业环境保护核查指南》的调研、编制、稀土环保现场核查、资料核查、效果抽查等工作，使稀土企业新增环保投入近 40 亿元，有 87 家企业达到环保部的环保要求。

5.7.2　稀土环境化学的主要内容

稀土环境化学的内容主要涉及稀土土壤环境化学、水环境化学、大气环境化学、稀土环境工程、稀土环境材料和稀土环境评价与检测等方面，以及与之相关联的稀土劳动卫生学、稀土生物医药、稀土农林应用、稀土放射化学、"三废"处理与物质回收利用工程，等等。

稀土环境化学的研究首先是针对稀土提取和生产加工过程的环境保护问题，以及加强对生产工人的劳动卫生保护要求展开。在"六五"时期，我国曾组织了对稀土元素的毒理学及其在环境中的分布调查研究。国家自然科学基金委员会于 1998 年设立了重大研究项目"稀土农用的环境化学行为及生态、毒理效应"，项目针对我国稀土农用的实际情况，采用先进的方法，系统地从稀土环境化学、稀土土壤化学及稀土对农田生态的影响等多方面进行了研究。

建立了稀土在不同类型土壤中的迁移动态模型，提出了稀土在土壤中存在形态及测定可给性稀土含量的新方法。

5.7.2.1　稀土土壤环境化学

主要研究由稀土采选和冶炼导致的稀土尾矿处理、稀土农用导致的稀土在土壤中积累和迁移所引起的环境化学行为。

（1）稀土地球化学行为

需要掌握稀土在土壤中的分布模式及其规律。稀土元素的分布模式取决于稀土元素之间的性质差异，包括离子半径大小、氧化还原特征、原子序数的奇偶等。

（2）稀土环境生物地球化学

研究植物体内的稀土分布模式和含量与植物种群和与之相关的土壤中的稀土模式之间的关系。从已有的结果来看，不同植物间稀土含量的变化幅度比较大。

（3）土壤中稀土元素存在形态及生物可给性

土壤中稀土的形态分析及其与生物可给性的关系对于研究稀土在土壤中的迁移特点及其对生物的影响非常重要。围绕稀土农用对植物和人体的影响，我国在这一领域开展了大量的工作。在农业应用技术和相关的基础理论研究上均取得了很好的成果。在内蒙古包头、四川凉山和南方离子吸附型稀土资源区，广泛开展了稀土进入土壤后的分布特征、迁移、植物吸收、动物类消化吸收及其对人体的影响等研究工作。

（4）土壤化学修复

为了降低土壤中稀土给环境带来的负面影响，需要降低土壤中稀土的活泼性，通过调节土壤酸度和外加无机配体来降低稀土的可给性。

（5）土壤植物修复

利用绿色植物来转移、容纳或转化污染物使其对环境无害。稀土的植物修复主要研究了稀土的超累积植物和高累积能力植物对稀土的富集能力。如果要修复含稀土量高的土壤，铁芒萁是很好的一种植物，而如果是修复离子吸附型稀土矿山的尾矿，则铁芒萁的效果很差，因为尾矿中的稀土含量比原矿山的要低很多。此时，芒草则是很好的选择，因为它的生长不需要稀土。

5.7.2.2　稀土水环境化学

主要研究稀土矿区和冶炼厂周边的江河湖泊和地下水中稀土含量和分布与稀土资源的开采和应用的相互关系。在稀土资源开发的地区，开展了水环境背景值及其形态的研究工作。例如：赣江水系和珠江水系中的稀土含量监测值与资源开采量和季节的相互关系研究可以评价稀土资源开发对周边水环境的影响，包括对鄱阳湖水质和东江源水质的影响。

5.7.2.3　稀土大气环境化学

稀土资源开发引起的粉尘对大气中的稀土浓度与分布产生大的影响，对稀土矿区及周边人畜健康的影响是最为直接的。因此，在包头稀土资源的开发研究过程中，稀土粉尘的产生、迁移和影响规律的研究工作开展得比较早，积累的数据也多。迄今为止，已经开展了一些地区的大气中稀土元素含量及其形态的研究工作。通过稀土配分类型的分析，确定了大气中稀土元素的来源，可以为减少大气中的稀土含量，消除环境影响提供直接的数据资料。

5.7.3 稀土工业生产过程的环境保护、重要进展及存在问题

5.7.3.1 稀土生产过程的废气和粉尘污染

包头稀土矿浓硫酸高温焙烧产生大量的硫氧化物、氟化物废气，经过三级喷淋吸收，产生大量含酸废水，经石灰中和处理后排放；水浸过滤产生含钍的放射性废渣，建立专用渣库堆存；稀土萃取过程中产生硫酸镁废水，部分企业采用碳铵沉淀转型或氨皂化萃取分离，产生大量硫酸铵和氯化铵废水，回收难度大。2010 年以来，包头矿酸法分解产生的废气量已经得到很好的控制，含氟含硫废气的吸收与粉尘等减排问题已经解决。例如甘肃稀土新材料股份有限公司投资 9923.15 万元，完成了稀土高温酸法焙烧尾气的治理与综合利用工程。通过冷却喷淋、多效浓缩以及有机胺吸收、一转一吸工艺对稀土焙烧烟气中的硫、氟等有价元素进行回收，生产硫酸、氟化氢铵等产品，并回用于生产。2012 年以来，相继采用非皂化、联动萃取分离、碳酸氢镁皂化萃取分离等新工艺，大幅度降低化工材料消耗，实现硫酸镁废水和二氧化碳循环利用，解决了废水的污染问题。对于废渣的处理，还是依靠尾渣库堆存方法。从 20 世纪末开始，中国科学院长春应用化学研究所与包头、四川等地的企业以及保定稀土材料厂研究了通过采用浓硫酸低温清洁焙烧工艺，对氟化物废气进行有效回收；通过分离水浸液中的放射性元素钍来消除放射性废水、废渣。浸出稀土经过转型和 P_{507} 萃取，使有价元素（氟）得到回收并可消除废气以及放射性废水、废渣的污染。得到的钍产品是再生核燃料，但其销路问题制约了这一技术的推广应用。

5.7.3.2 稀土湿法冶炼废水

水处理技术及其减排是稀土工业环境保护的重点内容。进入 21 世纪以来，我国研究开发了能够减少原材料消耗和污染物排放的新流程新工艺，提出能够回收利用车间废水中的有价元素甚至所有废水的新技术。

（1）北方轻稀土资源

2010 年以来，包头地区研发的稀土废酸回收产业化技术，为包头稀土产业由资源优势向产业优势迈进起到了重要的推动作用，是"包头稀土集中冶炼"及"黄河流域包头段稀土行业废水治理"国家重点环保项目的保证。

2012—2015 年，内蒙古科技大学围绕白云鄂博矿高效清洁利用技术开展了研究，以全面回收尾矿中的稀土、铁、铌、钛、萤石等有价值的产品，使整体的工艺技术同时达到高品位和高回收率，而且不产生"三废"污染。开发出一整套完善的白云鄂博尾矿清洁高效利用的新工艺，并且建成年处理白云鄂博尾矿 15000 吨的试生产示范线。

2010 年以来，甘肃稀土新材料股份有限公司分别对碳酸稀土沉淀废水、稀土萃取含盐酸性废水、稀土草酸沉淀废水进行综合处理。对稀土冶炼废水进行集中分类、分别治理，最终达到无害化和循环利用，并对其中的有价元素进行回收利用。所得的硫酸钙渣，主要用于水泥的生产。部分高端碳酸稀土产品沉淀产生的氨氮废水经膜浓缩、蒸发结晶处理后产出氯化铵产品，母液回用于碳酸氢铵溶解工序；稀土萃取产生的硫酸镁废水经碱转碳化制备碳酸氢镁溶液回用于稀土萃取分离；草酸沉淀废水处理后达标排放。

北京有色金属研究总院稀土材料国家工程研究中心（有研稀土）研究开发了一系列稀土非皂化溶剂萃取分离技术，萃取有机相不需要氨或液碱皂化，从源头消除了"氨氮"废水或

钠盐废水的污染问题，并大大降低了化工材料消耗。

北方稀土资源开发中尚需面对的主要问题是高温硫酸法中的钍渣放射性污染问题以及低温硫酸法和碱法中钍产品的出路问题。

（2）南方离子吸附型稀土资源

离子吸附型稀土开采过程的环境保护问题主要体现在矿山水土流失、植被破坏、含铵和低浓度稀土废水的排放；分离企业皂化和萃取废水、沉淀废水和洗涤废水的处理。

2009—2013年，为了遏制东江源水质的恶化，国家水污染控制与治理科技重大专项设立了"东江源头区水污染系统控制技术集成研究与工程示范"项目。生态环境部南京环境科学研究所等单位研究了果园、农田、生猪养殖、矿山等来源的水体污染物控源、减排和净化技术，提出了东江源头区水污染系统控制总体策略，集成研发了东江源面源污染控制整装成套技术和东江源矿区生态修复与重金属风险控制关键技术，为保护源头区自然产流生态环境，满足高功能水质要求提供了技术与工程基础。

2010—2015年，寻乌南方稀土有限责任公司和赣州有色冶金研究所将稀土分离废水分类，进行了稀土分离工序和稀土矿山废水综合利用工艺的研究。研发出稀土分离废水综合利用及火山熔岩离子型稀土矿原地浸矿关键技术，实现了稀土分离与矿山开采的有机结合。形成了集环保、废物综合利用于一体的、完整的稀土分离工艺体系。对地质条件极为复杂的火山熔岩离子型稀土矿进行原地浸矿工业开采，完善了原地浸矿工艺且扩展了应用范围。与此同时，赣州稀土矿业有限公司等单位还对离子型稀土矿进行了无氨浸矿剂的浸矿试验研究，开发出适合的无氨浸矿剂、浸矿工艺技术及母液无氨沉淀工艺技术；通过对稀土萃取分离无氨在线皂化的试验研究，开发出无氨在线皂化工艺技术及相应设备；通过对稀土无氨沉淀的试验研究，开发出无氨沉淀工艺技术。

广州有色金属研究院等单位完成了南方离子吸附型稀土矿放射性元素高效清洁分离技术、稀土元素的高效清洁萃取分离提纯技术、离子膜电解技术制备氧化铈、草酸沉淀稀土废水循环利用工艺技术等技术开发。对原有生产工艺进行改造，形成了新的工艺体系。

2011—2012年，中铝广西有色崇左稀土开发有限公司将矿山地质、水文研究与开采工艺技术研究相结合，提高了采矿回收率，减少开采过程对环境的影响；将矿山开采与复垦相结合，保护矿区生态，减少了费用支出；将历史堆浸区复垦技术研究与示范区建设相结合，研究废弃矿山复垦综合技术，取得了很好的效果。

2012—2015年，南昌大学与虔东稀土集团合作，就离子吸附型稀土高效绿色提取技术开展了系统的攻关研究。研究开发了多项从废水中回收稀土和铝的新技术，回收得到的稀土铝渣经酸溶和 N_{1923} 萃取分离稀土与铝，实现了稀土与铝的全回收利用。分离稀土后的硫酸铝用于稀土尾矿中残余稀土的浸出，大大提高了稀土浸出率；尾矿经护尾处理，在雨水淋浸下的铵和金属离子释出量大大降低，可以直接满足废水排放要求。同时，研究开发了稀土尾矿生态修复技术，在堆浸尾矿上的应用效果证明该套技术的可行性。

2012—2015年，南昌大学与全南包钢晶环稀土有限公司成功研发了酸性萃取剂有机相的连续稀土皂化技术，解决了原有技术中反应速度慢、有机相损失大、皂化废水量多、不能实现连续化皂化等诸多技术难题，可以使皂化废水产生量降低90%以上。研发了草酸沉淀废水和洗涤废水的高值化回收利用技术，实现了废水处理与萃取和沉淀结晶工序的有效衔接，使所有的酸和水以及残留的草酸和稀土都能够得到高值化利用；回收的高纯盐酸和水均实现了高值化回收利用。以分离厂的高浓度氯化物废水处理和物质循环利用为目标，完成了盐转化制高纯盐酸并副产离子吸附型稀土高效浸取试剂的工业试验。

2012 年年底，江苏稀土企业完成了多项关键技术的开发，集成了除重脱氮预处理技术、稀土及有机相回收的预处理技术；研究了稀土废水末端催化氧化、有机磷去除氧工艺及装备，可使稀土废水的出水达《稀土工业污染物排放标准》中"水污染物特别排放限值"。

南方稀土资源开发尚需面对的主要问题是原地浸矿产生的大量电解质废水和滑坡塌方风险的控制问题等。

5.7.3.3　稀土尾矿和工业废渣

（1）包头稀土资源冶炼分离生产体系中的环境问题

包头稀土资源开发中的废渣：一是选矿产生的尾矿，堆弃在尾矿坝里。这是稀土的潜在资源，也是该地区的污染源。二是硫酸焙烧矿水浸后的水浸渣，其中含有较高的钍，目前堆在专用含放射性渣库中。

（2）四川和山东稀土资源开发中的尾矿和废渣问题

四川稀土的采矿是露天开采，产生了大量的尾矿。重选后还会产生大量的黑泥，加上四川矿分解后产生的废渣，是四川稀土开采的主要污染物，其中也含有放射性元素钍。该地区的铅含量高，这些铅在采矿过程的影响不大，但在选矿过程由于水和选矿药剂的加入会随药剂一起进入水体，污染环境。

（3）离子吸附型稀土开发与冶炼分离的环境问题

离子吸附型稀土矿山开采过程产生的废渣主要有两类：一是尾矿，所有经过硫酸铵等浸矿剂接触的矿物均可形成尾矿，每生产一吨稀土氧化物，产生 2000～5000 吨的尾矿，这些尾矿极易被水冲刷而导致水土流失；二是水冶过程产生的预处理沉淀渣，主要含铝，还有部分稀土和微量的铀钍。

第6章 稀土的地质、采选、冶金

我国在稀土地质、采选、冶金领域的科技研发比西方发达国家晚 30～50 年。得益于政府的大力支持，从 20 世纪 50 年代起，按学科发展链的顺序，我国先后开展对稀土成体系的学术研究和技术工程攻关。我国科技工作者们秉持担当和坚持的工作精神，坚守严谨的治学态度，运用敢于突破前人的思维方式，迅速取得一系列高质量研究成果。其中不乏具有世界先进水平、引领学科学术进步，具有里程碑意义、推动行业产业发展的世纪优秀成果。这些成果的推广应用，使我国由在稀土领域一片空白成为世界首屈一指的稀土资源大国；由只能出售稀土精矿、混合稀土等低端产品，一跃成为高品质单一稀土产品在国际市场占有率达 90% 的稀土生产大国、进而成为稀土生产强国的华彩蜕变，同时支撑并加速了我国由稀土应用大国走向稀土应用强国的进程。

6.1 稀土地质

地质学包括矿床学和矿物学。稀土矿床学、矿物学的研究随着稀土矿的发现而发展，矿床矿物类型的多样性，促进稀土矿床学和矿物学的持续深入研究。

6.1.1 内蒙古白云鄂博铁－稀土－铌矿的发现与研究

中国稀土地质学研究始于白云鄂博铁矿的发现。1927 年，丁道衡随中国－瑞士西北科学考察团自北平赴新疆考察，途经内蒙古包头白云鄂博地区发现了白云鄂博铁矿（图 6-1）。1930 年，他带着标本返回北平开展室内研究，并委托矿物岩石学家何作霖做岩石矿物鉴定。1934 年，这位时任农商部北平地质调查所研究员兼北京大学地质学系教授的何作霖，完成了白云鄂博铁矿区的矿物和岩石鉴定工作，发现萤石矿脉中含大量稀土元素，经光性和光谱分析后，认为是两种稀土矿物，分别命名为 beiyinite（白云矿）和 oborite（鄂博矿）。并以此在《中国地质学会志》（1935 年第 2 期）上发表英文版论文 *Note on some rare earth minerals from Beiyin Obo，Suiyuan*（《绥远白云鄂博稀土矿物的初步研究》）。这个研究报道宣布了中国稀土矿物和矿床的发现。

1950 年，中央人民政府地质工作计划指导委员会派出矿床地质学家严坤元担任队长和总工程师，组成了 50 人的"中央人民政府白云鄂博地质调查队"，后来改称为"地质部华北地质局 241 地质勘探大队"，对白云鄂博主矿、东矿进行了详细勘探。中国科学院地球化学研究所郭承基（图 6-2）在研究磷灰石时，证实所谓"白云矿"和"鄂博矿"，分别是氟碳铈矿和

图 6-1 已开采多年的内蒙古包头白云鄂博矿山

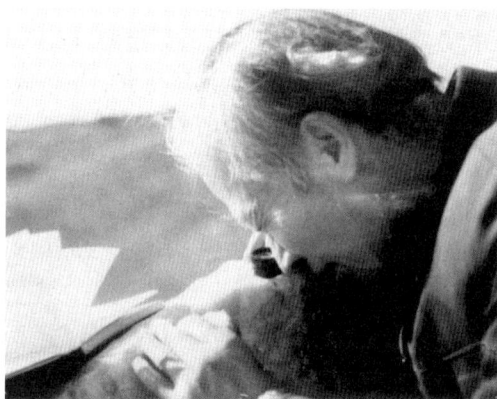

图 6-2 矿物学家郭承基在作矿物鉴定

独居石，它们是白云鄂博矿床的主要稀土矿物（郭承基，1953 年，绥远省白云鄂博矿床白云矿的研究报告，内部）。

1958 年，中苏两国科学院组成白云鄂博地质矿产资源合作研究队，何作霖被任命为中方队长。以稀土物质成分和利用为重点，进行了矿物学、地球化学、成矿规律等研究。经过几年的努力，查明了矿区主要稀土矿物的种类和分布，发现了铌、钍、钛等稀有元素矿物，研究了主要稀土矿物和不同矿石类型中稀土元素的含量。对矿区稀土、铌的利用远景作了初步评价。提出了沉积变质—热液交代的矿床成因，编写了内部报告《内蒙古白云鄂博铁 – 氟 – 稀土和稀有矿床研究总结报告》。与此同时，中苏合作研究队陆续发现新矿物：钡铁钛石（1959 年）、包头矿（1961 年）、黄河矿（1961 年）和硅镁钡石（1965 年）。张培善在主矿钠长石化板岩地段发现含铌矿物易解石（1962 年），后来在主矿铁矿石中发现铌铁矿，在矿区东部接触带附近发现烧绿石。根据中苏合作队的建议，中国科学院地质所与包头钢铁公司 541 队合作，对主、东矿稀土白云岩进行了普查勘探，编写出《主、东矿下盘稀土白云岩普查报告》。

1963 年，中国科学院地质研究所组成白云队，张培善与王中刚为队长，全面研究了白云鄂博矿床、矿物、岩石、同位素、地球化学等学科内容，肯定了白云鄂博稀土铌大型矿床的存在，同时还发现氟碳铈钡矿（1965年）、β褐铈铌矿（1964年）等稀土新矿物。主要成果包括：提交报告《内蒙古白云鄂博矿区易解石富集带工作简报》，科学出版社内部出版《白云鄂博矿物志》（1963年），中华人民共和国科学技术委员会内部出版《内蒙古白云鄂博矿区物质成分研究》（1965年），科学出版社内部出版《白云鄂博矿床的物质成分、地球化学及成矿规律研究》（1974年）。上述成果对同时开展工作的地质部105地质队进一步勘探和评价矿区稀土元素起了很大的作用。

1963年，地质部105地质队在白云鄂博矿区开展进一步的勘探工作，充分利用241队铁矿勘探的2.7万米岩芯、4.4万米槽井探和1.2万件化学分析副样，对27种稀土元素矿物、15种铌矿物及几种放射性矿物进行分析鉴定。经过3年的会战，1966年，105地质队完成了白云鄂博稀有元素的勘探工作，结合中科院地质所白云队的研究成果，提交了《内蒙古白云鄂博铁矿稀土稀有元素综合评价报告》，明确指出白云鄂博矿是一座世界罕见的特大型铁稀土铌矿床。

1978年，中国科学院召开白云鄂博矿床学术讨论会。会后，中国科学院五局和地质研究所、地球化学研究所决定继续组织力量开展白云鄂博矿床的研究工作。地质研究所的工作侧重于白云鄂博矿床的大地构造背景、该地区元古代裂陷槽的岩石组合与构造演化、稀土元素的分布特点、工业矿物的详细研究、矿床同位素地质研究、探讨成矿物质来源及矿床成因。此阶段的成果刊载在地质研究所1982年内部出版的《白云鄂博论文集》中，发现新矿物钕易解石（1982）和中华铈矿（1982年），出版了《白云鄂博矿物学》专著（1986）。地球化学研究所承担了矿床形成机理和成矿模式的研究，开展了同位素地质、放射性地质、稀土稀有地质、构造地质、沉积学、包裹体测定、矿物物理、成矿实验及基础矿物学、地球化学的研究，出版了《白云鄂博矿床地球化学》专著（1988）。

20世纪90年代后，随着定年分析技术的进步，白云鄂博矿床年代研究发展到新的水平。年代学研究成果表明，矿石年龄主要落在4亿~6亿年和10亿~16亿两个区间内，表明白云鄂博地区可能存在早古生代和中元古代两期成矿作用。

2003年，出版了《白云鄂博矿床年龄和地球化学》。其后，根据已获得大量岩石化学、稳定和放射成因同位素数据及相关研究成果，提出了白云鄂博矿床以下三种主要成因模式。

1）单一期次与单一来源成因模式。白云鄂博稀土的成矿时代约为13亿年前，与碳酸岩墙的形成时间一致，成矿物质来源于地幔。加里东期的热事件（约4.4亿年前）导致了白云鄂博矿床晚期稀土矿脉的形成和原有矿体中部分稀土矿物的重结晶，但成矿物质主要源于矿体内部的稀土再循环，外源物质的贡献不明显。

2）多阶段成矿模式。认为白云鄂博赋矿白云岩是沉积碳酸盐受地幔碳酸岩浆及派生的流体交代的产物，碳酸岩浆及其派生的富稀土流体与在地壳深部对沉积碳酸盐产生强烈交代，导致稀土元素在H8白云岩及其他地层的第一次富集。经加里东时期的板块聚合过程中的流体改造，使得稀土元素二次运移富集，形成了白云鄂博独特的铁－铌－稀土矿床及区域性的大规模稀土矿化。

3）成矿流体交代模式。白云鄂博超大型矿床的形成与火成碳酸岩有密切关系，进而提出了新的成因模式：蒙古洋板块向华北克拉通俯冲，板块脱水形成的富硅流体与地幔楔橄榄岩发生蛇纹石化等相互作用，镁和铁组分进入流体，此类流体沿断裂带继续上升，与方解石型火成碳酸岩发生反应，从中不断提取稀土、铌、钍等组分，并上升至沉积白云岩层位发生热液交代作用，形成白云鄂博超大型稀土矿床。

1992 年开始，由国家自然科学基金支持，白云鄂博矿床稀土矿物晶体化学研究有了新的突破。先后精测黄河矿、氟碳铈钡矿、氟碳钡铈矿等稀土矿物的晶体结构，出版了 *Mineralogy and geology of rare earths in China*（中国稀土地质与矿物学，英文版，1995），《中国稀土矿物学》（1998）。

2000 年后，白云鄂博矿物晶体化学又有新进展，发现丁道衡矿、张培善石、杨主明云母、氟木下云母、氟铁金云母等新矿物。含钪矿物的研究表明，霓石（Aegirine）的 Sc_2O_3 含量为（0.34 ~ 1.81）wt%（最高值为 3.45wt%），平均值为 1.19 wt%。珀硅铈钛矿［perrierite-（Ce）］的 Sc_2O_3 含量为（2.82 ~ 3.64）wt%。铌铁矿（ferrocolumbite）的 Sc_2O_3 含量为（0.20 ~ 1.04）wt%。含钪矿物的详细研究，为钪的综合利用提供了基础资料。

6.1.2　南方离子吸附型稀土矿床的发现与研究

南方离子吸附型稀土矿床是我国 20 世纪 60 年代末新发现的一种矿床类型。

1969 年，原江西省地质局 908 队（以下简称 908 队）根据群众报矿的线索，在江西省龙南县一个以后命名为"701 矿区"（足洞）的矿化区域内，发现了一种特殊的"不成矿"的稀土矿物，同时发现此区域稀土品位很低，矿物相稀土仅有 8.4 克 / 吨，导致评价工作无法深入下去，几乎将其判为没有工业利用价值。于是，908 队将此矿样委托给赣州有色冶金研究所（原江西有色冶金研究所）进行研究。

1970 年 10 月，重新开始该新类型稀土资源的科技攻关。研究初期利用多种传统的选矿方法，不能有效富集稀土矿物，入选物料与选出物料中稀土金属不平衡，选矿过程中出现稀土金属流失的现象。赣州有色冶金研究所与 908 队的多学科科技人员，抛弃了以往研究花岗岩风化壳稀土矿床的传统做法，创造性地采用稀土可溶性分析和矿浆树脂吸附等多种综合技术手段，终于逐步揭开了这种"不成矿"的"离子吸附型稀土矿"的奥秘。发现这种奇特的稀土矿物相，不是以传统的"矿物相"存在，而是以一种"不成矿"的、非常特殊的形态存在，即以一种新型的"离子相"矿物形态存在。稀土矿物中的稀土，绝大部分以阳离子状态存在，而被吸附在某些矿物载体上，例如，主要被吸附在高岭石、白云母等铝硅酸盐矿物或氟碳酸盐矿物上。科技人员依据这些特征，将这种新型的"不成矿"的稀土矿物，命名为"离子吸附型稀土矿物"。这种"离子吸附型稀土矿物"构成的矿体命名为"离子吸附型稀土矿床"，之后将其称为"风化壳淋积型稀土矿床"。池汝安等对该矿床的稀土、铝等元素分布、稀土迁移和富集的规律进行了研究。

908 队的后续工作，使"701 矿区"被确定为世界上最大型的高钇型离子型重稀土矿床，矿化面积达几十平方千米，稀土配分中三氧化二钇（Y_2O_3）含量高达 64.97%，实属世界罕见。

研究发现离子吸附型矿床与燕山期花岗岩有关，主要分布在南岭造山带及其附近区域，其中在广西、广东、湖南、江西和福建最为常见。

之后，陆续在江西寻乌、广东平远发现大型低钇富铈型"离子型"轻稀土矿床，在江西信丰发现中钇富铈型"离子型"稀土矿床，在赣、粤、闽、湘、桂、滇、浙等南方诸省（区）先后发现大量的"离子型"稀土矿。出版了专著《华南离子型稀土矿地质矿物和地球化学》（1993 年）。

2000 年后，基于中南地区的湖南、湖北、广西、广东和海南五省区的地质背景，对该区与花岗岩有关的稀土矿床成矿条件进行了分析，以已知矿床（化）点或矿集区的花岗岩出露条件、地形气候等因素作为预测依据，对中南地区与花岗岩有关的离子吸附型稀土矿床成矿区带进行了预测，划分出 5 个Ⅰ级成矿区带、6 个Ⅱ级成矿区带和 9 个Ⅲ级成矿区带。

深入的实验工作发现，只要以某种电解质溶液作为"洗提剂"或"浸矿剂"，对含离子相稀土矿物进行"渗滤洗提"或"淋洗"，则溶液中的化学性质更为活泼的离子，将与被吸附在高岭石等载体矿物表面的"离子相"稀土发生交换反应，稀土以离子形态进入溶液中，很容易就获得"含稀土离子的母液"，便于进一步开发利用。

上述稀土元素极易提取的优点，对冲了离子吸附型稀土矿品位很低的缺点，使其具有很高的工业开采价值，成为国内除白云鄂博碱性岩稀土矿床外第二大稀土产量的矿床类型。

6.1.3　四川攀西地区凉山稀土矿的发现与研究

1960 年四川省地质局在凉山州冕宁三岔河发现稀土矿后，于 1986 年开始对全省稀土矿进行普查和详查。至今已初步查明四川省有稀土矿 29 处，分属 9 种成因类型。稀土矿产资源大多分布于攀西地区，集中分布在凉山彝族自治州冕宁县的牦牛坪和德昌县的大陆槽，构成了一个南北长约 300 千米的稀土资源集中区。牦牛坪稀土矿床规模居各矿床之首。矿床的工业矿物绝大部分为氟碳铈矿，其次为氟碳钙铈矿，少量硅钛铈矿等，矿区内 80% REO 集中在氟碳铈矿内。该稀土矿以轻稀土为主，镧、铈、镨、钕配分占 98% 以上，中重稀土配分仅为 1% ~ 2%，是典型的氟碳铈矿。其中铕、钇较国外同类矿床含量高，并且稀土矿物单一，矿石易选易炼。根据以上研究成果出版了专著《四川冕宁牦牛坪稀土矿床》（1995 年）。

6.1.4　山东省微山稀土矿的发现与研究

鲁南郗山 - 龙宝山地区是我国重要的稀土矿区和找矿有利地区，20 世纪 70 年代勘查发现的山东省微山县韩庄镇境内的郗山稀土矿，是我国一处著名的中大型轻稀土矿床。

矿区出露地层简单，主要有新太古代泰山岩群及新生界第四系。区内岩浆岩发育新太古代片麻状中粒花岗闪长岩和中生代碱性杂岩。该区岩体多为第四系所覆盖，出露面积仅 0.5 千米^2。中生代燕山期碱性杂岩主要有含霓辉石英正长岩、碱性花岗岩等，含霓辉石英正长岩多为北西向延伸，并向南西倾斜，呈不规则枝杈状侵入中粒花岗闪长岩中，接触处多发生程度不同的碱性交代作用。岩体主体岩性由正长岩、石英正长岩及含霓辉石石英正长岩等组成。区内矿体展布严格受构造控制。由于矿区构造发育且具多期次活动的特征，成矿也是多期次的，所以成矿前和成矿时的裂隙皆充矿，可见有后期形成的矿脉穿插前期矿脉现象，矿体形态为脉型及细脉 - 网脉带型。按物质组分差异分为 4 种类型：含稀土石英重晶石碳酸盐脉、含稀土放射状霓辉花斑岩脉、含稀土霓辉石脉及铈磷灰石脉。上述 4 种矿脉类型以含稀土石英重晶石碳酸盐脉数量较多，矿石矿物组合是复杂多样的，稀土矿物以氟碳酸盐类的氟碳铈矿、氟碳钙铈矿为主，还有碳酸盐类的碳酸铈钠矿，菱钙锶铈矿及铈磷灰石等。平均品位（RE_2O_3）4.55%，是我国又一处大中型轻稀土矿床，多年来一直在规模化开采。

20 世纪 90 年代末期，又在郗山矿区外围及苍山龙宝山地区发现了一批小型稀土矿床和矿点，显示良好的找矿前景。矿床的形成与中生代燕山早期碱性侵入岩有关。

6.1.5 其他稀土矿床的发现与研究

从 20 世纪 50 年代开始，我国通过地质普查还陆续发现一些稀土矿点和矿床，其中规模较大的矿床如下。

1）20 世纪 70 年代，云南地质局第四大队在滇中地区武定迤纳厂发现具有铁氧化物 – 铜 – 金 – 稀土矿物组合的矿床，勘探查明铁矿石量 686.6 万吨，铜金属量 68261.8 吨，还伴生有大量金、铼等资源。矿床位于我国云南省中部，在大地位置上处于扬子板块西缘，康滇地轴云南段。其铁 – 稀土矿体主要以似层状、浸染状产出，铜金矿体以脉状、块状产于角砾岩内部和铁 – 稀土矿体内。主要稀土矿物是独居石和氟碳铈矿。

2）20 世纪 80 年代，发现内蒙古巴尔哲特大型碱性花岗岩稀有稀土矿床，含矿岩体为燕山期碱性花岗岩，岩体普遍矿化，岩体即是矿体，矿石品位富、稀有稀土元素种类多、其共生伴生矿物多达 44 种。工业矿物以羟硅铍钇铈矿、烧绿石、铌铁矿、锌日光榴石为主。是当年国内新发现的一种新类型多金属矿床。

3）20 世纪 80 年代，发现了庙垭稀土矿床。该矿位于湖北竹山县境内北大巴山东北缘和武当隆起西部边缘接触处的过渡带中，是一个与正长岩 – 碳酸岩杂岩体有关的特大型铌稀土矿床。庙垭杂岩体沿着耀岭河群与下志留统梅子垭组之间的断裂构造脆弱带分布，矿区北西向和北西西向断裂和褶皱均较发育，为碳酸岩岩浆从地幔向地壳浅部侵入提供了便利的通道和定位空间，并对铌、稀土矿的分布起一定的控制作用。杂岩体由北向南由边缘相、过渡相及中心相 3 个相带组成，表现有碳酸岩化、绢云母化、黑云母化、钠长石化、萤石化等围岩蚀变。根据铌、稀土元素的富集情况不同，分为铌、稀土复合矿石和单一铌矿石及单一稀土矿石 3 种矿石工业类型。矿石类型主要包括正长斑岩、混杂正长岩、正长岩、黑云母、方解石碳酸岩、含碳方解石碳酸岩和铁白云石碳酸岩。

4）20 世纪 80 年代，发现了贵州织金磷矿床，是国内伴生稀土资源量巨大的超大型磷块岩矿床，位于中上扬子地台黔中隆起西南端，成因类型为浅海生物化学沉积型含稀土胶磷矿矿床，含磷岩系主要发育于下寒武统牛蹄塘组、明心寺组和戈仲伍组。稀土主要以类质同象形式存在于胶磷矿中。

6.1.6 中国稀土地质成就的概述

经过半个多世纪的普查、详查，在中国大陆发现诸多稀土矿床、矿点。查清矿物矿石类型，大部分矿产地的稀土储量、稀土配分，评估其综合利用价值，为国民经济发展做出贡献。同时研究并阐明了我国稀土矿成因及地质空间和地质时间的分布规律，取得斐然的地质学成就。

截至 2012 年年底，全国包括新疆、甘肃、内蒙古、吉林、辽宁、青海、陕西、河南、山东、四川、湖北、湖南、安徽、江西、浙江、云南、福建、广西、广东、海南在内的 20 个省份共有 344 个稀土矿产地。其中，内蒙古、江西、福建、广东、广西、四川是中国稀土资源大省，稀土矿产地数量占全国的 80% 左右，内蒙古的稀土储量位居全国之首。目前中国的大型稀土矿床有 22 个，占总数量的 7%，中小型矿床较多（占总数的 58%）。稀土矿床具有成因多样、轻重稀土类型齐全的特征，其中重稀土主要分布在南方地区，轻稀土矿则南北均有。

稀土矿成因类型包括内生矿床（岩浆型、伟晶岩型和气成热液型）、外生矿床（风化壳矿

床和碎屑沉积矿床）和变质矿床，其中以风化壳型（占 62%）和碎屑沉积型（21%）稀土矿尤
为发育。风化壳离子吸附型稀土是中国特有的优势资源，是近十几年来中国稀土资源主要开
采的对象之一。

稀土矿床和稀土矿化地区在地质空间和地质时间的分布方面各有规律。空间上既分布于
稳定地区（地台和准地台），亦分布于活动地区（地槽和褶皱系）。根据黄汲清（1978 年）对
中国大地构造单元的划分，属于地台区的有塔里木地台，例如新疆的某些稀土矿床；属于准
地台区的有中朝准地台和扬子准地台，例如华北和华南的许多稀土矿床。属于褶皱系的有：
吉林黑龙江褶皱系、内蒙古大兴安岭褶皱系、华南褶皱系、东南沿海褶皱系、台湾褶皱系、
松潘甘孜褶皱系、三江褶皱系、秦岭褶皱系、南山褶皱系、天山褶皱系、阿尔泰褶皱系、拉
萨褶皱系等。地台是地壳的稳定地区，但有地台活化的发生，故有岩浆和成矿溶液的活动，
为稀土的转移富集提供了条件。褶皱系是地壳的活动地区，岩浆和矿液的活动以及适宜的地
质环境，促成了稀土的富集成矿。

我国稀土矿床在地质时间上分布也具有自己的特点，太古代时期很少有稀土元素富集成
矿，主要成矿时期为中晚元古代以后。中晚元古代时期华北地区北缘西段形成了巨型的白云
鄂博铁铌稀土矿床；早古生代（寒武系）形成了贵州织金等地的大型稀土磷块岩矿床；晚古
生代有花岗岩型和碱性岩型稀土矿床形成；中生代花岗岩型和碱性岩型稀土矿床广布于中国
南方；新生代（喜山期）有碱性花岗岩和英碱岩稀土矿床的形成；第四纪有中国南方风化淋
积型稀土矿床的形成。中国稀土矿床成矿时代之多、分布时限之长是世界上其他国家所没有
的。我国稀土资源最主要的富集期是中晚元古代和中新生代，其他时代的稀土矿床一般规模
较小。

根据成矿条件，将稀土矿床划分为 10 种成因类型，即：①花岗岩、碱性花岗岩、花岗闪
长岩、钠长石化花岗岩型；②碱性岩型；③火成碳酸岩型；④矽卡岩型；⑤伟晶岩型；⑥变
质岩和沉积变质碳酸盐岩石型；⑦热液交代和热液脉型；⑧沉积岩型；⑨稀土砂矿型；⑩花
岗岩类风化壳型。我国内生稀土矿床在数量和规模上最大或最主要的是碱性岩型、花岗岩型
和花岗伟晶岩型三大类型，外生稀土矿床主要是花岗岩类风化壳型。

6.1.7　深海稀土资源的调查及发现

中国在海洋多金属结核和富钴结壳资源的科考调查中，曾开展深海稀土资源的调查。
2013—2014 年，科考船"海洋六号"在大洋第 29 航次和大洋第 32 航次中，均在太平洋进行了
深海柱状泥的稀土资源勘查，发现稀土不仅蕴含于深海泥中，还蕴含于海底多金属结核和富钴
结壳中。富钴结壳的稀土元素平均含量为 1854 百万分比浓度（ppm）；多金属锰结核的稀土元素
平均含量为 978 百万分比浓度。富钴结壳的稀土平均含量比多金属锰结核高，约为其 1.9 倍。

6.2　稀土矿开采

我国稀土矿床分为岩矿型和风化壳离子吸附型两种。前者的地质状况与所有金属、非金
属矿床同类，因而采用岩矿型矿床的露天开采、地下开采两种方式进行，其技术进步、装备

升级主要走引进、消化、吸收再创新的路径。风化壳离子吸附型稀土矿的开采是借鉴某些特定铀矿，特定有色稀有金属矿曾经采用过的"渗浸"模式，走边研发边生产的路径，其中不乏自主创新、实践与理论相结合的闪光点。

6.2.1　岩矿型稀土矿开采

6.2.1.1　白云鄂博稀土矿的开采

白云鄂博矿床矿产资源的重要特点是不同矿种伴生，空间关系复杂。因此综合利用是矿床开发的最佳策略。资源的综合利用，一方面可以防止资源的损失和浪费，使各类资源发挥更大的社会效益，另一方面也可提高企业的经济效益，加强企业产品特色，增强企业竞争力。

1958—1960 年，白云鄂博矿执行了"先采主矿，采富堆贫（对铁而言）"的开采方案，生产的富铁矿石块通过铁路运输到包钢炼铁厂，直接入高炉炼铁，该方案造成超采富矿、采剥失调、剥离欠账局面，同时由于采富堆贫形成了 2000 万吨储量的高稀土中贫铁矿堆置场。

1965 年 4 月 15—24 日，国家科委、国家经委、冶金部在包头召开第二次"白云鄂博矿综合利用及稀土推广应用工作会议（简称第二次'415'会议）。会议确定了"以铁为主，综合利用"的白云鄂博综合利用方针，制订了"包头钢铁基地综合利用技术三年（1965—1968年）规划"，并决定在包钢建设回收稀土、铌的中间试验厂。

1967 年 4 月 5—10 日，冶金部会同地质部在包头召开了制定白云鄂博主、东矿体稀土稀有金属矿石工业指标会议，揭开国内开采稀土矿序幕。同年下半年，赋存于白云鄂博主矿上盘的粗、中、细粒霓石岩（铌稀土矿）开始进行人工单独开采，当时采用的方法是：依照采场分层平面图结合现场标定，将主矿上盘的粗、中、细粒霓石岩岩体即 1#、2#、3# 铌稀土矿体（主要是富含易解石）用钉木桩（铁桩）洒上白灰线的方法，现场标注出岩体地质界线，而后采用露天浅孔和深孔爆破两种方式进行露天小台阶（高 6 米）开采和全段高（12 米）开采，运到指定地点（西站北侧堆存场）堆存。

上述单独开采稀土矿的举措是针对主矿上盘围岩的权宜之计。长期以来，白云鄂博铁 – 稀土 – 铌共生矿的开采，矢志不渝地执行"以铁为主，综合利用"的方针，稀土、铌矿物是随铁矿物开采出来的。

白云鄂博主东矿采用露天开采、联合开拓运输方案，生产台阶采用微差、逐孔两种爆破方法，边帮采用预裂、光面爆破方法。1957 年 2 月建矿以来，随着工业炸药和爆破器材与爆破技术的发展和进步，穿孔设备的逐步更新，爆破技术经历了不同的发展阶段。

1957—1964 年，一直采用"齐发爆破"方法，爆破效率低，效果差。1965 年，首次引进"继爆管"，采用了孔外延时排间微差爆破方法，爆破效果显著改善，根块率大幅度降低，但有时发生成排孔拒爆事故，给下道工序采掘工作带来困难。

1980 年，引进"组合雷管"，采用孔内延时排间微差爆破方法，一次爆破量大，起爆方法灵活多样，有排间、孔间、斜线、波浪线、"V"字形、横向等微差起爆方法，并且解决了孔外延时易发生拒爆事故等问题。

1998 年，开始自制"新型间隔器"，采用中部间隔分段装药爆破新技术，爆破后矿、岩破碎度得到了严格控制，各项经济技术指标均得到不同程度的提高，爆破成本逐年下降，但存在一些不足，其单段最小起爆药量为 5 ~ 10 吨，起爆震动大，边坡维护费用大。

为了解决上述问题，2003 年 8 月引进了澳瑞凯高精度组合雷管，应用逐孔爆破新技术，单孔最大起爆药量 0.8 吨，大幅度减轻了爆破震动，保护了边坡稳定，提高了矿岩破碎度，使白云鄂博铁矿爆破技术上了一个新的台阶。

1978 年 7 月 28 日~ 8 月 3 日，国家科委、国家计划委员会、冶金部在包头联合召开"包头矿资源综合利用汇报会"。会议听取了白云鄂博共生矿综合利用科研专题汇报、白云鄂博西矿地质和矿产综合评价汇报，提出："加速开发西矿，保障包钢的钢铁生产的需要；根据国内的需要和出口的可能，有计划地对主东矿进行开采，实行提取稀土、铌为主，兼对铁、磷、锰、氟进行综合利用"。

"七五"至"八五"（1986—1995 年）是白云鄂博铁矿第二个建设高潮。在全国率先采用国产千万吨级露天矿山大型配套设备，生产能力由 600 万吨 / 年提升到 1020 万吨 / 年，主、东矿大规模扩建技术改造工程竣工。

这一时期，主、东矿生产的高稀土中贫铁矿（$RE_2O_3 \geqslant 7.2\%$）、稀土白云岩、萤石岩、含稀土霓石岩等稀矿，源源不断供包钢有色（一、二、三）厂、东风钢铁厂、达茂稀选厂、白云博宇公司稀选厂等单位选稀土，稀选厂难处理的 TFe 20% ~ 25% 的霓石型高稀土铁矿石堆存于排土场。由于采掘、选矿等环节的诸多因素制约，稀土回收率很低，约 30%。为了保护稀土资源，又满足包钢对铁原料的需求，包钢实施了压缩主东矿产量，开发稀土含量比主东矿（REO 6%）低很多的西矿（REO 1.18%）的新开采方案。

西矿（巴润矿业公司）于 2004 年开始恢复生产建设，目前西矿矿山已按 1000 万吨 / 年设计建成东（含南、北采场）、西两个露天采矿场的矿石和岩石开拓运输系统。两采场均采用公路开拓汽车运输。

6.2.1.2　四川稀土矿采矿

四川稀土矿床为单一氟碳铈矿型。矿体裸露或埋藏较浅，所有露天矿山均为山坡露天开采，小部分为堑沟式露天开采，局部凹陷露天开采。基本上均采用现行常规开采技术和装备且规模较小。

四川稀土矿开采最初仅有冕宁昌兰稀土公司、冕宁县稀土开发有限公司、德昌大陆乡稀土多金属采选试验厂等少数几家企业。

20 世纪末至 21 世纪初，受稀土市场利好形势刺激，四川凉山稀土矿区乱采乱挖现象严重，造成严重的资源浪费、生态环境破坏。2011 年，四川省经过整顿基本完成了稀土采矿权整合工作，将全省 22 宗稀土采矿权整合为 7 宗。为实现四川省稀土矿产资源集约化、有序化、规模化开采奠定了基础。

6.2.1.3　山东微山地下采矿

山东微山郗山矿目前采用地下开采，多年来一直采用浅孔留矿法采矿，事后尾砂充填采空区。矿山目前已有完整的开拓系统，开拓方式为中央下盘竖井开拓，在两翼设有回风斜井。采用现行常规开采工艺技术和装备进行作业。

6.2.2　离子吸附型稀土矿采矿

离子吸附型稀土矿是稀土元素以阳离子形态吸附在地壳风化层载体上。我国科技工作者依据离子交换原理，采用较强电介质（氯化钠、硫酸铵）溶液作为交换剂，经过一些采掘工序，淋洗出稀土溶液，再经适当化学处理，得到比较纯净的稀土氧化物（REO>90%）、碳酸盐类（REO>45%），是下游产业链稀土冶炼的理想原料。地质采矿科技工作者将其归类为特殊采矿中的化学采矿（化学浸矿），国内亦有选矿科技工作者称其为化学选矿。

6.2.2.1　第一代开采工艺——"露采－池浸"工艺

20 世纪 70 年代，赣州有色冶金研究所首先开展露天开采—池浸工艺研究。

（1）原则流程

矿体开挖→矿石搬运→至异地建筑的"浸矿池"中，注入浸矿剂浸矿→浸出液进入除杂池除杂→进沉淀池沉淀稀土，得到混合稀土富集物（碳酸或草酸稀土）→尾矿渣搬运异地建筑的"尾矿场"中。该方法实现了富含中重稀土的离子矿的人工开采，曾在多地推广，满足了当时市场的需求。1985 年被授予国家发明奖。

（2）主要优点

建矿投资少、周期短；浸矿充分（浸矿层厚度小，一般为 1.5 米以内）；工艺技术简单。

（3）主要缺点

每生产 1 吨混合稀土氧化物，需搬运 1200 ~ 2000 吨矿石（泥土），同时还将伴随产生尾砂 1200 ~ 2000 吨，俗称"搬山运动"，沙化面积约 1 亩（约 667 米^2）。所以，该工艺使矿区丧失水土保持功能，地表植被荡然无存，裸露山体治理困难，大量尾砂排放后，淹没农田、公路，淤塞、抬高河床，土地沙漠化，生态被严重破坏；资源利用率低（要求开采品位较高，0.08% 以上，0.08% 以下则丢弃不采），一般在 40% 左右；劳动强度大；劳动生产率低，生产产能很小；严重污染地表水系。20 世纪 90 年代后期，国家产业技术政策将其淘汰。

6.2.2.2　第二代开采工艺——离子型稀土矿"原地浸矿"工艺

由于池浸工艺存在资源利用率低及对环境破坏特别严重等突出缺点，迎来了新一代的溶浸工艺"原地浸矿工艺"的诞生。其研究过程可简单地分为以下几个阶段。

（1）实验室模拟和矿山现场探索实施阶段

"六五"期间，赣州有色冶金研究所科技人员萌发"原地浸矿"的想法，在离子矿露采—池浸现场做过"尝试性"的"原地浸矿"早期探索工作，但未获得有益结果。

1986 年，江西省科委和中国有色金属工业总公司，分别向赣州有色金属研究所下达"不搬山、无排尾、对生态环境破坏轻微和污染小"的《离子型稀土矿就地浸取工艺探索试验》研究课题，并被分别列入省、部级"七五"重点科技攻关任务。解决两大核心难题：一是必须保证离子相稀土能在原地被有效地"浸出"。二是必需保证浸出母液被有效地回收，防止其流失。

在大量的实验室模拟工作基础上，课题组于 1987 年元月至 1988 年年底，在龙南选两个废弃矿块地段，分别进行了矿石量 250 吨和 164 吨的两次现场原地浸矿探索试验。

采用的主体工艺技术为：注液技术即沿矿体底板收液层水平，进行局部的松动爆破，以提高收液率；在矿体表面布设常压注液沟槽，并在沟槽中适当布设压力注液孔，进行浸矿液常压和压力注液；收液技术即在矿体下部收液水平布设负压孔，以负压封底，形成人工底板，同时负压孔兼作收液孔。

试验结果：在含矿山体原矿品位 0.045% ~ 0.06% 的条件下，获得稀土浸出率 92.0%、浸出液回收率 66.07%、稀土浸取回收率 68.88%、稀土母液平均浓度 1.26g/L、浸取后原地尾矿品位0.0038%的良好指标。该研究课题于1989年5月通过专家评议，给予高度评价，认为"本工艺具有不搬山、无排尾、对生态环境破坏轻微和污染小"等特点，具有良好的社会效益，为我国南方离子型稀土矿开采开辟了新的途径，建议上级"尽快组织工业试验"。

这次离子型稀土矿就地浸取工艺探索试验，解决了离子型稀土矿原地浸取的可行性问题。

（2）工业试验阶段

1）"八五"期间进行的工业试验。1991年7月，原国家计划委员会下达"八五"国家重点科技攻关任务，由赣州有色冶金研究所和长沙矿冶研究院、长沙矿山研究院共同承担《离子型稀土矿原地浸矿新工艺研究》任务（项目编号：85-107-02-01-01），由江西省计划委员会组织实施。攻关要求：①矿石开采品位下降至平均工业品位以下；②稀土浸取率达70%；③成本低于或相当于池浸成本。

首次工业试验是在江西龙南县稀土矿（高钇型稀土矿、裸脚式类型）进行，开展了第一个万吨级矿石量（14697吨）规模离子型稀土矿原地浸矿工业试验。采用的主体工艺技术为：注液技术：网井常压注液和钻孔压力注液；收液技术："真空负压"收液与利用矿体自然底板作为隔水层自流相结合的综合收液。

试验取得的主要结果如下：母液回收率83.5%，稀土浸出率92.26%，稀土浸取回收率76.95%。取得如此好的成绩是由于在原地浸矿工业试验过程中，其母液回收以自流为主，该矿体有完整自然底板作为隔水层。

第二个万吨级工业试验是在江西寻乌县稀土矿（低钇富铕型稀土矿、全复式类型，没有可利用的矿体自然底板作为隔水层）进行与第一个工业试验技术措施不同之处是，其母液收液方式为"真空负压"，即人为监控的间隙式收液方式。该收液方式主要设备有真空泵、汽水分离器、负压表等组成，对供电的连续性要求很高。工业试验取得的主要结果如下：母液回收率81.5%，稀土浸出率88.30%，稀土浸取回收率71.33%。

与第一代工艺相比，原地浸矿工艺呈现出显著的特点和优越性：第一，在特定条件下，对生态环境影响小。该工艺不需开挖山体，不破坏地表植被，无工业固体废渣排放，工业用水、余液进入闭路循环。第二，大幅度地提高资源利用率。第二代工艺资源利用率普遍达70%以上，比第一代工艺提高20%~45%。第三，较大幅度地降低生产成本。新工艺比老工艺单位成本可降低10%~28%。1996年1月，该课题在北京通过国家鉴定和验收。

然而，该第二代工艺技术只在江西龙南县稀土矿（高钇型稀土矿、裸脚式类型），得到全面推广应用。而在江西寻乌县稀土矿（低钇富铕型稀土矿、全复式类型），及其他地区（全复式类型）则未能得到推广应用，究其原因就是复杂地质类型全复式类型稀土矿没有自然底板作为隔水层的条件，必须采用"真空负压"收液，条件苛刻，工艺技术复杂难以操作所致。

2）"九五"期间工业试验。1999年，针对"八五"攻关成果推广应用存在的问题，科技部下达了"九五""国家重点科技攻关"（99-A30-02-02）"复杂地质类型全复式稀土矿原地浸矿试验"课题：

2001年10月，江西南方稀土高技术股份有限公司、赣州有色冶金所采用（密集导流孔+坑道）收液方案，在寻乌矿试验规模3万吨级矿量，稀土母液回收率90.5%，稀土综合回收率76.51%。完成国家"九五"重点科技攻关任务，提交"复杂地质类型全复式稀土矿原地浸矿试验研究报告"。

3)"十五"期间工业试验。国家在"十五"期间，继续安排了针对不同类型和不同复杂程度的"离子型"稀土"原地浸出"工艺深入攻关任务。

2004 年，赣州有色冶金研究所等单位组成的试验小组，选择在福建长汀和田杨梅坑稀土矿进行工业试验，首次实施全面截流的人造地板的新方案（切割拉槽工艺）。试验结果：使浸出液的回收率提升到 80% 左右（最高达 82.3%），也为以后的工艺完善奠定了技术基础。

离子型稀土矿原地浸出开采工艺经过"八五""九五""十五"科技攻关取得一系列成果，具有潜在应用前景。但是，在现有工艺技术基础上大面积推广应用的难度很大，矿山地质条件是决定因素。其一，简单地质类型，即裸脚式矿体底部有自然基岩地板和全复式矿体有地下水封闭的矿山，浸出液不再下渗，基本上可以完全回收。但是其储量不到离子型总储量的 10%。其二，较复杂地质类型，浸液渗透性差，浸液一般只能回收 50%，加压注射能达 70%，但很难控制。此类矿山稀土储量占总储量 20%。其三，复杂地质类型，矿体渗透性很强，渗漏严重，浸出液回收率在 30% 以下，推高回收率需费大力气全面截流。相当于制造人工底板，目前技术难以做到。此类矿山稀土储量占总储量 70% 左右，所以至今"原地浸出"开采工艺仅在地质条件接近第一种情况的江西龙南推广应用。

6.2.2.3　离子型稀土矿堆浸工艺

鉴于离子型稀土矿的原地浸开采工艺难以大面积推广，在市场需求的驱动下，科技人员又把目光聚焦到早先第一代的池浸方案，不过不是回归到原点，而是螺旋式上升到新高度，2000 年前后，开发出堆浸新工艺。

原则流程：将有可能堆放稀土的场地平整→做隔水层（垫塑料薄膜）→形成收液系统→矿山地表植被清除→剥离表土（无矿层）→开挖矿体→堆矿土（一般用载重汽车挖掘机运送）→加浸矿剂→收液→后处理沉淀→产品（半成品）→浸后矿渣废弃。

该工艺的主要特点是实现了机械化作业，大规模生产，较原先的池浸工艺提高了产能，降低了劳动强度，提高稀土资源利用率，一般可达 70% 以上，还可以使较低品位的矿体资源加以利用，降低生产成本。

显而易见，堆浸工艺摆脱不了池浸工艺搬运矿土的弊端，因此，严格地说堆浸工艺是机械化的池浸工艺。对矿区生态环境的严重破坏依然存在。鉴于市场对稀土元素的需求量大，当下又没有更先进的合适的采矿技术作支撑，近十多年来，仍然是南方离子矿的主要开采模式。另外，一些地方由于工程建设的需要，为使工程建设范围内的离子型稀土资源不至于浪费，而对含"离子型"稀土的山（矿）体"抢救性"开采，也采用了"堆浸"开采方式。

6.3　稀土选矿

6.3.1　白云鄂博稀土矿选矿

白云鄂博矿中的稀土矿物嵌布粒度小，以细小致密状嵌布于萤石、铁矿物中，选别难度大，其稀土矿物有 12 种之多，且以氟碳铈矿和独居石为主，这两种矿物的稀土氧化物量约占矿床中 12 种稀土矿物稀土氧化物总量的 90% 以上。

我国稀土选矿科技工作者根据该矿的特点和市场需求，重点进行两大类试验研究：其一，从选铁尾矿中回收氟碳铈矿和独居石的混合矿；其二，将上述混合矿分离，得到单一的氟碳铈矿、独居石矿。取得一系列重大成果，成就卓著。

6.3.1.1　从白云鄂博矿选出混合稀土矿的研究

白云鄂博主东矿铁矿石中的稀土品位［稀土氧化物（REO）含量］在5%以上，在对矿石选别回收铁的同时回收稀土，对资源的综合回收和社会经济效益提高具有十分重要的意义。从1957年起，中国科学院金属研究所、长沙矿冶研究所（今长沙矿冶研究院有限公司）、有色金属研究院、北京矿冶研究院、地质部矿产综合利用研究所、包头冶金研究所和包钢矿研室等科研单位，开展了从白云鄂博主、东矿铁矿石中综合回收铁、稀土和萤石的选矿试验研究。

1965年，"4.15"会议明确提出白云鄂博矿"以铁为主、综合利用"的方针。从此，综合回收铁、稀土和萤石的研究工作广为展开。同年，冶金工业部组织全国科研、设计、生产等二十多个单位在包头进行白云鄂博主、东矿以铁为主、综合回收稀土和萤石的选矿大会战，分别进行了原生磁矿的磁选－浮选流程，中贫氧化矿的焙烧磁选－浮选流程和反浮选流程的小型、连续和半工业试验。经一年的试验研究，原生磁矿的磁选、浮选流程中获得稀土精矿品位20%，回收率30%的结果。

1975年，包头"8.25"会议后，广东有色金属研究院、包头冶金研究所、包钢有色三厂等单位采用烷基异羟肟酸及其盐类作为稀土矿物捕收剂，分别从重选粗精矿和中贫氧化矿选铁尾矿中选得稀土氧化物（REO）品位60%的稀土精矿，技术上取得重大突破。

1978年和1979年的7、8月，两次在包头召开了包头共生矿综合利用汇报会，方毅副总理莅临会议，对白云鄂博矿资源综合利用做出重要指示，提出了"开发西矿，保证包钢钢铁生产需要，对主、东矿有计划地进行开采，实行以提取稀土、铌为主，兼对铁、磷、锰和氟进行综合利用的方针"。从此，白云鄂博矿综合利用选矿试验研究进入了一个新阶段。

（1）混合浮选－重选工艺

1965年8月，包钢选矿厂投产，1969年在包钢选矿厂选矿车间里安装了5台摇床，对选矿系列的反浮选泡沫采用摇床选别，试验性地从萤石－稀土混合浮选泡沫中回收稀土矿物取得成功，小规模生产的稀土粗精矿稀土氧化物品位15%。

1970—1973年，试验单纯采用浮选法浮选出稀土粗精矿5207吨，稀土氧化物品位15%。

1974年，包钢选矿厂以浮选法产出的品位15%的稀土粗精矿，再重选出品位30%的稀土精矿。建成拥有60台摇床的重选车间，年生产能力为1万吨。1974—1978年，实际重选出稀土精矿为23509吨，其中1978年1—6月生产稀土精矿7910吨，稀土氧化物品位29.44%，对原矿回收率2.29%。

（2）烷基异羟肟酸浮选稀土工艺

重选稀土粗精矿品位低杂质含量高，产品质量差，使冶炼环节成本高、过程长，原料消耗大。有色金属研究院广东分院从1975年9月开始，为提高稀土粗精矿品位，进行了以烷基异羟肟酸（C5-9酸）作为捕收剂的浮选实验室试验，取得了稀土精矿品位60%的可喜指标，技术上取得重大突破。为此，包钢公司在1976年7月和10月组织了以包头重选稀土粗精矿为原料，浮选提高精矿稀土品位的半工业试验（30吨/日），试验地点在包钢有色三厂（现北方稀土冶炼厂内）。参加试验单位有广东有色金属研究院、包钢冶金研究所、包钢有色三厂。试验共进行10天，运转213小时，同时产出高品位、低品位两个品位的稀土精矿。半工业试验取得可喜的成果，包头稀土精矿品位达到 60%，是包头稀土资源综合利用的重大突破。该工艺的特点是采用大量水玻璃强烈抑制粗精矿中的萤石、重晶石、铁矿物等，利用羟肟酸捕收稀土矿物的优良选择性，优先浮选稀土矿物。

（3）其他异羟肟酸类捕收剂的合成及浮选工艺

烷基异羟肟酸最先用于稀土浮选试验和小规模生产，捕收性能较好，但选择性稍差，浮选过程的敏感性强，操作调整难度大。

1978 年 5 月，包头冶金研究所研制出新的稀土捕收剂环烷基羟肟酸铵。1979 年 2 月，用上海长风化工厂合成的 2 吨环烷基羟肟酸，在包钢有色三厂进行选矿半工业试验。

1979—1980 年，包钢选矿厂以环烷基羟肟酸为捕收剂、摇床稀土精矿为原料，浮选获得稀土精矿品位大于 60%，浮选回收率 60% ~ 65%。

1985 年，包头稀土研究院黄林旋合成出萘基羟肟酸捕收剂 H_{205}，并及时转产。1986 年 10 月，在包钢选矿厂以重选稀土粗精矿为原料，以 H_{205} 为捕收剂，调整剂只添加水玻璃，增加了起泡剂，进行了浮选稀土工业试验，在平均给矿品位 21.07% 的条件下，精矿品位 60.70%，回收率 59.91%；在平均给矿品位 25.35% 的条件下，精矿品位 57.83%，回收率 65.05%，使稀土浮选回收率得到显著提高，生产指标稳定，经济效益提高，并获国家科技进步奖二等奖。相关生产厂纷采用该技术，成为包头稀土精矿的主体生产工艺流程。

图 6-3　包头稀土研究院黄林旋（左）参加包钢选矿厂 H_{205} 浮选工业试验（1966 年 1 月 5 日）

（4）水杨羟肟酸浮选 68% 稀土精矿的试验研究

1983 年 1 月，包钢矿山研究所在实验室用水杨羟肟酸钾作为捕收剂，进行从重选稀土粗精矿中选别高品位稀土精矿的连续试验以及用水杨羟肟酸及其盐浮选高品位稀土精矿连选试验。

6.3.1.2　白云鄂博混合稀土精矿的浮选分离

从白云鄂博矿选出混合稀土矿的相关研究得到的混合稀土精矿，主要为氟碳酸盐稀土矿物（氟碳铈矿）和磷酸盐稀土矿物（独居石），两种稀土矿物的稀土比例一般在 6:4 ~ 7:3。多年来一直是下游产业——稀土冶炼的主要原料。

为了给稀土冶炼创造更为有利的原料条件，1984 年开始，包钢矿山研究所采用水杨羟肟酸、水玻璃、2 号油、邻苯二甲酸、明矾等组合药剂，进行了氟碳铈矿与独居石浮选分离的实验室试验。1985 年 10 月的试验结果表明：从包钢选矿厂的重选粗精矿中能较好地分选出氟碳铈矿，其精矿产率为 22.55%，稀土品位 73.33%，回收率 53.47%，精矿中氟碳铈矿占有率为 96.93%。此外，还可回收产率为 15.82%，稀土品位为 54.49%，回收率为 27.87% 的中品位稀土精矿。

1984 年，包钢矿山研究所等单位应用乙二醇和邻苯二甲酸为捕收剂进行了以包钢选矿厂重选粗精矿为原料的分选氟碳铈矿工业试验，并进行了氟碳铈矿精矿的批量生产。氟碳铈矿精矿稀土品位为 70.34%，稀土回收率为 28.72%。

1990 年 9 月，包头稀土研究院在包钢选矿厂稀土选矿车间，以强磁选的中矿为原料，进行氟碳铈矿和独居石分离的工业试验取得成功。该工艺先采用 H205 为捕收剂、水玻璃为调整剂、乙硫氮为起泡剂的组合，浮选出稀土品位大于 58% 的混合氟碳铈矿和独居石，然后采用 H894、明矾等组合药剂，分选氟碳铈矿和独居石，该工艺获得 4 种稀土精矿产品，分别为氟碳铈矿精矿、独居石精矿、混合稀土精矿及混合稀土次精矿，其稀土品位分别为 70.25%、60.25%、57.32% 和 46.15%，稀土回收率分别为 23.27%、3.44%、27.48% 和 21.06%。氟碳铈矿纯度 96%，独居石纯度 95%。在分离浮选过程中，氟碳铈矿稀土约有 61% 进入氟碳铈矿精矿，独居石稀土约有 25% 进入独居石精矿。

白云鄂博氟碳铈、独居石混合稀土矿分选成功，是该类矿物选矿工艺技术的又一重要成果。由于多种原因，产业链下游的稀土矿冶炼生产企业仍然以混合稀土矿为原料，该成果缺乏市场需求，至今只是作为技术储备。

6.3.2　其他矿物型稀土矿选矿

四川攀西、冕宁、德昌地区，山东微山地区的稀土矿，都是单一的氟碳酸盐矿，相对于白云鄂博铁 – 稀土 – 铌等多金属共生矿，选别难度小，选矿工艺流程简单。

6.3.2.1　四川攀西稀土选矿

在开发初期，一批个体开采者将采出的矿石在河沟中人工手选、淘洗，选出的精矿稀土氧化物含量（REO）都小于 40%，不仅经济价值低且对水体污染严重。针对这一情况，冕宁县政府发出通告，严禁使用人工淘洗方法。单一重选工艺是牦牛坪稀土矿利用初期常用的选矿工艺，通常以摇床为主要重选设备，虽然可以得到 REO 为 30%、50%、60% 的三种氟碳铈矿精矿，但稀土回收率普遍偏低。冕宁稀土开发公司采用单一重选工艺，自 1988 年起，经过四年生产，稀土选矿回收率始终在 50% 左右。

重选 – 浮选工艺最早由包头稀土研究院在 1989 年根据 109 地质队采集的牦牛坪稀土矿石样品所开展的可选性研究提出，该研究推荐的工艺是首先用重选脱泥，重选精矿进入浮选得到稀土精矿。昌兰稀土公司首先采用重选 – 浮选工艺进行生产，在实际生产中，选矿厂用摇床分选出少量粗粒精矿，摇床中矿进入浮选，得到 REO >60% 的稀土精矿，稀土总回收率在 40% ~ 50%。

1989 年，109 地质队委托包头稀土研究院对牦牛坪矿石样品进行可选性研究，因而包头稀土研究院首次对牦牛坪稀土矿样品进行矿石性质和选矿工艺研究。1998 年起，上海第二工业大学开始在牦牛坪稀土矿区推广捕收剂 L_{102}，同时将主流的生产工艺流程改为"重选脱泥 – 重选精矿磁选 – 重选中矿浮选"。2002 年，中国地质科学院矿产综合利用研究所针对牦牛坪稀土矿中稀土和伴生的萤石、重晶石资源，提出采用"磨矿 – 分级 – 粗细分级重选 – 中矿再磨浮选"流程回收稀土，采用"优先浮选 – 重选"流程回收萤石和重晶石，通过该流程可以得到 REO 61.18% 的综合稀土精矿，稀土回收率 75.74%。2015 年，四川江铜稀土整合牦牛坪稀土矿后，广州有色金属研究院进行选矿工艺研究，最后选定"磁选 – 重选 – 浮选"工艺回收稀土，强磁尾矿浮选回收萤石和重晶石。

1991 年，四川省地质矿产勘察开发局化探队与长沙有色金属设计院对牦牛坪稀土矿进行磁选试验，提出采用重选 – 磁选工艺可以得到 REO 品位 >50%，稀土回收率 >50% 的稀土精矿，为进一步提高稀土回收率，紧接着衍生出重选 – 磁选 – 重选工艺，即将磁选尾矿再用重选进行回收，可以使稀土回收率达到 75%。

1994 年起，德昌县多金属矿试验采选厂采用单一重选工艺仅能回收 20% 左右稀土氧化物。后参照牦牛坪稀土选矿工艺进行技术改造，采用重选 – 磁选 – 浮选工艺，可以产出 REO 30% ~ 40% 和 REO > 60% 的两个稀土精矿产品，但稀土总回收率仅 20% 左右。截至 2004 年，德昌稀土矿时产时停，仅生产 REO 50% ~ 70% 的稀土精矿共 3000 吨。2007 年，四川稀土矿整合，德昌大陆槽稀土矿 1# 和 3# 矿体采矿权分别给了四川汉鑫矿业发展有限公司和西昌志能公司。

1998 年，上海第二工业大学研发出捕收剂 L_{102} 及其辅助药剂，先后在冕宁方兴稀土公司、昌兰稀土矿等三家选矿厂进行工业试验并投入生产。在重选 – 磁选 – 浮选工艺和药剂条件下可以稳定得到 REO >60%，稀土选矿回收率 >60% 的稀土精矿。在之后较长的一段时间，L_{102} 及其辅助捕收剂一直是牦牛坪矿区稀土矿浮选的主要捕收剂。

1998 年，昆明理工大学对德昌大陆槽稀土矿样品在较为详细的矿石性质研究基础上进行了选矿流程试验。自 2010 年起，中国地质科学院矿产综合利用研究所对德昌大陆槽稀土矿进行持续攻关，提出"浮团聚磁选"技术，改变了原有"重选 – 磁选 – 浮选"带来的流程长、能耗高、精矿品位不稳定、稀土回收率低等问题。2014 年，广州有色金属研究院针对大陆槽稀土矿石进行选矿工艺研究，提出通过磁选 – 浮选流程可以获得 REO 品位 60.20%，REO 回收率为 63.00% 的稀土精矿。

2007 年，鉴于江铜集团即将整合牦牛坪矿区稀土采选厂，其负责整合的牦牛坪矿区选矿厂全部停产。2008 年 9 月，考虑到四川江铜稀土公司生产尚早，经政府部门批准，部分矿山企业开始恢复生产。此后江铜稀土一直在开展稀土整合的相关事宜，同时建设采矿场、选矿厂和尾矿库等设施。

2009 年，中国地质科学院矿产综合利用研究所对木洛稀土矿进行选矿工艺研究，该矿石物质组成较为简单，主要稀土矿物为氟碳铈矿、氟碳铈镧矿及少量氟碳钙铈矿，以 WR 为捕收剂，通过全浮选工艺可以直接得到 REO 含量 62.10%，REO 回收率 86.98% 的稀土精矿。

2012 年 10 月，盛和资源控股股份有限公司托管四川汉鑫矿业发展有限公司，并对选矿工艺进行攻关。2013 年 9 月，四川汉鑫矿业公司联合中国地质科学院矿产综合利用研究所完成德昌大陆槽稀土矿"浮团聚磁选"技术工业试验。新技术实现了稀土矿的常温浮选，大幅提高了稀土精矿品位和回收率，尤其是强化了细粒级稀土矿物的回收，成功实现了嵌布粒度较细的大陆槽稀土矿的高效回收利用。2014 年 3 月，四川汉鑫矿业公司完成技术改造，原矿处理规模提高至 3500 吨 / 日，同时将大陆槽稀土矿生产指标稳定在精矿 REO > 65%，稀土回收率 60% 左右。精矿产能由改造前的 400 吨 / 月提高至 1500 吨 / 月。在实际生产中，当入选品位较低（REO < 2%）时，通常在浮选前对矿石进行强磁选以提高入浮品位。

2016 年，四川江铜稀土有限公司依据广州有色金属研究院提出的磁选 – 重选 – 浮选流程建成 2500 吨 / 日选矿厂并开始生产调试。该工艺通过高梯度磁选机富集稀土矿物，磁选精矿经摇床重选优先分选出部分粗粒稀土精矿，粗粒稀土精矿经烘干后用干式磁选机将精矿 REO 品位提升至 60% 以上；摇床中矿和尾矿经浓缩、分级、再磨后进入浮选，预期得到 REO >65% 的稀土精矿，全流程稀土回收率预期 >65%。

6.3.2.2 山东微山稀土选矿

1975 年，山东微山稀土选矿厂建成后，年产精矿粉 600 余吨，处理矿石为地表矿。选矿工艺依据 1974 年青岛冶金工业学校研究结果，采用全浮选工艺，以油酸和煤油的组合为浮选捕收剂，硫酸为调整剂，在 pH 5.5 ~ 6.0 时浮选稀土矿物，但是由于地表矿含泥量大，捕收剂选择性差，稀土精矿 REO 品位在 40% 左右，稀土回收率为 75% ~ 80%。

1975 年，包头冶金研究所对微山稀土矿矿石进行矿石性质和可选性研究。推荐采用脱泥 – 浮选工艺，采用硫酸做调整剂（pH 4.5 ~ 5.5），水玻璃为抑制剂，L247 和煤油混合作捕收剂，ADTM 为起泡剂，经过一次粗选三次精选，可得到含 REO 69%，回收率 61.9% 的稀土精矿。稀土尾矿加入氢氧化钠调整至 pH 11，加水玻璃作抑制剂，以氧化石蜡皂作捕收剂进行重晶石浮选，经过一粗三精可以得到含 $BaSO_4$ 95.5%，回收率 69.9% 的重晶石精矿。

1981 年，长沙矿冶研究院进行了苯乙烯磷酸浮选微山稀土矿的研究，结果表明通过一次粗选、二次精选，对品位为 6.10% 的原矿，可以得到 REO 60.13% 的稀土精矿，稀土回收率 48.36%。

1982 年，微山稀土矿选矿厂生产工艺为：一段开路破碎，一段闭路磨矿，再经一段粗选、三次扫选、二次精选，用原矿含 REO 4.33% 的矿石，可以生产出含 REO 46.18% 的稀土精矿，回收率 98.9%。

1983 年，冶金部包头冶金研究所采用邻苯二甲酸与煤油组合作捕收剂，成功应用于山东微山矿选矿，获得了 REO 品位 69.55% 的稀土精矿，稀土回收率 64.47%。

1984 年，山东省冶金研究所、金岭铁矿和微山稀土矿联合攻关，开发出了高品位稀土精矿选矿工艺流程，成功选出 REO 不小于 68% 的高品位稀土精矿。在工艺流程方面，新工艺通过中矿集中处理避免了中矿返回对流程的影响，因此可以得到一个高品位稀土精矿产品，中矿集中处理后得到中品位稀土精矿；在浮选药剂方面，通过引入选择性更强的邻苯二甲酸再配以混合起泡剂，得到 REO ≥ 68.0% 和 REO ≥ 45.2% 两个品级的产品，稀土回收率分别为 53.53% 和 18.61%，稀土总回收率为 72.14%。该工艺增加了产品灵活性，但回收率偏低。

1987 年，由于地表矿开采殆尽，选矿厂处理的矿石中原生矿比例增加，因此微山稀土矿对原生矿开展选矿技术攻关，并且对选矿厂进行扩建。山东省冶金设计研究院对微山稀土原生矿进行试验研究，并提出在碱性介质中，用碳酸钠、水玻璃、氟硅酸钠作调整剂和抑制剂，用 PF-100 为起泡剂，小型闭路试验中，对 REO 5% 的原矿，可以得到 REO 38.60% 的中品位稀土精矿，稀土回收率为 33.18% 和 REO 68.40% 的高品位稀土精矿，稀土回收率为 48.47%，稀土总回收率为 82.65%。在扩建后的试生产中，由于处理原矿多是开矿巷道副产品，性质复杂，且稀土品位低（REO 1.70% ~ 3.35%），加之操作人员技术不熟练等多方面原因，致使实验无法进行，此流程没能得到生产实践的充分验证。

1989 年 7 月，采用反浮选工艺流程，即采用强抑制强捕收的药剂制度，在 pH 10.5 ~ 11.0 的条件下浮选重晶石，尾矿经浓缩、脱药后调浆至 pH 8.5 ~ 9.0，以 H205 为捕收剂浮选稀土矿物。在小型试验中取得较好效果，但在规模放大后，稀土精矿品位和回收率都达不到理想结果。

1991 年，微山稀土矿选矿厂反浮选流程进行改造。以 1987 年工艺流程为基础，以正浮选直接浮选稀土矿物，将扫选精矿和精一尾矿经浓密箱脱泥浓缩后返回原矿进行调浆，保证了粗选作业的相对稳定。通过精三作业开路浮选和精四的重晶石反浮选达到提高精矿稀土品位的目的，同时将精三中矿和反浮选泡沫产品合并作为中品位精矿，可以提高稀土回收率。通过该流程，既能得到高品位稀土精矿又可以保证较高的稀土回收率，但是流程结构相对复杂、生产成本高，导致这一流程并没有生产较长时间。

1991 年，上海第二工业大学将捕收剂 L_{102} 应用于微山稀土矿生产，采用稀土优先浮选流程，以氢氧化钠为调整剂，水玻璃为抑制剂，铝盐为活化剂，L_{101} 为起泡剂的药剂组合，在 pH 8 ~ 8.5 的弱碱性矿浆中经一次粗选四次精矿，可以得到 REO 品位 67.81% 的高品位精矿，稀土回收率 59.58%，将四次精选中矿合并得到 REO 品位 34.42% 的中品位稀土精矿，稀土回收率 31.93%。在浮选过程中，加温有利于氟碳铈矿与伴生矿物的分离，一般矿浆温度控制在 40 ~ 43℃范围。鉴于 L_{102} 在微山稀土矿的成功应用，微山稀土矿与上海第二工业大学联合在选矿厂附近建了一座药剂生产厂，主要用于生产 L_{102}，至 2015 年，年生产规模为 100 吨。

1998—2000 年，山东省冶金科学研究院、青岛建工学院、微山稀土矿联合研制出稀土捕收剂 S_{104}，试验结果表明 S_{104} 试验指标优于 L_{102}，稍逊于 H_{205}，但 S_{104} 捕收剂原料充足，价格便宜，便于加工制造，具有较高实用价值。后微山稀土矿又针对现有稀土捕收剂捕收能力弱的弊端，先后研发出 L_{102} 配合 M_{200} 和 M_{500}，另采用分段加药等措施，保证了稀土精矿品位和回收率，且使生产能力提高了 20% 以上，彻底改变了建矿几十年一直没能达产的局面。

1999 年，山东省冶金科学研究院、山东省冶金设计院、青岛建筑工程学院继续对微山稀土原生矿进行研究，结果表明：用 Na_2CO_3 作 pH 值调整剂、CH 与 xp-2 作混合捕收剂、Na_2SiO_3 和 Na_2SiF_6 为联合抑制剂，采用单一浮选流程获得了品位为 68.48% 的高品位精矿和品位为 38.6% 的中品位精矿，稀土总收率为 81.05%。

2000 年，为充分利用矿产资源，山东省冶金科学研究院对生产流程尾矿进行综合利用研究，通过浮选方法得到硫含量大于 36% 的硫精矿和硫酸钡含量大于 93% 的重晶石精矿，回收率分别为 84.42% 和 87.63%。

2016 年，随着矿石性质变化，处理矿石中难选的氟碳铈钠矿比例增加。微山湖稀土矿处理 1# 脉与 2# 脉按 1:4 配矿的原矿，原矿 REO 4% 左右，矿石经二段破碎，一段闭路磨矿，再经一次粗选、二次扫选、三次精选，得到 REO 品位 40% 的稀土精矿，稀土回收率 85%。

6.4 稀土湿法冶金

绝大多数情况下，稀土元素在自然界是以化合物形式赋存在多种类型的矿物中。但是，在我国南方的江西、广东、福建、湖南、广西、云南、浙江等 7 省（自治区）发现的"离子吸附型稀土矿"，其稀土元素是以离子形式吸附在地壳表层的土壤中。前者经过采矿、选矿，得到初步富集，成为稀土精矿，再将其用酸、碱等分解，提取出混合稀土元素富集物。后者稀土品位极低，无法用常规选矿工艺富集，而采用盐浸 – 沉淀法提取出混合稀土富集物。两种稀土富集物再经过分离提纯，生成单一稀土的各种化合物，供用户使用。这种提取、分离、制备过程，在学科上属于湿法冶金范畴。

本节将记述我国稀土元素提取分离方法及其工艺技术的研发、推广应用历程。

6.4.1 稀土矿的分解及稀土元素的提取

我国稀土矿品种较多，主要有包头白云鄂博的氟碳铈矿和独居石混合矿（简称包头矿），以及独居石矿、氟碳铈矿、离子吸附型矿等，因此产生不同的分解提取方法及工艺技术。

6.4.1.1 早期稀土矿的分解及稀土元素的提取

1952 年，在中国科学院长春应用化学研究所的技术支持下，锦州石油六厂用经典硫酸法分解独居石；1957 年上海永联化工厂（1960 年并入上海跃龙化工厂）采用烧碱法分解独居石，都得到混合稀土、铈、钍的粗化合物，混合稀土金属，并用于制备火石、氟碳电极、汽灯沙罩等。

6.4.1.2 包头矿分解及稀土元素的提取

进入 20 世纪 60 年代，随着包钢的投产，白云鄂博矿山大规模开采铁矿，大量氟碳铈矿和独居石混合矿随铁矿开采出来，回收利用其稀土资源迫在眉睫。我国稀土矿分解提取方法及其工艺的科技研发，也就应运而生。

20 世纪 60 年代中期至 90 年代中期，包头稀土矿分解提取方法及其工艺研发得到了迅速发展。包头矿是铁、稀土、铌、氟、磷等金属、非金属共生，嵌布粒度细，选矿难度大，得到的稀土精矿品位低，杂质含量高，是世界罕见的难冶炼稀土矿。对此，我国科技工作者先后研发出碳酸钠焙烧法、硫酸焙烧法、烧碱分解法、高温氯化法、烧碱电场分解法，共五个方法及其工艺流程，且均进行了半工业或工业试验，行业内称为"五朵金花"。高温氯化法、烧碱电场分解法因环境污染严重、分解效率低等原因，未曾推广应用，其他三个方法都在相关工厂推广应用。其中硫酸焙烧法经过不断发展，第三代硫酸法成为包头稀土精矿的主流分解工艺，至今已应用了 30 多年。

（1）碳酸钠焙烧法分解包头稀土精矿

1963 年开始，中国科学院长春应用化学研究所、包头稀土研究院（时为包头冶金研究所）共同开展碳酸钠焙烧—硫酸浸出—P_{204} 萃取铈钍—还原反萃铈—反萃钍，制取无铈氯化稀土、氧化铈、钍富集物的工艺研究，该研究采用了新焙烧剂，利用铈的变价特性。

1966 年小试成功。1966 年冬，冶金部、中国科学院组织包头稀土研究院、长春应用化学研究所、有色金属研究院、北京有色设计院、上海跃龙化工厂、包钢稀土三厂（当时的包冶所 8861 厂）共同攻关，在包钢稀土三厂进行半工业试验。历时三个月，打通流程，得到相应产品，因"文化大革命"而暂停。

1969 年末至 1970 年包头稀土研究院牵头联合以上单位，在包钢稀土三厂进行第二次工业规模的攻关，采用碳酸钠内热式回转窑焙烧，确定了该工艺的焙烧、浸出、P_{204}—TBP—煤油萃取铈、钍工序工艺条件。但是，没有找到合适的钍反萃剂，钍难以回收，萃取剂损失大，影响该工艺的推广应用，仅在包钢稀土三厂应用数年。

1979 年，包头稀土研究院联合北京有色设计院、甘肃 903 厂、有色金属研究总院、包钢稀土三厂等单位在包钢稀土二厂进行第三次碳酸钠内热式回转窑焙烧、盐酸浸出制取混合氯化稀土、伯胺萃取回收钍、废水除氟试验。并开展从含铁渣中磁选回收铁精矿，浸出渣返回循环利用试验。但是，由于回收的钍、氟产品市场销量很少，回收技术不成熟，难以工业化，限制其推广应用。

（2）浓硫酸焙烧法分解包头稀土精矿

针对碳酸钠分解法及其工艺难以推广，当时包头白云鄂博稀土精矿稀土品位又低（REO 20%～30%）两个瓶颈，1972 年开始，长达 30 年的时间，由北京有色金属研究院张国成主导（图 6-4）、先后有全国诸多科研、设计单位、生产企业参加的浓硫酸高温（≥600℃）焙烧分解系列工艺，技术不断进步，工艺流程不断进行创新，具有主干流程短、工艺简单成熟、主干生产线投资少、上马快等优点，稀土总回收率（从精矿分解至产出氯化稀土）达 85%，高于其他方法且生产成本低，深受生产企业青睐，成为分解包头矿唯一工艺流程。

图 6-4 肖祖炽（左二）、张国成（右二）等稀土专家进行稀土分离工艺的研究（1990 年）

1972 年有色金属研究院张国成、罗永等，在北京通县冶炼厂进行回转窑浓硫酸焙烧—硫酸浸出—复盐沉淀—碱转化—盐酸溶解—氯化稀土工艺（第一代酸法）工业试验，该工艺将传统的静态焙烧改为动态焙烧，稀土回收率由 40% 提高到 70%，更加适合工业规模化生产。先后在包钢稀土三厂、哈尔滨火石厂、甘肃 903 厂推广。该工艺步骤比较经典，成熟稳定，可以用低品位稀土精矿为原料，这在当时是难能可贵的，但是存在工艺流程长、操作步骤复杂、总收率低的缺点。

为了克服上述缺点，1979 年张国成、罗永等开发出浓硫酸强化焙烧—水浸出—脂肪酸（环烷酸）萃取转型—制取氯化稀土工艺（第二代酸法）。稀土回收率提高到 85%。1982 年在甘肃 903 厂建成年处理 6000 吨包头稀土精矿生产线，是当年亚洲最大的稀土冶炼分解生产线。该成果采用萃取转型，革掉冗长的经典转型工艺，是一项重大的技术创新，1985 年获国家发明三等奖。

1985 年北京有色金属研究总院张国成、黄小卫等又开发出浓硫酸强化焙烧—水浸—氧化镁中和除杂—P_{204} 萃取分组分离工艺（第三代酸法），工艺流程短，稀土回收率高，成本低，实现了从硫酸稀土溶液中萃取分离稀土的技术突破，为世界上首创。1985—1993 年先后转让给哈尔滨稀土材料厂、包钢稀土三厂、甘肃稀土公司、包头 202 厂等多家大中型企业，成为包头稀土矿分解提取稀土的主流工艺。1986 年申请了中国发明专利 1 项，1991 年获得中国专利奖。1998 年获国家科技进步奖二等奖。目前 90% 以上包头稀土精矿均采用硫酸法工艺提取稀土，并根据产品结构的不同对后续萃取分离工艺进行了改进和提升。尽管如此，该方法仍然存在"钍"没有回收利用，仅以难溶化合物形式富集在废渣中堆存的缺憾。

20 世纪 80 年代，为了克服浓硫酸高温焙烧分解工艺"钍"没有回收的缺点，中国科学院长春应用化学研究所与包钢稀土高科技股份有限公司合作，开展低温焙烧，提取稀土元素的同时回收"钍"的工艺研究，完成了浓硫酸低温 150～330℃焙烧—伯胺萃取钍—P_{204} 全萃取—P_{507} 萃取转型生产混合氯化稀土和硝酸钍 $[Th(NO_3)_4 \times H_2O]$ 工艺。由于硝酸钍市场有限等原因未被推广。

21 世纪以来，包头稀土研究院研究了稀土精矿浓硫酸低温焙烧工艺。该工艺是将稀土精矿与浓硫酸混合均匀，于 150～330℃下焙烧 2 小时后，用水浸出，过滤，得到水浸液和水浸渣。用伯胺萃取法提取水浸液中的钍（Th）后得到混合稀土、纯钍两种产品。该工艺稀土的浸出率为 95%～98%，Th 的浸出率大于 95%；水浸渣中稀土含量小于 3%（REO），钍含量小于 0.05%（ThO_2），总比放小于 7.4×10^4 贝克/千克，渣量很少。与浓硫酸高温焙烧工艺相比，该工艺大大降低了废气和放射性废渣的量，降低了能耗。但是，目前钍的应用有限，且提纯后的钍对存放提出了更高的要求，故未推进该工艺的产业化进程。

针对现行的包头矿"硫酸法"分解工艺中碳酸稀土生产过程存在的环节较多、能耗高、废水量大、生产效率低、生产成本高以及间歇式操作等难题，"硫酸稀土水浸"工序这一影响该工艺生存的"瓶颈"问题，内蒙古科技大学与包头稀土研究院合作采用高效、连续化的固相转化法，硫酸法焙烧得到的硫酸稀土中加入碳酸铵，将其转化为碳酸稀土，然后经过处理，转为稀土溶液，同时回收钙、磷、钍等有价元素，制备有用的化工副产品。不仅降低水的用量，将过程中产生的 $(NH_4)_2SO_4$ 溶液浓度大幅度提高，易于低成本回收，而且实现工艺过程无废水排放。整个工艺过程中所有元素可以实现资源化处理。

2010 年以来，北京有色金属研究总院、有研稀土新材料股份有限公司（以下简称有研稀土）黄小卫（图6-5）、冯宗玉等针对包头矿硫酸体系萃取分离稀土过程硫酸镁废水难处理、易产生硫酸钙结垢等难题，开发成功基于碳酸氢镁溶液浸矿和皂化萃取分离稀土的新一代包头稀土矿绿色冶炼分离工艺，利用冶炼分离过程产生的硫酸镁废水和回收的 CO_2 气体自制纯净的碳酸氢镁溶液，代替氧化镁用于包头稀土矿硫酸焙烧矿浸取、中和除杂及皂化 P_{507} 和 P_{204} 萃取转型与分离稀土，生产过程低碳低盐无氨氮排放，实现萃取废水、镁和 CO_2 的循环利用，并消除了硫酸钙结晶、铝和铁杂质对萃取过程的影响，大幅度降低环保投入和生产成本，实现稀土绿色环保、高效清洁生产。2016 年，甘肃稀土公司利用该技术改建了年处理包头混合型稀土精矿 30000 吨的新一代绿色冶炼分离生产线，实现硫酸镁废水的循环利用，解决生产过程中硫酸钙结垢难题，有效提高了稀土收率。2016 年，入选国家《水污染防治重点行业清洁生产技术推行方案》。

图 6-5 2016 年，黄小卫（左二）在离子型稀土原矿绿色高效浸萃一体化新技术成果评价会现场

（3）烧碱法分解包头稀土精矿

在 20 世纪 70 年代中期，当时被稀土企业采用的"一代酸法"流程长、尾气污染严重。上海跃龙化工厂等中东部地区的企业不能采用。1975 年，在全国稀土推广应用会议上，包头稀土研究院与上海跃龙化工厂商定合作研发烧碱分解包头稀土精矿工艺。包头稀土研究院熊家齐团队 1976—1978 年开展小试验。1978—1979 年在上海跃龙化工厂进行半工业试验，主体流程是：酸泡精矿（化学选矿）—烧碱分解—盐酸优溶（制氯化稀土）—渣硫酸全溶—伯胺萃取回收钍，稀土总收率 > 90%。该工艺的创新在于用盐酸泡矿，除去部分钙等杂质，提高精矿中稀土品位，利于下步工序顺利进行，降低碱耗，不产生有害废气，但是废水中的氟难以回收。1979 年，由冶金部组织鉴定，称为"第一代碱法"，先后在包钢稀土三厂、包头市稀土冶炼厂推广应用。因伯胺萃取钍工程未能建线，整体工艺因总效率低而未长期应用。

第一代碱法缺点是碱用量大，分解时间长，设备腐蚀快，易导致安全事故。为此，包头稀土研究院李良才、韩学印团队进行液碱快速分解的研究，1983 年完成"小试"，当年在包钢稀土三厂完成扩大试验。精矿分解时间由 6 小时缩短到 40 分钟左右，充分利用烧碱的溶解热和反应热，节省了能源，烧碱单耗由 1 吨降至 0.77 吨。通过冶金部组织的技术鉴定，称为"第二代碱法"，曾被包钢稀土三厂、包头稀土冶炼厂采用。

20 世纪 80 年代，烧碱价格暴涨，用碱法生产氯化稀土成本大增。1988 年包头稀土研究院李良才团队推出第三代碱法，碱耗降为精矿量 / 碱量 =1∶0.65，主要工艺步骤减少两步，稀土回收率达 92%，降低产品成本。1989 年在河北省万全县长城稀土厂进行工业试验并转产，获得满意结果，经济效益显著。但是工艺不连续，难以大规模生产。

针对第三代烧碱法工艺不连续、不易工业化生产的缺点，2010—2011 年，包头稀土研究院研究了包头稀土矿碱法连续分解工艺，该工艺采用常用的 50% ~ 55% 稀土精矿，无须化选除钙，直接在回转窑里进行液碱焙烧连续分解混合稀土精矿，稀土分解率达到 97% 以上，稀土总收率达到 90% 以上。同时回收 NaOH 和氟、磷。完成工业试验连续分解设备结圈问题尚未彻底解决影响推广应用。

（4）选冶、酸碱双联合工艺

21 世纪以来，稀土行业普遍采用的"浓硫酸分解工艺"的尾气未被有效回收及利用，为此，内蒙古科技大学李梅团队开展选冶、酸碱联合新工艺研发：即 REO 约 5% 选铁尾矿 – 磨矿 – 两次浮选 –REO ≥ 60% 稀土精矿 – 焙烧 – 酸浸 – 碱分解 – 水洗 – 酸溶 – 除铁、钍 – 氯化稀土新工艺。2014 年，通过内蒙古稀土行业协会组织的技术鉴定。该工艺特点：采用精料方针，通过选矿提高冶炼工艺的原料品位，降低总体的材料消耗、能耗、节约成本；采用酸碱结合的冶炼工艺将浓硫酸分解工艺的废气变成废水回收，工艺设备简单。

（5）冶炼分离的科学基础研究

2012—2016 年，由北京大学严纯华院士任首席科学家，东北大学负责，包头稀土研究院参加开展国家（"973"计划）重大科学目标导向项目"稀土资源高效利用和绿色分离的科学基础"研究。该项目属 A 类"973"项目，亦为包头稀土研究院历史上首个"973"项目。包头稀土研究院参加其中课题 5"混合型轻稀土矿绿色选冶过程的基础研究"。经过五年的研究，填补了白云鄂博中深部矿石弱磁尾矿工艺矿物学研究的空白，发展了选冶过程的理论，建立了符合《稀土工业污染物排放标准》的原则流程，在包头稀土研究院建成了高效选冶联合流程示范线，其中连续浮选工序日处理 720 千克矿物。

6.4.1.3　离子吸附型稀土矿的稀土提取

1968 年，江西省地质勘探部门在江西省龙南地区发现了一种罕见的稀土矿物。稀土元素以离子形式存在于高岭土等黏土中，赣州有色冶金研究所命名为"离子吸附型稀土矿"。矿体离地表很浅，有的甚至裸露在地表上，难以用普通选矿方法得到稀土精矿，针对这一特性，我国冶金科技工作者创新了一种具有中国特色且全新的稀土提取工艺体系。

1970—1973 年，江西有色冶金研究所（赣州有色冶金研究所）联合江西 908 地质队，南昌 603 厂，九江 806 厂采用原矿—氯化钠池浸—浸出液草酸沉淀—焙烧得混合稀土氧化物工艺，在龙南足洞地区建立诸多生产点。从此开启了我国南方离子吸附型稀土矿的开采。

1975 年 3—12 月，江西有色冶金研究所和江西 909 地质队合作，采用 $(NH_4)_2SO_4$ 浸矿，浸出液直接以 P_{204} 萃取稀土并进行分组，反萃取制备混合稀土氧化物工艺，并在寻乌河岭完成年产稀土氧化物 50 吨的半工业试验，从而使以轻稀土为主的寻乌稀土在国内外打开市场。

1981 年，江西有色冶金研究所在赣县大埠进行用硫酸铵为浸出剂，池浸离子型稀土矿工业试验获得成功。1985 年，江西大学、江西有色冶金所共同完成"原矿—硫酸铵池浸—浸出液碳酸铵沉淀"工艺的工业试验，将稀土沉淀剂由草酸改为碳酸铵，大幅降低成本，提高收率，因此广泛用于生产中。上述方法俗称"搬山运动"，对矿区地貌、植被破坏严重。

1983 年，为了减少池浸对矿区生态环境的严重破坏，江西有色研究所提出原地浸取离子型稀土矿工艺，该工艺保持原有的浸取剂、沉淀剂，仅将浸池改为就地浸。1988 年完成就地浸出工艺研究现场小试，并列入国家"八五"攻关计划，1995 年 12 月全面完成攻关任务。这一成果在龙南类型稀土矿山全面推广，但也存在矿体渗漏污染地下水等影响环境的问题并有待解决。

2003 年，江西南方稀土高技术股份有限公司承担国家重点项目《复杂地质结构离子型稀土矿原地浸矿技术开发》的研发任务，在江西寻乌建立工业规模示范试验生产线。

2010 年以来，北京有色金属研究总院、有研稀土黄小卫、冯宗玉等研发出离子型稀土原矿绿色高效浸萃一体化新工艺。首次实现低浓度稀土浸出液直接萃取富集的工业应用，解决了长期困扰离子型稀土矿企业的含放射性废渣污染难题。与中铝广西有色稀土有限公司合作在广西崇左市六汤稀土矿山建立了首条浸出液直接萃取富集生产高浓度氯化稀土示范线。与传统工艺相比，工序减少 5 步，稀土总回收率提高 8%，回收后的残余液中 REO 降至 1 毫克 / 升以下，循环用于浸矿，生产过程无氨氮排放、不产生含放射性废渣。2016 年 9 月，通过了中国有色金属工业协会组织召开的科技成果评价会，与会专家一致认为："该成果是离子型稀土矿生产工艺的一次重大变革。"2016 年，被列为稀土行业"十二五"十大突破技术之一，居中国稀土十大科技新闻榜首。2017 年，开始在厦门钨业龙岩稀土公司应用，同年获中国有色金属工业科学技术奖一等奖。

武汉工程大学池汝安等根据稀土矿体依次可分为腐殖层、全风化层和半风化层及基岩的原理，对各层矿石进行了可交换稀土和铝的含量分析，发现稀土主要集中在全风化层以下，可交换铝主要集中在腐殖层，而且腐殖层可交换稀土很少，又是以轻稀土为主，从而提出在原地浸出时，注液控制在腐殖层以下，这不仅减少浸出液主要是杂质铝的浸出，而且能防止矿体因腐殖层黏土矿物含量多，遇水易膨胀导致矿体滑坡地质灾害。

南昌大学李永绣等提出了采用酸性电解质和硫酸铝来浸取离子吸附型稀土的工艺流程，证明可以在原有纯硫酸铵浸取效率的基础上再提高 5 ~ 40 个百分点。基于离子吸附型稀土浸出的 pH 依赖性，对离子吸附型稀土进行了进一步的分类，提出了能够显著提高稀土浸取率的新流程。该流程还包括了对浸出液中铝的高效分离技术和尾矿稳定与废水减排技术内容，使矿山的铝能够得到循环利用，解决了矿山大量含铝废渣的环境污染问题，以及尾矿的滑坡塌方和生态修复问题。

6.4.1.4　四川氟碳铈矿分解及稀土提取

四川冕宁等地的稀土矿是单一氟碳铈矿，磷、铁等杂质少，类似美国芒廷帕斯稀土矿。矿石的分解除杂等相对简单容易，有经典工艺可参考，我国稀土科技工作者一般把矿石分解与提铈结合起来考虑。

1990 年，包头稀土研究院王建国团队开发出：冕宁稀土精矿氧化焙烧—稀硫酸浸出—两步复盐沉淀—分别提取铈、少铈混合稀土的工艺。1992 年该技术转让给四川稀土材料厂，氧化铈纯度 ≥ 99%，收率 78%，工艺特点是对原材料要求低，设备简单，投资少，见效快，缺点是流程长，固液分离步骤多，化工材料消耗比较大，"三废"排放量大。

20 世纪 90 年代起，包头稀土研究院李良才团队研发以四川冕宁氟碳铈矿为原料，采用氧化焙烧 – 稀盐酸还原浸出 – 烧碱分解制备混合氯化稀土工艺。与直接烧碱分解相比，烧碱用量可降低 70% 以上。用有机还原剂控制工艺过程中氯气产生，基本实现清洁生产，在四川多家稀土企业采用运行至今。

20 世纪末开始，包头稀土研究院李良才团队进行冕宁氟碳铈矿 – 氧化焙烧 – 稀盐酸优先浸出 – 碱分解制取纯氧化铈（$CeO_2/REO=98\% \sim 99\%$）和富镨钕混合氯化稀土的工艺研究获得成功。化工材料消耗低，工艺过程简单，深受四川省相关稀土企业青睐，成为其主干生产工艺。

1998 年，中国科学院长春应用化学研究所李德谦团队开发了"一种从氟碳铈矿硫酸浸出液中萃取分离铈（Ⅳ）、钍的工艺"，2005 年，在四川方兴稀土公司建成年处理稀土精矿（REO 50%）4000 吨规模的国家产业化示范工程，氟化铈的稀土纯度 3 ~ 5N，铈收率 >86%，ThO_2 纯度 >99%，少铈富镧稀土中稀土总收率 >90%，该工艺具有流程简单，易于操作，用廉价铈固定氟，成本低，回收钍，避免放射性污染等优点。但是 Cyanex923 萃取剂合成困难，依赖进口，价格昂贵，氟化铈产品有待推广应用，该工艺具有理论先进性，但推广应用有难度。

2004 年，为使大量积压的镧铈富集物找到市场，时任北大方正冕宁稀土公司负责人的廖春生与南方稀土研究所合作，在河南淅川金泰特种合金厂采用四川稀土矿分解产生的富铈优浸渣，直接冶炼稀土硅铁试验成功。同时，委托东南大学进行富铈稀土镁硅铁在铸件中的影响课题试验，证明当富铈优浸渣中铈含量大于 65% ~ 70% 时，球墨铸铁的球化效果及多项物理指标均明显提高。以上试验的成功引发了我国传统稀土硅铁生产原料的重大变革，也为四川稀土分离厂家解除了富铈渣长期积压的难题。

1995—2008 年，北京有色金属研究总院、有研稀土新材料股份有限公司的张国成、黄小卫等开展了四川氟碳铈矿绿色冶炼工艺的开发，重点研究了氟碳铈矿冶炼分离过程中伴生元素钍和氟综合利用技术，主要采用氧化焙烧 – 稀硫酸浸出，4 价铈、钍、氟均进入硫酸稀土溶液，直接采用非皂化 P_{507} 萃取，实现与 RE（Ⅲ）的分离；负载有机相中的 F（Ⅰ）采用 Al（Ⅲ）配位洗涤进入水相，以冰晶石产品形式回收；再采用 H_2O_2–HCl 还原反萃回收有机相中 Ce（Ⅳ），硫酸反萃回收 Th（Ⅳ）。上述工艺在四川乐山盛和稀土科技有限公司建成 2000 吨 / 年示范生产线，获得纯度 99.95% 以上的高纯氧化铈和 99.5% 以上的氧化钍，避免了其钍、氟对环境的污染。

2011 年，中国科学院长春应用化学研究所对上述工艺进行改进，与四川各稀土厂的现行工艺衔接，即采用精矿—氧化焙烧—盐酸优先浸出三价稀土—硫酸浸出大部分铈（Ⅳ）氟和钍—残渣碱转回收残余稀土。同时，以自主合成的 Cextran230 替代进口的 Cyanex923。工艺改进后，减少了进口萃取剂用量，降低了成本。

6.4.2 稀土元素的分离

稀土元素在自然界中基本上以混合物形式存在，经矿石分解提取出的稀土，亦是原组分的混合稀土。由于电子层结构的原因，稀土离子价态，一般都呈正三价（3+）。铈、镨、铽可以呈四价（4+），钐、铕、镱可以呈正两价（2+）。原子半径随原子序数增加而减小，即"镧系收缩"，使得它们之间化学性质又有细微差异，利用其结构特征导致的化学性质差异，可以将它们分离。

20 世纪 50 年代以前，稀土元素分离的研究在国内是空白，国外都是利用其沉淀 pH 值、溶解度、溶度积等的差异，将其分离。如分级沉淀、分级结晶。还利用价态变化如汞齐还原、空气氧化等。这些传统方法效率很低，流程很长，操作复杂，化工材料消耗大，有的还有毒害。20 世纪 50 年代后，逐渐利用稀土离子与非金属离子、有机化合物的成键形式、成键能力、络合能力的差异，开发出离子交换、溶剂萃取等高效、简便的方法，逐渐取代传统方法。

6.4.2.1 经典分离法

20 世纪 60 年代，有色金属研究院张国成团队成功研发出用锌粉还原碱度法生产高纯氧化铕，使我国第一次生产出纯度大于 99.99% 的氧化铕产品，满足了国内刚起步的彩色电视生产对红色荧光粉的需求，至今全国很多稀土厂仍采用这一方法生产高纯氧化铕，1978 年获得全国科学大会奖。自 1978 年起，有色金属研究院、甘肃稀土公司对锌粉还原碱度法提纯氧化铕工艺进行持续改进，并于 1988 年进行了扩大试验，1989 年正式用于工业生产，产品质量达到了荷兰菲利普公司荧光级氧化铕标准。

20 世纪 60 年代末，包头稀土研究院用混合稀土氧化物为原料，用硝酸铈铵重结晶法制得99.999% 氧化铈和氯化铈。1975 年，包头稀土研究院熊家齐用硝酸铵分级结晶法制备大于99.99% 氧化镧。

2000 年，北京有色金属研究总院成功研发出电解还原－碱度法制备高纯氧化铕工艺，该工艺可一次提取出纯度 5～6N 的氧化铕产品，且避免了锌粉对产品的污染。同年甘肃稀土公司采用该工艺建成了年产 18 吨的高纯氧化铕生产线，并于当年 11 月正式投产。2012 年、2013 年分别转让给赣州虔东集团、全南包钢晶环公司，2003 年获中国有色金属工业科学技术奖一等奖，2015 年获中国专利优秀奖。

6.4.2.2 离子交换法

20 世纪 50 年代以后，离子交换色层技术开始大规模用于单一稀土元素的分离提纯，成为制取单一高纯稀土产品的有效方法。

1958 年，中国科学院长春应用化学研究所采用离子交换法和还原法相配合在国内首先分离出 15 个单一稀土氧化物。

1960 年，有色金属研究院的肖祖炽、郑俊文团队采用离子交换法和半逆流萃取法制备单一稀土氧化物。1962 年，受国家委托承担并完成了 16 个稀土元素提取、单一稀土氧化物分离的研究，获得除了放射性元素钷以外的全部 16 个稀土元素，设计并建设了制备单一稀土氧化物的稀土生产厂。1970 年，开展了离子交换法分离重稀土及制取高纯氧化镱的研究和扩大试验，获得的氧化镱纯度为 99.999%～99.9999%，同年获得了氧化钕和氧化钇纯度为 99.999%；与空军第四研究所共同研制出同位素金属钷 –147，填补了我国 17 种稀土氧化物的空白。1976 年，采用离子交换技术实现了高纯单一稀土氧化物的规模化生产，生产出纯度大于 99.9% 的氧化铥、氧化镥和大于 99.999% 的氧化镱。

20 世纪 60—70 年代，包头稀土研究院的胡玉林、朴忠殷团队开展稀土离子交换制取高纯单一稀土的工艺研究和试生产，他们研究了多种交换剂、淋洗剂、延缓剂的性能参数，测定了不同稀土元素对分离的理论塔板高度。依据以上数据，在实践中优化以强酸性苯乙烯系阳离子交换树脂为交换剂，铜为延缓剂，EDTA、HEDTA、NH$_4$AC 为淋洗剂的多个分离提纯稀土元素工艺流程。经过数年努力，制得 4～5N 的氧化镨、氧化钕、氧化钇等多种产品，完成了 37 项军工任务，满足军工部门急需，为国防现代化做出重大贡献。

1982 年，包头稀土研究院的冷忠义团队研发淋洗剂 EDTA 的回收与再利用工艺，回收率＞60%，EDTA 再利用得到同等质量的高纯稀土产品，降低主要材料 EDTA 的消耗，降低成本。

1982—1983 年，兰州大学化学系、中国原子能研究所先后采用高效离子交换色谱法将 13 个稀土元素的分离时间从传统方法的几天缩短至 1 小时内，生产效率得到大幅度的提高。

1982—1989 年，兰州大学化学系、中国科学院长春应用化学研究所先后使用高压离子交换色谱技术快速分离了所有稀土元素，使生产能力提高了两个数量级，产品纯度大于 99.9%，克服了常温常压离子交换法周期长、效率低、成本高的缺点。

1998 年，无锡泰奥超纯材料公司采用高温高压离子交换法分离提取高纯单一稀土，实现了从多元稀土富集物中在短时间内一次性提取高纯单一稀土，纯度大于 99.99%，为高纯稀土的生产开辟了一条新路。

1990—1995 年，北京有色金属研究总院与包头稀土研究院共同承担国家"八五"科技攻关项目"高纯单一稀土提取技术研究"。北京有色金属研究总院罗永团队采用萃取法、P_{507} 萃取色层法等制备出 10 种 5～6N 高纯单一稀土产品。包头稀土研究院叶祖光团队开发成功阳离子交换纤维色层法制备 5～6N Ho_2O_3、Er_2O_3 等稀土元素高纯产品。该工艺以从日本购得的阳离子交换纤维为交换剂，交换速度比传统颗粒状阳离子交换树脂为交换剂快 3 倍，缩短生产周期，克服原有离子交换生产周期长的弊端。上述两院共同获得中国有色金属工业总公司科技进步奖一等奖，国家"八五"科技攻关重大成果奖。

6.4.2.3 溶剂萃取分离

我国稀土的溶剂萃取分离是在诸多传统分离法、离子交换分离法工业上难以大规模推广后被重点研究和应用的，该方法一改以往方法的弊端，效率高，处理量大，可以连续化操作，适合大规模生产。从 20 世纪 70 年代中期开始，引起我国稀土领域科技工作者的强烈兴趣、深入研究。创造出一大批优秀成果，其中：串级萃取理论；稀土全萃取连续分离模式及其一个萃取剂（P_{507}）、一次总进料（原始配分混合稀土）、一个介质（盐酸）、全萃取连续分离七个轻中稀土元素，同时得到 3～4N（La_2O_3，CeO_2，Pr_6O_{11}，Nd_2O_3，Sm_2O_3，Gd_2O_3）六个轻中稀土纯产品的分离工艺；环烷酸一步萃取法制≥4N Y_2O_3 工艺；萃取剂合成（P_{350}）等成果，具有独创性，属世界领先水平。

6.4.2.3.1 单个稀土元素萃取分离

稀土溶剂萃取的研发历程，遵循科技研发由浅入深、从简单到复杂、从特例到普适的规律。20 世纪 50 年代开始，首先利用稀土元素电子层结构的特殊性表现出的成键能力、价态变化（如 Y、La、Ce、Eu、Tb），采用相应萃取剂将它们从混合稀土中分离出来，一次分离出一个元素，制取一个纯产品，同时得 1 个（多个）富集物，产品收率也低。

（1）萃取分离钇

20 世纪 50 年代末，中国科学院长春应用化学研究所开展了用水杨酸、马尿酸、羧酸为萃取剂，从含钇混合稀土中萃取分离钇的探索，后因不能工业化而终止。

1966 年，北京有色金属研究院与上海跃龙化工厂、复旦大学合作研究成功 P_{204} 萃取分

组 $-N_{263}$ 萃取提取氧化钇的工艺流程，得到纯度为 99% 的氧化钇。1970 年，上述 3 单位合作采用 N263–NH_4SCN–HCl 体系，两步萃取分离，成功从褐钇铌矿混合稀土中分离出纯度 ≥ 4N Y_2O_3。取代了离子交换法分离钇工艺，成本不到离子交换法的十分之一，但是 NH_4SCN、N_{263} 极性强，对设备腐蚀严重，操作环境差。

1972 年北京有色金属研究院、江西 806 厂、江西有色地质研究所、长沙有色设计院合作攻关，历时两年研发成功以环烷酸为萃取剂，混合醇为稀释剂，龙南矿混合稀土为原料，在盐酸介质中一步法制取 ≥ 4NY_2O_3，1975 年在江西 806 厂进行扩大试验并转产。

1974 年，由北京有色金属研究院、复旦大学、上海跃龙化工厂组成协作组，以 P_{204} 分组后的中重稀土料液为原料，在盐酸介质中一步法制取 ≥ 4NY_2O_3，在上海跃龙化工厂进行扩大试验。

1974 年，中国科学院长春应用化学研究所研究发现，用环烷酸作萃取剂时，钇（Y）的位置在镧系元素系列最前面，即镧的前面，萃取率最低、分离效果好。据此，提出了用环烷酸分离钇的技术，并研发以环烷酸为萃取剂，异辛醇为稀释剂，在硝酸介质中，以高钇的龙南矿混合稀土为原料，一步法制得 ≥ 4N Y_2O_3，1975 年在江西 603 厂转产。与以往相关工艺相比，上述两工艺分离效果好、操作简便、成本低、流程短，产品质量满足国防军工、彩电等多个领域的要求。在全国广泛推广应用，具有世界领先水平。1978 年获全国科学大会奖。

1974 年 12 月，北京大学校办工厂用环烷酸从龙南稀土离子型混合稀土中萃取分离高纯 Y_2O_3 成功，满足了当时北京化工厂生产彩色电视荧光粉之急需。

1981 年，北京有色金属研究总院与赣州冶金研究所等单位合作，以高钇龙南矿为原料，开展盐酸体系 – 环烷酸一步法萃取提取高纯氧化钇工艺，同年，上海跃龙化工厂应用 "一步法" 工艺建成年产 10 吨的 Y_2O_3 生产线，同时用 P_{507} 和 N_{235} 萃取除杂，使产品质量达到日本涂料株式会社荧光级 Y_2O_3 产品标准。

1983 年，在江西 806 厂投产获得 99.99% 的荧光级氧化钇，后续使用 P_{507} 萃取除杂，使氧化钇的纯度提高到 99.999%。

1985 年，北京有色金属研究总院以 171 万瑞士法郎将环烷酸萃取生产荧光级氧化钇，转让给原德意志民主共和国，这是我国第一个出口的稀土分离工艺技术。

（2）萃取分离镧

20 世纪 60 年代中期之前，我国稀土科技人员借鉴国外资料，采用中性磷酸酯 TBP 为萃取剂，在硝酸、硫氰酸铵介质中萃取分离镧、铈获得成功，曾被上海跃龙化工厂等企业采用，但是体系酸度高（8 ~ 9N），有时需要高浓度盐析剂，对设备有溶胀损坏，硫氰酸铵有毒性，阻碍其推广应用。

中国科学院上海有机化学研究所袁承业团队用国产原料合成出萃取性能优于 TBP 的中性磷酸酯 P_{350}，在镧、铈、铀、钍的萃取分离中取代 TBP，1988 年获国家发明奖三等奖。

1968 年，北京有色金属研究院、复旦大学、上海跃龙化工厂合作采用 P_{350} 为萃取剂，以硝酸为介质，从少铈稀土中萃取分离镧，得到 ≥ 4N 氧化镧，这是 P_{350} 首次在稀土工业中的应用。

1973—1974 年，包头稀土研究院叶祖光团队与包头冶炼厂合作，进行 P_{350} 萃取分离镧的工业试验，得到 ≥ 4N 氧化镧，收率从当时国内的 60% ~ 90%，提高到 99%，并转产。

（3）萃取分离铈、钍

20 世纪 80 年代之前，我国铈、钍的萃取分离，基本是包含在矿石分解的工艺中，利用稀土矿焙烧分解过程将铈氧化成 4 价，从浸出液中萃取铈（Ⅳ）、钍（Ⅳ），有机相分别反萃得铈、钍产品，萃余液得少铈氯化稀土。

1976—1978 年，中国科学院长春应用化学研究所、包头稀土研究院、包钢稀土三厂，采用伯胺从包头矿低温硫酸焙烧的浸出液中萃取钍，小试、扩试都得到产品 $\geq$ 3N ThO_2，收率 $\geq$ 99.5%，氯化稀土产品中钍含量和比放均低于国家标准。

1990—1991 年，包头稀土研究院张浩团队在江苏泰兴稀土厂完成 P_{204} 萃取法制取荧光级氧化铈（CeO_2 $\geq$ 4N）。

6.4.2.3.2 某些稀土元素富集物的分离

1971—1972 年，北京有色金属研究总院采用 P_{204} 分离制取氧化钐与氧化钇，纯度 $\geq$ 2N。

1972—1974 年，包头稀土院马鹏起、叶祖光团队，开展以提铕后的少铕的钐铕钆富集物为原料，用 P_{204} 为萃取剂，萃取分离制取纯氧化钐、氧化钆和少量钐富集、重稀土富集物的研究。1973 年完成小试，1974 年在包钢稀土三厂完成扩大试验并转产，制得 $\geq$ 2N 氧化钐、氧化收率分别为大于 98% 和 93%，取代经典的钠 - 汞齐，汞阴极电解两个有毒害的方法。研发中有两个创新点：①在有机相进口级加稀氨水，中和水相酸度、部分皂化 P_{204}，起到提高萃取率，增加萃取有机相饱和容量，增加稀土回流量，提高钐、铕、钆分离效果的作用。②在国内首次将阿尔德斯"液 - 液萃取"计算公式用于萃取级数计算。

1975—1976 年，包头稀土研究院叶祖光团队与包钢稀土三厂合作，以镨 - 钕富集物为原料，P_{350} 为萃取剂，在硝酸介质中进行镨 - 钕的萃取分离，完成小试、扩试，制得产品 > 85% 氧化钕，> 90% 氧化镨，满足当时军工需求。同年，马鹏起、颜克昌团队继续与稀土三厂合作，采用相同原料、相同介质、P_{350} 为萃取剂，进行回流萃分离镨 - 钕，制得 > 98% 氧化钕和镨富集物。

1972—1974 年，北京大学徐光宪团队以镨 - 钕富集物为原料，用胺类（N_{263}）萃取剂优先萃取镨，用氨羧络合剂（DTPA）优先络合钕，形成所谓"推拉体系"。测得镨钕分离系数（β_{Pr-Nd}）3.5 ~ 5.5，继而采用相同原料，N_{263}-TBP- 煤油为萃取相，（Pr, Nd）（NO）$_3$-DTPA-NH_4NO_3 为水相，进行串级模拟试验，并与包钢稀土三厂合作进行扩大试验，得到产品 $\geq$ 2N 的氧化镨、氧化钕，为以后的串级萃取理论的建立，三出口工艺及全回流启动方法的形成起到十分重要的作用。由于水相组成复杂，需要逐级控制 pH 值，络合剂回收困难等原因，致使工艺复杂，操作难度大。

6.4.2.3.3 离子型矿中稀土元素萃取分组、萃淋树脂色层法提纯

20 世纪 80 年代初，国内科研院所开展了离子型稀土的萃取分离工艺研究，将龙南离子型稀土矿用盐酸溶解后，先采用环烷酸提取高纯钇，低钇混合稀土进行萃取分组后用其他方法提纯。

中国科学院长春应用化学研究所李德谦团队与江西 603 厂承担国家科委"六五"重点攻关项目龙南低钇混合稀土分离工艺流程。该工艺流程由三套工艺方法组成，即皂化 P_{507} 萃取法分组、P_{507} 萃淋树脂色层法和 EDTA 淋洗的离子交换法提纯。1985 年研究成功并通过鉴定，1987 年获中国科学院科技进步奖一等奖。

北京有色金属研究总院雅文厚团队与九江有色金属冶炼厂、赣州有色冶金研究所协同合作承担国家"六五"攻关项目龙南低钇混合稀土分离工艺，成功开发出适用于龙南混合稀土

矿的 P_{507}－盐酸体系萃取与萃淋树脂色层法全分离单一稀土元素的工艺。1985 年，在江西 806
厂进行工业扩试，分离出 13 种单一稀土元素，5 种产品纯度达到 99.9% ~ 99.99%。并相继转
让给赣加稀土公司（中加合资）、南昌地矿局稀土所、江西 806 厂等多家稀土企业应用于工业
生产。

1988 年，上述两项成果共同获得国家发明奖二等奖。

6.4.2.3.4　重稀土元素的萃取分离

1998 年，北京大学建立了适用于非恒定混合萃取比体系的串级萃取理论，拓展了串级萃
取理论的适用范围，为重稀土萃取分离的工艺设计提供了保证。借鉴"相转移催化"原理，
提出了"相转移反萃取"的思路，解决了当时国内外尚未解决的高纯重稀土溶剂萃取中的反
萃取难题，完成了重稀土萃取工艺的设计和工业应用，首次建立了铥、镱、镥溶剂萃取分离
的工业生产线，取代了国内外一直沿用的色层法生产高纯重稀土的流程，大大降低了重稀土
生产成本。

6.4.2.3.5　P_{507}－盐酸体系萃取分离稀土技术

1979 年，北京有色金属研究总院李桂珠团队研究发现 P_{507}－盐酸体系轻稀土各元素间的分
离系数大于 P_{204}－盐酸体系。1980 年 7 月，在全国包头稀土综合利用会的筹备会上，提出钕－
钐分组简报，首次指出采用 P_{507}－盐酸体系可以用于包头矿轻中稀土的萃取分离。同年，在全
国稀土学会成立暨第一届学术年会上公布了 P_{507}－盐酸体系下轻中稀土（从镧到钆）的分离因
数，提出了"P_{507}－盐酸体系萃取分离包头矿轻稀土的研究"（包括钕－钐分组、铈－镨切割、
镧－铈分离）小型试验报告。

1981 年 4—6 月，北京有色金属研究总院与上海跃龙化工厂、上海有机研究所、甘肃第
一冶炼厂、包钢稀土三厂合作完成了 P_{507}－盐酸体系钕－钐、铈－镨、镧－铈三步萃取分离工
艺半工业试验，得到 99.99% 的氧化镧、99% 的氧化铈、镨钕富集物和钐铕钆富集物，稀土总
收率大于 99%，同年 9 月由冶金工业部组织通过鉴定。

1982 年，完成了镨－钕的萃取分离，并开展了 P_{507}－盐酸体系中重稀土的萃取分离工艺研
究。1983 年 4—10 月，在甘肃稀土公司完成半工业试验。1984 年，通过中国有色金属总公司
鉴定。上述成果相继在甘肃稀土公司、核工业部 202 厂、包头稀土冶炼厂、商丘冶炼化工厂、
山西锁簧稀土厂等多家企业应用于工业生产。1985 年，北京有色金属研究总院、上海跃龙化工
厂、甘肃稀土公司以《包头稀土硫酸浸出液转型、P_{507} 萃取半逆流反萃取法分离单一稀土工
艺》共同获得国家科技进步奖二等奖。该工艺采用萃取剂 P_{507} 在盐酸体系下萃取分离包头稀
土。在钕－钐分组后轻稀土不直接提钕，而是进行铈－镨切割，分成镧－铈和镨－钕两组，
再分别单一分离。整个过程稀土浓度高，萃取槽体积小，有机相用量少，极大地节省基建投
资和生产成本，而且产品方案可调、灵活、适应不同要求，被全国各稀土厂家采用至今。

6.4.2.3.6　稀土元素全萃取连续分离模式及工艺流程

进入 20 世纪 70 年代中后期，由于钐钴、钕铁硼永磁体，三基色荧光粉，激光材料等领
域的发展，对镨、钕、钐、铕、钆等的纯产品需求，由公斤级飙升到百吨级。当时要得到多
种单一稀土纯产品，就要采用多个稀土元素萃取工艺的组合，或者萃取 + 离子交换（或萃取
色层法）工艺组合，多种并用，需要使用多个介质，多次转换，多次加料。工艺流程很长，
操作很复杂，所需化工材料品种多样，消耗太大，难以工业化。国内用户只能到日本、法国

等发达国家购买。单一稀土产品的大规模工业化生产是我国稀土工业发展的瓶颈，相应的生产工艺流程是阻碍其发展的关键技术。

对此，包头冶金研究所叶祖光于 1979 年初提出"稀土元素全萃取连续分离工艺模式"及其工艺流程，即一个萃取剂（P_{507}），一个介质（HCl），一次总进料（包头矿原配分混合稀土，南方低、中钇混合稀土料液），全萃取连续分离（七段），同时得六个轻中稀土纯（$\geq 3N$）产品：La_2O_3、CeO_2、Pr_6O_{11}、Nd_2O_3、Sm_2O_3、Gd_2O_3，回收率 >99%。1979 年 3 月开始小型试验。1981 年 5 月完成小型试验。

1981 年 10 月—1982 年 4 月，叶祖光、胡玉林、朴忠殷团队完成扩大试验，该工艺是行业内稀土分离技术的重大创新，是萃取分离工艺流程的突破性进展。主要特点如下：

1）首次提出"稀土元素全萃取连续分离工艺模式"；

2）在技术理论层面有三个新发现，在工艺流程层面实现轻中稀土"三个一"（一个萃取剂、一个介质、一次总进料）的全萃取连续分离。

3）首次不附加任何条件，用单一萃取剂（P_{507}）、一次萃取，实现稀土元素中最难分离的镨－钕元素双高效（纯度和收率）分离，彻底取代应用多年的离子交换法。

4）产品纯度高、收率高，流程连续简单、单耗低、处理量大，适合在工业上推广应用。

1982 年 12 月，冶金部科技司组织技术鉴定，鉴定会对国内外相关情况进行全面仔细的分析对比，确认该工艺优于当时世界上最先进的法国罗纳·普朗克公司的类似工艺，认定为具有国际水平。该成果 1983 年被列为国家"六五"科技攻关项目，该团队在包钢稀土三厂进行工业试验。新建年处理 300 吨 $RECl_3$ 的工业试验线，1985 年，完成工业试验并转产，成为我国第一条应用"稀土元素全萃取连续分离模式"工艺的生产线，即 P_{507} 稀土全萃取连续分离同时得六个高纯度、高收率的单一稀土产品示范生产线。1985 年，《P_{507} 盐酸体系轻中稀土全萃取连续分离工艺》项目获国家科技进步奖二等奖，国家"六五"科技攻关优秀项目等。国家最高科技奖获得者、中国科学院院士、北京大学徐光宪撰文称赞该成果"稀土行业的一块里程碑，稀土产业发展史上一个重大转折点。"

1985—1986 年，包头稀土研究院颜克昌团队，叶祖光、王晓铁团队分别在江苏常熟和江西寻乌转让该技术，同时对该工艺进行升级再创新。其中江西寻乌项目运用"全萃取连续分离模式"以南方低钇混合稀土为原料，研发 14 个稀土元素的一个萃取剂、一个介质、一次进原配分料液、全萃取连续 13 段分离、得 $\geq 2 \sim 3N$ 从 La_2O_3 到 Lu_2O_3 的 14 个单一稀土产品。1987 年，两项目先后完成工业试验并转产。先后通过技术鉴定，认为是原"稀土元素全萃取连续分离模式"及工艺的重大新进展，为南方低、中钇离子型稀土矿提取单一纯稀土产品提供了高效率、低成本、连续萃取分离的全新工艺，也为高钇离子矿的非钇稀土分离提供重要参考。适合在南方推广应用，该两项成果 1989 年分别获江苏省科技进步奖，国家科技进步奖三等奖。

包头稀土研究院叶祖光团队的上述"稀土元素全萃取连续分离模式"及工艺研发成功后，至 20 世纪 90 年代中期，应邀先后在包钢稀土三厂、包头稀土冶炼厂、江苏常熟、泰兴、江西寻乌、广东平远、河源、山东淄博、湖南益阳、山西原平、辽宁辽阳、陕西岐山等地 15 家企业转让。经过各单位持续的努力，我国迅速出现采用"稀土元素全萃取连续分离模式"及工艺生产单一稀土的企业集群，形成生产单一稀土产业。我国价廉物美的单一稀土产品源源不断进入国内外市场，彻底改变世界稀土元素生产的格局。

21 世纪初，在改革开放、宏观调控政策指引下，经过并购重组，我国单一稀土生产企业数量减少，生产线规模扩大，全萃取连续分离工艺流程进一步优化，产品质量提高，进入规模化、规范化的良性循环。

6.4.2.3.7　三出口萃取工艺

1976 年，北京有色金属研究院沈韵玉团队首次提出"三出口"萃取工艺，用包头矿混合稀土提取铈后的富集物采用 N_{263} 萃取法分离镧镨钕，一次萃取分离中流出三个产品，氧化镧、氧化镨、氧化钕纯度均在 90% 左右。

1984—1986 年，北京大学徐光宪、李标国、严纯华团队与包钢稀土三厂合作完成了 P_{507}-HCl 体系镧–铈–镨–钕和镧–铈–镨两段三出口萃取分离的工业试验，得到了大于 98% 的氧化镨、99.5% 的氧化镧、大于 85% 的氧化铈和 99% 的氧化钕（图 6-6）。1986 年，上海跃龙化工厂应用北京大学提出的串级萃取理论成果——三出口萃取工艺的优化设计理论，在新建的 P_{507}-HCl 体系轻稀土分离流程中进行了三出口工业试验，实现了将串级萃取理论设计方案直接放大到 100 吨的工业规模，省去了中间的小试和扩大试验过程，极大地缩短了新工艺应用于生产的周期。

图 6-6　北京大学徐光宪（前排左）、**严纯华**（前排中）、
李标国（前排右）**廖春生**（后排左）**在工作中**

1986—1989 年，江西 603 厂、北京有色金属研究总院开发出 P_{507}-HCl 体系多出口萃取工艺，即一次分馏萃取可同时获得 3～5 种稀土产品，工艺流程短，成本低，工艺灵活。

1983 年，包头冶金研究所王琦团队与湖南桃江稀土厂合作，以分解独居石的酸溶液为原料，依托该所的 P_{507} 全萃取连续分离轻中稀土全萃取工艺，开发成功"一分三"（三出口）分离轻中稀土新工艺，在一段分馏萃取中同时出两个纯产品，一个富集物新工艺。获冶金部科技成果奖一等奖，国家科技进步奖三等奖。

6.4.2.3.8　分馏萃取–逆流交换分离工艺

进入 20 世纪 90 年代末，稀土分离行业所需化工材料，如盐酸、碳酸氢铵、液氨等价格飞涨，单一稀土企业生产成本增加，难以为继。为此包头稀土研究院叶祖光提出"分馏–逆流交换萃取生产高纯单一稀土产品新工艺"该工艺依据计算求得最小萃取量,改变全萃取连续分离工艺的串联方式和工艺参数,既保证分离效果,又大幅降低皂化有机流通量、洗液量、取消反萃液。在包头华美稀土公司 5000 吨萃取分离生产线应用。生产实践证明,与原工艺相比,生产轻中稀土产品,根据分离元素的数量其化工材料消耗减少 40% ~ 60%,降低了生产成本,取得了显著的社会和经济效益。

6.4.2.3.9 非皂化清洁萃取分离稀土工艺

"十五"期间,北京有色金属研究总院、有研稀土新材料股份有限公司的黄小卫团队针对传统稀土萃取分离工艺中存在的氨氮废水污染问题,提出并开发成功一种非皂化萃取分离稀土新工艺,分离过程不产生氨氮废水,并大幅度降低生产和环保成本。①开发成功在硫酸体系中采用 P_{204}、P_{507} 及其混合萃取剂直接进行非皂化萃取分离新技术,实现了包头混合型稀土矿冶炼分离过程中无氨氮排放,并降低了生产成本;②开发了萃取过程酸平衡技术,实现了 P_{507}–盐酸体系的非皂化萃取分离;③开发成功稀土浓度梯度及平衡酸度调控技术,实现了中重稀土元素的非皂化萃取分离。该成果稀土萃取回收率达到 98.5% ~ 99%,有机相稀土负载量达到 0.17 摩尔/升。该成果申请国家发明专利 17 项(其中国外专利 4 项),授权发明专利 13 项。2012 年获国家技术发明奖二等奖,2013 年获中国专利奖优秀奖。

6.4.2.3.10 基于碳酸氢镁法的低碳低盐无氨氮分离提纯稀土新工艺

2009 年以来,北京有色金属研究总院、有研稀土新材料股份有限公司黄小卫团队针对稀土分离提纯过程化工材料消耗高、资源综合利用率低、"三废"污染重等问题,首次提出并研发成功碳酸氢镁溶液皂化萃取分离和沉淀回收稀土的原创性技术。以自然界广泛存在的廉价钙镁矿物、回收的镁盐废水、二氧化碳气体为原料,连续碳化规模制备纯净的碳酸氢镁溶液,替代液氨、液碱、碳铵或碳酸钠等用于皂化有机相萃取分离稀土元素、稀土沉淀结晶等。自主研发稀土分离过程产生的镁盐废水和二氧化碳温室气体低成本回收利用技术,实现低盐、低碳排放。通过技术与装备耦合创新,获得了具有原始知识产权的低碳低盐无氨氮分离提纯稀土成套新工艺。核心专利 2016 年获第十八届中国专利优秀奖。在江苏省国盛稀土有限公司、中铝广西国盛稀土开发有限公司建成稀土氧化物高效清洁萃取分离生产线,实现连续化生产;在福建省长汀金龙稀土有限公司改建 5000 吨/年生产线、中铝广西国盛建设 2500/年吨(二期)工程。采用碳酸氢镁皂化萃取分离稀土新工艺,从源头革除了氨氮废水污染,镁盐和二氧化碳回收利用率大于 90%;稀土萃取回收率大于 99%;材料成本较液碱皂化降低 50% 左右;采用碳酸氢镁新型稀土沉淀结晶技术,代替碳酸氢铵沉淀剂,消除了氨氮废水并大幅度降低生产成本,产品粒度、形貌等物性指标可控;"三废"排放达到《稀土工业污染物排放标准》要求。该成果获得 2016 年度中国有色金属工业科学技术奖一等奖,且 2011 年以来入选国家《产业关键共性技术发展指南》《稀土行业清洁生产技术推行方案》《国家重点推广的低碳技术目录(第二批)》等,2016 年被工信部列为稀土行业"十二五"十大突破技术之一,成为我国稀土工业领域内具有代表性的清洁生产工艺。

6.4.2.3.11 其他新型皂化方式萃取分离稀土工艺

2007 年,五矿(北京)稀土研究院有限公司开发了一种氨–钙复合皂化剂的制备及连续皂化萃取的方法,该工艺通过引入氯化铵作为溶解助剂大幅提高石灰的有效溶解度,可制备得到含高浓度钙的氯化钙/氨水复合皂化剂,实现了廉价环保的石灰在酸性稀土萃取剂皂化中的工业应用；所得皂化剂与有机相进行皂化反应后，产生的氯化铵溶液可继续作为溶解助剂循环使用，无须排放，既节约成本又避免排放产生的氨氮污染。该工艺在江西赣县红金稀土有限公司、江西定南大华新材料资源有限公司等企业中获得了成功应用。该项技术成果 2012 年获得中国专利优秀奖。

6.4.2.3.12　联动萃取工艺

北京大学在发展串级萃取理论的设计方法和计算能力、完善计算机动态仿真方法、实现稀土萃取分离过程逼真模拟的基础上，提出了联动工艺模式及其设计理论和控制方法。联动萃取工艺根据分离单元产生的难萃组分（水相）和易萃组分（有机相）萃取顺序，经过合理配置充当其他分离单元的洗液、反萃液和萃取有机相使用，最大限度避免分离单元萃取有机相制备和易萃组分转型、循环有机相再生过程的化工试剂消耗。由于此过程要求流程中各分离单元整体联动运行，故称为联动萃取技术。

2003 年，由北京大学设计的四川矿联动萃取工艺于冕宁北大方正稀土新材料有限公司实施，可在一条联动萃取分离线上同时产出镧、铈、镨、钕等纯产品，酸碱消耗较原有工艺节约 40% 左右。

2016 年，五矿（北京）稀土研究院有限公司进一步开发出了优化后的四川矿联动萃取工艺，在四川锐丰稀土公司实施，在总萃取量 0.8 左右条件下，完成了四川氯化稀土的全分离。该分离工艺的酸、碱消耗指标已接近于理论极限。

2007 年，北京大学的研究团队开发了南方离子型稀土矿联动萃取四分组工艺。该工艺对南方矿进行分组，在一段联动萃取线上同时得到镧、钕、钐铕钆富集物、钆–镝富集物及富钇等分组产品。由于该工艺较好的经济性，先后在江苏金坛海林稀土有限公司、江西虔东集团安远明达稀土有限公司、广东德庆兴邦稀土有限公司、甘肃稀土集团有限公司、江西赣县红金稀土有限公司及江西定南大华新材料资源有限公司等企业进行了推广实施。至 21 世纪初，联动四分组工艺已成为我国南方矿萃取分离的标准分组工艺。

2009 年，五矿（北京）稀土研究院有限公司设计开发了南方矿轻稀土联动分离及轻、中、重稀土联动分离工艺。针对南方矿轻稀土，在一次联动萃取分离工艺中可同时完成钙–镧、镧–铈、铈–镨、镨–钕四次分离，成本降低明显，同时设计进一步使用产出的钕负载萃取剂或镨钕负载萃取剂进行钐 / 铕 / 钆及钆–铽–镝、镧–钇等的萃取分离，进一步降低了分离过程的酸碱消耗与废水排放。

2010 年，北京大学与五矿（北京）稀土研究院有限公司合作开发出了针对包头矿硫酸焙烧后的硫酸稀土溶液的转型分组–联动萃取工艺。该工艺在硫酸稀土 P_{204} 转型为氯化稀土的过程中，同时完成了部分镧–铈的分组分离。转型后的氯化稀土进一步进入 P_{507} 联动萃取体系分离，得到了低钙镧、铈、镨、钕等纯产品。总萃取量为 1.8 左右，扣除转型过程所需的萃取量 1.1，相当于仅以 0.7 的总萃取量即完成了北方矿的全分离。2015 年，北京大学与五矿（北京）稀土研究院有限公司针对包头矿硫酸焙烧后的硫酸稀土溶液，开发了第二代联动萃取分离工艺，即硫酸稀土转型联动分离一体化工艺，并于甘肃稀土集团公司成功实施。该工艺使用 P_{507} 完成 50% 的转型分离过程，得到部分镨钕、钕等产品以及硫酸镧铈溶液后进一步进行 P_{204} 转型分离，在 P_{204} 体系转型过程中同时得到了氯化镧铈和氯化铈等纯产品。实际工艺过程完成北方矿全分离（含镧 / 钙分离）的总萃取量降低至 1.4 左右，已较接近于该分离体系的理论极限（1.15）。

6.4.2.3.13 超高纯稀土的溶剂萃取分离工艺

2012年，北京大学联合五矿（北京）稀土研究院有限公司通过发展串级萃取理论、强化设备效率，结合计算模拟和设计技术等研究，开发了联动萃取稀土超高纯化技术。在开发了稀土超高纯化动态模拟软件程序基础上，综合考虑物料消耗、存槽投资等指标，通过模拟计算，进行了各系列产品分离工艺的设计，得到了针对不同稀土元素的最优化超高纯联动萃取流程。为稳定生产超高纯稀土产品的目标，还引入了萃取分离过程的浓度在线检测和自动控制系统，实现了对萃取和反萃取工艺过程的及时精确控制。

采用联动萃取分离工艺生产超高纯稀土，可有效降低萃取分离过程的投资与消耗，降低过程的控制难度，实现超高纯稀土的连续工业规模生产，拥有相比离子交换和萃取色层技术更高的生产效率和更低的生产成本。采用该技术，在江西定南大华新材料资源有限公司完成了 5～6N 级的铈、钇、铒、镝、铒、铥、镱等高纯产品的工艺实践；其中镝、铒等使用 3N 级产品，采用联动萃取工艺进一步提纯至 99.999%（5N）—99.9999%（6N）；铈、钇、铒及铥、镱等均使用相应稀土富集物联动分离。所生产的超高纯稀土氧化物 2014 年由科技部、环境保护部、商务部、质量监督检验检疫总局联合认定为国家重点新产品。

6.4.2.3.14 萃取机理研究

1973年，中国科学院长春应用化学研究所李德谦团队开始了 P_{507} 萃取稀土机理的相关研究，测定了 P_{507} 在硝酸等无机酸介质萃取三价稀土（RE III）的分配曲线以及相邻元素的分离系数。基于萃取机理，率先提出 P_{507} 萃取剂皂化概念，皂化碱的阳离子为 NH_4（I）、Na（I）、Ca（II）等。在分离选择性、萃取容量、相分离等方面前者优于 Na（I）、Ca（II），皂化度为 36%。1976年，包头召开第一次全国稀土萃取会议上首次报告了 P_{507} 的研究成果，也在1980年国际溶剂萃取会议大会做了报告。

该团队为了解决 P_{507} 萃取分离铥、镱、镥工艺中镥反萃难的问题，研究发现 P_{507} 与稀释剂 ROH 有氢键形成，降低反萃酸度，解决反萃难的问题，减少单耗，降低成本。提高产品质量，在南方多家企业推广或被借鉴。

1980年，有色金属研究总院在国际溶剂萃取会议大会报告 P_{507}–盐酸体系镧、铈、镨、钕等轻稀土的分离系数大于 P_{204} 体系，改变了认为 P_{507} 只适合中重稀土分离的看法。

6.4.2.3.15 串级萃取理论

串级萃取理论是我国稀土萃取领域又一项具有独创性、世界领先的应用理论成果。20世纪70年代中期，中国科学院院士、北京大学徐光宪总结他们采用 N_{263}–DTPA 推拉体系分离镨-钕的数据，研究串级萃取的规律性，推导出若干计算公式，发表了串级理论 I、II，并在1976年10月在包头召开的第一次全国稀土萃取稀土会议报告。1977年在上海跃龙化工厂举办全国稀土串级萃取讨论班，各单位应用该理论，减少小试的摇漏斗时间。徐光宪根据各单位在实践中发现的不足，深入研究，发表了串级萃取理论 IV、V、VI。计算出的工艺条件与实际的差距缩小，徐光宪、李标国、严纯华等继而进行了一步放大的计算机设计和轻稀土三出口工艺研究，发表串级萃取理论 VII、VIII、IX，完全可以取代串级萃取的小试。研发出全回流—半回流—半正常操作—正常操作的萃取生产线启动方式，首次在包头稀土研究院的"P_{507} 全萃取连续分离轻中稀土"工业试验的启动试车过程应用，获得成功。大大缩短了萃取工艺工业试验、生产线启动试车时间。以上系列成果在全国稀土科研生产企业推广，加速我国稀土串级萃取科研发展，促进我国单一稀土产业进程，为我国稀土行业发展起到不可替代的重大作用。

2000 年，北京大学开发了基于实际萃取槽模型的多组分体系多入口、多出口串级萃取仿真模拟软件。在仿真模型中采用了混合、澄清模型，将物料浓度、混合澄清效率等实际过程参数引入仿真计算。与基于"漏斗法"的模拟计算相比，新的仿真软件可以更为真实地反映串级萃取过程中的动态质量传输过程。

2004 年，北京大学开发了多组分多出口静态设计软件。通过对多组分体系分馏萃取过程中物料平衡与萃取平衡关系的深入研究，解决了多组分多出口静态设计中的关键问题，即采取迭代算法，求解出了各出口平衡态下的自洽配分。软件具有计算快速准确的特点，可针对特定多组分多出口体系给出一系列不同萃取量和不同级数安排的工艺条件，并进一步根据存槽量与运行成本对工艺进行优化。

2005 年，北京大学开发了多组分联动萃取仿真及优化设计软件。基于多组分体系的动态仿真模型，进一步开发了联动萃取仿真及优化设计软件。软件可对于包括 P_{507}、环烷酸分离过程的萃取分离全过程进行仿真与优化设计，实现了稀土萃取分离全流程的仿真。

2008 年，徐光宪院士获得了国家最高科学技术奖，成为我国化学、化工界首次获此殊荣的科学家，为我国稀土科技和产业发展做出了重大贡献。

2016 年，北京大学联合五矿（北京）稀土研究院有限公司进一步发展了串级萃取理论，系统推导得到了联动萃取分离流程中各种类型分离单元最小萃取量和最小洗涤量等工艺参数计算公式和分离单元间最优化联动衔接计算方法，建立了可用于具有理论最小消耗的多组分联动萃取全分离流程设计的基础理论。

6.4.2.4　萃取色层法分离

萃取色层法是继离子交换法和溶剂萃取法之后，于 20 世纪 70 年代发展起来的一种新型分离方法。它吸收溶剂萃取和离子交换的优点，成为一种十分有效的分离方法。

1975 年，中国科学院长春应用化学研究所彭春霖团队首次将 P_{507} 吸附于硅烷化硅球上，作萃取色层的支撑体，并研究用盐酸做淋洗剂，某几种稀土的混合为原料的萃取色层分离工艺。

1983 年，包头稀土研究院王大震、路兴旺、李树和等对 P_{507} 萃淋树脂的合成方法及利用来分离提纯稀土元素进行了系统研究。1985 年，用 P_{507} 萃淋树脂，在直径 250 毫米 ×4000 毫米色层柱上完成扩大试验，以 30% 铽富集物为原料，一次分离制得 ≥ 99.95% 的氧化铽、氧化钆、氧化镝和 ≥ 90% 氧化钇，收率分别为 95%、99%、94% 和 95%。此项技术先后应用在江苏常熟稀土材料总厂、湖南桃江稀土厂、广东广平稀土实业有限公司等。应用该技术还进行铒富集物、钇富集物的分离，得到纯度大于 99.5% 氧化钬、氧化铒、氧化镥和纯度大于 99.9% 氧化铥、氧化镱。

1984 年，北京有色金属研究总院应妮娟团队研究了 P_{204} 萃淋树脂分离稀土工艺，同年在国内首次开发了采用 P_{507} 萃淋树脂从铽富集物中分离制备高纯氧化铽的工艺，又开发了"HEH（EHP）萃淋树脂分离纯氧化铽、氧化镝、氧化钆工艺"，实现从钆铽镝富集物一次分离得到氧化铽、氧化镝、氧化钆，纯度分别为 >99.95%、>99.5% 和 99.9%，收率分别为 98%、94%

和 94%。1987 年，该工艺在包头市冶炼厂生产应用，为生产高纯单一稀土开辟了新的途径。1988 年获得国家技术发明奖三等奖。

1992 年，北京科技大学化学系进行了 CL-P$_{507}$ 萃淋树脂色层法分离镝、钬、铒混合物的小试，制得纯度大于 3N 的氧化物产品。甘肃白银有色金属公司以 CL-P$_{507}$ 制备了荧光级的氧化铕，收率高于 96% 以及纯度大于 3N、收率大于 95% 的氧化镝，成本为锌粉还原碱度法的二分之一。

1996 年，赣州有色金属研究所以 CL-P$_{507}$ 萃淋树脂为萃取色层载体，盐酸溶液为淋洗剂，开发了从铥镱镥稀土富集物中提取大于 99% 的氧化铥、氧化镱和氧化镥单一产品的工艺。

2000 年，同济大学采用 CL-P$_{507}$-HCl 体系萃取色层法分离重稀土元素铥、镱、镥，研究确定了适于铥、镱、镥高效分离的工艺条件，所得产品质量纯度达到 99.995% 以上。

2001 年，北京有色金属研究总院用 CL-P$_{507}$ 萃取色层法分离提取高纯氧化镥，采用双柱串联的方法制备出纯度大于 6N 的氧化镥产品。

实践证明，萃取色层法具有分离效果好、生产周期短、单耗低等诸多优点，优于离子交换法，可以与萃取法媲美。由于设备利用率低、处理量小的缺点，与离子交换法相当，远逊于萃取法，致使该方法在生产企业运行几年后，陆续被停用。

6.4.3　稀土冶炼废水处理技术研究

（1）氨氮废水

2005—2007 年，包头稀土研究院研究了采用化学沉淀法处理稀土冶炼过程中氨氮废水的实验室工艺技术。主要研究了：①不同磷源、镁源及其组合在沉淀过程中对氨氮去除的影响；②不同碱性调节剂在沉淀过程中对氨氮去除的影响；③沉淀工艺条件在沉淀过程中对氨氮去除的影响，不同沉淀剂的比例、沉淀体系中 pH 值、沉淀体系温度、沉淀过程中 MAP 的加入等；④沉淀工艺条件的优化组合，提出了化学沉淀法处理氨氮废水的工艺，氨氮去除率达99% 以上。该项目为科技部科研院所社会公益研究专项"稀土湿法冶金废水治理和综合利用研究"。

2009—2010 年，包头稀土研究院与北京科技大学，进行了厌氧氨氧化高效处理稀土冶炼氨氮废水工艺技术的研究，在实验室内研究确定采用厌氧氨氧化途径（$NH_4^+ + NO_2^- \rightarrow N_2 + 2H_2O$）高效去除包头稀土废水中氨氮的工艺，设计构建厌氧氨氧化的模拟反应器，对经过化学法处理的低浓度氨氮稀土冶炼废水进行处理，确定优化控制条件。采用化学法与生物法相结合处理稀土冶炼产生的氨氮废水，首先用化学法将氨氮废水处理至低浓度，约 5000 毫克 / 升，然后采用生物法，通过厌氧氨氧化途径，构建厌氧氨氧化的模拟反应器，筛选高效厌氧氨氧化菌种，并采集稀土冶炼氨氮废水（低浓度）对其加以驯化，处理后使废水达标排放。

与此同时，北京科技大学进行了原核小球藻种和沼泽红假单胞菌处理氨氮废水的试验研究，取得了很好的效果。

（2）稀土萃取皂化废水及稀土溶液中有机物的去除

稀土萃取分离过程中添加的萃取剂和稀释剂等有机物进入稀土冶炼废水，由于该类有机物在水中有一定的溶解度，给深度处理带来一定的困难，导致稀土冶炼废水回用的难度加大。2011 年颁布实施的《稀土工业污染物排放标准》（GB 26451—2011）中将石油类污染物和化学需氧量的直接排放限值分别规定为 4 毫克 / 升和 70 毫克 / 升。即使不考虑废水达标排放，而是全部回用，废水中有机污染物的存在将影响废水的脱盐处理和循环利用效率。随着废水反复循环有机污染物随之循环累积，更将严重影响外销产品的质量。此外，萃取剂、稀释剂等进入废水和料液中造成了一定程度的浪费。

2014 年，包头稀土研究院与中国科学院成都有机化学研究所合作，采用催化臭氧化法处理稀土萃取废水，处理后废水中 TOC 降低到 20 毫克 / 升以下，然后采取精制措施去除 Fe^{3+}、Ca^{2+}、Mg^{2+}、SO_4^{2-} 等离子，可满足离子膜的进水要求，从而用于氯碱工业。

通过催化剂设计和催化臭氧化反应工艺的研究，完成了催化剂的设计和评价工作，确定了工艺条件；达到 TOC 去除率 >90%，TOC ≤ 20 毫克 / 升；处理过程中不产生二次污染，处理后废水中除沉淀外，没有引入其他污染物质。这些沉淀可以通过调节 pH 过滤后除去，进行回收利用。

2014—2016 年，包头稀土研究院研究了采用粗粒化 – 聚结工艺去除稀土冶炼废水及混合氯化稀土溶液中有机物的方法。

以包头华美稀土公司冶炼废水为原料，选用深圳兰科环境技术有限公司生产的实验室小型聚结设备，进行废水去除有机试验。得出较佳工艺参数，除油率大于 90%，最高可达 98.70%，出水油含量小于 10 毫克 / 升，并在华美公司完成中试。

以聚结试验出水为原料，选用西安蓝晓公司提供的高分子树脂材料，进行废水深度去除有机物试验。除油率最高可达 99.85%，出水油含量均小于 4 毫克 / 升。

同时进行了无油碳酸稀土制备试验研究，以去除有机物后的氯化镧溶液为原料，进行碳沉，制备出的碳酸镧，单位 REO 产品中总油含量为 0.033 毫克 / 克，低于稀土企业现有无油产品的含油量。

2013—2014 年，包头稀土研究院研究了采用预处理除钙 – 纳滤膜浓缩 – 蒸发结晶工艺处理 P_{507} 全捞转型废水的方法。以华美稀土公司转型废水为原料，进行钙镁分离预处理，得到较佳预处理工艺，废水中钙含量由 1 克 / 升降至 0.2 克 / 升以下。

以预处理废水为原料，采用纳滤膜浓缩，浓缩倍数最高达 3 倍，淡水中镁含量小于 2 克 / 升，达到回用要求，浓水中硫酸镁含量大于 10%。以纳滤膜浓水为原料，采用结晶蒸发，得到品位大于 98% 的七水硫酸镁产品。

6.4.4　湿法冶金设备和工艺过程在线分析

6.4.4.1　工艺设备研究

为解决稀土湿法冶金过程中固体物料洗涤存在的用水量大、效率低、物料损失多、操作不连续等问题，1975 年包头冶金研究所研究设计固液逆流洗涤塔并进行稀土氢氧化物料浆洗涤试验，取得满意结果。1983 年 11 月，在江西寻乌稀土矿进行了洗涤稀土草酸盐的工业试验。1986 年 6~9 月，在包头市稀土冶炼厂进行了洗涤稀土氢氧化物工业试验。试验证明：该设备单位体积利用率提高 10 倍，耗水量及废水量减少 2/3，蒸汽消耗量减少 9/10。具有劳动条件好，占地面积小，经济效益高等特点。该成果于 1984 年 6 月和 1986 年 9 月分别通过江西省科委和冶金部鉴定。1976 年，包头稀土研究院研制出柱塞式隔膜定量泵，其扬程大于 42 米，流量 0~150 毫升 / 分，可连续调节萃取过程中料液、洗液、反液、有机相流量，有利于萃取工艺自动化。

1980年，包头冶金研究所研制出铕的连续还原装置，不用煤油和气体保护，锌粉用量为单级的 1/2～1/3，化工试剂消耗相应降低，操作连续进行，便于自动化。

在连续萃取分离工艺过程中，各种溶液的准确控制是分离效果的关键。1982年，包头冶金研究所设计试制出萃取流量自动控制装置，采用集成电路，体积小、重量轻、工作可靠，利用数控调节，使用方便。已在国内数家稀土厂使用。

6.4.4.2 稀土分离过程的在线分析研究

在线分析是我国稀土连续生产的一项技术保证措施，它可以随时测出组分的准确含量、溶液浓度、酸度，及时反馈到中央控制系统，保证生产稳定运行，保障产品质量符合标准。国际稀土行业只有少数厂家具有这种技术装备，因其引进价格极为昂贵。1986年起，包头稀土研究院开展了在线分析设备的研究，取得一定成果。

1986—1987年，包头稀土研究院研究成功在线测量萃取工艺各段稀土总量的方法和装置，是国内首创。该装置自动化程度高、测量数据快、稳定可靠，可代替流程控制的离线化学分析，节省人员、时间和费用。该装置所采用的放射源能量低，安全可靠，无须特殊防护。本成果于1987年由冶金部组织鉴定，1990年获国家发明奖四等奖。

1988—1991年，包头稀土研究院利用同位素 X—荧光谱线解析法分析萃取过程单一稀土元素的含量，使用镅 –241 放射源激发稀土元素的 K 系荧光，用高分辨半导体探测器直接测定槽体的全部稀土元素谱线，由于各稀土元素有特征荧光能量，通过能量峰位值鉴别元素的种类，经过对谱线的解析处理，最终求出峰的净面积，利用自行设计的解谱软件无须标样校正而直接给出分析结果。通过微机数据，由所分析的结果看相对偏差为：当测量元素浓度小于10 克 / 升时，相对偏差小于 20%。当浓度大于 10 克 / 升时，相对偏差小于 10%。这种分析方法和装置在包钢稀土三厂萃取生产线上试用，效果良好。该成果于1992年3月由冶金工业部组织鉴定。

1988—1991年，包头稀土研究院对萃淋树脂柱分离制备高纯稀土进行在线分析研究，包括在线取样、数据采集、数据转换和计算机计算，荧光屏显示、打印，实现了在线分析的自动化、连续化，分析迅速准确。设备操作简单，运行可靠，可节省人力物力，无环境污染，可促进稳定生产，提高产品质量，有广泛的推广和使用价值。该成果于1992年10月通过内蒙古自治区科学技术委员会鉴定。

1990—1995年，北京有色金属研究总院和包头稀土研究院、江西赣州稀土研究所合作承担了国家"八五"科技攻关项目"稀土萃取过程自动控制系统研究"，分别采用 X 射线能谱解析法、流动注射分光光度法、光纤分光光度法，在山东淄博加华稀土材料有限公司对萃取槽中稀土浓度进行了在线分析，并进行了部分自动控制的研究。

6.5　稀土火法冶金

我国稀土火法冶金技术研究始于20世纪50年代，以中国科学院上海冶金陶瓷研究所、中国科学院沈阳金属研究所、中国科学院长沙矿冶研究院、北京有色金属研究院、湖南稀土金属材料研究所、北京有色冶金设计研究总院、包头稀土研究院（原冶金部包头冶金研究所）、中国科学院长春应用化学研究所、江西赣州有色冶金研究所、上海跃龙化工厂、包钢稀土一厂（原包钢 704 厂）等单位为代表，研究、发展了熔盐电解、热还原等一系列制取稀土金属的工艺技术及装备，并通过技术辐射逐步建立了我国稀土金属及其合金工业体系。

6.5.1　熔盐电解法制取稀土金属及其合金

6.5.1.1　稀土氯化物熔盐电解法制取稀土金属

稀土氯化物熔盐体系电解是制取混合稀土金属、单一轻稀土金属及其合金的主要方法之一。工业生产中常采用的熔体，多是稀土氯化物与碱金属氯化物的混合熔盐。

1875 年，美国矿务局希尔布兰德和诺顿首次进行氯化物熔盐体系中电解法制取稀土金属的研究，获得了镧、铈金属和镨钕合金。尽管制取的稀土金属数量很少、金属含杂质较多，但它标志着稀土火法冶金的开端。

我国对氯化物体系熔盐电解技术研究始于 20 世纪 50 年代。1956 年，中国科学院上海冶金研究所杨倩志等开始探索研究稀土氯化物电解工艺技术。中国科学院长春应用化学研究所唐定骧等首先制取了金属镧、金属铈、金属镨及混合稀土金属。

1958 年开始，北京有色金属研究院开始无水稀土氯化物熔盐电解制备混合稀土金属、镧、铈等单一稀土金属和稀土中间合金的小型试验。1964 年，金属铈纯度达到 99% 以上。1965 年，熔盐电解制备混合稀土金属技术在上海跃龙化工厂进行工业化推广应用。

1962 年，上海跃龙化工厂开展了 800 安培规模氯化物体系电解制取混合稀土金属试验研究，电流效率 55%~70%，金属收率 90%；随后发展到了 3000 安培规模，电流效率 63%，金属收率 85%。1972 年，建造了我国第一个万安培氯化物体系稀土电解槽，电解过程电流效率 48%，金属收率 90%。

1963 年，包头稀土研究院王衡令等开展了氯化稀土熔盐电解制取稀土金属研究。

1964 年，湖南冶金材料研究所完成国家下达的混合稀土氧化物、氧化铈、氧化钕及三种稀土金属等 6 个产品的试生产任务，解决了当时株洲 331 厂急需混合稀土金属和金属铈作为添加剂以提高航空材料和铸件质量问题，当时该所用焦炭炉进行熔盐电解制备稀土金属的工艺获得了苏联专家齐雅布可夫通讯院士及参加中国科学院全国稀土会议专家的高度评价。

1964 年，中国科学院长春应用化学研究所采用氯化物体系熔盐电解技术制取了金属镧、金属铈、金属镨等单一稀土金属。

1964 年，北京有色冶金设计研究总院和包钢设计院合作，编制了《包头稀土金属试验厂设计意见书》，工程规模为生产混合稀土金属 50 吨 / 年，工艺由中国科学院上海冶金陶瓷研究所提供，用包钢高炉渣为原料，用 5 吨电弧炉还原回收稀土生产稀土硅铁合金，进而用盐酸浸出，过滤浓缩得氯化稀土，熔盐电解得混合稀土金属，厂址设于包钢公司厂区南 3 千米。

1965 年，北京有色金属研究院开展了稀土加碳氯化、电解试验研究，并在上海跃龙化工厂分厂进行了 3000~6000 安培的稀土工业电解槽槽型设计与试验。1966 年，开展了混合稀土加碳氯化的工业设备与电解槽的研究，并进行了扩大试验。1967 年，对包头稀土精矿进行高温氯化熔盐电解半工业试验研究，与包头冶金研究所、包钢有色三厂联合进行了包头 15%~30% 稀土精矿加碳直接氯化工业试验。

1972年，上海跃龙化工厂研制成功10000安培工业稀土氯化物电解槽，并成功用于生产混合稀土金属试验。电流效率比3000安培电解槽提高10%。

1978年，北京有色金属研究院开展了包头60%稀土精矿的氯化–电解工艺研究。进行了直接氯化和氯化稀土电解制取混合稀土金属工艺探索试验。1979年，与北京有色冶金设计研究总院等单位合作，在哈尔滨火石厂进行了包头60%稀土精矿直接氯化制取无水氯化物、电解制取混合稀土金属的扩大试验。1980年获冶金部科技进步奖二等奖。

1980年，北京有色金属研究总院开展共析熔盐电解制备稀土钇镁中间合金试验，确定了最佳的电解条件，并对电化学机理进行了研究。

1983年，中国科学院长春应用化学研究所鲁化一测定了$RECl_3$-KCl-NaCl体系的表面张力，采用的是最大气泡压力法，并且对该体系的密度进行了计算。

1984年，北京有色金属研究总院采用500安石墨电解槽开展了氯化钕电解–真空蒸馏法制取金属钕工艺研究，1986年获得国家授权发明专利"氯化钕电解真空蒸馏法制取金属钕"（专利号：86100333A）。该工艺是在氯化物熔盐体系中采用液态镁作为阴极电解氯化钕制取钕镁中间合金，再经真空蒸馏除去镁得到海绵态金属钕，经电弧熔铸成密实金属锭，得到纯度大于99%的金属钕。该技术1986年7月在甘肃稀土公司和包头202厂建立生产线。

1991年，东北大学魏绪钧、徐秀芝等研究了氯化物体系中稀土金属的溶解度，并且发现CaF_2-$RECl_3$-KCl体系是较为合理的电解质体系。

氯化物熔盐电解法制取稀土工艺具有电解温度低、电解质廉价、槽体和电极材料可选材质多等优点。曾经被国内相关工厂采用，当时部分满足市场对稀土金属的需求。但由于原料易吸潮、熔体蒸气压高、稀土收率低、电耗高、阳极气体对环境产生污染等问题，制约了氯化物电解的发展。2010年，工业和信息化部发布公告〔2010第122号〕《部分工业行业淘汰落后生产工艺装备和产品指导目录》，确定淘汰稀土氯化物熔盐电解法制取金属工艺。

6.5.1.2 稀土氟化物熔盐体系电解法制取稀土金属

稀土氟化物熔盐体系电解法制取稀土金属的电极过程与铝电解的电极过程基本相似。一般工业生产中稀土氧化物电解都使用石墨做阳极。

（1）稀土氟化物熔盐体系电解法制取稀土金属基础研究

1980—1984年，包头稀土研究院焦士琢团队研究了稀土氧化物熔盐中杂质（磷、硅、铝、硫、铁）对电流效率的影响，REF_3-LiF-CaF_2体系与REF_3-LiF-BaF_2系的比较，氧化镧在氟化物体系中的行为及其对电导率的影响。

1991年，北京有色金属研究总院开展了钇在熔体中的电极过程和电沉积机理研究，探讨了重稀土钇在三种熔体中的固体阴极（钼和钨）及液体阴极（铝、锌、镁）上的电还原机理。同年，对Nd_2O_3电解惰性阳极进行研究，对高碳含量金属钕进行高温脱碳氧化热力学评估。

1991年，东北工学院（现东北大学）吴文远研究了Nd_2O_3在LiF-NdF_3-BaF_2中的溶解度，讨论熔盐各组分以及温度对溶解度的影响，在800~900℃范围内，氧化钕在LiF（20%~30%）-BaF_2（5%~10%）-NdF_3熔盐体系中溶解度为7%~10%。

1991年，上海工业大学陆庆桃团队对氧化钕电解的阴极过程以及钕的溶解行为进行了研究。

1993年，包头稀土研究院赵立忠等对钇离子在氟化物体系中的电化学还原机理和阴极过程控制步骤进行了研究。

1998 年，东北大学陈建设团队对 NdF_3–NaF–LiF 熔体的电导率、初晶温度，采用三因子一次正交回归设计实验进行研究。结果表明从降低熔体初晶温度和提高熔体对 Nd_2O_3 溶解能力的角度看，NaF 可以部分替代 LiF 作为氟盐电解质电解金属钕。提高温度，降低 NdF_3 浓度分布、降低 NaF 与 LiF 的摩尔比均能提高熔盐电导率。

1998 年，包头稀土研究院的张志宏团队研究了电解过程的镧热还原机理、氟盐体系中钕离子的阴极过程及 REF3–LiF–BaF_2 体系的电导率，确定了钕离子的电化学反应是一步还原，在沉积的初级阶段是三维半球形瞬时成核，而后是扩散控制下的晶核长大过程，阴极过程主要受扩散控制。

2000 年，东北大学刘奎仁团队，包头稀土研究院张志宏团队对 NdF_3–LiF–Nd_2O_3 系熔盐的密度进行了测定，利用阿基米德法，设计二因子二次回归正交实验，得到密度与 NdF_3 含量、温度的回归方程。

2003 年，东北大学刘奎仁等采用慢扫描示波法对钕电解槽中的阳极过电位进行了测定，从测试结果看，阳极过电位随阳极电流密度的增加而增大，随温度的升高而减小。

2005 年，北京科技大学王桂华团队采用电位阶跃法和电流阶跃法两种电化学方法对 LiF–NaF39%（摩尔分数）体系中碳电极上的阳极过程进行了测试。在电位阶跃曲线上发现两个峰，前一个峰为 O_2– 放电，后一个为 F– 放电。随着 F– 放电，有明显的阳极效应产生。

2008 年，东北大学胡宪伟团队采用交流阻抗技术使用连续变化电导池常数法（CVCC）法测定 NdF_3–LiF–Nd_2O_3 体系电导率，获得了电导率关于温度和熔盐组成的线性回归方程。

2008 年以后，赣州有色冶金研究所张小联、内蒙古科技大学刘中兴等分别对稀土熔盐氟化物电解体系中电解槽温度分布进行了数值仿真模拟和计算分析；内蒙古科技大学贺友多等针对电解槽电场、温度场、磁场、流场、阳极气泡浓度分布、气液两相流、槽电压平衡等进行了数值仿真模拟和计算分析。

（2）稀土氟化物熔盐体系电解法制取稀土金属工艺技术研究

我国氟化物体系电解稀土氧化物制备稀土金属及合金的工艺研究始于 20 世纪 50 年代，主要以包头稀土研究院、北京有色金属研究总院和中国科学院长春应用化学研究所为主力。20 世纪 70 年代至 80 年代末进入鼎盛期，我国的研究内容主要集中在电解槽槽衬材料以及槽型结构，而产品多为低熔点的单一稀土金属。

1957 年，中国科学院长沙矿冶研究所对稀土氧化物电解初步进行试验，中国科学院上海冶金陶瓷研究所也于 1959 年开展了稀土氧化物电解方面的研究，北京有色金属研究总院于 1964 年开展了氟化物熔盐体系电解氧化铈制取金属铈的实验研究，在 600 安培电解槽中制备得到了纯度达到 99.7% ~ 99.8% 的金属铈，氧化铈利用率达到 98% 以上。

1972 年，包头冶金研究所进行了氟化钕、氟化锂、氟化钡熔盐体系的氧化钕电解制取金属钕实验。1976 年，在氟化稀土、氟化锂、氟化钡熔盐体系中进行 240 安培规模电解制取混合稀土金属实验。1978 年，进行 1600 安培规模扩大实验，同时还对槽型结构、电解机理进行研究。

1980—1982 年，包头冶金研究所王玉兰等以包头氟碳铈矿（REO＞80%）做原料，在 REF3–LiF–BaF_2 熔盐体系直接电解制取金属实验。电流 80 安培，电流效率达到 80%，稀土直收率 99%，产品纯度 99%。在 240 安培规模连续电解 24 小时，电流效率大于 55%，稀土收率大于 84%，产品纯度 97%。

1983 年，包头冶金研究所赵义发等开展了稀土氧化物在氟化物熔盐体系中电解机理的研究，结果发现在熔盐电解质、电解质沉积物及泡沫中均存在"四方晶系"氟氧化镧化合物，并求得了 $LaF_3-LiF-BaF_2-La_2O_3-LaOF$ 系熔盐电导率的数学模型。

1983 年，包头冶金研究所牛树生团队进行了电解氧化物连续制取钕 – 铁合金和金属钕研究，解决了电解槽结构和槽衬材料两个关键问题，实现了电解槽自热连续运行。工业规模生产指标：电流效率大于 65%，稀土收率大于 95%，电耗小于 12 千瓦时 / 千克金属钕。同年 12 月通过了冶金部技术鉴定，并获得冶金部科技成果二等奖。

1984 年，包头稀土研究院焦土琢团队进行 3000 安培氧化物电解法连续制取钕铁合金和金属钕工艺研究，在槽体结构和槽衬材料难题上取得了重大突破，电流效率 ≥ 65%，稀土收率 95%，电能消耗 < 12 千瓦时 / 千克金属。研究成果为连续生产钕铁合金及轻稀土金属奠定了工业生产技术基础，产品应用钕铁硼生产中，降低成本 30% 以上，打开了稀土应用的新局面。1984 年获得冶金部科技成果奖二等奖，1987 年获得国家科技进步奖二等奖。在国内多家相关企业推广使用，促进我国金属钕及其合金产业的形成。

1984 年，包头冶金研究所、北京钢铁研究总院、北京钢铁学院（现北京科技大学）、东北工学院（现东北大学）、宝山钢铁公司等联合，在氟化钕氟化锂熔盐体系中，用熔盐电解法制取金属钕，工艺稳定，产品纯度可达 99.9%。同年 12 月通过冶金部军工办、科技司组织的鉴定。

1985 年，包头稀土研究院赵立忠团队承担了冶金部"熔盐电解单一稀土氧化物制取金属镧、铈、镨"项目，解决了电解过程自热、连续生产、自动加料等关键问题，在工业规模电解生产过程中，稀土镧、铈、镨收率均大于 97%，电流效率分别为 78.9%、98.0%、71.0%，电耗均 ≤ 11.8 千瓦时 / 千克稀土金属，并于同年 12 月通过冶金部鉴定。鉴定认为：该工艺稳定可靠，自然连续、设备简单；与稀土氯化物熔盐电解相比，稀土收率提高 10% ~ 15%，电流效率提高 23% ~ 30%，产品成本降低 10% ~ 20%。

1990 年，北京有色金属研究总院进行了氟化物熔盐体系电解制备低碳金属钕工艺和设备研究，制备出含碳量小于 0.05% 的金属钕产品。

1992—1993 年，包头稀土研究院陈文亮团队以碳酸稀土为原料，在 REF_3-LiF 熔盐体系中进行电解制取混合稀土金属研究，电解规模 2000 安培，电流效率大于 75%，稀土收率大于 91%，电耗 7.6 千瓦时 / 千克稀土金属。

1998—2001 年，包头稀土研究院张志宏、王小青、陈国华、梁行方、杨胜岭等开展了"万安培稀土熔盐电解槽关键技术与成套装备的研制"，并取得成功，获得国家发明专利和实用新型专利授权，拥有了自主知识产权的工业规模生产稀土金属的工艺技术及装备，整体技术达到国际先进水平。研究成果被国家计划委员会稀土办列为全国稀土"十件"大事之一，依托项目研究成果，2002 年，建成了大型稀土金属生产企业——包头瑞鑫稀土金属材料股份有限公司。在万安培电解槽成套设备研制成功之后，2004 年又开展了"25 千安氟化物体系熔盐电解氧化钕工艺及设备开发"，在电解关键技术、成套设备及其配套控制技术方面均有新突破。

江西南方稀土高技术股份有限公司也于同一时期开展了万安培稀土熔盐电解槽研制生产工作，10 千安工业电解槽于 2002 年获江西省科技进步奖一等奖，同时实现了稀土金属生产过程自动检测与监控，并发明了一种适用于氟化体系熔盐电解稀土金属的除氟降尘的技术，使稀土金属电解过程废气做到了达标排放。"十五"期间又开发成功 25 千安氟化物体系熔盐电解氧化钕工艺及设备。

2005 年，包头稀土研究院成功完成了"大型氟化物体系氧化物电解制备稀土金属工艺技术及装备的研制"工作，2009 年获得包头市科技进步奖一等奖，2010 年获得内蒙古自治区科技进步奖二等奖。

2005 年，北京有色金属研究总院开始进行液态下阴极稀土熔盐电解槽型及工艺的开发，2009 年完成了 3000 安培、4000 安培液态下阴极稀土电解槽型及配套装置的设计和研制，形成了成套下阴极稀土电解槽装备，开发出配套节能电解制备金属钕的工艺技术。2011 年，与江西南方稀土高技术股份有限公司和东北大学等单位联合，在国家"863"重大项目支持下，开发出万安培新型节能环保下阴极稀土熔盐电解槽，成功应用于金属镧连续电解，电耗 5.89 千瓦时/千克 -REM，能量利用率 33.8%（工业 14% 左右），氟化物消耗降低 50.3%，阳极利用率提高 33.4%，电流效率和金属收率分别达到 80% 和 95%，单台电解槽年产能达 120 吨以上。

2010 年，包头稀土研究院围绕稀土金属及合金制备工艺及装备方面开展了"稀土金属熔盐电解节能减排集成技术开发""稀土金属清洁生产工艺技术综合集成""大型氧化物电解制备稀土金属专利技术优化综合集成"等多项技术研究与开发。在自有的万安电解槽槽型专利技术转化应用的基础上，进行稀土金属电解槽节能、环保技术的产业化研究，解决稀土金属生产企业在节能减排方面所面临的行业共性问题，形成了稀土氧化物电解法生产稀土金属在电网配置、整流设备、工艺制度、环境保护、循环经济等方面的总体优化方案，树立了氟化物体系熔盐电解制备稀土金属工艺节能清洁、绿色环保新形象。

包头稀土研究院也进行了节能稀土金属新型电解槽槽型结构研究开发，成功开发了工业规模新型节能稀土金属电解槽及其尾气处理配套技术，并开发了高温氟盐腐蚀条件下具有稳定性能的绝缘材料，实现了新槽型工业规模稳定运行，电解过程平均电流效率 90% 以上，综合电耗降低 10% 以上；电解尾气中烟尘含量 30 毫克/标准立方米以下，为万安规模新型节能电解槽产业化应用奠定了坚实的技术支撑。

2013 年，北京有色金属研究总院开发了 10 千安板式阴极节能型电解槽槽型，在四川乐山有研新材料股份有限公司 3000 吨电解生产线上实现工业应用，槽电压小于 7.0 伏，产能较 6000 安培电解槽增加一倍，每千克金属电能消耗降低 1 千瓦时，阳极单耗、氧化物单耗及氟化物单耗均显著降低，碳含量降到 300ppm 以下。

2014—2016 年，包头稀土研究院王小青、陈国华等进行了节能稀土金属新型电解槽槽型结构研究开发，开发了工业规模新型节能稀土金属电解槽及其尾气处理配套技术，并开发了高温氟盐腐蚀条件下具有稳定性能的绝缘材料，实现了新槽型工业规模稳定运行，电解过程平均电流效率 90% 以上，综合电耗降低 10% 以上；电解尾气中烟尘含量 30 毫克/标准立方米以下，氟含量 3 毫克/标准立方米以下。

同时，针对大型熔盐电解槽目前人工舀出法的出炉方式，包头稀土研究院梁行方、陈国华、刘玉宝等成功研制了机械出金属装置，并实现了工业化连续稳定运行，出金属装置稳定、可靠；出金属工艺与电解操作工艺衔接顺畅。出金属工艺较原有工艺相比，缩短了出炉时间、减小对炉况影响、增加了有效电解时间；产品质量更加均匀稳定、夹杂少、纯度高。经过内蒙古科学技术厅组织专家鉴定，整体技术达到国内领先水平。

6.5.1.3 稀土熔盐电解法制取稀土合金

稀土熔盐电解法制取稀土中间合金一直是研究、开发的热点领域，熔盐电解法制备稀土合金主要分为自耗阴极法、熔盐共沉积法、液态阴极法三种。中国科学院上海冶金陶瓷研究所、中国科学院长沙矿冶研究院等较早地开展了稀土合金电解方面的研究。1963 年湖南冶金材料研究所完成了液态镁阴极熔盐电解制备镁－钇的研究，该材料主要用于提高航空结构材料和导弹的质量，该项目获国家科技发明奖三等奖。1982 年，用工业铝电解槽生产铝稀土合金工艺的工业试验在包头铝厂获得成功，中国科学院长春应用化学研究所也于 1983 在该领域开展了相关研究工作。目前镝铁合金、钇铁合金、钬铁合金和镨钕镝合金等产品已经实现了工业化生产。

1963 年，有色金属研究总院采用液态镁作为阴极，研究了熔盐电解氯化钇制取钇镁中间合金工艺，以及电解质组成、阴极电流密度和镁阴极初始钇含量对电流效率的影响，发现钇含量为 40% ~ 50% 时电流效率达到 70% ~ 75%，研制的产品被提供作为航空用热强变形钇镁合金的中间合金原料。该项目获得国家计划委员会、国家经委、国家科委工业新产品三等奖。

1973—1974 年，包头稀土研究院路广文等用熔盐电解法在 SmF_3–LiF–BaF_2 体系中，进行以钴为自耗阴极制取钐钴合金技术研究。

1985 年，包头稀土研究院牛令娴等在 1000℃ 以下氟化物体系中电解氧化钇，电解产物与金属镁形成低熔点合金，合金经过真空蒸馏后铸锭得到纯钇。电解过程电流效率 ≥ 68%，稀土收率 ≥ 92%，镁利用率 ≥ 91%。并通过冶金部技术鉴定，专家认为本项成果是独创的新工艺，适用于连续生产，可降低成本。同年，牛令娴等人以镁为液态阴极，在氟盐体系中电解氧化钇制取钇镁合金（镁 10% ~ 15%）。

1985—1986 年，包头稀土研究院陈文亮团队，以大于 91% 的 REO 原料，纯铁为自耗阴极，在氟化物熔盐中进行电解制取钇铁合金技术研究，完成了百安规模连续稳定运行试验，电流效率 56.5%，稀土收率 95.5%，所得合金铁 25.31%、钇 72.18%。1986 年，北京有色金属研究总院进行了廉价钕铁合金制备工艺和设备的研究。在氧化物熔盐体系中电解制取钕铁合金，并开发工业规模电解生产钕铁合金的电解槽。

1986—1987 年，包头稀土研究院火法研究室进行熔盐共析法生产钇镁中间合金及金属钇制取技术攻关，采用 YF_3–LiF–Y_2O_3–MgO 熔盐体系，共析电解制取钇镁合金，获得了（含镁 10% ~ 15%）钇镁中间合金，为电解法制取中、重高熔点稀土金属开辟了新的产业化生产工艺。

1998 年，赣州有色冶金研究所李炜等开发了氧化物电解制备镝铁合金工艺，平均电流效率 66.02%，合金中镝含量 80%。

2001 年，包头稀土研究院王小青团队采用纯铁作为自耗阴极，以氧化镝为原料，在氟化物熔盐体系中电解制取了成分稳定的镝铁合金，电流效率 76.59%，稀土收率 98%，产品中镝含量 ≥ 80%，碳含量 ≤ 0.05%，电耗 11.79 千瓦时 / 千克金属。2005 年，包头稀土研究院建成了年产 25 吨镝铁合金生产线。

2002 年，北京有色金属研究总院开发出自耗铁阴极氟盐体系电解制取镝铁合金工艺，建成年产 200 吨生产线，当年实现大批量销售。

　　2002 年，北京有色金属研究总院开始探索研究氟化物体系氧化物电解法共析出工艺制备稀土镁合金工艺技术，开展了 3000 安培电解槽的工业化试验，其稀土收率达到 90%，电流效率可达 70%，合金中稀土含量达到 80% ~ 90%。

　　2005 年，北京有色金属研究总院开发出了氧化物电解制备钆铁合金工艺。2011 年有研稀土新材料股份有限公司牵头，赣州虔东稀土集团股份有限公司等单位参与，制定了钆铁合金的行业标准。Gd-Fe 合金的开发和利用大幅降低了低端 NdFeB 磁性材料的原料成本，有利于我国稀土资源的综合、平衡利用。

　　2007 年，湖南稀土金属材料研究院邓伟平、曾兴蒂、池向东等采用氟化物熔盐体系电解法制取钇镁合金研究，获得了含钇 55% 以上的钇镁合金，电流效率 50%，稀土直收率 90% 以上。

　　2008 年，东北大学郭瑞等研究了在冰晶石体系中电解制备 Al-Sc 合金的工艺技术；北京有色金属研究总院提出了一种在 $REF_3-nNaF \cdot AlF_3-LiF$ 体系中采用高阴极电流密度制备高稀土含量铝合金的方法。

　　2009 年，中国科学院长春应用化学研究所开展了在氯化物体系中采用下沉液态镁阴极电解制备镁稀土合金的研究。

　　2010 年，赣南师范学院彭光怀团队对氟化物熔盐体系电解氧化物共析出制备钆镁合金进行了研究，制取的钆镁合金含钆 84% ~ 88%。

　　2011 年，包头稀土研究院张志宏团队用氟化物体系电解法，以氧化镁、氧化镧为原料，成功制取了镧镁合金。2012 年，继续进行采用氟化物体系电解法制取了铈镁锆、铈锆、镧镁、铈镁等中间合金，解决了稀土镁合金中加入锆元素困难的技术问题。建成了年产 1000 吨稀土镁合金中试基地。

　　2011 年，北京有色金属研究总院与哈尔滨工程大学在国家 "863" 项目 "超高纯稀土金属及合金节能环保制备技术" 合作研发出低温熔盐电解制备变价钐镁（铝）锂合金工程化技术，获得了合金中钐含量 >10% 的电解工艺条件。

　　2013—2014 年，包头稀土研究院进行了氟化物体系电解法制取镨钕镝（镝含量 6% ~ 8%）、镨钕钆（钆含量 10% ~ 20%）研究并实现了工业化生产。

　　包头稀土研究院以镁为液态阴极，在氟盐体系中电解氧化钇制取钇镁合金（镁含量 10% ~ 15%）。中国科学院长春应用化学研究所开展了在氯化物体系中采用下沉液态镁阴极电解制备镁稀土合金的研究。在 "十五" 期间承担国家 "863" 稀土镁合金科技攻关项目，2002—2004 年研制并小批量生产出轻稀土镁和富钇镁等一系列中间合金。

6.5.2　热还原法制取（高纯）稀土金属

6.5.2.1　钙热还原法

　　1958 年，北京有色金属研究院开始进行从稀土氧化物制取单一稀土金属的研究，提出制取单一稀土金属的合理工艺流程，1962 年，国内首次制备出除钷外 16 种单一稀土金属，并研究去除非稀土杂质、提高稀土卤化物和稀土金属纯度的合理工艺，1963 年，开发了锂还原氯化钇制备金属钇工艺，1965 年开发了钇镁中间合金法还原制取金属钇的工艺。1964 年，15 种稀土金属获得国家计划委员会、国家经委、国家科委工业新产品二等奖。1987 年采用中间合金法建立了年产 20 吨金属钇生产线，用还原蒸馏法（中间合金法）制备金属钇的工业试验。

1967 年，北京有色金属研究总院进行了制取轻稀土金属的研究。获得的产品纯度为 99.9%。进行了 5μm 金属镧粉的制取与工艺的改进以及镧粉的研磨工艺与设备研究。

1968 年，上海跃龙化工厂开始以氟化镝为原料，采用钙热还原法生产金属镝。

1970 年，北京有色金属研究总院与空军第四研究所共同研制金属钷。采用金属钙还原氯化钷，最终制备出同位素金属钷 –147，填补了我国在制备稀土金属钷的空白。

1970—1971 年，包头冶金研究所路阔洪、李佩璋等，以氯化铈为原料，钙作为还原剂，中频真空感应炉熔炼制取纯度 99.99% 的金属铈，满足了当时国家急需。

1971—1972 年，包头冶金研究所安文福、何等求等，用金属钙作为还原剂，分别还原氯化镨和氯化钕，制得纯度 99% 以上的金属镨和金属钕。

1973 年，湖南冶金材料研究所完成军工重点项目"09 工程用于核潜艇的新材料钪"的研制。有色金属研究院也于同年用金属热还原方法制取金属钪，并用真空精炼、真空蒸馏提纯，使最终产品纯度达到 99% ~ 99.9%，用于电光源的样品。

1978 年，北京有色金属研究总院进行了包头 60% 稀土精矿冶炼稀土硅铁合金的试验。完成了用碳化钙、硅热法还原 60% 稀土精矿冶炼稀土硅铁合金的工业试验，解决了合金粉化问题。1979 年，用碳化钙 – 硅热还原法处理中品位稀土矿，并将该方法用于冶炼稀土合金的研究。在 5 吨电炉上进行工业性试验，得到的合金品位 30% ~ 35%，总收率为 60% ~ 65%。1980 年，进行了以微山湖稀土精矿为原料冶炼低磷稀土硅铁合金工艺研究。在 1.5 吨电炉中进行工业试验，在此基础上实施了技术转让。1981 年，进行了用中品位稀土精矿冶炼稀土合金工艺和解决粉化研究，冶炼稀土含量为 30% ~ 35% 的合金，稀土收率大于 70%，合金达到出口要求。1989 年，北京有色金属研究总院进行了中间合金法制备金属镝的工业试验，1997 年，中间合金法制备生产线扩大到年产 80 吨，同时用于镝、铽、钬、铒等重稀土金属的生产，当年金属镝被国家科学技术委员会评为国家重点新产品；1997 年，开展了高纯金属镝制备工艺进行研究；2001 年，高纯金属镝（Dy/TREM）>99.95% 被国家科学技术委员会评为国家重点新产品。

1986 年，包头稀土研究院王福琴等用钙热还原法制取铽镁合金，合金经过真空蒸馏后铸锭获得了金属铽。

1988—1990 年，包头稀土研究院郝俊英团队，以金属钙热还原法制备金属钆、铽、镝、钇。其中金属钆、钇制备工艺达到国内先进水平；金属铽制备工艺，在提纯脱氧、脱钙方面具有独创性。

1993 年，北京有色金属研究总院开展了中间合金 – 真空蒸馏法制备高纯金属钪的工艺研究。该工艺采用金属锌为合金化元素，增大合金密度，促进了渣金分离，提高了金属钪收率。金属钪纯度（Sc/REM）>99.999%，Sc>99.98%，直收率 >85%。并建成了年产能力为 150 千克的高纯钪生产线。

2013 年，湖南稀土金属材料研究院成维等进行了钙热还原法制备高纯金属镧的工艺研究，获得了纯度大于 99.9% 的高纯金属镧，收率 95% 以上。

6.5.2.2　还原蒸馏法

我国还原蒸馏法的研究工作开始于 20 世纪 60 年代，1962 年，有色金属研究院用还原蒸馏法制备了金属钐、铕和镱，其中稀土金属纯度达到 99.8%，产出率 > 98%。

1971—1973 年，包头稀土研究院安文福等以氧化钐富集物（Sm_2O_3 80%）为原料，用镧热还原法制取金属钐，其纯度 98%~99%，收率 90%~95%。1982 年，又以廉价的混合稀土金属为还原剂，进行系列实验研究。并对金属镧做还原剂生产金属钐的条件和生产装备进行研究，得到 99.9% 金属钐。秦凤启等研制的制备金属钐反应器，由涂覆钼粉的石墨坩埚及套筒、冷凝器组成，1991 年申报国家专利。

1992 年，北京有色金属研究总院进行了金属钐制备工业试验，采用了氧化钐与还原剂混合成型技术，改进炉体结构和材质，省去了压块工序，简化了流程，提高了收率，降低了成本。金属钐的产率为 94.7%，成品直收率为 90%。金属钐的纯度 ≥ 99.5%，Sm/REM ≥ 99.9%。1993 年，完成了金属钐工业化试验研究，单炉产能 4 千克，建成了年生产能力为 5 吨的金属钐生产线。"十五"期间，在国家稀土材料产业化及应用专项支持下，研发出钐的大型专用设备，单炉产能 100 千克，实现了规模化生产。

1993—1994 年，包头稀土研究院姜银举、吕恩保等采用高温高真空蒸馏提纯技术，以工业纯稀土金属镝为原料，在自主研制的真空特种电阻炉内进行提纯冶炼，获得了高纯稀土金属镝，纯度大于 99.9%。

1995 年，包头稀土研究院郝占忠团队采用同样方法制取了高纯稀土金属钬、铒，纯度均在 99.9% 以上。

1995 年，包头稀土研究院郝占忠团队以铥、镱、镥富集物为原料，采用选择性还原新工艺，在特种电阻炉内进行实验，获得纯度 99.9% 金属镱（收率大于 90%），进一步提取铥，金属纯度大于 90%。

6.5.3　超高纯稀土金属制备

超高纯稀土金属是指绝对纯度达到 99.99% 以上的稀土金属，需要多种提纯方法和采用高精装备才能达到。

20 世纪 90 年代以来，国内开展了大量高纯稀土金属制备工艺及设备的研究。

1996 年，北京有色金属研究总院进行了金属铽的制备和降低铽中氧含量的工艺研究。2001 年，"高纯金属铽（Tb/TREM）>99.95%"获得 2000 年度国家级新产品证书。

1998 年，北京有色金属研究总院开展了高纯稀土金属的制备研究，确定了原辅材料的提纯工艺，自行设计制造出提纯装置，制备出纯度 3N（其中铽、镝两种稀土金属纯度达 4N 级）的共 16 种高纯稀土金属。

1999 年，北京有色金属研究总院承担了国家重点稀土建设项目"高纯稀土金属产业化示范工程"，以开发低温还原技术、还原蒸馏技术、真空蒸馏提纯技术为基础，进行了高纯稀土金属的产业化开发，自行设计了单炉产量 800 千克的高温高真空蒸馏炉、100 千克的金属钐制备炉和 80 千克的还原炉等设备，形成了 1600 吨中、重稀土金属和特种稀土合金生产能力，开发出 10 余种稀土金属产品绝对纯度均达到 99.9%~99.98%，并建成了示范线。该项目 2005 年获北京市科学技术奖一等奖，2009 年获得国家发明奖二等奖。

2007 年，北京有色金属研究总院和湖南稀土金属材料研究院等单位承担了国家科技支撑项目"科研用高纯无机试剂共性关键技术及核心单元物质的研究"，开发出 99.99% 的金属镧、铈和钕。

2011 年，北京有色金属研究总院牵头，与湖南稀土金属材料研究院等单位合作承担了国家 "863" 重点项目 "超高纯稀土金属及合金节能环保制备技术"，自主开发了超高真空蒸馏提纯、悬浮熔炼、冷坩埚区域熔炼、（复合磁场）固态电迁移等提纯工程化技术及装备，在国内首次将难提纯稀土金属的绝对纯度由 3N 级提升至 4N 级，获得 13 种绝对纯度 >99.99% 的超高纯稀土金属（相对 40 ~ 75 种杂质元素），其中铥、铒、镱和镥达到 99.993% ~ 99.995%（相对 75 种杂质元素），超高纯稀土金属年产能达 12 吨。"3N–4N 超高纯稀土金属及合金" 经过科技部的严格审查和筛选，成功列入 "2014 年度国家重点新产品计划"。2016 年 "4N 级超高纯稀土金属集成化制备技术" 获中国有色金属工业协会科学技术奖一等奖。

"十二五" 以来，包头稀土研究院通过集成创新开发了高纯稀土金属镱产业化技术及成套装备，获得了大于 4N 的高纯稀土金属，稀土收率大于 98%，建成了年产 15 吨高纯稀土金属生产线。通过了内蒙古科学技术厅组织的专家鉴定。

内蒙古大学利用钙热还原无水氟化钪制取粗钪，然后进行多次真空蒸馏去除杂质，获得了纯度大于 99.99% 高纯金属钪。江西地矿局稀土应用研究所采用钙热还原 – 真空蒸馏工艺制取了高纯金属铽，纯度大于 99.99%。

2012 年，北京有色金属研究总院和北京大学共同开展了多种稀土金属新型纯化方法及纯化机理的研究，特别是基于对稀土金属中气体杂质迁移规律的研究，开发出固态外吸气法、氢等离子体电弧熔炼等新型提纯方法，获得了氧含量低于 20×10^{-12} 金属钆和铽；并首次将凝固前沿的溶质再分配理论引入稀土金属的蒸馏产物中杂质浓度分布的研究中，获得了杂质在蒸馏产物分布的数学模型，为稀土金属蒸馏提纯提供理论基础。

第7章　稀土结构材料

7.1　稀土钢

稀土在钢铁工业中的应用，曾是稀土产品最大的消费市场。钢中加入稀土的冶金学原理以及稀土影响钢铁材料性能的许多冶金因素与作用机理，国内外均有广泛的研究。稀土钢和稀土处理钢的广泛应用，扩展和深化了钢铁材料学科的研究领域和相关理论。

7.1.1　稀土在钢中应用研究简要回顾

20世纪50年代中后期，由于国家经济建设和兵器工业发展的需要，国内的一些科研单位和高等院校，协同相关冶金及机械企业，开始稀土在钢中应用的试验研究。随着内蒙古白云鄂博稀土资源开发利用研究工作的进展，研制我国"稀土合金钢系列"以及利用稀土替代或节约特种钢中所需的而在我国属稀缺资源的镍、铬元素，成为国家主管部门的重要议题之一。从1960年开始，国家科委、国家计划委员会、中国科学院、冶金部、五机部等部委的主要领导，先后来到包头，同内蒙古自治区、包头市和包钢的主要领导商议，决定以包头地区作为全国稀土在钢铁中应用的科研中心。包钢冶金研究所配合包钢，结合包头矿资源特点，研制开发应用钢铁新产品以及钢铁冶金所需的稀土硅铁合金；兵器工业系统的五二研究所，结合内蒙古一机厂、内蒙古二机厂等单位，重点研制节约镍铬用量的兵器用钢。在时任中央军委副主席聂荣臻元帅的密切关注下，由兵器工业和冶金工业部门共同组织内蒙古一机厂、五二所、钢铁研究总院、沈阳金属研究所和鞍山钢铁公司等单位参加的攻关组，在魏兆融等主持下开展了无镍少铬装甲钢的研究工作。他们从其作用机理研究入手，探索技术途径。经过共同努力，较快地研制成功了无镍铸造装甲钢，即601钢，其性能达到苏联装甲钢的水平，于1963年投入生产，满足了坦克炮塔等生产方面的需要，这项成果荣获国家发明奖。接着，由鞍钢进一步研究，轧制装甲钢板取得成功。这两种钢材是中国开发的第一代装甲钢，实现了装甲钢的国产化。

20世纪70年代初，内蒙古一机厂、五二所和钢铁研究总院开展了新一代装甲钢的研究。他们采用独特的技术方案，经过五年的努力，研制成功了新型铸造装甲钢，钼的含量减少二分之一，低温韧性提高了。1963年4月15日，在北京召开了包头矿综合利用和稀土应用工作会议即第一次"415"会议，其中交流稀土在钢中应用研究的单位达50多个，发表的47篇论文和研究报告，涉及铸钢、高速钢、弹簧钢、碳素钢等9个方面。坦克用钢、舰艇钢板、电铲铲齿用锰钢已鉴定可定型生产；稀土炮钢、汽车大梁用钢等加稀土后表现很好的苗头。这次

"415"会议是国家对包头矿综合利用工作的一次重要部署，由国家科委、国家经委统一领导，全国 14 个中央部委的共 140 个单位参加会战，在综合利用方面，稀土在钢中应用研究是重要内容。

1965 年，第二次"415"会议在包头市召开。在这次会议上，根据当时我国冶金企业和科研院校的具体情况，进一步安排了稀土在钢铁中应用的攻关项目和科研课题。

1975 年 8 月，经国务院批准，由国家计划委员会、中国科学院和冶金部共同召开的"全国稀土推广应用会议"在包头召开，与会代表多达 450 余人。会议回顾第二次"415"会议以来稀土在钢中应用与推广的情况：研究试验的共有 65 个钢号，其中正在生产应用的有 16 种，可代替 20 多个碳素钢和合金钢材，用于制造坦克、舰艇、汽车零部件、钢板桩、桥板以及锅炉钢管等。

1978 年 7 月至 1986 年 8 月，方毅副总理连续 7 次到包头，召开包头矿资源综合利用科技工作会议。稀土在钢中应用技术和理论研究，同我国稀土科技及稀土产业的发展一样，取得巨大进步。20 世纪 80 年代，全国几十个单位参加稀土钢的研究与钢号试制工作，试验研究的钢号上百个，几乎包括了所有的钢种。在国家主管部门的支持下，通过课题组合和国家重点科技攻关项目合作形式，科研院所和高等院校，协同相关钢厂以及机械行业工厂，先后进行了钢中加入稀土的过程冶金学以及钢中稀土的物理冶金学研究，主要包括稀土钢冶炼工艺和稀土在钢中作用规律与作用机理研究；利用包头矿资源研制稀土钢新品种；钢铁冶金用的稀土铁合金与稀土金属（合金）的品种规格；结合钢厂不同的现场条件，研制和设计多种稀土加入方法与装备（器械）；钢中稀土总量及分量的分析检测与试验技术；钢中稀土夹杂物鉴定与图谱；钢中稀土存在形态及其分布研究以及加入稀土前后钢材（坯）品质、性能对比的检测与试验方法等。这些工作取得的许多突破性成果，促进 20 世纪 80 年代后期我国许多钢号生产较为成熟，能正常生产供应，稀土在钢中的作用规律和作用机理有了较完整的认识和理论阐述。

7.1.2 稀土在钢中应用的基础研究

20 世纪 50 年代后期，中国科学院上海冶金陶瓷研究所及沈阳金属所、冶金部钢铁研究院、北京钢铁工业学院（现北京科技大学）、东北工学院（现东北大学）、包钢冶金研究所（现包头稀土研究院）、五二研究所等单位，结合各自专业特长，承担了稀土在钢中应用的基础研究课题，内容主要是稀土在钢（纯铁）液中的物理化学行为，用不同的试验方法，测定计算钢（铁）液中稀土元素同氧、硫的反应平衡常数以及其他元素存在对活度系数的影响；计算比较钢中稀土夹杂物的生成自由能以及推测钢中稀土夹杂物的生成规律；稀土元素对钢（铁）液中气体（氮、氢）含量及其存在形态的影响；稀土夹杂物的鉴定及定性定量分析技术；钢中稀土存在形态及非水电解液电解法测定稀土固溶量方法研究；稀土及稀土化合物的相图研究和有关热力学计算；稀土对钢液流动性与铸造性能的影响；稀土对一些试验钢相变过程与相变产物性状的影响；钢中稀土总量与分量测定标准的制定；利用包头矿资源研制钢铁冶金用稀土添加剂的工艺技术；测定当时包钢生产的稀土铁合金的物理性能；收集、翻译、研究、出版国外稀土在钢中应用的技术资料等。这些基础工作的进展对我国合理使用稀土，研制稀土钢，具有很好的指导作用。

1962 年，包钢冶金研究所杜挺等发表了"稀土在纯铁中的作用机理研究"；1963 年，中国科学院沈阳金属研究所发表了"纯铁中稀土夹杂物形态的研究";1964 年,沈阳金属研究所陈继志等同鞍钢合作,完成了大于 9 吨的稀土处理钢钢锭的解剖研究工作,揭示了稀土在钢锭中的分布情况、锥形沉积区的特征、稀土分布与钢锭凝固结晶过程的关系,论证了钢锭中稀土分布不均匀并未对钢板机械性能产生明显影响,研究了钢锭中稀土与硫同时发生偏析现象以及不同部位稀土与硫比值变化的情况;这一年,陈继志等还同鞍钢合作,完成了稀土对重轨白点敏感性和淬火裂纹的影响,证明稀土对上述两个问题都有显著的效果。1965 年,冶金工业部钢铁研究院发表了"钢水预脱氧状态对钢中稀土残留量(回收率)影响"以及"不同预脱氧剂对稀土钢中非金属夹杂物的影响"的研究论文;1964 年,武钢中央试验室发表了"稀土元素对钢中气体夹杂物的影响";大冶钢厂同中国科学院沈阳金属研究所合作,研究"钢中稀土夹杂物形成的规律";包头冶金研究所钢种室在实验室进行了稀土对钢中气体含量的影响、稀土对 20 钢液流动性的影响以及对包钢生产的稀土"一号合金"熔点、比重等物理性质的测定工作。

　　20 世纪 60 年代,上海第三钢铁厂生产稀土钢有时会出现钢包浇注水口堵塞即结瘤现象。当时实行产、学、研结合,针对生产实际的"结瘤"问题,开展结瘤形成机理研究。冶金部下达了课题,组织了中国科学院沈阳金属研究所、包头冶金研究所参加,联合北京钢铁学院(现北京科技大学)、上海耐火材料厂以及上海冶金局所属的科研院所一起工作,对上海第三钢铁厂电炉、平炉、转炉生产汽车大梁用钢 16 锰钢冶炼工艺,特别是铝终脱氧工艺、出钢温度、水口堵塞物同水口壁连结形式、水口材质与形状等方面进行检测研究分析,弄清了水口"结瘤"是钢液中高熔点稀土夹杂物在水口聚集所引起的,这些夹杂物主要是粒度小于 10 微米的 RE_2O_2S 颗粒彼此合并长大和形成网络直至水口全部堵死。通过试验研究,找到了改变终脱氧制度,特别是减少加铝量的操作工艺和采用特殊材质或内衬的水口的措施,可有效减轻或防止水口"结瘤"。该项研究成果于 1981 年通过鉴定。

　　结合稀土钢研制、生产实际,实行产、学、研结合,进行应用基础研究的实例很多。其中诸如:20 世纪 70 年代,五二研究所、东北工学院对军工企业电渣重熔 $PCrNi_3MoV$ 钢,应用热力学计算,配制了含稀土氧化物的重熔渣体系,有效还原稀土进入铸坯,改善并消除了"电渣铸态断口"。北京钢丝厂同北京钢铁学院、北京冶金研究所合作,研究了稀土电渣重熔 $OCr_{25}Al_5$ 电热合金的物理化学特征,通过热力学分析,确定了新的稀土熔渣组成配比,比原用的 Al_2O_3 渣表面张力小,比电导小,碱度高,氟度低,脱氧能力强,重熔后,合金中夹杂物总量比原来减少 20%~80%。80 年代,北京钢铁学院利用他们长期进行钢中稀土物理化学研究的成果,结合实际,同包头稀土研究院合作,从钢液中可能生成夹杂物的比重、熔点、酸碱度及其同保护渣匹配等角度,计算分析有关热力学数据,配制用于攀钢稀土处理钢精炼的包芯线的粉剂组成与配比,效果良好。

　　20 世纪 80 年代,是我国有关稀土钢研究最为活跃的时期,先后发表的各类论文数以百计。钢铁研究总院"稀土元素在铁基、镍基、铝基溶液中的热力学性质及相平衡相图",包头稀土研究院论文"稀土在钢中应用的物理基础",分别根据自己的试验研究,综合国内外其他稀土钢研究者的实验数据和理论,系统论述了稀土在钢中应用的冶金物化原理和物理冶金学原理。国内广泛深入的应用基础研究,促进我国稀土钢冶炼工艺的不断完善,开发出多种适合我国当时冶金技术状况的稀土加入工艺,克服了曾经影响稀土钢推广的水口结瘤、低倍夹杂、稀土回收率低而不稳定问题，对逐步搞清稀土在钢中的作用规律与作用机理产生很大作用。稀土的应用基础研究同稀土作用机理研究密切相关。

7.1.3 钢中稀土应用基础研究同我国稀土钢品种开发互相促进

关于稀土加入方法，20 世纪 80 年代起包头冶金研究所陈希颖等借鉴美国的经验，开发成功了板坯连铸结晶器喂稀土丝法及钢锭模吊挂稀土棒法。湖北京山华邦功能材料有限公司解决了稀土丝包复薄钢带保护问题。我国高等院校、科研所、稀土钢生产企业克服了曾影响稀土钢推广的浇注水口堵塞、低倍夹杂以及稀土回收率低且不稳定问题；可保证目标稀土钢要求的稀土残留量范围，实现合适的 [RE]/[S] 比值和所需的合金化量。冶金部稀土办公室和冶金部稀土钢领导小组办公室，为我国稀土钢的推广应用作了不少工作。1978 年 11 月 9 日冶金部成立了稀土钢领导小组，组长是冶金部钢铁司余景生处长、副组长是包头冶金研究所张麟经和北京钢铁学院肖纪美。1980 年 9 月 12 日，冶金部钢铁司和科技办联合发出通知，委任余景生为冶金部稀土钢领导小组组长、包头冶金研究所所长吴玉良、鞍山钢铁公司科技处邢栋处长、中国科学院沈阳金属研究所陈继志教授为副组长。

关于稀土在钢中的作用机理研究，北京科技大学、钢铁研究总院、东北大学、中国科学院沈阳金属研究所取得了很大成绩，如稀土在钢液中的物理化学行为、存在形式，特别是晶界偏聚特征，稀土在钢中的微合金化作用等，达到国际先进水平，为推广稀土在钢中的应用打下了一定的理论基础。北京科技大学的林勤等人和武汉钢铁公司合作，还研究了超低硫钢中稀土元素的作用，得出的结论是，稀土在超低硫（$S < 0.003\%$）铌钛微合金钢中仍然有净化钢质、变质夹杂作用和微合金化作用，稀土固溶量可达到 $10^{-5} \sim 10^{-4}$ 数量级。东北大学用内耗的办法研究了稀土在重轨钢中的作用。

由于稀土作用规律和作用机理研究的不断深入，促进了我国稀土钢品种和产量逐年增加。至 20 世纪 80 年代末期，试制了不少钢种，其中包括节约镍铬含量的军工用钢、耐热合金钢、轴承钢、齿轮钢、弹簧钢、石油套管钢、耐候钢、高速钢、结构钢、电热合金以及一批低合金高强度钢与铸钢。进入 21 世纪，随冶金技术进步和市场需要又先后开发研制出稀土双相不锈钢、稀土铁素体不锈钢、稀土重轨钢、稀土无取向硅钢等。

1982 年，我国稀土钢产量不足 2 万吨，到 2008 年全国年产量最高达到 164.5 万吨，为企业创造了较大的经济效益。武汉钢铁公司多年来同北京科技大学、包头稀土研究院等合作，在应用技术和理论研究方面取得的成就最为突出。1986—1993 年，共生产稀土处理钢 164 万吨，净增利润 1.84 亿元，可计算的社会效益（如大幅度提高铁道车辆使用寿命等）约 8.1 亿元。1996—1999 年，在集装箱板用的三个仿国外钢种中加稀土处理，改善了冷弯性能，市场竞争力提高，以产顶进，共生产了 46 万吨，创汇约 1.54 亿美元。2008 年，本溪钢铁公司以车轮钢为主的稀土钢产量突破了 30 万吨。近几年，包头钢铁公司李春龙等开发成功了精炼炉稀土加入工艺，基本解决了包头钢铁公司各生产线稀土加入工艺问题并开发成功一批钢种。包头钢铁公司开发的稀土铬重轨，已成功出口美国、巴西、墨西哥 5.7 万吨，用户反映良好；含稀土的 "310 乙字钢" 年产量达几万吨；生产了风力发电塔架用 Q345 系列稀土钢宽厚板产品 28 万吨，受到风电用户好评；还开发成功 BT100H 稀土微合金化稠油热采专用套管；在无取向电工钢中通过加入稀土，有效地改善了凝固组织，抑制了柱状晶并发展增加了等轴晶，为克服瓦楞缺陷提供了技术支撑。他们还发现稀土添加剂镧铁合金的纯净度（氧含量）对钢连铸结瘤影响很大。当镧铁合金氧含量为（200～300）×10^{-12} 时，连铸过程严重结瘤；当氧含量为 $50×10^{-12}$ 时杜绝了结瘤现象。近年来受各种因素影响，全国稀土钢产量有所下降，国外在稀土高强度钢、稀土耐热钢、稀土不锈钢、稀土管线钢，另外还有稀土高速钢、稀土模具钢和稀土表面硬化钢方面，研究成果累累，产业化发展良好。

多年积累的技术经验和理论研究成果，也继续为稀土钢的发展提供助力。2014 年，鞍山钢铁集团公司（鞍钢）在宽厚板坯连铸结晶器喂稀土丝，取得成功，稀土加入工艺平稳，钢坯中夹杂物尺寸均小于 5 微米，钢坯各点稀土含量在 0.016%～0.018%，非常均匀，稀土收率达 80% 以上。太原钢铁（集团）有限公司（太钢）在生产稀土耐热钢 253MA 时发现，必须严格限制稀土添加剂的氢含量。钢铁研究总院和宝山钢铁股份有限公司（宝钢）不锈钢公司合作，研究了稀土对 430 铁素体不锈钢性能的影响，加入稀土使该钢种横向冲击韧性和高温抗氧化性能大幅度提高。东北大学也研究了铈能显著提高 00Cr17 铁素体不锈钢的高温抗氧化性能。他们还研制了稀土钢连铸结晶器专用保护渣。

内蒙古科技大学稀土钢的试验室工作，近几年取得了不少成绩。他们成功地研究了铈对取向硅钢和无取向硅钢组织及织构的影响。他们发现，在 4Cr13 马氏体不锈钢中加入稀土镧，可以明显提高钢的强度、塑性和耐腐蚀性。在 X80 管线钢中加入 0.01% 的铈，使钢的屈服强度提高 12%，–20℃横向冲击功由 275 焦提高到 340 焦，效果显著。在轿车用 IF 钢中，添加 0.024% 的铈，与不加铈的相比，钢的横向冲击韧性由 229.5 焦增大到 308.6 焦，提高了 34.5%。还有铈对 T91 耐热钢夹杂物的变质及冲击韧性影响的成果，都很有意义，值得钢厂推广。

内蒙古一机厂继续在铁道车辆挂钩、履带板等产品推广稀土应用，取得很大成功，其中挂钩铸件 –60℃冲击韧性完全达到并超过国外客户严苛的要求，车辆产品顺利出口。

包头市鹿电高新材料有限责任公司自主研发的新型铁基稀土高铬耐热耐磨可焊钢已经成功应用于电力、冶金、建材、煤炭、机械、铝厂等领域，解决了耐磨材料不能焊接、能焊接的材料不耐磨的技术难题。铁基稀土高铬可焊钢是一种高温下耐热、耐磨、抗热冲击性和冷热疲劳性好、可焊性好的稀土铁基合金材料，该项技术达到国际领先水平。应用实践证明，产品具有以下性能优势：新型稀土材料在冶炼过程中能够控制硫磷，使高温铁基合金材料获得奥氏体和铁素体双相钢。在钢中加入稀土，使熔点 800℃的硫化锰被稀土中的铈取代了锰，形成了高熔点 1800℃的稀土化合物，从而使双相钢的最高使用温度达 1300℃以上。由于稀土高铬双相钢不含钼、钒两种元素，且冶炼工艺简单、制造成本较低，因此能够制造多种工艺复杂、加工难度高的耐 1100～1300℃高温的钢铸件和机加工成型件，可应用于火力发电厂大型机组，成功解决了火力发电厂大型机组锅炉喷火嘴用材以及炼铁高炉富氧煤喷枪用材的应用难题。

近年来，中国科学院沈阳金属研究所经过持续攻关，深入生产企业进行实地考察，通过大量实验室研究和工程化试验，揭示了氧含量对稀土钢的决定性作用，提出了稀土中氧含量的控制方法和低氧钢中稀土的正确加入方法，开发了亚微米尺寸夹杂物的稀土钢制备技术，突破了稀土在钢中进行规模化工业应用的技术瓶颈，找到了水口不再结瘤的控制方法，并实现了千吨稀土钢连铸生产工艺顺行。目前，已经在包头钢铁集团、鞍山钢铁集团、山东西王特钢、西宁特钢、中信泰富新冶特钢等十余家企业的三十多个品种钢中进行了工业化批量试验，显著提高了钢的韧塑性和质量稳定性，特别是稀土模具钢性能优异。

我国钢的品种质量与国外先进水平还有相当大的差距，仍有不少钢材需要进口。用稀土这个高技术材料来强化和提升钢铁传统产业，在低合金钢、合金钢中加入微量稀土，把稀土的资源优势转化为钢材的品种优势和经济优势，具有重要的战略意义，我国的稀土钢完全可能做大做强。如果我国稀土钢的年产量达到2000万吨，仅占我国粗钢产量的2.5%，则每年使用混合稀土金属（以过剩的元素铈、镧为主）近1万吨，这也有利于稀土元素的平衡利用，促进我国稀土产业的健康发展。

稀土处理作为一种特殊的炉外精炼技术，基本上不需要技术改造投入。稀土既是优良的夹杂物变质剂，又是一种强效的微合金元素，把稀土作为钢中的一种微合金元素，还大有发展潜力。国内外钢厂的实践证明，研制开发稀土微合金钢和稀土处理钢，是改善钢质和开发品种的有效措施之一。我国普钢厂的宝钢、首钢京唐公司等装备水平与国外差距很小，而我国的特钢厂虽然引进了一些国外的装备，但装备水平与国外差距仍较大。为解决这一问题，在炼钢精炼工艺加一道稀土处理工艺，就可以达到国外的质量。我国高端装备的发展，对特种钢和高端低合金钢的质量和数量需求必然迅速提高和增长。稀土在提高特种钢和高端低合金钢的质量方面能发挥重要作用，我国稀土钢有广阔的发展前景。

相信在未来几年内，我国稀土钢的工作将上一个大台阶，出现一个崭新的面貌，稀土钢生产的工艺技术将达到国际先进水平，稀土在钢中的作用机理研究将达到国际领先水平，从而推动我国钢铁行业的转型升级。

稀土钢学科研究的发展历程，除反映在历年来研究人员发表于各类专业杂志上的数以千计的论文外，还反映在多部公开发行的专著中，它们较系统地介绍了当时稀土钢的研究动态和阶段成果。

1）《稀土金属文集（性能与应用）》 廖世明等译。中国工业出版社，1964年。

2）《稀土金属在钢铁中的应用（译文集）》 金心、韩育良、成诗仪等译。中国工业出版社，1965年。

3）《稀土金属合金》 白德忠译。国防工业出版社，1965年。

4）《稀土元素在钢铁中的应用》 李代钟、邢中枢。上海科学技术编译馆，1966年。

5）《钢中稀土》 余宗森、褚幼义、贺信莱等。冶金工业出版社，1982年。

6）《钢中稀土夹杂物鉴定》 褚幼义、赵琳。冶金工业出版社，1985年。

7）《稀土在钢铁中的应用》 余宗森主编。冶金工业出版社，1987年。

8）《稀土处理钢手册》 余景生、余宗森、章复中主编。冶金工业出版社，1993年。

9）《稀土碱土等多元素的物理化学及在材料中的应用》 杜挺、韩其勇、王常珍。科学出版社，1995年。

10）《稀土（第二版）》 徐光宪主编。冶金工业版社，1995年。

7.2　稀土铸铁材料

7.2.1　稀土铸铁发展概况

目前，我国稀土已在球墨铸铁、蠕墨铸铁、灰口铸铁和白口铸铁等铸铁合金上得到广泛的应用。其中，利用含稀土元素的变质剂处理的球墨铸铁产量，在 2016 年就达到 1320 万吨，大约使用了稀土—镁中间合金 10 万~ 12 万吨，折合成稀土氧化物年使用量 4000 ~ 5000 吨。

1975 年 11 月，第一机械工业部召开稀土推广应用工作会议。成立了一机部稀土推广应用领导小组及稀土推广办公室。编制了"机械工业稀土推广应用十年发展规划"。1978 年 11 月，冶金部成立了稀土在钢铁中应用领导小组。1978 年，成立农机部稀土推广办公室，并提出稀土在农机产品上应用发展规划，并在 1981 年召开了全系统的推广应用大会。1979 年 10 月，中国稀土学会下设了包括"稀土铸造合金"在内的 11 个专业委员会。1989 年 10 月，在清华大学成立"稀土在铸铁中应用技术服务中心"。

国家支持下，我国在包头等地建设了稀土硅铁合金厂，生产了各种稀土球化剂、蠕化剂、孕育剂，使稀土在铸铁应用上有了可靠的物质基础。

1981 年，在山东蓬莱召开了中国稀土学会铸造合金专业委员会第一次会议，对稀土在我国铸铁上的研究和应用，起了非常关键的推动作用。此次会议总结了 10 多年来我国稀土在铸铁研究、应用工作中的成绩，肯定了稀土元素在铸造合金中的四个主要作用。我国研制开发、应用稀土"三剂"（即球化剂、蠕化剂、孕育剂），扩大了稀土元素在铸造合金中的应用范围，掌握了稀土镁球墨铸铁的成套生产技术。

7.2.1.1 稀土镁球墨铸铁

球墨铸铁作为一种新型的工程材料，具有强度高、韧性好、抗冲击等优良的力学性能和铸造性能，在许多机械零件上代替传统的灰口铸铁、可锻铸铁和铸钢，并提高这些机械零件的质量水平。1949 年，全世界球墨铸铁产量只有 5 万吨，到 2008 年达到了近 2400 万吨，占全部铸造合金年产量的 25.5%。在工业发达国家，球墨铸铁比例高达 30% ~ 40%，如法国 40%、日本 32%、美国 30%。

我国的球墨铸铁生产起步很早，1950 年就研制成功并投入生产。2009 年，全国的球墨铸铁产量为 870 万吨，占世界第一位。我国 95% 以上的工厂、80% 以上的球墨铸铁产量采用以稀土镁中间合金作为球化剂、操作工艺简单的冲入法。铸态球墨铸铁、离心球墨铸铁管和奥氏体—贝氏体球铁、低温使用的球墨铸铁、高强度高韧性的球墨铸铁、硅强化铁素体球墨铸铁等先进技术的研究成功和生产应用，标志着我国稀土在铸铁中应用的研究工作和生产技术均达到了很高的水平，部分已达到国际先进水平。2016 年，全国的球墨铸铁产量已占世界总产量的 51.8%。

（1）稀土镁球墨铸铁的研究和应用

1949 年春，清华大学王遵明等在实验室里用铜镁合金研究成功球墨铸铁。1951 年夏，在抚顺举办了球墨铸铁研究班，使这一成果在东北地区实现了工业生产。1950 年 10 月，中国科学研究院上海冶金陶瓷研究所试制出球墨铸铁。1951 年 4 月，上海大鑫机器厂（现上海重型机器厂有限公司）在生产中应用球墨铸铁。同年，上海机床厂、沪东造船厂等不少工厂也试制出球墨铸铁并用于生产。此外，天津动力机器厂、太原矿山机器厂、北京农业机械总厂等工厂都纷纷投入生产。

20 世纪 50—80 年代，科研人员积极进行稀土在球墨铸铁中应用的研究工作。当时由于钢材缺乏，锻造设备能力不足，一机部把曲轴作为球铁推广应用首选零件。1957 年，四季度无锡柴油机厂试制成功球铁曲轴并用于生产，对球墨铸铁的应用起了很大推动作用。

1961 年，包头钢铁公司利用硅铁还原技术，用电炉成功地从高炉炉渣中提取出廉价的稀土硅铁合金。其后，一机部机械院、无锡柴油机厂、包头冶金研究所等单位先后开展了应用稀土硅铁作球化剂处理球铁的试验研究工作，并生产出稀土球墨铸铁曲轴。

1964 年，一机部机械院和南京汽车厂等单位利用纯镁加稀土硅铁联合处理的方法，成功研制出具有中国资源特点的稀土镁球墨铸铁，基本上解决了长期困扰镁球铁生产中的夹渣、缩松和球化不良缺陷，使球墨铸铁质量和力学性能得到很大提高，废品率从 50% ~ 60% 降低至 8% 以下。随后无锡柴油机厂也按此工艺试验成功。1965 年下半年，各单位研究出用包底冲入法取代压力加镁法生产球墨铸铁工艺，大大简化了球化处理工艺，使球墨铸铁生产更方便、安全。从此稀土镁球墨铸铁在全国蓬勃发展起来，球墨铸铁的产量也由 1964 年的 2 万 ~ 3 万吨提高到 1980 年的 40 多万吨、1994 年的 145.9 万吨。1973 年，全国生产球墨铸铁的厂家已达数百家之多。

"六五"至"八五"规划期间，我国先后制（修）订了《球墨铸铁件（GB 1348—88）》《球铁金相（GB 1802—76）、（GB 9441—88）》和《球墨铸铁用生铁（GB 1412—78）》三个国家标准，开发出中国的球化剂和孕育剂系列，并组织商品化生产；开展了原铁液脱硫技术、球化孕育工艺、球铁凝固工艺特性、力学性能与物理性能、铸态球铁生产技术和强韧化工艺，以及检测控制等多方面的试验研究工作。金属型覆砂工艺成为国内大批量生产球铁曲轴的先进工艺之一。

稀土镁球墨铸铁已广泛地应用于汽车、拖拉机、农机具、机床工具、冶金矿山、通用机械、发电设备和机车车辆等行业，稀土镁球墨铸铁零部件已达数百种，应用得较好的是离心球墨铸铁管，汽车、内燃机、拖拉机的保安件和曲轴等典型铸件，以及厚大断面球铁件、奥氏体球铁等。据估算，目前我国稀土镁球化剂的年使用量为 10 万 ~ 15 万吨，折合成稀土氧化物的年使用量 0.30 万 ~ 0.45 万吨。

（2）稀土镁球墨铸铁的基础研究

1）稀土在球墨铸铁中的行为和作用机理方面的研究成果。①发现用稀土镁生产的球墨铸铁（碳 3.4% ~ 3.8%、硅 1.8% ~ 3.0%），很难获得像镁球铁那样圆整均匀的球状石墨，石墨圆整度（一般称球化率）只有 2 ~ 3 级。而且当稀土量过高时，还会出现各种变态石墨或使石墨畸变，白口倾向也增大。②稀土具有良好的抗微量反球化元素的干扰作用。加入 0.01% 的稀土，就可以完全中和铅、铋、锑、碲、钛等杂质元素的干扰作用，并抑制变态石墨的产生。我国大部分生铁中均含有钛（有的高达 0.2% ~ 0.3%），当稀土残留量达 0.02% ~ 0.03% 时，仍可保证石墨球化良好。③稀土有良好的脱氧、脱硫和净化铁液等作用。根据我国生铁中杂质元素含量较多、含硫量高和出铁温度低的情况，球化剂中加入一定量稀土以保证球化。④稀土的形核作用，含铈的孕育剂可使铁液中增加石墨球数，减少白口倾向，并显著提高铁液的抗衰退能力。⑤稀土在球墨铸铁中的含量不能太高，一是稀土含量过高会引起石墨畸变，球化率下降；二是稀土的硫化物和氧化物比重接近于铁液，难以与铁液分离，容易造成铸件的各种缺陷，不能盲目地提高稀土使用量。随着铁液质量的改善，球化剂中稀土含量和铁液中有效稀土残留含量还会进一步降低。

2）球铁基础研究及应用方面的进展。有关单位对石墨球大小、数量、分布、圆整度等对球铁铸件质量影响进行了研究，主要成果有：①应控制好原铁液含硫量（0.015% 左右），以得到合适的石墨球数；将低硫（≤ 0.01%）铁液进行前期孕育处理，再加硫处理剂，在铁液中形成大量氧化物、硫化物，以作为石墨生核的异质核心。②镧系稀土镁球化剂白口倾向小、用于厚大断面球铁不易产生碎块状石墨、畸变石墨。

3）高性能、高质量稀土镁球铁件的应用与发展。我国不断扩大稀土镁球铁产品的应用。20 世纪 50 年代末南京汽车厂对中型载重汽车稀土镁球铁曲轴取得成功应用、并组织大批量生产后，使球墨铸铁曲轴在我国动力机械中得到广泛应用。目前全国年产球铁曲轴 2000 多万根以上。

4）厚大断面球墨铸铁件的研究和应用。用厚大断面球墨铸铁代替铸钢件和某些锻钢件，在提高使用性能和降低成本方面，都具有独特的优越性。厚大断面球墨铸铁件（一般壁厚 ≥ 100 毫米）由于冷却速度缓慢，往往在厚壁中心或热节处出现变态石墨、石墨球数减少、组织粗大、晶间碳化物和石墨漂浮等现象，由此导致力学性能下降，尤其是塑性下降更为严重。根据以钇为主的重稀土元素具有球化反应平稳、抗衰退能力强等特点，采用适量的钇基重稀土复合球化剂、强制冷却、顺序凝固、延后孕育以及必要时添加微量锑、铋元素等措施，解决了球铁件中心部位的石墨畸变和组织疏松等问题，成功地制造了如：大型汽轮机外壳（21 吨）、定子外壳（37 吨）、中压外缸（30 ~ 45 吨）、重大型复杂结构件（38 吨）、注塑机下模板（1.5 ~ 12 吨）、大型船用柴油机缸体（4 ~ 40 吨）、断面为 805 毫米的球铁轧辊、重型机床床身横梁、风电设备的轮毂、底座、轮轴、齿轮箱、轴承座、核废料储运罐等许多特、重、大型铸铁件。

此外，稀土高硅球铁比普通高硅铸铁的组织细小、均匀、致密，抗蚀性能可提高 10% ~ 90%，其力学性能也有显著改善。

7.2.1.2 稀土蠕墨铸铁（简称"蠕铁"）

1947 年，英国莫罗在研究用铈（Ce）处理球墨铸铁的过程中发现了蠕虫状石墨。早期人们把它看作球墨铸铁中石墨衰退的一种形式，或者是介于片状石墨和球状石墨之间的一种过渡形式。20 世纪 70 年代蠕墨铸铁作为一种新型工程材料开始得到应用，它兼有球墨铸铁和灰铸铁的性能：具有良好的力学性能（$\sigma b = 300 ~ 500$ 兆帕）和铸造性能（流动性好、收缩率适中），在高温下有较高的强度，氧化生长较小、组织致密、热导率高和断面敏感性小等特点，尤其是具有优越的综合耐热疲劳性能。我国对蠕墨铸铁的认识，也是随着球墨铸铁的出现而开始的。

（1）稀土蠕墨铸铁的研究开发

20 世纪 60 年代，我国废钢来源奇缺，因在灰铸铁铁液中加入不同量的稀土，使灰铸铁性能超过 HT30-54（即 HT300）的奇特效果，使得这种新材质（因用稀土处理而得到的，故命名为稀土高牌号灰铸铁、稀土铸铁）在大量消耗废钢的机床铸造业受到重视和推广应用。1965—1970 年，山东机械科学研究院、北京机床所、清华大学等单位都开展了稀土铸铁在机床铸件中的应用工作，开始了中国蠕墨铸铁早期的试验和应用。

20 世纪 70 年代末至 21 世纪初，蠕墨铸铁的发展出现了第一次高潮。清华大学、郑州机械研究所等单位开展了关于蠕墨铸铁金相组织、蠕虫状石墨生长机理、二维、三维形貌、蠕铁共晶团、一次结晶等的系统基础理论研究，为蠕墨铸铁的生产和应用打下了基础。

郑州机械研究所、南京工学院等单位做了大量试验，提供了包括蠕墨铸铁的力学性能、物理性能、铸造性能、使用性能的各种性能数据。基于对蠕墨铸铁组织、性能的大量试验研究，20世纪80年代在中国掀起了生产应用蠕墨铸铁的高潮。1986年，全国生产的蠕铁铸件种类达200多种。

（2）稀土蠕墨铸铁产品应用

稀土是制取蠕墨铸铁的主导元素。目前国内生产蠕墨铸铁所用的蠕化剂均含有稀土元素，形成了适合国情的蠕化剂系列。目前全国蠕墨铸铁件年产量为40万~50万吨，该领域稀土氧化物的使用量为600~700吨/年。

应用的稀土蠕墨铸铁件有四大类：①机械强度高、刚性好、受载后不易变形，耐磨性好的各种机床铸件（立柱、横梁、工作台、床身、机座）、甘蔗压榨辊等；②导热性、耐热疲劳性能、铸造性能和机械强度高的排气管、柴油机汽缸盖、钢锭模、铝锭模等；③力学性能高、铸造性能和耐压致密性好的铸件，如液压件、泵壳、阀体等；④耐磨性、耐热疲劳性能好的铸件，如用玻璃模具、汽车制动鼓、汽缸套、制动盘、活塞环等。

受国外研究试验和应用蠕墨铸铁缸体热潮的影响，进入21世纪，国内对蠕墨铸铁的试验研究和生产应用又掀起了第二次高潮。国内引进应用了瑞典欣特铸造法"二步法"处理技术和设备，使蠕墨铸铁件生产更加可靠、稳定，河北工业大学在这方面做了许多工作，取得了良好的效果。

20世纪90年代末至21世纪初，国外将蠕墨铸铁越来越多的应用于发动机缸体、缸盖等重要铸件，并且获得很好的技术经济效益，掀起了一股研究和应用蠕墨铸铁的热潮。美国福特、克莱斯勒、达夫等公司都用蠕墨铸铁来制造发动机缸体等重要铸件。德国有个蠕墨铸铁的专业生产厂，年产蠕墨铸铁件3.6万吨。2008年前后，国外每年有10多万吨蠕墨铸铁缸体（相当于50万台发动机所需）提供给汽车制造公司。一汽铸造有限公司在2010年完成6DL发动机蠕墨铸铁缸体和缸盖样件的研制开发。东风汽车商用车公司铸造二厂研制开发了东风天龙车蠕铁后制动毂。戚墅堰机车车辆公司研制生产了大功率机车和出口巴基斯坦机车的蠕墨铸铁制动盘。

（3）稀土蠕墨铸铁产品生产工艺的持续改进

为了获得稳定的蠕化率，技术人员采用镁钛稀土系、稀土镁钙系等蠕化剂，以扩大加入量范围，对冲入法处理进行改进。根据炉前快速金相检测或热分析结果，采取补加铁液或者补加蠕化剂调整蠕化率，用含有稀土和镁的蠕化剂芯线进行蠕化处理来生产蠕墨铸铁。

我国制订了蠕墨铸铁金相检验、蠕墨铸铁件标准。主要包括：JB 4403-87（JB/T 4403—1999）《蠕墨铸铁件》的发布执行、2010年制订的GB/T 26655—2011《蠕墨铸铁件》和GB/T 26656—2011《蠕墨铸铁金相检验》两项国家标准，有力地促进蠕墨铸铁在我国的发展。

（4）主要蠕铁件生产企业的生产技术和应用情况

1984年5月，第二汽车制造厂（以下简称"二汽"）的蠕铁排气管生产线正式投产（年产10万件以上），成为我国第一家大量流水生产蠕墨铸铁4件的工厂，使我国的蠕铁生产进入国际先进行列。二汽蠕铁排气管实现大量流水生产，是我国蠕墨铸铁发展历程中的一个里程碑式标志。二汽的东风卡车排气管原设计材质为HT15-33（即HT150），在重载工况下，行驶0.8万~1万千米即损坏。后改用蠕铁材料，行驶8万千米不开裂，变形也很小。

经过对蠕铁力学性能、热物理性能、铸造性能进行系统而深入的研究，以及蠕化剂的筛选，大量流水生产工艺和质量控制研究及加工性能的研究等研制工作，二汽又先后成功开发出蠕铁变速箱体和 GGV30、GGV40 两种蠕铁牌号的轿车排气管等产品。

二汽蠕铁排气管主要生产工艺是采用 10 吨无芯工频炉熔炼铁液，严格控制原铁液化学成分，特别控制硫含量低且恒定；采用 RE-Mg-Ti-Ca 蠕化剂，冲入法处理；严格控制和稳定处理温度；采用高压造型线和迪砂（DISA）造型线进行大量流水生产；炉前快速金相控制蠕化率。排气管蠕化率能稳定控制 ≥ 50%；河南西峡进排气管公司已经成为著名的蠕墨铸铁排气管生产企业。

无锡柴油机厂批量生产 6110 发动机蠕铁缸盖。其主要生产工艺是采用冲天炉—电炉双联熔炼；稀土镁合金（6 号合金）和 1 号合金合作蠕化剂；铁水包内冲入引爆法蠕化进行处理。

7.2.1.3 稀土灰铸铁

在灰铸铁中加入稀土（即采用稀土硅铁孕育剂）具有较强的抗衰退、降低白口、改善断面均匀性、提高铸件力学性能、耐磨性、致密性和耐压性等多种功能，稀土硅铁孕育剂是一种高效—长效孕育剂。对稀土在灰铸铁中的行为研究表明：稀土对亚共晶、共晶和过共晶铸铁的组织和性能均有良好的影响。20 世纪 80 年代，稀土在暖气片等薄壁灰铸铁上的应用取得了很大成功。加入稀土可使暖气片材质的抗拉强度提高 20 ～ 50 兆帕，耐压性能提高 10 ～ 20 牛顿 / 厘米²。我国的铸造合金中，灰铸铁件产量约占 50%，年稀土硅铁的使用量约 1000 ～ 2000 吨，折合成稀土氧化物约为 200 ～ 400 吨 / 年。

7.2.1.4 稀土白口铸铁

研究表明在白口铸铁中加入稀土，可以有利于初生共晶碳化物的断网，促使共晶碳化物团球化、颗粒化，从而较大幅度地提高白口铸铁的韧性和抗冲击性。目前，我国在磨球、衬板等抗磨白口铸铁件中均加入一定量的稀土进行变质处理。

7.2.2 稀土在铸铁中应用前景展望

7.2.2.1 应加强稀土在铸铁的应用研究，继续扩大其应用范围

今后必须对国民经济急需、且能有效发挥稀土效能、量大面广的典型机械零件如蠕墨铸铁在内燃机的缸体、缸盖和汽车、铁路机车的制动器，集中重点做深入细致的研究，并制定出最佳的成套制造工艺和技术。

7.2.2.2 应加强基础理论和基础技术的研发

我们在稀土在铸铁应用方面做了大量的研究工作，但不够深入、不够全面和系统。今后要加强基础理论和基础技术的研发，了解稀土的作用原理和合适的加入范围、加入方法，减少稀土应用的盲目性。

应深入研究单一稀土、重稀土对石墨形态、铸铁某些特殊性能的影响和作用，探讨在目前较好的铁液质量下稀土的作用和合理使用量，充分发挥稀土在铸铁应用中的独特优势。

7.2.2.3 应合理、适量使用稀土

我国稀土资源丰富，应该积极鼓励扩大使用，但不应浪费，要合理适度。在 20 世纪七八十年代，我国的铸铁熔炼用原辅材料质量低劣，特别是铸造生铁含杂质元素、硫含量高，焦炭固定碳量低、灰分高、含硫量高，因而铁液温度低的条件下，在铸铁中加入稀土解决了球墨铸铁、蠕墨铸铁在生产过程中一系列质量和铸造缺陷问题，促进我国球墨铸铁件、蠕铁件

的生产量和应用范围得到极大的提高。稀土的球化效果不如镁，且稀土过量会使球状石墨产生变异，影响球铁的性能指标。因此，随着我国原辅材料、熔炼铁液质量的提高，应降低变质剂中稀土含量。

7.2.2.4 应进一步提高稀土在铸铁上应用的质量可靠性和稳定性

积极研究和应用新工艺、新技术，在生产中采用精确控制、智能控制技术，以保证质量的可靠性和稳定性。对铸件大批量生产实现全过程的在线检测，保证每一件产品的质量，确保铸件使用安全、放心。

7.3 稀土合金材料

7.3.1 稀土镁合金

稀土作为镁合金的主要合金元素，最初用于航空工业。早期合金以稀土金属铈为主，后期发展中加入了钕、钇等元素，因为这些元素在镁中的固溶度更大，提高耐热性的效果更好。

7.3.1.1 我国镁稀土合金体系的建立

中华人民共和国成立后，我国在抚顺铝厂的基础上建设了第一个镁电解车间，并于1957年开始金属镁的生产。为了满足航空工业的特殊需要——轻质耐热，相关部门立即开展了稀土镁合金的研究。由于我国早期引进的是苏联飞机，镁合金便按照苏联牌号的成分生产，例如早期使用的 MB8 变形镁稀土合金中含有 2% 的锰和 0.3% 的铈，该合金可以轧制成板材用作飞机蒙皮，也可以加工成外形复杂的模锻件。铸造合金 ZM2，是在 ZM1（镁锌锆合金）的基础上加入 1.2% 富铈稀土，使合金具有抗裂、可焊、降低显微疏松的特性，用于飞机上零件和壳体的铸造。

1967年，我国开发出以稀土为主要成分的 ZM3 合金，与原先苏联牌号的合金相比，采用 ZM3 后由于铸造性能提高，铸件的毛坯重量减半，高温性能也有所提高。ZM3 是第一个我国自主研制的铸造稀土镁合金，在成都发动机公司和黎明发动机公司大批量生产，用于 J6 飞机的 WP6 发动机的前舱铸件。20 世纪 70 年代，我国又开发出 ZM4，ZM4 是在 ZM3 基础上提高了锌含量（但锌含量低于 ZM2），铸造性能进一步提高，铸件致密性好，可用于常温下液压零件。1980年，北京航空材料研究所开发出以钕为主要合金元素的新一代铸造稀土镁合金 ZM6。ZM6 在热处理后不但具有较高的室温力学性能，而且还有良好的高温瞬时力学性能和抗蠕变性能，既可在室温下作为高强合金使用，也可在 250℃ 下长期使用。例如，ZM6 用作减速机匣，由于质量稳定性能良好，曾在上海飞机厂连续生产 10 年。1985年，ZM5 制备某零件，由于显微疏松严重，铸件气密性不合格，北京航空材料研究所、成都飞机设计所等采用 ZM6 替代 ZM5 获得成功。ZM6 还用于东安机械厂生产的某型零件，替代具有放射性的 ZH62A 合金。

镁锌锆合金属于高强镁合金，早在 20 世纪 40 年代国外就应用于航空工业，铸造合金 ZM1 和变形合金 MB15 都是该类合金。我国添加少量稀土的低锌厚板合金 MB21 具有很好的工艺性。1981年，我国又开发出含钇的厚板合金 MB22，其中钇含量较多而锌含量较少，强度没有超过 300 兆帕。1982年，北京航空材料研究院、冶金部东北轻合金加工厂和洪都机械厂开发出性能更好的 MB25 合金。MB25 合金是我国自行研制成功的第一个含稀土室温高强变形镁合金。利用我国高丰度稀土元素钇作为合金组元，室温强度和高温瞬时强度均高于 MB15，而工艺成形性能和综合性能与 MB15 合金相当。1989 年，中国科学院长春应用化学研究所唐定骧研发了镁钇、镁富钇中间合金，与北京航空材料研究院合作开发出 MB26 富钇稀土高强镁合金，综合性能好，可代替部分中强铝合金用于飞机的受力构件。特点是采用富钇稀土代替高品位钇，生产成本明显降低。

至 20 世纪 80 年代末，我国在使用苏联镁合金的过程中不断研制并创新，形成自己的系列镁稀土合金牌号。变形合金中具有代表性的有 MB8、MB22、MB25、MB26 等。1991 年，在我国铸造镁合金标准（GB 1177—1991）的 8 个牌号中有 4 个是含稀土镁合金（ZM2、ZM3、ZM4、ZM6）。这些合金在航空工业发展过程中做出了应有贡献。

7.3.1.2　镁稀土合金的发展

2000 年，以师昌绪和李恒德为首的科学家向科技部提出"加速发展我国金属镁工业发展的建议"，提出镁行业与稀土行业的相似性。我国是镁和稀土的资源大国，将资源优势转化为产业优势和经济优势关系到国家长远战略利益。为此，2001 年 8 月科技部启动了"十五"国家科技攻关计划"镁合金开发应用及产业化"项目，由有色金属工业协会镁合金办公室牵头实施，中国科学院长春应用化学研究所提出低温熔盐电解法研发镁稀土中间合金，以解决稀土镁合金的密度差大、熔点差大、易偏析的弱点，研发高强镁合金，先后参与国防"973""863"项目，推动了稀土镁合金的研发。国家在"十五"至"十二五"科技支撑计划中都启动了镁合金的研发与应用项目，在这批与镁合金开发应用及产业化相关的项目中国家投入专项经费近 2 亿元，吸引各方面资金近 15 亿元。

市场拉动和各级政府的重视使我国的镁产业链逐步发展起来，尤其对科研的投入，使我国镁稀土合金的研究在世界上占主要地位，新型稀土镁合金层出不穷，应用领域也不断拓展。2002 年，中国科学院长春应用化学研究所研发了稀土和镁的中间合金，为全国研发高强稀土镁合金提供了可靠的关键材料保证。沈阳材料科学国家实验室徐坚研究员的研究组，在国家自然科学基金和中国科学院沈阳界面材料中心的资助下，与国外合作研究出当时世界上玻璃形成能力最强的稀土镁合金（镁 - 铜 - 银 - 钇四元合金），铜模浇铸的金属玻璃圆棒直径可达到 25 毫米，断裂强度约 1000 兆帕。上海交通大学研发了高强镁 - 钆 - 钇 - 锆系稀土镁合金，并用于变速箱、缸体及军工部件的铸造。重庆大学开发了镁 - 锌 - 钇稀土镁合金，应用于挤压型材。北京有色金属研究总院开发了系列稀土镁合金材料，并用于航空航天部件。中国科学院长春应用化学研究所开发了 ALa/Ce44，AZ91X 稀土镁合金，与一汽集团合作试制了发动机汽缸罩盖、齿轮室罩盖、座椅骨架、中控台等汽车零部件，并进入批量生产，研发的高强高韧稀土镁合金在武器装备、航空航天零部件上得到应用。中国科学院沈阳金属研究所材料环境腐蚀研究中心在镁合金相平衡热力学原理和相图计算基础上，通过添加适量的稀土元素，研究出一系列镁 - 锌 - 稀土合金轧制板材，开发出采用常规工业轧制技术生产的高伸长率（室温下延伸率 >43%）、可室温深冲和深拉深的镁合金冷轧（或热轧）薄板，突破了镁合金在工业上不能进行室温塑性成形的技术瓶颈。吉林大学开发了镁 - 锰 - 锌 - 稀土合金变形材，开发出高伸长率、可铸轧的稀土镁合金薄板。

根据最新发布的标准《GB/T 19078—2016 铸造镁合金锭》和《GB/T 5153—2016 变形镁及镁合金牌号和化学成分》可以看出我国稀土镁合金行业的快速发展。现有铸造镁合金牌号

48 种，其中含稀土的牌号有 20 种。变形镁合金牌号 66 种，其中含稀土的牌号有 30 种。这些合金很多已经应用于航空航天领域的关键零部件。例如，上海交通大学在 ZM6 的基础上进行开发的 EZ30Z 合金，特征是加入 0.5% 钙，其力学性能均优于 ZM6 铸造镁合金，同时铸造性能优良，可用在高温条件下要求高强度和高气密性的零件。由重庆大学开发的 AE81M 合金，其具有低成本、高强高韧等特点，采用压铸方法生产，适用于汽车轮毂、电子产品等民用领域。

7.3.2 稀土铝合金

我国最早探索稀土铝合金的应用是 1966 年将稀土加入共晶铝硅合金中，改善活塞合金的性能，因此称作 66-1 合金。20 世纪 60 年代末，稀土被应用到铝导线中，这时稀土推广工作正在全国、全行业积极开展，加速推动了稀土在有色合金中的应用。稀土作为变质剂、精炼剂、细化剂对当时的铝合金发展起到重要作用。但是，随着铝合金熔炼技术的不断提高，开发出了新的变质剂、精炼剂和细化剂，稀土在这些方面的作用得到替代，稀土铝合金转而向其他领域发展。

7.3.2.1 稀土铝合金导线

20 世纪 60 年代，曾开展过稀土在铝导体中的应用研究，由于当时稀土中的杂质对铝导线的影响较大，大幅度降低了导电性能，使人们误认为稀土对铝导体的电性能有害。70 年代，中国科学院长春应用化学研究所和广州有色金属研究院利用微量稀土处理铝液，稀土与溶解于铝液中的硅作用，使之呈硅化物形式析出于晶界，加上稀土的微合金化作用，不仅提高了我国电线电缆的导电性，还细化了晶粒，提高了强度，改善了加工性能。我国生产的铝电线电缆的导电性能略高于国际电工委员会（IEC）标准，而且强度提高了 20%，耐蚀性高出 10 倍，稀土铝电线电缆已经成为国家级电网的规范性产品，成功用于各种级别高压和超高压输电线路。80 年代初，武汉电线电缆厂、揭西电线厂开始生产稀土铝合金导线。武汉电线电缆厂的研究报告称：原来的铝镁硅合金导线，表面存在严重的斑疤、裂口和毛刺等缺陷，在架线过程中有断股现象，严重影响导线使用寿命。添加稀土后，改善了导线的加工性能，提高了产品质量和合格率，所有物理性能都达到 IEC 标准。此后，稀土铝合金导线代替钢芯铝导线，部分架设在 35 千伏以下的输电线路上，并在沿海地区经受了台风的考验。1981 年，全国稀土工作会总结并推广了该经验，稀土铝导线得到迅速的发展，不断有新品种的稀土铝导线通过技术鉴定。1984 年 12 月，稀土有色金属协作网成立，包括科研院所、高等院校、生产应用厂家等参加的单位有 80 多个，积极推广稀土在铝电线和电缆中的应用。这一时期的稀土铝导线主要有两种：一种是高强稀土铝合金电缆线，成分为铝 – 镁 – 硅 – 稀土，用于高压输电线路；另一种是高导电铝电线，成分为铝 –0.15% ~ 0.3% 稀土，在较高温度下（< 150℃）使用的稀土铝导线为铝 – 锆 – 稀土。1985 年，我国生产了 4 万吨铝稀土合金，约占当年铝产量 40 多万吨的 10%，耗稀土氧化物 180 多吨，约占同年国内总消耗 3000 多吨的 6%。国务院稀土领导小组办公室评价："中国稀土铝与我国自己开发的稀土农用、毛织物染色、稀土铸铁并驾齐驱，在世界上颇具特色，处于领先地位。"这一事实获得了国际上有关方面的承认，1987 年美国化学经济手册评论："除了美国西欧和日本大部分应用（领域）之外，中国稀土有某些独特应用。例如中国人生产的铝合金高压线就含有稀土。"美国著名稀土专家格什内特就说：

"很可能中国熔盐电解稀土金属的工艺超过西方世界（包括日本），中国人似乎在某些领域优于西方国家和日本，如稀土加入铝和其他金属（如铜、银、钼）中的技术。"

20 世纪末期，稀土有色协作网停止工作以后，稀土有色研发应用工作受阻，但是电容铝箔、应用了稀土的 A356 高强铝合金、快速凝固铝 –8.4% 铁 –3.4% 铈耐热合金都取得了很好的成果。此外，具有高强度、高韧性、优良可焊性和耐蚀性的新一代航天、航空用结构材料铝钪合金，在苏联和我国都有很大进展。此后的任务是如何继续扩大稀土铝合金的研发领域，恢复我国稀土铝合金在世界上的领先地位。

1985 年，上海电缆研究所在论文中指出稀土优化处理宜配用含硅 0.09% ~ 0.13% 的铝为佳。1988 年，上海电缆研究所与上海交通大学合作开始了稀土作用机理的研究，通过实验证明了稀土的加入有效地降低了铝固溶体中的硅含量，从而降低了硅的有害影响。我国铝土矿含硅量高，因而我国生产的电解铝一般含硅量均在 0.1% 以上（国外的电解铝硅含量为0.08%），不能用作电工铝。稀土铝解决了采用 A00 或 A0 级铝为原料不能生产合格电线的难题，缓解了我国长期以来电工用铝稀缺的矛盾。

1988 年 2 月，国家经济贸易委员会在南宁主持了国家级"全国稀土铝导线技术鉴定会"。鉴定会认为：两种工艺的稀土铝合金导线均符合国家标准。稀土铝导线可以扩大国内电工铝来源，改善特一级铝的导电特性。每吨铝所增成本均不高于 150 元，具有明显的技术经济和社会效益，可以定点批量生产。电力部门可以在 22 万千伏以下输电线路上选用稀土铝导线。之后国务院稀土办和能源部科技司联合发文，推广应用稀土铝导线。经过波折之后稀土铝合金的市场受到影响，据统计，1991 年稀土铝仅生产了 1.4 万吨。

进入 21 世纪后，我国炼铝工业不断发展，随着脱硅技术的进步，普遍采用铝纯度为99.7%、含硅量在 0.04% 左右的铝锭来生产铝杆，铝电缆厂不再使用稀土除硅的方法。与此同时，安徽新意电缆有限公司开发出稀土高铁铝合金电缆，获得了国内多项专利，并参与制定了国家标准。

7.3.2.2　电解制取稀土铝合金

20 世纪 60—70 年代，湖南稀土冶金研究所等单位首先开始电解稀土氯化物制取含稀土20% 以上铝稀土中间合金的实验。电解温度在 850 ~ 900℃，由于温度较高材料腐蚀及电解质的挥发损失严重，析出的稀土金属溶解损失较大，稀土回收率低于 80%。1977 年，中国科学院长春应用化学研究所提出了在等摩尔氯化钾 / 氯化钠熔体中，在较低温度下（690 ~ 750℃）电解混合轻稀土氯化物制取铝稀土中间合金新工艺，并获得成功。该工艺减少了高温下电解的不利因素，使制取铝稀土中间合金（含 10wt% 稀土左右）的电流效率达 90% 以上，稀土总收率达 90%。该成果为之后研发稀土在铝和铝合金中的应用提供了性价比高的中间合金，获得国家科技进步奖二等奖。1983 年，东北工学院等单位发明了往铝电解槽中添加稀土氧化物直接生产铝稀土合金的新工艺。东北工学院先进行小型工艺试验研究，然后在包头铝厂 6 台61 千安电解槽上历时两个月完成中试，共生产 0.42% ~ 0.55% 稀土铝合金 28 吨。该工艺生产稳定，成分均匀，稀土氧化物总收率大于 92%，不需增加设备投资，在原有电解槽中可连续大批量生产。1984 年，中国科学院长春应用化学研究所提出向铝电解质中添加稀土碳酸盐料制备铝稀土合金的工艺，并与浑江铝厂合作完成了在 60 千安电解槽上的工业性生产试验。同年，中国科学院长春应用化学研究所主办了我国铝稀土合金生产、应用和分析学习班，30 多个单位 66 名技术人员参加培训，并编写讲义《稀土铝合金》。

稀土铝合金的制备方法有：混熔法、铝热还原法、工业铝电解槽中稀土与铝共电沉积法、较低温度下液态铝阴极上电解氯化稀土法和稀土铝合金的生产常用电解法。其中，工业铝电解槽中稀土与铝共电沉积法适用于大批量生产，具有操作简便、生产连续、成本较低的特点。而液态铝阴极上电解氯化稀土法具有稀土含量高、生产灵活的特点，可用于制备稀土铝中间合金。

7.3.2.3　稀土铝合金的其他应用

（1）耐热铝稀土合金

20 世纪 80 年代以前，国外的耐热铝合金通常是铝 – 铜 – 镍系合金，我国利用丰富的稀土资源开发出具有特色的稀土耐热铝合金，不但成分简单，高温性能优良，而且铸造性能好。

1981 年，北京航空材料研究所研制出 ZL206 合金，主要成分为铝 – 铜 – 稀土，具有较高的室温强度和突出的高温力学性能，它利用稀土作为高温强化元素，与以镍、钴为强化元素的耐热合金比较，具有更好的铸造性能，可用于各种受热零件的铸造。随后研制出的 ZL207 是铝 – 稀土 – 铜合金，可在 300 ~ 400℃下长期工作，并且具有优良的铸造性能和高气密性，可用在高温下使用的气压或液压零件。

2009 年，贵州华科铝材料工程技术研究有限公司与贵州铝厂、贵州大学、贵州省科学院、四川大学等在承担"新型高强度铸造铝合金材料研发及产业化"科技支撑计划项目过程中，自主研发了铍 – 稀土耐热高强韧铝合金（211Z.1）材料，其中稀土 0.02% ~ 0.30%，并专门为该牌号制定标准。该系列合金被认为是强度高、综合力学性能好的铸造铝合金材料之一，综合力学性能达到国际领先水平。

（2）活塞用稀土过共晶铝合金

1966—1980 年，上海内燃机研究所与上海活塞厂曾共同开发出两种性能优良的活塞材料：稀土共晶铝硅合金（66–1 合金）和稀土过共晶铝硅合金（76–1 合金）。加入 0.9% ~ 1.5%RE 起到变质作用，共晶硅的形态呈点状或短杆状。铸造工艺性能提高，稀土与硅形成金属间化合物，使高温强度得到改善，线膨胀系数降低，缩小活塞与配缸间隙，窜气现象消除，油耗减少，同时使柴油机噪音振动减小。直到 20 世纪 90 年代仍有一些企业采用 66–1 合金生产铝合金活塞，说明其仍有一定的技术优势。现代铝合金活塞主要使用 ZL109 合金以及铝基复合材料。

（3）稀土铝箔

1982 年，北京有色金属与稀土应用研究所采用稀土铝箔制作电容器。添加富铈混合稀土后，铝箔的比容提高了 32% 左右，强度和延伸率也同时增加，制作出来的电容体积比原先缩小两个等级，对节约原材料、降低成本、实现电子元器件小型化具有重要意义。2001 年，刘楚明等研究表明在高纯铝中加入稀土可影响形变织构的组成和强度，随着稀土加入量的增加，立方织构增强，R 织构减弱。铝箔中立方织构含量越多，柱孔状腐蚀与表面越垂直，有效面积越大，静电容量越大，这对铝电解电容器具有重要意义。

第 8 章　稀土功能材料

8.1　稀土磁性材料

我国是世界上最早发现永磁材料的磁特性并将其应用于实践的国家。两千多年前，我国利用永磁材料的磁特性制成了指南针，在航海、军事等领域发挥了巨大的作用，成为我国古代四大发明之一。随着人们对磁性材料的机理、构成和制造技术的深入研究，相继发现了碳钢、钨钢（最大磁能积约 2.7 千焦 / 立方米）、钴钢（最大磁能积约 7.2 千焦 / 立方米）等多种磁性材料。特别是 20 世纪 30 年代出现的铝镍钴永磁（最大磁能积可达 85 千焦 / 立方米）和 50 年代出现的铁氧体永磁（最大磁能积现可达 40 千焦 / 立方米），磁性能有了很大提高。但是，铝镍钴永磁的矫顽力偏低，铁氧体永磁的剩磁密度不高，限制了它们的应用范围。一直到 20 世纪 60 ~ 80 年代，稀土钴永磁和钕铁硼永磁相继问世，它们具有高剩磁密度、高矫顽力、高磁能积等优异磁性能，推动了稀土磁性材料及下游应用行业的发展。

稀土磁性材料作为一种新型功能材料，除了稀土永磁材料外，还包括稀土磁致伸缩材料和稀土磁制冷材料。其中，稀土永磁材料又可分为烧结稀土永磁材料（烧结钐钴磁体、烧结钕铁硼磁体）、黏结稀土永磁材料及热压 / 热变形钕铁硼磁体。稀土磁性材料作为重要的稀土新材料，广泛地应用于能源、交通、机械、化工、医疗、电力及信息等诸多方面，在国民经济中发挥着重要的支撑作用。

8.1.1　我国磁学研究及稀土磁性材料学科奠基

我国现代磁学的研究可追溯到 1924 年，在叶企孙先生的引导下施汝为先生去美国耶鲁大学研究磁学，并于 1931 年在国内发表了第一篇磁学研究论文。20 世纪 50 年代，从国外回国的潘孝硕先生、郭贻诚先生和戴礼智先生合作，分别在研究界、教育界和企业界组织起国内第一批从事磁学工作的队伍。60 年代，该队伍的研究方向拓展到稀土磁性材料领域。迄今为止，已发展成有十余所高校、十几个研究所及几百个生产企业的庞大力量，在从事磁学和稀土磁性材料的研究、教学和生产。以历史最悠久且最大的稀土永磁材料研究团队——钢铁研究总院为例，承担并完成了 60 多项军品配套项目，共研制出 5 大系列、16 种类、近百规格的新产品，应用于"神舟"飞船、探月工程、卫星、导弹、火箭、舰艇等重点型号核心系统。

8.1.2 稀土磁性材料学科的技术发展

8.1.2.1 稀土永磁材料

8.1.2.1.1 烧结稀土永磁材料

（1）烧结钐钴磁体

稀土永磁材料学科的发展，是从稀土钴系永磁开始，以钐钴永磁为代表。稀土钐钴永磁材料由于较高的居里温度，温度稳定性好、抗锈蚀能力强等优点，在军工、航天航空等领域占据着牢固地位。与钕铁硼磁体相比，钐钴磁体更适合用来制造各种高性能的永磁电机及工作环境复杂的应用产品。1967 年，美国通用电气（GE）公司的研究人员采用粉末冶金工艺制备出了一系列 RCo_5（R 为稀土元素）合金。1968 年，斯特奈特（Strnat）利用粉末冶金工艺制备出稀土永磁体，标志着第一代稀土永磁的出现。

在第一代钐钴永磁出现不久，国内多个研究单位也开始进行钐钴永磁材料相关研究，取得了系列重要成果。

20 世纪五六十年代，我国著名磁学家、冶金学家戴礼智教授在冶金工业部钢铁研究总院建立了磁学及磁性材料研究方向，1969 年成立永磁组专门从事稀土永磁材料研究。20 世纪 70 年代，在以戴礼智、孙天铎等为代表的老一辈科学家的带领下，在钐钴永磁材料的基础研究方面取得了丰硕的成果。

1970 年，北京有色金属研究总院开始进行钐钴永磁体的研究，采用熔炼液相烧结法制成高性能 SC–16 钐钴永磁，磁能积为 23MGOe，达到当时同类产品的国际水平，内置于我国第一只高可靠行波管，成功应用于"尖兵 I 号"回收卫星。1971 年，冶金工业部钢铁研究总院研制的 $SmCo_5$ 磁能积达到 18MGOe，$SmCo_5$、$SmPrCo_5$、$Ce(CoCuFe)_5$ 等系列合金在航天和雷达等多项军事工程中得到应用。在冶金工业部的规划和指导下以及在军工用户的要求推动下，冶金工业部包头冶金研究所的钐钴永磁研究技术不断发展。1973 年，大型行波管磁环性能达到 126 千焦／立方米以上，同时还开展了稀土永磁材料的测量方法和装置的研究，并研制成功了可控硅脉冲磁场发生器和磁滞回线测试仪。上海钢铁研究所、北京钢铁学院也于 20 世纪 60 年代中期和 70 年代先后成功研制 $SmCo_5$、$SmPrCo_5$、$PrCo_5$、$CeCoCuFe$ 等稀土永磁体，其中 $PrCo_5$ 磁能积达到 26 MGOe，达世界先进水平。1978 年，在北京召开的全国科学大会上，冶金部钢铁研究总院"稀土永磁材料工艺研究"和"稀土钴永磁材料测量技术研究"、北京有色金属研究总院"稀土钴永磁材料的研制和应用"和"稀土钴永磁材料测定技术"、冶金工业部包头冶金研究所"稀土钴永磁材料的研制－稀土钴永磁材料工艺的研究"、广州有色金属研究所"稀土钴永磁材料的研制和应用"等项目均获得全国科学大会奖。1979 年，冶金部钢铁研究总院分析和解决了稀土钴永磁合金的各向异性热膨胀性质及辐向取向环体的断裂问题，并获得国家发明三等奖。1981 年，北京有色金属研究总院的"钙热还原法制备钐钴永磁粉末工艺"通过了部级鉴定，并在上海跃龙有色金属有限责任公司实现了产业化，建设年产 30 吨钐钴永磁粉末生产线。项目成果获得国家科学技术进步奖三等奖、国务院稀土领导小组办公室稀土推广应用重大成果奖。

为了进一步提高稀土永磁的性能，人们将目光转向了比 RCo_5 的 Co 含量更大、磁化强度更高的 R_2Co_{17} 化合物。1977 年，2∶17 型钐钴永磁体的研制在日本 TDK（东京电器化学工业株式会社）公司取得重大突破，磁能积达到了 30 MGOe，宣告了第二代稀土永磁体的诞生。

　　1976 年起，冶金工业部包头冶金研究所等单位开始进行 2∶17 型钐钴永磁材料的研究，试制成功辐射磁环和多极辐射磁环军工急需产品。北京有色金属研究总院等单位也在 20 世纪 80 年代进行了 2∶17 型稀土钴永磁材料的相关研究，建立了稳定的制备工艺、改善热处理制度、提高磁体的性能。1982 年，冶金工业部钢铁研究总院完成的"高性能辐向取向稀土永磁体及其制造工艺"获得国家科学技术奖三等奖。同年，在国家科学技术委员会的支持下，包头冶金研究所建立了一条 2 吨生产能力的稀土钴永磁中试线，开发出高磁性能均匀性好的整体各向异性磁、环、高矫顽力以及低温度系数 2∶17 型钐钴磁体，形成十几个牌号产品的 2∶17 型磁体，为发射成功的我国第一颗地球轨道通信卫星提供了关键磁部件。1987 年，北京有色金属研究总院的"稀土永磁合金的研究"成果获得"六五"国家科技攻关奖。1992 年 10 月，包头冶金研究所开发出的高场强多极磁环充磁装备，获国家科技发明奖三等奖。

　　20 世纪 80 年代初，钕铁硼永磁问世后，钐钴永磁的研究一度处于停滞，仅在一些特殊应用领域保留研发和生产。自 1994 年美国国防部、美国科学研究学会空军研究处委托电子能源公司研制汽车以及飞机电力设备上使用的高温永磁体开始，国际上又掀起了高温 2∶17 型钐钴永磁体的研究热潮。

　　经 20 世纪末和 21 世纪初的研究开发，以 2∶17 型为主要代表的钐钴永磁材料逐渐发展成熟。1998 年，冶金工业部钢铁研究总院开发出"铁钴复合基稀土永磁材料及其制备工艺"，获冶金工业部科学技术进步奖一等奖。1999 年，中国科学院物理研究所研究了快淬钐钴基稀土永磁材料的各向异性，发现钐钴基永磁材料在低淬火速率下表现出优异的磁各向异性。2000 年，钢铁研究总院开发出低温度系数钐钴磁体，并获 2002 年北京市科学技术奖一等奖。

　　根据 2∶17 型钐钴基烧结永磁体磁特性的不同，分为高磁能积钐钴、低剩磁温度系数钐钴、高使用温度钐钴三种：20 世纪 60 年代钢铁研究总院、包头冶金研究所和北京钢铁学院研究的高磁能积钐钴永磁最大磁能积达到 33 MGOe；低剩磁温度系数钐钴的剩磁可逆温度系数在 0～0.03%/℃；高使用温度钐钴的最高使用温度可达 500℃。2006 年，钢铁研究总院研制的最高使用温度达到 500℃的钐（钴、铁、铜、锆）z 系实用高温稀土永磁体，500℃下的性能达了最大磁能积 = 10.5 兆高奥，矫顽力 = 8.01 千奥，为世界先进水平，获 2008 年国家科技进步奖二等奖。2015 年，北京航空航天大学采用定向凝固方法制备出准单晶 2∶17 型钐钴磁体，在高温 500℃时，磁性能达到剩磁 = 7.0 千高斯、矫顽力 = 11 千奥、最大磁能积 = 11 MGOe。2017 年，钢铁研究总院从结构和矫顽力温度系数出发，基于理论计算，首次研究了 Sm_2Co_{17} 型高温永磁体温度依赖特性和微结构的关联，所制备磁体 500℃下的性能达到了：最大磁能积 = 11.9 MGOe，矫顽力 = 8.2kOe。

　　（2）烧结钕铁硼磁体

　　我国开展稀土永磁材料的研究始于 1969 年，比西方国家晚了 5 年。从 1969—1983 年 Nd-Fe-B 永磁体发现之前的这段时间，我国的研究工作主要集中在一些研究所和大学。

　　在 Nd-Fe-B 发现之前的 1979 年，苏联的查班等人已经测定了部分 Nd-Fe-B 三元相图。当时给出的 $Nd_3Fe_{16}B$ 就是人们所述的 Nd-Fe-B 磁体的主相成分 $Nd_2Fe_{14}B$ 相，当时他们并没有继续研究这些化合物的磁性。1983 年，日本住友特殊金属公司佐川真人等人和美国通用汽车公司克罗特等人分别报道了一个含有钕、铁和硼的新型永磁体的制备和性能，样品经代顿大学磁学研究室检测确认，标志着第三代稀土永磁材料——钕铁硼的诞生。最终，人们确定钕铁硼永磁材料的主相成分为 $Nd_2Fe_{14}B$，磁能积理论值为 509 千焦 / 立方米（64 兆高奥）。

1983 年，钢铁研究总院李东教授在代顿大学磁学研究室访问交流，迅速通报了相关信息，钢铁研究总院率先在国内开展研究工作，随后很多研究所和大学相继加入这一新型永磁材料的研究，其中最具代表性的是 1984 年形成的两个团队：一个是冶金部所属的联合研究小组，组成单位有冶金工业部钢铁研究总院、包头稀土研究院、北京钢铁学院、东北工学院；另一个是由中国科学院物理研究所、电子学研究所、长春应用化学研究所等组成的联合研究小组。

1983 年 11 月，包头稀土研究院开始进行烧结钕铁硼磁体的研究，1984 年 1 月，在实验室获得了 34 兆高奥的烧结钕铁硼磁体，在研究中提出低氧工艺技术路线并建立低氧工艺实验室。1984 年 2 月，中国科学院物理研究所和电子学研究所联合攻关成功研制出磁能积达到 38 兆高奥的烧结钕铁硼永磁材料。同年，包头稀土研究院、冶金工业部钢铁研究总院、北京钢铁学院、东北工学院、包钢稀土公司合作开发"新型稀土永磁材料 Nd-Fe-B 的研制"项目，实验室样品最大磁能积达到 40 兆高奥，小批量产品最大磁能积达到 25 ~ 35 兆高奥，1984 年通过冶金工业部组织的鉴定并获冶金部科技进步奖二等奖。1985 年，冶金部钢铁研究总院完成的"新型稀土永磁材料 NdFeB 的研制"获冶金科学技术研究成果二等奖，该院李卫、李波、俞晓军及团队参与主要研究工作。同年，冶金部钢铁研究总院、包头稀土研究院、北京钢铁学院合作研究的"高磁能积（36 ~ 40 MGOe）Nd-Fe-B 永磁材料的研制"项目获冶金部科技成果二等奖。

1985—1986 年，钢铁研究总院和北京钢铁学院分别同时研制出低温度系数接近零的系烧结永磁材料。1987 年，冶金工业部钢铁研究总院、北京钢铁学院、包头稀土研究院合作研究的"高磁能积（41 ~ 45MGOe）Nd-Fe-B 永磁材料的研制"，获冶金工业部科技进步奖二等奖。

1988 年，三环公司"低纯度钕稀土铁硼永磁材料"成果获国家科技进步奖一等奖（图 8-1）。同年，冶金工业部钢铁研究总院完成的"高矫顽力钕铁硼永磁材料的研制"和包头稀土研究院完成的"高矫顽力钕铁硼永磁材料的研制"分别获得冶金部科技进步奖二等奖。

图 8-1　1988 年三环公司低纯度钕稀土铁硼永磁材料项目获
国家科技进步奖一等奖

1989 年 3 月，冶金工业部钢铁研究总院李卫团队研制成功最大磁能积为 49 兆高奥的钕铁硼永磁体，为当时国内最高纪录，该成果被评为我国 1989 年冶金十大科技成就之一（图8-2）。同年，冶金工业部钢铁研究总院牵头与包头稀土研究院、北京科技大学和东北大学合作，承担了国家"七五"重点攻关项目"新型稀土铁基永磁材料及其制造工艺"，获得国家"七五"攻关重大成果奖和国家科技进步奖一等奖。

图 8-2　1989 年钢铁研究总院李卫（右一）、
李波（右二）、喻晓军一起讨论实验

1990 年 12 月，周寿增等人编著的《稀土材料及其应用》出版，这是我国第一部关于稀土永磁材料及制备技术方面的学术专著。之后，随着稀土产业的发展，许多稀土永磁材料方向的著作不断涌现，为推动稀土永磁材料的研究、生产与开发起到积极的推动作用。

同年，包头稀土研究院采用低氧工艺技术研制的烧结钕铁硼磁体最大磁能积达到 52.5 MGOe，为当时最高纪录，并在实验室内生产出磁能积为 49 ~ 50 兆高奥的产品。1991 年，冶金工业部钢铁研究总院开展了添加液相调整主相的双相烧结技术基础理论研究，获国家发明奖三等奖。1992 年，包头稀土研究院研究主持制定了"烧结钕铁硼永磁材料"国家标准，包头稀土研究院研究的"高场强多级磁环充磁装置""高使用温度钕铁硼永磁体及其生产方法"获国家发明奖三等奖。

1994 年，冶金工业部钢铁研究总院完成的"钕铁硼永磁材料的矫顽力机理的研究"，李卫获得中共中央组织部，人事部和中国科学技术协会第四届中国青年科技奖。1996 年，包头稀土研究院建立了低氧工艺中试线，谢宏祖团队成功开发最大磁能积为 47MGOe 的高性能钕铁硼产品，并为中国科学院电工研究所承担的丁肇中教授领导的宇宙空间探测反物质项目中使用的阿尔法磁谱仪（Alpha）的地面试验提供了高性能钕铁硼磁体（图8-3）。1998 年，冶金工业部钢铁研究总院完成的"铁钴复合基永磁材料及其制备工艺"获冶金工业部科学技术进步奖一等奖。1999 年，冶金工业部钢铁研究总院完成的"高稳定性稀土永磁材料与工艺"项目获得国家科技进步奖二等奖。

2000 年 11 月，北京中科三环高技术股份有限公司（简称中科三环）承担完成的"九五"国家"863"计划新材料领域重大项目"高档稀土永磁钕铁硼产业化"项目顺利通过验收，成功研制出 N50 系列高档烧结钕铁硼产品，获得了高档钕铁硼工程化生产技术。2001 年，钢铁

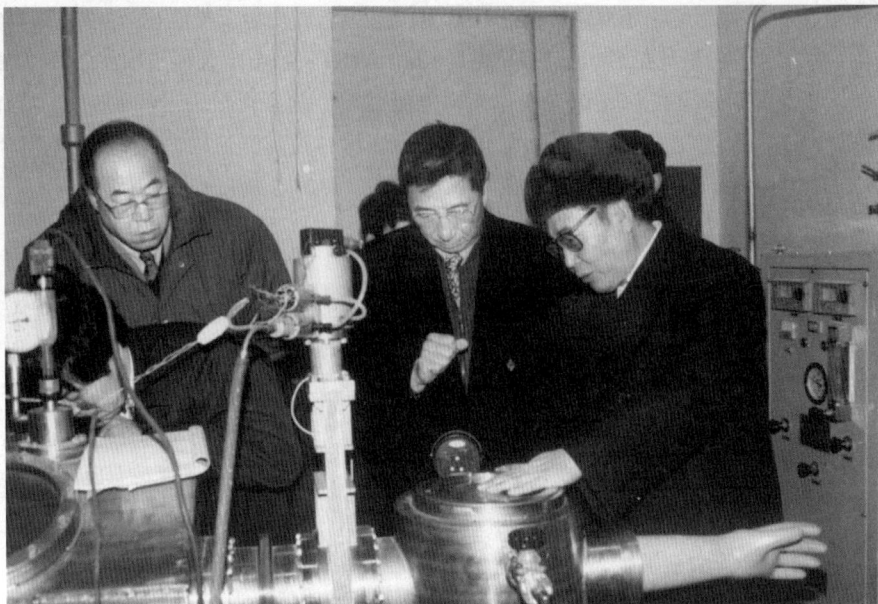

图 8-3　1996 年丁肇中教授（中）在包头稀土研究院钕铁硼
实验车间，右一为谢宏祖

研究总院研制的"精密仪表用高性能稀土永磁材料"获得冶金科学技术奖二等奖，2002 年获北京市科学技术奖一等奖。同年，南开大学发明的"共沉淀还原扩散法制备钕铁硼永磁合金"技术，获得德国、英国、法国、荷兰 4 个欧洲国家授予的专利证书。

　　2004 年，中科三环、安泰科技股份有限公司（简称安泰科技）、中国科学院物理研究所、北京大学、北京科技大学、北京有色金属研究总院等单位联合承担的北京市科委重大科技项目"新型稀土永磁材料研究开发与应用"通过验收。同年，由钢铁研究总院主持，北京大学、中科三环、宁波韵升股份有限公司（简称宁波韵升）、安泰科技、北京科技大学、清华大学、中国科学院物理研究所和金属研究所等单位参加的国家"863"重大科技项目"高性能稀土永磁材料、制备和表面处理关键技术"通过科技部验收，其中以中国科学院物理研究所杨应昌团队的工作为基础的成果，获国家自然科学奖二等奖。同年，依托包头稀土研究院的技术，由烟台首钢磁性材料股份有限公司承担的年产 300 吨高性能钕铁硼永磁材料国家产业化工程项目成果获内蒙古科技进步奖一等奖。2002—2005 年，由北京有色金属研究总院、有研稀土股份有限公司承担的科技部"十五"科技攻关计划重大项目"钕铁硼快冷厚带产业化技术及关键装备国产化"课题，研制出国内单炉产能 300 千克的快冷厚带炉，获 2006 年中国有色金属工业科学技术奖一等奖。2005 年 11 月，中国航天科技集团表彰了钢铁研究总院为"神舟六号"载人航天任务飞船和运载火箭研制配套稀土永磁材料做出的贡献，并颁发了证书；同月，沈阳工业大学、钢铁研究总院等联合承担的国家"863"重大科技项目"新型稀土永磁电机设计与集成技术"通过科技部验收。2005 年年底，由钢铁研究总院主持，北京大学、深圳北大双极高科技股份有限公司、中科三环、沈阳中北真空技术有限公司、安泰科技、中国科学院金属研究所、北京科技大学和宁波韵升强磁材料有限公司等单位参加的国家"863"重大科技项目"高性能稀土永磁材料、制备工艺及产业化关键技术"通过科技部验收，并被评为优秀。

2006 年，沈阳工业大学、钢铁研究总院等联合承担的国家"863"重大科技项目"高性能稀土永磁电机技术集成及关键材料"通过科技部验收。上述成果获 2007 年北京市科学技术奖一等奖。2008 年 12 月，由钢铁研究总院、中科三环、安泰科技等单位联合完成的"高性能稀土永磁材料制备工艺及产业化关键技术"项目通过科技部验收，成果获国家科学技术进步奖二等奖。

2006 年，中国科学院物理研究所完成的"新型稀土铁基纳米晶永磁材料的特性"项目获得北京市科学技术奖一等奖。2007 年，有研稀土与日立金属株式会社、日本住金钼株式会社及日本先进材料株式会社合资成立廊坊关西磁性材料有限公司生产钕铁硼速凝合金薄片，相关成果获 2009 年度国家技术发明奖二等奖。2009 年，浙江大学完成的"高抗蚀性高稳定性钕铁硼关键制备技术的研究、开发和应用"项目获得浙江省科学技术奖一等奖。

2013 年，李卫获国防科工委授予的"探月工程三期关键技术攻关和方案研制优秀个人"奖。2013 年 4 月，由中国钢铁研究总院（简称中国钢研）、中科三环等 6 家单位共同完成的国家"863"计划新材料技术领域"先进稀土材料制备及应用技术"重大项目"高性能烧结稀土永磁产业化制备及应用技术"课题通过科技部验收。

2010 年前后，钢铁研究总院研发出"双（或多硬磁）主相"技术、新型低钕无重稀土铈磁体，并分别申请了国内外发明专利。这种高性能铈、镧烧结磁体具有原创性自主知识产权，2015 年和 2017 年，分别获得中国、美国和德国发明专利授权。李卫团队成功地将该技术推广应用于国内企业，2017 年全国产量已超过 2 万吨。

2013 年，中科三环的高性能烧结钕铁硼取得突破性成果，室温综合磁性能达到 $(BH)_{max}$（MGOe）+ H_{cJ}（kOe）> 75。同年，由中国钢研、中科三环、宁波韵升、中国科学院宁波材料技术与工程研究所（简称中科院宁波材料所）等联合完成的"组织调控超强稀土永磁材料工程化技术及应用"项目获北京市科学技术奖一等奖。2014 年，由中国钢研、中科三环、宁波韵升、烟台正海磁性材料股份有限公司及中科院宁波材料所五家单位联合完成的"稀土永磁产业技术升级与集成创新"项目获国家科技进步奖二等奖。同年，由浙江大学、浙江英洛华磁业有限公司及宁波科宁达完成的"钕铁硼晶界组织重构及低成本高性能磁体生产关键技术"项目，获国家技术发明奖二等奖。2014 年，包头稀土研究院建立烧结钕铁硼辐射磁环中试生产线，完成了 18 个牌号不同规格的烧结钕铁硼辐射 / 多极磁环中试产品，并制定了内蒙古地方标准，其中高稳定性烧结钕铁硼辐射（多极）磁环产业化开发成果，2017 年获中国稀土学会 / 中国稀土行业协会的中国稀土科学技术进步奖二等奖。

8.1.2.1.2　黏结稀土永磁材料

（1）黏结稀土永磁体

黏结永磁体是指将具有永磁性能的磁粉与一定比例的黏结剂混合，通过压缩成型、注射成型、挤出成型或压延成型等成型方法制成的一种磁体。若磁粉存在择优的易磁化方向，且在磁体成型过程中施加磁场使其在磁体中都沿同一方向排列，就可制成各向异性黏结磁体，否则就是各向同性磁体。与烧结磁体相比，黏结磁体可一次成形，材料利用率高，且形状自由度大、机械强度好、尺寸精度高，是烧结磁体的重要补充。

黏结稀土永磁体出现在 20 世纪 70 年代，以黏结 Sm-Co 磁体为代表。随着钕铁硼的问世，自 90 年代始，黏结钕铁硼磁体市场迅速发展，采用黏结钕铁硼磁体的精密电机广泛应用于信息产业和消费类市场，其主流应用已延伸到汽车和节能电器市场。钕铁硼基本成分专利拥有者之一的美国麦格昆磁公司（MQI），1983年成功研发快淬各向同性钕铁硼磁粉（MQP系列磁粉），并长期通过专利与技术双重保护，维持全球独家专利和高性能磁粉供应商的地位。2002年，钢铁研究总院开发出低温度系数黏结稀土永磁体及其制备方法，并获发明专利授权。

成型技术是黏结钕铁硼磁体不可或缺的重点环节，我国在各向同性磁体成型技术方面具有很强的全球竞争优势，在该领域的国际市场份额超过70%。我国在大尺寸压缩成型磁体（直径大或高度高）的制造技术方面居国际先进行列。在注射成型技术方面，通过消化吸收先进技术和二次开发，中科三环、淄博华光永磁、安泰科技和宁波韵升在注射成型技术上实现了国产化突破。此外，还突破了薄壁、大直径磁体的挤出成型技术，进一步巩固了我国在黏结钕铁硼技术的国际领先地位。

国内在各向异性磁体成型技术上也投入了不少的力量，建立了独特的旋转磁场取向压制技术，并在注射、挤出和压延成型方面做了有益的探索，但尚未形成规模化产业，因此也严重影响到各向异性磁粉的产业化。

（2）黏结稀土磁体用磁粉

稀土永磁粉末是制造黏结稀土永磁体的关键和基础，直接决定着黏结磁体的性能与品质，主要分为各向同性与各向异性两种。目前产业化成熟的是各向同性快淬Nd-Fe-B磁粉、各向异性氢化歧化（HDDR）Nd-Fe-B磁粉和R-Fe-N磁粉。

1）各向同性快淬Nd-Fe-B磁粉。国内快淬Nd-Fe-B磁粉的研究开发几乎与世界同步，20世纪80年代中期，三环公司、包头稀土研究院及多家研究院所和大学开展了相关产业化技术的开发。但由于核心技术——真空感应重熔快淬装备和工艺始终未获突破等多种因素，国内快淬Nd-Fe-B磁粉主要采用真空电弧重熔溢流法，其中中国核动力研究设计院根据国外真空电弧重熔溢流式快淬炉原理、结构，1991年研制成功可用于制备快淬钕铁硼磁粉的真空电弧重熔溢流式快淬炉。同年，西南应用磁学研究所开展了快淬钕铁硼磁粉和黏结磁体及其批量生产工艺技术研究，小批量生产出磁能积大于64千焦/米³（8MGOe）的黏结磁体和相应的快淬钕铁硼磁粉。1993年，西南应用磁学研究所建成了快淬钕铁硼磁粉中试生产线，小批量生产出磁能积大于9MGOe的黏结磁体和相应的快淬钕铁硼磁粉。

进入2000年之后，以沈阳新橡树磁性材料有限公司为代表的公司在感应熔炼喷铸法制备高性能磁粉方面逐步取得突破，开始逐步小批量供应性能大于13MGOe的各向同性快淬磁粉。2014年，随着国外公司相关专利的到期，以江钨稀有金属新材料有限公司、有研稀土、中科三环等企业在真空感应重熔快淬装备和工艺方面取得重大突破，开始大批量生产快淬钕铁硼磁粉，产品涵盖高性能、高耐热性、高压制密度等多个系列。

2）各向异性氢化歧化Nd-Fe-B磁粉。制备各向异性钕铁硼磁粉可行的工艺主要有两种：①HDDR工艺，在严格控制氢化、复合温度及氢分压的情况下，可使重组的细小颗粒沿c轴取向；②将热压-热变形磁体MQ-Ⅲ破碎，使粉末保持MQ-Ⅲ所具有的磁性。比较而言，HDDR工艺更加经济、有效，因而成为主流生产工艺。1989年，日本三菱公司发现，通过氢化、歧化、脱氢和重组四个步骤，可以将钕铁硼合金的晶粒尺寸从200微米细化到300纳米，使磁粉具有实用化的高矫顽力。1991年，北京科技大学用HDDR法成功制造出各向异性钕铁硼磁粉。与此同时钢铁研究总院、北矿磁材科技有限公司、包头稀土研究院、东北大学等也开展了研发工作并取得了一定的突破。

3）R-Fe-N 磁粉。在钕铁硼永磁体之外的新型稀土永磁材料研究开发中，稀土铁基间隙化合物无疑是最具实用性的。1990 年爱尔兰都柏林大学柯艾和孙弘报道了 2∶17 型 $Sm_2Fe_{17}N_x$、1991 年北京大学杨应昌团队报道了 1∶12 型 $RTiFe_{11}N_x$ 以及德国西门子卡特报道了具有 1∶9 型 $TbCu_7$ 结构的 $SmFe_9N_x$，使氮化物磁粉成为黏结磁体的重要原材料之一。

1∶12 型稀土氮化物体系是我国原创发明的，具有自主知识产权、获得国内外专利授权。2004 年，杨应昌等的研究成果"氮的间隙原子效应及新型磁性材料研究"获国家自然科学奖二等奖。该项成果推广应用，建成了年产能 100 吨的 Nd-Fe-N 磁粉生产线。

各向同性钐铁氮为钐铁氮的另一个分支，该材料为 $TbCu_7$ 结构，且具有比快淬 Nd-Fe-B 磁粉更高的居里温度和最大磁能积。"十二五"期间，在"863"计划、科技部国际合作项目及工信部产业化项目等支持下，北京有色金属研究总院在材料成分和微结构控制、熔体快淬、连续氮化等方面的技术和装备都取得了重要进展，建成年产 300 吨的磁粉中试线，相关产品已经逐步在水泵电机等对耐腐蚀性要求高的场合得到推广应用。

8.1.2.1.3　稀土永磁铁氧体

20 世纪 80 年代，南京大学都有为团队开展了稀土元素取代六角铁氧体钡离子对磁性影响的研究工作，在国内外发表了一系列论文，其中一篇 1983 年发表在国际磁学与磁性材料刊物上的论文，产生重大影响，成果得到推广应用，并使我国在这方面拥有了自主知识产权，从而使中国成为全球含稀土的永磁铁氧体的最大生产国与出口国。目前，横店东磁、江粉磁材等厂家都能批量生产高性能稀土永磁铁氧体。

8.1.2.1.4　热压 / 热变形永磁体

以高矫顽力快淬 Nd-Fe-B 磁粉为出发点，采用热压工艺制备的高密度各向同性磁体（MQ-Ⅱ磁体）以及采用热压 - 热变形工艺制备的高密度各向异性磁体（MQ - Ⅲ磁体），是稀土永磁产品的另一个重要分支，尤其是 MQ - Ⅲ磁体在辐射取向薄壁磁环方面具有独特的优势。

从 1990 年起，日本大同电子即与麦格昆磁密切合作，共同从事热挤出磁环以及与之配套的快淬磁粉的研究开发，目前年产量超过 1000 吨。20 世纪 80 年代后期，钢铁研究总院、三环公司、北京科技大学等单位开展热压 / 热变形磁体相关的研发工作。

2007 年，钢铁研究总院与宁波材料所自行研制了国内第一台 MQ - Ⅱ和 MQ - Ⅲ真空热压装置。银河磁体股份有限公司于 2012 年开始实施热挤出磁环项目，目前已经能小批量制备伺服电机用热压 / 热变形磁环。中科三环的热压 / 热变形钕铁硼磁体项目近年重新启动，已经完成生产工艺的开发，目前，磁体（BH）$_{max}$ 性能达到 51.6 MGOe。2011—2013 年，在"863"重大项目支持下，钢铁研究总院、宁波材料所等 6 家单位合作，成功解决了热变形磁体的均匀性和开裂问题，在宁波金鸡强磁股份有限公司建立了试验生产线；钢铁研究总院提出并阐明了热流变磁体织构的生成机制，研制出磁能积（BH）$_{max}$ = 53.67 MGOe 的大块各向异性纳米晶磁体，第三方检测认定为当时国际最高水平；同时制备出磁能积达到 42 MGOe 的辐射取向环，并开发了高剩磁（B_r > 13.4 kGs）和高矫顽力（H_{cJ} > 20 kOe）两大类产品。2014 年，钢铁研究总院辐向热压磁环获国家重点新产品证书。

8.1.2.2　稀土磁致伸缩材料

稀土磁致伸缩材料（GMM）是指在变化的磁场作用下，磁体长度或体积变化特别大的一种稀土磁性材料,是继稀土永磁材料、稀土高温超导材料之后的又一种重要的功能材料,其磁致伸缩应变较传统的镍基磁致伸缩材料和铁基磁致伸缩材料提高 50 倍以上,比压电陶瓷的电致伸缩应变大 5 倍,而且承受压力大,能量转换效率高。因此在大功率水下通信、高精度微型马达、液压和阀门控制、精密加工和航空航天的智能结构领域具有广阔的应用前景。

我国 20 世纪 90 年代开展稀土超磁致伸缩材料研究,主要研究单位有北京科技大学、北京有色金属研究总院、钢铁研究总院、中国科学院物理研究所、山东大学、包头稀土研究院、武汉工业大学等。北京科技大学自 20 世纪 90 年代初开始对稀土超磁致伸缩材料进行研究。经过多年的研究,现已掌握了材料的成分、添加元素、制造工艺、热处理等关键技术。特别是其自主发明的生产(110)轴向取向材料的技术,使产品在低磁场下具有很高的磁致伸缩性能,居国际先进水平。

钢铁研究总院在超磁致伸缩材料(GMM)制备技术方面的研究起步较早,1991 年在国内率先制备出 GMM 棒材,获得了国家专利。此后又进一步开展了低频水声换能器、光纤电流检测、大功率超声焊接换能器等的研究和应用,开发出了具有自主知识产权的年产能达吨级的高效集成生产 GMM 的技术和装备。在理论研究方面,率先用双格子分子场理论较为精确地计算了含有掺杂的(Sm,R)Fe$_2$ 金属化合物的磁致伸缩效应以及磁化强度随温度的变化。

1995 年,中国科学院物理研究所采用直拉单晶制造法(Czochralski)成功地制备出(110)取向单晶。TbDyFe 超磁致伸缩合金的磁致伸缩性能,特别是在低磁场下的性能有了大幅度提高,使我国对该材料的基础研究处于国际领先水平。同年,北京有色金属研究总院开始稀土磁致伸缩材料(Tb$_{0.3}$Dy$_{0.7}$Fe$_2$,Terfenol–D)组织结构和物理性能的研究,提出多晶或单晶稀土磁致伸缩材料的实验室制备方法。1996 年研制 Φ15 毫米,长度 $\geq$ 30 毫米的单晶棒、磁致伸缩系数(λ) $\geq$ 1000×10^{-12}(4 kOe)的单晶棒以及 λ $\geq$ 800×10^{-12}(4 kOe)的多晶棒材。2004 年获得 Φ70 毫米的大直径稀土超磁致伸缩材料制备技术,建立了示范性工业化生产线,年产磁致伸缩棒材 650 千克。2008 年,"一步法制备稀土磁致伸缩材料的工艺及材料性能研究"获得中国有色金属工业科学技术奖二等奖。2012 年,在国防科工委民口配套项目的支持下,又制备出了最大直径达到 100 毫米的稀土超磁致伸缩棒材。

北京航空航天大学也开展了 TbDyFe 超磁致伸缩合金定向凝固择优取向,组织和磁致伸缩性能之间的关系研究,已获得(110)、(113)和(112)3 种轴向择优取向样品,研究表明是界面过冷度和晶体生长的动力学过程决定其择优取向。该成果"宽温域和耐腐蚀巨磁致伸缩材料及应用"荣获 2008 年度国家技术发明奖一等奖。

8.1.2.3 稀土磁制冷材料

磁制冷作为一种新型的制冷技术,与传统的制冷技术相比具有三个明显的优点:①绿色环保:磁制冷采用固体制冷工质,解决了制冷气体产生温室效应等问题;②高效节能:磁制冷产生磁热效应的热力过程是高度可逆的,卡诺循环效率可达到 50% 以上;③稳定可靠:磁制冷无须气体压缩机,振动与噪声小,寿命长,可靠性高,因而被誉为绿色制冷技术。磁制冷应用广泛,从极低温到室温及室温以上均适用。在低温领域,磁制冷技术在制取液化氦、氢,特别是绿色能源液化氢方面有较好的应用前景;在高温特别是近室温领域,磁制冷在冰箱、空调以及超市食品冷冻系统方面也有广阔的应用前景。

磁制冷一般分为中、低温区和室温区。中、低温区(77 开以下)是液氦、液氢及液氮的温区。在液氦温区，磁制冷材料以顺磁盐为主，人们主要研究了钆镓石榴石 $Gd_3Ga_5O_{12}$（GGG）、镝铝石榴石 $Dy_3Al_5O_{12}$（DAG）、$Gd_2(SO4)_3 \cdot 8H_2O$ 以及其他稀土顺磁盐等。在 20～77 开温区主要研究的磁热效应材料包含 RA_{12}、RNi_2、RCo_2（Gd、Tb、Dy、Ho、Er）等型单晶、多晶材料，特别是 $Dy_{1-x}ErxA_{12}$ 及 $ErCo_2$ 材料，具有较大的磁热效应（MCE）和宽居里温度（14～164 开）。在 20～77 开温区，中国科学院物理研究所报道了重稀土金属间化合物的 MCE 研究成果。

近年来，室温温区磁制冷材料因其具有取代传统制冷材料的趋势而倍受人们关注。国内对稀土基 MCE 材料也进行了较早的研究。1991 年，北京科技大学发表了对稀土 Gd、Gd_3A_{12}、Gd_5Si_4 等进行磁熵变研究的论文。1994 年，中山大学对金属钆及二元合金及绝热温变进行了直接测量，同时研究了稀土纳米固体材料的 MCE 以及对纳米超顺磁材料的 MCE 进行了较详细的分析。1996 年，钢铁研究总院研究了 La1-ZRZ（Fe1-X-YCo_xAl_Y）$_{13}$ 合金磁熵变。这些较早期稀土磁制冷材料的研究为当今全面研究稀土磁制冷打下了良好的基础。

人们为了寻找具有比金属钆更大磁热效应的材料，进行了大量的研究工作。1997 年，南京大学都有为团队首先对含稀土钙钛矿型化合物磁熵变进行了研究。在 1.5 特斯拉磁场强度下，$La_{0.837}Ca_{0.098}Na_{0.038}Mn_{0.987}O_3$ 的等温磁熵变达到 8.4 焦 / 开·千克是钆的两倍多。但居里点较低（255 开），调节 La、Na、Ca、Mn 以及用 Sr 取代部分元素可以将居里点提高到室温，但熵变也随之下降。该系列研究为磁制冷增添了一类磁性稀土氧化物材料。2001 年，中国科学院物理研究所沈保根等人报道了在 $NaZn_{13}$ 型材料 $LaFe_{11.4}Si_{1.6}$ 合金中存在大磁热效应，大磁热效应主要来源于一级相变伴随的巨大晶格负膨胀和居里点以上由磁场引起的巡游电子变磁转变行为。2009 年，钢铁研究总院开发出间隙型 Gd-Si-Ge 系磁致冷材料及其制备方法。

目前，磁制冷材料在磁制冷样机上得到实际应用的磁工质主要有金属 Gd 及合金（Gd-Er、Gd-Td 等）、La（Fe，Si）$_{13}$ 基以及 MnFePAs 基等三类。近二十年所发现的具有"巨磁热效应"材料［La（Fe，Si）$_{13}$ 基、Gd_5（Si，Ge）$_4$ 基、MnFePAs 基、MnAs 基等］与金属 Gd 相比，其优点主要是磁熵变大，但由于是一级相变，磁相变温区很窄，温变小。金属 Gd 及合金具有绝热温变（ΔT_{ad}）高、磁相变温区宽以及易加工等优点，是其他两类材料无法替代的。La（Fe，Si）$_{13}$ 基合金与金属 Gd 及合金相比，具有稀土含量少、价格低廉等优点，但存在脆性大、延展性差、成型较难等问题。学者们用粉末粘接、共析分解、聚合物等工艺解决其脆性等问题，取得了一些效果。包头稀土研究院采用粉末粘接和粉末热压烧结方法制备了 $La_{0.8}Ce_{0.2}Fe_{11.47}Mn_{0.23}Si_{1.3}$ 合金，切割成薄片后吸氢，制备成薄片型 $La_{0.8}Ce_{0.2}Fe_{11.47}Mn_{0.23}Si_{1.3}HX$ 磁工质。

磁制冷的研究包含磁制冷材料和磁制冷机的研究，不同类型的磁制冷机有不同类型的磁场系统。早期的磁制冷机的磁场主要是电磁场，电磁场体积大、耗能高。由于稀土永磁的发展，近十几年，用 Nd-Fe-B 永磁场代替电磁场，设计多种类型的磁制冷用 Nd-Fe-B 永磁磁场，满足了国内外磁制冷机的需求。国内开展室温磁制冷机的设计与研制较早的有包头稀土研究院、四川大学、南京大学及中国科学院理化技术研究所等。包头稀土研究院自 2000 年以来，从磁制冷原理样机、磁液体磁制冷机、旋转式以及复合式共研制设计了四种类型的永磁式室温磁制冷机。最新研制的室温磁制冷冰箱（磁场：Nd-Fe-B，1.5 特斯拉；磁工质：金属 Gd 球形颗粒，Φ4.2～0.6 毫米）最大制冷功率超过 100 瓦，最大制冷温差达到 23℃，低温达到 −1.1℃，制冷室（冰箱）温度 1.8℃。该室温磁制冷机进一步优化后，可达到实用。

8.1.3　稀土磁性材料学科发展前景展望

随着中国经济的蓬勃发展和世界需求的不断增长，中国稀土磁性材料工业迎来了巨大的发展机遇，全球稀土磁性材料产业中心已经转移到中国，近10多年来稀土磁性材料产量年均增长率10%左右。稀土磁性材料已经广泛应用于电子信息、汽车工业、医疗设备、能源交通等众多领域。同时，随着技术的持续进步，在很多新兴领域，稀土磁性材料也展现出广阔的应用前景。

2017年1月，工业和信息化部、国家发展和改革委员会、科技部、财政部联合制定发布了《新材料产业发展指南》。该指南将高性能稀土永磁列为关键战略材料，并将其作为支撑高档数控机床和机器人、先进轨道交通装备、节能环保等关键应用领域急需的新材料重点支持发展，稀土磁性材料产业将再次迎来一轮快速发展机遇。展望未来，伴随着全球新一轮科技革命和产业变革的孕育兴起，一些重要科学问题和颠覆性的核心技术已呈现出革命性突破的先兆，移动互联网、大数据、机器人、新一代环保智能汽车等将蓬勃发展。作为支撑产业变革的关键性功能材料，稀土磁性材料将不断迎来新的发展机遇和巨大的发展空间。

从稀土永磁材料的可持续发展角度，新型高性能稀土永磁材料与关键制备技术等是稀土永磁材料的重点发展方向。在制备技术方面，决定稀土永磁材料磁性能稳定性的关键在于微结构的精确控制，所以针对晶粒细化和晶界优化进行深入的技术创新工作是发展高性能稀土永磁材料的关键。利用HDDR技术实现晶粒尺寸亚微米化，结合氢破碎及气流技术发展超细粉末制备技术，同时探索超细粉高场取向成型和烧结技术，结合磁粉表面包覆扩散和磁体表面涂覆晶界扩散技术，重点发展低/无重稀土高稳定性高矫顽力烧结磁体制备技术。在热压稀土永磁材料制备技术方向，研究重点将聚焦在具有高变形取向能力的快淬磁粉和高效率高一致性热压磁体制备技术两方面。前者研究快淬和晶化工艺以及化学组分对快淬粉末热压/热变形取向能力的影响机制，研究具有大热变形能力的适于制备热压钕铁硼磁体的快淬磁粉制备工艺，开发热压磁体用快淬钕铁硼粉末。后者在研究热压稀土永磁材料织构形成机制及机械强度的基础上，发展大尺寸热压磁体和磁环制备工艺，解决热压钕铁硼辐射取向环形磁体和瓦形磁体开裂问题。

8.2　稀土储氢材料

8.2.1　稀土储氢材料概述

能源紧缺和环境污染问题的日益严重，促使人们对新能源和环境问题进行探索和研究。氢能作为洁净的二次能源受到人们普遍重视，但是氢的储运仍是氢能应用的瓶颈。储氢合金在一定温度和氢气压力下，能可逆地吸放氢，在已开发的一系列储氢合金中，稀土系储氢合金应用最为广泛。稀土储氢合金储氢具有安全性高、体积储氢密度大的特点，在吸放氢过程中还伴随有热效应的产生，同时随着温度的变化，其平衡压将发生指数式变化，基于这些特性，稀土储氢合金在电化学储氢、气固相储氢、蓄热和静态压缩等方面得到了应用。

8.2.2　稀土储氢材料学科的技术发展

1968 年，荷兰飞利浦实验室杰斯特拉和韦斯特多普在研究 $SmCo_5$ 合金时意外发现该合金具有较好的可逆吸放氢性能，在 2 兆帕下吸氢，而减压时又可放出氢气，形成了氢化物固态储氢的新方法。随后发现 $LaNi_5$ 合金具有更好的储放氢性能，在室温下即可快速吸放氢，而且制备方法简单，易活化，其储氢密度高于液态氢，是当时性能最好的储氢材料。

但是当时稀土分离技术还不成熟，制备 $LaNi_5$ 合金所用的原材料稀土金属 La 价格偏高，导致 $LaNi_5$ 合金的原材料成本偏高，为降低稀土储氢材料的价格，达到实际应用的目的，同时为了稀土资源的综合利用，国内外学者开展了采用混合稀土金属替代纯稀土金属元素的研究，威斯沃尔、库伊佩斯、本田正弘、大角泰章等人使用不同成分的富铈混合稀土金属（Mm）替代 La，研制出廉价的 $MmNi_5$ 储氢材料，有效降低了合金成本，但却带来了平台压力高、滞后压差大和活化条件苛刻等新问题。20 世纪 80 年代我国王启东等人开创性地使用富镧混合稀土金属（Ml）替代纯镧制备出稀土储氢材料 $MlNi_5$，较好地解决了上述问题，在室温下一次加氢（20～40 标准大气压）即能活化，吸氢量达（1.5～1.6）wt%，室温放氢率为 95%～97%，降低了平台压力，减小了滞后，与此同时，以第三元素（如铝、铜、铁、锰、镓、铟、锡、硼、钴、铱、硅等）置换 Ni 进一步改善了合金的滞后效应，使其更具实用价值。随着混合稀土储氢材料研究的深入，开始在工业上逐步推广应用。

镍/金属氢化物电池是储氢合金的重要应用之一。1968 年，将储氢合金代替铂做氢化物－镍电池的负极材料，可以既不使用贵金属又能降低电池压力。我国南开大学申泮文等人在 20 世纪 80 年代初便以 $LaNi_4Cu$ 作阴极，将储氢电极与氧化镍组成电池，电压为 1.25 伏特，比能量为 30 千瓦时／千克，具有充放电周期长、低温放电性能良好等特点，但仍存在自放电大和耐过充能力差等缺点。自 1984 年后，荷兰飞利浦公司、日本松下电池公司以及国内一些单位均致力于多元储氢合金电极材料的研发，取得了很大进步。南开大学在"七五"期间用稀土储氢合金试制成功 5 号电池，容量达到 1000 毫安时。美国奥文尼克公司于 1987 年建成镍氢电池试生产线。日本松下电池公司开发了 $MmNi_{5-x}M_x$（M 为钴、锰、铝）系列储氢电极材料，并于 1989 年初，完成 5 号镍氢电池的研发，电池容量达 1070 毫安时，可在 1.5～4.5 小时内完成快速充电，最大放电电流达 3 安培，在 0～45℃电池工作寿命达 500 次。与此同时，日本的三洋、东芝等公司相继实现镍氢电池工业化生产，且生产量逐年增长。

我国在"863"计划的推动下，南开大学、浙江大学、包头稀土研究院、中国电子科技集团公司第十八研究所、北京有色金属研究总院、钢铁研究总院、北京大学等单位对镍氢电池负极用稀土储氢合金进行了大量研究，自 1992 年起，我国储氢材料和镍氢电池开启了产业化的进程。先后有北京有色金属研究总院、浙江大学、包头稀土研究院和沈阳三普等单位开始了小批量稀土储氢合金的中试，一批镍氢电池企业，如北京有色金属研究总院金成电池公司、河南环宇电源股份有限公司、深圳力可兴电池有限公司、珠海太一电池有限公司、江门三捷电池实业有限公司、天津和平海湾电源集团有限公司等相继涌现，特别是在哈尔滨工业大学王纪三教授开发了镍氢电池的干法制作工艺后，我国镍氢电池制备技术取得了突破性进展，制作成本显著降低，成品率明显增加，极大地推动了我国储氢材料和镍氢电池产业的发展。21世纪初逐渐形成了以广东中山天骄稀土材料有限公司、珠海金峰航电源科技有限公司、宁波申江科技股份有限公司为主的稀土储氢合金规模化生产企业，及以深圳比亚迪、湖南科力远新能源股份有限公司为主的镍氢电池规模化生产企业，使我国镍氢电池的产销量逐步超过日本成为世界第一大国。此后又有内蒙古稀奥科镍氢动力电池有限公司、甘肃稀土新材料股份有限公司、厦门钨业等国内稀土主流企业投资到储氢材料领域，使我国的储氢材料产业的产能进一步扩大到 25000 ~ 30000 吨的能力，产销量在 2008 年达到了历史的高点，超过了 12000吨，而金山电池国际有限公司 GP（香港 GP）、日本松下株式会社、日本汤浅株式会社等企业也先后分别在广东省、江苏省和天津市建起了规模化的镍氢电池厂。

经过几番市场和产业的调整后，目前我国尚存 11 家稀土储氢合金生产企业，年产能约 2万吨，主要满足小型民生镍氢电池的应用需求，由于受到锂离子电池的冲击，近年需求基本保持稳定，自 2011 年以来稀土储氢材料的年销量基本保持在 9000 吨左右，急需开辟新的应用市场。自 2004 年丰田生产的以镍氢动力电池为辅助动力的混合动力汽车突破 100 万辆后，日本镍氢动力电池用量直线上升，稀土储氢合金又在镍氢动力电池中找到了新的应用支撑点。截至 2017 年 2 月，丰田混合动力汽车已累计销售 1000 万辆，日本每年用于镍氢动力电池的稀土储氢合金已高达万吨。我国虽然已有 1996 年北京有色金属研究总院研制的镍氢动力电池汽车的实车运行，以及 2008 年奥运会后，分别以北京有色金属研究总院和江苏春兰电池公司研制的镍氢动力电池作为辅助动力的燃料电池汽车在实际公交线路上为期一年的实车运行示范，但混合动力汽车仍一直发展缓慢，镍氢动力电池国内市场需求疲软，镍氢高端动力电池尚处于百吨级供货阶段，正在积蓄力量，寻求突破。

镍氢二次电池产业化的迅速发展促进了负极用稀土储氢材料的研究开发。1973 年范马尔等人发现用 Co 部分置换 $LaNi_5$ 中的镍可减小晶格膨胀率，减少电池在充放电过程中储氢合金的粉化氧化。对于混合稀土系合金，多采用钴、锰、铝等金属元素代替部分镍，降低坪台压，以适合于密封电池的内压要求。在合金中加入钛、铝、硅、锆等合金元素形成表面比较致密的氧化膜，可防止合金内部进一步氧化。对合金表面进行碱处理或者通过化学镀的形式在合金粉末表面包覆一层多孔铜或镍膜，提高了合金的抗氧化性、电导率和热导率。此外，日本东京工业大学率先开展了对储氢合金表面的氟化处理，即将合金粉末浸泡于含氟离子的水溶液中，在合金表面形成稳定的氟化物层，提高了合金的稳定性。为了进一步改善合金吸放氢坪台压力、热焓值、活化速度、吸放氢速度等热力学和动力学性能，20 世纪 90 年代末又发展了非化学计量比稀土储氢合金。非化学计量比合金一般由双相或多相组成，表现出良好的电催化活性和高倍率放电性能。荷兰飞利浦实验室的诺顿及美国布鲁克海文国家实验室的福格特等发现最佳过化学计量比范围为 5.2 ~ 5.5，合金具有长的循环寿命。

稀土基 AB_5 型储氢合金作为电极负极材料具有较好的综合性能，但受 $CaCu_5$ 型结构的限制，实际电化学放电容量一般在 310 ~ 340 毫安时／克。为了进一步提高储氢容量，1997 年，日本大阪国家研究所卡迪尔等通过对 RE-Mg-Ni 系储氢合金的研究，发现了一种能够可逆吸放氢的三元金属间化合物 $REMg_2Ni_9$，以 Ca 元素部分替代 A 侧元素的（$La_{0.65}Ca_{0.35}$）（$Mg_{1.32}Ca_{0.68}$）Ni_9 合金在和以 Ca、Y 元素完全替代 A 侧元素 La 的（$Y_{0.5}Ca_{0.5}$）（MgCa）Ni_9 合金气态可逆储氢量高达 1.87wt% 和 1.98wt%，使 AB_3 型稀土储氢合金的研究取得新进展。2000 年，日本东芝公司河野等研究发现过计量比的 $La_5Mg_2Ni_{23}$ 型合金 $La_{0.7}Mg_{0.3}Ni_{2.8}Co_{0.5}$ 的气态可逆储氢量约为1.8wt%，电化学放电容量高达 410 毫安时／克，并在 30 次充放电循环中显示良好的循环稳定性。2001 年，浙江大学、兰州理工大学、钢铁研究总院和中国科学院长春应用化学研究所等单位在国家自然科学基金资助下率先在国内开展了稀土镁镍基超晶格储氢合金电化学性能的研究。之后，南开大学、西安交通大学、燕山大学、天津大学、中国科学院上海微系统所、北京有色金属研究总院、广州有色金属研究院、厦门钨业股份有限公司、珠海金峰航电源科技有限公司等单位也相继开展了相关研究，包括合金制备方法、成分影响、微观组织及相结构、储氢及电化学性能等。

由于该体系合金含有极易受强碱性电解液腐蚀的镁和镧，且 PuNi$_3$ 型结构吸氢膨胀率较高，存在严重的腐蚀和粉化问题，改善后的 AB$_3$ 型合金循环寿命仅有 250～300 周期（容量保持率 60%），尚不能满足实际应用要求。2004 年，日本三洋电机株式会社发现退火后主相为 Ce$_2$Ni$_7$ 型的 A$_2$B$_7$ 型合金较 AB$_3$ 型合金具有更好的循环寿命。2005 年，日本产业技术综合研究所成功地制备了含有 Pr$_5$Co$_{19}$ 和 Ce$_5$Co$_{19}$ 混合型相结构的 La$_4$MgNi$_{19}$ 合金，该合金的吸放氢平台比较平坦，显示了较好的气态吸放氢循环稳定性。至此，人们发现通过对稀土镁基储氢合金化学计量比调整，可以获得 AB$_3$ 型（PuNi$_3$ 型或 CeNi$_3$ 型结构）、A$_2$B$_7$ 型（Ce$_2$Ni$_7$ 型或 Gd$_2$Co$_7$ 型结构）和 A$_5$B$_{19}$ 型（Pr$_5$Co$_{19}$ 型或 Ce$_5$Co$_{19}$ 型结构）等不同结构特征的 RE-Mg-Ni 基储氢合金。稀土镁基 AB$_{3～3.8}$ 型储氢电极合金具有高的储氢量以及相对较低的材料成本，但其充放电循环稳定性和批量制备工艺等仍需改进，随后的研究工作主要集中在：①多元合金化研究，A 侧用混合稀土元素和钛、锆等替代镧，同时优化镁元素含量，B 侧用铝、钴、锰等部分替代镍可进一步改善合金的循环寿命。②热处理工艺研究，确定最佳工艺参数如热处理温度、保温时间、冷却方式等。③机理研究，包括合金成分、相结构、合金晶粒尺寸及缺陷数量与储氢性能间的关系等。④表面改性处理研究。2005 年 11 月日本三洋公司首次宣布 RE-Mg-Ni 系储氢材料的批量化生产，并推出了用其制备的 AA 型超低自放电镍氢电池（Eneloop）。第一代 Eneloop 电池容量为 AA2000 毫安时，循环寿命可达 1000 周，电池的容量保持率由每月 80% 提高到每年 85%，至今已推出第四代产品，循环寿命达 2100 周，5 年后容量保持率仍能达到 70%。北京宏福源科技有限公司继日本之后于 2008 年在国内首先实现了产业化生产，并于 2011 年出口德国。近年，由于钴价大幅上升，稀土镁基 AB$_{3～3.8}$ 型储氢电极合金的材料成本优势日益凸显，国内镍氢电池厂家对稀土镁基合金的需求日渐强烈，厦门钨业等厂家的稀土镁基合金产品逐渐得到批量应用。

目前商业化的稀土储氢合金典型成分为 MlNi$_{3.55}$Co$_{0.75}$Mn$_{0.4}$Al$_{0.3}$，其中金属钴虽然含量仅有 10.5%，但由于价格高昂，占成本 20% 以上。因此从降低钴含量入手，研究人员为在合金成本和性能之间找到平衡点，开发了一系列低钴甚至无钴合金。由于分离技术的进步和近年钕铁硼稀土永磁材料大量需求的镨、钕价格上涨，在混合稀土储氢合金中使用的镨、钕等高价元素显著提高了合金成本。将储氢合金中的镨、钕等用廉价的镧、铈、钐以及高丰度的钇替代，可在一定程度上降低稀土储氢合金的成本，并促进我国稀土资源的平衡利用。对于低成本无钴、无镨、钕合金的研究也在广泛开展当中，如何寻找合金电极放电容量和循环寿命的平衡点仍是研究的重要课题。

最近 20 年，新型稀土储氢合金的研发呈现多元化。一方面研究人员希望得到更高容量的稀土储氢材料，满足应用需求；另一方面 AB$_{3～3.8}$ 型稀土储氢材料的专利主要由日本掌握，限制了我国企业对相关合金材料的生产和应用，因此需要研究具有更高容量和新型结构的合金，以拓宽稀土储氢合金的应用领域和突破国外专利的局限。主要有以下几个方向：

不同形式的稀土镁基储氢合金：① AB_2 型 $LaMgNi_4$ 系稀土储氢合金，理论容量达到 480 毫安时 / 克；②国外自 20 世纪 70 年代开始研究 RE-Mg 二元合金，由于其不输于纯镁的储氢性能和大大低于纯镁的吸放氢温度备受关注；③ RE-T-Mg（T 为过渡金属）储氢材料其多相结构为氢提供了扩散通道，展现了良好的储氢动力学性能。对以上新型稀土镁基储氢合金的氢化脱氢过程、掺杂改性以及应用特性的研究是热点。

含镁储氢合金电化学容量衰减快，大规模熔炼困难，需开发不含镁的新型稀土储氢合金：①包头稀土研究院开发的 La-Fe-B 系储氢材料具有良好的电化学动力学性能。近年研发的新型高容量 La-Y-Ni 储氢合金，其放电容量达到 380 毫安时 / 克；②尝试非镍基稀土储氢合金开发，如北京有色金属研究总院和华南理工大学开发的 Y-Fe 基合金材料；③稀土配合物储氢材料，金属有机骨架材料和纳米多孔材料等由于其储氢容量巨大而广受关注。如复合稀土氧化物储氢材料 $LaFeO_3$，金属有机骨架储氢材料 Y（BTC），稀土配位氢化物 Y（BH_4）$_3$ 等。

稀土储氢材料的制备方法也经历了 40 多年的发展历程。19 世纪 80 年代，马丁最早采用共沉淀还原法制得了 $LaNi_5$ 合金，后来国内著名学者申泮文教授等人对此法进行了改进，用金属盐代替纯金属，制备颗粒状 $LaNi_5$。该工艺虽然可避免高温熔炼和长时间热处理，但难以批量制备储氢合金。其他稀土储氢合金制备方法还包括：①机械合金化法；②氢化燃烧合成法；③烧结法；④定向凝固法；⑤气体雾化法等。这些方法在控制合金成分尤其是镁含量方面具有优势，但不利于规模生产，主要用于制备具有特殊成分和结构的合金。目前规模生产的稀土储氢合金基本上都是采用熔炼法，单炉熔炼规模从 200 ~ 600 千克不等。真空感应熔炼结合快淬凝固冷却方法，可进一步提高稀土储氢合金的循环稳定性。厦门钨业股份有限公司在消化、吸收引进技术的基础上，设计并委托制造处于世界先进水平的稀土储氢合金真空感应甩带熔炼炉；自主配套三室连续真空退火炉、气流粉碎机、多层旋振筛、双锥合批机、自动包装称重机等关键设备，建成了国内规模最大的稀土储氢合金生产线，自主创新完成"速凝薄片"生产工艺，达到国际先进水平。

新型稀土镁基储氢合金中镁元素由于熔点（648.8℃）和沸点（1090℃）均较低，饱和蒸气压随温度上升而急剧升高，在熔炼和热处理过程中极易挥发。因此，需要在制备过程中有效控制镁的含量。起初在制备合金时加入过量的镁元素以弥补其在制备过程中的烧损。但此法无法准确控制合金中镁的含量。后通过改进采用中间合金（如 Mg-Ni 中间合金）进行制备来降低镁的饱和蒸汽压和容量温度，从而减少镁的挥发烧损。2006 年，日本产业技术综合研究所与日本重化学工业的研究人员联合开发了使用氦氩混合气体作为熔炼炉惰性保护气体的新熔炼法。在制备过程中通常采用几种方法结合的控制手段，才能更好满足规模化生产中精确控制成分的要求。

稀土储氢合金在可逆吸放氢的同时，还伴随着氢气压力和热量的变化，即吸放氢过程还是一个热能和机械能相互转化的过程。利用这些特性不但可以进行氢的储存、分离和提纯，而且还可以制备静态压缩机和热泵装置。早在 20 世纪 70 年代国内外对于稀土储氢合金应用研究就涉及储氢容器、热泵设备、蓄热装置、氢压缩机、传感器、净化氢装置、氢同位素分离装置以及催化剂等。尽管经过多年发展，稀土储氢合金在这些应用技术方面都取得了很大进步，但距离大规模商业化应用尚有一段距离。近些年，风能等间歇性新能源的储存、燃料电池的高密度氢源以及热发电储热系统正逐渐成为稀土储氢材料的应用重点。亟待解决的关键问题是提高储氢容量和寿命，降低储氢成本。此外，还要对平台特性、滞后性能、反应热焓和活化特性等进行综合考虑，以制备高性能的反应装置。

8.2.3 稀土储氢材料学科发展前景展望

稀土储氢材料从发现至今已历经五十年，作为重要的储氢载体和氢能利用功能材料，仍然具有广阔的发展和应用前景。我国在稀土储氢材料方面不但研究早，而且也是世界上产量和产能最大的国家。发展稀土储氢产业既有利于社会和经济的可持续发展，又能够促进我国稀土资源的高效平衡利用。目前已经被规模应用的 $LaNi_5$ 和稀土–镁–镍系稀土储氢合金的储氢容量与应用需求相比仍然偏低，而一些新型高容量的稀土储氢材料仍有诸如寿命、热力学和动力学问题需要解决，因此未来研究方向包括几个方面：①进一步提升目前已经开发出的各种类型稀土储氢材料性能，以满足镍氢二次电池和储氢装置应用需求；②加快研究稀土储氢材料的新应用技术，重视发展镍氢动力电池用稀土储氢材料、与北方供暖相结合的稀土储热材料与技术、与可再生能源储能相结合的稀土储氢材料与技术，扩大稀土储氢材料的应用范围；③研究开发新组成、新结构稀土储氢材料，拥有该领域的原创知识产权。

8.3 稀土发光材料

人类对光的需求推动着稀土发光材料的发展，从日常照明到特殊照明，从显像管电视机到现在的液晶电视，无不代表着稀土发光材料的发展与进步。20 世纪 60 年代是国际稀土发光材料基础研究和应用发展的划时代转折点，60 年代末我国科研人员抓住机遇，借鉴国际上最新科研成果，大大推动了我国稀土发光材料的发展。同时，有一批从事稀土分离的科技工作者也转入从事稀土发光材料的科研和开发工作，加之国家展开彩电荧光粉会战，使得稀土发光材料这一学科在我国正式起步并不断发展。

8.3.1 彩色电视用荧光粉的研究与发展

我国彩色电视（以下简称彩电）用稀土发光材料的研究始于 20 世纪 60 年代末期。1969 年，有色金属研究院开始彩电荧光粉的研制，1973 年年底，在国内率先解决了稀土硫氧化物的制备工艺和工业生产问题，产品性能达到当时进口的美国、日本、联邦德国样粉的水平。生产的硫氧化钇铕红色荧光粉供国内各彩色显像管厂家如成都 773 厂、上海电子管三厂、北京 774 厂使用。

1974 年，国家计划委员会在南京召开会议，下达彩电荧光粉全国会战任务，由中国科学院长春物理研究所任组长单位，组织北京大学、有色金属研究院、南京华东电子管厂、北京化工厂、中国科学院长春应用化学研究所、上海跃龙化工厂和上海电子管二厂等全国主要研究院所、高校和工厂对彩电荧光粉进行协作攻关。

1974 年，有色金属研究院研制出了铽激活的硫氧化钇钆白色荧光粉，应用于黑白投影电视机。1975 年，彩色电视氧化钇铕红色荧光粉的研发获得成功，性能达到同年国家进口日本样粉水平，并通过对荧光粉晶粒表面处理，增加了氧化物荧光粉在彩色电视涂屏浆液中的稳定性。"彩色电视稀土红色荧光粉和投影电视稀土白色荧光粉"分别于1977年获得冶金部科技成果奖、1978年获得全国科学大会奖。为了加快我国彩色电视的发展，1977年，我国与日本进行了技术生产引进谈判。

20世纪90年代初，为适应咸阳彩管总厂扩建需求，咸阳荧光粉厂自主开发出适应日本彩管的彩电荧光粉，节省了大量外汇，同时保证了二期工程的扩建。北京化工厂和上海跃龙化工厂也分别建成彩电荧光粉厂，当时的产量达到1000余吨，除满足咸阳彩虹集团、北京松下显像管厂及上海永新显像管厂之外，还逐渐应用到我国其他外资合资企业中，使得彩电用稀土发光材料实现国产化，同时彩电阴极射线管（CRT）产业独霸彩色显示产业。

受最新显示技术不断发展的影响，以及CRT本身体积庞大、耗电量高等缺点的影响，CRT已经退出显示舞台，同时CRT用发光材料的市场也大幅萎缩。

8.3.2 三基色荧光粉的研究与发展

在国家计划委员会稀土办公室的领导和支持下，20世纪70年代后期，我国科技工作者开始稀土三基色荧光粉研究。在20世纪80年代初期，随着紧凑型荧光灯的兴起，稀土三基色荧光粉迎来了30年的快速发展期，研发和产业规模不断扩大。在发光机理探究和制造工艺、设备改造方面，复旦大学、北京有色金属研究总院、中国科学院长春应用化学研究所、中国科学院长春物理研究所、上海跃龙有色金属有限公司、深圳企荣五矿发展有限公司、常熟增耀稀土荧光粉材料有限公司、杭州大明荧光材料有限公司、湖州荧光材料厂等单位做了重要的科技攻关工作。其中，深圳企荣五矿发展有限公司对我国稀土三基色粉及其他稀土荧光粉的产业化做出了突出的贡献。

1982年，针对稀土三基色荧光粉制造成本高的问题，有色金属研究总院研制出$YVO_4:Eu$红粉、铽量低的稀土绿粉、高光效的铝酸盐稀土蓝粉，使得三基色荧光粉成本下降四分之一以上。与此同时，我国第一条灯用稀土三基色荧光粉生产线在上海跃龙化工厂建成。

1983年，有色金属研究总院在国家科委的支持下，开始建设并于1985年建成了"稀土荧光粉中间实验室"。

1989年12月，"10吨级稀土三基色灯用荧光粉技术"对上海电光源材料总厂进行了转让，标志着三基色灯用荧光粉进入了产业化阶段。到20世纪90年代，稀土三基色荧光粉逐渐摆脱盲目仿制和设备引进，形成了一定特色产业。

1989—1992年，北京有色金属研究总院在深圳企荣五矿公司的大力支持下，通过技术创新，建成了我国第一台稀土蓝绿色荧光粉的高温连续动态气体还原炉，使我国稀土三基色荧光粉的性能和产业化水平得到了质的提升。

1992年，苏锵等通过调整Dy^{3+}离子黄色与蓝色发光强度的比例，制成单一基质Dy^{3+}激活白光高压汞灯。

1999年，铝酸盐双峰蓝粉实现产业化，从此高色温紧凑型荧光灯显色指数能够大于80。

2002年，在科技部"863"计划的支持下，成功开发了稀土三基色纳米发光材料及其产业化制备技术。

2012年，根据液晶电视对冷阴极荧光灯（CCFL）背光源的市场应用需求，开发出了5种普通型及宽色域型冷阴极荧光灯荧光粉，并突破了它们产业化制备的关键技术，开发出成套工程化制备技术，实现了关键荧光材料的国产化。

经过几十年的发展，国产灯用三基色荧光粉的一次特性（如亮度、色坐标、颗粒分布等）和二次特性（如涂覆性能、耐高温性能等）都有很大的提高，不仅满足了国内市场需求，还出口日本、西欧、美国等发达国家，成功打破了国外荧光粉产品在国内市场的垄断地位，实现了关键荧光材料的国产化，有利于形成我国液晶显示的完整产业链，促进其健康发展。

近几年，由于白光发光二极管（LED）的逐渐兴起，稀土三基色荧光粉的研究逐步停止，相关生产企业大幅减产，市场趋于严重萎缩。

8.3.3　等离子显示板用荧光粉的研究与发展

20 世纪 90 年代，等离子显示板（PDP）具有屏幕大、响应快和清晰度高等优点，成为当时信息显示领域的主要发展方向。

1999 年，北京有色金属研究总院主持，中国科学院长春应用化学研究所、中国科学院长春光学精密机械与物理研究所共同承担的国家发改委稀土材料产业化及应用开发专项，历时 4 年，开发出性能达到 PDP 使用要求的荧光粉，研发出了我国第一套 PDP 用荧光粉光学参数测试系统。2007 年，"等离子显示板用荧光体产业化关键技术"获得了中国有色金属工业科学技术一等奖。

2010 年春，新型三维显示技术进入公众的视野，三维电视对响应速度要求更高，所用荧光粉的余辉时间必须小于 5ms，常用的 $(Y, Gd)BO_3:Eu^{3+}$ 红粉和 $Zn_2SiO_4:Mn^{2+}$ 绿粉难以满足应用要求。2011 年，在科技部"863"计划的支持下，有研稀土获得了三维显示用小粒度、低光衰 $Y(V, P)O_4:Eu^{3+}$ 红色荧光粉，亮度达到国际同期先进水平。

PDP 显示技术中的大多数技术还掌握在国外企业手中，价格长期居高不下，与其配套的其他部件发展不成熟；再加上液晶显示技术的冲击，PDP 显示产品在市场中的份额逐年递减并消失。

8.3.4　白光发光二极管用发光材料的研究与发展

白光发光二极管（Light Emitting Diode，LED）作为新一代绿色照明产品具有高光效、低能耗、长寿命、无污染等优点，在半导体照明和液晶背光显示领域得到了成功的应用，是我国重点发展的新兴产业。

白光 LED 器件的发光效率在近年来得到迅速提升，国产白光 LED 器件的光效也达到国际同期水平，这些突破性成果不仅归功于芯片和封装技术的改进，与其配套的荧光粉发光效率的改善和突破亦是关键因素之一。

8.3.4.1　白光 LED 用铝酸盐体系

关于白光 LED 用铝酸盐荧光粉的研究可以追溯到 20 世纪 70 年代的飞点扫描荧光粉。1976 年，我国开始系统地研制各种稀土飞点扫描荧光粉：如铈激活的铝酸钇（YAG）黄色荧光粉（P46）、铈激活的硅酸钇蓝色荧光粉（P47）、飞点扫描白色荧光粉（P48）以及铈激活的铝镓酸钇荧光粉（PYG 型）等，研制的产品被当时成都 773 厂使用。

1980 年，有色金属研究总院研究的 PYG 型飞点扫描荧光粉通过部级鉴定，性能达 1975

年进口日本小田原同类粉水平，已成功地应用于电子计算机的输入装置光学文字识别机上及水下激光电视的像增强微光管上。2001 年，北京有色金属研究总院系统研究了固相法制备 YAG：Ce 荧光粉产业化技术。

2005 年，"十五"国家科技攻关计划"半导体照明技术产业开发"项目"功率型高亮度发光二极管荧光粉及封装产业化关键技术"在北京通过验收。

2009 年，有研稀土依托自主研发的高温气氛可控还原技术，成功突破了多品种铝酸盐系列产品高温高氢连续化制备技术，大幅提升了铝酸盐黄粉发光效率。2010 年，专利"含二价金属元素的铝酸盐荧光粉及制造方法和发光器件"，被国家知识产权局评为"中国专利优秀奖"，并被评为"2010 年度百件优秀中国专利"。

此后几年，相继突破了铝酸盐含镥、含镓铝酸盐绿粉的气氛可控还原制备技术。2014 年，"白光 LED 用高性能铝酸盐/氮化物荧光粉及其产业化制备技术"获得了中国有色金属工业科学技术奖一等奖。

8.3.4.2 氮/氮氧化物体系

氮/氮氧化物荧光粉因具有激发范围宽、颜色发射丰富、发光效率高等诸多优点，是目前白光 LED 用发光材料研究热点。荷兰埃因霍芬理工大学、日本国立材料研究所、日本三菱化学等较早开展了氮化物荧光粉的基础研究和产业开发，并处于领先地位。

2006 年，突破了 $Sr_2Si_5N_8$：Eu 红色荧光粉的常压高温氮化技术。2009 年，实现（Sr，Ca）$AlSiN_3$：Eu 高性能氮化物荧光粉的常压制备。同年，负责起草国家标准《LED 用稀土氮化物红色荧光粉》（GB/T 30075—2013）。2014 年，在工信部稀土产业调整升级专项"液晶显示 LED 背光源用新型高性能氮化物/氮氧化物荧光粉及其产业化关键技术"的资助下，有研稀土在高温高压（> 2000℃，> 5 兆帕）下制备出发射峰值波长在 540 纳米的 β–sialon：Eu 绿色荧光粉。

2015 年，有研稀土采用气体还原氮化法和合金氮化法合成了新型黄色荧光粉 $La_3Si_6N_{11}$：Ce，同时研究了阳离子替换对 $La_3Si_6N_{11}$：Ce 光谱调谐机制，发现 Y^{3+} 共掺（$La_{3-x}Y_xSi_6N_{11}$：Ce）使其发射光谱红移的机理以及热稳定性能劣化机理以及 Al^{3+} 离子在晶格中的具体占位。

8.3.4.3 氟化物体系

2014—2015 年，针对国内外 LED 荧光粉发展动态，即主流 LED 红粉均较难满足广色域液晶显示 LED 背光源对高色坐标 x 值、高色饱和度以及窄峰发射的应用需求，有研稀土攻克了氟化物荧光粉的溶液合成技术，实现了氟化物荧光粉的批量化生产。

2014 年，有研稀土与易美芯光（北京）科技有限公司（易美芯光）、创维电视合作，制造出了国内第一台广色域液晶背光源电视（创维 55E820），实现了 90% 国家电视系统委员会制式（NTSC）的色域显示。

8.3.5 特殊领域用稀土发光材料的研究与进展

8.3.5.1 长余辉发光材料

1989 年至今，我国大力研制和发展二价铕和其他稀土离子掺杂的铝酸盐新一代蓝绿色、绿色及蓝色长余辉荧光体，其性能均超过以往的 ZnS 型和 SrS 型长余辉粉，$SrAl_2O_4$：Eu，Dy 绿色荧光粉的余辉长达 12 小时。

2002 年，中国科学院长春应用化学研究所成功开发具有明亮长余辉现象的铕、锆共掺杂硼铝银长余辉玻璃陶瓷，发射黄绿色余辉，余辉的发射峰位于 516 纳米，来自于二价铕离子的特征跃迁。同时还研制出具有记忆功能的光存储玻璃，其特点如下：①材料本身是均匀透明的玻璃；②用短波紫外线、伽马射线等激发一段时间后，能够发射明亮、持久的红色长余辉，将事先激发过的玻璃在室温下避光保存一段时间，直到第一次激发产生的长余辉消失，这时用长波光照射玻璃可观察到明亮的光激励发光现象；但当激励光源被移走后，发光并未随之消失，而是以较明亮的光激励长余辉方式存在；③对玻璃进行热处理可使其变成不透明的具有长余辉、光激励发光和光激励长余辉现象的玻璃陶瓷。

2005 年，有研稀土以化学稳定性好的硫氧化物和铝酸盐为基质，成功突破双掺杂的限制，研制出新型高效的多种稀土离子共同掺杂的多种颜色的长时发光材料；所研制的产品其性能达到国外同类产品先进水平。同年，在年产 30 吨发光材料的中试线上完成了工业试验和生产工艺定型。此外，联合有关单位研制了两套功能完善的长时发光材料发光性能测试系统（激发源分别为紫外灯激发和模拟日光激发）。

针对 LED 直接被交流电驱动时发光频闪这一世界难题，中国科学院长春应用化学研究所与四川新力光源有限公司于 2008 年合作开展新型交流 LED 照明技术的研发。经过 6 年多的不懈探索和开拓，研发出一种以发光材料为核心的全新交流 LED 技术，该技术达到了国际领先水平，使我国成为世界唯一能够利用发光材料生产低频闪交流 LED 产品的国家，有力推动了我国交流 LED，特别是稀土交流 LED 发光材料的科研及产业发展水平。目前，该项目成果已成功在四川新力光源股份有限公司和中科光电（长春）股份有限公司实现转化，产品电路简单、成本低、散热好、能效高、使用寿命长，已通过我国的相关认证，以及美国保险商实验室（UL）、欧洲统一（CE）等认证，并销往美国、加拿大、墨西哥、西班牙、巴西等多个国家，取得良好的经济效益。该项目成果入选"2013 年中国稀土十大科技新闻"，荣获 2012 年英国工程技术学会（IET）"能源创新"和"建筑环境"两项提名奖，2013 年度"金袋鼠"世界创新奖。2013 年，"发光余辉寿命可控稀土 LED 发光材料研发及其在半导体照明中的应用"成果，通过由中国科学院组织的成果鉴定。2016 年，"余辉寿命可控稀土 LED 发光材料的研发及其在半导体照明中的应用"获吉林省技术发明奖一等奖。

8.3.5.2 有机发光材料

有机发光二极管（Organic Light-Emitting Diode，OLED）具有主动发光、发光效率高、发光色纯度好、颜色鲜艳、功耗低、器件超轻薄、可柔性等诸多优点，利于全色显示，在照明及显示领域均具有良好的发展前景。发光材料（红、蓝、绿）是 OLED 显示器件的重要组成部分，它直接决定着器件性能及用途。稀土配合物发光材料由于具窄带发光特征使其成为彩色平板显示器中高色纯发光材料的理想选择。而且，由于稀土离子发光既可利用配体的激发三重态能量，又可利用激发单重态的能量，其理论发光效率接近 100%。因此，稀土配合物是理论上最合适的电致发光材料。

1995 年以来，张洪杰（图 8-4）、苏锵等系统地研究了 800 多种稀土杂化材料、复合材料和纳米材料的合成、组成、形态结构与光电等性能的关系和变化规律，获得了一系列的研究成果。在 2010 年，"新型稀土杂化及纳米复合光电功能材料的基础研究及应用探索"获国家自然科学奖二等奖。该成果的取得，为制备有机 / 无机杂化及纳米复合光电材料提供了新方法和技术，解决了国际性的难题，为稀土材料的设计和性能预测提供了重要的科学依据。

随后，又通过稀土配合物的能级分布对载流子注入、传输及分布的影响、主客体材料间的能量传递、配体与中心离子间的能量传递及损耗、三重态激子的猝灭机制等的研究，成功制备出有序排列的 $\beta-NaYF_4 : Yb^{3+}$，Er^{3+} 纳米粒子与光致变色二芳基烯发光薄膜。

图 8-4　张洪杰在第二届中国科学院应用化学学术研讨会（2008 年）做报告

近几年稀土配合物电致发光材料及器件国内外已有许多报道。张洪杰课题组研究了将 Eu（TTA）$_3$phen 掺杂在 26DczPPy 主体材料中，并选用 MoO_3 为阳极修饰层，$4'$，$4''$ 三（咔唑基 $-9-yl$）三苯胺（TcTa）作为空穴传输层用于促进空穴的注入和传输，最终优化的器件表现出最大亮度为 3278 坎德拉每平方米，最大电流效率为 12.45 坎德拉每安培，功率效率为 11.50 流明每瓦，外量子效率（EQE）6.6%。100 坎德拉每平方米实用亮度下，电流效率为 9.10 坎德拉每安培。他们还报道将 Eu（TTA）$_3$phen 作为电子"陷阱"和传能"梯子"掺杂在红光铱器件中，在低浓度掺杂时可明显提高器件效率。

OLED 用稀土配合物发光材料的研究国内外的竞争非常激烈，已有大量报道，但目前多数稀土配合物有机发光材料需要具有良好的载流子传输性能，才能够将电能高效转化为光能，以及良好的热稳定性、成膜性，以便有效地制作发光器件。对于稀土配合物电致发光的研究，除了能加快稀土元素应用到 OLED 的进程外，将有助于更深入理解电致发光中材料、能级对于器件表现的影响，并为其他材料的选择、设计提供更有借鉴性的参考依据。

8.3.5.3　上转换发光材料

上转换发光是一类特殊的发光过程，其特征是荧光体吸收多个低能量光子并产生高能量的光子发射。与传统荧光体如有机染料分子及量子点相比，稀土上转换发光纳米材料具有反斯托克斯位移大、发射谱带窄、稳定性好、毒性低、组织穿透深度高、自发荧光干扰低等诸多优势，使其在生物医学领域具有广阔的应用前景。近年来，光控药物释放体系的设计与制备成为新兴研究方向。载药体系吸收光之后，诱导载药体系发生物理或化学变化，从而达到控制药物释放的目的。稀土上转换发光纳米材料目前仍存在发光效率低、激发范围窄、紫外区发光弱等问题。

迄今为止，主要的上转换发光材料按基质可分为 4 类：①稀土氟化物、碱（碱土）金属稀土复合氟化物，如 LaF_3、YF_3、$LiYF_4$、$NaYF_4$、$BaYF_5$、BaY_2F_8 等；②稀土卤氧化物，如 $YOCl_3$ 等；③稀土硫氧化物，如 La_2O_2S、Y_2O_2S 等；④稀土氧化物和复合氧化物，Y_2O_3、NaY(WO_4)$_2$ 等。在基质中，一般由 Yb^{3+}-Er^{3+}、Yb^{3+}-Ho^{3+}、Yb^{3+}-Tm^{3+} 等组成敏化剂 - 激活剂离子对而发光。其中稀土掺杂的氟化物上转换发光材料由于具有声子能量小，非辐射弛豫小而备受关注。

2011 年，通过同质的无机物壳层（核 - 壳结构）来阻隔纳米发光淬灭获得进展，实现了稀土上转换发光强度的大幅度提高。2012 年，GdF_3：Yb^{3+}/Er^{3+}/Li^+@SiO_2 上转换纳米粒子作为探针在小鼠成像方面获得验证。2013 年，严纯华指出，对上转换材料量子效率的提高、对连续波激光器的响应以及低的热效应材料的探索是今后该类材料研究的重点。2014 年，生物相容的 $NaYF_4$：Yb^{3+}，Er^{3+} 上转换纳米粒子制备成功，与氨基乙酰丙酸结合后，材料表现出良好的对于肿瘤的光动力治疗效果。2016 年，基于 Eu^{3+} 双模（上转换 / 下转移）发光的核—壳—壳结构纳米荧光探针研发成功，并应用到甲胎蛋白（AFP）的上转换和溶解增强下转移发光双模体外检测。

近年来研究的重点是研究上转换材料的组成、结构、形成工艺条件与性能的对应关系；新的上转换机制；改善上转换发光材料的生物相溶性以实现其在各方面的应用。

8.3.5.4　光转换材料

2010 年前后，稀土光谱转换材料研究中的重点主要放在材料新体系（包括新组成与不同材料形态，如块材、纳米粉体、玻璃与薄膜等）的探索、稀土光谱转换性能优化与光谱转换机理研究等方面。近些年来，相关研究聚焦到如何开展稀土光光转换和光温转换材料的方向上。

由于稀土配合物优良的荧光性能，有机配体可高效吸收紫外线，传递给稀土离子发生下转换发光，可用于提高太阳能的利用率，此外与纯无机粉体相比，稀土配合物很容易分散并制作成膜。因此，将稀土配合物材料制成高效转光膜用于光伏电池转光膜，近几年越来越被人们所重视。利用三联吡啶（Tpy-OCH$_3$）配体敏化稀土铕离子得到稀土配合物 Eu(TTA)$_2$ Tpy-OCH$_3$·$2H_2O$，将其掺杂到聚甲基丙烯酸甲酯（PMMA，又称亚克力或有机玻璃）制得 Eu/PMMA 荧光薄膜，其量子产率高达 54.43 %。他们还引入纳米 SiO_2 得到纳米复合材料 Eu/PMMA/SiO_2，最高量子产率可达 78.57 %。

近期，包头稀土研究院天津分院在稀土光谱转换材料实际应用研究方面取得了重要进展。经过多年的研究开发，合成的稀土有机光转换材料具有较高的量子产率，材料的抗老化性能较好，天津地区户外一年半、加速老化 5000 小时，材料性能基本保持稳定。研究开发稀土无机光转换材料加入太阳能电池封装膜（EVA），满足了封装膜的基本性能要求，同时具有光转换效果，其抗老化性能已经超过国家标准的 2 倍（即抗紫外老化和抗湿热老化达到了 2000 小时以上）。

2015 年，报道了一种亚微米 Gd_2O_2S：Eu^{3+}-PVP 复合材料，并成功将其应用到硅基太阳能电池。其中，纯亚微米 Gd_2O_2S：Eu^{3+} 粉体的量子效率达到 36.2%；器件对比结果表明：参比硅太阳能电池的能量转换效率（PCE）、短路电流密度（J_{sc}）和开路电压（V_{oc}）分别是 10.44%、

25.76 毫安 / 厘米 ^{2} 和 0.5798 伏，此外填充因子（F.F.）约 69.9%。利用复合材料所制作的稀土光谱转换型太阳能电池器件的短路电流密度达到 6 毫安 / 厘米 ^{2}，相对增幅达到 23%，能量转换效率增幅达到 8.9%。

目前，对于能源的需求大力推动了稀土光谱转换材料在太阳能电池的实际应用研究，且取得了重要进展。目前国内外关于稀土光谱转换材料研究主要是紫外 – 可见光转换型稀土光谱转换材料在太阳能电池的应用研究。

由于稀土离子的特征发光与周边环境场，如温度、压力和高能辐射场等都有着密切内在联系，可通过监测、分析稀土发光材料的强度、波长或寿命等光特性变化，得到环境温度、压力、辐射剂量等的相关数据，从而实现对环境温度、压力和辐射剂量的测量。由于稀土发光材料具有波长多样化，寿命可从纳秒级到小时级范围内变化的特点，所以可以用来以非接触方式研究瞬、稳状态下高速运动物体、复杂几何外形物体等的局部或整体所受温度和压力的变化。而且，利用稀土发光材料进行大面积、非接触温度测量没有物体红外发生率的干扰。稀土发光材料测温度、压力和摩擦阻力等应用在航空航天、国防工业和民用领域都有着巨大应用价值。基于国家在这方面的需求，中国科学院长春应用化学研究所研发了系列温度敏感稀土发光材料并应用于我国风洞航天器试验，满足了国家的要求。"稀土温度敏感发光材料成功应用于型号风洞试验"入选 2012 年中国稀土十大科技新闻。

8.3.5.5 稀土卤化物发光材料

金属卤化物灯是一种高强气体放电灯，也是一种光色特性优异的高效绿色光源，广泛应用于工业厂矿、体育场馆、市政道路照明以及捕鱼、植物照明等特种照明。稀土卤化物是金属卤化物灯（简称金卤灯）常用的发光材料，对金卤灯的发光效率和光色特性有着决定性的影响，例如 ScI_3 和 DyI_3 即分别是钪钠系列和镝系列金卤灯用发光材料的主要组分。

我国的金属卤化物灯用稀土卤化物发光材料研究始于 20 世纪 70 年代，有色金属研究院和中国原子能科学研究院是最主要的两家研究单位。1973 年，有色金属研究院成功研制出电影外景灯和游泳池照灯用新型稀土碘化物发光材料，该成果获全国科学大会奖；1987 年，研制出稀土及其他金属碘化物或溴化物 30 多种，稀土卤化物产品纯度达到 99.95%，所开发的镝灯系列和钪钠灯系列金卤灯卤化物发光材料在国内多家工厂及研究单位获得应用。20 世纪 90 年代，北京有色金属研究总院承担了国家"863"项目"超高光效复合稀土卤化物灯用发光材料研究"，开发了高纯金属卤化物高效制备和纯化技术和熔滴法制备颗粒状复合稀土卤化物的设备，成功实现了高纯颗粒状复合金属卤化物发光材料的产业化。1998 年，"金属卤化物灯用发光材料"获得国家重点新产品奖。

21 世纪的前十年是我国金卤灯市场的黄金期，金卤灯产量持续快速增长，北京有色金属研究总院和中国原子能科学研究院的灯用稀土卤化物材料都取得了很好的市场效益。但进入 21 世纪的第二个十年，随着 LED 的迅速崛起，金卤灯市场受到巨大冲击，产业规模大幅萎缩，对灯用稀土卤化物发光材料的研究也日渐沉寂。

2000 年前后，新型卤化物闪烁晶体 $LaCl_3$：Ce 和 $LaBr_3$：Ce 的问世，引起了国际上对稀土卤化物闪烁材料的研究热潮，LuI_3：Ce、$CeBr_3$、SrI_2：Eu、$CsLiYCl_6$：Ce 等一系列性能优异的新型卤化物闪烁晶体随后相继被发现，催生了对闪烁晶体用稀土卤化物材料的新需求。宁波大学、北京玻璃研究院、中国计量大学等单位先后开展了各种卤化物闪烁晶体的生长研究，北京玻璃研究院、北京华凯龙电子器材有限公司则成功实现了 $LaCl_3$：Ce 和 $LaBr_3$：Ce 晶体的小规模制备。北京有色金属研究总院在"973"课题的资助下，对闪烁晶体用高纯无水稀土卤化物制备技术及其纯化机理进行了攻关，并于 2016 年成功开发出可满足晶体生长要求的 4N 级高纯无水 $LaBr_3$、$CeBr_3$、LuI_3、EuI_2 等一系列稀土卤化物产品，满足了我国稀土卤化物闪烁晶体研发及产业发展需要，并开展了 $LaCl_3$：Ce 和 $LaBr_3$：Ce 晶体的研制。

8.3.5.6　其他荧光粉

高压汞灯是玻壳内表面涂有荧光粉的高压汞蒸汽放电灯，柔和的白色灯光，结构简单。低成本，低维修费用，可直接取代普通白炽灯，具有光效高、寿命长、省电经济的特点，适用于工业照明、仓库照明、街道照明、泛光照明、安全照明等。1972 年年底，有色金属研究总院开始研究高压汞灯粉，并在灯泡中开始应用。高压汞灯的发展为高强度气体放电灯奠定了技术基础。但由于灯中含有汞蒸气，容易污染环境，日常生活中已经不再应用。

稀土重氮复印荧光粉是重氮复印冷光源的关键材料，其性能优于一般用的热光源高压汞灯，因此可以节约电能，同时改善复印人员的操作环境。1980 年，有色金属研究总院开始研究重氮粉，开发出了发射主峰为 395 纳米的 $SrMgP_2O_7$：Eu^{2+} 和发射主峰为 420 纳米的 $Sr_2P_2O_7$：Eu^{2+} 荧光粉，其中后一种荧光粉于 1981 年 9 月通过冶金部级鉴定，并应用于北京 159 厂、天津复印机厂等厂家制造的冷光源重氮复印机上，复印效果接近当时日本同类机水平。

1986 年，北京有色金属研究总院开始研究主峰为 301 纳米、311 纳米、355 纳米、370 纳米四种紫外荧光粉，其中主峰为 370 纳米的紫外粉成功地应用在防伪验钞机上。

TLB 型溴氧化镧铽荧光粉适用于制作医用 X 线增感屏，在 X 线激发下发蓝白光，可增强感蓝 X 光胶片的感光作用。由有色金属研究总院研发的 TLB 型高分辨率溴氧化镧铽荧光粉制成的高分辨率高感度全塑溴氧化镧增感屏，静态分辨率超过美国杜邦公司 Quanta Ⅳ 型同类产品，达到国产钨酸钙中速屏的分辨率水平，因而可以扩大稀土屏诊断疾病的范围，并于 1981 年通过冶金部鉴定。

8.3.6　稀土发光理论研究

在研究稀土发光材料的同时，人们对于稀土离子为何能够产生复杂多样的光谱产生了兴趣。1978 年，苏锵等开展了稀土化合物的合成及光谱性质变化规律的研究，通过 Nd^{3+}、Er^{3+}、Tm^{3+}、Ho^{3+} 等镧系离子在不同体系的光谱研究，提出振子强度与 Judd-Ofelt 强度参数的总和之间存在线性关系。

1989 年，由国家自然科学基金委员会、中国稀土学会、中国物理学会发光分科学会、中国化学会、中国科学院稀土化学与物理开放实验室大力支持和赞助，中国科学院长春应用化学研究所负责筹备的第 2 届国际稀土光谱讨论会在长春召开。会议收到国内外学者论文 203 篇，涉及发光基础理论、稀土离子光谱性质在生物 / 有机材料的结构和结构探针的研究、电致发光材料薄膜和Ⅲ-Ⅴ、Ⅱ-Ⅵ族半导体基质中稀土离子的光谱性质等。这是我国首次召开具有国际规模的发光专业会议，具有重要的学术价值。

2001 年，苏锵等通过稀土离子电荷迁移带的研究，利用光谱的方法求得三价和四价镧系离子的电负性，比周期表中现有的数据更系统和更合理。"稀土离子光谱性质的研究"获 2001 年中国科学院自然科学奖二等奖。

2009 年，由有研稀土负责起草的《半导体发光二极管用荧光粉》电子行业标准，得到工信部批准。2010 年，由江门市科恒实业股份有限公司负责起草的《灯用稀土三基色荧光粉》、大连路明发光科技股份有限公司负责起草的《稀土长余辉荧光粉》、厦门通士达新材料有限公司负责起草的《白光 LED 灯用稀土黄色荧光粉》等 12 项国家标准通过国家标准化管理委员会批准。

2013 年，由有研稀土负责起草的《LED 用稀土氮化物红色荧光粉》通过国家标准化管理委员会批准。

2018 年，由有研稀土牵头对现行国家标准《白光 LED 灯用稀土黄色荧光粉》进行了进一步的完善与修订，为该体系荧光粉申请国际标准做准备。

以上标准对我国稀土发光材料产品的类型、性能、规格、质量等进行了统一规定，使得我国相关产业建立了质量标准体系，提升了产品竞争力，促进相关科研成果和新技术、新工艺的推广。

8.4 稀土催化材料

稀土广泛应用于催化剂、催化剂载体和催化剂助剂中，对于催化性能的提高起着十分关键的作用。稀土应用在催化领域主要包括：石油裂化催化剂、机动车尾气净化催化剂、工业脱硝催化剂等。在催化剂中稀土消耗量最多的领域是石油裂化催化剂及机动车尾气净化催化剂。

8.4.1 稀土催化与石油化工

石油炼制与化工是稀土应用的一个重要领域，也是使用并消耗稀土的主要行业之一。在石化工业中，催化技术占有极其重要的地位，其中含稀土的催化剂在多个重要过程中均有广泛的应用。在石油炼制方面，由于我国的原油偏重，用蒸馏的方法只能得到约 30% 的轻质油。剩下的重质油可通过二次加工，进一步获得汽油和柴油等轻质油品。催化裂化是我国重油轻质化的重要二次加工手段，我国 70% 以上的汽油和 30% 以上的柴油均来自催化裂化。

20 世纪 60 年代以前，所用裂化催化剂是非晶态铝硅酸盐（含 13% ~ 25%Al_2O_3）或天然黏土，1962 年美孚的 C. J. 普兰克和 E. J. 罗辛斯基发现把少量泡沸石结合到硅铝酸盐基体内，能够明显改善催化性能，提高汽油出油率，减少气态产品的数量和造焦量。这项发现很快在石油精炼业中应用并使之产生了根本性的变化，在经济上极大地推动了炼油工业的发展，每年都给美国带来数亿美元的额外利润。这种催化剂主要以流化床催化裂化的形式（FCC）使用，是由沸石和基质组成，沸石含量一般 5% ~ 30%。沸石亦称分子筛，一种结晶态的多孔硅铝酸盐，具有离子交换、吸附和催化性能。目前在 FCC 过程中几乎毫无例外地都使用 Y 型沸石，为提高 NaY 沸石的催化活性和热稳定性，最有效的途径就是利用稀土多价阳离子与钠交换将钠除去。

美国是世界上较早使用稀土分子筛催化剂的国家，1995 年美国稀土在石油工业中的用量占其总量的 25%，90% 以上的炼油装置采用了稀土分子筛催化剂。我国 1992 年石油的产量已达 1.42 亿吨，但重质油的生产比例相当大，为了强化重油转化，长期以来在石化领域内的稀土用量增长很快，已占国内稀土消费市场的 28% ~ 30%。为了从重质油中提高轻油收率，我国 Y 型沸石催化剂的稀土化程度已达 95%，2016 年稀土矿中（REO）的用量更是达到了 8000 余吨。

稀土主要以氧化物的形式加到 Y 型沸石内，最常用的是富镧混合稀土氧化物。稀土在催化剂中的功能有两方面：其一是通过建立强的静电场使催化剂活化，并使表面的酸度适合于形成碳离子中间体以利于裂解为汽油等轻质产品；其二是保护催化剂免遭积聚的碳燃烧时产生的高温气流破坏，从所起作用看，提高了催化活性、汽油的选择性、催化剂的稳定性、原油的饱和度、催化剂金属污染的允许含量，减少了汽油中烯烃含量和裂化干气量。而高的稀土含量对加工处理有高沸点残留物的重质油尤为有效。Y 型稀土沸石中稀土氧化物的含量为 0.5% ~ 20.0%，稀土的平均含量为 4%。鉴于稀土能带来明显的经济效益，石油催化裂化逐步成为稀土消费的大市场。在 20 世纪 60 年代初期开始使用微球分子筛裂化催化剂，这是炼油工业中使用催化剂的重大突破。70 年代石油的短缺和价格上涨极大地刺激炼油厂为多生产汽油而采用高稀土含量的活性催化剂，从而使美国在 1974—1984 年稀土的用量增长了一倍，达到 12000 吨（REO）的水平。

1987 年，美国石油工业有 133 个催化裂化装置在运转，按每套装置日处理 5 万桶原油、全年消费 FCC 催化剂 3500 吨计，全美每年 FCC 催化剂的消费量约为 40 余万吨。而每桶原油平均 Y 型沸石的用量为 0.068 千克，其中稀土含量如为 1%，则平均每精炼 20 万吨原油需 REO 约 1 吨，按 1987 年美国石油精炼稀土的用量为 3384 吨，可以推算精炼的石油为 6.76 亿吨。日本在 1997 年炼油催化剂的用量为 30690 吨，可以推算使用稀土 3069 吨左右。

我国成品汽油中 70% 以上是催化裂化汽油组分，因此降低催化裂化汽油中的硫和烯烃含量是当前技术创新的重点。阿克苏（Akzo）公司开发的 TOM 催化剂，采用增加稀土含量和改性的特殊分子筛，以提高氢转移活性，同时加入 ZSM-5，使汽油烯烃和链烷烃经选择性裂化进入液化石油气体（Liquefied Petroleum Gas，LPG）中去，可弥补烯烃饱和而损失的辛烷值。该催化剂在炼油厂工业应用，当汽油研究法辛烷值（RON）相同时，烯烃降低 9 个单位，芳烃增加 3 个单位，饱和烃增加 6 个单位。石油化工科学研究院（RIPP）开发的 GOR 系列降烯烃催化剂，在洛阳、高桥和燕山石化公司工业应用取得明显的效果。该催化剂采用增加稀土含量，提高氢转移活性；采用经特殊处理的金属氧化物分子筛提高催化剂的双分子反应，在提高氢转移的同时抑制焦炭的生成；增加择形分子筛以补偿辛烷值的损失；采用提高重油裂化选择性好的基质。GOR-C 在洛阳石化总厂重油催化裂化装置上应用，烯烃下降 10.6 个单位；GOR-Q 在高桥石化公司重油催化裂化装置上应用，烯烃下降 8.7 个单位：GOR-DQ 在燕山石化公司重油催化裂化装置上应用，烯烃下降 11.9 个单位。

以前，我国催化裂化的原料油中钒含量较低而镍含量高。20 世纪 90 年代以后，随着新疆原油和中东高钒原油加工量的逐年增加，使催化裂化原料油中的钒含量增加，对裂化催化剂的抗钒污染能力要求越来越高。钒的影响主要是造成催化剂中沸石晶体的崩塌，催化剂基质因熔化而烧结，使催化剂永久性中毒，对催化裂化反应及装置效益影响很大。通过添加一些特殊的捕钒组分，可以改善催化剂基质的容钒能力，减少钒对分子筛的破坏。以铈为代表的稀土氧化物恰好也是一种有效的抗钒组分。在催化剂基质中，添加一定量的稀土氧化物，在高钒污染时，可减缓催化剂活性的下降。

随着原油重质化，通过引入不同含量的稀土提高重油裂化能力和产品选择性，开发了一系列重油裂化催化剂 Orbit-3000、CC-20D、DVR-1、HSC-1 等；为了提高催化剂的抗重金属污染能力，通过在催化剂基质中引入稀土氧化物开发了抗钒催化剂 LV-23 和 CHV-1 等；为了降低裂化汽油中烯烃含量，采用稀土和其他元素复合改性 Y 型分子筛，开发了一系列降烯烃催化剂 GOR、LGO、LBO、DOCO 等；还有与配套工艺结合的专有催化剂，如 CRP 系列、RMMC 系列、RGD 系列、MIP-CGP 系列、SLG 系列催化剂均含有不等量的稀土氧化物。

催化裂化不仅是轻质油品的主要来源，而且也为石油加工的下游化工提供原料，丙烯、丁烯都是重要的化工原料。为了向化工延伸，近年来开发了多产丙烯、丁烯以及乙烯的 FCC 技术。其中有多产丙烯的催化裂解技术 DCC，多产液化气及高辛烷值汽油的 ARGG、MGD 技术以及近年来开发的多产乙烯的催化热裂解 CPP 技术等。在这些技术所专用的催化剂中，也都含有不同量的稀土元素。

8.4.2　稀土催化与机动车尾气净化

机动车分为汽油车、柴油车、替代燃料车（主要为天然气车）和摩托车，尾气中的主要污染物为碳氢化合物（HC）、一氧化碳（CO）、氮氧化合物（NOx）和颗粒物（PM）。机动车尾气净化催化剂主要有：①汽油车的三效催化剂、密偶催化剂和中偶催化剂。②柴油车尾气净化，则可分为用于 NOx 的选择性催化还原催化剂（SCR），柴油车氧化催化剂（DOC）和带催化剂层的颗粒物（PM）捕集器（CDPF）。③摩托车的三效催化剂和密偶催化剂。④ CNG 车尾气净化催化剂。在机动车尾气净化领域，汽油车、柴油车、摩托车和压缩天然气（CNG）车尾气净化催化剂都要用到稀土，其在尾气净化催化剂性能和耐久性方面起着至关重要的作用。国际上是 20 世纪 70 年代开始发展汽油车尾气净化催化剂，80 年代主要发展摩托车和天然气车催化剂，90 年代主要发展柴油车催化剂。

在 20 世纪 70 年代，汽油车尾气净化催化剂首先在美国和欧洲使用，开始为氧化催化剂，只净化汽油车尾气中的 HC 和 CO；80 年代出现 HC、CO 和 NOx 同时净化的三效催化剂；1989 年美国稀土在汽车三效尾气催化剂中的用量首次超过石油化工以来，汽车尾气催化剂一直占美国稀土消费量的最大份额；1999 年达到 60%。

稀土在汽油车三效催化剂中有三个应用：一是制备成稀土储氧材料用作负载贵金属的载体材料，二是稀土稳定的氧化铝用作负载贵金属的另一种载体材料，三是作为三效催化剂的助剂。第一代稀土储氧材料是氧化铈，20 世纪 90 年代发展为第二代铈锆复合氧化物，2000 年后发展为第三代铈锆三元或四元复合氧化物，现在仍处于不断发展中。2000 年前后，国际上形成了安格、庄信、德固赛和德尔福四大机动车尾气净化催化剂公司，几乎垄断了全球的尾气净化催化剂市场，并且均在我国建立了独资公司。后来，安格被巴斯夫收购、德固赛被优美科收购，德尔福退出尾气净化催化剂市场，目前在我国外资企业为巴斯夫、庄信和优美科。

我国于 2000 年对汽油车实施国 I 排放标准，首次将三效催化剂装上汽油车。随后在 2004 年，2007 年，2010 年和 2017 年分别实施国 II，国 III，国 IV 和国 V 排放标准；摩托车的国 III 排放标准于 2008 年实施；天然气车的国 III，国 IV 和国 V 排放标准分别于 2007 年，2010 年和 2015 年实施；柴油车的国 IV 和国 V 排放标准分别于 2013 年和 2016 年实施。我国已实现了对汽油车、柴油车、摩托车和 CNG 车催化剂的全面使用，同时对非道路车辆也使用了尾气净化催化剂。尾气净化催化剂在机动车领域的全面使用，极大地减少机动车尾气污染物的排放。

　　我国自 20 世纪 70 年代开展了汽油车尾气净化催化剂的研究。从 20 世纪 70 年代至 2000 年属于早期的研究，北京有色金属研究总院秦顺成、祝自英、周永泉等从 20 世纪 70 年代就开展相关汽车尾气净化稀土催化剂研究，以稀土氧化物为活性组分，以氧化铝为载体，制备成颗粒状稀土催化剂。其成果"778 型颗粒状稀土催化剂、催化装置的研制和在上海公共汽车尾气净化的应用"于 1980 年 11 月通过冶金部有色金属司和一机部汽车总局共同组织的技术鉴定〔(80)冶色科字 101 号〕。后来研发成果"汽车尾气净化新型稀土催化剂"于 1992 年 10 月通过中国有色金属工业总公司组织的技术鉴定〔(92)中色科鉴字 047 号〕。华东理工大学汪仁、中国科学院大连化物所李时瑶、李北芦，生态环境研究中心沈迪新、陈宏德、顾其顺，昆明贵研催化剂有限公司黄云光等，主要研究稀土氧化物，稀土氧化物加过渡金属以及少量贵金属的尾气净化催化剂。由于这个时期使用的是含铅汽油，相关成果未得到广泛应用。其中华东理工大学开发的"稀土型汽车尾气净化三效催化剂"1986 年获环保部科技进步奖一等奖，1987 年华东理工大学建立了汽车尾气净化器生产厂，将科研的成果进行产业化，产品销往国内的广州、长沙等城市，同时也出口到美国。从 1997 年开始，贵研铂业股份有限公司(贵研铂业)研究开发高稀土低贵金属三效催化剂，被列入国家重点新产品，建成了国内第一条汽车催化剂规模化自动化生产线。

　　2000 年，实施汽油车国 I 排放标准，使用无铅汽油，燃油电子喷射和三效催化剂，尽管使用的三效催化剂为安格、庄信、德固萨和德尔福的产品，但开启了国内三效催化剂的研究时代。2004 年，四川大学承担了国家自然科学基金重点项目"高性能汽车尾气净化催化剂和高性能稀土储氧材料制备的科学与技术"，系统开展了铈锆稀土储氧材料，稀土稳定的氧化铝材料和三效催化剂研究，研制出满足国 II 和国 III 排放标准的汽油车催化剂。2006 年 6 月，四川大学和中自环保科技股份有限公司(中自公司)的"高性能稀土储氧材料和满足欧 III 排放标准的机动车催化剂及产业化"项目通过四川省科技厅鉴定。2002 年，昆明贵金属研究所"汽车尾气催化净化器的关键技术研究及产业化"获国家科技进步奖二等奖。2004 年，华东理工大学承担了国家"973"计划项目"高丰度稀土元素在环境保护领域中高效、高质利用的基础研究"，在汽油车催化剂取得重要进展。其中"稀土催化材料及在机动车尾气净化中应用"解决了汽油车国 III 到国 IV 的尾气净化技术关键问题，清华大学、华东理工大学和无锡威孚环保催化剂有限责任公司一起获 2009 年国家科技进步奖二等奖。2006 年，无锡威孚环保催化剂有限责任公司(简称威孚环保)与清华大学等科研院校合作成立了"江苏省汽车尾气净化工程技术研究中心"，得到"863"项目"汽油车超低排放净化技术"资助，解决了国 III、国 IV 排放标准的汽油车催化剂的技术，实现了产业化。2006 年，北京工业大学、四川大学中国石油大学(北京)承担了"863"项目"汽油车冷启动排放污染物控制技术"，研制出满足国 IV 排放的汽油车尾气净化催化剂。2007 年，昆明贵金属研究所和贵研催化公司承担的国家十五"863"项目"新型高稀土/低贵金属汽车尾气净化催化剂研究及产业化示范"通过科技部验收，成果获云南省科学技术发明奖二等奖。2010 年，摩托车国 III 排放标准实施，中自公司和四川大学以稀土储氧材料，镧稳定的氧化铝和贵金属的负载技术为基础制备的摩托车催化剂的市场占有率高达 30%，超过巴斯夫、日本三井等国外公司在国内的市场占有，这是国内尾气净化催化剂的市场占有首次超过国外公司，该成果获 2013 年四川省科技进步奖一等奖。2011 年，威孚环保参与了国家"863"项目"高性能汽车尾气催化剂制备及应用技术"，形成了满足国 V 汽油车尾气排放的催化剂技术，获得了 2016 年度江苏省科学技术奖二等奖。2013年 12 月，通过多年的努力，威孚环保公司通过了通用汽车认证，获得通用汽车催化剂配套供应商资格。2012 年贵研铂业建立了"贵金属催化技术与应用国家地方联合工程实验室"。制定了汽油车排气净化催化剂的国家标准（GB 18881）。2015 年 4 月，由昆明贵研催化剂有限责任公司主持，清华大学、北京工业大学、华东理工大学、有研稀土新材料股份有限公司等单位参加的国家稀土稀有金属新材料产业重大专项"高性能稀土基汽车尾气净化催化器研发及国 V 催化器产业化"通过验收。有研稀土新材料股份有限公司自 2001 年以来一直从事稀土储氧材料的研究和开发，开发出高性能、低成本稀土储氧材料绿色制备产业化技术，拥有多项发明专利，具有自主知识产权，并实现了产业化批量生产。2006 年和 2009 年浙江大学先后分别承担和参与了"863"项目"经济型汽油车低污染排放控制技术"，与浙江达峰汽车技术有限公司合作开发了满足国Ⅲ – V 排放标准的汽油车三效催化剂，目前已在吉利、华晨、华泰、众泰、江淮、中兴等公司生产的汽车上广泛应用。

柴油车或柴油发动机采用稀薄燃烧方式，尾气中的氧含量在 6% 以上，尾气中含有 HC、CO、NOx 和颗粒物（PM），主要污染物为 NOx 和颗粒物。由于尾气中氧含量高，单一催化剂无法实现污染物的净化，柴油车尾气使用氧化催化剂（DOC）净化 HC、CO 及 PM 中的液体部分（SOF）；选择性还原催化剂（SCR）在还原剂尿素存在下还原 NOx；带催化剂的颗粒物捕集器（CDPF）净化 NOx；氨氧化催化剂（ASC）净化由尿素分解形成的少量过量的氨。稀土在柴油车尾气净化催化剂中的应用主要是将铈制备成铈基材料用于 DOC、CDPF 和 ASC 催化剂，作为贵金属的载体材料的一部分，同时铈、镧、镨等的氧化物作为催化剂的助剂。柴油车的国Ⅳ排放标准 2015 年实施，国 V 排放标准 2017 年实施。

2012 年，中自公司的柴油车国Ⅳ催化剂获工信部国家重大科技成果转化项目资助，开发了满足国Ⅳ排放标准的柴油车催化剂技术，并实现了产业化。2011 年 12 月，广西玉柴机器、天津大学、吉林大学和昆明贵研等单位承担的国家"863"项目重型商用车柴油机技术开发——"YC6K 发动机 SCR 系统的研发和产业化研究"通过验收，在国内率先开发出满足柴油机国四排放标准的 SCR 催化剂产品和技术。2012 年，威孚环保承担了"863"项目"满足欧Ⅵ排放标准的柴油机后处理关键技术研究"课题，发展了满足国Ⅳ排放标准的轻型和重型柴油车的催化剂的制备技术，并实现了产业化。2013 年，威孚环保的轻型和重型柴油车催化剂技术达到了国 V 排放标准。2013 年，中国科学院生态技术研究中心在"863"项目"柴油车排气净化关键技术与系统"资助下，对柴油车钒基及分子筛 SCR 催化剂进行了系统的研究，并与中国重汽合作建立了产业化的生产线，实现了满足国Ⅳ和国 V 的柴油车催化剂产业化。2014年，"重型柴油车污染排放控制高效 SCR 技术研发及产业化"获国家科技进步奖二等奖。2014年，华东理工大学、无锡市凯龙汽车设备制造有限公司、江苏蓝烽新材料科技有限公司和上海应用技术学院合作完成的"柴油车尾气净化关键技术及应用"，在上柴、潍柴、玉柴、锡柴等多个柴油机主机厂得到应用，获得上海市技术发明奖一等奖。2014 年，中自公司柴油车的 SCR/DOC/CDPF 催化剂获国家稀土稀有金属新材料研发及产业化专项"汽车尾气净化催化系统研发及产业化"资助，开发了满足国 V 排放标准的轻型和重型柴油车的催化净化系统。2015年，中自公司和四川大学参与"863"课题"面向国Ⅵ重型柴油机后处理集成技术研究"，研制的分子筛 SCR、DOC、CDPF 和 ASC 四种催化剂，与清华大学等研发的燃油喷射、尿素喷射和控制系统一起实现了满足国Ⅵ排放标准的柴油车后处理系统的集成，在中国汽车技术研究中心通过了整个后处理系统的国Ⅵ排放检测。贵研铂业进行了柴油车的 SCR、DOC 和 CDPF 催化剂开发，在 2014 年和 2016 年分别实现了满足国Ⅳ和国Ⅴ的柴油车催化剂产业化。中国石油大学（北京）在柴油车尾气排放炭烟颗粒物净化稀土催化剂方面做出了系列创新工作，设计研制出具有三维大孔结构催化剂，可以大大降低碳烟颗粒的燃烧温度。清华大学在"863"课题的支持下，对柴油车具有高抗硫性能的 DOC 和 CDPF 进行了研究，形成了可产业化应用的净化器产品。

天然气车为主要的替代燃料车，排放的主要污染物为甲烷（CH_4）、CO 和 NOx，由于甲烷的化学惰性，催化净化难度极大。稀土材料在天然汽车尾气净化催化剂中起着提高活性，降低起燃温度，提高热稳定性的重要作用，用作催化剂载体和助剂。四川大学对天然气车催化剂进行了长期研究，得到了科技部"863"课题和国家自然科学基金的资助，研发了铈基复合氧化物等材料和催化剂。2010 年中自环保科技股份有限公司实现产业化，实现满足国Ⅳ排放标准的催化剂的批量供货。2015 年，在潍柴公司组织的包括巴斯夫、庄信、优美科共 9 家公司的国Ⅴ天然气车催化剂性能盲测中，中自公司的催化剂性能名列第一；中自公司实现了天然气车催化剂的国内市场占有第一。到 2016 年，中自、威孚和贵研三家国内公司已经完全主导了国内的天然气车国Ⅴ催化剂市场。

8.4.3 稀土催化与烟气脱硫脱氮

NO_x 和 SO_2 是大气中的主要污染物，来源于钢铁、火力发电、水泥、燃煤锅炉等生产中产生的废气和各种车辆的发动机排气。中国的空气污染主要是由于大量煤燃烧产生的，酸雨地区面积已占全国国土面积的 1/3。因此，解决燃煤烟道气的脱硫脱氮问题成为研究的热点。研究显示，稀土催化材料在烟气脱硫脱氮过程中显示出独特的吸收和催化性能。含铈铝酸镁尖晶石，是脱除催化裂化烟道气中 SO_2 的最有效催化剂。稀土氧化物催化还原脱除烟气中的 SO_2 所涉及的催化剂主要有钙钛矿型稀土复合氧化物、萤石型稀土复（混）合氧化物，以及其他稀土氧化物等。日本用稀土进行煤的催化气化研究，用硝酸镧、硝酸铈、硝酸钐负载在原煤上，气化率比过去用硝酸钠明显提高。稀土型脱硫剂在 150～200℃，脱硫率可达 90% 左右，可以再生重复使用，适用于烟道气中 SO_2 的脱除。

目前，烟气脱硫脱氮的方法有很多，按脱除产物的干湿动态可分为湿法、半干法、干法。近年来联合脱硫脱氮技术是燃料气治理技术的发展方向之一。以普通煤为主要原料，加入一定量金属氧化物制成改性煤质活性焦，对污染物 SO_2 和 NO_x 进行的脱硫脱氮效率均良好。

开发同时脱硫脱氮新技术，已成为烟气净化技术发展的总趋势。SO_2 氧化结合选择性催化还原 NO_x 一体化技术、再生式脱除 NO_x 和 SO_2 的化学技术、等离子体烟气脱硫脱氮技术、烟气中 NO_x 和 SO_2 催化消除技术等脱硫脱氮一体化技术的研究，已取得了一定的进展。德国贝格鲍－弗尔松公司开发出活性炭联合脱硫脱氮法，脱硫率可达 98%，脱氮率达 80%，并且能除去废气中的氯化氢、氟化氢、砷、硒、汞等有害物质。研究表明，粉粒流化床（PPFB）脱硫脱氮技术，在一定条件下脱硫率超过 90%，脱氮率超过 80%。

目前，烟道气脱硝主要是采用 NH_3-SCR（Selective Catalytic Reduction）技术。日本公司成功地开发出 V_2O_5/WO_3（MoO_3）-TiO_2 催化剂，并在火力电厂实现广泛商业化应用。但该催化剂存在如下缺点：①使部分 SO_2 氧化成 SO_3，影响催化剂的使用寿命；②烟道气中的碱性烟灰会使催化剂中毒；③催化剂中的钒有毒，且易流失，会对环境造成二次污染。针对上述问题，结合我国稀土资源特点，从 2015 年开始，中国科学院长春应用化学研究所与鸿达兴业集团合作，先后完成了稀土脱硝整体式催化剂的生产和 35 吨锅炉烟气脱硝的应用示范，运行结果表明 NO_x 转化率超过 90%，尾气中 NO_x 降至 33×10^{-12}，显示出良好的选择性催化还原技术（SCR）脱硝活性和抗硫中毒能力。

8.4.4　稀土催化材料与催化燃烧

化石燃料的直接火焰燃烧是人们现阶段获取热能的主要方法。催化燃烧是在催化剂的作用下，使燃料与空气在催化剂表面进行非均相的完全氧化反应。与传统的火焰燃烧相比，催化燃烧具有：①起燃温度低，燃烧稳定；②可在较大的油/气比范围内实现稳定燃烧；③燃烧效率高；④污染物（NOx、不完全燃烧产物等）排放水平低；⑤噪音低等。随着社会的发展与进步，催化燃烧不仅可在天然气发电、工业锅炉、热源和民用燃具等方面有着巨大的发展潜力，同时催化燃烧在挥发性有机废气（VOCs）净化领域也有着广泛的应用，其关键在于高性能燃烧催化剂的开发和应用。对于催化燃烧催化剂，从组成上主要可分为贵金属催化剂和复合氧化物催化剂，其中稀土均发挥着重要的作用。

对于天然气等的催化燃烧，2010 年前后四川大学在稀土储氧材料、耐高温高比表面材料和天然气燃烧催化剂取得进展的基础上，进行了天然气催化炉和天然气催化热水器的研究，设计了天然气催化燃烧炉用催化燃烧器，热效率为 64%，并且基本上无污染物排放，比火焰燃烧炉节能 16%，高于国家标准，显示出催化燃烧高效节能和环境友好的双重优点。

对于 VOCs 的催化燃烧，VOCs 催化净化的关键是高性能的燃烧催化剂，我国从 20 世纪 80 年代开始，浙江大学、华东理工大学、中国科学院长春应用化学研究所、中国科学院大连化学物理研究所、北京工业大学、中国科学院生态环境研究中心等对 VOCs 催化燃烧相关的催化反应机理、催化剂组成设计与制备工艺等开展研究。华东理工大学开发的"CM 型铜—稀土氧化物蜂窝状燃烧催化剂"获 1983 年国家发明奖三等奖，杭州大学开发的"NZP-1 型有机废气焚烧催化剂"获 1985 年国家科技进步奖三等奖，并成立了杭州凯明催化剂股份有限公司。

2010 年，华东理工大学、浙江大学、北京工业大学、中国科学院长春应用化学研究所、河北工业大学和欧仑环保催化科技有限公司等共同承担了国家"863"计划课题"稀土催化氧化关键材料及应用"，开发了系列稀土复合催化剂，并形成产业化技术，完成了丙烯酸尾气、顺酐尾气等催化净化应用示范，于 2014 年通过科技部组织的课题验收。

华东理工大学、浙江大学和杭州凯明催化剂股份有限公司利用稀土氧化物的储放氧性能，通过多种反应中心集合，合作开发的氧化铈基催化剂取得了氯代烃类化合物低温消除长期稳定操作体系，在工业废气治理中得到了推广应用。"稀土铈基催化剂制备及其在工业氯代烃类废气低温催化消除中的应用"获 2015 年教育部科学技术进步奖二等奖，"稀土铈基复合氧化物催化剂的制备及其在工业氯代烃类废气低温催化消除中的应用"获 2015 年上海市科技进步奖二等奖。目前杭州凯明催化剂股份有限公司生产的 VOCs 净化催化剂在石油化工、涂料、印刷等行业得到了大规模的应用。

8.4.5　稀土催化材料与燃料电池

近年来，随着能源和环境带给人类的压力，高效率、低排放的能源利用技术成为世界各地研究开发的重点，解决能源危机的关键是能源材料的突破。燃料电池是公认的清洁、安全和方便的高能效电源，其能量转换效率几乎是目前传统发电技术的两倍。

稀土催化材料在燃料电池中的应用领域包括熔融盐燃料电池（MCFC）、固体氧化物燃料电池（SOFC）、质子膜燃料电池（PEMFC）、直接甲醇燃料电池（DMFC）和燃料重整。主要用作电解质、电极及电催化材料。

21 世纪属于氢能经济，燃料电池是氢能最佳利用的技术平台，氢源是燃料电池商品化的技术瓶颈。目前国际流行趋势是用有机液体燃料移动制氢。例如丰田公司的甲醇制氢、通用公司的汽油重整制氢、巴拉德汽车公司的甲醇重整制氢。中长远趋势是利用可再生资源制氢。利用甲醇（从煤和天然气）制氢符合我国的能源结构，可保障能源安全，技术上也容易实现。大规模的甲醇生产已是成熟工艺，现有的基础设施可以利用。在车载制氢方面，稀土催化材料是必不可少的材料之一。在甲醇重整制氢中，对稀土复合氧化物催化剂、贵金属 / 稀土氧化物催化剂、复合氧化物催化剂以及贵金属 / 氧化铝催化剂等分别进行了研究，发现稀土复合氧化物催化剂效果最好，是新一代重整催化剂。另外，可将稀土应用于变换反应，一类是稀土氧化物作载体，另一类是含稀土钙钛矿型复合氧化物作为变换催化剂。在该领域稀土催化材料的主要发展方向包括：新型制氢稀土催化剂的设计和制备，新型复合稀土氧化物重整催化剂的创新设计，稀土催化剂的储放氧热力学及动力学研究，稀土和非稀土氧化物的相互作用研究以及贵金属和稀土催化材料的相互作用研究等。中国科学院大连化学物理研究所对制氢所涉及的燃料（甲醇、天然气等）重整、一氧化碳变换和选择性氧化开展了系统的研究，并开发了国内第一台商用 2 千瓦级分布式天然气重整制氢样机，系统冷启动 30 分钟，制氢量达 2.3 立方米 / 时。

对于固体氧化物燃料电池（SOFC），需要进一步开发高效、新型的电解质、电极等关键材料及对应的制备方法，重点解决以天然气为燃料的固体氧化物燃料电池的阳极结碳和中低温下固体氧化物燃料电池阴极材料性能偏低的问题。我国应该加紧发展固体氧化物燃料电池材料，使新能源技术的发展不受制于人。膜电极是固体氧化物燃料电池的核心部件，其制备离不开稀土催化材料。在这一新技术领域中，许多材料之间的作用机理还未进行研究，急需对其进行深入的基础理论研究，从而为其商品化奠定基础。中国科学院大连化学物理研究所通过对系列 $La_xCa_{1-x}MnO_3$ 阴极材料与 YSZ 混合物的研究，研制成功的阴极支撑固体氧化燃料电池在 0.7 伏特恒电压下的功率密度在 330 兆瓦 / 厘米 ^{2} 以上，连续运行 500 小时性能无衰减，标志着我国成为继日本东陶公司第二家拥有尖端低成本制备阴极支撑固体氧化物燃料电池的单位。并开发出了千瓦级电池堆，开路电压为 20.54 伏特，在电压为 13.88 伏特时，输出电流 226.3 安培，输出功率达 3140 瓦。

8.4.6　稀土在光催化中的应用

近年来，以半导体二氧化钛为光催化剂的光催化法来处理含有机物废水的研究受到很多关注，光催化氧化反应作为一种深度的氧化过程，具有如下优点：①能使有害物质完全分解，不会产生二次污染；②可以在常压下操作，减少了存在困难；③不需要大量消耗除光以外的其他物质，可以降低能耗和原材料的消耗；④能够达到除毒、脱色、去臭的目的；⑤光催化剂具有廉价、无毒、稳定以及可以重复利用等特点。近几年来的研究表明，许多难降解的污染物，如卤代烃、有机磷化合物、农药、表面活性剂及有机染料等，在光催化氧化作用下，都能得到明显的去除效果。但是二氧化钛的禁带能 $E_x=3.2$ 电子伏特，只有波长小于 388 纳米的光子才能使之激发，利用太阳能的效果较差，因此研制吸收光与太阳光波长较为匹配的光催化剂成为该领域的关键。

为了增进二氧化钛光催化材料的实用性，必须提高其光催化性能，掺杂稀土元素是一个重要手段。研究结果表明，掺杂适量的稀土元素如铈、镧、钇，都可以提高二氧化钛薄膜的光催化活性。稀土元素的掺杂有一个最佳比值，掺杂量过低或过高，都不利于光催化活性的提高。少量的掺杂对二氧化钛薄膜的光催化活性提高不显著，较多的掺杂反而降低了二氧化钛薄膜的光催化活性：当铈、镧、钇掺杂量过多时，其催化活性低于纯二氧化钛薄膜，这主要是由于二氧化钛表面的空间电荷层厚度随稀土元素掺杂量的增加而减少。只有当空间电荷厚度近似入射光进入固体的透入深度时，所有吸收光子产生的电子—空穴对才能有效地分离。

采用溶胶—凝胶法制备的 $DyFe_xCo_{1-x}O_{3-8}$ 稀土复合氧化物纳米晶作为催化剂对水溶性染料酸性红 3B 进行光催化降解，具有较高的光催化性能。$LaCoO_3$ 具有很好的光催化活性，以 Sr 取代部分 La 的 $LaO_{0.8}Sr_{0.2}CoO_3$ 的光催化活性得到进一步提高，同时制备成本降低了，有比较好的发展前景和应用价值。

8.4.7 稀土催化在合成橡胶工业中的应用

稀土体系催化剂是我国首创的新型体系，它的聚合作用和催化活性中心的结构正逐渐为人们所掌握和运用，随着石油工业的发展和研究开发的深入，稀土体系催化剂在合成橡胶中的应用会不断扩大。

稀土催化已经成功地用于合成异戊橡胶和顺丁橡胶的生产。在橡胶聚合过程中，由于稀土催化剂均为均相，聚合设备几乎不挂胶，可以长期稳定连续地运转，且不必脱灰，简化了后处理工序。这些都优于用钛催化剂的聚合过程，用稀土催化剂聚合的生胶性能优于锂胶，与天然橡胶相近。稀土钕系溶聚合成橡胶在意大利、德国已经实现工业化，产品牌号分别为EupopreneNeocis 和 BunaCB。稀土合成橡胶的线型规整度高，加工性能和硫化胶物性好，其中耐磨性、耐疲劳性、生热性和抗湿滑性均优于镍系合成橡胶，特别是易于调控门尼黏度，是理想的充油基础胶。

稀土催化本体聚合技术的开发也有所进展，其技术难点是挤出机式反应器的工业放大和易移热温控问题，预计稀土催化聚合技术有可能用于其他胶种的合成。

8.4.8 稀土催化材料与水处理

随着世界经济的发展，工业排污量不断加大，而排出量最大且有处理价值的当属工业污水，同时，人口的不断增长，生活污水的排出量也相当可观。因而，水处理就成为环保方面的一大任务。近年来，人们发现将稀土元素应用到各种水处理中，可有效地除去水中的氟、CODcr、NH_3-N、Zn^{2+}、CN^-、Al^{3+}、P、As 等，并降低水的浊度，这些稀土的水处理剂的应用，不但可简化水处理和程序，提高净水能力，同时可带来可观的经济效益，为稀土应用开创一个新领域。

随着我国加入世界贸易组织，稀土、能源和环保等产业将直接面临激烈的国际竞争。同时，我国国民经济的高速增长，汽车、石化等支柱产业以及新能源等新兴产业的迅速发展，对资源的合理利用及环境保护提出了更严格的要求。因此，发挥我国稀土资源优势，加强学科交叉，开展有关稀土元素催化机理的基础研究，阐明稀土在能源环境领域中的催化作用机理，获得具有我国自主知识产权的新型稀土催化材料，为稀土在能源环境领域中的应用提供理论指导和技术支持，推进环境保护催化过程和新能源催化过程的进步，使我国的稀土应用实现轻、中、重稀土平衡发展，扭转目前稀土产业供大于求的局面。

8.5 稀土玻璃材料

稀土玻璃在中国已经有半个多世纪的发展史，根据稀土元素在玻璃组成中的不同作用：如本体、掺杂、改性、助熔、澄清、稳定控制晶粒等，形成了稀土无色光学玻璃、稀土光功能玻璃等系列产品。稀土光学玻璃的工艺、技术和产业规模不断发展和扩大，其应用涉及光信息的产生、传输、调制、存储等各个方面。稀土激光玻璃在光能量的产生及放大中发挥重要作用。稀土玻璃的应用范围从国防军事、航空航天、光学器件及电子工业等领域扩大到了日常生活领域。

8.5.1 稀土光学玻璃组分和品种的研究与发展

稀土在光学玻璃中的应用始于 19 世纪末，主要是用二氧化铈（CeO_2）作玻璃的脱色剂，20 世纪 20 年代后期，美国的莫里（G.N.Morey）开展了镧系硼酸盐光学玻璃的研究。1938 年，美国柯达公司首次制造出具有高折射率、低色散特性的含镧光学玻璃，它对于改善光学仪器特别是照相机物镜的成像质量和简化设计有重要意义，是制造大孔径、宽视场摄影物镜、长焦距、变焦距镜头以及高倍显微镜等不可缺少的光学材料，也是国防用光学系统设计中的关键材料。

1958 年，中国科学院长春光学精密机械研究所刘颂豪、邓佩珍、姜中宏等人开始研究稀土光学玻璃，用于高性能照相机镜头。20 世纪 60 年代初，对稀土硼酸盐系地进行光学和物理化学性质详细研究，并提出几个实用的硼酸盐产品。早期开发的镧系光学玻璃成分简单，受制于国内的稀土分离技术，稀土原料主要为氧化镧，当时主要来源于上海跃龙化工厂。后来逐步用到氧化钇、氧化钆、氧化镱和耐辐射玻璃中的氧化铈以及稀土着色玻璃中的氧化镨等，还有一些稀有的氧化物原料氧化铌和氧化钽。发展较为缓慢。

20 世纪 60 年代初，中国科学院长春光学精密机械研究所开始考虑中国光学玻璃牌号和质量标准，包括 n_d-阿倍数图中各品种的区域。以附录发布于《光学玻璃》第一版（1964），成为制定光学玻璃目录的基础。1972 年，由第一机械工业部颁布《无色光学玻璃目录》，在 163 个品种中包括镧冕玻璃 9 个、镧火石玻璃 7 个、重镧火石玻璃 2 个。1987 年修订完成的 GB/T 938—1987 列出了 11 个牌号的镧冕、10 个牌号的镧火石玻璃和 4 个牌号的重镧火石，共三个系列 25 个牌号稀土光学玻璃。

1965 年，中国科学院长春光学精密机械与物理研究所得到中国科学院长春应用化学研究所的支持，对硝酸镧进行提纯，并对 B_2O_3–La_2O_3–RO 系统玻璃进行了研究，成功试制出了光学性能（n_d=1.692，v_d=54.5）合格的稀土光学玻璃，于 1976 年研制并生产了 5 个牌号镧冕（LaK）和 6 个牌号重镧火石型（ZLaF）稀土光学玻璃。1978 年，北京玻璃研究所研制并小批量生产了 9 个牌号镧冕类、4 个牌号镧火石（LaF）类、2 个牌号重镧火石类稀土光学玻璃，其中 LaF、ZLaF、LaK 等牌号在 35 毫米电影摄影镜头系列，焦距 16 毫米、35 毫米、85 毫米等镜头中使用，其性能满足了高级摄影镜头系列产品的使用需要。

上海新沪玻璃厂在 20 世纪 60 年代就开发出了 LaK_2、LaK_7、LaF_2、LaF_3 等镧系光学玻璃品种，当时主要采用 2 升以及 8 升单坩埚浇注的方式成型，成品率以及产量都很低，主要是析晶以及成型条纹的问题难以解决，以试制开发镧系玻璃新品种为主。20 世纪 70 年代，上海新沪玻璃厂开发出了 LaK 类、LaF 类等 20 余个镧系光学玻璃新品种，但受制于当时的生产技术以及当时国内的市场需求，难以形成规模化生产。

湖北新华光信息材料有限公司（原湖北华光器材厂）从 20 世纪 80 年代开始镧系玻璃的开发，先后开发了 LaK1 ~ 8 系列镧冕玻璃；LaF1 ~ 5 等系列镧火石玻璃；ZLaF1 ~ 4 等重镧火石玻璃；含氧化镧的 TDW、TDF 等超薄眼镜玻璃。氧化镧是用到最多的稀土氧化物，最高用量达到 40%，主要来源于上海跃龙化工厂。采用 5 升、15 升、30 升单坩埚浇注方式生产光纤芯料、块料，良品率能达到 80%。1991 年，超薄镜片毛坯被评为国家级新产品，1995 年含氧化镧的 TDW、TDF 眼镜玻璃瓷铂连熔新工艺获得兵器工业总公司科学技术进步奖特等奖。

1986—1990 年，原国营光明器材厂参照日本公司牌号 LaSF016、LaSF03，研发成功用于制造大孔径宽视场的高级镜头用玻璃 ZLaF834/372（参照日本公司 LaSF010 牌号）。

从 20 世纪初到 80 年代，为保护环境稀土光学玻璃组分中已不再使用二氧化钍、氧化镉。欧盟于 2002 年制定了 RoHS 指令（即在电子电气设备中限制使用某些有害物质指令）（2015 年修订）、《关于化学品注册、评估、许可和限制的法规》（简称 REACH）等，世界各国都对"环境影响物质"颁布了严格的限制法规和标准，涵盖了计算机、扫描仪、传真机等信息技术设备和电视机、照相机等消费性设备。对于作为电子设备原材料的光学玻璃，其环保化成为大势所趋。环境友好稀土无色光学玻璃中，镧冕类光学玻璃不含铅和砷，镧火石玻璃以 SiO_2–B_2O_3–TiO_2–BaO（CaO）–La_2O_3 为基础，Nb_2O_5 逐渐成为重要组分。重镧火石玻璃以 SiO_2–B_2O_3–TiO_2–La_2O_3 为基础，引入较多的 Nb_2O_5 和 ZrO_2 等高折射率、低色散氧化物。

2002—2003 年，上海新沪玻璃厂进行了无砷、无铅、无镉光学玻璃的研制工作，2002—2003 年进行重点攻关及规模化生产，共推出了 82 只绿色环保（无砷、无铅、无镉）光学玻璃新品种，其中无砷、无铅、无镉镧系光学玻璃品种近 40 余种，基本覆盖了镧冕、镧火石、重镧火石三大类镧系光学玻璃。2004 年，无砷、无铅镧系光学玻璃获得了上海市科技进步奖二等奖。这期间，镧系光学玻璃迎来了高速发展的时期，上海新沪玻璃厂镧系光学玻璃的年产量在 2000 年首次突破 100 吨，2005 年更是达到了历史高峰，年产 160 吨。

20 世纪 90 年代，非球面精密压型技术得到了迅猛发展，由于非球面模具的面形精度高，成品表面质量也非常好，可直接装机使用，减少了后续的加工、研磨等工序，同时也降低后续工序中使用的研磨液（粉）、黏合剂等有害物质的排放，该项技术的发展也促进了低软化点稀土光学玻璃的发展。

为满足光电材料发展需要，成都光明光电股份有限公司从 2003 年开始低软化点稀土光学玻璃的研发工作。在高折射、低色散低软化点光学玻璃反面，成功研发了 D–LaF50、D–LaF53、D–ZLaF61、D–ZLaF85、D–ZLaF67 等新品，其中 D–LaF50、D–LaF53 大量用于单电数码相机。D–ZLaF61、D–ZLaF85、D–ZLaF67 的研发难度大，技术含量高。目前有近 30 个低软化点稀土光学玻璃。

湖北新华光信息材料有限公司 2006 年开发了 H–LaF52、H–LaK52、H–LaF3 等 15 个产品，并全部完成了定型；2007 年完成了 H–LaK53、H–LaK2、H–LaK4 等镧冕玻璃系列化；2008 年完成 H–LaF2、H–LaF3A 等镧火石玻璃的系列化；2009 年完成了 H–ZLaF66、H–ZLaF68A、H–LaK53A 等部分镧系新品及性能改良的产品；2010 年完成了 H–ZLaF54、H–ZLaF60、H–ZLaF1、H–ZLaF80、H–ZLaF70 等重镧火石玻璃。在镧系玻璃产品的开发中，同时开展部分镧系玻璃产品的低熔点化。截止到 2010 年，公司已经具备 40 个镧系玻璃品种年总产 40 吨的生产能力。以 H–ZLaF80 和低熔点镧系玻璃产品为载体的高折射率和低熔点光学玻璃材料的研制项目于 2012 年获兵器集团公司科技进步奖一等奖。以 H–ZLaF78、H–ZLaF67 产品为载体的高透过率光学玻璃成套制备技术于 2016 年获兵器集团公司科技进步奖一等奖。镧系玻璃产品及生产技术享有自主知识产权，获得授权专利 100 多项。

成都光明光电股份有限公司 2007 年自主研发 H–ZLaF78、H–ZLaF66、H–ZLaF3 三个牌号的稀土光学玻璃，并逐步投放市场。这三个牌号的产品透过率性能优良，适合制造卡片式数码相机镜头。

2008 年，成都光明光电股份有限公司"精密压型低软化点光学玻璃"获科技部重点新产品。2009 年"低软化点光学玻璃产业化技术"获四川省经委重点技术创新项目。2011 年 6 月"高折射低色散精密压型用光学玻璃 D–ZLaF52"专利在韩国获得授权，该稀土光学玻璃是中国光学玻璃行业在国外首次获得的授权专利。

近 20 年来，我国在稀土无色光学玻璃的研究取得了很大进展。在组成研究方面，发展了环境友好稀土光学玻璃、折射率大于 1.95 的特高折射率稀土玻璃系统、低软化点稀土玻璃系统、含氟稀土玻璃系统、无钽化稀土玻璃系统、磷酸盐稀土玻璃系统等新型稀土玻璃系统。镧系光学玻璃的生产能力已超过 2500 吨 / 年，居世界首位，标志着我国稀土光学玻璃的先进水平。

氧化镧、氧化钇和氧化钆作为稀土光学玻璃的组分可提高玻璃折射率，降低色散，增大硬度，提高化学稳定性，有效防止水和酸对玻璃表面的侵蚀，是高折射、低色散稀土光学玻璃不可缺少的成分。氧化镧能大量地熔解在稀土光学玻璃中，最高含量可达 60%。氧化钇、氧化钆替代氧化镧而改善镧系玻璃的析晶性能。稀土光学玻璃中氧化钆的最大含量可达 30%，氧化钇的最高含量不超过 15%。

8.5.2 稀土光学玻璃制备工艺的研究与发展

稀土无色光学玻璃的制备生产工序复杂、制造技术难度高。20 世纪 50 年代末到 60 年代初，我国开始用铂金单坩埚熔炼光学玻璃，直到 20 世纪 80 年代，我国的稀土镧系光学玻璃熔制也都采用铂金单坩埚熔制方式。

1987 年 10 月，国家机械委以机委规函〔1987〕1194 号批复原国营光明器材厂组建稀土光学玻璃 "S" 型池炉熔炼生产线，并于 1989 年建成，投料生产成功，形成年产稀土光学玻璃 30 吨的生产能力。

20 世纪 90 年代中期开始，照相机、摄影器材、扫描仪等光电信息产品的高速发展，稀土光学玻璃的市场需求逐渐呈上升趋势，仅日本库林公司和香港天龙公司，每年对稀土光学玻璃的需求量在 150 吨左右，而当时国内年总产量仅为 30 吨。针对日益蓬勃的稀土光学玻璃市场，国内各大小光学玻璃生产厂商纷纷调整生产结构，扩大产能。

这期间上海新沪玻璃厂研制出了 LaSF010、LaSF015、LaSF016 等系列稀土光学玻璃新品种。玻璃熔炼坩埚的容积由 15 升逐步增大到 50 升和 58 升，生产规模不断增大。由于单坩埚间歇式生产方式产量低、批量小、质量不稳定，远远不能满足日益扩大的市场需要。为了改变这种局面，2000 年，成都奥格光学玻璃有限公司成立，从日本引进技术、聘请专家，新建了一条单坩埚熟料生产线和一条年产 100 吨的全铂池炉连熔生产线；2000 年 11 月奥格公司率先突破稀土光学玻璃全铂连熔工艺技术。这种新型的二次熔炼生产方式克服了稀土光学玻璃光学常数不稳定、易产生条纹等缺点，使良品率较传统工艺提高了 30%。扩建一条生产线后，年产能达到 500 吨。

成都光明光电股份有限公司在原有的 65 升单坩埚进行稀土玻璃生产的基础上，新建第二台同类型的单坩埚，同时试验新型铂金结构的 T 炉，也采用相当于单坩埚间歇式生产方式。1999 年，成都光明光电股份有限公司镧系光学玻璃连熔生产项目被国家计划委员会正式列入 "国家级高新技术产业化示范工程"。

2002 年，成都光明光电股份有限公司首次批量向日本市场供应稀土光学玻璃，该公司研制开发的铂金玻璃熟料制备、石英坩埚玻璃熟料制备、二次连续熔炼工艺、T 炉生产等技术，突破了低黏度稀土光学玻璃熔炼和成型中的关键技术，首次实现了我国稀土光学玻璃全铂连熔生产。

2003 年，面对十分突出的供需矛盾，成都光明光电股份有限公司实施了瓷铂池炉生产稀土光学玻璃的产业化研究，采用一次熔炼工艺连续试产 H–LaF3 玻璃，产品的光学常数、析晶、条纹达到要求，部分质量指标优于单坩埚产品，瓷铂池炉首次生产稀土光学玻璃获得成功。2004 年，再次试产 H–LaF3 玻璃获得成功，证明了瓷铂池炉生产部分镧冕、镧火石稀土光学玻璃的可行性。

2003 年，成都光明光电股份有限公司 "镧系光学玻璃产业化项目" 获成都市科技进步奖一等奖。2004 年，该项目再获四川省科技进步奖二等奖和中国兵器装备集团公司科技进步奖一等奖。

2005 年，成都光明光电股份有限公司瓷铂池炉连续生产 H–LaF2、H–LaF4、H–LaF6、H–LaF62、H–ZLaF56A、H–ZLaF66 稀土光学玻璃获得成功。其中，折射率高于 1.8 的 H–ZLaF56A 环境友好重镧火石在瓷铂池炉上实现一次投料连续生产，是技术创新的又一项重大成果。

2017 年，成都光明光电股份有限公司已能生产稀土光学玻璃牌号近 70 余个，折射率范围 1.65 ~ 2.00，阿贝数范围 25 ~ 58，产品满足国内车载、安防监控、手机、单反、单电相机及国防光学终端发展需求，推动终端产品技术升级，产品还大量出口日本、韩国及欧美市场，创造了可观的经济效益。

通过技术引进、技术创新、组分研发和工艺改进，目前国内能生产环境友好镧系稀土光学玻璃和低软化点镧系稀土光学玻璃近 90 个牌号，包括 H–LaK，H–LaF，H–ZLaF 和 D–LaK，D–LaF，D–ZLaF 等，涵盖了光学玻璃领域的较大范围。

湖北新华光信息材料有限公司镧系稀土光学玻璃的规模发展起步于 2004 年，与宇宙公司合作，引进日本先进的全铂精密小池炉生产线。第一条日产 250 千克的生产线于 2006 年 2 月建成投产并成功产出 H–LaF50。引进技术消化吸收并自主创新设计了日产 750 千克的全铂连熔生产线。通过液位的稳定控制、二次熔制等方式，稳定了镧系稀土光学玻璃的光性波动；与原料厂家的合作共赢，促进氧化镧、氧化钆和氧化钇等稀土氧化物制造技术的进步，特别是铁等杂质含量的降低，提高了镧系光学玻璃透过率等技术指标；高温玻璃液流动模型的建立、哈根·泊肃叶流动流量公式的应用，确定了料管设计的理论依据，建立了玻璃黏度、料管配置、料管温度与析晶温度的关联公式，解决了镧系玻璃的成型条纹和析晶的控制难点。镧系稀土光学玻璃顺利实现了产业化。经过不断发展与完善，新华光信息材料有限公司已成为爱普生、松下、富士、佳能、腾龙等国际光学设计厂家的二级合格供应商。

随着国内光学玻璃池炉连续熔炼技术的持续深入研究与应用，许多高校和研究所相关专业设置逐渐增多，生产企业在关键技术和玻璃新牌号方面不断自主创新，稀土光学玻璃制造技术水平已经有了极大的提高，生产成本大幅降低，品质和稳定性达到日本、德国先进厂商水平，大量供应国际市场。

8.5.3　激光钕玻璃的品种研究与发展

自美国斯尼策（Snitzer）于 1961 年首次报道掺钕硅酸盐玻璃激光之后一年多，1962 年 3 月干福熹提出研制激光玻璃，1962 年 9 月 27 日在国内首次得到掺钕硅酸盐玻璃 1.06 微米激光输出，并于 1963 年得到 536 纳米倍频激光输出。当时激光钕玻璃研制工作在现今的中国科学院长春光学精密机械研究所干福熹、姜中宏等人领导团队开展。1964 年，中国科学院建立了光机所上海分所（即现在的中国科学院上海光学精密机械研究所）专业从事激光技术和高能及高功率激光器的研究开发。从 1963 年到现今，激光钕玻璃经历了 50 多年的发展，激光钕玻璃的应用，一类是高能激光器，另一类是高功率激光器。大能量激光器项目因光束质量不能满足应用要求在 20 世纪 70 年代中期下马。建立在激光钕玻璃放大器基础上的高功率激光器则经历了从小到大的规模化发展。高功率激光装置使用的钕玻璃也经历了从硅酸盐钕玻璃到磷酸盐钕玻璃的转变。自 1964 年建所以来，上海光学精密机械研究所围绕高能和高功率激光装置应用，开展了包括激光钕玻璃光谱和性能的基础研究、品种研究开发、制备工艺技术研究开发和检测技术研究开发的系列工作，满足了我国不同时期各类高能和高功率激光器，尤其是我国神光系列高功率激光装置对激光工作物质的需求。获得应用的激光钕玻璃品种包括硅酸盐激光钕玻璃和磷酸盐激光钕玻璃两大类。

激光钕玻璃品种研发经历了两个阶段。

第一阶段（1963—1978 年）：硅酸盐激光钕玻璃的研制。这期间，干福熹等人对钕离子在玻璃中的光谱和激光性质进行了系统研究工作，为后续钕玻璃品种研发工作奠定了重要基础。1964 年 10 月，上海光学精密机械研究所姜中宏研发了 N01 型掺钕硅酸盐玻璃（尺寸 $\phi16$

毫米 ×500 毫米），并得到 114 焦耳的激光输出。到 1976 年已发展了多种型号（N03，N07，N08，N09，N10）的掺钕硅酸盐激光玻璃。1969 年，在 Φ120 毫米 ×5000 毫米掺钕硅酸盐激光玻璃中实现了万焦耳级的高能激光输出。同期，美国最高水平为 Young 报道的 7000 焦耳。大功率应用的钕玻璃器件，输出激光功率不断攀升，1970 年，首次得出"中子"后，在很短时间内，中子以几个数量级的速度上升，使用的激光玻璃数量和质量要求也从次要地位上升至主要任务。1977 年以后，上海光学精密机械研究所主要开展高功率激光钕玻璃的研制。神光 I 高功率激光装置最初使用的是硅酸盐钕玻璃。上海光学精密机械研究所"掺钕硅酸盐激光玻璃"的工作于 1984 年获得上海市科技进步奖二等奖，1985 年获得国家科技进步奖二等奖。由于硅酸盐钕玻璃在高功率激光作用下极易出现铂金颗粒引起的破坏。因此，转而开展了掺钕磷酸盐玻璃的研发。

第二阶段（1978—2017 年）：磷酸盐激光钕玻璃的研制。磷酸盐钕玻璃由于其综合性能优异，满足了高功率激光器的应用需求，一直发展到今。上海光学精密机械研究所磷酸盐激光钕玻璃的系统研发开始于 20 世纪 70 年代，1980 年由上海光学精密机械研究所姜中宏课题组定型的掺钕磷酸盐激光玻璃是 N21 型磷钡系列激光钕玻璃。该牌号产品自 20 世纪 80 年代中期开始取代掺钕硅酸盐玻璃在神光 I 高功率激光装置获得应用。N21 磷酸盐激光钕玻璃的研制及应用一直延续至今。以 N21 型磷酸盐激光钕玻璃为代表的工作"LF12 磷酸盐激光玻璃的研究与试制"获得中国科学院科技进步奖一等奖和 1987 年国家科技进步奖二等奖。1995 年，姜中宏课题组完成了具有更好综合激光性能的 N31 型磷铝钾钠系列磷酸盐激光钕玻璃的研制，N31 型钕玻璃于 1998 年通过了中国工程物理研究院和中国科学院联合组织的验收鉴定。N31 型磷酸盐激光钕玻璃具有较日本豪雅公司 LHG–8 型钕玻璃更高的受激发射截面、比德国肖特（Schott）公司 LG–770 更好的化学稳定性。截至 2014 年，已有多件大尺寸激光钕玻璃在神光系列装置中得到应用。作为核心元器件，N31 型磷酸盐激光钕玻璃在我国神光 II、神光 III 系列高功率激光装置中发挥了重要的激光能量放大作用。上海光学精密机械研究所以 N31 型磷酸盐激光钕玻璃为代表的工作"大尺寸高质量磷酸盐激光玻璃"获得了 2000 年上海市科技进步奖一等奖。2005 年上海光学精密机械研究所开始启动了具有低非线性折射率、高增益性能的掺钕磷酸盐激光玻璃，并于 2016 年年底完成 N41 型钕玻璃坩埚熔炼工艺定性。经过考核测试，N41 型钕玻璃具有比 N31 型钕玻璃更低的非线性折射率和更高的增益能力，即将应用于我国高功率激光装置。2010 年后，启动了具有较低膨胀系数和热机械性能的 NAP2 和 NAP4 型掺钕磷酸盐激光玻璃的研制，面向低重复频率、高平均功率激光器应用。目前它们正在逐步被用户接受并走向应用。

8.5.4 激光钕玻璃的制备工艺研究与发展

激光钕玻璃的制备工艺复杂，需要同时满足光学和激光两个方面的性能指标要求。其制造难度远高于一般的光学玻璃制品。为满足高功率激光装置不断提高的应用需求，激光钕玻璃的制备工艺攻克了除杂质、除羟基、除铂金、包边等关键技术，经历单坩埚熔炼（包括陶瓷坩埚及铂金坩埚）、半连续熔炼到连续熔炼的发展历程。

8.5.4.1 激光钕玻璃的杂质控制技术

原料纯度是影响激光钕玻璃光吸收损耗的重要因素，对钕玻璃的激光效率有重要影响。

建所以来，上海光学精密机械研究所采用多种方式与上海跃龙化工厂、上海试剂三厂合作试制用于激光钕玻璃研制的"特定"纯度原料。并且制定了激光钕玻璃用原料的采购标准和分析检测手段。激光钕玻璃研制工作早期，特定纯度原料的研制工作得到上级有关部门和厂方大力支持。上海跃龙化工厂较快生产出低铁氧化钕，并在湖州先后投资建立了两个高纯石英砂生产点，及时提供了硅酸盐钕玻璃、磷酸盐激光玻璃、氟磷酸盐激光玻璃研究和生产所需的各种原料。20 世纪 90 年代以来，上海光机所为解决磷酸盐激光钕玻璃特定纯原料问题，建立了一个专门生产磷酸盐激光玻璃原料的基地，该基地为上海光机所激光钕玻璃的研制提供了多种磷酸盐原料，满足了高性能磷酸盐激光钕玻璃研制对原料纯度的需求。

8.5.4.2　反应气氛法用于消除磷酸盐玻璃中的羟基

钕玻璃中的羟基（OH⁻ 根）对 Nd^{3+} 离子的发光产生猝灭，降低激光器效率。根据中国磷酸盐原料含水的现实情况，借鉴石英光纤中采用反应气氛法消除氢氧根（OH⁻）的技术，1985年上海光学精密机械研究所蒋亚丝首先在磷酸盐激光玻璃中采用含氯气氛除水，取得良好结果，玻璃中的 OH⁻ 含量达到国外激光玻璃相同水平。日本豪雅公司直到 1987 年才出现相关工作。气氛反应除水技术作为我国低氢氧根含量高功率磷酸盐激光钕玻璃制造的关键技术，在激光钕玻璃的坩埚熔炼和连续熔炼工艺中都发挥了重要作用。

8.5.4.3　氧化法消除激光钕玻璃中的铂颗粒

早期的激光实验中已发现钕玻璃棒内部出现气泡状破坏，当时国内外认为是热裂，企图用降低玻璃膨胀系数的方法解决。1965 年，上海光学精密机械研究所王之江首次通过计算认为气泡状破裂是钕玻璃内有金属颗粒，吸收激光能量汽化爆炸引起。这一观点比美国人发表的更早，并为后期实验所证实。为解决激光钕玻璃的铂颗粒破坏问题，上海光学精密机械研究所于 1965—1980 年（"文化大革命"时期曾中断），与国外同样使用了全陶瓷熔炼工艺及利用气氛铂金熔炼两种工艺方法但均未能达到完满的除铂金颗粒效果。20 世纪 90 年代，姜中宏和张勤远采用热力学方法对激光玻璃除铂机理进行了研究。1995 年后，在"863"经费的支持下，上海光学精密机械研究所张俊洲领导的钕玻璃团队自主研发了氧化法结合铂金坩埚独特设计消除激光钕玻璃铂颗粒的方法，在半连续坩埚熔炼工艺中获得了很好的除铂金效果。2005年，上海光学机密机械研究所钕玻璃团队启动钕玻璃连续熔炼工艺研究，发展了连续熔炼除铂颗粒技术。除铂颗粒后的连熔 N31 型激光钕玻璃激光损伤阈值高于国外同类最优产品，为我国高功率激光装置提供了高性能激光钕玻璃制备关键技术保障。除铂颗粒技术是 2016 年上海市技术发明奖特等奖和 2017 年国家技术发明奖二等奖（大尺寸高性能激光钕玻璃批量制造关键技术及应用）的关键技术发明之一。

8.5.4.4　激光钕玻璃包边技术

高功率激光玻璃放大器对激光能量的有效放大能力，在很大程度上取决于对主激光方向以外其他方位自发辐射放大（Amplified Spontaneous Emission，ASE）行为的抑制程度，这是保证激光系统最终输出能量水平的关键。激光玻璃中一旦形成闭合光路，只要增益大于损耗，就会产生寄生振荡。激光钕玻璃的包边技术能抑制 ASE，保证激光钕玻璃的增益指标。上海光学精密机械研究所发展了两种高功率激光钕玻璃的包边技术，一种是 20 世纪 80 年代朱从善课题组研发的硬包边技术，成功应用于"神光 – I"装置中椭圆形片状 N21 磷酸盐激光玻璃的包边。由于 N21 型磷酸盐玻璃及其硬包边在"神光 – I"高功率激光装置上的成功应用，该研究成果于 1986 年和 1987 年分别获中科院科技进步奖一等奖和国家科技进步奖二等奖。另一种是 1992 年以后发展的激光钕玻璃的软包边技术。1996 年,在"神光－Ⅱ"应用的 N21 型激光玻璃和后续"神光－Ⅱ"应用的 N31 型激光玻璃均采用软包边技术进行包边。由于 N31 型磷酸盐激光玻璃及其软包边在"神光－Ⅱ"装置上的成功应用,2000 年该研究成果获上海市科技进步奖一等奖。2000 年之前的激光钕玻璃包边工艺研发工作是由上海光学精密机械研究所朱从善课题组承担,截至 2006 年激光钕玻璃包边胶是由外单位协作研发。2006—2014 年,上海光学精密机械研究所钕玻璃课题组自主研发了独特的包边技术,并成功应用于 400 毫米口径大尺寸 N31 型磷酸盐激光钕玻璃的包边。该软包边技术 2013 年获得一项发明专利授权。

8.5.4.5 激光钕玻璃的坩埚熔炼技术

激光钕玻璃的坩埚熔炼技术经历了三个阶段。

(1)第一阶段:1964—1978 年,单坩埚浇注成型工艺。1964—1970 年,在上海光学精密机械研究所大型熔炼设备尚未建立时,使用上海新沪玻璃厂光学玻璃熔化、成形、退火设备,上海光学精密机械研究所与上海新沪玻璃厂合作进行大尺寸硅酸盐激光钕玻璃的研制,制造了大量各种规格的玻璃棒和玻璃片,包括 1969 年制造的、世界上最长的 5 米玻璃棒。1966 年,上海市科委组织激光钕玻璃耐火材料会战。上海光学精密机械研究所和上海新沪玻璃厂为主,包括上海玻璃搪瓷研究所、上海益丰耐火材料厂、上海人民耐火材料二厂参与了会战,研制激光玻璃全陶瓷工艺所需的低铁陶瓷坩埚、涂层坩埚和刚玉搅拌器。在上海市科委的组织下,在上海新沪玻璃厂建设了钕玻璃车间,1970 年 5 月在上海新沪玻璃厂成立会战连。采用坩埚熔炼、刚玉叶桨搅拌的方式开展硅酸盐钕玻璃的坩埚熔炼。1974 年,完成 20 升坩埚熔炼工艺实验;1976 年,完成 60 升坩埚熔炼工艺实验。其间试制成功 300 升捣打涂层坩埚和含铁低的瓷土捣打坩埚,建立了用 50 升不透明石英坩埚熔炼磷酸盐激光玻璃的设备、工艺和原材料。上海光学精密机械研究所"掺钕硅酸盐激光玻璃"项目于 1985 年获国家科技进步奖二等奖。

(2)第二阶段:1978—1984 年,漏料成型坩埚熔炼工艺。1978 年,由上海市科委投资在上海光机所建设了钕玻璃车间,开展磷酸盐激光钕玻璃生产工艺研究,于 1982 年建造成 13 升铂系统密闭熔炼、坩埚底部玻璃流出浇注成型,包括熔炼、搅拌系统、铂管辅助加热、浇注车等的全套设备。这是国内第一套间歇熔炼、大块高光学均匀激光钕玻璃的制造设备。该制备工艺技术提高了钕玻璃质量和成品率。1984 年,采用 15 升铂坩埚和漏料成型技术,为神光－Ⅰ高功率激光装置生产了全部 N21 磷酸盐激光钕玻璃元件,其中钕玻璃片的最大尺寸为 400 毫米×200 毫米×40 毫米,钕玻璃棒的最大尺寸为 Φ70 毫米×500 毫米,达到了预期结果。1987 年,上海光学精密机械研究所"LF12 磷酸盐激光玻璃研制与生产"项目获国家科技进步奖二等奖、中国科学院科技进步奖一等奖。

(3)第三阶段:1993—2012 年,半连续坩埚熔炼工艺。1993 年年底,得益于神光Ⅱ和神光Ⅲ高功率激光装置的项目牵引,"863"计划投入经费为停顿近十年的钕玻璃研制工作带来生机,上海光机所张俊洲领导的钕玻璃课题组独创了磷酸盐激光玻璃的半连续坩埚熔炼工艺,解决了遗留多年的激光钕玻璃制备工艺的除羟基和除铂颗粒两大技术难题,申请专利 3 项。与传统钕玻璃单坩埚熔炼工艺相比,半连续坩埚熔炼工艺有利于除羟基、降低激光玻璃损耗,并且工序少,操作简便,能耗低,生产效率高。1996 年,完成 15 升扩大半连续熔炼工艺实验。其间,2000 年采用半连续坩埚熔炼工艺 20 升坩埚熔炼为神光Ⅱ装置研制了 200 毫米口径的激光钕玻璃。2002 年，半连续坩埚熔炼技术具备小批量研制 610 毫米 × 330 毫米 × 38 毫米尺寸磷酸盐激光钕玻璃的能力。2005 年，采用半连续坩埚熔炼技术完成了神光Ⅲ原型激光钕玻璃的供货任务。2007 年，根据神光Ⅲ主机高功率激光装置建设需要，在各方面的大力支持下，上海光学精密机械研究所进一步发展和完善了坩埚熔炼的技术、产能和能力，开发了大尺寸激光钕玻璃铂坩埚熔制工艺，形成了批量生产能力，启动了 810 毫米 × 460 毫米 × 40 毫米大尺寸激光钕玻璃批量研制，并于 2012 年用坩埚熔炼技术完成了该尺寸激光钕玻璃的研制任务，交付有关方面主机装置使用。与此同时，采用坩埚熔炼技术完成了神光Ⅱ 350 毫米口径大尺寸钕玻璃片的研制。目前坩埚熔炼技术继续为新型激光钕玻璃和小批量激光钕玻璃的研制发挥重要作用。上海光学精密机械研究所以 N31 磷酸盐激光钕玻璃和半连续熔炼技术为主要研究成果的"大尺寸高质量磷酸盐激光玻璃"项目于 2000 年获上海市科技进步奖一等奖。

8.5.4.6　激光钕玻璃的连续熔炼技术

与坩埚熔炼技术相比，连续熔炼技术具有产品一致性好、生产效率高、性价比高的优点。根据国家重大科技专项任务需求，我国高功率激光装置急需研制大尺寸磷酸盐激光钕玻璃。2005 年，上海光学精密机械研究所胡丽丽领导的钕玻璃项目团队开始研发磷酸盐激光钕玻璃的连续熔炼工艺技术。经过项目组长达 7 年的不懈努力，攻克并集成了大尺寸磷酸盐激光钕玻璃连续熔炼的 5 项关键技术，于 2012 年取得大尺寸磷酸盐激光钕玻璃连续熔炼工艺技术的突破。掌握了激光钕玻璃的批量制备工艺技术。于 2014 年采用该技术完成了主机钕玻璃的研制任务。连续熔炼钕玻璃的部分性能指标优于国外最优同类产品。上海光学精密机械研究所以磷酸盐激光钕玻璃连续熔炼技术为核心发明的"大尺寸磷酸盐激光钕玻璃批量制造关键技术及应用"项目获得了上海市 2016 年度技术发明奖特等奖和 2017 年度国家技术发明奖二等奖。

8.5.5　激光铒玻璃的研究与发展

铒玻璃输出 1.535 微米激光，处于大气透过窗口和石英光纤低损耗区，尤其是对人眼睛安全，也称"安全激光"。在测距、通信和激光医学方面广泛应用。上海光学精密机械研究所在国家自然科学基金"新型激光玻璃"和"新型可见和红外激光玻璃探索"资助下，1987 年实现掺铒激光玻璃 1.535 微米激光输出。1994 年，开展"人眼安全激光器的铒玻璃和调 Q 材料"，实现 1.535 微米铒玻璃激光器的被动调 Q。2000 年以来，在上海市科委国际合作等项目经费支持下，系统研究了掺铒磷酸盐玻璃的光谱和激光性质，研制成功了 Cr14，WM4，EAT14 系列 Cr/Er/Yb 三掺和 Er/Yb 双掺磷酸盐激光铒玻璃产品，实现了氙灯和 LD 泵浦二类激光铒玻璃产品的实用化，并向国内外市场销售。上海光学精密机械研究所还研制了掺钴镁铝尖晶石微晶玻璃，并用该微晶玻璃实现了激光铒玻璃的被动调 Q。此外，西南技术物理研究所在 20 世纪 90 年代也曾开展掺铒磷酸盐玻璃的研制工作。2005 年以来，华南理工大学在掺铒磷酸盐玻璃单频光纤及器件化应用方面开展了大量工作，其研究成果于 2014 年取得了一项国家技术发明奖二等奖。

8.5.6　稀土磁旋光玻璃的研发与发展

稀土磁旋光玻璃是一种具有法拉第效应的特种光学玻璃，主要用于实现可见光及近红外波段激光偏振态的控制。广泛应用于光隔离器、环形器、磁光调制器、高速光开关、磁光信息处理系统、强磁场和高压传输线上的电流测量传感器、空间光调制等装置。

上海光学精密机械研究所于 1977 年开始研制高费尔德常数（Verdet 常数）、低非线性折射率系数的铈磷酸盐玻璃。确定了高 CeO_2 含量、玻璃形成性能良好的玻璃组成；克服了 Ce^{4+} 还原工艺、制成光学质量优良的产品。该玻璃的费尔德常数和非线性折射率系数与当时国际上唯一的日本豪雅公司的 FR4 产品相同，与过去使用的重铅旋光玻璃相比，Verdet 常数大一倍、非线性折射率系数值仅为四分之一。从 1992 年起开始研制费尔德常数更高的掺铽硼硅酸盐磁旋光玻璃，1993 年获国家自然科学基金（批准号：69278021）资助开展高 Tb^{3+} 玻璃的形成和磁光性能研究。之后开发了国际通用的 TG20 和费尔德常数较高的 TG28 和 TG32 铽硼硅酸盐磁旋光玻璃（费尔德常数分别为 –0.25 min/Oe·cm@632.8nm、–0.34 min/Oe·cm@632.8nm 和 –0.39 min/Oe·cm@632.8nm），这些玻璃中氧化铽含量超过 50wt%。其间主要利用 500 毫升的熔制设备进行配方和工艺实验，获得了小尺寸的玻璃样品。2006 年，和中国科学院西安光学精密机械研究所合作共同获得研制项目《大口径高性能法拉第旋光玻璃》资助，建立了一套 10 升规模的磁旋光玻璃熔炉、浇注成型装置和精密退火炉等设备。采用特定工艺对玻璃配合料进行熔化、澄清、搅拌和均化，然后采用漏料成型法浇注获得大尺寸旋光玻璃毛坯。按光学元件尺寸切割加工后进行精密退火，以消除残余内应力，达到折射率均匀。利用这套设备制造出了大口径的 TG20 磁旋光玻璃，玻璃各项指标均满足大型激光装置的要求。上海光学精密机械研究所研制的 TG20 磁旋光玻璃已成功用于我国神光－Ⅱ九路激光装置（Φ212 毫米）、法国国家科学研究中心的 LULI 激光装置（Φ140 毫米）、英国卢瑟福实验室伏尔坎（Vulcan）高功率激光装置（Φ220 毫米）等强激光装置。2010—2011 年，调整优化了 TG28 磁旋光玻璃的配方，进行规模熔制，制备了光学均匀性满足要求的 Φ40 毫米口径 TG28 磁旋光玻璃。2012—2014 年，进一步发展了 10 升规模的磁旋光玻璃熔制技术，设计建设了磁旋光玻璃专用熔制设备，提高了大尺寸磁旋光玻璃熔制工艺稳定性，实现大口径 TG20 磁旋光玻璃的批量生产，最大尺寸达到 Φ300 毫米 ×35 毫米。所研制的 TG20 磁旋光玻璃用于以色列国家激光装置（Φ240 毫米，7 片 Φ140 毫米）、拍瓦激光装置（Φ240 毫米）等。上海光学精密机械研究所使用改进后的熔炼设备进行了 TG28 磁旋光玻璃的熔制生产，最大可获得 Φ100 毫米口径的 TG28 磁旋光玻璃。

中国科学院西安光学精密机械研究所于 1991 年开始铽铝硼硅酸盐旋光玻璃的研究，先后发展了 MR3-2，MR4 牌号的铽铝硼硅酸盐磁光玻璃，费尔德常数分别为 –0.33min/Oe·cm@632.8nm 和 –0.38min/Oe·cm@632.8nm。

2004 年 3 月，中国科学院西安光学精密机械研究所根据神光装置需要，在"863"计划的支持下，对铽旋光玻璃的配方和工艺进行了优化，于 2005 年 3 月研制成功了具有较高费尔德常数、Φ300 毫米大口径高光学均匀性的 Tb-31 型掺铽磁旋光玻璃，为我国神光系统等重大工程提供了关键元器件。2006 年 5 月 24 日，由中国科学院西安分院主持召开了"大口径高光学均匀性磁旋光玻璃研制"项目鉴定会并通过该项目成果鉴定。

8.6 稀土陶瓷材料

8.6.1 稀土元素在陶瓷材料中的作用

陶瓷材料是无机材料的三大形态之一，其透明化及应用是涉及学科发展、国家重大需求、国际前沿、国民经济的关键领域之一，在人类科学技术和经济社会发展中占一席之地。

在稀土陶瓷材料中，稀土既可以作为基质组分，也可以作为掺杂改性元素。稀土在陶瓷中的应用本质上源于稀土元素的金属性、离子性、4f 电子衍生的光学和磁学性能；这四种基本属性是贯穿于稀土陶瓷材料发展的主线。其中 4f 电子是稀土离子的独特性，而其相应的物理性质体现为 4f 电子层内跃迁（f–f）和层间跃迁（f–d）以及未成对 4f 电子展现出来的磁性。因此，稀土陶瓷的功能主要包括光学和磁学两大方面。前者主要有稀土透明光学陶瓷、稀土荧光粉和稀土陶瓷釉等稀土光学材料，后者主要有稀土永磁材料、稀土磁致伸缩材料、稀土磁致冷材料等稀土磁性材料。此外，由于稀土离子半径较大、稀土元素容易与其他元素，尤其是非金属的氮族、氧族和卤素元素结合，而且还具有变价的性质，因此稀土离子可以作为添加剂调整材料内部的微观结构，改变材料的宏观性能，从而形成各种稀土结构陶瓷和稀土改性功能陶瓷。

20 世纪后期，结构陶瓷的晶界工程研究与关键制备技术、纳米技术的发展与突破，为陶瓷的功能化与结构增强等性能的提升提供理论与技术支撑。综合而言，稀土功能陶瓷不但具有陶瓷材料的耐高温、高强度等特性，而且光谱特性与晶体一致；同时在制备成本、尺寸（与单晶相比）、力学性能以及热性能（与玻璃相比）等方面也具有独特优势。陶瓷材料是一种多晶组成，与单晶（晶体材料）和无定形（玻璃材料）不同，晶粒与晶粒之间的界面是陶瓷材料所特有和极为重要的结构特征，是晶粒与晶粒之间连接的"纽带"，也是微观物质迁移和性能体现以及传递的桥梁。因此，针对光学材料的特点，开展透明陶瓷的晶界与微结构的调控研究是提高材料性能的基础与必经之路。

现代稀土陶瓷材料体系以稀土离子的光学和磁学为主的各种性质为出发点，利用材料基因设计、材料计算、新型表征技术等先进手段，在激光、闪烁、光电、磁光、陶瓷材料的微结构等材料性能得到突破，其内涵既包括结构—性能关系，还涉及陶瓷制备工艺以及陶瓷表征技术。

8.6.2 稀土掺杂功能陶瓷材料

利用稀土元素的化学活泼性和大离子半径等化学性质来改善材料的其他物理效应，可以制备稀土增强功能陶瓷。常见的有快离子导体（离子导电）、压电、铁电、热电、气敏、热敏、压敏、声敏和湿敏陶瓷等。稀土离子导电陶瓷中氧化锆（ZrO_2）掺杂 Y_2O_3 后，由于 Y^{3+} 与 Zr^{4+} 的电价不一样，因此需要产生氧空位来维持材料的电中性，从而便于 O^{2-} 通过氧空位迁移而导电；热电材料中，方钴矿结构的化合物 $CoSb_3$、$CoAs_3$ 及其固熔产物等可以填充稀土离子调整材料内部的声子散射，从而显著降低声子的热导率，提高热电转化的效率；稀土增强敏感陶瓷中，稀土离子作为掺杂的微量杂质可以增强对外界刺激的响应能力，比如 La_2O_3 掺杂后，ZnO 压敏陶瓷的压敏电压显著提高；在 SnO_2 中掺加 CeO_2 可以提高对乙醇的敏感度。

稀土增强功能陶瓷方面的进展的例子包括 CeO_2 作为固体氧化物燃料电池的电极，掺杂其他稀土元素如纳米钇化合物可以提高电极的导电率和烧结性能。类似的研究成果还包括稀土改性锂离子电池电极材料 $Li_{0.30}(La_{0.50}Ln_{0.50})_{0.567}TiO_2$、SiC 陶瓷电学性质、$Ba[Ti_{1-x}(Ln_{1/2}Nb_{1/2})_x]O_3$ 陶瓷介电性质、ZnO 陶瓷线性电阻性质、镓对稀土基石榴石化合物压电性质和烧结性质的影响、稀土对 $SrTiO_3$ 热电性质的影响等。

8.6.3 稀土陶瓷研究发展史上的重要进程

8.6.3.1 20世纪70年代起陶瓷发动机的研究计划

稀土增强结构陶瓷中稀土离子的作用主要在物相转变、晶间相形成、固熔掺杂和晶粒成长控制等方面发挥作用，从而改善结构陶瓷的各种力学参数。（在碳化硅、氮化硅、氧化锆等结构陶瓷中添加稀土来产生固溶或部分固溶相，促进材料的烧结并影响晶粒尺寸，从而提高陶瓷材料的力学性能。）

高性能陶瓷有许多优于金属的性能，例如耐高温、耐磨损、耐腐蚀、密度低和隔热性能好。这些特殊性能可使传统发动机面临的热效率低和结构复杂等许多难题得到合理解决，并提高发动机的性能和耐久性。针对陶瓷材料的特性以及发动机对材料性能的需求，当时主要的研究思路是通过材料设计（相、组分、形貌和晶粒尺寸以及取向排列），借鉴金属弥散强化理论，采用第二相晶须、纤维和粒子形成复合材料的增韧方法并取得了一些成绩。稀土的作用主要体现在增韧氧化锆（ZrO_2）和氮化硅（Si_3N_4，包括 Sialon）相图的研究上。例如稀土氧化物可以有效地固熔在氮化硅体系中，故自韧氮化硅陶瓷及赛隆（Sialon）陶瓷的研究中常用的烧结助剂体系有：Y_2O_3-氧化物，尤其是其中 Y_2O_3-La_2O_3 氧化物体系能形成高软化点+高黏度的晶界（Y-La-Si-O-N）玻璃相，Si_3N_4 陶瓷具有较高的高温抗弯强度和较好的抗氧化性能，并且在高温条件下易析出具有高熔点的含钇、镧的结晶化合物，提高了材料的高温断裂韧性，使氮化硅材料高温性能得到改善。

赛隆陶瓷是在 Si_3N_4 陶瓷基础上开发出的一种 Si-N-O-Al 致密多晶氮化物陶瓷，由 Al_2O_3 中的铝原子和氧原子部分置换 Si_3N_4 中的硅原子和氮原子形成。其强度、韧性、抗氧化性能均优于氮化硅陶瓷。塞隆材料不易烧结，稀土氧化物的引入有利于在较低温度下生成液相，有效地促进烧结。同时，稀土阳离子又能进入 α-Si_3N_4 相的晶格中，生成 Re-α'-Sialon 和 Re-(α'+β')-Sialon，从而降低玻璃相的含量并形成晶界相，提高材料的常温和高温性能。

由于成本与稳定性以及一致性的关系，全陶瓷发动机并未如人们所愿成为产品，但陶瓷发动机的研究促进了陶瓷材料晶界设计、材料性能预测、陶瓷材料的制备技术等方面的发展，部分部件已形成产品，例如氮化硅与碳化硅陶瓷轴承已成功应用于高速和高精密机床、氮化硅陶瓷镶块和火花塞等已应用于汽车发动机。20世纪90年代的纳米技术（陶瓷粉体的高纯与可控制备）和21世纪欣欣向荣的三维打印技术（陶瓷材料的近净尺寸计算机辅助成型技术）等都与之有所关联，增韧氧化锆陶瓷刀具已成功地应用在工业与民用市场。

在氧化锆（ZrO_2）陶瓷中加入稀土氧化物对 ZrO_2 的相变具有更好的抑制稳定作用，常用的稀土氧化物主要是 Y_2O_3、Nd_2O_3 和 CeO_2，其离子半径与锆基本接近，可以与 ZrO_2 形成单斜、四方和立方晶型的置换型固溶体。如 CeO_2 能和 ZrO_2 形成很宽范围内的四方氧化锆固溶体的相区。Y_2O_3 稳定化的 ZrO_2（YSZ）的一个重要应用是热障涂层（Thermal Barrier Coating，TBC）。TBC 起源于20世纪40年代末50年代初，由美国国家航空航天局（NASA）首次在 X-15 超高音速飞行器上使用。在燃气轮机燃烧室、叶片和尾喷管等热端部件的表面制备 TBC，可以将热端部件与高温火焰隔离，从而保护部件。高推重比航空燃气轮机将大量采用以 TBC 为代表的先进热防护技术，俄罗斯 SU-30 和 SU-35，美国 F-16、F-22 和 F-35 以及韩国 T-50 飞机的尾喷管都使用 TBC。

2000 年以后，随着我国科技的迅猛发展，TBC 作为先进燃气轮机必需使用的技术，应用范围也从航空扩展到航天、舰船、兵器、能源、交通等领域，参与该方面研究的单位也大量增加。我国一些高校及科研院所研制了稀土复合氧化物热障涂层材料，使热障涂层的寿命和使用温度得到显著提高。迄今为止，国内外研究和使用的 TBC 材料都含有大量稀土氧化物 Y_2O_3、La_2O_3 或 CeO_2。

8.6.3.2 稀土基发光陶瓷材料

光功能晶态材料是通过微结构调控和稀土离子（或过渡离子）掺杂实现单晶或多晶陶瓷体系高透光性及光学功能与结构功能一体化材料，它的出现不仅丰富了材料科学的研究内涵，更拓展了光功能晶态材料在信息、能源、医疗、先进制造和国家安全等高技术领域的应用。激光材料和闪烁材料作为光功能材料的典型代表，在高端装备制造、高能激光武器、激光核聚变点火、核医学成像、高能物理探测和国家安全检测等应用领域的应用具有不可替代作用。

20 世纪 50 年代，美国通用电气公司成功报道了氧化铝透明陶瓷以来，激光透明陶瓷的研究进展一直缓慢地进行，直到 1995 年日本的 A. 池末和木之下在俄罗斯人的帮助下，研制出了高透过率的 Nd：YAG 陶瓷，散射损耗降至 0.22 / 厘米，并首次实现了 Nd：YAG 陶瓷的激光输出。在初期由于激光性能远不及激光晶体而没有得到关注，直到 2003 年，激光输出功率从 31 瓦提高到 1.46 千瓦，光—光转化效率从 14.5% 提高到 42%。激光透明陶瓷进入了迅速发展期，并成为激光材料发展的一个重要方向。

稀土作为基体主要成分的闪烁陶瓷也是近年来新兴的一种新型材料，陶瓷具有优良的热力学性能，成本较低，美国通用电气、德国西门子和日本日立等公司已经开发出了（Y, Gd）$_2$O$_3$：Eu（YGO），Gd$_2$O$_2$S：Pr，Ce，F（GSO），Gd$_3$Ga$_5$O$_{12}$：Cr（GGG）等陶瓷闪烁体，应用在 X 射线电子计算机断层扫描（CT）上，并掌握了相关专利，但是这类陶瓷的衰减时间较慢，尚不能满足更高成像质量要求的正电子发射计算机断层显像（PET）仪器。

随着研究的推进，近几年来人们开始关注另外两个也可以实现 5d–4f 跃迁的快衰减稀土离子 Nd^{3+} 和 Pr^{3+}。Nd^{3+} 由于 5d–4f 能级势差较高，只能在高声子能量的碘化物、卤化物基质中表现出闪烁性能，而 Pr^{3+} 的 5d–4f 能级势差介于 Ce^{3+} 和 Nd^{3+} 之间，在中等能量的氧化物基质的晶场中既可表现出优异的闪烁性，且衰减时间明显快于 Ce^{3+}。其中石榴石结构的闪烁陶瓷由于其优异的综合性能而受到广泛关注。

电光与磁光陶瓷分别用于电场和磁场下光传输性质，比如传输方向（折射和散射）等的改变，从而用于制备光闸、光存储、偏光器和光调制器件等。稀土在电光陶瓷中主要是作为添加剂，比如镧部分置换 Pb（Zr$_x$Ti$_{1-x}$）O$_3$（PZT）陶瓷中的铅，并且利用氧气氛下的热压烧结工艺获得了高度透明的 Pb$_{1-x}$La$_x$（Zr$_y$Ti$_{1-y}$）$_{1-x/4}$O$_3$，即 PLZT 铁电陶瓷。镧的掺入进一步畸形化了原有的结构，从而增加了电滞回线的矩形性，增大介电系数，降低矫顽场强，提高机电耦合系数等。同时镧的加入也提高了陶瓷的透明性，容易得到透光度高于 80% 的透明铁电陶瓷，当前广泛研究的含稀土元素的电光陶瓷还有铌酸盐、钛铪酸盐等。

磁光效应就是在磁场作用下，物质的磁导率、介电常数、磁化方向和磁畴结构等发生变化，从而改变了入射光的传输特性的现象。现有的稀土磁光材料主要是石榴石结构化合物，最为典型，应用最广泛的是铁基石榴石系列 RE$_3$Fe$_5$O$_{12}$（RE 为稀土元素），其中代表材料是钇铁石榴石（Y$_3$Fe$_5$O$_{12}$，YIG），但是 YIG 对 1 微米以下的光具有较强的吸收，这就意味着不能用于可见光或更短波长的波段。因此，各类改性材料不断被探索出来，典型的有高掺铋的材料和掺铈的材料，后者可以降低光吸收，而且法拉第旋光效应也更大，在相同波长、相同掺杂数量下是 Bi：YIG 的 6 倍，因此成为当前最具发展前景的磁光材料之一。另一类石榴石结构的稀土磁光材料是镓基材料，以 $Gd_3Ga_5O_{12}$（GGG）为代表，新近的发展还有 $Tb_3Ga_5O_{12}$（TGG）与铁基材料。由于 Ga^{3+} 外层电子全空，基质吸收为紫外短波段，因此这类磁光晶体可以用于可见光波段，而铁的变价性导致基质在可见光区吸收严重，只能用于红外以及微波段。但是对于稀土基磁光材料而言，稀土离子的光谱特性有时会带来一定的问题，比如 TGG 就不能用于 470～500 纳米的绿光波段，这是因为 Tb^{3+} 本来就是绿光发射的发光中心，相应地在这一波段就存在严重的吸收。

8.6.4　稀土陶瓷的发展与应用

按照传统的稀土发光材料及其功能替代材料的研发模式即"试错法"，一种新材料从发现到获得应用需要大量烦琐的制备、表征、评价实验反复比对，导致新材料开发周期长，效率低。为了全面创新材料研发模式，美国国家科技顾问委员会和总统科技政策办公室于 2011 年 6 月底启动了名为"材料基因组计划"（Materials Genome Initiative，MGI）的国家科学计划，拟通过高性能材料计算能力、高通量材料试验平台和材料数据共享平台的建立与协同，力争将新材料研发时间缩短一半，并将计算机全程控制技术用于材料制备过程监控，提高材料的可靠性和重复性。该计划的核心在于整合计算技术、高通量实验手段和数据库资源，建立共享型基础设施，尝试采用"材料设计"的新理念，即通过理论预测、计算仿真模拟等手段"设计"所需材料体系，再经过快速实验手段进行验证。相比传统方法，此法对材料的预测有独特优势，可以降低对原有经验的依赖，增加对材料可预测性能的复杂性认识，提高预测的准确性，加速新材料研发与应用的进程。

发达国家在稀土光功能材料方面的领先地位很大程度上取决于其创立的先进研究模式，其中高通量计算已成为研究新型光功能材料不可或缺的手段。目前，美国、欧洲、日本方面在材料计算中均取得了快速进展，并开发出第一性原理计算等相关的软件包，极大地促进了材料设计及性能预测。同时基于"能带工程"的材料计算设计与性能预测也加速了新型高性能闪烁材料及长寿命节能白光 LED 荧光材料的研发进程。

近些年，我国稀土光功能材料研究也取得了长足发展，且有较多创新性成果。尤其是在闪烁晶体及陶瓷制备和产业化（如稀土掺杂含氧酸盐、卤化物等）方面已在国际上占有一席之地，但新材料体系创新设计与国际先进水平仍有相当大的差距。目前，我国部分研究机构已可实现通过第一性原理对闪烁材料进行能级设计与导带结构性能调控，并获得了能实现闪烁性能提升的最佳稀土掺杂的方案。同时利用组合材料芯片技术对计算得出的掺杂方案进行最佳组分的快速实验筛选及验证，由此制备了性能优异的闪烁材料及白光 LED 荧光材料。

8.7　稀土晶体

稀土晶体是指稀土元素可以完整占据结晶学结构中某一格点的晶体。稀土晶体是人工晶体的重要组成部分，具有光、磁、电等丰富的功能特性，为我国现代工业发展提供了非常丰富的物质支撑。与其他形态材料（粉末、陶瓷等）相比，稀土晶体具有更少的缺陷，更优异的磁学、光学和电学性能，在光通信、智能制造、精密机械、核医学、武器制导等高端技术领域备受青睐，具有重要的战略地位和应用价值。稀土晶体的开发丰富了稀土化学、晶体学、缺陷化学等学科内容，促进了光学、磁学、核科学等相关学科的发展，并正逐步形成稀土化学、物理学与材料学交叉融合的新学科。

8.7.1　稀土晶体发展的背景

20 世纪 60 年代中期至 70 年代，随着稀土元素基础科学和应用科学研究不断深入，稀土材料的开发和应用开始兴起。当时国际上对稀土在激光、永磁、闪烁探测等方面的开发步伐日益加快，国内稀土工作者紧跟国际前沿，研制成功稀土激光晶体、稀土永磁材料、稀土荧光材料等一系列稀土新材料，稀土晶体研发也开始起步。随着原子能技术、航天技术、电子计算机应用为代表的技术革命席卷全球，高能物理工程、激光技术、信息技术、核探测技术飞速发展，稀土晶体的应用领域不断扩大，并迎来了首个发展高潮期。此后，以 Nd：$Y_3Al_5O_{12}$（YAG）为代表的激光晶体、以 TbDyFe 为代表的磁性晶体、以 $Y_1Ba_2Cu_3O_{7-\delta}$（YBCO）为代表的稀土超导晶体等在国内取得长足的发展，并形成了具有一定规模的工业体系。2010 年《新材料产业"十二五"发展规划》、2015 年《中国制造 2025》重点领域技术路线图、2016 年《"十三五"国家科技创新规划》、2017 年《新材料发展指南》《稀土行业发展规划（2016—2020 年）》等政策强调开发高端稀土功能晶体，已经并将继续促进稀土材料的高效利用。社会发展需求及国家政策引导推动稀土新材料技术进步及产业体系完善，为稀土晶体的发展提供了良好机遇。

8.7.2　稀土激光晶体

1960 年，国际上第一束激光诞生，激光科学与技术由此开展而来。作为激光器的工作物质，激光晶体研究得到了迅速发展。1965 年，西南技术物理研究所在国内采用熔盐法首先研制成功 Nd：YAG 晶体，自此稀土晶体正式载入中国激光材料的发展史。迄今为止，以 Nd：YAG 为代表的稀土激光晶体仍是最重要的激光器工作物质，在激光晶体中占比 90% 以上，对激光学科的建立和激光技术发展功不可没。同时，稀土激光晶体也是应用范围最广、研究成果最多的稀土晶体（中国稀土晶体与学科进展里程碑事件见附表 2），为其他稀土晶体研发奠定了坚实的基础，如很多稀土闪烁晶体研究小组皆传承于激光晶体科研院所及单位。进入 21 世纪后，激光技术的发展被世界各强国列入了国家级发展计划，我国《国家中长期科学和技术发展规划纲要（2006—2020 年）》也把推动激光技术的发展作为 16 项重大规划之一。激光技术的发展极大地推动了新型稀土激光晶体的研发，稀土激光晶体发展的主要方向集中在开发高功率、激光二极管（LD）抽运、新波长、可调谐和复合多功能等方面，还将推动固体激光器沿着高功率、全固化、多波长、可调谐方向发展。

8.7.2.1　掺 Nd^{3+} 激光晶体

（1）石榴石激光晶体

20 世纪 60 年代，掺钕钇铝石榴石（Nd：YAG）的出现推动了固体激光器的大力发展，至今仍是最常用的固体激光材料。20 世纪 60 至 90 年代，中国科学院上海光学精密机械研究所（上海光机所）、中科院物理研究所、中国科学院长春应用化学研究所（长春应化所）、中国科学院安徽光学精密机械研究所（安徽光机所）、华北光电技术研究所等单位开展了 Nd：YAG 晶体研究，在晶体生长技术、激光器件设计等方面取得了显著的科技成果。1972 年，中国科学院物理研究所陆学善编著《激光基质钇铝石榴石的发展》一书出版。1978 年，中国科学院上海光学精密机械研究所"Nd：YAG 激光基质晶体研究"获全国科学大会重大科技成果奖和中科院重大科技成果奖。1987 年，中国科学院长春应用化学研究所与合作单位开展的新激光晶体 Ce，Nd：YAG 项目通过国家机械委员会的鉴定并获一等奖，1989 年获国家科技进步二等奖。这一时期氙灯泵浦的 Nd：YAG 激光晶体独占鳌头，单根棒的输出功率可达千瓦量级。20 世纪 90 年代以后，激光二极管（LD）迅速发展，为激光器带来新的发展契机。1993 年，LD 泵浦的 Nd：YAG 板条的平均输出功率为 1.05 千瓦，2006 年则达到 3 千瓦，而 2008 年首次研制出满足工业需求的 5 千瓦级具有自主知识产权的全固态激光器，在打破国际禁运、实现激光先进制造装备工程化具有重要意义。目前，Nd：YAG 晶体现已实现规模生产，主要生产单位有成都东骏激光股份有限公司和北京雷生强式科技公司，最大晶体直径可达 Φ100 毫米。

通过阳离子置换形成的 $Nd：Gd_3Ga_5O_{12}$（GGG）激光晶体非常有利于强激光的获得，是新一代战略武器级高功率固体热容激光器的优选工作物质。我国 20 世纪 80 年代开始了 Nd：GGG 晶体的研究，并在"七五"攻关计划中安排了相关项目，积累了大量的工作经验及技术。2005 年，山东大学成功生长了直径达 190 毫米的高质量单晶，单晶重量达 9.4 千克，打破了国外的禁运，为我国强激光工程的发展奠定了坚实基础。2007 年，山东大学采用提拉法生长出 Φ130 毫米 ×20 毫米 Nd：GGG 晶体。2008 年，中国科学院安徽光学精密机械研究所将晶体直径增加到 141 毫米。

（2）铝酸盐激光晶体

1970 年，中国科学院上海光学精密机械研究所采用高频引上法在国内首先生长出 Nd：$YAlO_3$（YAP）晶体。与 Nd：YAG 相比，Nd：YAP 晶体具有输出效率高、Nd^{3+} 分凝系数大（0.65 ~ 0.82）等优点。同时期开展该晶体研究工作的单位还有中国科学院长春应用化学研究所、中国科学院福建物质结构研究所等。1978 年，中国科学院长春应用化学研究所因 Nd：YAP 晶体和器件应用相关工作获全国科学大会奖。1982 年，中国科学院福建物质结构研究所"铝酸钇（Nd：YAP）激光晶体及高功率连续激光器"获中国科学院重大科技成果奖一等奖。1987 年，中国科学院长春应用化学研究所研究表明 Nd：YAP 激光晶体具有输出线偏振光的特点，倍频转换效率较高（是 YAG 的 2.2 倍）。2007 年，雷生强式科技公司生长出 Φ46 毫米的 Nd：YAP 晶体，并实现 1.079 微米激光输出。

（3）磷酸盐激光晶体

20 世纪 70 到 80 年代，中国科学院长春应用化学研究所、中国科学院上海光学精密机械研究所、山东大学等单位先后开展了稀土五磷酸盐和稀土四磷酸盐研究，在结构测定、光谱研究、晶体生长等方面进行了较多开创性工作，填补文献空白，丰富晶体学、光学等学科内容。

（4）钒酸盐激光晶体

20 世纪 90 年代以来，LD 的迅速普及及矾酸钇激光晶体（Nd：YVO_4）的发现使得固体激光的发展进入全固态激光技术（SSDPL）。1991 年，中国科学院物理研究所姜彦岛等采用浮区法和提拉法生长 Nd：YVO$_4$ 激光晶体，并实现小批量生产，销往美国、德国等地，该工作 1993 年被评为《激光世界》（*Laser Focus World*）期刊的封面内容。1995 年，山东大学晶体材料国家重点实验室实现 Nd：YVO$_4$ 晶片出口。1998 年，中国科学院安徽光学精密机械研究所与美国极地熊公司组建合资公司，YVO$_4$ 晶体产品用于光通信中的光隔离器，主要出口美国。2002 年，福建福晶科技有限公司在中国科学院福建物质结构研究所技术支持下开始生产钒酸钇晶体产品，并成为我国唯一能够大量进入国际市场的激光晶体产品。2009 年，中国科学院福建物质结构研究所通过优化晶体热效应，采用双端键合技术，实现了 YVO$_4$/Nd：YVO$_4$/YVO$_4$ 黄光自拉曼激光输出。2014 年，中国科学院福建物质结构研究所"355 纳米紫外全固态激光精密切割专用设备研发"专题通过验收，采用创新性的生长工艺，实现大尺寸原生三段式 Nd：YVO$_4$ 晶体生长。我国 YVO$_4$ 晶体生长技术的突破对国际激光技术的发展做出了重大贡献。

（5）钨酸盐激光晶体

Nd：KGd（WO$_4$）$_2$（KGW）激光晶体因具有低激光振荡阈值、高发射截面、高掺 Nd^{3+} 浓度等优点备受关注。2000 年开始，长春理工大学在晶体生长、缺陷、多波段、激光性能等方面对 Nd：KGW 晶体开展了系列研究。中国科学院福建物质结构研究所开发了 Nd：KGW 优质激光晶体生长技术。Nd：KGW 激光晶体现已在福建福晶科技有限公司实现商品化。

8.7.2.2　掺 Yb^{3+} 激光晶体

相比于 Nd^{3+} 离子，Yb^{3+} 激活离子有许多优点，如透镜效应更小、吸收带更宽、上能级荧光寿命更长等。因此，LD 泵浦的 Yb：YAG 固体激光器的输出功率很快就赶上了在固体激光器领域一直占垄断地位的 Nd：YAG，从最初的 23 毫瓦增加到近年的千瓦量级，基本达到国际同等水平。

20 世纪 90 年代，中国科学院上海光学精密机械研究所率先在国内开展了掺 Yb^{3+} 激光晶体的研究。实现多个国际首次申请和授权专利 20 项，PCT 专利申请 1 项，产品出口美、日、德等十多个国家。"掺镱和四价铬离子激光晶体的研究及应用"项目获 2004 年度上海市自然科学一等奖。首次实现 Yb：YAG 晶体的被动调 Q 激光输出（350 纳秒，20 千赫），首次实现 Cr^{4+}，Yb^{3+}：YAG 晶体自调 Q 激光输出（400 纳秒，300 千赫），与共掺 Cr^{4+}、Nd 系列激光晶体一道，在国际上形成"自调制激光材料"学科新分支。2002—2004 年，中国科学院安徽光学精密机械研究所生长了 Φ40 毫米 ×120 毫米的优质 Yb：YAG 晶体，发展了无界面散射热键合技术，实现了纯 YAG 晶体和 Yb：YAG 的高温键合，相关技术已申请专利。2014 年，中国科学院长春应用化学研究所利用结晶生长的化学键合理论设计生长参数实现 Φ80 毫米 ×240 毫米优质 Yb：YAG 晶体的快速生长。

另外，由于 Yb^{3+} 离子在晶场中具有强的电 – 声子耦合效应，掺镱激光介质普遍具有较宽的吸收和发射带，有利于产生超短脉冲，因适合高性能 InGaAs 二极管泵浦的掺镱（Yb^{3+}）激光介质而成为超快激光领域的研究焦点。主要使用的超快激光晶体有 Yb：YAP，Yb：YbVO$_4$，Yb：GdVO$_4$，Yb：CaYAlO$_4$，Yb：KGW 等。2011 年，利用二极管泵浦 Yb：CaYAlO$_4$ 晶体首次实现连续及飞秒锁模激光输出，斜效率 71%，最大连续输出功率 1.94 瓦，锁模下脉冲宽度为 156 飞秒，脉冲能量为 8.1 纳焦。2014 年，Φ30 毫米 ×40 毫米的 Yb：Ca$_3$Gd$_2$（BO$_3$）$_4$ 激光晶体实现单波长、双波长自调 Q 激光输出，获得最短脉宽 287 纳秒和最大峰值功率 41 瓦。

8.7.2.3 新波段激光晶体

面向全色显示、光刻等应用的蓝绿紫和可见光激光晶体与面向人眼安全、遥感、光通信、医疗等应用的红外激光晶体需求，使 Er^{3+}、Ho^{3+}、Tm^{3+}、Yb^{3+} 等掺杂稀土激光晶体成为重要的研究方向。

20 世纪 90 年代，主要采用自倍频激光晶体实现可见波段激光输出。稀土硼酸铝系列稀土晶体具有优异的非线性光学性质、良好的化学稳定性、不潮解等优点。中国科学院福建物质结构研究所研制的高转换效率自倍频激光晶体掺钕硼酸铝钇（NYAB）1993 年获国家科技进步奖二等奖。90 年代后期，山东大学研发了硼酸钙氧稀土盐 $RECa_4O(BO_3)_3$（RECOB）体系自倍频激光晶体，由于在硼酸盐自倍频激光晶体制备技术及其小功率绿光激光器件商品化应用方面的工作，2008 年获得自然科学奖教育部一等奖，2012 年获得国家技术发明二等奖。RECOB 具有位相匹配范围大、损伤阈值高、化学稳定性好、易加工等优点，可采用提拉法生长，容易生长大尺寸高质量的单晶，在自倍频激光领域具有较好应用前景。在该激光自倍频稀土晶体系列中，Yb：YCOB 和 Nd：GdCOB 晶体性能优异，中国科学院福建物质结构研究所、中国科学院上海硅酸盐研究所在大尺寸 YCOB 晶体生长方面取得了较好的成果，晶体生长直径均大于 100 毫米。近年来，随着蓝光 LD 技术的发展，人们便采用蓝光 LD 泵浦 Pr^{3+}、Dy^{3+} 离子掺杂的铝酸盐 YAP 和氟化物 $LiYF_4$（YLF）等激光晶体来实现蓝光、黄光和红光波段激光。掺 Pr^{3+} 的基质晶体有氟化物 Pr：YLF，Pr：KY_3F_{10}，Pr：BaY_2F_8（BYF），Pr：$LiLuF_4$（LLF），Pr：$LiGdF_4$，Pr：LaF_3，Pr：KYF_4；氧化物有 Pr，Mg：$SrAl_{12}O_{19}$，Pr：YAP，主要研究单位有厦门大学、山东大学、南京理工大学等。

1.55 微米波段全固态激光主要是采用 980 纳米 LD 泵浦镱离子，通过镱离子敏化铒离子来实现的。2005 年以来，中国科学院福建物质结构研究所开展了该类激光晶体的研究，获得了多种新型的铒镱双掺激光晶体，包括 Er，Yb：$RAl_3(BO_3)_4$（RAB，R=Y，Gd 和 Lu）、Er，Yb：$Sr_3Lu_2(BO_3)_4$、Er：$YbAl_3(BO_3)_4$、Er：$Sr_3Yb(BO_3)_3$ 和 Er：Yb：$NaCe_{0.43}Gd_{0.57}(WO_4)_2$ 等。Er，Yb：RAB 系列单晶率先在国际上研制出 67 纳秒脉宽、0.52 毫焦能量、1 千赫重频的 1560 纳米声光主动调 Q 和 14 纳秒脉宽、16.3 微焦能量、41 千赫重频的 1520 纳米被动 Q 脉冲激光器件，实现了高能量和高重复率的调 Q 脉冲激光运转。Er^{3+}：YSGG 晶体典型的是 3 微米波段激光晶体，具有很好的抗辐射性能。

2.5 ~ 5 微米波段中红外激光晶体研究趋势由研究铒离子单掺的激光晶体演变为对各种稀土离子敏化共掺的研究，包括 Er^{3+} 共掺敏化离子 Cr^{3+}、Nd^{3+}、Yb^{3+} 等的敏化机制以及退激活离子 Pr^{3+}、Ho^{3+}、Tm^{3+}、Eu^{3+} 等的作用机理，从而提高 Er^{3+} 离子的泵浦效率和跃迁自终态效应。同时也研究了 Cr^{2+}：ZnSe 晶体，实现了 2.4 微米的激光输出。Fe^{2+} 离子掺杂的半导体材料和 Dy^{3+} 离子掺杂 $KPbCl_5$ 等晶体实现了 3 ~ 5 微米的荧光发射。2014 年，中国科学院安徽光学精密机械研究所采用提拉法成功生长出了高光学质量的 Tm，Ho：LuAG 激光晶体，相对容易获得 2.911 微米中红外激光输出。2015 年，江苏师范大学在 Er：Lu_2O_3 晶体中观察到 2.7 微米的自调 Q 激光输出。

8.7.2.4 可调谐激光晶体

早在 20 世纪 60 年代，人们便对可调谐激光晶体进行了研究。90 年代，发展了 Ce^{3+}、Tm^{3+} 稀土离子作为可调谐激光晶体激活离子，早期发展的主要是 Ce^{3+} 掺杂的 $LiYF_4$，$LiLuF_4$，

YAG 和 LaF$_3$ 等晶体，近年来主要发展的有 Tm：KGW，Tm：YAG，Tm：YAP 等晶体。例如在 1998 年，中国科学院安徽光学精密机械研究所在 Tm：YAG 晶体中得到了 2 微米附近的可调谐激光运转。2011 年，中国科学院上海光学精密机械研究所采用提拉法生长了高质量的 Tm 4at%（原子百分质量）：YAP 晶体，实现 2.01 微米激光输出，连续可调范围为 1894～2066 纳米。2013 年，研究人员利用 LD 泵浦 Tm：YAG 晶体，在 2.07 微米处得到 267 瓦的连续激光输出，对应的光 – 光转化效率和斜率效率分别为 20.7% 和 29.8%，这是目前文献报道的 Tm：YAG 全固体激光器的最高输出功率。

8.7.3 稀土闪烁晶体

闪烁材料能够将高能射线或高能粒子转化为近紫外或可见荧光脉冲，实现高能射线 / 粒子能量、位置、强度等参数的测定和表征，因而成为核辐射探测器的关键材料之一。1895 年，发现 X 射线被认为是闪烁材料的研究开端。我国稀土闪烁晶体的发展起步较晚，开发及研制速度要滞后于国际 5～10 年。1991 年，中国科学院福建物质结构研究所报道了 Ce：YAP 单晶的闪烁性能，这是国内最早报道的稀土闪烁晶体。基于核医疗成像系统、安全检查等方面的国产化研制需求，开发具有高密度、高光输出、快衰减特性的闪烁晶体推动了稀土在闪烁晶体材料中的应用，并迫切需要突破大尺寸、高质量的单晶生长技术。2010 年以后，闪烁晶体发展进入"闪烁晶体工程"阶段，即通过"组分工程""缺陷工程"等方法控制基质带隙大小、激活离子在无机化合物禁带区域中的电子能级位置，从原子组成、结构设计上有意识地开发新型闪烁晶体，尝试替代已有的"试错"式材料开发方。

8.7.3.1 石榴石闪烁晶体

21 世纪以前，我国对于石榴石晶体在闪烁方面的应用鲜见报道。2001 年，中国科学院安徽光学精密机械研究所采用提拉法生长出 Φ45 毫米的高质量 Ce：YAG 单晶，应用于大规模集成电路检测。2013 年，中国科学院上海光学精密机械研究所生长出 Φ98 毫米 ×360 毫米的 Ce：YAG 晶体，并用于高分辨 X 射线探测器。2014 年，中国科学院长春应用化学研究所稀土固态化学组建立了 Ce：YAG 晶体快速生长技术，快速生长 Φ80 毫米 ×240 毫米的高品质 Ce：YAG 晶体，速率达到同类技术的 1.5～2 倍，有效缩短了生长周期，降低了生产成本。2015 年，中国科学院上海硅酸盐研究所和中国电子科技集团公司第二十六研究所（简称中电二十六所）分别用提拉法生长出了直径 45 毫米和 55 毫米的 Pr：LuAG 闪烁晶体，拉开了我国对石榴石系列闪烁晶体的研究序幕。2016 年，中电二十六所采用提拉法生长出 Φ50 毫米 ×90 毫米的高质量 Ce：GAGG 晶体，能量分辨率达 7.2%@662 千电子伏，光输出 54000 每兆电子伏特光子数。中国科学院上海硅酸盐研究所基于多晶粉末的筛选结果，生长出了直径 35 毫米的 1%Ce：（Gd$_2$Y$_1$）Ga$_{2.7}$Al$_{2.3}$O$_{12}$ 单晶，该样品所测得的光输出高达（65000±3000）每兆电子伏特光子数。

8.7.3.2 硅酸盐闪烁晶体

1995 年，中国科学院上海光学精密机械研究所（简称上海光机所）采用提拉法生长出 Φ28 毫米 ×80 毫米的 Ce：GSO 晶体。与 BGO 相比，Ce：GSO 晶体具有高密度、较高的光输出、更短的衰减时间，且能够高温应用（约 150℃），是继 BGO 之后一种新型的辐射探测器材料。2005 年，晶体生长直径可达 50 毫米。目前，中国科学院上海光学精密机械研究所已实现

Ce：GSO 晶体的生产销售。20 世纪末混合固溶体系 LGSO：Ce，LYSO：Ce 成为新的研究热点。自 1996 年开始，中国科学院上海光学精密机械研究所、中国科学院上海硅酸盐研究所、中国科学院长春应用化学研究所、中国电子科技集团公司第二十六研究所在 Ce：LSO 闪烁晶体发展中起到了重要推进作用。1996 年，中国科学院上海光学精密机械研究所在国内率先进行了掺铈硅酸镥（Ce：LSO）晶体的生长，得到了 3 毫米 ×4 毫米 ×4 毫米的小晶体。2005 年，上海硅酸盐研究所生长出了钇含量达 10% 的 Ce：LYSO 闪烁晶体，并测得钇和铈在 LYSO 晶体中的分凝系数分别为 0.83 和 0.20，闪烁性能与 Ce：LSO 相同，由此开启了我国稀土闪烁晶体研究的新局面。Ce：LYSO 晶体的尺寸被迅速增加到 Φ60 毫米 ×110 毫米。2013 年，采用提拉法生长 Ce：LYSO 晶体，尺寸达到 Φ60 毫米 ×280 毫米，最长可达 310 毫米。随后，中国电子科技集团公司第二十六研究所、成都天乐、苏州晶特晶体科技有限公司等公司实现 LYSO 晶体批量生产。2015 年，中国科学院长春应用化学研究所稀土固态化学组利用结晶生长的化学键合理论优化了 LYSO 的晶体生长技术，快速生长尺寸为 Φ60 毫米 ×220 毫米的高质量晶体，无云层、开裂、色心等缺陷。中国电子科技集团公司第二十六研究所、成都天乐、苏州晶特晶体科技有限公司等公司的 LYSO 晶体已经实现批量生产。同时，中国科学院上海硅酸盐研究所对 Lu_2O_3-SiO_2 二元体系中的另一组分——焦硅酸镥（$Lu_2Si_2O_7$）也开展了生长实验，发现该晶体实际光输出低于理论预测值的原因是晶体中存在有大量的氧空位，并且通过空气气氛下的退火处理使晶体的光输出得到大幅提高。2017 年，上海大学报道了 $Gd_2Si_2O_7$-$Ce_2Si_2O_7$ 的相关体系和光学性能，为 GPS 性能改进开拓出一条新途径。

8.7.3.3　卤化物闪烁晶体

20 世纪末，为适应核辐射探测技术中对于高时空分辨率、高灵敏度、抗辐照的需求，稀土卤化物闪烁晶体成为研究热点。CeF_3 是我国第一个开展系统性研究的稀土卤化物闪烁晶体，20 世纪 90 年代初，该晶体被欧洲核子研究中心确定为大型强子对撞机紧凑型缪子螺线管探测器工程电磁量能器用的三个候选闪烁材料（另外两个是钨酸铅和铅玻璃）之一，上海硅酸盐研究所和北京玻璃研究院联合承担了这项国际合作研究任务，并用真空坩埚下降法生长出了长达 20 厘米的高质量晶体，但该晶体在后来的综合评比中因密度较小（6.16 克 / 立方厘米）和生长成本较高而输给了钨酸铅晶体。随后不久，Ce^{3+} 激活的稀土三卤化物—— $LaCl_3$：Ce 晶体和 $LaBr_3$：Ce 晶体的闪烁性能由荷兰代尔夫特理工大学的吉约（Guillot）分别于 1999 年和 2001 年所发现。但与 CeF_3 不同的是，这两种晶体更容易潮解和遭受氧污染。上海硅酸盐研究所针对这个问题做了深入的研究，发现氟离子掺杂对抑制潮解的积极作用，并申请了氟离子掺杂氯化镧铈闪烁材料（ZL200710042359.9）。与此同时，北京玻璃研究院也发现卤素离子之间混合后对闪烁性能的改进效果，于 2011 年生长出了尺寸 Φ40 毫米 ×45 毫米、无宏观缺陷的掺氯化铈的溴化镧晶体，$LaBr_3$：5%$CeCl_3$ 晶体衰减时间为 16.2 纳秒，并申请了铈离子激活的卤化物稀土闪烁体及其制造方法的专利（CN200710105857.X）。2013 年，晶体尺寸达到 Φ50 毫米 ×50 毫米。然而，由于稀土元素镧的一个同位素——镧 –138（^{138}La）具有放射性，容易造成晶体较高的发光本底，于是，北京玻璃研究院在国内率先开展了 $CeBr_3$ 晶体的研究，生长出了直径 25 毫米、能量分辨率为 4.26%@662 千电子伏、放射性本底远低于 $LaBr_3$ 的 $CeBr_3$ 闪烁晶体。

北京玻璃研究院是目前国内主要的 $LaBr_3$：Ce 晶体生产单位，其最大晶体尺寸可达 3 英寸（约 7.6 厘米）。

稀土卤化物非常容易潮解的特点造成高纯度无水原料的合成非常困难，所以早期的晶体生长主要靠进口原料，这势必增加了晶体的制造成本并阻碍了晶体的推广应用。

2004 年以来，宁波大学、有研稀土新材料股份有限公司、包头稀土研究院和福建物质结构研究所相继开展了高纯无水稀土卤化物原料的合成技术研究。其中，有研稀土新材料股份有限公司成功开发了 $LaCl_3$、$LaBr_3$、$CeBr_3$、EuI_2 等多种高纯无水稀土卤化物原料的产业化制备技术并于 2016 年实现批量生产，产品纯度可达 99.99%，水、氧含量小于 100×10^{-12}，可充分满足卤化物闪烁晶体生长要求，为稀土卤化物闪烁晶体的发展提供了坚实的原材料基础。

美国、日本和欧洲的一些国家凭借在闪烁晶体开发中的领跑优势优先申请了多项专利，限制了我国稀土闪烁晶体的国际化发展及产业化应用。因此，我国亟待加强在稀土闪烁晶体基础理论方面的研究。2016 年《"十三五"国家战略性新兴产业发展规划》提出加快定制人工晶体材料标准，促进新材料产品品质提升。2017 年《新材料发展指南》指出开展稀土闪烁晶体及高性能探测器件产业化技术攻关，解决晶体质量性能不稳定、成本过高等核心问题，满足医用影像系统关键材料需求。

8.7.4 稀土磁性晶体

稀土磁光晶体的发展和应用不仅有力地推动了磁光效应和固体物理的深入研究，而且促进了激光、光电子学、光通信、计算、记录、激光陀螺、光盘、磁光传感等新技术的发展。$RE_3Fe_5O_{12}$（REIG）磁光晶体是目前性能最好、最具实用价值的磁光材料。国际上，德国汉堡实验室、日本松下电器、美国贝尔实验室等单位优先实现了 YIG 晶体及薄膜的实际生产。1964 年，中国电子科技集团公司第九研究所（中国电科九所）研制出了具有小线宽的 YIG 铁氧体块状单晶并制成直径仅 1 毫米左右的 YIG 小球高 Q 谐振子，实现了磁光晶体在我国的制备和应用。此后三十年间，浙江大学、清华大学、哈尔滨工业大学、成都电子科技大学等多家单位进行了该系列材料的开发和研制，其研究热点集中在离子掺杂 YIG 单晶薄膜、制备工艺革新、元素置换等方面。目前中国电子科技集团公司第九研究所是国内研制、生产各种 YIG 铁氧体单晶材料和器件的主要单位。此外，磁光单晶薄膜在小型化、集成化器件应用驱使下得到快速发展和应用。其中 $Nd:Gd_3Ga_5O_{12}$ GGG 晶体是目前性能最优异的磁光单晶薄膜衬底材料，用于集成化小型光隔离器上。1988 年，西南应用磁学研究所利用提拉法已成功地生长出直径 $\Phi55$ 毫米 × 250 毫米，无包杂、无内核、位错密度小于 5 个 / 厘米² 的 GGG 单晶。2001 年，中国科学院安徽光学精密机械研究所研制出不掺杂的优质 GGG，作为 YIG 的衬底材料出口国外。

8.7.5 稀土超导晶体

1986 年，柏诺兹和缪勒发现 LaBCO（$LaBa_2Cu_3O_y$）在 35 开尔文条件下的超导性，这一突破性发现让人们重新燃起了对超导体的研究热情，这是稀土超导晶体的研究开端。1987 年由休斯顿大学朱经武课题组和中科院赵忠贤课题组独立发现了氧化钇钡铜（YBCO）稀土超导晶体，超导转变温度为 92 开尔文，首次突破了液氮温区，实现了科学史上的重大突破，并奠定了我国在高温超导领域的领先地位。随后国内围绕稀土超导晶体在抗磁性、强电和弱电方面的应用开展了高温超导理论探索、稀土超导材料组成设计、不同形态超导材料制备、器件应用等方面的研究。20 世纪 90 年代中后期，中国科学院物理研究所、北京有色金属研究总院、电子科技大学等单位开始了双面薄膜的研制，几年内先后成功制备了性能达到国外先进水平的 2 英寸（约 5.08 厘米）以内的 YBCO 双面薄膜。2000 年，北京有色金属研究总院利用当时国内唯一一台制备 2 英寸（约 5.08 厘米）双面超导薄膜的直流磁控溅射设备，为国内超导电子学应用研究单位提供了 2000 厘米² 的大面积单、双面超导薄膜材料，所研制的微波器件、超导量子干涉器和红外探测器件均显示了优异性能，该稀土超导材料填补了国内大面积双面超导薄膜材料的技术空白。近几年，上海交通大学在大尺寸 YBCO 单晶制备方面贡献显著，生长直径达 34 毫米。铜氧化物超导体具有超导相干长度非常短、各向异性非常大、不易加工、相图复杂等缺点。因此，科学家一直在探索性能更为优异的超导体。2008 年，中国科学技术大学获得常压下超导温度为 43 开尔文的 $SmFeAsO_{0.85}F_{0.15}$，突破麦克米兰极限，直接证明铁基超导体是继铜氧化物之后的第二类高温超导体。2010 年，浙江大学开展了 SmFeAsO 系列超导体元素替代效应。国际上首次实现铁位掺杂钴、镍，以及在砷位掺杂磷。

8.7.6 稀土掺杂晶体

若某一晶体化学组成中虽然包含稀土离子，但稀土离子并非构成该晶体的主要元素，而是以掺杂剂、激活剂或敏化剂的形式占据晶体结构中的少数或少量格位，我们将具有这样组成结构特性的晶体称为稀土掺杂晶体。这些稀土元素虽然在整个晶体组分中占比很低，但由于稀土离子独特的电子学特性使得稀土对晶体性能起着"四两拨千斤"的作用。稀土掺杂碱（碱土）卤化物是研究最早的稀土掺杂晶体。1960 年，中国科学院近代物理研究所报道了 Eu：LiI 晶体的制备工作，用于快中子探测。1964 年，报道了 Dy^{2+}：CaF_2 晶体生长及受激发射工作，这是早期实现连续激光器的激光晶体。1979 年，中国科学院长春物理研究所研究了镝离子在 ZnS 晶体中形成基本发光结构，建立了相应的鉴定方法，对于研究稀土离子在 Ⅱ－Ⅵ族化合物中基本发光中心结构有一定意义。1987 年，上海硅酸盐研究所研究了用提拉法生长了 RE：$LiNbO_3$ 系列晶体并研究了其光谱学性质，Nd^{3+}：$LiNbO_3$ 是既能产生激光又能产生非线性效应的晶体。20 世纪 90 年代，该所又以钇为掺杂剂，显著增强了钨酸铅晶体的透光能力、光输出和抗辐照损伤能力；以镧为掺杂剂，抑制氟化钡晶体发光中的慢分量。2005 年，北京工业大学将 Ho^{3+} 掺入 $ZnWO_4$ 晶体，实现上转换发光过程。2008 年，SrI_2：Eu 晶体由于具有超高光输出（120000 每兆电子伏特光子数）闪烁性能被重新重视起来，上海硅酸盐研究所、中国计量大学等在国内开展了这一晶体的系列研究，主要集中在晶体生长技术、缺陷控制、性能改进等方面。

8.7.7 稀土晶体生长与技术

8.7.7.1 稀土晶体基础理论

化学键理论为寻找晶体结构、组成和性质关系提供了基本原理。但复杂体系的理论计算还存在许多困难，在复杂晶体性质预测和新材料设计方面尚有待突破。20 世纪 90 年代，中国科学院长春应用化学研究所提出了多元体系的复杂晶体的化学键参数计算的理论方法，著有《复杂晶体化学键的介电理论及其应用》一书。复杂晶体化学键理论的基本思想如下：①将晶体分解为具有特定性质、空间构型和元素比例的各类化学键所相应的二元化学子式；②利用复杂晶体化学键（Phillips-Van Vechten，简称 P-V）理论的基本精神，解决这些二元化学子式的计算问题；③建立这些二元化学子式和复杂晶体的分子式之间的关系，进而达到解决多元成分的复杂结构晶体的化学键性质研究的目的。复杂晶体化学键理论很好地揭示了稀土晶体某些物理化学性质与微观结构之间的关联关系并实现了定量计算，如非线性光学系数、电子云扩大效应、高温超导体性质等。其中，该理论在非线性光学性质理论预测方面具有良好的可靠性，提出了确立晶体结构 – 性能关系的 Phillips–Van Vechten–Levine–Xue，即复杂晶体化学键理论。

稀土元素成键一直是稀土化学领域持续关注的基础研究问题。电负性是研究元素成键的有力工具。2006 年，首次建立了一套完整的稀土离子电负性标度（稀土离子具有不同配位数、不同价态），随后建立了水溶液中稀土离子电负性标度以及稀土金属电负性标度。2017 年 6 月，稀土资源利用国家重点实验室在该研究方向获得重要进展，基于轨道杂化本质，将稀土元素成键基本类型归结为 *sp*、*spd* 和 *spdf* 三种杂化类型，从而揭示了稀土元素外层参与成键的本质。进而发现稀土元素具有丰富的配位数，可在 2 ~ 16 随配体不同而变化。与此同时，确立了 4*f* 电子参与成键的判据：只有当稀土元素配位数大于 9 时，4*f* 轨道杂化参与成键。该项研究进展对挖掘稀土晶体结构起源、构筑稀土离子微环境、设计新型稀土晶体具有重要的指导意义。

8.7.7.2　稀土晶体生长理论

晶体生长理论和模型的建立能够深入理解晶体生长过程，有助于设计和优化生长参数，指导晶体生长技术研究。描述晶体生长实际过程、揭示晶体生长基本规律、实现晶体生长定量计算是晶体生长理论发展的源动力。1994 年，仲维卓提出了负离子配位多面体理论，将晶体的生长形态、晶体内部结构和晶体生长条件及缺陷作为统一体加以研究。该模型主要用于低受限度晶体生长体系，如水溶液生长、热液生长、高温溶液生长等。2005 年，提出了结晶生长的化学键合理论，分别从热力学、动力学和工程学的角度进行理论推导，证明了结晶热力学和动力学协同控制生长界面处的化学键合过程，并且化学键合结构决定了晶体生长的各向异性生长速率。不同的结晶环境使界面处化学键合结构具有多样性，因而导致晶体产生多形态。该理论能够用于计算提拉生长稀土晶体的热力学最大生长速率，通过结合各向同性传质方程进一步实现提拉生长参数设计并有效指导稀土晶体生长。在该理论指导下，利用提拉法成功生长了 YAG，GGG，GdAl$_3$（BO$_3$）$_4$ 等多种高质量稀土晶体。

8.7.7.3　稀土晶体提拉生长技术

稀土晶体按照组成特点可分为合金、氧化物、卤化物等，稀土合金晶体生长存在易氧化、易污染、易相变等问题；氧化物稀土晶体则需要高温生长条件；卤化物稀土晶体生长温度低，但易吸潮。稀土晶体生长特性给晶体生长技术提出了很大挑战，促进晶体生长技术进步。

提拉生长法是目前生长稀土氧化物晶体的主要方法，特别是通过感应加热可获得 2000 摄氏度以上的高温，从而能够制备出许多高熔点单晶材料。但该技术应用于高温稀土晶体生长，存在生长速度慢、温度监控不足、自动化程度低等问题。中国科学院长春应用化学研究所针对高温稀土晶体，改造了晶体生长系统，增加可视化元件与温度元件，实现生长过程图像温度的远程监控，减少人为因素干扰，提高晶体生长过程中控制的精准化、智能化；发明温度梯度测算新方法，有助于生长参数的进一步优化，建立了高温晶体快速生长新技术，有效缩短生长周期，提高单晶生长效率。相关成果入选"2016 年中国稀土十大科技新闻"。

　　微下拉（micro-pulling down）晶体生长方法是近年来发展的高效晶体生长技术，可快速生长出小尺寸的体单晶以及高长径比的单晶光纤材料。这种晶体生长技术最初由日本东北大学开发，其应用领域正在不断扩展，随后法国的 Fibercryst SAS 和 Charles Fabry 利用微下拉技术在生长 YAG 单晶光纤方面做出突出工作，目前可稳定生长 Nd^{3+}、Yb^{3+}、Er^{3+} 等掺杂 YAG 单晶光纤。目前，国内开展微下拉晶体光纤研究的单位主要有中国科学院长春应用化学研究所、山东大学、中山大学和江苏师范大学。微下拉单晶生长法具有用料少、生长速度快、试验周期短、晶体截面形状可控等优点，可生长稀土氧化物、稀土卤化物等多种稀土晶体材料。

表 8-1　单位全称与简称对照

全称	简称
中国科学院长春光学精密机械与物理研究所	长春光机所
中国科学院上海光学精密机械研究所	上海光机所
中国兵器工业集团西南技术物理研究所	西南技术物理研究所
中国科学院物理研究所	中科院物理所
中国科学院长春应用化学研究所	长春应化所
中国科学院安徽光学精密机械研究所	安徽光机所
中国电子科技集团公司华北光电技术研究所	华北光电技术研究所
中国科学院福建物质结构研究所	福建物构所
哈尔滨工业大学	哈工大
中国科学院上海硅酸盐研究所	上海硅酸盐所
中国电子科技集团公司第二十六研究所	中电二十六所
中国电子科技集团公司第九研究所	中国电科九所
北京有色金属研究总院	有研总院

表 8-2　中国稀土晶体与学科进展大事年表

年份	事件	完成单位
1962	中国科学院光量子放大第一次会议	—
1963	红宝石激光打孔样机出现	—
1964	研制 YIG 铁氧体块状单晶	中国电科九所
1964	上海光机所成立	—
1965	熔盐法首先研制成功 Nd∶YAG 晶体	西南技术物理研究所
1966	第一台 Nd∶YAG 激光器	西南技术物理研究所
1968	第一台 Nd∶YAG 激光测距机	西南技术物理研究所
1970	高频引上法首次生长 YAP 晶体	上海光机所
1972	《激光基质钇铝石榴石的发展》一书出版	中科院物理所
1978	五磷酸钕激光器首次实现激光运转	上海光机所

续表

时间	事件	完成单位
1980	首次提拉生长 Ce，Nd∶YAG 晶体	长春应化所
1987	发现了 YBCO 稀土超导晶体	中科院物理所
1991	首次报道 Ce∶YAP 单晶闪烁性能	福建物构所
1995	首次直拉法制备了 <111> 取向无孪晶 $Tb_{0.3}Dy_{0.7}Fe_2$ 单晶	中科院物理所
2000	国内大面积双面超导薄膜材料研制成功	有研总院
2001	提拉生长直径 45 毫米高质量 Ce∶YAG 闪烁单晶	安徽光机所
2002	直径 190 毫米 Nd∶GGG 激光晶体生长	山东大学
2003	"一步法"新工艺生长 $TbDyFe_2$ 晶体	有研总院稀土材料国家工程研究中心
2008	发现超导温度为 43K 铁基超导体 $SmFeAsO_{0.85}F_{0.15}$	中国科学技术大学
2014	建立 YAG 晶体快速生长技术	稀土资源利用国家重点实验室固态化学组
2014	生长直径 34 毫米的大尺寸 YBCO 单晶体	上海交通大学
2015	提拉生长直径 45 毫米 P∶LuAG 闪烁晶体	上海硅酸盐所
2016	提拉法生长直径 50 毫米 ×90 毫米 Ce∶GAGG 晶体	中电二十六所
2016	直径 60 毫米 ×280 毫米 Ce∶LYSO 晶体生长 直径 60 毫米 ×280 毫米 Ce∶LYSO 晶体生长	长春应化所 中电二十六所

8.8　稀土抛光材料

8.8.1　概述

随着稀土工业的发展，20 世纪 30 年代，欧洲首先出现了用于玻璃抛光的稀土抛光粉。第二次世界大战期间，稀土氧化物抛光粉成功地应用于精密光学仪器的抛光。由于稀土抛光粉具有抛光效率高、质量好、污染小等优点，美国等国家争相开展稀土抛光粉的研究与应用；稀土抛光粉开始逐步取代传统抛光粉。

稀土抛光粉，顾名思义是含稀土元素的抛光粉。稀土抛光粉中最主要的组分是氧化铈（CeO_2），其余组分包括 La_2O_3、Nd_2O_3、Pr_6O_{11} 等稀土或者非稀土元素等，所以稀土抛光粉又称为铈基稀土抛光粉或氧化铈抛光粉。根据氧化铈含量的高低可将铈基稀土抛光粉分为三大类：第一类是纯铈抛光粉，其中的 CeO_2/TREO ≥ 99%；第二类是 CeO_2 含量较高的富铈抛光粉，CeO_2/TREO ≥ 65%；第三类是低铈抛光粉，CeO_2/TREO ≤ 65%。三类稀土抛光粉在铈含量不同的基础上，又根据其针对的抛光材料及应用的不同，在制备工艺上有所区别。

稀土抛光粉具有良好的晶形，粒度小且均匀，硬度适中，主要抛光元素铈作为变价元素，可以单独或掺杂其他稀土元素和非稀土材料，生成不同特性和性能的抛光材料。与其他抛光粉相比，稀土抛光粉具有抛光速度快、稳定性能好、光洁度高、易清洗不污染环境且劳动条件好等优点，因此稀土抛光粉被称为"抛光粉之王"。稀土抛光粉已广泛应用于液晶玻璃、平板玻璃、精密光学玻璃、光纤以及硬盘、硅片、手表外壳及眼镜片、水晶水钻等玻璃饰品材料及器件的抛光。随着现代材料及器件制备工艺的飞速发展，抛光工艺技术及装备水平不断提升，对稀土抛光粉质量要求也不断趋向精细化和专业化。

8.8.2 我国稀土抛光粉的发展

8.8.2.1 稀土抛光粉技术与产业发展状况

我国从 20 世纪 50 年代末开始利用混合稀土、氟碳铈镧矿和氧化铈为原料研制和生产多种规格的稀土抛光粉，并取得了一定的成果。

1968 年上海跃龙化工厂首次成功研制了稀土抛光粉；进入 70 年代又开发了添加氟、硅等元素的稀土抛光粉产品。1974 年，其研制含氧化铈大于 99% 的纯铈稀土抛光粉和含氧化铈约 50% 的低铈稀土抛光粉，很快被市场认可。由于上海跃龙化工厂拥有稀土分离生产线，因而成为当时为数不多的既可以生产制造稀土抛光粉原料（氯化稀土和氧化铈），又可以生产抛光粉产品的企业。

1973 年，上海光学仪器厂等单位陆续批量生产稀土抛光粉并主要用于玻璃抛光。随后西北光学仪器厂、云南光学仪器厂相继采用独居石为原料，研究成功了不同类型的稀土抛光粉产品。

1976 年，北京有色金属研究总院研制成功了 771 型廉价混合稀土抛光粉，并在显像管、示波器、眼镜片等抛光领域中推广使用，有效地缩短抛光时间，提高产品合格率，并改善劳动条件。1977 年 12 月，甘肃第一冶炼厂（甘肃稀土新材料股份有限公司前身）在北京有色金属研究院的帮助下，试制成功"739"型稀土抛光粉并批量生产。1980 年 7 月，甘肃第一冶炼厂（甘肃稀土公司前身）投资 34 万元，设计并建成年产 30 吨稀土抛光粉生产线，使产品种类扩大到 4 种型号。1991 年 6 月，甘肃稀土公司稀土抛光粉生产线改造扩建工程正式完工，产量由年产 70 吨增加到 200 吨，产品包括"739""797""877"等系列稀土抛光粉，后续不断改进扩产，产品生产能力达到 2000 吨 / 年。

20 世纪 90 年代以来，海外电子产业的迅猛发展，以电视显示器即阴极射线管（俗称玻壳）的大量应用为代表的电视产业迅速在全球拓展，对适用于玻壳类型抛光的稀土抛光粉的需求量也迅速增加，这成为当时推动我国稀土抛光粉产业发展的主要动力之一。我国逐步形成了甘肃、河南、山东等地为代表的玻壳抛光粉生产基地。此后广东、四川、江苏等地多家企业也相继开始生产相关类型的稀土抛光粉。

1995 年 12 月，内蒙古包头钢铁（集团）有限公司、日本 AGC 清美化学株式会社、日本三菱商事株式会社共同出资成立了包头天骄清美稀土抛光粉有限公司（以下简称"包头天骄清美"）。包头天骄清美引进了先进的日本专利技术和设备生产稀土抛光粉，目前具备年产 7500 吨稀土抛光粉的生产能力，是目前全球最大的稀土抛光粉生产企业之一。

1993 年，内蒙古高新控股公司、比利时索尔维公司、美国西湖投资开发公司共同出资成立了包头索尔维稀土有限公司（前身为包头罗地亚稀土有限公司），目前具备了年产抛光粉 1500 吨的生产能力。

2000 年，内蒙古包钢和发稀土有限公司从韩国引进技术装备，设计建造了年产稀土抛光粉 2000 吨的生产线，并于 2001 年陆续投产。

2000 年前后，国内外大量玻璃抛光企业逐步向沿海地区汇集，长江以南一批新兴稀土抛光粉研发与生产企业随之崛起，其中主要企业包括上海华明高纳稀土新材料有限公司、上海界龙稀土精细研磨材料有限公司、东莞市皓志稀土材料有限公司等。

2000 年年初，南昌大学完成了"新型稀土抛光粉及超细氧化稀土生产工艺研究"并建设了中试基地；开发了以碳酸稀土和碱式碳酸稀土为前驱体的掺杂与表面修饰技术，并先后推广应用到宜兴新威利成稀土有限公司、淄博包钢灵芝稀土高科技股份有限公司、甘肃德宝新材料有限公司等企业。

事实上，从 20 世纪 90 年代开始，我国一大批高校及科研院所就从不同角度和层面积极参与稀土抛光粉的科学研究与产业化进程。2017 年，中国科学院长春应用化学研究所编著出版了国内首本论述稀土抛光粉制备机理和技术的专著——《稀土抛光粉》。

8.8.2.2　我国稀土抛光粉应用发展阶段

我国稀土抛光粉应用发展可分为两个阶段：

（1）第一阶段为建设和发展阶段（20 世纪 70 年代至 2005 年）

这一时期我国抛光粉主要以满足 CRT 彩电阴极射线管抛光需求为主，其年用量高峰时达到近 8000 吨左右，约占市场总用量的 70%。

同时，我国光学领域稀土抛光粉的应用也在这一时期得到快速发展。初期，光学领域稀土抛光粉的应用主要是集中在凤凰光学所在地江西上饶等地区，主要用于各类球面、棱镜等精密光学元件的抛光。进入 2000 年，随着国内光学抛光技术的不断革新，浙江舜宇光学有限公司、湖北华光新材料有限公司等民营企业发展迅速，深、沪两地的日台合资企业也迅猛发展。

这一阶段我国稀土抛光粉技术发展主要是针对在玻壳和眼镜片、表壳光学玻璃、平板玻璃等的抛光应用。稀土抛光粉大多是以氯化镧铈稀土、氟碳铈矿、少钕氯化稀土等为原料，通过氟化复盐沉淀等工艺制备的低铈系列稀土抛光粉产品；产品的中心粒径集中在 2.5 ～ 3.5 微米之间；技术的发展重点围绕着提升抛光粉抛削效率。

（2）第二阶段（2006 年至今）

这一阶段，我国抛光粉行业进入一个全新的发展时期。在应用市场的推动和引导下，抛光粉工艺理论及研究导向呈现多元化发展的态势。在光电子产业迅猛发展的带动下，玻璃制备与抛光技术水平不断提升，抛光粉行业与其他行业的借鉴和交融性程度都大幅度提高。其中水晶、水钻类抛光粉的出现，改变了传统意义上的抛光粉的使用方式，即抛光方式由水、抛光粉、抛光垫、抛光物体相互作用关系，转变成水、抛光粉、树脂及多种添加剂黏合体、抛光物体的相互作用，对稀土抛光粉抛光原理等提出了新的解释。

2009 年前后至今，2.5D 和 3D 手机屏、玻璃保护片、液晶导电玻璃等的大量应用和迅猛发展，为稀土抛光粉的应用提供了更广阔的前景。这一时期，平面显示器生产技术日趋成熟且更新速度快，产业化规模日益扩大。由于环保的要求，抛光粉原料开始以镧铈碳酸盐和少钕碳酸盐为主，技术方面对粉体精细化要求也不断加深，其产品的中心粒径集中在 1 ～ 2 微米之间。技术发展重点从提升抛光粉的抛削效率方面向提高表面光洁度、平整度上转变。

我国稀土抛光粉企业开始加强对抛光粉比表面积、粒度、晶粒度、含氟量、悬浮分散等指标进行分析检测和研究，逐步建立了有针对性的产品检测标准和品质控制体系。同时，开始注重前驱体的合成和精确控温焙烧，以及引进精度较高的气流粉碎和分级设备对烧成后粉体进行处理。

这一时期，我国大型稀土抛光粉生产企业的工艺技术及装备水平不断提升，实力不断增强，逐步成为主导国内稀土抛光产业市场的主力。

8.8.3　我国稀土抛光粉学科发展特点

（1）基础理论研究起步比较晚

美国、日本、法国等发达国家由于具备良好的工业基础和完备的产业链，技术研发实力雄厚，始终是引领光电子产业前行的主力军。稀土抛光粉相关的技术研究一直以来也主要集中在西方发达国家。随着海外光电子产业向国内转移，液晶显示、手机屏幕等应用与市场迅速扩张，我国也由稀土抛光粉原料供应国转换到稀土抛光产品生产国。我国稀土抛光粉学科的研究也随之逐步兴起并发展，但总体来看，我国稀土抛光粉基础理论研究起步晚、基础差，尚难以完全满足产业升级发展的需求。

（2）稀土抛光粉基础研究与生产技术以及下游应用链接的紧密度不足

多年来，国外对稀土抛光粉基础研究、工艺技术以及下游应用已经建立了比较规范和有效的合作模式，而我国在工艺技术及装备一致性、产品与市场应用技术对接等方面还仍存在很多尚未解决的问题。

8.8.4　稀土抛光粉学科发展前景与展望

硅材料以丰富的资源、优质的特性、日臻完善的工艺以及广泛的用途等综合优势而成为当代电子工业中应用最多的半导体材料。在全球超过 2000 亿美元的半导体市场中，95% 以上的半导体器件和 99% 以上的集成电路（LSI）都是用高纯优质的硅抛光片和外延片制作的。在未来 30~50 年内，它仍将是 LSI 工业最基本和最重要的功能材料。

集成电路是电子信息产业的核心，是推动国民经济和社会信息化发展最主要的高新技术之一。集成电路发展至 0.25 微米工艺之后，唯一可以实现全局平坦化的化学机械抛光（CMP）已成为芯片（IC）制程的关键工艺之一。随着芯片特征尺寸的不断缩小和芯片集成度的不断提高，对 CMP 技术提出了更高的要求。其中以粒径、外貌可控的纳米氧化铈为原料制备 CMP 半导体晶片抛光液，已经成为半导体晶片抛光研究和应用的一个重要组成方向。未来稀土抛光材料的应用前景十分广阔。

8.9　稀土助剂

稀土助剂是指在某些高分子材料或产品的生产加工过程中为改进生产工艺，提高产品性能而添加到高分子材料基体中的含稀土元素的各种辅助化学品。

稀土由于外电子层结构的特殊性，其化合物具有多种奇特性能，应用领域不断拓展。在一些体系中加入少量稀土化合物往往会产生明显不同于原体系的独特性能，故有"工业维生素"之称。稀土化合物作为助剂在高分子材料的加工制造中起非常重要的作用。

高分子材料与钢铁、木材、水泥构成现代社会的四大基础材料，广泛应用于国民经济各领域。助剂作为高分子材料不可缺少的重要成分，不仅赋予材料特殊性能，还显著改善材料的加工性能。助剂应用是改善、提高高分子材料性能最方便、最经济的手段。稀土在高分子材料中的应用是稀土应用研究的一个新领域，涉及有机合成、精细化工、高分子材料和稀土功能材料等领域。近半个多世纪的研究和应用表明，稀土化合物在高分子材料合成、加工及功能化方面具有独特而显著的功效。

1956 年，由稀土羧酸盐、烷基铝和氯化物组成的催化剂被认为是合成高度立构规整结构聚丁二烯的高效催化剂体系。1960 年，Finch 用稀土催化剂来合成聚乙烯，开辟稀土催化合成聚烯烃的新纪元。1962 年，Jorgenson 等报道制得了二乙基二硫代氨基甲酸与稀土的配合物。1963 年，Wolff 等对 Eu（TAA）$_3$ 掺杂 PMMA 的荧光性质和激光性质的研究，开辟稀土高分子发光材料的先河。1964 年，沈之荃等采用 YCl_3 与 $AlEt_3$ 组成的催化制备高顺式含量的聚丁二烯，推动稀土催化高分子合成技术，取得巨大的效益。1971 年，高田幸人等报道了硬脂酸镧、铈等稀土有机弱酸盐对 PVC 的热稳定作用，并指出它们具有毒性低、润滑性好、制品透明性高、光稳定性好等显著优点。20 世纪 80 年代，化工部涂料研究所、兰州大学等开展了稀土催干剂研究，形成稀土催干剂产业。1987 年，山东冶金研究所在聚四氟乙烯中添加氢氧化稀土、氧化铈，发现硬度、拉伸强度明显提高，耐磨性提高达 5 倍之多。李萍等开展了稀土助剂在涤纶及其混纺纱线染色中的应用研究，发现利用稀土化合物进行染色的织物，织物色泽鲜艳度提高、色光纯正、色牢度高、染色效率高，明显改善了织物外观，同时也明显减少了织物染色对环境与水的污染，是非常有效而且也值得推广的一种新型有机染色助剂。由此开创了稀土在纤维、面料上应用的新时代。中国科学院长春应用化学研究所发现稀土氧化物微粉对多种高分子材料结晶行为具有明显影响。1991 年中国科学院长春光学精密机械与物理研究所报道了稀土光转换剂制备技术并在国内多家企业获得应用。林蕴和等开展了稀土元素在真丝染色中的应用及机理研究，证实了稀土化合物染色的工作方式是先与染料分子发生络合作用后，再经过扩散而染到织物上。稀土染色助剂已广泛应用在羊毛、腈纶、纯棉、锦纶、真丝、黏胶、人造棉、亚麻、苎麻等各种天然纤维、化纤及其混纺面料的染色领域。1992 年，章伟光对二硫代氨基甲酸稀土配合物用作橡胶硫化促进剂进行了研究，发现镧、钕、铕配合物都具有良好的硫化促进性能，与传统的促进剂相比，普遍能很好地改善胶料的硫化速度和焦烧安全性，同时也提高了胶料的力学性能，是一类具广阔应用前景的新型硫化剂。1993 年，法国罗纳普朗克公司研制出了以 $\gamma-Ce_2S_3$ 为基本组分的新型橙色和红色颜料。90 年代中后期，四川大学、汕头大学、中南大学、广东工业大学、福州大学等深入研究稀土化合物对 PVC 热稳定剂作用，合成多种稀土热稳定剂，推动我国稀土热稳定剂的大规模工业化应用；使稀土化合物作为高分子材料助剂的研究和开发应用进入了一个新的阶段。2000 年，中科院广州化学研究所发现稀土化合物的 β 成核剂作用，随后本项目依托单位和中科院广州化学研究所、复旦大学、北京市化工研究院等合作，在国家"十五""863"计划等支持下，以富镧轻稀土为原料，成功设计、研发了一系列高分子材料新型稀土助剂，包括成核剂、加工助剂、无机粒子表面处理剂等具有国际领先水平的产品和技术，将稀土功能助剂的应用范畴扩展到通用高分子材料等更为广阔的领域。依托单位围绕稀土助剂方面的多项专利技术，已初步建成规模化稀土功能助剂生产线。由于国家重视和稀土资源的独特优势，我国在稀土助剂的基础研究、产业化和应用上均取得了飞速发展，涌现出一批具有国际领先水平的原创性成果。2002 年，邱关明等发现稀土作为填料或填料的表面改性剂对橡胶等具有明显补强作用。稀土氧化物超微粉末、羧酸稀土填入橡胶中，硫化胶的拉伸强度和断裂伸长率都得到大幅度的提高。2003年，潘远凤等用特定稀土元素中的 5d–4f 电子跃迁原理，通过吸收自然光、灯光、紫外光等，贮存能量，在暗处或夜间以可见光的形式释放能量，实现吸光 – 发光过程的无限重复，成功研制出了稀土蓄光型自发光颜料。目前利用稀土颜料制成的发光塑料广泛用于灯箱广告、舞台设计、交通标志、夜间安全服饰、家用电器等。2004 年，吴茂英研制出了一系列稀土热稳定剂：羧酸稀土及其液体复合热稳定剂、单硬脂酸稀土、双硬脂酸稀土、稀土 – 锌复合热稳定剂等，极大地促进了稀土热稳定剂的应用研究。近年来，段雪院士等将水滑石引入稳定剂体系，取得很好效果。

2010 年，广东炜林纳公司、杭州师范大学、中科院化学所、北京大学等单位的科研团队因在稀土助剂方面的学术积累，获得科技部稀土"863"的重大项目中"高丰度稀土（镧、铈、钇）在精细化工助剂中的应用技术"的课题研究资助。广东炜林纳公司的研发团队在前期研究的基础上，通过分子设计，制备出性能各异的高品质稀土化合物，开发性能优异、功效不同以及一系列新型稀土助剂，包括：①新型高性能绿色环保稀土橡胶防老剂，性价比优于传统防老剂，可替代进口产品。在天然橡胶中加入稀土橡胶防老剂，100℃热空气气氛下老化 48 小时后，天然橡胶的扯断伸长率和拉伸强度保持率达 70% 以上。②多功能聚氯乙烯稀土助剂，用这种稀土助剂制备的聚氯乙烯 / 塑木发泡制品密度 < 650、850 千克 / 立方米，节约合成树脂 20% 以上，提高制品生产加工效率 5%～9%。③稀土聚丙烯 β 晶成核剂，用这种稀土助剂生产的高强高韧高耐热聚丙烯改性产品，拉伸强度 ≥ 35 兆帕（ASTM D638）；弯曲模量 ≥ 2000 兆帕（ASTM D790）；缺口冲击强度 ≥ 100 焦耳 / 米（ASTM D256）；热变形温度（0.45 兆帕）≥ 120℃（ASTM D648）。

另外，广东炜林纳公司建成了橡胶助剂、发泡聚氯乙烯助剂、β – 聚丙烯成核剂、高性能聚丙烯专用料共 4 条生产示范线，为稀土助剂的产业化奠定了基础。目前广东炜林纳公司的多种助剂产品已实现产业化。新一代 WWP 系列稳定剂是一种稀土 / 钙 / 锌多功能复合稳定剂，它依据稀土元素化合物特性及作用机理，结合 PVC 加工特性，利用轻稀土（La、Ce、Nd）与钙、锌元素、配位体的协同效应，添加多种有效物质，通过"一包化"调优技术复合而成，具有如下特点：①优异的热稳定性、润滑性、耐候性、透明性；②无毒、无臭、绿色环保、安全卫生、利于环境保护；③与 PVC 分散性、相容性好，无硫化污染；④能改善提高 PVC 制品的可焊性、冲击性等机械力学性能；⑤抗析出、成型加工性好，能进行稳定的生产，可延长生产周期。该产品经 SGS 国际认证机构检测，八大重金属含量完全符合 EN71 标准。

北京大学、杭州师范大学、中国科学院化学研究所的研究团队开展基于富镧稀土助剂的细旦 / 超细旦尼龙纤维制造技术的研究工作。研发出基于富镧稀土助剂的细旦 / 超细旦尼龙纤维的制造技术，建设稀土助剂和细旦尼龙纤维的生产示范线。

尼龙是最早被商业化的合成纤维。在柔韧性、弹性回复率、耐磨性、耐碱性、吸湿性及轻量性等方面性能优异，在化纤工业中占有重要地位。细旦化可进一步提高纤维的品质和价值，制造出符合未来流行趋势和时尚品位的高档服装面料。例如，细旦化可改善织物的漫反射性能，使织物的光泽更加柔和，同时增加丝光效果和悬垂感，可用于制造各种高级晚礼服及针织服装；细旦纤维织物手感柔软，比表面积大且具有独特的芯吸效应，吸湿透汗性能大为提高，穿着更加舒适，可用于制造各种高档运动服、内衣、医疗用品、妇婴用品等。细旦纤维除可生产高档服装外，亦生产高性能功能材料如过滤分离材料、吸液贮液材料、保温材料、生物工程材料，等等。

许多细旦纤维是通过海岛法生产出来，需要把两种不同的高分子材料复合纺成纤维，再用化学溶剂将其中一种高分子纤维溶解，剩下的自然就成了超细纤维。但这种方法由于需要使用化学溶剂和附加材料，工艺复杂，成本增加，并可能带来环境问题。另一种制造细旦纤维的手段是通过调整聚合物特性以及纺丝工艺参数实现纤维细旦化。该方法是一种环境友好的、绿色的高性能纤维生产技术。从国内文献报道上看，虽然目前国内也有许多厂家尝试利用常规纺丝技术制造细旦纤维，由于存在技术瓶颈，尼龙细旦化未能实现突破。

中国科学院化学研究所徐端夫院士于 20 世 90 年代开发出丙纶细旦长丝的生产技术。基于在细旦丙纶经验，徐端夫院士认为，运用调整助剂配方，优化纺丝工艺参数的手段亦可能实现尼龙纤维的细旦化。不过尼龙的分子量和分子量分布行为与聚丙烯不同，无法将制造细旦丙纶的方法简单套用于尼龙细旦的制造上。

由于串级萃取技术的提出和广泛应用，我国在稀土分离方面取得跨越性进展，开发稀土的应用新领域成为亟待深入探讨的问题。徐光宪院士倡导将稀土应用于高分子，开辟研制新材料的途径。徐端夫院士和吴瑾光教授提出把稀土引入尼龙熔体中，利用稀土与尼龙酰胺基团之间的相互作用，发展制造细旦尼龙纤维的新技术。研究团队开展研究工作，结果表明稀土确实能与酰胺基团发生配位作用。配位作用对尼龙熔体的物理化学性质和加工行为带来深刻影响。研究组开展了细旦尼龙制造技术的小试实验，初步开发出单丝纤度小于 1.0 旦的细旦锦纶制造技术。2004 年，徐端夫院士与杭州师范大学建立合作关系，拟开展细旦尼龙 6 中试实验研究。通过北京大学与杭州师范大学合作，开展细旦锦纶纤维常规纺中试实验，成功实现细旦锦纶纤维稳定的生产。本项目小试，中试实验成果通过教育部组织的鉴定。2010 年，北京大学与杭州师范大学细旦 / 超细旦尼龙制造技课题组获得稀土"863"重大项目的资助。基于富镧轻稀土助剂的细旦、超细旦锦纶制造术取得突破性进展，生产出的单丝纤度为 0.47dtex 超细旦尼龙长丝。在浙江萧山美丝邦公司的高速纺工业设备上开展工业实验，生产出超细旦锦纶纤维 60 吨，达到了工业化生产规模。通过陆达天、郝超伟等一大批科技人员的努力，打通了下游包括染整、织造、后整理等各个产业链的关键技术环节。用本项目技术生产出的细旦锦纶 6 纤维可能在羽绒服面料、运动服装、针织衫等方面有应用前景，亦可发展出各种功能材料，该项目正在努力实现产业化。

8.10　稀土硫化物颜料

稀土硫化物是以一定晶型和粒度的轻稀土（主要是镧铈）化合物（碱式碳酸盐）为原料，与单质硫或硫的化合气体在高温下合成为特定稀土硫化物，经过着色处理（氟化、包覆、筛分）后，得到的一种符合颜料标准的着色材料，称为稀土硫化物颜料。

8.10.1 稀土硫化物的研究进展

国内大部分相关方面的研究工作是稀土硫化物的制备，研究较多的是稀土倍半硫化物 Ln_2S_3，主要有以下几种方法：直接法、还原法、机械研磨法、喷雾热解法、前驱体热分解法、硫化硼硫化法、低价稀土盐氧化法、溶剂热法、液相自组装法。

20世纪90年代中期，国内研究稀土硫化物合成较多的且具有代表性的单位包括北京有色金属研究总院、中国科学院长春应用化学研究所、内蒙古科技大学及包头市宏博特科技有限责任公司（以下简称"包头宏博特公司"）。

北京有色金属研究总院采用硫粉为硫源，通入 H_2 与处于低温区料舟中硫黄反应生成 H_2S 反应气，再与高温区料舟中物料反应制备硫化物。内蒙古科技大学申请的专利报道了低温法制备稀土倍半硫化物的方法，主要过程为将稀土盐溶液与硫化试剂反应制备稀土硫化盐前驱体，通入干燥硫化气体，在低于1000℃下硫化，尾气用碱液吸收。

近几年，国内一些研究机构及科研企业开始研究稀土硫化物的后处理，使其符合稀土硫化物环保颜料要求。合成的稀土硫化物进行掺杂处理后成为合格颜料。掺杂离子不仅可以稳定 γ 相，大大降低 γ 硫化物的制备温度，还可调节材料的电子能级结构等性质，从而实现对材料颜色等物化性能的设计和调控。常用掺杂剂包括碱金属离子、碱土金属离子、重稀土离子、碳、硅等。

合成后对颜料表面进行包覆处理是目前使用的主要手段，如利用 SiO_2、Al_2O_3、ZrO_2 和 $ZrSiO_4$ 等对稀土硫化物颜料进行包覆，可显著提高颜料的热稳定性（空气气氛下稳定温度达500℃）、抗酸腐蚀性和分散性。表面改性则可有效改善稀土硫化物颜料与着色基质间的相容性，扩大其使用范围，如在颜料粒子表面进行有机官能团修饰，可以提高其在有机溶剂中的分散性。氟处理也是重要的后处理手段之一。用氟离子处理的稀土硫化物颜色更为鲜艳。经处理过的粉体颗粒不可能均匀分布，根据不同要求，通过筛分分级处理，最终得到所需的产品。为了克服氟稀工艺带来的环保问题，中国科学院长春应用化学研究所和中国科学院包头稀土研发中心利用含磷等元素调节材料吸收光谱来提高着色剂色度性能，达到了氟洗水平。

8.10.2 稀土硫化物颜料的产业化进程

20世纪90年代中期，法国罗地亚（Rhodia）公司建立当时世界唯一一套生产稀土环保颜料的产业化生产线，产能500吨/年。生产线包括三个生产过程（原料制备生产线、合成生产线及后处理着色成品生产线），采用"气—固"法。

目前，我国具备产业化且能够生产稀土硫化物颜料的企业主要有包头宏博特公司和中科院包头稀土研发中心。

包头宏博特公司拥有自主知识产权的产业化技术工艺，主要采用"固—固"法合成生产线，即以铈的化合物为原料，碱金属化合物为添加剂，硫黄为硫化剂，活性炭为辅助剂，在高温下反应制备红色颜料用倍半硫化铈。包头宏博特公司于2011年5月具备稀土硫化物颜料产业化生产能力，2016年12月1日，包头宏博特公司正式收购索尔维（Solvay）公司在法国的稀土环保颜料项目的全部资产，包括技术专利77项及500吨/年规模合成工艺设备，并于

2017年10月，采用气—固，固—固两种工艺路线，建成650吨/年规模的稀土环保颜料生产线。

中国科学院长春应用化学研究所攻克了温和条件下稀土氧化物除氧加硫的科学和技术难题，提出了利用隧道窑连续化生产稀土硫化物着色剂的创新方法，并和中科院包头稀土研发中心合作，于2016年在包头建立了稀土硫化物着色剂连续化隧道窑生产线。该工艺操作简单，生产过程绿色环保，可实现连续化生产。目前，中国科学院长春应用化学研究所已申请相关专利27项，其中7项已授权，构建了从配方到生产工艺及装备、后处理技术和产品应用的专利体系。

2017年11月4日，包头中科世纪科技有限责任公司与中科院包头稀土研发中心签订了《绿色环保稀土着色剂产业化制备及应用重大科技成果技术转让合同》，完成了技术成果转让。

8.10.3　其他稀土硫化物

其他稀土硫化物有：以稀土元素镧（La）为基础的黄色系列稀土硫化镧，以稀土元素钐（Sm）为基础的绿色系列稀土硫化钐，以稀土元素镱（Yb）为基础的蓝色系列稀土硫化镱。目前这些颜料处于研发阶段，随着市场需求也将达到产业化水平。

8.10.4　稀土环保颜料的未来前景

稀土硫化物颜料系列产品，具有绿色环保性、显著热稳定性（>320℃）、独特玻璃纤维融合性、吸收紫外、反射红外特性及优良耐候性。目前产品应用领域为PA（尼龙）系列、PC（聚碳酸乙酯）系列、PP（聚丙烯）系列、ABS（工程塑料）系列、医疗齿科材料、美术颜料、户外塑料制品。

稀土硫化物材料符合国家"创新、绿色、协调、共赢、发展"的发展理念，由工信部、环保部、国土资源部、科技部四大部委联合发布、鼓励替代有毒有害产品目录中，稀土环保颜料位列第二项，由国家发改委制定"战略新兴产业计划"中，稀土硫化物颜料又被列入其中，未来一定有较大的发展。

8.11　稀土农医材料

稀土农用材料指的是单独或与肥料、农药、农膜、饲料等农资配合应用，以提高其利用效率，增加产量、改善品质的一系列含稀土的无机或有机化合物（或络合物）材料，按其作用对象可分为：种植业用稀土材料、养殖业用稀土材料、林业用稀土材料及渔业用稀土材料。稀土医用材料指的是用于治疗或辅助治疗皮肤病、血液病、透视诊断及癌症等一系列稀土化合物（或络合物）材料。

8.11.1　稀土农用材料

8.11.1.1　种植业用稀土材料的研究与应用

1972年，有色金属研究院和北京农业科学研究所（北京农林科学研究院前身）合作开展硝酸稀土的农用研究，通过盆栽拌种试验及田间喷施试验的结果表明：施用稀土可增产

8%~12%，提前成熟并改善品质，开创了我国稀土农用工作的先河。

1979年，经国家科委批准全国稀土农用中心成立，有色金属研究总院成立稀土农用研究室（307室），郭伯生主持工作。1979年11月，国家发改委批示成立全国稀土农用协作网，网长单位为有色金属研究总院，办事机构设在稀土农用研究室。

1983年，"六五"科技攻关项目"农用稀土化合物的应用研究"开始联合攻关和大面积示范，参与单位包括北京有色金属研究总院、湖南省农科院土肥所、黑龙江省农科院土肥所、北京市工业卫生职业病研究所、中科院南京土壤所等60家单位。研究领域包括稀土农用技术、稀土土壤学、植物生理学、毒理卫生学、稀土微量分析检测、稀土农用产品生产工艺和产品标准6个领域。1986年1月完成综合验收，其间，混合轻稀土硝酸盐累计消耗560吨以上，施用面积1200万亩，增产粮油1.5亿千克以上，获纯收益达6000万元。稀土农用技术被评为是一项涉及几个学科的、具有创新和开拓意义的重大成果，在国际上处于领先地位。

1984年，国家科委下达关于建立中国有色金属工业总公司稀土农用技术开发中心的批复，稀土农用技术开发中心成立，隶属中国有色金属工业总公司，依托北京有色金属研究总院，李东英任理事长，郭伯生任主任。

1986年，"稀土农用和机理研究"课题列入国家科委"七五"国家重点科技攻关项目。研究表明，稀土可以代替或弥补植物细胞壁间因缺钙造成的损害；可增加酶含量，促进多种酶活性；促进种子萌发和根系生长，提高叶片光合强度、光合速率和叶绿素含量；促进植物体内营养元素的运移、吸收和转化；可提高植物抗逆性。

1988年，中国科学院长春物理研究所李文连等人将稀土荧光助剂掺入PVC树脂中制成光转换蔬菜大棚薄膜，能使蔬菜增产。

1988年，郭伯生等编著的《农业中的稀土》由中国农业科技出版社出版。

1989年，稀土"常乐"牌益植素在国家工商行政管理局商标局注册成功。

1989年，包头稀土研究院承担了内蒙古农业技术推广"稀土在小麦、燕麦、亚麻种植中的应用研究"课题。

1991年3月5日，国务院稀土领导小组在北京人民大会堂举行"稀土在农业中应用新闻发布会"。国务院稀土领导小组办公室主任白洁作了新闻发布：1987年以来，我国稀土农用推广面积累计达1.3亿亩，增产粮、棉、糖等20多亿千克，经济效益约15亿元。1992年获中国有色金属工业科学技术奖二等奖。

1994年4月16日，由天津市黄海化工厂承担的"稀土复混肥研制开发及3年大田肥效示范工作"通过验收。稀土复混肥平均增产（7±1.7）%，该项目为我国1000多家小化肥厂提供了一条适用和廉价的改造路线。

1995年，稀土农用技术基础研究项目列入中国—澳大利亚政府合作项目，北京有色金属研究总院（有研总院）稀土农用技术开发中心作为主持单位。中澳双方互访，合作开展研究稀土植物生理学、单一稀土元素田间试验的基础研究和分析方法等。

1996年2月8日，"离子型稀土农用综合技术研究"通过湖南省科委主持的技术鉴定。该项研究表明，南方离子型农用稀土在种植、养殖业应用可取得明显效益。

1998年，中国科学院长春应用化学研究所承担了国家自然基金委员重大基金项目"稀土农用的环境化学行为及生态、毒理效应"，倪嘉缵院士担任项目负责人，系统研究了农用稀土在环境中的行为，为稀土农用技术开发与推广应用提供了科学依据。该项目研究成果入选2002 年中国稀土行业十大科技新闻。

1999 年 10 月 10—13 日，全国稀土农用协作网在长沙召开"全国稀土农用协作网成立 20 周年暨全国稀土农用技术发展战略研讨会"。国家计划委员会稀土办公室王彩凤，国家计划委员会稀土专家组组长、中国工程院院士李东英，中国稀土学会名誉理事长周传典，中国工程院院士袁隆平等参会并讲话，对稀土农用协作网成立以来所做的工作给予充分肯定。

1999 年 10 月，中国工程院院士袁隆平题词"稀土是农业之宝"。

1999 年 11 月，全国稀土农用中心并入北京有色金属研究总院稀土材料国家工程研究中心。1999 年，熊炳昆等编著的《农业环境中的稀土》由中国林业出版社出版。2000 年，熊炳昆等编著的《稀土农林研究与应用》由冶金工业出版社出版。

2000 年 4 月，包头稀土研究院成立了全资子公司包头市金稀土生物应用有限公司，主要从事稀土在农牧养殖业中的研究、应用及相关产品的研发、生产，主要面向农村、牧区市场。

2001 年，中国科学院长春应用化学研究所研制成功的稀土蓝光转化膜通过了中国科学院组织的专家验收，稀土有机水稻育秧蓝光转化新型地膜可使水稻增产达 9%。该成果已实现产业化。

2002 年，"十五"国家科技攻关重大项目"稀土应用工程"正式启动，"稀土农用新材料、新技术在西部地区的应用与示范"列入该项目。2005 年 11 月 4 日，项目通过验收，"稀土农用新材料、新技术在西部地区的应用与示范"获 2006 年度中国有色金属工业科学技术奖一等奖。

2002 年，包头市金稀土生物应用有限公司与韩国国立全北大学合作开展了稀土复合物在韩国及东南亚地区农作物上的应用研究，取得了突破，并在国内外得到广泛应用。作用效果表现为：加强了植物生理系统的整体性新陈代谢能力；起到了增产增收的作用；改善了作物的品质；提高化肥的利用率，减少化肥用量 40%，减少农药用量 50%，显著降低了成本。

2006 年以来，特别是 2011 年"立顿铁观音稀土含量超标"事件发生以来，公众开始关注包括茶类、肉类、蔬菜类等在内的农产品中的稀土残留危害问题。

2014 年，南京师范大学黄晓华教授团队与北大-耶鲁邓兴旺教授团队合作揭示以镧和铽为代表的稀土元素在植物细胞内的行为周期。

8.11.1.2　养殖业用稀土材料的研究与应用

1986 年，"牧用、林用稀土化合物的应用研究""稀土在养殖业上的应用研究"课题列入国家科委"七五"国家重点科技攻关项目。

1987 年，包头稀土研究院承担了内蒙古自治区科技厅"稀土在牧草种植中的应用研究"课题。

1991 年 11 月 27—30 日，国务院稀土领导小组、国家计划委员会、国家科学技术委员会在湖北省襄樊市联合召开"全国稀土农用推广工作会议"。会议通报了"稀土在林业、畜牧业上的应用研究""稀土在养殖业上的应用研究"和"稀土农用及机理研究"等三个国家攻关课题，已圆满完成国家"七五"科技攻关任务。

2003 年，稀土（铈和镧）壳糖胺螯合盐入选新饲料和饲料添加剂品种目录，2005 年以来，稀土壳糖胺螯合盐已在家禽、猪及反刍动物中得到了应用。

2009 年，包头稀土研究院与德国慕尼黑大学、蒙古科学院联合开展了"稀土饲料添加剂在动物养殖业中的应用研究"项目，研制成功的用于饲料添加剂的稀土复合物应用于养殖业，提高了牛羊生长率和抗病能力增强，降低了禽流感、口蹄疫的发生和动物的死亡率。应用该产品，牛羊体重提高 6% 以上，产肉率、瘦肉率增加；奶牛增加产奶 8% 以上；缩短饲养期 10～20 天；羊毛增产 5%，毛质改善；提高饲料利用率 10%。喂饲稀土后羊各组织器官稀土积累并不明显，摄入的稀土元素基本都排出了体外，不会造成食物链的稀土污染。

8.11.1.3 林业用稀土材料的研究与应用

1983 年，"六五"科技攻关项目"农用稀土化合物的应用研究"开始联合攻关和大面积示范，适时、适量地施用"农乐"可增加水果产量，并增加果实的维生素 C 含量和改善甜酸比。

2000 年，柳州稀土动植宝有限公司试制出第一批具有自主知识产权的林用新产品，全国绿化委员会、国家林业局在柳州市召开"全国稀土林用项目研究和推广工作座谈会"。

8.11.1.4 渔业用稀土材料的研究与应用

1999 年，湖南省稀土农用研究中心主持的科研项目"鱼用复合稀土消炎剂"通过了湖南省科委组织的技术鉴定。

2005 年以来，稀土壳糖胺螯合盐在水产动物上进行应用。

2007 年，"稀土渔用技术推广座谈交流会"在成都召开。会议围绕"节约渔业资源、保护生态资源，取缔肥水养鱼，实现水库的可持续"为主题进行了交流讨论。稀土渔用技术在净化水库水体、杀灭鱼类病虫危害、促进鱼类生长发育等方面有很好的成效。

8.11.1.5 相关标准变更

1991 年，由卫生部发布的《植物性食品中稀土限量卫生标准》（GB 13107—91）正式实施，之后，由《食品中污染物限量》（GB 2762—2005）替代，后经 2012 年和 2017 年两次修订。2017 年，第一届食品安全国家标准审评委员会认为目前稀土元素的膳食暴露量不会对健康构成潜在危害，取消了标准中稀土限量要求，反映了我国公众对稀土毒性问题的理性认识过程，困扰中国茶企的"稀土超标"问题得到解决，为稀土材料的农业应用再次兴起提供了可能。

1988 年，国家技术监督局颁发了《农用硝酸稀土》（GB 9968—88），并分别于 1996 年和 2008 年进行了修订。2012 年，鉴于该标准中农用硝酸稀土未延续取得农药生产登记证和许可证，经国家质检总局和国家标准委公开征求意见后，该标准被废止，导致稀土材料农用的推广停滞。

1993 年 8 月 11—14 日，稀土行业标准化工作办公室在内蒙古包头市主持召开标准审定会，《稀土有机络合物饲料添加剂》（XB 504—93）成为行业标准，并于 2008 年进行了修订，2015 年修改为推荐性行业标准。稀土有机络合物饲料添加剂标准是我国制定的第一个用于养殖业方面的稀土应用产品标准。

8.11.2 稀土医用材料

稀土配合物属于毒性较低的物质，比许多有机合成药物或过渡金属配合物的毒性低，通过口服或外用未发现体内积累。稀土化合物在医药上的应用研究是从 19 世纪后期开始的，自 20 世纪 60 年代以来陆续发现稀土化合物具有一系列特殊的药效作用。

2001 年 6 月，"稀土化合物对小鼠免疫功能的增强及其抑癌作用十年研究"通过鉴定。该项目由卫生部工业卫生实验所、国家稀土开发应用卫生评价中心、北京大学医学部基础医学院、清华大学核能技术设计研究院及北京有色金属研究总院全国稀土农用中心共同承担。该项目在国内外首先发现稀土化合物对小鼠的细胞免疫、体液免疫、抗体滴度、巨噬细胞吞噬功能、中性多形核粒细胞吞噬功能均表现出明显的剂量依赖关系，在小剂量条件下有增强小鼠免疫功能的作用。首次发现柠檬酸镧有较高的抑癌作用。

2002 年，天津大学化工学院研究人员成功研究开发出利用稀土促进抗癌药物紫杉醇合成技术。以稀土作为诱导物，来促进培养体系中的红豆杉细胞，使紫杉醇产量提高 5 倍左右。

喹诺酮类药物是重要的抗菌药物，包括诺氟沙星、氧氟沙星、环丙沙星和氟罗沙星等。研究发现，浓度为 1×10^{-6} 摩尔 / 升的钆的氧氟沙星配合物对人肝癌细胞的抑制率高达 93.6%；浓度为 1×10^{-6} 摩尔 / 升的钆的环丙沙星配合物对人肝癌细胞和人急性早幼粒白血病细胞均表现出明显的活性，其抑制率分别为 89.4% 和 98.3%。

2004 年 10 月，碳酸镧（Fosrenol）获得美国食品药品监督管理局批准可用于治疗高磷血症。我国于 2012 年 7 月上市并开展其临床应用研究。

2004 年，稀土化合物对严重急性呼吸综合征（SARS）冠状病毒抑制效果等方面取得重要进展。

8.12　其他稀土功能材料

8.12.1　稀土超导材料

1986 年 4 月位于瑞士苏黎世的 IBM 实验室的 J.G.Bednorz 和 K.A.Müller 发现钡 – 镧 – 铜 – 氧的超导临界温度可能达到 35 开尔文以上，揭开了稀土氧化物超导体研究的序幕，同时也在国际上掀起了探索更高临界温度超导体的热潮，研究队伍迅速扩大，众多材料科学家、化学科学家、物理学家将研究方向转向了氧化物超导体。1987 年 2 月 15 日，美国的朱经武、吴茂昆等通过美国国家科学基金会宣布，他们合成出了一种可以工作在液氮温区的新的超导体，超导起始转变温度高达 98 开尔文，但是并没有公布材料组成；1987 年 2 月 24 日，中国科学院物理研究所的赵忠贤（图 8–5）、陈立泉等通过新闻发布会宣布合成出来了一种由 Y、Ba、Cu、O 组成的超导体，超导起始转变温度接近 100 开尔文的超导体；紧接着，日本科学家宣布，他们将 Y、Ba、Cu、O 组成的超导体的超导起始转变温度提高到了 123 开尔文。超导临界转变温度一再被刷新，极大地鼓舞了整个科学界，由于液氮温区超导体的发现突破了超导技术使用的温度瓶颈，其巨大的市场前景引起了各国政府和企业界的高度重视和全社会的密切关注。

1987 年，J.G.Bednorz 和 K.A.Müller 即获得诺贝尔奖，这进一步表明稀土氧化物超导体的发现具有极其重要科学意义和应用价值。稀土氧化物超导体是一种陶瓷材料，用常规陶瓷烧结工艺制备的稀土氧化物超导体是由许多细小的晶粒组成的，由于其相干长度很短，在晶界处属常导性质，因而在整体上表现为弱连接的颗粒超导性行为。稀土氧化物超导体又是一种各向异性材料，结晶取向无规则的烧结体不可能具有高临界电流密度（J_c），而且 J_c 在磁场下急剧下降，无法达到实际应用的要求。

1988 年，AT&T 贝尔实验室的 S. Jin 等人报道了一种称为熔融织构生长（MTG）工艺制备

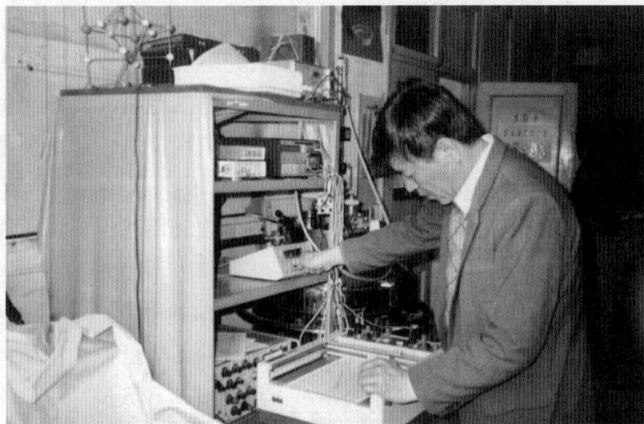

图 8-5　中国科学院物理所赵忠贤在高温超导实验室工作

YBaCuO（YBCO）超导体的方法，用该方法制备的 YBCO 超导体的密度大于烧结材料，减少了弱连接，同时显示出明显的 c 轴择优取向，J_c 比烧结材料要高出 1～2 个数量级，在 77 开尔文温度和自场条件下达到 10^4 安/厘米 ^{2} 的量级，而且 J_c 随外场的变化不大。在此基础上，一系列改进的熔化生长工艺相继被报道，又通过添加过量的 Y_2BaCuO_5（211）相诱发位错和层错等结构缺陷增加材料的磁通钉扎能力、添加金属铂细化 211 相颗粒等进一步提高了材料的 J_c，以及采用顶部籽晶技术使材料生长时形成单一的结晶核心，并控制材料的结晶取向，生长成"单畴"（畴内是强耦合）的超导材料。

1991 年，日本 Fujikura 的 Iijima 等人发明了离子束辅助沉积（IBAD）技术，也就是在金属衬底上采用 IBAD 技术制备一层具有立方织构的 YSZ 种子层，然后再在此衬底上采用涂层制备技术制备稀土钡铜氧超导层，开创了基于稀土钡铜氧的第二代高温超导带材研究的新时代。

1996 年，Goyal 等人提出了轧制辅助双轴织构基带技术（RABiTS）来制备第二代高温超导带材，并获得成功。

1999 年，美国的 Los Alamos 实验室在镍合金的衬底上采用 IBAD YSZ 为种子层，采用脉冲激光沉积技术制备 YBCO 超导层，研制出 1 米长的第二代高温超导带材，超导临界电流达到 122 安（75 开，自场）。

2001 年，日本的 Fujikura 制备出 10 米长的第二代高温超导带材，超导临界电流达到 50 安（77 开，自场）。

2009 年 8 月，美国的 superpower 公司再次宣布，他们制备出了世界上第一根千米长第二代高温超导带材，超导临界电流达 282 安培，带材的标识参数超过 300000 安培·米/厘米。

2011 年 2 月，日本的 Fujikura 公司采用 IBAD+PLD 制备出 816 米长，超导电流达 572 安的二代带材，带材的标识参数再次刷新纪录，达 460000 安培·米/厘米。

2015 年 1 月，美国的 superpower 公司宣布，他们制备出了一根 97 米长，超导临界电流达到 103.7 安的第二代高温超导长带，代表着超导带材制作水平的标识参数——长度乘以电流（Ic×L）第一次超过了 10000 安培·米/厘米，达到 10050 安培·米/厘米。这一结果表明，超导带材的商业化应用的大门已经打开。

2016 年 12 月，中国的苏州新材料研究所采用 IBAD+MOCVD 技术制备出 1130 米长的二代超导带材，Ic 达 570 安培·米 / 厘米，带材的标识参数达 640000 安培·米 / 厘米，标志着我国超导带材的研究水平进入到国际先进行列。

8.12.2 铬酸镧发热材料

铬酸镧材料由于其良好的抗腐蚀性和高温下良好的化学稳定性质，最先被用作磁流体发电机的电极材料。在 20 世纪 70 年代又被用作高温发热元件，主要用于高熔点材料单晶的培育，陶瓷烧结、高温特性测量，金属和矿渣及高温玻璃的熔融、高温热处理等方面。

1976—1984 年，包头稀土研究院采用陶瓷工艺成型、惰性气氛保护高温烧结，流氧中恢复电性能等技术，研制成功铬酸镧发热元件，为我国填补了空白。

1981 年，展开了稳定铬酸镧发热元件室温电阻值的研究，通过化学渗入法在组成中渗入 Ni^{2+} 离子，达到了降低和稳定室温电阻的目的，使其可以在室温下直接导通重复使用，为含 $Ca_{0.3}$ 的发热元件的世纪应用突破了主要难关。

1986 年，包头稀土院采用低温烧结工艺成功研制出大尺寸铬酸镧发热体，其性能达到了高温烧结铬酸镧发热体的性能指标，主要性能达到国际先进水平，该工艺及采用该工艺研制的大尺寸铬酸镧发热体属国内首创。大尺寸铬酸镧发热体的研制成功，可广泛用于大尺寸高温电炉的应用，为大尺寸高温电炉的设计和推广应用提供了先决条件。

1995—1996 年，展开稀土高温电热元件的扩大试验，通过微量掺杂，提高了元件的稳定性，生产的 B14-450 稀土高温电热元件，在使用温度、使用寿命、节约能耗以及电阻稳定性能方面均优于进口元件，主要性能指标达到国际同类产品先进水平，该扩大试验的成功，填补了我国等直径稀土高温电热元件的空白，扩大了稀土资源的利用。为我国超高温电阻炉的开发研制提供了保证。

2001—2002 年，包头稀土院启动大尺寸等直径铬酸镧发热元件中试项目建设，使产品的产量和质量都得到提高，发热元件长度由原来的 450 毫米可以做到生产 2200 毫米以下任何规格的产品。

2003 年，铬酸镧进入超高温电致热特种功能材料产业化阶段，利用掺杂二价碱土元素的铬酸镧细粒压制发热元件，产品性能良好。

2004 年，展开了多功能稀土铬酸镧纳米材料膨胀机理的研究，在此期间还就铬酸镧的粒度级配对材料强度、密度、电性能以及热震性能的影响做了有益探索，形成了完整的工艺技术路线。

2005 年，大尺寸等直径铬酸镧发热元件成型工艺已经完成可以生产出满足不同用户需要的铬酸镧发热元件（长度 < 2000 毫米），该工艺可以批量生产超高温铬酸镧陶瓷发热管、B 型产品，产品性能稳定。

2006 年至今，展开了对铬酸镧材料应用器件的开发研究，利用微纳米共混方法成功将铬酸镧材料的烧结温度由 1700℃降低至 1400℃。铬酸镧材料首次应用于热分析仪，并替代了其他发热体材料，使热分析仪在高温氧化环境中测量温度达到 1700℃，达到国际先进水平。

8.12.3 热释电材料

1924 年，D.BREW-STER 首先观察到极性晶体因温度变化而发生电极化改变的现象，即热释电现象。

1983 年，中国科学院上海硅酸盐研究所就开始对热释电陶瓷材料以及热释电性能测试与应用做了不少研究工作。

20 世纪 90 年代，美国 Loral 公司就采用钽酸锂单晶制备出了噪声等效温差为 0.1 开尔文的 192×128 元非制冷型热释电红外焦平面阵列。

1993 年，中国科学院上海硅酸盐研究所研制了 PZNFTSI 型陶瓷热释电材料并用其制备了一系列的小面积探测器。

1995 年，中国科学院上海硅酸盐研究所通过改性获得了具有更高热释电系数和更高介电常数的 PZNFTSI 型材料。

2000 年，中国科学院上海硅酸盐研究所突破了传统上只能用助熔剂方法生长弛豫铁电单晶的限制，在国际上首次使用改进的布里奇曼方法（坩埚下降法）生长出了以 $(1-x)Pb(Mg_{1/3}Nb_{2/3})O_3-xPbTiO_3$ { PMNT [$(1-x)/x$，PMNT }，单晶为代表的大尺寸、高质量弛豫铁电单晶 $(1-x)Pb(B_1B_2)O_3-xPbTiO_3$（其中 B_1=Mg，Zn，In，Ni，Fe，Sc；B_2=Nb，Ta，W；x= $PbTiO_3$ 的摩尔分数），引起了国际上许多同行的密切关注。

2002 年，电子科技大学研究了焦平面用 $(Ba, Sr)TiO_3$ 热释电陶瓷及 BST/PVDF 复合材料的特性，分析了晶粒尺寸对陶瓷材料热释电特性的影响，并探讨了利用复合工艺来制备焦平面用热释电薄膜的可能性。

2005 年，中国科学院上海硅酸盐研究所系统研究了在常温条件下 PMNT [$(1-x)/x$] 单晶的热释电性能随晶体组分的变化。

2005 年，华中科技大学对两种本身具有高热释电性能的钛酸锶钡 $Ba(1-x)Sr_xTiO_3$（BST）和铌酸锶钡 $Sr_xBa(1-x)Nb_2O_6$（SBN）材料进行两相复合共存的制备研究，获得高性能两相共存复相体系，为开发新型高性能热释电探测器打下基础。

2006 年，华中科技大学系统地研究了 $Pb_{1-x-y}La_xCa_yTi_{1-x/4}O_3$、锆钛酸铅有机复合热释电材料、铌镁酸铅 – 锆钛酸铅热释电材料。

2007 年，中国科学院上海硅酸盐研究所对 PMN–PT 及其掺杂改性单晶的结构、热释电性能及其在红外探测器中的应用进行了系统地研究。

2007 年，华中科技大学对钛酸锶钡（$Ba_{0.7}Sr_{0.3}TiO_3$）热释电陶瓷材料进行了研究。

2008 年，中国科学院上海硅酸盐研究所采用 PMNT（74/26）单晶制备出红外探测器，PMNT 单晶有望在高性能的红外探测及成像器件中得到实际应用。

2009 年，中国科学院上海硅酸盐研究所采用改进的布里奇曼法（坩埚下降法）生长了掺 0.3%（摩尔分数）Fe 的 $0.74Pb(Mg_{1/3}Nb_{2/3})O_3-0.26PbTiO_3$（PMN–0.26PT）单晶，系统研究了该单晶的生长、结构、介电和热释电性能。

2012 年，中国科学院上海硅酸盐研究所制备得到高热释电性能的三方相热释电材料和高应用温度的四方相热释电材料。

2012 年，华中科技大学从热释电陶瓷功能相体系的选择、聚合物基体 PVDF 的改性、复合热释电材料界面的修饰、复合材料中陶瓷功能相的极化四个方面对复合材料进行了系统研究，并制备了基于聚酰亚胺柔性基板的复合热释电膜。

2013 年，电子科技大学从 PZT 陶瓷相的含量选取、煅烧 PZT 以增强界面相容度和 PZT 掺杂改性提高自身极化强度等方面对 PZT/P（VDF-TrFE）复合材料进行了详细的讨论和研究，并在此基础上采用激光刻蚀技术制备了一种以 PZT/P（VDF-TrFE）复合厚膜为热释电敏感材料的新型热释电红外探测器单元。

2014 年，电子科技大学对 PZT、钽酸锂热释电材料进行了研究。

2014 年，中国科学院上海硅酸盐研究所发现弛豫铁电单晶铌镁酸 - 铅钛酸铅（PMNT），Mn 掺杂 PMNT，三元系铌铟酸 - 铅铌镁酸铅 - 钛酸铅（PIMNT）和 Mn 掺杂不仅具有优异的压电性能，而且还具有非常优异的热释电性能。

2016 年，中国科学院上海硅酸盐研究所发布 GB/T 11297.8—2015《热释电材料热释电系数的测试方法》、GB/T 11297.9—2015《热释电材料介质损耗角正切 $\tan\delta$ 的测试方法》、GB/T 11297.10—2015《热释电材料居里温度 Tc 的测试方法》以及 GB/T 11297.11—2015《热释电材料介电常数的测试方法》。

2016 年，华中科技大学研究了 KNN/P（VDF-TrFE）热释电复合材料。

8.12.4　热障涂层

早在 20 世纪 40 年代就出现了航空发动机防护涂层的报道，美国国家航天局（NASA-Lewis）研究中心为了提高航空发动机的推力以及燃料燃烧效率，在 50 年代提出了热障涂层概念。经过几十年的研究，高温涂层材料的成分与结构等方面均有了巨大的改进。根据成分的选择、结构的优化，可以将高温涂层的发展经历简单地划分为以下几个时期：

第一代涂层，20 世纪 60 年代研制成功了 β -NiAl 基铝化物涂层。但 NiAl 相脆性大、易开裂。Al 原子向基体扩散快、涂层使用寿命短。

第二代涂层，20 世 70 年代国外开始研制改进型铝化物涂层，如：

法国航空空间研究院研制的 Al-Cr 涂层，其表面含铝量为 30%，中间区含铬量为 30% ~ 40%，主要其扩散障作用，它比单一的渗铝涂层，可以提高具有更高的抗氧化和抗热腐蚀性能。

美国普拉特·惠特尼公司研制的、并广泛应用于 JT-3D、JT-8D、JT-9D 发动机的 Al-Si 二元共渗涂层，Al-Si 料浆二元共渗涂层含有约 8% 的 Si，可以提高 Al-Si 涂层的耐热性。

乌克兰尼古拉耶夫市机械设计、科研生产联合体研制的，用于舰用燃机叶片防护强对流气渗 Co-Al 二元涂层。

此外还有 Al-Ti、Pt-Al，其中以镀 Pt 渗 Al 形成的铂铝化物涂层具有更长的使用寿命而倍受欢迎，进而成为研究的热点，至今仍有相关报道。

以上两代涂层均属于扩散涂层。这些涂层在航空发动机上得到了一定的应用。

西安航空发动机集团有限公司自 20 世纪 70 年代中期引进斯贝 -202 制造专利，才开始渗铝涂层的应用。

第三代涂层，20 世纪 80 年代发展了可以调整涂层成分，能在更高温度下起到高温抗氧化作用的等离子体喷涂 MCrAl 包覆涂层（M 代表 Fe、Co、Ni 或者二者的结合），被普遍的用作为 TBC 系统的金属黏结层。它克服了传统铝化物涂层与基体之间相互制约的弱点，在抗高温氧化方面有显著的改善。

80 年代中期国内处于鼎盛时期，西安航空发动机集团有限公司设计制造的产品，为解决防腐问题，研制了 4 种二元共渗涂层，如 Al-Cr、Al-Si、Al-Ti。另外，航空材料研究院的 Pt-Al 涂层和中科院沈阳金属研究所研制的涂层进行挂片长试。

第四代涂层，20 世纪 80 年代和 90 年代普遍研究使用的陶瓷热障涂层，如 6%～8%Y_2O_3 部分稳定的 ZrO_2 涂层，具有显著的隔热效果，显示了巨大的优势。

1995 年，北京航空材料研究院对 $ZrO_2 \cdot 8\%Y_2O_3$ 热障涂层的稳定性进行研究。

2000 年，北京航空航天大学发明了一种新型梯度黏结层热障涂层。

2001 年，中科院长春应化所发现了 $La_2Zr_2O_7$ 是很有前途的热障涂层候选材料。

2001 年，北京科技大学发现表面微晶化与弥散氧化物或活性元素对促进 Fe-25Cr-10Al、Fe-25Cr、Ti_3AlNb 合金选择性氧化物存在协同作用，活性元素在氧化膜晶界偏聚改变了氧化膜的传质机制，同时，添加活性元素能够细化晶粒，提高涂层强度。

2003—2004 年，中国科学院长春应用化学研究所研制成功了可控温热障涂层自动热循环仪。

2004 年，北京航空材料研究院研究了在 Ni_3Al 基高温合金基底上采用阴极电弧镀方法制备 NiCoCrAlYHf 黏结层、电子束物理气相沉积（EB-PVD）方法制备 Y_2O_3-ZrO_2 陶瓷层的热障涂层。

2005 年，清华大学研究发现 $Dy_2Zr_2O_7$ 具有萤石结构，热膨胀系数随着温度升高而增加。

2006 年，清华大学研究发现 $Er_2Zr_2O_7$ 是一种萤石结构化合物，热导率为 1.49W/（m.K）（800℃）。

2006 年，北京航空材料研究院研究了电子束物理气相沉积方法制备氧化锆纳米结构热障涂层。

2006 年，中国科学院长春应用化学研究所设计出了比单陶瓷层结构循环寿命显著增加的 $La_2Ce_{3.25}O_{9.5}$/$La_2(Zr_{0.7}Ce_{0.3})_2O_7$、$La_2Ce_{3.25}O_{9.5}$/$La_2Zr_2O_7$ 双陶瓷层结构。

2006 年，北京航空航天大学研究 Ta_2O_3 掺杂 $LaCeO_7$ 热障涂层材料。

2007 年，北京航空材料研究院研究了 La2Zr2O7 热障涂层材料。

2007 年，中国科学院金属研究所在活性元素改性涂层和合金方面开展了大量的研究，阐明了活性元素对氧化膜力学性能的影响机理，认为活性元素改变了氧化膜/合金界面状态，从而改善了氧化膜结合性能。同时，发展了活性元素改性的高温防护涂层，实现了活性元素在耐热合金和高温防护涂层中的应用。

2008 年，北京航空航天大学研究 $LaCeO_7$/YSZ 双陶瓷层结构热障涂层。

2009 年，北京航空航天大学研究了多元稀土氧化物掺杂二氧化锆基热障涂层的制备及热循环性能。

2010 年，中国科学院长春应用化学研究所研究了等离子喷涂 $NdMgAl_{11}O_9$、$SmMgAl_{11}O_9$ 和 $GdMgAl_{11}O_9$ 热障涂层的热循环性能。

2011 年，北京航空航天大学研究了微量活性元素 Dy 改性的 NiAl 金属涂层。

2012 年，北京航空材料研究院研究了 NiCrAlYSi 和 NiCoCrAlY-Hf 金属黏结层的热障涂层。

2012 年，清华大学研究发现 $RE_{9.33}(SiO_4)_6O_2$（RE=La，Nd，Sm，Gd，Dy）的热导率非常低，且对温度不敏感。

2013 年，中国科学院长春应用化学研究所团队研究了铝合金表面热障涂层，涂层可以起到防止表面烧蚀，提高其使用温度的作用。

2013 年，北京航空航天大学研究了 Yb_2O_3 掺杂 $Gd_2Zr_2O_7$，$Gd_2Zr_2O_7/YSZ$，不同微量活性元素改性 NiAl，Hf/Dy 以及 La/Y 二元掺杂 $Al_2O_3/NiAl$ 热障涂层。

2014 年，北京航空材料研究院研究了黏结层 MCrAlY 涂层（M 代表 Fe、Co、Ni 或者 NiCo）。

8.12.5　压电陶瓷

1880 年，居里兄弟首先发现石英晶体存在压电效应后，使得压电学成为现代科学与技术的一个新兴领域。

1881 年，居里兄弟验证了逆压电效应，即给晶体施加电场时，晶体会产生几何形变。

1894 年，Voigt 指出，仅无对称中心的二十种点群的晶体才有可能具有压电效应，石英是压电晶体的一种代表。

第一次世界大战，居里的继承人郎之万，最先利用石英的压电效应，制成了水下超声探测器，用于探测潜水艇，从而揭开了压电应用史篇章。

1917 年，A.M.Nicolson 将酒石酸钠即罗息盐作为压电材料，用于微音器和扬声器，这之后的十几年间，罗息盐、石英等材料在特殊功能元器件方面得到广泛应用，但由于这些晶体材料本身特性如机械强度低、居里温度低、化学稳定性差等致使其在应用上受到限制，同时压电晶体材料也严重限制了压电材料的发展。

第二次世界大战中发现了 $BaTiO_3$ 陶瓷，它是一种多晶体材料，钙钛矿晶体结构，机电耦合系数大，具有异常高的介电常数，是典型的陶瓷铁电体，这成为压电材料及其应用的一个大跨度的飞跃。

1946 年，美国麻省理工学院绝缘研究室发现，在钛酸钡铁电陶瓷上施加直流高压电场，使其自发极化沿电场方向择优取向，除去电场后仍能保持一定的剩余极化，使它具有压电效应，从此诞生了压电陶瓷。

1947 年，美国 Roberts 在 $BaTiO_3$ 陶瓷上，施加高压进行极化处理，获得了压电陶瓷的电压性，随后，日本积极开展利用 $BaTiO_3$ 压电陶瓷制作超声换能器、高频换能器、压力传感器、滤波器、谐振器等各种压电器件的应用研究，这种研究一直进行到 50 年代中期。

1949 年，Aurivillius 等人首先发现铋层状结构（Bi2O2）$^{2+}$（$A_{m-1}B_mO_{3m+1}$）$^{2-}$，它是由（Bi_2O_2）$^{2+}$ 和（$A_{m-1}B_mO_{3m+1}$）$^{2-}$ 规则的交替排列而成，目前为止，该族被发现的化合物至少有六十种以上。其特点为压电各项性明显、居里温度高、介电常数低、机械品质因数高、老化率低，适用于各种高温高频场合。缺点是压电活性低。同年，人们就已经研制出了 $NaNbO_3$、$KNbO_3$、$LiNbO_3$ 等类钙钛矿型化合物晶体，此类钨青铜系无铅压电陶瓷的特点是介电常数小、压电性较大。但是由于碱金属的挥发性，采用普通工艺难以制成。

1954 年，在美国出现 PZT（PbZrO–PbTiO）固溶体体系，这是一个划时代大事，使在 BaTiO 时代不能制作的器件成为可能。此后又研制出 PLZT 透明压电陶瓷，使压电陶瓷的应用扩展到光学领域。

1960 年，斯莫伦斯基（Smolensky）发现钛酸铋钠（$Na_{0.5}Bi_{0.5}$）TiO_3（NBT），是一种 A 位复合取代的钙钛型弛豫型铁电体。室温下 NBT 压电陶瓷有较高的矫顽场，电导率较大，而且难以烧结成为致密的产品。这就使得 NBT 压电陶瓷的极化非常困难，压电性能低。

1965 年，日本松下电气公司的研究人员在原有的 PZL 中加入 Pb（$Mg_{1/3}Nb_{2/3}$）O_3 后，制成了三元系的压电陶瓷，并取名为 PCM。PCM 是一种透明的压电陶瓷，其压电性能可与 PZT 相媲美，它的出现也使新型压电陶瓷的研究进入了一个非常活跃的阶段。此后的大量研究发现，对 PZT 进行掺杂改性和离子置换，可获得压电性能更好、应用范围更广的材料，并在 PCM 基础上，发展了 Pb（$Mg_{1/3}Sb_{2/3}$）O_3、Pb（$Co_{1/3}Nb_{2/3}$）O_3 等复合钙钛矿型化合物的三元系、四元系压电材料。

我国对压电陶瓷的研究开始于 20 世纪 60 年代。1966—1969 年，压电与声光技术研究所在二元系 PZT 的基础上，研制成了三元的压电陶瓷材料，它的研制成功扩大了我国对压电陶瓷的应用领域，并用它先后研制成了多种压电器件。

随着电子工业的发展，对压电材料与器件的要求越来越高，二元系、三元系 PZT 已经满足不了使用要求，于是研究和开发性能更加优越的四元系甚至五元系的压电陶瓷，目前在压电陶瓷的试制、工业生产等方面都已有相当雄厚力量，有不少材料已达到或接近国际水平。

8.12.6　热敏电阻材料

1833 年，英国物理学家法拉第首次发现硫化银的电阻随着温度升高而降低，与普通电阻不同，具有典型的负温度系数特性，不过仅应用在温度测量等领域。

1932 年，德国首先用氧化铀制成了 NTC 热敏电阻，随后以 CuO、Ag_2S、$MgTiO_3$ 等为原料的半导体 NTC 热敏电阻相继问世。由于这些半导体热敏材料存在较多缺陷，如热稳定性差，容易氧化，须在保护气氛中使用，在很大程度上限制了它们的发展应用。

在 20 世纪 40 年代出现的尖晶石型 NTCR 材料得到了广泛的试验及研究，贝尔实验室以 Mn、Fe、Co、Ni 等过渡金属氧化物为原料，研发出温度系数较大、性能较为稳定、一致性好的陶瓷热敏电阻，这类热敏电阻可工作在较宽温度，可在 −60～300℃ 范围内工作。

1950 年，PTC 热敏电阻出现，随后 1954 年出现了以钛酸钡为主要材料的 PTC 热敏电阻材料。

20 世纪 50 年代初，Al、Mg、Er、Be 等金属氧化物以及 Ni、Mn、Co 和 La、Nd、Yb 等某些稀土元素氧化物的高温（工作温度可达 300℃ 以上）热敏电阻相继出现。

50 年代后期，为了满足空间低温技术的需求，以过渡金属元素（Mn、Co、Fe、Cu、Ni 等）的复合氧化物为主的低温热敏电阻器（4～20 开，20～80 开，77～300 开三档）问世。

60 年代，又发现了以 VO_2 为主的临界温度陶瓷热敏电阻，这种热敏电阻的电阻率能在某一温度突然减低几个数量级。

70 年代，日本开发出具有线性阻温特性的半导体热敏电阻，而这种热敏电阻应用于温度测量和控制等方面比非线性热敏电阻更为简单方便。

1982 年，中国科学院应用化学研究所开发了多种稀土高温热敏电阻材料。

1987 年，西安交通大学研究了一种低价格、高灵敏的线性钴铁氧系热敏电阻材料。

1993 年，中国科学院新疆理化技术研究所研究了半导体热敏陶瓷材料。

1996 年，中国科学院新疆理化技术研究所研究了高性能 NTC 系列热敏电阻材料。

2004 年，中国科学院新疆理化技术研究所开发了氧化物热敏电阻材料，采用部分金属氧化物掺杂改善锰，钴、镍系 NTC 热敏电阻材料。

2004 年，大连理工大学研究了 Ni 薄膜热敏电阻。

2008—2010 年，中国科学院新疆理化技术研究所研究开发出了超宽温区 NTC 热敏电阻材料，即采用稀土氧化物掺杂开发出可超宽温区工作（25 ~ 1000℃），B 值（热敏电阻材料温度灵敏度）在低温段与高温段分段稳定、电阻率合适的热敏电阻材料。

2011 年，中国科学院新疆理化技术研究所研究了低阻值且稳定性好的 MnNiCoPbO 四元系 NTC 热敏材料。

2012 年，中国科学院新疆理化技术研究所研究了 Mn-Ni-Co-O 三元体系掺杂 Mg、$NiMn_2O_4$-$LaMnO_3$，（Y_2O_3+Ce_2O_3）-$YCr_{0.5}Mn_{0.5}O_3$、Fe 掺杂 $Ni_{0.9}Co_{0.8}Mn_{1.3-x}Fe_xO_4$ 热敏电阻材料。

2014 年，中国科学院新疆理化所研究了正交晶系钙钛矿结构的 $YCr_{1-x}MnxO_3$（$0 \leqslant x \leqslant 0.5$）NTC 热敏电阻材料。

2016 年，中国科学院新疆理化技术研究所通过对高熔点、高化学稳定性的尖晶石结构 $MgAl_2O_4$ 材料进行 Cr 掺杂，制备出了 $Mg（Al_{1-x}Cr_x）_2O_4$ 高温热敏陶瓷材料，经测试，该陶瓷材料在 500 ~ 1000℃温度区间电阻率随温度升高而减小，表现了很好的负温度系数特性。

2016 年，合肥工业大学研究了 Ce 掺杂对 Mn-Co-O 系热敏电阻材料。

第9章 我国稀土产业与稀土学科的互动发展

9.1 我国稀土科技管理的模式、体制及成效

9.1.1 中华人民共和国成立以来稀土科技发展得到国家高度重视

我国稀土科技和产业发展始终得到党和政府高度重视，从 20 世纪五六十年代一直到近几年，邓小平、陈毅、聂荣臻、方毅、江泽民、胡锦涛、习近平等，都十分关注并亲自指导和过问稀土科技及产业发展。邓小平同志 1964 年视察包钢时做出重要批示，"白云鄂博是座宝山，要综合利用宝贵的矿山资源"。90 年代邓小平同志南方谈话中也明确提出"中东有石油，中国有稀土。要把稀土的事情办好"。聂荣臻元帅也多次对稀土发展做出部署和批示。方毅副总理深入基层抓稀土科技和产业更是传为佳话。江泽民总书记 1999 年视察包头稀土院时题词"搞好稀土开发利用，把资源优势转变为经济优势"。历任国务院总理的朱镕基、温家宝、李克强等领导都多次就稀土事业发展做出指示并安排落实。

9.1.2 我国稀土发展史是一部艰难的科技攻关史

我国对稀土的认识是在丁道衡先生 1927 年那次历史性的踏勘发现白云鄂博宝藏之后，从此揭开我国长达近一个世纪的对稀土研究的序幕。从中华人民共和国成立之初的 20 世纪 50 年代起，国家就高度重视稀土的地质、选矿、冶炼、研究及开发，而我国稀土学科从诞生到发展，经历了初期发现和早期地质调研，50 年代初步研究并提供少量产品，到六七十年代在稀土地质、采选冶及稀土应用方面开始了较全面和系统的研究，直到 80 年代开始列入国家科技攻关项目（"六五"科技攻关计划为开端）。90 年代中国稀土原料独霸全球市场，其原因在于稀土采选冶技术的突破和领先，材料及应用研究则处于跟踪国际水平阶段；一直到进入 21 世纪，我国稀土选冶及环保技术处于领跑世界先进水平，部分稀土材料及应用研究处于领跑、大部分并跑的阶段。中国稀土的发展历史，就是一部稀土学科从建立到成熟，充满创新与探索的科技攻关史。应该说我国稀土科技开发和产业化始终得到国家层面的高度重视和全力支持。

9.1.3 20 世纪 50 年代中央政府各部门主导的模式

20 世纪 50 年代初开始，国家就对稀土资源开发和应用给予高度重视，并在项目安排资金支持等方面对稀土选冶用各领域给予重点扶持。中国科学院、各高校及有关企业投入了优势人才和相关资金，对稀土地质、采矿、选矿、冶炼分离和应用开展研究，取得了一定进展。早在 1949 年 12 月，中华人民共和国成立仅 3 个月，中央人民政府召开了全国第一次钢铁会议，并

决定把包头列为"关内新建钢铁中心"之一，投入大量人力物力，对白云鄂博矿开展地质勘探工作，次年中央人民政府财经委将白云鄂博地质工作交由北京地质调查所负责，并组成了以严坤元为队长的白云鄂博地调队，该队 1953 年改为地质部 241 地质勘探队。

中国科学院从 1953 年 7 月开始，就会同重工业部、地质部有关单位，系统地开展稀土地质、选矿、冶炼方面的科研工作。从此在国家的重视下，不断增加对稀土科技开发的投入，并一直持续至今。20 世纪 50 年代国家计划委员会、国家经委、地质部、重工业部等部委部署了稀土科研工作，由中国科学院牵头实施。中科院技术科学部主任严济慈主持了早期工作。中国科学院上海冶金陶瓷研究所、长春应用化学研究所、沈阳金属研究所、地质研究所、化工冶金研究所等负责白云鄂博矿地质、选矿、冶炼工作，当时北京大学、包头钢铁公司等单位也参加了上述工作。

从 1953 年起，中国和苏联也开始了在白云鄂博矿地质及选矿，以及包头钢铁公司工厂设计等方面的合作。

到 20 世纪 50 年代末，在国家各部委的主持协调下，我国稀土科研、生产取得初步重要进展，如白云鄂博矿地质工作，选矿试验初步成果，湿法和火法冶金取得进展，稀土硅铁合金冶炼成功等。作为稀土应用的早期成果，60 年代初稀土硅铁合金成功用于生产球墨铸铁和代替镍、铬的军工用钢。

从中华人民共和国成立初期到 20 世纪 60 年代末，是我国稀土科技及产业艰难起步的重要阶段。其主要特点是国家主导的中央政府协调体制。

9.1.4　20 世纪六七十年代集中优势力量联合攻关的举国体制

20 世纪六七十年代，以 1963 年"415"会议和其后的"825"会议为标志，国家层面高度重视，时任国务院副总理兼国家科委主任的聂荣臻亲自部署和安排内蒙古白云鄂博、四川攀枝花、甘肃金川三大资源综合利用项目，并就建立冶金部包头冶金研究所做重要批示。他高度关注 1963 年召开的第一次"415"会议即"包头矿综合利用工作会议"，就"白云鄂博矿藏开发问题"致信周恩来总理、李富春、薄一波副总理，信中介绍了"415"会议情况和专家们的意见，并请中央对白云鄂博矿提出开发的总方针。70 年代后，方毅副总理重点抓三大资源综合利用，曾七下包头，组织调集了全国科研院所、高等学校和企业的精兵强将，对稀土采选冶用各个环节开展系统、全面的研究开发，形成了统一协调、合作攻关的举国体制。后来陆续取得了包头白云鄂博矿以及南方离子型矿选、冶技术的重大突破，较大批量提供了稀土氧化物、金属、盐类为代表的稀土原料，稀土在钢铁、有色工业的应用也取得重要突破。

20 世纪 60 年代初，我国稀土硅铁合金在钢铁中应用成为稀土应用的主要方向，而稀土硅铁合金的实验室研究工作正是 50 年代末中科院上海冶金陶瓷研究所进行的，半工业试验和工业试验是相关研究所和包钢 704 厂共同完成的。1960 年包钢 704 厂生产的稀土硅铁合金提供给内蒙古第一机械制造厂和内蒙古第二机械制造厂，由当时的五机部五二研究所与上述两厂及大冶钢厂等研究成功含稀土的无镍军工用钢。

20 世纪 60 年代初，国家《1963—1972 年科学技术发展规划》即"十年规划"中，列入了"包头稀土铁矿资源综合利用"的内容。该规划经中共中央和国务院批准后，由国家科委和中国科学院向各承担单位下达了研究任务书。

鉴于 20 世纪五六十年代的特定情况，我国稀土科技和产业的进步，主要始于稀土地质采矿选矿冶炼专业。研究力量首先是中国科学院有关院所、高校、国家级科研院所及有关企业的科技人员，研发资金主要是国家的财政投入，形成了集中力量办大事的举国体制。最典型的例子就是 1965—1966 年包头稀土选冶会战，全国共有 140 个稀土科研和生产单位的 369 人参加。当时稀土资源开发重点是内蒙古包头和白云鄂博矿，由于 50 年代以来的人力物力科研力量的持续投入，白云鄂博矿的地质、采矿、选矿技术陆续率先取得突破性进展。稀土冶炼也开始起步，陆续分离出稀土氧化物，而火法冶金的早期流程是高炉冶炼稀土富渣，再用两步法或一步法生产稀土硅铁合金。稀土早期应用则主要是稀土在钢铁中应用，即用稀土硅铁合金或稀土镁硅合金生产各种稀土钢和稀土球墨铸铁等。

9.1.5　20 世纪七八十年代基础研究和工程化技术开发并重

20 世纪 50—70 年代，在我国稀土学科艰难起步和稳定发展的基础上，80 年代起，稀土学科的发展步入了新的快速发展阶段。如稀土地采选技术日臻完善；在湿法冶金、火法冶金方面，从应用基础研究到工程化技术都相继取得较大进展；稀土应用在结构材料获得推广的基础上，以稀土永磁、稀土发光等材料为代表的稀土功能材料，也在跟踪国外相关技术的同时，实现再创新并形成小批量生产能力。从研究队伍看，更多的高校院所加入稀土学科各方向的研究攻关，并较快转化为生产力。

与此同时，在这一历史时期，随着若干大型稀土国有企业逐渐成长，企业生产规模不断扩大，研发投入也日渐增多，并与国家重点高校和科研单位在产业化技术方面开展卓有成效的合作，基本形成了基础研究和工程化技术开发并重的基本格局。其典型的重大稀土科研及产业化进展包括以下工艺技术的突破：白云鄂博矿铁——稀土综合利用选矿工艺、稀土精矿酸法、碱法焙烧工艺、稀土湿法全分离工艺、稀土氯化物/氧化物电解工艺、金属热还原法制备高纯稀土金属工艺等。稀土功能材料的重大进展，包括稀土永磁、稀土发光、稀土储氢、稀土催化材料等，在跟踪国外先进技术基础上实现二次开发，掌握了相关核心技术并形成批量生产能力，满足了我国高新技术产业发展和国防军工的多方面需求。

学科的发展和技术的突破，以及科技成果转化为生产力，使我国稀土产业从质和量两方面都发生巨变，到 20 世纪 80 年代中期，我国稀土精矿、稀土化合物和金属的产量跃居全球第一，打破了法国和美国不同时期对全球稀土市场的垄断，同时我国也能生产品种规格齐全、产品质量稳定的全谱系稀土产品。到 21 世纪初，我国稀土产品已占据了全球稀土市场份额的 95% 以上。

稀土科学技术的发展和成果转化，催生和壮大了稀土企业，而稀土上中下游企业群对新技术新工艺新装备的迫切需求，又反过来促进了稀土学科螺旋式提升和更深入的拓展。

进入 70 年代一直到 90 年代初，我国稀土科研项目的组织协调仍然是以国家各部委为主。1963 年 4 月 15 日召开的包头矿综合利用和稀土应用工作会议，即第一次"415"会议，就确立了由国家科委、冶金部、中国科学院、地质部、国防科委等为主的多部委协调领导体制。各部委间既有协调又有分工侧重。1975 年 10 月 17 日，在北京成立了全国稀土推广应用领导小组，组长单位为国家计划委员会，副组长单位为冶金工业部和中国科学院，成员单位有一机部、四机部、五机部、石油化学工业部、铁道部、内蒙古自治区计委、包头钢铁（集团）

有限责任公司、领导小组具体工作由冶金部科技司承担，以后领导小组办公室又先后设在国家经委和国家计划委员会。1975 年 8 月 25 日，在 1963 年"415"会议召开十二年之后，经李先念等四位副总理批准，全国稀土推广应用会议在内蒙古包头召开，会议由国家计划委员会、中国科学院、冶金部联合主持，该会以后被称为"825"会议，在中国稀土发展史上留下浓重的一笔，会议收到 2000 多份学术论文和研究报告，会议还讨论和制定了"全国稀土生产、科研和应用十年规划草案"，决定举办全国稀土推广应用展览会。后来机械部等有关部委和部分省（直辖市、自治区）也成立了稀土推广应用领导小组和相应的办事机构。由于国家和地方政府对稀土的高度重视，并安排了可观的资金和科研力量的投入，当时的稀土科研开发获得了长足进步，成为我国稀土学科发展的第一个黄金时期，并有效地促进了稀土产业和稀土应用的发展。

9.1.6　20 世纪 90 年代至今产学研政金一体化体制

在 20 世纪 50—70 年代，在我国稀土学科起步和稳定发展的基础上，我国 80 年代起，高校、院所在各级政府协调下联合攻关，稀土学科步入了新的快速发展阶段。

与此同时，在这一历史时期，随着若干大型稀土国有企业逐渐成长，企业生产规模不断扩大，并普遍建立了自己的研发部门，科技投入也日渐增多，并与国家重点高校和科研单位在产业化技术方面开展卓有成效的合作，加上各级政府的协调支持和金融机构的积极参与，基本形成了产学研政金一体化的基本格局。

这一时期稀土产业发展的另一个特点是，随着改革开放的推进和民营企业的兴起，稀土生产体系由原有的单一国企模式向国企、民营、合资企业多元化发展转化。20 世纪 80 年代中期开始，由于科研院所强调成果转化和创收自立的双重驱动，以及发端于苏南的"星期日工程师"模式，为刚刚崛起的乡镇企业提供技术服务，使得当时江苏省、江西省、广东省及内蒙古自治区、四川省的稀土民营企业获得快速发展。而对外开放也吸引了法国、日本等发达国家的企业来华兴办了稀土生产企业。这些工厂拥有较先进的工艺技术及装备。

稀土学科的发展和成果转化，催生和壮大了稀土企业，而稀土上中下游企业群对新技术新工艺新装备的迫切需求，又反过来促进了稀土学科螺旋形提升和更深入的拓展。

9.1.7　我国稀土科技管理模式

从中华人民共和国成立初期到 20 世纪 60 年代末，是我国稀土科技及产业艰难起步的重要阶段。其主要模式为中央政府领导及协调体制。

在党和国家高度重视和精心组织协调下，集中和调动了国内高校、院所和企业雄厚的科研队伍联合攻关，经过近四十年的努力，到 20 世纪 90 年代初，我国稀土地采选冶和稀土材料研究和应用，取得了举世公认的成就。在这一稀土科技发展的重要时期，其管理模式及历史演进如下。

在 20 世纪 60 年代开始设立国家科委、中国科学院、冶金部等部际协调机制基础上，1975年成立了国家计划委员会牵头的全国稀土推广应用领导小组，办公室工作由冶金部科技司负责。1986 年 4 月，改为由国家经委牵头负责，全国稀土开发应用领导小组办公室设在国家经委重工业局。1988 年 9 月，国务院决定成立国务院稀土领导小组，办公室设在国家计划委员会，同时撤销原全国稀土开发应用领导小组。直到 2008 年 7 月国务院机构改革后，由工信部负责全国稀土管理工作，相关工作由工信部原材料司负责。同时各省市区也非常重视稀土工作，除西藏、青海等少数省（自治区）外，全国大部分省区市都成立了地方一级的稀土管理机构。中央和地方的齐抓共管，形成了全国政产学研金一体化的覆盖面广、效率较高的管理体系，有力地促进了我国稀土产业和稀土科技的发展。

从 20 世纪 90 年代起，国家计划委员会陆续在全国各地组建了八个稀土协作网，在稀土永磁、稀土电机、稀土发光、稀土催化、稀土农用、稀土钢铁、稀土助染助鞣、稀土信息等方面加大稀土推广应用的力度。

9.1.8　重视稀土科技成果转化为生产力

从 20 世纪 90 年代起，中央及地方政府更加重视稀土学科的发展，在基础研究、工程化技术、标准规范、检测平台、人才培养等方面加大了投入力度，如国家自然科学基金，国家"十五"至"十二五"计划的稀土项目，国家"863""973"计划、支撑计划、国家重点实验室、国家工程研究中心、中小企业创新基金、星火计划、火炬计划、稀土转型升级、工业强基项目等，这些项目中都安排了相关稀土科研及成果转化内容，配置了较充足的资金，组织了精干的研发队伍，并设计了从项目立项到实施，项目鉴定或验收全过程的管理体系，从而大大提升了稀土学科发展的质量和效率，促进了稀土科技成果转化为生产力。从 90 年代后，各省、市、自治区及市县级地方政府，也加大了对稀土科技的投入，有的项目是对国家项目匹配了资金，有的是设立了地方稀土科研专项，有的是提供了政策和投融资方面的保障。值得一提的是，随着稀土产业的发展，以及日益增长的对稀土原材料的需求，稀土生产企业也不断增加和扩大生产规模，如稀土冶炼分离企业 20 世纪 80 年代初只有十余家，到 90 年代末已达 100 多家，稀土永磁生产企业从 80 年代中后期起步，到 90 年代末已有百家以上。这些企业中有不少都设立了研发机构或部门，积极参加工程化技术的研发，或与高校院所共同承担科技成果转化工作。

从 20 世纪 80 年代到进入新千禧年的十几年间，我国稀土学科进入了快速发展的又一个黄金时期，在此之前我国稀土地质学科研究已处于国际领先水平，接着我国稀土选冶学科相继取得重大进展，从并跑到领跑，获得多项世界领先水平的成果并得到认可。最具代表性的如徐光宪院士串级萃取理论在稀土湿法冶金中的应用，张国成院士团队酸法焙烧流程的推广，余永富院士团队白云鄂博矿稀土选矿工艺的突破，南方离子型稀土矿采选技术开发，稀土湿法及火法冶金及环保工艺的创新等。在这一重要的稀土学科发展时期，我国稀土功能材料学科方向的研究也从跟跑到并跑，有些学科方向已进入领跑阶段，最典型的就是近几年利用高丰度稀土铈研制的铈钕铁硼永磁材料的研究和大规模生产。

9.1.9　中国逐渐从稀土大国迈向稀土强国

从 20 世纪 90 年代起，我国稀土原料包括氧化物、金属、各种化合物、稀土中间合金等产品生产规模不断扩大，逐渐成为供应全球稀土原料需求量的 95% 以上，并能提供 400 多个品种，近千个规格的多品种稀土产品。到 20 世纪末，我国稀土永磁、稀土发光、稀土催化、稀土储氢等功能材料的产量也都居于世界之首，从 2005 年起，我国稀土消费量也多年稳居世界第一，成为资源、生产、消费、出口四个第一的稀土大国。

综上所述，我国稀土科技管理方式和体制，从中华人民共和国成立初期的集中国家高校、院所力量率先开始研究，并与少数工厂共同开展小批量产品生产，开始了艰难的起步期。到 20 世纪七八十年代，由国家各部委组织高校院所、重点国营稀土企业联合攻关，进入开发期。90 年代至今，随着多元化经济成分的发展，大量稀土民营企业崛起，我国稀土研发和推广体系，进入了产学研政金一体化发展的成熟期。在政府主导下，以企业为主体，我国建立健全了稀土从基础研究到工程化技术，再到推广应用的完善体系，并逐渐延伸了产业链，使用稀土原材料生产的重要元器件、零部件，如各种电机、电器、传感器、执行器、屏幕、催化器、激光器等在高技术产业中广泛应用，使中国逐渐从稀土大国迈向稀土强国。稀土在中国制造 2025 和战略新兴产业发展中起到了不可替代的重要作用。

9.2　我国稀土产业的发展

纵观我国稀土产业的发展历程，大致可以分为萌芽期的 1949—1980 年，稳步成长期的 1981—1998 年，快速发展期的 1999—2007 年，行业自律调整期的 2008—2016 年，集团整合振荡期的 2017 年至今。中国稀土工业史就是一部中国稀土科技史，每一项稀土科技进步都相应地推动了稀土工业的发展。

9.2.1　萌芽期（1949—1980 年）

20 世纪 50 年代，我国先后开展了白云鄂博矿石储量调查、成分研究、富集稀土矿物研究、白云鄂博矿石选矿方法和流程研究、稀土冶炼分离工艺研究、电解法制备混合稀土金属研究，开发出了硅铁还原含稀土高炉渣制取稀土硅铁合金工艺。稀土选矿、稀土精矿处理以及氯化稀土、混合稀土硅铁合金、稀土金属制备取得突破性进展，实现了 15 个单一稀土元素分离。20 世纪 50 年代末 60 年代初，上海跃龙化工厂、包钢 8861 厂（现包钢稀土三厂）相继建成投产，中国稀土产业由实验室走向工业化。以江西赣州地区为代表的南方离子吸附型稀土矿的发现，进一步奠定了我国发展稀土产业的资源基础。随着包头混合型稀土矿、南方离子型稀土矿技术突破，我国稀土冶炼产业实现从无到有的稳步发展。20 世纪 70 年代，硫酸焙烧法和碱法分解处理包头稀土精矿工艺技术的开发，为我国大规模处理包头混合稀土矿提供了技术准备。但当时的生产效率很低，包钢可满足出口的年产量仅氧化镧 1000 千克，氧化钕 500 千克，氧化钪 50 千克，氧化钇因矿石中含量低仅不到 3 千克。

1978 年，徐光宪在《北京大学学报》第一期发表了"串级萃取理论"，用以指导稀土分离最优化设计，克服过去萃取工艺试验和设计中的盲目性，大大缩短了试验周期。1979 年，北京有色金属研究总院张国成开发成功第二代酸法处理包头稀土精矿，在甘肃 903 厂推广实施。1982 年 10 月，建成年产 6000 吨氯化稀土生产线，成为当时亚洲最大的稀土冶炼厂。1985 年，第三代酸法研发成功，相继在哈尔滨稀土材料厂、包钢稀土三厂、甘肃稀土公司、包头 202 厂等多家大中型稀土企业推广实施。该工艺实现包头稀土矿的连续大规模生产，且稀土回收率大幅提升，生产成本大幅度降低。1985 年，北京大学严纯华在徐光宪、李标国的指导下，完成了串级萃取动态过程研究，为实现稀土萃取分离工艺的一步放大奠定了理论基础。串级萃取理论的提出与实施，极大地提高了我国稀土工业生产效率。到20世纪80年代末期，我国稀土矿山及选矿厂、稀土冶炼及材料厂、稀土科研院所和稀土工贸企业达到235家。稀土矿产能达到26500吨，其中北方包头地区24000吨，南方赣州地区2500吨。

萌芽期稀土产品主要用于生产稀土硅铁合金、稀土硅铁镁合金、稀土硅钙合金、钇基重稀土合金球化剂、打火石、稀土抛光粉、球墨铸铁、军工钢、军用电子管阴极材料、坦克激光测距仪用稀土激光晶体、核潜艇材料钪、彩色电视红色荧光粉、灯用稀土三基色荧光粉、石油冶炼稀土Y型分子筛、稀土合成橡胶和稀土永磁材料。随着我国稀土冶炼分离技术的不断提升，稀土产品逐步走向国际市场。

我国稀土产业萌芽期在中央重视、部委推动、科技引领的模式下稀土产业初具规模，具备单一稀土和金属生产能力。但应用水平低下，初期以生产稀土硅铁合金满足钢铁冶炼、铸造和军工需求为主。随着国内生产能力的增加，稀土产品出现积压，稀土应用与出口市场引起重视。应用方面，符合我国国情的稀土钢、铸造、彩电和照明用荧光粉和稀土农用技术得到较大发展，具备抛光粉、彩电荧光粉和稀土三基色荧光粉、储氢合金、稀土永磁材料钐钴磁体、钕铁硼磁体等的生产能力。我国从1972年开始尝试稀土产品出口，如稀土精矿、氯化稀土、混合稀土氧化物和单一稀土氧化物、硝酸钍和打火石。截至1978年上半年，共出口氯化稀土184吨，氧化镧810千克，氧化钇28千克，氧化钆10千克，稀土精矿（60% REO）10吨。1978年，稀土出口市场逐渐打开，应用技术有所提升。

9.2.2　稳步成长期（1981—1998年）

由于国内稀土应用市场难以消纳企业所生产的稀土产品，为了打开稀土国际市场，我国自1985年开始，实施稀土出口退税政策。1990年，稀土出口量达到6140吨，创汇8350万美元，均价高达13.6美元/千克。随着徐光宪先生的串级萃取理论在稀土生产实践中的普遍应用，以及张国成先生开发的包头矿第三代酸法工艺大规模应用，我国1986年稀土产量首次超过美国，稀土产业的技术开发基本完成。加强稀土资源管理、规范生产与出口秩序、促进稀土深加工应用被提上日程。

20世纪80年代末，随着离子型稀土矿开采技术突破，赣州地区共有国营矿山45个，乡村和个体矿山1000多个，南方矿稀土资源开发处于无序状态。1991年1月15日，国务院下发《国务院关于将钨、锡、锑、离子型稀土矿产列为国家实行保护性开采特定矿种的通知》，对离子吸附型稀土矿实行计划开采，禁止矿企与外资合作、合资开采。1992年4月21日，对外经济贸易部签发《对外经济贸易部关于稀土出口管理办法》。这两份文件的签发，标志着我国稀土行业从过去的鼓励出口转向控制出口转变。

受出口退税政策影响，稀土出口市场迅速增长，刺激了稀土产业投资，产业规模不断扩大。1991—1998年，我国稀土产业发展表现为出口拉动增长。稀土产量由1991年的17065吨增长到1998年的57000吨，年均增长率18.8%；出口量由1991年的8024吨增长到1998年的41978吨，年均增长率26.7%。1991年稀土出口量占产量的47%，而1998年稀土出口量占产量的73%。出口的快速增长进一步刺激了稀土领域投资，产能迅速扩张，市场竞争加剧，稀土出口均价由1991年的12.49美元/千克下跌至1998年的9.97美元/千克。针对稀土出口无序竞争的状况，我国自 1998 年开始实施稀土出口配额管理。

技术方面，1992 年长沙矿冶研究院"弱磁－强磁－浮选综合回收铁、稀土、铌的选矿工艺流程"完美地解决了白云鄂博中贫氧化矿的选矿这一世界性难题。1993 年 1 月，离子型稀土矿原地浸矿工业试验取得成功，该技术成本低、效率高、不破坏植被，有利于生态保护，是南方矿开采的创新性工艺。这两项技术上的突破，大幅度提高了我国稀土资源开采效率。随着串级萃取技术在稀土行业的普遍运用，一批新的企业包括民营、中外合资、外商独资相继设立，新公司的设立与老公司的扩产使我国稀土行业产能迅速增加。我国稀土产业进入高速发展阶段，但行业总体规模大单体规模小。亟须转变稀土行业经济粗放型增长方式，整顿行业秩序，调整稀土出口产品结构，大力拓展国内稀土应用市场。

从稀土产量和稀土出口量数据对比分析看，国内市场对稀土的需求 1991 年约 9000 吨，1998 年约 15000 吨。国内稀土应用市场主要集中在稀土永磁、发光材料（灯用稀土三基色荧光粉、彩电红色荧光粉）、储氢材料、抛光粉、打火石、稀土硅铁合金和稀土农用等领域。但受国内终端市场限制，稀土永磁、储氢合金产业发展比较缓慢。在调结构、促应用的宏观管理基调下，我国稀土应用产业取得了一定发展，1996 年我国稀土永磁材料生产总量达到 2800 吨，同比增长 38%；年销售总量达 2750 吨，同比增长 39%；年销售总额达 1.2 亿元，同比增长 50%；其中出口 1610 吨，创汇 8561 万美元，分别同比增长了 47.5% 和 61%。另外，美国在汽车尾气净化市场的稀土消费量当时已经突破 10000 吨，大力发展我国汽车尾气净化催化剂产业，加强汽车尾气治理引起国家重视。

稳定成长期我国稀土产业转方式、调结构、促应用的宏观战略调整，为其后我国稀土新材料产业发展奠定了坚实的政策基础，使我国从稀土生产大国进一步成为稀土消费大国。

9.2.3　快速发展期（1999—2007 年）

针对稀土出口竞争乱象，政策层面稀土产品作为新增管理商品列入《1999 年出口许可证管理商品分级发证目录》，实行配额有偿招标。从 2000 年起，稀土产品列入主要出口商品目录，施行出口配额管理；国土资源部 5 月暂停颁发稀土采矿许可证。产业层面，稀土行业试图通过以资产为纽带组建稀土产业集团，改变稀土产业小、散、乱的无序局面。"树欲静而风不止"，在政策层面试图控制产能的环境下，新的投资仍继续投入稀土行业一些新公司相继设立，一些企业的新生产线投产，产业规模进一步扩大，行业产能到 2007 年增至 18 万～20 万吨。

2001 年 11 月 10 日，我国加入世界贸易组织，我国稀土产业发展迎来新的机遇和挑战。为了保护我国领先的稀土生产技术，稀土生产和应用技术，选冶方面包括稀土找矿探矿、采矿、选矿、加工、提取等冶炼分离技术，列入《中华人民共和国禁止出口限制出口技术目录》。出台《外商投资稀土行业管理暂行规定》，禁止外商建立稀土矿山企业，独资开办稀土冶炼分离项目，鼓励外商投资稀土深加工、新材料和应用产品项目。同时积极推进稀土行业整合，开始组建南北两大稀土集团，但组建南北集团工作受各方利益牵扯，无疾而终。为顺应世界贸易组织规则，政府对稀土出口配额的行政化分配政策进行调整，规定凡是符合条件的重要工业品出口企业均可申请或直接申请。为促进产业转型，保护资源，稀土矿产品、碳酸稀土等原料级产品一律禁止出口。

以稀土出口产业政策调整为标志，以行业整合为特征，我国稀土产业进入新的发展阶段。行业重点转向推动科技创新，促进产业结构调整和稀土应用，培育高新技术产业发展，同时推动稀土在传统领域的应用，重点支持稀土永磁、发光材料、储氢材料等稀土新材料、稀土钢、稀土农用等方向，取消了对稀土永磁产品出口的配额许可证管理。

2005年4月，取消了稀土冶炼分离产品即稀土金属、稀土氧化物和稀土盐类产品的出口退税，自1985年开始实施长达20年的稀土产品出口退税政策终结。2006年稀土行业开始实施总量控制计划，稀土矿总量控制指标86620吨，其中南方矿8320吨，北方矿78200吨；另自通知下发之日起全国停发稀土采矿证。然而当年稀土冶炼分离产品产量达到15.7万吨，远超总量控制指标。自2006年11月1日起，对稀土矿、稀土化合物等加征10%关税。混合稀土与单一稀土金属、合金、氧化物和盐类等共计40种稀土商品被定为加工贸易禁止类商品。2007年6月1日，国务院税则委调整部分商品进出口关税税率，其中稀土金属、氧化镝、氧化铽加征10%出口关税，稀土金属矿出口关税税率由10%提高到15%。

截至2006年，我国稀土冶炼分离企业由20世纪80年代的15家，增加到120家，内蒙古地区产能约10万吨，江苏产能3.5万吨，四川产能3万吨，江西产能3万吨，其他地区包括甘肃稀土、西安西骏等产能约1万吨，全国产能合计约20万吨。稀土金属企业近30家，产能达到2.4万吨。

在政策引导下，我国稀土新材料产业迅速发展，稀土新材料领域消费量由2000年的3520吨增长到2007年的38450吨，年均增长率38.4%。总的稀土消费量由1999年的17720吨增长到2007年的72550吨，年均增长率19.3%。2000年4月，稀土永磁行业的领军企业中科三环公司在沪股成功上市（图9-1）。

图9-1 2000年4月中科三环股票上市

9.2.4 行业自律调整期（2008—2016年）

2008—2016年，随着世界经济环境的变化与高新技术产业的发展，稀土行业出现较大调整，世界经济一体化给中国稀土产业带来新的机遇和挑战。针对稀土行业存在的问题，面对新形势，政府层面密集出台了一系列稀土产业政策，试图通过主观政策调整引导稀土产业健康发展。

2008 年，我国进一步调整进出口关税，轻稀土税率 15%，重稀土税率 25%；进口税率 5.5%。市场方面，受环球金融危机影响，稀土行情自 2008 年上半年开始表现低迷。这场金融危机自 2007 开始显现，2008 年 8 月美国房贷两大巨头房利美和房地美股价暴跌引发金融危机全面爆发，这场危机一直持续到 2009 年，其影响深远。尽管包钢稀土在 2008 年 5 月底采取了停产保价行动，但下半年稀土产品价格依然大幅度下跌，标志性产品氧化镨钕价格由 1 月的 21 万元/吨下降到 12 月底 6.5 万元/吨，南方稀土矿产品价格由 8 万元/吨下降至 4 万元/吨，氧化镝由 1 月的 63 万元/吨下降到 12 月的 46 万元/吨。赣州市 88 家稀土矿山企业全部停产，90% 的分离企业停产，稀土市场进入低谷。山东微山湖稀土有限公司从 12 月开始停产。在市场如此低迷的形势下，仍有新的投资进入稀土领域，以江西铜业出资取得了四川省冕宁县牦牛坪稀土采矿权，五矿集团在赣州成立五矿稀土公司最为典型；同时包钢稀土也在包头地区启动了兼并重组。为加强稀土行业管理，2009 年国务院批准建立由国家工业和信息化部牵头 12 个部委参加的稀有金属管理部际协调机制，旨在统筹协调做好包括稀土在内的稀有金属管理工作，保护和利用好我国稀土与稀有金属资源。

我国稀土产业政策的密集调整引发以日本为代表的西方国家的恐慌。2009 年 3 月 9 日，英国《泰晤士报》发表文章《中国掌握技术未来的钥匙》，认为中国已经成为稀土金属供应的"最大垄断国"，这一垄断地位将使中国控制消费类电子和绿色技术的未来。稀土供应问题由此引起发达国家广泛关注。美欧日纷纷就本国稀土关键元素需求展开调查，并出台相应的战略措施。西方国家对中国稀土垄断供应地位的担忧，引发中国以外的稀土资源开发热潮。

但 2009 年稀土市场仍延续 2008 年下半年的低迷走势，稀土行业散乱小和无序竞争的局面亟待整治。2009—2016 年是我国稀土产业政策密集调整的几年，以 2011 年 5 月 10 日出台的《国务院关于促进稀土行业持续健康发展的若干意见》（国发〔2011〕12 号）文件为指针，先后出台了稀土行业准入条件、稀土工业污染物排放标准、稀土专用发票、稀土资源税从价计征等政策，同时加强总量控制管理，严厉打击稀土违法违规生产和出口走私，实施大集团战略由六大稀土产业集团对稀土行业进行整合。2012 年，工信部、环保部等对稀土企业进行整顿和环保核查，全行业投入 40 多亿元开展环保改造，85 家企业通过稀土环保核查，45 家企业通过稀土行业准入，稀土清洁生产水平得到提升。在加强国内稀土行业管理的同时，出口方面我海关也加大监管力度，严查稀土走私，同时较大幅度削减了稀土出口配额，2010 年两批稀土出口配额合计 30259 吨，比 2009 年的 48155 吨下调了 37.2%；稀土出口均价由 2009 年的 8.59 美元/千克增长到 2010 年的 27.2 美元/千克。其后的 2011—2014 年稀土出口配额一直维持在 2010 年水平，只是略有调整，2011 年 30184 吨，2012 年 30996 吨，2013 年 31001 吨，2014 年 30610 吨。由于国外对稀土资源的需求已经形成对我国的依赖，这一政策改变给美欧日发达国家的稀土需求带来极大压力。因此美欧日为代表的国家对我稀土出口政策主要是稀土出口配额和出口关税政策于 2012 年 3 月 15 日开展了世界贸易组织诉讼。最终我国顺应世界贸易组织规则，于 2015 年先后取消了稀土出口配额和出口关税制度。受稀土产业政策影响，2010—2015 年稀土产业格局出现较大变化，稀土市场产生巨幅波动。

我国稀土产业政策的密集出台调整，与国际政治经济变化因素交织在一起，引发了以资本炒作为特征的 2011 年稀土价格的大幅度上涨，稀土产品价格在 2011 年 7 月最高普遍上涨10 倍。这种价格短期大幅度上涨，为稀土行业带来短期暴利的同时，也抑制了下游产业的发展，并刺激了新一轮以稀土资源回收利用为特征的投资热潮，已建、在建和未建项目达到 85家，行业产能急剧扩张，新的散乱小局面出现，对稀土大集团战略产生严重威胁，稀土市场连续 5 年持续下跌。

2016 年年底，稀土产业整合宣告初步完成，形成北方稀土、中国铝业、中国五矿、南方稀土、厦门钨业和广东稀土六大稀土产业集团。下一步将把回收企业纳入整合范畴。针对新形势下稀土行业违法违规生产依然存在的不良局面，工业和信息化部牵头开展了新一轮打击稀土违法违规行动。

9.2.5　集团整合震荡期（2017 年至今）

2016 年年底启动的新一轮打击稀土违法违规专项行动，一改过去走过场的模式，实行常态化、专业化、精准化运作，对稀土违法违规生产的震慑作用在市场上得到体现，稀土价格自年初稳步上涨，标志性产品氧化镨钕由 1 月份的 26 万元/吨最高上涨到 8 月下旬的 52 万/吨，其后开始下跌，12 月上旬最低跌至约 28 万元/吨，随后企稳。应该注意到，本轮稀土价格上涨是由打击违法违规行动和严格总量控制管理所致的政策性稀土供应短缺，同时伴随着价格炒作，稀土价格由上半年的理性回归到 7 月份演变成价格炒作。一些企业开始扩大生产，稀土矿产品进口量显著增加，2016 年进口稀土约 1.6 万吨，而 2017 年 1—10 月就进口了约 2.5 万吨。为应对氧化镨钕价格上涨，下游钕铁硼企业采取降库存、少采购、不接单等策略进行应对，稀土供应政策性短缺迅速转变为供应过剩，市场下行实属必然。

如前所述，稀土产业大集团整合已基本完成，随着 2017 年 10 月以南方稀土集团对赣州地区约 22 家稀土回收企业集中整合为代表的行业整合的进一步深入，中国稀土行业进入集团整合震荡期，总的趋势是企稳向好。

2017 年 12 月 19 日，工业和信息化部原材料工业司（稀土办）组织召开稀有金属部际协调机制联络员会议，重点研究推进秩序整顿工作的措施建议，通报了整顿工作进展、违法违规企业查处、行业运行、稀有金属立法等情况，分析工作中发现的突出问题和典型案例，讨论了下一步稀土行业秩序整顿工作会议方案。与会部门将共同推进行业秩序整顿工作，研究解决发现的突出问题，加大联合惩戒力度，推动《稀有金属管理条例》尽快出台，保持对稀土违法违规行为的高压态势，确保整顿取得实效。稀土产业政策对稀土行业的影响是显而易见的，一些政策特别是总量控制和资源税政策已经不适应稀土行业发展需要，根据市场实际调整稀土产业政策被提上日程。稀土行业集团化、清洁化、高端化成为主基调。

第 10 章　总结与展望

10.1　稀土学科发展的经验总结

我国稀土学科的建立与进步，稀土产业的形成与发展，历来得到党中央和国务院的高度重视。学科的建立，技术的进步与产业的发展与历届中央领导同志的关注和政策的指导密切相关。1975 年，国家就成立了全国稀土科技攻关领导小组，集中人力、物力、财力，开展稀土科技攻关，为学科的建立铺平了道路。历史的经验值得注意，认真总结与回顾对未来我国稀土事业的发展与进步至关重要。

10.1.1　政府主导的把资源优势转化为科技优势和经济优势的成功策略

在我国，稀土元素作为材料科学领域的一门独立学科进入科学界的视野，可以追溯到 20 世纪 60 年代的"四一五"会议，在聂荣臻同志的主持下，建立了我国以包头稀土资源和江西钨矿伴生稀土资源的开发利用为契机的稀土学科建设与科研教学专业化队伍，形成了为适应国防科技发展需要的稀有金属学科发展的独立分支。然而，为适应我国丰富的稀土资源开发利用的稀土科学技术的快速发展，准确地说是起始于改革开放初期。1978 年，由邓小平同志提议，方毅副总理启动和领导的我国白云鄂博、攀枝花、金川三大复杂多金属矿产资源的综合利用重大科技攻关。充分体现了集中力量办大事的社会主义制度的优越性。

白云鄂博矿是以铁、稀土、铌、氟为主体的多金属、多元素共伴生的特大型金属矿山，该矿山的重点开发利用，奠定了我国五十年稀土资源开发利用科学技术和产业发展的学科基础。1969 年，离子吸附型中重稀土特色资源相继在赣南、粤北、闽南地区发现，构成了我国稀土资源储量巨大、地域分布广、矿物类型齐全、北轻南重的特点。在方毅同志直接领导下，在 1978 年全国稀土工作会议以后，国家适时确定了将稀土的资源优势转化为科技优势和经济优势的发展方针和南北稀土平行发展的战略定位，并将全国稀土科技攻关领导小组改组成立了全国稀土推广应用领导小组。统一领导稀土资源的开发、应用和科技攻关。通过"六五"至"八五"稀土重大科技攻关计划的实施，实现了从矿山开采、冶炼分离、新材料开发到应用领域系列科技创新的重大突破。

国家在大力推进稀土国内市场发展的同时，积极鼓励企业开发国际市场，从矿产品出口起步，逐步向高附加值的深加工产品出口过渡，并实施资源换技术的策略，稀土钕铁硼永磁、稀土镍氢电池材料、稀土磁共振、稀土激光等高新技术和设备相继在国内落户。至 20 世纪 80 年代末 90 年代初，我国稀土产品取代美国、法国、日本，成为稀土原料及加工产品第一大供应国。高端技术的引进也促进了我国稀土高端应用领域的快速发展。稀土在高端领域的应用占比从 80 年代的 10% 发展到现在的 70% 以上。

上述稀土科技攻关与创新成果的形成和工业化应用大大促进了我国稀土资源的开发利用水平和稀土产业的形成和快速飞跃发展。从 1978—1988 年的 10 年中，我国稀土产品产量从 1000 吨，增长到近 3 万吨，稀土应用量从不足 1000 吨发展到 1 万吨，稀土出口量从不足 100 吨增加到超过 1 万吨。10 年时间就实现了 1978 年全国稀土工作会议上方毅副总理提出的三个世界第一的目标，即稀土生产世界第一，稀土应用量世界第一，稀土产品出口量世界第一。确立了我国成为世界稀土大国的基础地位。

稀土重大科技攻关取得的科技进步和上述重大技术成果，奠定了我国稀土学科发展和科技进步的人才基础、理论基础和国际地位。回顾 20 世纪 70—80 年代稀土科技攻关取得的重大成就，有如下经验值得我们继承和发扬：

一是国家统筹规划，科学民主决策，注重联合攻关，集中力量办大事；

二是发扬团队精神，尊重集体智慧，提倡合作奉献，坚持学术民主，坚守科学道德；

三是轻名利，重实践，尊重科研创新规律，注重发挥科技人员和科研团队的专业特长，真正调动了科技人员的积极性和创造性。

这一时期，我国稀土产业发展和技术进步的政策特点是加快稀土资源的技术开发，提升资源利用水平；加强对外合作，积极开发国内、国外两个市场；实行南北稀土并行发展的资源开发利用方针；这些政策措施的实施有力地推进了我国稀土学科建立、技术进步和产业发展。

党的十八大以来，国家进一步加大科技体制改革力度，实施一系列优惠政策，促进科技人才的成长和脱颖而出，推动科技人员走出实验室与一线生产实践相结合，促使科技成果的转化，为稀土科技创新发展营造了良好的外部政策环境。稀土科技与行业管理工作者，应当充分利用良好的政策环境，发扬老一辈稀土科技工作者艰苦奋斗，无私奉献，心怀祖国，创新拼搏的顽强精神，为实现中国稀土的科技强国之梦努力工作。

10.1.2 重视基础研究与工程化技术的研发

我国稀土基础研究及工程化技术应用研究的主要力量在中国科学院、高等学校和一些地方研究所。中国科学院长春应用化学研究所、上海有机化学研究所、上海冶金研究所、北京大学、南开大学、四川大学、中山大学，以及北京有色金属研究总院、钢铁研究总院、包头稀土研究院、广州有色金属研究院等单位在稀土基础研究方面做了大量工作，取得了大批的科研成果。1987 年，中国科学院在长春应用化学研究所建立稀土化学与物理开放实验室。1989 年，国家计划委员会与国家教委批准利用世界银行贷款筹建北京大学稀土材料化学和应用研究国家重点实验室。国家从"六五"到"十三五"期间，一直将稀土的基础和应用研究列为重点支持方向。这些措施对稀土基础科研成果走向工业化生产起到了十分重要的作用。

我国历来比较重视基础研究成果与工程化应用技术开发相结合，在基础研发过程中，能够结合科技发展和国家需求开发工程化应用技术，使一些研究成果得以快速实现产业化。以下是具有代表性稀土相关成果从基础研究走向工程化应用的实例。

20 世纪 50 年代开始，中国科学院长春应用化学研究所，从浓硫酸分解独居石、碳酸钠分离钍与稀土的基础研究做起，进而获得了从独居石分离钍和混合稀土的工程化技术，并在锦州石油六厂建立了从独居石分离钍和混合稀土的中间工厂，所得的钍满足了国家急需合成石油催化剂的需要。中科院冶金陶瓷研究所，创造性地提出了利用硅铁还原法从高炉渣中回收稀土的方法，并在湖南水口山矿务局建立了从独居石提取稀土元素及制取稀土金属的工程化生产流程，创建了生产稀土金属合金的工厂。此后，北京大学与国内的一些研究所或企业合作，开发了用环烷酸萃取法从混合稀土中提取高氧化钇的工程化技术，进而研发出了适用于稀土分离的"串级萃取理论"，并成功设计出整套工艺流程，在包头稀土三厂、上海跃龙化工厂、珠江冶炼厂三个国营稀土大厂得到推广应用，使我国在稀土工业工程化生产领域跻身世界先进水平。

20 世纪 60 年代，有色金属研究院和包头冶金研究所等单位，联合开展了碳酸钠焙烧 – 硫酸浸出 $-P_{204}$ 萃取提铈和高温氯化等工艺技术的半工业试验。在包钢稀土三厂和上海跃龙化工厂使用此工艺成功地生产出氯化稀土。随后与江西 603 厂合作，开展国家"六五"技术攻关，实现了用 P_{507} –盐酸体系从龙南混合稀土中全分离单一稀土元素的新工艺技术。此后，由有色金属研究院和有色冶金设计研究总院分别负责工艺和主体设备设计，在甘肃稀土公司实现硫酸强化焙烧 – 萃取法生产氯化稀土的新技术（第二代酸法），标志着我国包头稀土精矿的冶炼工业技术进入世界先进行列。

20 世纪 80—90 年代，中国科学院福建物构所、上海冶金所、南京土壤所和长春应化所等在稀土新材料基础研究及产业化技术开发等方面做了大量的工作。例如，成功地将稀土应用于城市煤气球罐用钢、润滑材料、耐蚀耐磨涂层、汽车尾气净化催化剂和镁、铝、锌和铜等有色合金以及生物农业应用等方面；研制出新型稀土荧光粉、新型石榴石单晶薄膜磁光材料及相关的磁光器件，并制成了稀土光转化大棚膜，将稀土元素应用于我国农业生产，从而将进行了近 60 年的稀土生物活性研究发展成了一项实用工程化技术，成为世界上第一个把稀土元素作为一种商业性产品（农乐）应用于农业生产的新技术；研发了以含硅 75% 的硅铁为还原剂，在高炉中生产稀土硅铁合金的硅热还原工艺，并在包头建成了亚洲最大的稀土铁合金生产厂家——包钢稀土一厂；开展了在较低温度下熔盐电解制取混合稀土铝/镁中间合金的基础研究，最终开发了在工业铝电解槽中添加稀土化合物，直接生成稀土铝合金的系列化工程化技术。

2000 年以来，北京大学与深圳北大双极公司合作研发了具有自主知识产权的新型高性能钕铁氮永磁材料，这是我国稀土磁性材料行业的一项新突破，被誉为把基础研究成果转化为现实生产力的成功典范。相关成果自 70 年代从基础研究作起，持续了 20 多年。早在 1990 年就发现稀土合金中氮的间隙原子效应，进而发明钕铁氮的新型磁性材料，并开发出完全不同于钕铁硼磁粉生产的新工艺，完全具备了应用价值和自主知识产权，但当时限于经费和设备难以继续全面深入进行。直到 2000 年，经过反复交流、调研和论证，深圳中核、深圳中电、洋埔耀龙集团和北京大学，组建了深圳北大双极高科技股份有限公司，在北京经济技术开发区建成了年产 100 吨钕铁氮磁粉的生产线，从而实现把基础研究成果转化成现实生产力。

2013 年，中国科学院长春应用化学研究所研发出发光余辉寿命可控稀土 LED 发光材料，此后与四川新力光源股份有限公司合作，研发稀土发光材料在半导体照明技术领域的应用，并取得了重大技术突破，创新性地发明了发光寿命可调并与交流供电频率匹配的稀土 LED 发光装置，实现了从基础研究到产业化的跨越，达到了国际领先水平，使中国成为世界上唯一掌握通过稀土荧光粉生产低频闪交流 LED 产品的国家。该项技术在研发过程中，针对 LED 直接被交流电驱动时发光频闪这一世界难题，双方于 2008 年就开展合作，经过 6 年多的不懈探索，研发出一种以发光材料为核心的全新交流 LED 技术，有力推动了我国稀土交流 LED 发光材料的科研及产业化发展水平。

从以上的基础研究走向产业化的实例可以看出：①作为基础研究的成果，它可能不是完全成熟的技术，虽然有潜在的产业化前景，但能否变成现实，需要坚持不断的工程化应用技术开发，需要潜心下来夯实基础研究，这样才有可能去揭示新现象，发现新效应和开拓新应用；②基础研究成果具有原创性，基于此成果的工程化开发以及生产线建设过程仍然是技术创新过程，在建立生产线的过程中从技术原理到工艺细节，所有这些难点和问题都要重新面对和克服；③具有应用前景的基础研究成果应实时进行工程化技术的开发，尽快将先进的科研成果转化为工程化技术优势和经济优势，才能更好地推动稀土资源的高值化利用和提升国际竞争力。

我国稀土研究及工业化起步于 20 世纪 50 年代，进入 21 世纪以来得到迅速的发展，除原有高校、研究院（所）以及一些骨干企业得到强化外，近年又新建立了一批稀土新材料的研发中心等。自此，我国稀土基础研究及产业化已形成一定规模，有了进一步向前发展的良好基础。但是，在看到我国稀土基础研究和产业化迅速发展的同时，也应该清楚地认识到存在的弱点和与世界先进水平的差距。我国还有许多稀土相关的基础研究成果要想真正实现产业化还任重而道远，因为基础研究成果实现产业化不仅需要技术、政策、设备、资金等，更需要进行不断进取的新的科学思想。

目前，我国在稀土基础研究及产业化开发方面有少数成果已达到国际先进水平，但总的来说，我国与美、欧、日等发达国家相比，在高端和原创性上还有一定的差距，许多基础研究还处于跟踪状态，在将科研成果或尖端技术转化为工程化应用方面还是较弱的。今后在相当长的时期内，必须在大力加强有关基础研究的同时，加强工程化技术和产业化技术开发工作，在基础研究中应特别注意布局有中、长期应用背景的项目，目标是为国家经济建设的长远利益服务，因为工业化应用必须有自己的基础研究成果支撑，否则不可能真正超越他人。

近年，我国稀土的宏观发展策略得到加强，基础研究与技术开发投入也不断增加，应用水平也在逐渐提高。中国是稀土资源丰富的国家，发展目标就是要将资源优势转化为科研和生产优势以及经济优势。要实现这一目标，根本出路在于提高我国稀土产学研基础研发水平，进而开发出领先的工程化应用技术，以高质量产品占领国内外市场。

10.1.3　实施标准和知识产权战略，促进科技发展

我国稀土行业的发展离不开科技研发的不断开拓和不断创新，稀土行业的壮大更加得益于新兴应用领域的不断研发，随着稀土行业不断向下游新材料及应用领域延伸，科技发展的重要性更加突出。知识产权和技术标准的重要性，对于稀土行业而言不言而喻。

根据国家标准化委员会公布的标准显示，目前现行的与稀土直接相关标准 120 项，其中强制性国家标准 1 项，推荐性国家标准 119 项。现行的唯一一项强制标准是"稀土冶炼加工企业单位产品能源消耗限额"。推荐性国家标准中，涉及化学检测、物理检测、产品质量和表示

方法等多种类型，其中以化学检测类型的标准最多，达到92项，物理检测类型标准25项，表示方法类型标准和产品质量类型标准各1项。规范的主体涉及金属及其化合物、钢铁及合金、氯化稀土、碳酸稀土、金属和氧化物、三基色荧光粉、LED荧光粉、长余辉荧光粉、紫外荧光粉、矿物、表面处理、钐铈钇富集物、镝铁合金、硅铁/镁硅铁合金、抛光粉、永磁材料等。此外，还有多项涉及环保等领域的通用标准规范了稀土行业中相应的指标和数据。

从这些标准可以看出，与我国稀土行业直接现行标准中，首先强制标准少，其次推荐标准中涉及检测类占了绝大部分，仅有2项标准分别涉及表示方法和产品质量。虽然近期团体标准等工作不断深入推进，但是我国稀土行业在标准化方面，由于强制标准少，推荐标准存在明显的行业分布不均衡等特点。这些都与我们关心的标准战略的布局和推进有关。显然稀土行业中的标准战略推进需要做出更大的努力，才能在未来的竞争中取得优势。

在专利方面，根据中国稀土学会年鉴统计，2003—2015年，在我国申请的专利数量总体呈增长趋势，累计申请专利数达到9111件，年均申请523件，特别是2009年以来，专利申请数量增长最为明显，年均增长率达36.5%。2009年，在我国申请的专利数为248件，到了2013年、2014年和2015年分别达到了1478件、1471件和1879件，增长了近8倍。这与国家近些年密集出台有关稀土产业政策的引导密不可分。

根据上述统计结果可知，我国稀土行业在知识产权和技术标准方面虽然有了巨大进步，但是仍然有巨大的发展空间。未来急需加强知识产权和技术标准方面的战略规划，为科技研发提供准确的方向指引。同时，帮助企业和研发机构提高知识产权和技术标准布局的有效性。

10.1.4 稀土产业开发区是成果转化的平台

产业园区是产业发展的重要载体，从地理上加速技术、资本、人才、信息等资源集聚，从而促进优势产业和企业的形成。稀土产业示范园区的发展，不仅有利于建立起规范有序的稀土资源开发、冶炼分离和市场流通秩序，避免稀土资源无序开采、生态环境恶化将起到积极的促进作用，而且有利于促进科技成果转化和推广，充分发挥科学技术的辐射和带动作用，促进我国稀土产业进一步壮大和发展，对我国形成以新材料开发和技术发展为主的稀土产业发展新格局发挥保障性作用。

目前，我国共有各类稀土产业园区约19个，其中国家级稀土产业园区6个，省级稀土产业园区7个，省级以下稀土产业园区6个，主要分布在内蒙古、北京、山东、江苏、浙江、江西、福建、湖南、广东、广西、四川、甘肃等地区，基本与稀土资源分布和应用相吻合，大体呈环形分布，如图10-1所示，其中以内蒙古包头稀土高新技术产业开发区和江西赣州经济技术开发区发展最为突出，在行业中的龙头地位日益重要。从各园区的产业定位来看，我国主要的稀土产业园区都形成较完整的产业链和独具特色的产业方向，在各自重点发展领域均有较强实力。稀土产业以稀土资源的开发和利用为基础，具有资源型产业发展的特点，但同时由于稀土具备优异的磁、光、电等性质，是"新材料之母"，与电子信息、高端装备制造等高新技术产业的发展关系紧密，受到创新服务平台、市场需求、企业战略等因素的影响，因此稀土产业园区在发挥科技成果转化的平台作用上，呈现出以下四大特点。

以资源禀赋为基础，形成产业发展特色。我国稀土储量分布高度集中在北方白云鄂博和南方离子吸附型稀土矿，以内蒙古包头稀土高新技术开发和江西赣州经济开发区为代表，

图 10-1　1992 年 5 月 8 日，包头稀土高新技术产业开发区开工奠基典礼

围绕得天独厚的稀土资源，形成以稀土资源开采、初加工和稀土材料为主的产业基础，基于本地区稀土资源的开采，引入技术资源进行稀土深层次利用与开发，实现科技创新发展，兼顾下游市场开拓打造区域支柱企业，并以大企业集团带动区域稀土产业发展，形成选冶、分离、深加工、新材料到应用的产业集群，确立园区稀土产业发展的主导领域和特色，如表10-1 所示。

表 10-1　全国现有稀土产业园区发展主导领域

产业园区	重点发展领域	级别
内蒙古包头稀土高新技术产业开发区	稀土原材料的制造、稀土新材料的生产、稀土应用产品生产、稀土科技研发、稀土人才培养基地	国家级
浙江宁波国家高新技术产业开发区	稀土永磁应用产品	国家级
江西赣州经济技术开发区	稀土永磁材料、永磁电机、稀土荧光粉和节能灯具等	国家级
甘肃白银高新技术产业园区	有色金属与稀土新材料	国家级
江西龙南经济技术开发区	稀土开采、冶炼分离、高性能稀土精深加工，包括稀土永磁材料、稀土发光材料等	国家级
中关村国家自主创新示范区	稀土永磁材料、稀土研发	国家级
福建（龙岩）稀土工业园区	稀土永磁材料、发光材料、贮氢材料、合金材料、新材料	省级
江西赣县经济开发区	稀土冶炼分离、高性能永磁材料、稀土发光材料	省级
山东微山经济开发区	稀土材料工程研究中心、稀土抛光粉、永磁及储氢合金专用稀土金属及稀土产业园配套公共设施	省级
广东梅州高新技术产业园区	稀土冶炼分离、稀土高新材料及应用	省级
山东稀土新材料产业基地（淄博）	稀土深加工和高端应用产业	省级

续表

产业园区	重点发展领域	级别
浙江海宁经济开发区（尖山新区）	高频、高磁导率、低损耗的高档磁性材料	省级
江苏连云经济开发区（板桥工业园）	稀土高科技产业园：稀土冶炼分离、稀土资源回收再生综合利用、稀土新材料应用生产、建立稀土高科技研发中心及博士后工作站	省级
四川冕宁县稀土高新产业园	稀土及伴生矿采掘选冶及深加工和配套产业	省级以下
三明稀土产业园	三明市与厦门钨业公司合作稀土产业开发项目	省级以下
韶关稀土产业园	韶关新丰县与中国有色、广东广晟合作的从稀土开发到深加工以及资源回收利用项目	省级以下
崇左稀土高新产业园	崇左市与中铝广西有色稀土开发有限公司合作建设稀土冶炼分离、荧光粉、稀土储氢、磁性材料、稀土合金等项目	省级以下
贺州稀土产业园	中铝广西稀土建设稀土永磁材料、发光材料、储氢材料、稀土合金及新材料项目	省级以下
永州市江华稀土产业园	五矿有色金属控股有限公司，与中国稀土控股有限公司、江华县政府合作建设稀土基础产业链项目和稀土应用产品项目	省级以下

（1）以服务平台为依托，实现创新驱动发展

稀土产业创新驱动发展需要依托丰富的科研资源和技术研发实力，以服务平台建设来实现稀土产业集聚效应，推动区内稀土产业创新发展。内蒙古包头稀土高新技术开发区建设相对独立和专业化的科研、金融、物流、认证、咨询等服务平台，拥有国家级工程中心 1 个、省级研发中心 3 个、市级研发中心 9 个，与中国工程院、中国科学院长春应用化学研究所、清华大学等科研院所和高校建立长期的合作关系，借用外脑进行产业创新，其稀土技术教育和研究能力在全国都具有较大的优势，是国家认定的稀土新材料成果转化及产业化基地。山东省微山经济开发区通过山东稀土产业联盟，打造稀土原材料和深加工应用之间互相支撑的产业链平台共同推进稀土产业开发，取得不错成绩。中关村国家自主创新示范区，依托京津冀地区众多高校科研院所等科研资源，拥有稀土产业相关国家重点实验室 3 个、国家工程技术研究中心 3 家、技术创新战略联盟 1 家（见表 10-2），已经形成一批具有自主知识产权的稀土产业技术成果，其研发和产业化处于国内发展的前列，成为我国高端稀土永磁材料重要的研究和生产基地。

表 10-2　北京地区稀土行业国家级重点研究机构

	研究中心	依托单位
国家重点实验室	稀土材料化学及应用国家重点实验室	北京大学
	新金属材料国家重点实验室	北京科技大学
	磁学国家重点实验室	中国科学院物理研究所

	研究中心	依托单位
国家工程技术研究中心	国家磁性材料工程技术研究中心	北京矿冶研究总院
国家工程技术研究中心	国家非晶微晶合金工程技术研究中心	钢铁研究总院
	稀土材料国家工程研究中心	北京有色金属研究总院
技术创新战略联盟	先进稀土材料产业技术创新战略联盟	北京有色金属研究总院

（2）以市场需求为导向，加速科技成果转化

面向区域内的消费需求，保持与下游应用领域紧密关联，利用区域内便利交通条件，开展产学研协同和科技成果转移转化。以宁波国家高新技术经济开发区和广东梅州高新技术产业园区为代表，充分借助外向型经济的市场优势助推稀土功能材料及应用产业发展，是稀土下游延伸应用发展的重要先导区。宁波国家高新技术经济开发区位于长三角经济圈，是沿海对外开放和承接产业转移的首选地，得益于区域内电子信息、新能源汽车、节能变频空调、特种电机等高端装备制造业发展，在高性能钕铁硼材料领域有较强的市场竞争力。广东梅州高新技术产业园区处于珠三角经济圈，区域内电子信息产业、新能源汽车等应用产业的发展也给园区稀土产业巨大的发展动力，其在永磁材料、储氢材料、催化剂、抛光材料、发光材料等稀土功能材料领域具有较强竞争优势。

（3）以企业发展为载体，延伸下游产业链条

从大型稀土企业发展战略考虑，在稀土资源地产业布局建设产业园区，发挥龙头企业的带动作用和下游关联企业合作关系，引导稀土深加工及应用项目落户当地。中铝集团在整合广西稀土资源的同时，建设南宁、贺州、崇左三大稀土产业园，以稀土永磁材料、发光材料、储氢材料、稀土合金及新材料为重点的产业链，通过引入下游应用产品生产企业，引领广西稀土产业向环保、高附加值的方向发展。厦门钨业积极参与福建省龙岩稀土产业园和三明稀土产业园的开发，龙岩稀土工业园重点发展稀土磁性材料及其应用产品，形成空调、汽车、电脑等稀土永磁电机及应用产品产业集群；三明市稀土工业园形成稀土发光材料、现代 LED 显示器、照明器具等应用产品产业链。

10.2 国内外稀土科技发展策略实施及展望

10.2.1 发达国家稀土科技投入及策略

10.2.1.1 美国

美国曾经是世界上主要的稀土原材料生产国，也曾是稀土科学技术的领导者。

20 世纪 80 年代以前，美国加州芒廷帕斯稀土矿采用独有的溶剂萃取法和离子交换法工艺分离单一稀土并生产高纯重稀土元素，使之成为全球最大的稀土原料供应商。同时，美国大学人员对稀土元素的独特性质的浓厚热情，使美国在稀土采矿、萃取分离技术，以及石油裂

化催化剂、超导、磁体等应用领域中都具有开创性的研究。

20 世纪 80 年代后，中国稀土溶剂串级萃取理论的发展及 P_{507} 萃取剂的使用，提高了稀土规模生产的效率，同时大幅度降低了稀土工业规模生产的成本。加之中国具有丰富的稀土资源，使稀土工业生产的重心逐渐转移到中国，美国芒廷帕斯矿的生产最终关停。

稀土产业规模生产是科研开发的最好折射和促进。美国稀土生产的关闭，在一定程度上抑制了美国稀土分离提取技术的研究，导致美国在近二十年中的稀土原料生产中并没有突破性的研究成果，从业科技人员也锐减。

为了减少对中国稀土材料供应的依赖，2011 年美国能源部公布了《关键材料战略》（ *Critical Materials Strategy* ）。其中，将 5 种稀土元素，包括镝、钕、铽、铕、钇纳入美国确定的关键材料目录中。白宫科学技术政策办公室对关键材料的发展非常重视，专门成立一个工作组，协调美国国防部等对其应用领域、发展方向和实施步骤进行了翔实的规划。

《关键材料战略》的基本理念是立足于发展清洁能源技术，重点关注风力发电机、电动汽车、光伏技术、太阳能电池和高效照明。美国能源部实施关键材料战略的三个核心方针是供应多样化、开发替代品和提高回收利用。

针对关键材料的研发，美国能源部采取了多种措施：

1）通过资助关键材料的学术、产业和国家实验室的研究，以及为硕士生、博士生提供研究机会，培养下一代人才和实施知识创新。

2）资助各种不同类型的研发项目，从基础研究到高风险、高收益的早期项目到技术路线图驱动的项目，并协调跨部门跨学科多领域多大学的协作，一方面增加研发工作的凝聚力，另一方面避免重叠、重复和碎片化的研究。例如，阿姆斯实验室是隶属美国能源部的国家实验室，多年来在稀土材料的研究中一直具有领导地位，但在先进电池技术、减少或消除稀土材料应用需求的研究中，也联合许多其他国家实验室，包括美国阿贡国家实验室（ANL）、布鲁克海文国家实验室（BNL）、太平洋西北国家实验室（PNNL）、桑迪亚国家实验室（SNL）和劳伦斯伯克利国家实验室（LBNL）进行了从基础到应用的协作研究。

3）回收：废弃产品中所含稀土元素的回收率不到 1%，增加回收率将减少采矿对环境的影响。美国能源部不断扩大从废弃产品中回收稀土的研究范围。

2017 年 6 月，美国能源部化石能源办公室宣布通过两个科研管理基金投资 690 万美元用于资助稀土元素的研究。其中，300 万美元用于三个稀土回收项目，研究从美国国内煤炭和煤炭副产品中制备合格、可销售的稀土产品；395 万美元用于改进提高美国目前的从煤炭副产品中分离和提取稀土的技术。

三个稀土回收项目都是利用现有煤矿的副产品作为提取稀土元素的来源，进行实验室试验和设计建造一个中试厂从煤或煤副产品中回收稀土、制备能够用于商业销售的稀土产品。三个煤灰原料分别来自肯塔基东部选煤厂、宾夕法尼亚东部无烟煤煤矿和西弗吉尼亚选煤厂。

从煤或煤副产品中回收稀土元素主要是将含量大于 300×10^{-12} 的稀土元素从煤或煤灰中分离出来，并将稀土元素富集到大于等于或等于 2wt% 的处理过程。

从煤灰中回收稀土项目的研究是一个多领域多机构协作的系统工程，包括五个组成：①资源取样和鉴定；②开发分离技术；③研制用于资源现场识别稀土元素的便携传感器；④过程与系统建模；⑤技术经济分析，论证到 2023—2025 年美国从煤中实现分离稀土的技术经济可行性。

10.2.1.2 日本

虽然日本没有稀土资源，但是日本在稀土材料、应用和器件等方面的研究一直处于世界领先的地位。

近年来，随着日本逐渐感觉到稀土材料供应的压力，日本经济产业省于 2009 年出台了一份《保证稀土金属稳定供应的战略》，其中对于稀土研究开发方面的导向是稀土回收、高效利用以及替代材料的研究。

2007 年，日本文部科学省和经济产业省分别发起了"元素战略计划"和"稀有金属替代材料开发计划"。文部省的"元素战略计划"目的是，在不使用稀有或者危险元素的前提下开发高性能材料，研究将在充足、可用、无害的元素中展开，这些研究将在 5 年内完成。经济产业省的"稀有金属替代材料开发计划"是将降低稀有金属的使用量作为基础研究的一部分，包括将稀土磁体中镝的使用量降低 30%。

根据经济产业省发布的《2010 科学与技术白皮书》，经济产业省优先的研发项目包括开发稀土金属的替代材料以及开发稀土金属的高效回收系统，由其下属的新能源与产业技术综合开发机构负责落实实施。根据《新能源与产业技术综合开发机构 2008—2009 报告》，从 2008 年开始，该机构进行了为期 4 年（2008—2011）的稀有替代材料开发计划，当年投入预算 10 亿日元；同时，环境省通过环境管理研究基金优先资助从燃烧灰和尘中回收稀土金属的研究。

2013 年以来，日本在降低或消除稀土（"脱稀土"）应用技术以及稀土回收利用技术上取得了明显的突破，参见下表 10-3 和表 10-4。

表 10-3　2012 年日本消减稀土应用的阶段性成果

研究机构	创新产品	相关技术
东北大学、JFE 钢铁公司、英耐时锂电池	脱稀土"SR 发动机"	不使用稀土永磁体，以切换电流的方式运转
信越化学工业	减少一半镝使用量的高性能磁体	镝金属表面涂层新技术
TDK	不加镧的新型铁氧体磁体	对磁性体粒子进行细微粉碎等新工艺
东芝	不含镝的高铁含量钐钴磁体	热处理技术
本田	消减 3 成镝使用量的新型电机磁体	无须使用稀土的电机用磁体
九州大学	不使用稀土类金属的新型有机 EL 发光材料	—

表 10-4　2013 年日本有关稀土回收利用技术发展

研究机构	稀土回收利用技术
森下仁丹、三菱商事	利用胶囊生产技术研制出生物胶囊，从工业废水中回收稀土
本田、TDK、日本重化学工业公司	基于储氢合金技术，将从混合动力车使用的镍氢充电电池中提取稀土重新用于电池，并正在研发重新用于电机磁体的技术
广岛大学、爱信 COSMOS 研究所	用三文鱼或鳟鱼 DNA 来回收高科技产品零部件废弃物中所含稀土

10.2.1.3　欧盟

同日本一样，欧盟的稀有金属也严重依赖进口。为了应对新兴技术对稀土需求的增加，控制材料供应短缺可能对欧洲经济造成的影响，欧洲委员会于 2008 制定了一份《原材料倡议》，并于 2010 年 6 月发布了一份名为《欧盟关键原材料》的报告。报告中，欧盟委员会评估每种材料供应短缺对欧洲经济的影响，确定了 41 种金属元素为具有高风险、高经济重要性，包括稀土金属，特别是钕和镝。

因应对此风险性，欧盟提出了一系列市场措施。在研发方面，提倡提高资源效率和循环利用、降低原材料消耗，加强降低材料使用和寻找替代品的研究，同时评估是否在创新联盟的欧洲 2020 战略资源高效利用旗舰计划框架下启动一项关于原材料研发与供应合作的欧洲创新伙伴关系。

10.2.1.4　结论

从发达国家的中短期材料战略看，各国稀土材料战略存在共性，因评估稀土供应存在风险而认定稀土元素，特别是重稀土元素为关键材料。由此而制定的研发方向大体相同：

研究开发少稀土或无稀土的替代材料；

加大稀土回收技术的研究。

10.2.2　我国稀土科技发展特点、策略及展望

长期以来，我国政府和国家领导人都非常重视稀土的研究及产业发展。通过"六五""七五""八五"等国家重点科技攻关计划，及"九五""十五""十二五"国家重点及重大专项的支持，在冶炼分离、新材料、深加工和应用领域取得了长足进步。尤其近十年来，随着国家对稀土等战略性资源的重视，科研投入力度不断增大，特别是"十二五"期间，国家还专门设立了稀土材料专项，投入科研经费 20 多亿元，围绕"稀土采、选、冶—分离提纯（稀土化合物及金属）—磁、光、电、催化等高端功能材料—高附加值应用"整个产业链，充分发挥我国稀土资源优势，实现了从基础研究、前沿技术、应用技术到产业化示范全创新链的重点技术突破，开发了一批具有自主知识产权的稀土新材料、新工艺、新技术、新产品、新设备、新标准，并实现了大规模的示范应用。稀土在新能源汽车、机器人及高端装备、电子信息技术、新型显示与照明、航空航天及国防军工等领域显示出广阔的应用前景，高端稀土材料市场份额稳步增加。

同时也应认识到，与世界先进国家相比，我国稀土行业仍面临着许多亟待解决的问题和严峻的挑战，如稀土功能材料及其应用技术与发达国家相比，高端产品性能和均匀性存在一定的差距，难以满足新能源汽车、机器人、高端装备等高端应用需求，超高纯稀土金属及化合物、高端白光 LED 用稀土发光材料依赖进口，钕铁硼永磁材料、汽车尾气净化催化剂等稀土功能材料的核心知识产权被国外企业掌控，部分新型稀土材料产业发展受制于人。因此，应着力提升原始创新能力和成果转化能力，大力发展具有自主知识产权的高性能稀土磁、光、电等新型功能材料及应用技术，构建稀土材料创新体系及低碳经济产业链，形成具有我国自主知识产权的高性能稀土功能材料战略性产业，逐步由稀土生产大国迈向稀土强国。

（1）鼓励科技创新，提倡学术争鸣，增强自主创新能力，提高核心竞争力

按照建设创新型国家和"自主创新、重点跨越、支撑发展、引领未来"科技发展方针的

总要求，加强稀土材料自主创新能力建设。首先强化基础研究，要加强稀土材料新体系、新功能、新应用等的理论研究，提倡学术争鸣，合理竞争发展；要着力提升原始创新能力、工程化和成果转化能力，形成更多具有自主知识产权的创新技术。应把稀土材料产业发展与国家发展战略、经济社会发展目标紧密结合起来，选择具有带动作用的稀土永磁材料、发光材料、催化材料等战略高技术材料及其应用器件进行部署，加强稀土科学基础研究、技术创新、产业发展相结合，重视科学基础研究和应用研究相结合，重视材料工程化研究和科技成果的转化，着力突破核心技术、关键技术和共性技术，提高稀土材料产业的核心竞争力。

（2）制定和完善管理政策，通过政策引导，从制度上保障稀土科技与产业健康可持续发展

落实国务院颁布的《关于促进稀土行业持续健康发展的若干意见》（国发〔2011〕12 号文件）文件精神，加强稀土科技和产业发展的宏观指导，形成有利于稀土科技发展的政策及配套环境。围绕着稀土下游产品的应用，着力激活电动汽车、混合动力汽车、节能家电、机器人、工业机床和电子通信等应用市场，拓展稀土新兴应用市场，完善技术开发和风险投资机制，包括：改革产业发展模式、建立上游稀土生产企业和下游稀土应用企业的准入和预警机制，避免盲目上马稀土项目和扩产所带来的不必要经济损失，完善企业的环保措施和管理体制，正确处理行业规范与放活的关系，引导和控制行业发展方向和规模，培育具有国际竞争力的稀土材料生产企业。在技术创新政策方面，以国家目标为导向，根据稀土材料的重大基础科学问题、关键材料开发及制备、重要应用及产业化等不同研发环节的发展规律，有计划地部署一系列重点科技项目，建立稳定的稀土资源和材料开发与应用技术专项基金，建立有效的产学研用结合机制，全方位系统地促进稀土科研水平的提高和研究成果向生产力的转化。科技投入方面应集中资源重点投入，避免重复和浪费。同时，建议通过制度创新、管理创新以及政策引导，在产学研、上中下游所涉及的各高校、科研院所以及企事业单位，创建"协同创新"体制和机制，实现行业学科间的深度融合。

（3）加强应用器件、装备及仪器的研究，培育、拓展稀土材料应用领域，促进稀土资源的高效平衡利用

目前我国稀土原料供应承担了全球绝大部分需求，在稀土功能材料的生产方面品种多、产量大，但是大部分企业以生产中低端产品为主，经济效益较低。纵观近 30 年我国稀土行业的飞速发展历程，产业发展基本上是建立在丰富的稀土资源基础之上的，稀土材料的应用价值未得到充分体现。因此，应进一步拓展稀土材料的应用领域，扩大和培育其在节能减排、清洁能源、电子信息、航空航天等重大领域的应用市场。世界上并非只有中国有稀土资源，美国等其他国家出于战略储备、环境保护、开采成本高等因素的考虑一直从我国进口稀土。我国限制出口后，经历一段时间的调整，市场将重新平衡。从长远来看，全球稀土价格不会因为我国限制出口，减少供应量而有太大的波动。提升稀土价值最好的办法就是增加稀土产品的附加值，大力发展稀土产业终端深加工是最终的出路。另外，我们还应启动稀土资源的国际化战略，积极开发海外稀土资源。中国资源保有量虽然丰富，但也不是用之不竭的，而全球有色金属资源储量巨大，中国企业特别是有色企业，必须走出国门，培养、建立大型跨国集团，在国际上争夺话语权。

我国稀土资源丰富，但稀土元素应用不平衡问题仍有待解决。由于稀土用量最大的永磁材料产业快速发展消耗了大量镨钕金属，进一步加剧了镧铈等高丰度稀土的过剩。因此，大

力开发利用高丰度稀土应用技术、中重稀土元素的减量化技术，以及废弃稀土材料及器件回收利用技术，不但有利于稀土原材料成本降低，促进规模化应用，而且将在一定程度上缓解镧铈应用不足、镨钕供应紧张的局面，促进稀土平衡利用。

针对我国稀土资源的特点、地位和开发利用现状，确定客观正确的发展思路，保护和发挥我国中、重稀土资源和产品的优势地位，大力推进稀土资源绿色高效开发利用，彻底改变资源利用率低和破坏环境的粗放型管理现状，促进稀土行业健康可持续发展。另外，应充分利用我国稀土矿物处理及冶炼分离方面的技术领先优势，鼓励以国家科研或生产单位为主体，以专利技术出口、技术合作入股或资金投入等方式积极参与国外稀土资源的开发利用。

利用稀土原材料生产出制造业需要的各种元器件、零部件、传感器、执行器等，具有很高的应用价值并产生较高的经济效益，而研发和生产这类产品难度也大，目前我国仍有不少品种依赖进口。稀土行业需要的部分高端设备、分析测试仪器等也长期依赖进口。发达国家以较低价格进口我国的稀土原材料，转而生产高附加值的上述产品向我出口，并经常对我国实行反制。为此必须高度关注稀土原材料生产元器件、零部件，以及生产高端仪器设备的产业，在政策资金方面予以重点支持，加大研发投入，努力开发市场，减少对进口产品的依赖，实现以产顶进。

（4）加强知识产权保护工作，建立和完善知识产权及标准保障体系，推动技术创新，突破核心专利技术

为了摆脱"技术跟踪模仿、产权受制于人、产业大而不强"的被动局面，要树立自主创新的信心，强化自主创新意识，不断加大研发力度，抓住稀土永磁材料、稀土发光材料、稀土储氢材料等稀土新材料产业和技术发展的战略机遇期，提前制定战略，实现科学规划和有效引导，抢占知识产权、技术开发和产业发展的制高点。当前，建立稀土材料的成分–组织–性能之间的定量关系，实现稀土材料设计和生产从传统经验式的"炒菜法"向材料计算、基因工程、高通量计算与检测等科学化方法的转变。建议针对当前稀土材料研究开发的实际情况，对于具有较好应用前景的白光 LED 用稀土氮化物等发光材料、La–Mg–Ni 系储氢合金、新一代稀土永磁材料、稀土激光材料、稀土晶体材料、稀土超导材料等开展前瞻性基础和应用研究，制定"稀土材料基因组计划工程"，推动我国稀土材料科学的基础研究和工程化技术研究。

为激励行业技术创新意识，保护创新成果，应制定和完善强制有效的知识产权保护法律及法规，严厉打击侵权行为，为鼓励技术创新提供法律依据和保障。重点支持具有创新性和自主知识产权的项目开发，有计划地建立知识产权整体战略布局，对于有明显应用前景的核心发明专利，采用经费补贴的方式鼓励申请国外专利，抢占技术制高点。引导稀土企事业单位重视和加强稀土专利和标准化工作，结合国家经济、科技重大计划积极开展稀土专利分析和战略研究，组建稀土行业专利联盟，建立稀土行业专利信息服务平台，培育和提升行业、企事业单位技术创新及运用知识产权保护的能力和水平。

（5）加强人才队伍建设，建立有效的产学研用合作及研发机制，建立共性关键技术研发与材料检测评价基地或平台，强化上下游合作，提升行业整体竞争力

针对我国在新型稀土材料产品的高端应用水平偏低，工程化开发及成果转化进程缓慢、高端市场占有率低等现状，建立有效的产学研用合作及技术研发体制和机制。一方面，要加

强人才队伍建设。加快人才培养是在激烈的国际竞争中赢得主动的重大战略选择。不仅注重国内人才的培养使用，而且加大海外高层次人才引进力度，积极扶持创新、创业团队建设。另一方面，加强对相关国家重点实验室、工程研究中心和产业化基地的持续支持，建成国际一流的稀土材料中试基地或共性关键技术研发基地。建立长期稳定的专项基金，加强对面向国家重大需求的科学基础研究、稀土材料与器件研发和产业化中关键技术的稳定持续支持力度，建立共性关键技术研发、材料检测评价基地或平台，强化上下游合作，全面提升行业整体竞争力。

积极引导高等院校、研究院所与稀土生产和应用企业进行深度合作，建立以企业为主体、产学研用相结合的技术创新体系和联合创新机制，形成领域交叉、上下游行业联合，防止研发与市场脱节，促进研发成果及时转化为产业价值。此外还应该建立合理的利益分配机制，调动科研人员的研发热情和主观能动性，处理好基础研究和产业应用的关系，建立完善的衔接转换机制，促进稀土科技与产业的快速发展。

全球正孕育着新一轮的科技革命和产业大变革，新一代信息技术、新能源、智能制造、生命健康等科技核心领域技术发展正推动人类向智能时代加速迈进，稀土新材料的支撑和引领作用更加凸显；以机器人、增材制造、物联网等为基础与人工智能相协调的智能制造、以信息技术、电磁域革命性发展为代表的第四代信息化战争所需的高端武器装备，对关键高端稀土新材料的自主供给需求迫切。我国稀土行业正处于蓬勃发展的新时期，在资源优势、劳动力优势、市场优势以及技术及科研优势的带动下，我国稀土科技取得重大进展，稀土资源提取与分离技术达到国际领先水平；磁、光等稀土功能材料实现大规模生产，稀土新材料的基础研究与科技创新正在与世界前沿接轨，凝聚和成长了一支高水平的研究队伍，中国已成为世界稀土材料生产与应用中心。稀土行业的快速发展将支撑和引领绿色能源、新能源汽车、工业机器人、新型显示与照明、智能制造等高新技术领域的快速发展，逐步实现从稀土生产大国到稀土材料科技和应用强国的跨越。

参考文献

［1］徐光宪. 串级萃取理论——最优化方程及其应用［J］. 稀土与铌，1978（2）：1-48.

［2］徐光宪，李标国，严纯华. 串级萃取理论的进展及其在稀土工艺中的应用［J］. 稀土，1985（2）：56-67.

［3］郝纪宁，张丽萍，严纯华，等. 串级萃取理论的实验验证——镧铈体系的萃取分离［J］. 稀土，1985（3）：7-12.

［4］张国成，黄小卫. 氟碳铈矿冶炼工艺述评［J］. 稀有金属，1997（3）：193-199.

［5］叶祖光. P507 盐酸体系轻中稀土全萃取连续分离工艺的研究（I）［J］. 稀土，1986（5）：25-36.

［6］张国成，黄明良. 从铈钠复盐制取混合稀土金属［R］. 轻稀冶 2-1-1. 北京：冶金工业部有色金属研究院，1958.

［7］夏玲华，凌泽同，黄士英. 从铈钠复盐去铈后的硝酸稀土溶液中制取金属镧［R］. 镧冶 1-1-1. 北京：冶金工业部有色金属研究院，1958.

［8］卢忠效. 无水氯化物盐电解制取 Y-Mg 中间合金［R］. 钇冶 3-1-1. 北京：冶金工业部有色金属研究院，1962.

［9］唐仁泽，颜如玉，刘余九，等. 纯金属铈的制备［R］. 铈冶 8-1-1. 北京：冶金工业部有色金属研究院，1964.

［10］刘余九，唐克峰，赵阳，等. 稀土氧化物 XE"稀土氧化物"及碳酸盐连续氯化熔盐电解扩大试验报告［R］. 稀土冶 7-1-1，北京：冶金工业部有色金属研究院，1966.

［11］李作顺，唐仁泽，杨志，等. 氯化物体系电解 - 真空蒸馏法制取金属钕工业［R］. 钕冶 3-1-（1-10）. 北京：有色金属研究总院，1984.

［12］李国勋，赵建民，文振环. 重稀土钇在熔体中的电极过程和电沉积机理［R］. 301 综 21-2-1. 北京：有色金属研究总院，1991.

［13］王传福，李国勋. Nd₂O₃ 电解惰性阳极研究［R］. 301 综 30-1-1. 北京：有色金属研究总院，1992.

［14］颜世宏，李宗安，李红卫，等. 一种稀土铝合金及其制备方法和装置［P］. 中国发明专利，ZL200810 223984.4

［15］余成洲，王炳连，黄光忠. 金属热还原法制取稀土金属［R］. 稀土冶 1-1-1. 北京：冶金工业部有色金属研究院，1964.

［16］李作顺. 电弧炉热还原实验记录［R］. 轻稀冶 14-1-1. 北京：冶金工业部有色金属研究院，1961.

［17］刘振东，红帆，钮因健，等. CaC₂-Si 热还原工艺冶炼中品位稀土精矿制取高品位稀土硅铁合金［R］. 稀土冶 26-1-1，北京：冶金部有色金属研究总院，1979.

［18］王迺宝. 高品位稀土硅铁合金粉化问题的研究年度报告［R］. 稀土冶 26-2-1. 北京：冶金部有色金属研究总院，1982.

［19］李作顺，刘期虎，李宗安，等. 金属钐制备工业试验［R］. 钐冶 12-1-1，钐冶 12-1-2. 北京：北京有色金属研究总院，1993.

［20］中国超高纯稀土金属及合金节能环保制备技术研究取得重大进展［J］. 稀土，2014，35（6）：105.

［21］田丰. 固相外吸气法去除稀土金属钇、铽、镝中氧、氮、氢杂质的研究［D］. 北京：北京有色金属研究总院，2014.

［22］ Xiao-wei ZHANG, Rui-ying MIAO, Dao-gao WU, et al. Impurity distribution in distillate of terbium metal during vacuum distillation purification［J］. Transactions of Nonferrous Metals Society of China. 2017, 27（6）: 1411-1416.

［23］ 包头稀土精矿硫酸强化焙烧 - 萃取法生产氯化稀土工业实验计划［R］. 稀土冶 20-1-7. 北京: 有研总院, 1979.

［24］ 张国成, 黄小卫, 顾保江, 等. 从硫酸体系中萃取分离稀土元素［P］. CN86105043, 1986.

［25］ 黄小卫, 冯宗玉, 徐旸, 等. 稀土矿的冶炼分离方法［P］. CN201510276646.7, 2015.

［26］ 冯宗玉, 黄小卫, 王猛, 等. 含镁的冶炼废水综合回收的方法［P］. CN201510276595.85, 2015.

［27］ "离子型稀土原矿绿色高效浸萃一体化新技术" 科学技术成果评价报告［R］. 中色协科（评）字〔2016〕第 141 号. 北京: 中国有色金属工业协会, 2016.

［28］ 黄小卫, 张国成. 从含氟硫酸稀土溶液中萃取分离铈的方法［P］. ZL 95103694.7.

［29］ 张国成, 龙志奇, 等. 从含氟负载铈的有机相中反萃铈的方法及铈的提纯方法［P］. CN1637156, 2004.

［30］ 罗永, 叶祖光. 高纯单一稀土提取技术研究［J］. 稀土, 1996（6）: 62-65.

［31］ 朱炳康. 国家 "八五" 重点攻关课题——高纯单一稀土提取技术及其分析方法通过验收［J］. 稀土信息, 1996（5）: 8-8.

［32］ 从褐钇钶矿提 4N Y［R］. 钇冶 7-2-1. 北京: 有研总院, 1970.

［33］ 从江西龙南稀土矿中提取氧化钇扩大试验报告［R］. 钇冶 13-1 北京: 有研总院, 1975.

［34］ 用 P_{350} 萃取分离江西稀土矿中的镧［R］. 镧冶 8-1-1 北京: 有研总院, 1971.

［35］ 龙南矿全分离工艺研究［R］. 稀综冶 17-1-9（10、11）北京: 有研总院, 1983.

［36］ P_{507} 萃取分离包头稀土全流程研究［R］. 稀土冶 45-1-1. 北京: 有研总院, 1980.

［37］ 关于 "P_{507} 萃取分离包头稀土全流程" 技术转让协议［R］. 稀土冶 45-1-3. 北京: 有研总院, 1981.

［38］ "P_{507} 萃取分离包头矿混合氯化稀土、制取大于 99.99% 氧化镧和大于 99% 氧化铈" 技术鉴定证书［R］. 稀土冶 45-1-6. 北京: 有研总院, 1981.

［39］ P_{507} 盐酸体系萃取分离 Sm、Eu、Gd 半工业试验报告［R］. 稀土冶 45-2-2. 北京: 有研总院, 1984.

［40］ P_{507} 盐酸体系萃取分离 Sm、Eu、Gd 富集物工艺 - 技术鉴定证书［R］. 稀土冶 45-2-6. 北京: 有研总院, 1984.

［41］ N_{263} 萃取法分离镧镨钕［R］. 稀土 -2. 北京: 有研总院, 1976.

［42］ 郑隆鳌. 80 年国际溶剂萃取会议论文集报告题录［J］. 金属材料与冶金工程, 1980,（3）: 83-92.

［43］ 应娓娟, 雅文厚, 沈韵玉, 等. CL-P_{204} 萃淋树脂分离稀土的研究［J］. 稀有金属, 1981,（6）: 5-10.

［44］ P_{507} 萃淋树脂分离纯氧化铽工艺 - 技术鉴定书［R］. 铽冶 1-2-6. 北京: 有研总院, 1984.

［45］ 杨桂林. 高纯氧化镱制备工艺研究［C］. 北京冶金年会, 2002.

［46］ 裴蔼丽, 沈连芳, 程建华, 等. 混合稀土元素光谱图［M］. 北京: 科学出版社, 1964.

［47］ 武汉大学化学系等编著. 稀土元素分析化学［M］. 北京: 科学出版社, 1981.

［48］ 高凡等编. 内蒙古自治区白云鄂博铁矿区主东铁矿体内物质成分及铌（钽）稀土元素赋存状态实验报告［R］. 内蒙古自治区地质局实验室, 1965 年.

［49］ 朱锦方, 罗培卿. 感应耦合高频等离子体发射光谱法测定氧化镧中非稀土杂质［J］. 上海有色金属, 1980（S1）: 18+26-28.

［50］ 曾云鹗, 张悟铭, 江祖成, 等. 感耦等离子体发射光谱法测定高纯氧化钇中的痕量稀土元素［J］. 高等学校化学学报, 1982（S1）: 37-45.

［51］ 朴哲秀, 裴蔼丽, 黄本立. 电感耦合等离子体原子发射光谱法分析稀土元素的研究（Ⅰ）高纯氧化镧中十四种稀土杂质的测定［J］. 分析化学, 1989, 17（1）: 61-64.

［52］ 刘文华, 刘鹏宇. 稀土元素分析［J］. 分析试验室, 1992, 30（6）: 89-108.

［53］ 程介克. 80—90 年代的稀土元素分析［J］. 大学化学, 1991, 6（6）: 1-5.

［54］ 张俊芬, 田盛芳, 郭小伟. DCP 直读光谱测定地质样品中痕量稀土元素［J］. 分析测试学报, 1987, 6（02）:

61-64.

［55］ 马志诚. 高纯氧化铈中 14 个稀土元素杂质的光谱测定［J］. 分析试验室，1984，22（6）：9-12.

［56］ 范必威，刘满仓，胡之德. 高效离子交换色谱法分离稀土元素及镥、镱、铥的测定［J］. 高等学校化学学报，1982，3（2）：195-204.

［57］ 彭春霖，李武帅，袁甫，綦文娣，冯文达，王旭生. 萃取色谱分离 - 原子发射光谱测定超高纯氧化钇、氧化镱和氧化镥中痕量稀土杂质［J］. 分析化学，1997，25（4）：377-381.

［58］ 刘衡镇. P₅₀₇ 萃淋树脂色谱分离 - 光谱测定高纯铽中稀土杂质［J］. 湖南有色金属，1985，1（6）：45-49.

［59］ 隋喜云，王子树. P₅₀₇ 萃淋树脂分离—火花源质谱法定量分析高纯 Nd₂O₃ 中痕量稀土元素［J］. 质谱学报，1996，17（1）：56-62.

［60］ 全国稀土标准化技术委员会. 中国稀土标准汇编：试验方法和标准样品卷［M］. 中国标准出版社，2016.

［61］ Fu Y., X. Sun, H. Zhou, H. Lin, L. Jiang and T. Yang. In-situ LA–ICP–MS trace elements analysis of scheelites from the giant Beiya gold–polymetallic deposit in Yunnan Province, Southwest China and its metallogenic implications［J］. Ore Geology Reviews, 2017, 80: 828–837.

［62］ 陆少兰，王振莹，李世珍，李建华，李青. 离子交换纸搜集 -X 射线荧光光谱法测定高纯氧化铈中的轻稀土元素［J］. 分析试验室，1984（5）：49-51.

［63］ 程泽，刘晓光，谭玉娟，陈彦斌，李向彬. X 射线荧光光谱法测定矿物中轻重稀土［J］. 岩矿测试，200524（1）：79-80.

［64］ 王子尧，贺春福，林景祥，李培欣. 用 X 射线荧光光谱法中的滤纸片法测定混合稀土中十五个稀土元素［J］. 分析化学，1985，13（2）：105-108.

［65］ 普旭力，蔡继杰，王伟，潘忠厚，王鸿辉. 熔融制样 -X 射线荧光光谱法测定镧铈镨钕稀土合金［J］. 冶金分析，2015，35（1）：34-37.

［66］ 吴文琪，许涛，郝茜，王强，张淑杰，赵长玉. X 射线荧光光谱分析稀土的研究进展［J］. 冶金分析，2011，31（3）：33-41.

［67］ 史文昭，野泽明义. 火花源质谱法测定高纯稀土氧化物中的痕量稀土杂质［J］. 质谱学报，1991，12（1）：79-85.

［68］ 吴伟明，刘和连，郑腾飞. 三重串联电感耦合等离子体质谱法直接测定高纯氧化钕中 14 种稀土杂质元素［J］. 分析化学，2015，43（5）：697-702.

［69］ 陶令桓. 我国稀土在铸造合金中的应用情况与发展前景［R］. 中国稀土学会铸造合金专业委员会第一届学术会议，山东蓬莱，1981.

［70］ 王遵明. 球墨铸铁的一些认识［J］. 铸工，1953，（4）.

［71］ 罗志健. 我国球墨铸铁产生［J］. 球铁，1980，（1）.

［72］ 余宗森等. 稀土在钢铁中的应用［M］. 北京：冶金工业出版社，1987：67-173.

［73］ 中国稀土发展大事记要（1927—2007）［M］. 内部资料：1-176.

［74］ 张伯明. 六十年来我国铸铁材料的发展［J］. 铸造，2012，61（1）：1-10.

［75］ 应忠堂. 对球墨铸铁中合理稀土用量的再认识［A］. 2012 年全国蠕铁及机床铸件研讨会论文集［C］. 淄博，2012.

［76］ 周亘. 稀土镁球墨铸铁的起源及早期发展［J］. 现代铸铁，2005 年（1）.

［77］ 曾艺成. 等温淬火球铁（ADI）工业化生产评述［A］. 第三届全国等温淬火球铁（ADI 技术研讨会论文集［C］. 2002（11）.

［78］ 巩济民. 国内盖包球化处理技术应用现状及问题对策［J］. 现代铸铁，2010（2）.

［79］ 房贵如，王云昭. 现代球墨铸铁的诞生、应用及技术发展趋势［J］. 现代铸铁，2000.（1）.

［80］ 机械科学研究院，南京汽车厂. 球墨铸铁曲轴的试验研究与生产［J］. 铸造，1965（6）.

［81］ 无锡柴油机厂. 球墨铸铁柴油机曲轴［J］. 铸工，1965. 7.

［82］ 曾艺成等. 我国等温淬火球墨铸铁（ADI）的最新进展［A］. 第五届全国等温淬火球铁（ADI）技术研讨会

论文集［C］. 长春，2011.

［83］ 张伯明，胡家聪，薛纪二. 我国稀土－镁球墨铸铁管的生产和发展［A］. 中国稀土学会第四届学术年会论文集［C］. 2000.

［84］ 薛纪二，胡家聪，等. 我国离心球墨铸铁管生产技术和发展趋势［A］. 第八届全国铸铁及熔炼学术会议暨先进球化处理方法研讨会论文集［C］. 洛阳，2010. 7.

［85］ 曾艺成，李克锐，张忠仇. 球墨铸铁生产技术新进展［J］. 铸造技术增刊，2014.

［86］ 曾艺成，巩济民. 我国高纯生铁的生产及应用情况［J］. 现代铸铁，2012（4）.

［87］ 丁建中，马敬仲，曾艺成，等. 低温铁素体球铁的特性及质量稳定性研究［J］. 铸造，2015（3）.

［88］ 房敏等. 高 Ni 奥氏体球铁排气管的生产［J］. 中国铸造装备与技术，2016（1）.

［89］ 柯志敏，何良荣，陈永成. 镧系球化剂在球墨铸铁件生产中的应用［J］. 中国铸造装备与技术，2016（1）.

［90］ 邱汉泉. 稀土高牌号灰铸铁［R］. 山东省铸造经验交流会. 1966. 10.

［91］ 何祚芝. 蠕虫状石墨铸铁的国内外发展及应用概况［M］. 蠕虫状石墨铸铁. 重庆：科学技术文献出版社重庆分社，1979. 9：3–19.

［92］ 清华大学，郑州机械研究所. 关于蠕虫状石墨铸铁微观结构的研究［R］. 1980. 9.

［93］ 吴申庆，李和，舒光冀. 蠕虫状石墨铸铁高温导热性能的试验研究［J］. 现代铸铁，1982（3）：1–7.

［94］ 朱是桢，候鹤鸣，杨婉清等. 蠕墨铸铁金相组织与机械物理性能的关系［J］. 现代铸铁，1982（4）.

［95］ 胡忠成，司兆维. 稀土蠕墨铸铁抗热疲劳性能试验［J］. 山东机械，1982（2）.

［96］ 柳百成，吴德海，李春立，等. 凝固过程中的蠕虫状石墨［J］. 球铁，1983（3）.

［97］ 张忠仇等. 稀土镁钛蠕墨铸铁的性能［J］. 铸造，1986（9）.

［98］ 邱汉泉. 蠕墨铸铁及其生产技术［M］. 北京：化学工业出版社，2010.

［99］ 盛达，郭成会. 稀土铸铁［M］. 北京：冶金工业出版社，1994.

［100］ 彭体元等. 稀土高强度灰铸铁在重型机床上的应用［J］. 铸工，1971（2）：17–23.

［101］ 曾艺成，张忠仇等. 稀土镁元素对铸铁变质作用的研究［J］. 铸造，1983（3）.

［102］ 申泽骥，唐玉林，姜炳焕等. 单一稀土元素变质作用的研究［J］. 铸造，1983（6）.

［103］ Van Vucht J. H. N., Kuijpers F.A., Bruning H. C. A. M. Reversible room–temperature absorption of large quantities of hydrogen by intermetallic compounds［J］. Philips Research Reports, 1970, 25（2）：133.

［104］ 北田正弘. LaNi$_5$, CeCo$_5$, SmCo$_5$ の水素吸・脱蔵特性［J］. 日本金属学会志，1977, 41（4）：412–420.

［105］ 陈长聘，吴京，王启东. 混合稀土金属－镍中加入锰或铝的伪二元合金贮氢特性［J］. 稀土，1984, 3：1–7.

［106］ 陈长聘，王启东，吴京，等. 富镧稀土金属－镍贮氢材料的中毒、钝化、循环、老化及其机制［J］. 稀土，1986, 1：1–6.

［107］ Van Mal H. H., Buschow K. H. J., Kuijpers F. A. Hydrogen absorption and magnetic properties of LaCo$_5$xNi$_{5-5x}$ compounds［J］. Journal of the Less Common Metals, 1973, 32（2）：289–296.

［108］ Notten P. H. L., Einerhand R. E. F., Daams J. L. C. On the nature of the electrochemical cycling stability of non-stoichiometric LaNi$_5$–based hydride–forming compounds Part I［J］. Crystallography and electrochemistry. Journal of Alloys and Compounds, 1994, 210（1–2）：221–232.

［109］ Vogt T., Reilly J. J., Johnson J. R., et al. Crystal Structure of Nonstoichiometric La（Ni, Sn）$_{5+x}$ Alloys and Their Properties as Metal Hydride Electrodes［J］. Electrochemical and Solid–State Letters, 1999, 2：111–114.

［110］ Kadir K, Sakai T, Uehara I. Synthesis and structure determination of a new series of hydrogen storage alloys［J］. Journal of Alloys and Compounds, 1997, 257：115–121.

［111］ Kadir K, Sakai T, Uehara I. Structural investigation and hydrogen storage capacity of LaMg$_2$Ni$_9$ and（La$_{0.65}$Ca$_{0.35}$）（Mg$_{1.32}$Ca$_{0.68}$）Ni$_9$ of the AB$_2$C$_9$ type structure［J］. Journal of Alloys and Compounds, 2000, 302（1–2）：112–117.

［112］ Kadir K, Sakai T, Uehara I. Structural investigation and hydrogen capacity of YMg$_2$Ni$_9$ and（Y$_{0.5}$Ca$_{0.5}$）（MgCa）Ni$_9$: new phases in the AB$_2$C$_9$ system isostructural with LaMg$_2$Ni$_9$［J］. Journal of Alloys and Compounds, 1999, 287

（1-2）：264-270.

［113］Kohno K. T., Yoshida H., Kawashima F., et al. Hydrogen storage properties of new ternary system alloys: La_2MgNi_9, $La_5Mg_2Ni_{23}$, La_3MgNi_{14}［J］. Journal of Alloys and Compounds, 2000, 311（2）：L5-L7.

［114］Lin Hu, Shumin Han, Jinhua Li, et al. Phase structure and hydrogen absorption property of $LaMg_2Cu$［J］. Materials Science and Engineering: B, 2010, 166（3）：209-212.

［115］Denys R. V., Poletaev A. A., Solberg J. K., et al. $LaMg_{11}$ with a giant unit cell synthesized by hydrogen metallurgy: Crystal structure and hydrogenation behavior［J］. Acta Materialia, 2010, 58（7）：2510-2519.

［116］Yan H. Z., Kong F. Q., Xiong W., et al. New La-Fe-B ternary system hydrogen storage alloys［J］. International Journal of Hydrogen Energy, 2010, 35（11）：5687-5692.

［117］Deng G., Chen Yungui, Mingda Tao, et al. Preparation and electrochemical properties of $La_{0.4}Sr_{0.6}FeO_3$ as negative electrode of Ni/MH batteries［J］. International Journal of Hydrogen Energy, 2009, 34（13）：5568-5573.

［118］Junhua Luo, Hongwu Xu, Yun Liu, et al. Hydrogen Adsorption in a Highly Stable Porous Rare-Earth Metal-Organic Framework: Sorption Properties and Neutron Diffraction Studies［J］. Journal of the American Chemical Society, 2008, 130：9626-9627.

［119］Dorthe B. Ravnsbæk, Yaroslav Filinchuk, Radovan Černý, et al. Thermal Polymorphism and Decomposition of Y（BH_4）$_3$［J］. Inorganic Chemistry, 2010, 49：3801-3809.

［120］Yigang Yan, Hai-Wen Li, Toyoto Sato, et al. Dehydriding and rehydriding properties of yttrium borohydride Y（BH_4）$_3$ prepared by liquid-phase synthesis［J］. International Journal of Hydrogen Energy, 2009, 34（14）：5732-5736.

［121］申泮文，汪根时，张允什，等. $LaNi_5$的化学合成及吸氢性能［J］. 稀土，1981, 3：14-18.

［122］韩钧祥. 稀土荧光材料及其应用［J］. 稀土，1987, 2：46-51.

［123］何秀春，盛照坤，陈明白，等. 彩色电视硫氧化钇（铕）红色荧光粉的制备. 北京有色金属研究总院档案. 编号：稀土冶 8-1-4.

［124］稀土发光材料发展历程［J］. 稀土史话，2007, 284：19-22.

［125］刘介寿. 新型稀土投影电视荧光粉—$LaOBr$：Tb^{3+}［J］. 中国稀土学报. 1983,（1）：62-69.

［126］关福全，韩钧祥，等. 彩色电视氧化钇铕红粉的试制. 北京有色金属研究总院档案. 编号：稀土冶 8-1-6.

［127］池利生，苏锵. $YP_xV_{1-x}O_4$（$0 \leqslant x \leqslant 1$）：$Dy^{3+}$ 的合成及其光谱性质的研究［J］. 应用化学，1993（6）：27-30.

［128］朱传惠. PYG 型稀土飞点扫描荧光粉［J］. 稀有金属，1983, 7（3）：75-79.

［129］一种蓝光激发的白色 LED 用荧光粉及其制造方法. 中国发明专利［P］. 授权号：ZL02130949.3. 授权日：2007.5.30.

［130］荧光粉的还原方法及其设备. 中国发明专利［P］. 授权号：ZL02121084.5. 授权日：2005.8.24.

［131］滕晓明. LED 用氮化物红色荧光粉的发光性能和热稳定性研究［C］. 第 11 届全国发光学术会议，2007.8. 20-25：266.

［132］Shen Ying, Zhuang Weidong, Liu Yuanhong, et al. Preparation and luminescence properties of Eu^{2+}-doped CASN-sinuate multiphase system for LED［J］. Journal of Rare earths 2010, 28（spec）：289-291.

［133］氮氧化物荧光粉及其制备方法和发光装置. 中国发明专利［P］. 授权号：ZL201410742644.8, 授权日：2016.5.4

［134］Du Fu, Zhuang Weidong, Liu Ronghui, et al. Effect of Y^{3+} on the local structure and luminescent properties of $La_{3-x}Y_xSi_6N_{11}$：Ce^{3+} phosphors for high power LED lighting［J］. RSC Advances, 2016, 6：77059-77065.

［135］F. Du, W. D. Zhuang, R. H. Liu, et al. Site occupancy and photoluminescence tuning of $La_3Si_{6-x}Al_xN_{11-x/3}$：$Ce^{3+}$ phosphors for superior color rendition high power white light-emitting diodes［J］. CrystEngComm,（Accepted, DOI：10.1039/C7CE00435D）.

［136］Jin Yuming, Liu Ronghui, Chen Guantong, et al. Synthesis and photoluminescence properties of octahedral K_2（Ge, Si）F_6：Mn^{4+} red phosphor for white LED［J］. Journal of Rare Earths, 2016, 34（12）：1173-1178.

［137］王伯伟. 混合碘化物的制备工艺研究［R］. 稀土综冶 7-1-3，北京：有色金属研究总院，1988.

［138］王伯伟. ScI_3-NaI. DyI_3-HoI_3-TmI_3 研究［R］. 稀土综冶 7-1-4，北京：有色金属研究总院，1989.

［139］杨桂林，何华强，蒋广霞，等. 超高光效复合稀土卤化物灯用发光材料的研究［J］. 材料导报，2001，15（5）：58-60.

［140］Hongbing Chen, Peizhi Yang, Changyong Zhou, et al. Growth of $LaCl_3$: Ce^{3+} crystal by the vertical bridgman process in a nonvacuum atmosphere［J］. Crystal Growth & Design, 2006, 6（4）：809-811.

［141］Hongbing Chen, Changyong Zhou, Peizhi Yang, Jinhao Wang. Growth of $LaBr_3$: Ce^{3+} single crystal by vertical bridgman process in nonvacuum atmosphere. Journal of Materials Science and Technology, 2009, 25（6）：753-757.

［142］张红梅，张明荣，张春生，等. 无水氯化镧铈晶体的制备［J］. 硅酸盐学报，2008，36（5）：612-616.

［143］桂强，张春生，张明荣，等. 大尺寸掺氯化铈的溴化镧晶体生长及闪烁性能研究［J］. 核电子学与探测技术，2011，31（11）：1195-1197.

［144］Hongsheng Shi, Laishun Qin, Wenxiang Chai, et al. The $LaBr_3$: Ce crystal growth by self-seeding bridgman technique and its scintillation properties［J］. Crystal Growth & Design, 2010, 10（10）：4433-4436.

［145］余金秋，彭鹏，刁成鹏，等. 闪烁晶体用高纯无水稀土卤化物的制备与表征［J］. 人工晶体学报，2016，45（2）：322-326.

［146］韩钧祥，盛照坤. 稀土荧光粉在静电复印和重氮复印技术中的应用［J］. 复印，1981，2：17-20.

［147］沈毅强，石云，潘裕柏，等. 高光输出快衰减 Pr：$Lu_3Al_5O_{12}$ 闪烁陶瓷的制备和成像［J］. Journal of Inorganic Materials, 2014, 5（29）：534-538.

［148］Shuping Liu, Xiqi Feng, Zhiwei Zhou, et al. Effect of Mg^{2+} co-doping on the scintillation performance of LuAG：Ce ceramics［J］. Phys. Status Solidi RRL, 2014, 1（8）：105-109.

［149］Shuping Liu, Xiqi Feng, Yun Shi, et al. Fabrication, microstructure and properties of highly transparent Ce^{3+} : $Lu_3Al_5O_{12}$ scintillator ceramics［J］. Optical Materials, 2014, 36：1973-1977.

［150］Yiqiang Shen, Xiqi Feng, Yun Shi, et al. The radiation hardness of Pr：LuAG scintillating ceramics［J］. Ceramics International, 2014, 2（40）：3715-3719.

［151］Ogino, H., Yoshikawa, A., Nikl, M., et al. Growth and luminescence properties of Pr-doped Lu_3（Ga, Al）$_5O_{12}$ single crystals［J］. Japanese Journal of Applied Physics Part 1-Regular Papers Brief Communications & Review Papers, 2007. 46（6A）：3514-3517.

［152］Nikl, M., Pejchal, J., Mihokova, E., et al. Antisite defect-free Lu_3（Ga_xAl_{1-x}）$_5O_{12}$：Pr scintillator［J］. Applied Physics Letters, 2006.（14）88-92.

［153］Fasoli, M., Vedda, A., Nikl, M., et al. Band-gap engineering for removing shallow traps in rare-earth $Lu_3Al_5O_{12}$ garnet scintillators using Ga^{3+} doping［J］. Physical Review B, 2011, 84（8）1102-1106.

［154］Cherepy N J, Seeley Z M, Payne S A, et al. Development of transparent ceramic Ce-doped gadolinium garnet gamma spectrometers［C］. Nuclear Science Symposium and Medical Imaging Conference（NSS/MIC），2012 IEEE. IEEE, 2012：1692-1697.

［155］Munoz-Garcia, A. B., L. Seijo. Structural, electronic, and spectroscopic effects of Ga codoping on Ce-doped yttrium aluminum garnet：First-principles study［J］. Physical Review B, 2010. 82（18）4118-4122.

［156］Kamada, K., Endo, T., Tsutumi, K., et al. Composition engineering in cerium-doped（Lu, Gd）$_3$（Ga, Al）$_5O_{12}$ single-crystal scintillators［J］. Crystal Growth & Design, 2011. 11（10）：4484-4490.

［157］刘光华. 稀土材料学［M］. 第一版. 北京：化学工业出版社，2007.

［158］G. H. Haertling and C. E. Land. Improved hot-pressed electrooptic ceramics in the（Pb, La）（Zr, Ti）O_3 system［J］. J. Am. Ceram. Soc., 1971, 54（6）：303-309.

［159］徐兰兰，孙丛婷，薛冬峰. 稀土晶体研究进展［J］. 中国稀土学报，2018，36（01）：1-17.

［160］邓锡铭. 中国激光史概要［M］. 北京：科学出版社，1991.

［161］倪嘉缵，洪广言. 中国科学院稀土研究五十年［M］. 北京：科学出版社，2005.

［162］徐学珍，桂尤喜，王永国. 优质大尺寸激光晶体研究进展［J］. 激光与红外，2007, 37（4）：295-299.

［163］黄晋强，权纪亮. 大尺寸 YAG 激光晶体的生长研究［J］. 山东化工，2015, 44（9）：18-19.

［164］张庆礼，殷绍唐，王爱华，等. GGG 系列激光晶体研究进展［J］. 量子电子学报，2002, 19（6）：481-484.

［165］贾志泰，陶绪堂，董春明，等. 5 英寸 Nd：GGG 激光晶体的生长［J］. 人工晶体学报，2007, 36（6）：1257-1260.

［166］张庆礼. φ140mm 提拉法 Nd：GGG 晶体研制成功［J］. 中国激光，2009, 36（3）：682.

［167］王西坡，彭桂芳. 掺钕铝酸钇（YAP：Nd^{3+}）倍频激光器的研究［J］. 中国激光，1987（4）：250.

［168］莫小刚，王永国，朱建慧，等. 大尺寸掺钕和掺铥铝酸钇晶体的生长和退火技术［J］. 人工晶体学报，2007, 36（3）：520-525.

［169］孟宪林，祝俐，张怀金，等. 掺钕钒酸钇单晶生长研究［J］. 人工晶体学报，1999, 28（1）：25-28.

［170］王国富，吴少凡. 掺钕钒酸钇激光晶体的研制和开发［J］. 中国材料进展，2010, 29（10）：25-28.

［171］涂朝阳，李坚富，朱昭捷，等. Nd^{3+}：KGd（WO_4）$_2$ 激光晶体的研究［J］. 人工晶体学报，2001, 30（02）：135-139.

［172］DONG J, DENG P Z, LU Y T, et al. Laser-diode-pumped Cr^{4+}, Nd^{3+}：YAG with self-Q-switched laser output of 1.4 W［J］. Optics Letters, 2000, 25（15）：1101-1103.

［173］DONG J, BASS M, MAO Y L, DENG P Z, et al. Dependence of the Yb^{3+} emission cross section and lifetime on temperature and concentration in yttrium aluminum garnet［J］. Journal of the Optical Society of America B-Optical Physics, 2003, 20（9）：1975-1979.

［174］张浩，宋平新，张迎九，等. Tm：YAP 激光晶体的生长及激光性能的研究［J］. 功能材料，2011, 42（10）：1735-1737.

［175］张会丽，孙敦陆，罗建乔，等. 2.9μm Tm, Ho：LuAG 激光晶体的生长与光谱性能研究［J］. 光学学报，2014, 34（4）：216-220.

［176］朱阳阳，岳银超，赵营，等. 不同气氛下 YAl_3（BO_3）$_4$ 晶体的生长和激光性能研究［J］. 人工晶体学报，2016, 45（7）：1727-1731.

［177］ILAS S, LOISEAU P, AKA G, et al. 240 kW peak power at 266 nm in nonlinear YAl_3（BO_3）$_4$ single crystal［J］. Optics Express, 2014, 22（24）：30325-30332.

［178］刘彦庆. $ReCa_4O$（BO_3）$_3$、Ca_3（BO_3）$_2$ 晶体的生长和非线性光学性能研究［D］. 济南：山东大学，2016.

［179］潘忠奔，张怀金，于浩海，等. 大口径 YCOB 晶体的提拉法生长［J］. 硅酸盐学报，2013, 41（1）：55-57.

［180］TU X N, ZHENG Y Q, XIONG K N, et al. Crystal growth and characterization of 4 in. YCa_4O（BO_3）$_3$ crystal［J］. Journal of Crystal Growth, 2014, 401：160-163.

［181］黄朝红，陆磊，周东方，等. 大尺寸无机闪烁晶体 Ce^{3+}：YAG 的生长和光谱研究［J］. 人工晶体学报，2001, 30（4）：354-357.

［182］上海光机所成功生长出直径 98mm 高品质 Ce：YAG 闪烁晶体［J］. 稀土，2013, 34（6）：12.

［183］上海光机所研制超薄 Ce：YAG 闪烁晶体用于高分辨 X 光成像［J］. 稀土，2014, 35（4）：46.

［184］孙丛婷，薛冬峰. 无机功能晶体材料的结晶过程研究［J］. 中国科学：技术科学，2014, 44（11）：1123-1136.

［185］SUN C, XUE D. Chemical bonding theory of single crystal growth and its application to φ 3″ YAG bulk crystal［J］. CrystEngComm, 2014, 16（11）：2129-2135.

［186］汪超，丁栋舟，李焕英，等. 镥铝石榴石（$Lu_3Al_5O_{12}$：Pr）晶体的生长及发光性能［J］. 人工晶体学报，2015, 44（12）：3389-3394.

［187］冯大建，丁雨憧，刘军，等. Ce：GAGG 闪烁晶体生长与性能研究［J］. 压电与声光，2016, 38（3）：430-432.

［188］徐军，王四亭，吴光照，等. 新型高效闪烁晶体 Ce：Gd_2SiO_5 的生长［J］. 人工晶体学报，1995，24（3）：261–263.

［189］介明印，赵广军，何晓明，等. 掺铈硅酸钆闪烁晶体的研究进展与发展方向［J］. 人工晶体学报，2005，33（1）：136–143.

［190］ZHU RY. Quality of Long LSO/LYSO Crystals［J］. Journal of Physics：Conference Series，2012，404（1）：012026.

［191］王佳，岑伟，李和新，等. 大尺寸闪烁晶体 Ce：LYSO 的生长［J］. 压电与声光，2013，35（3）：401–403.

［192］许东利，薛冬峰. 结晶生长的化学键合理论［J］. 人工晶体学报，2006，35（3）：598–603.

［193］He Feng，Dongzhou Ding，Huanying Li，et al.Annealing effects on Czochralski grown $Lu_2Si_2O_7$：Ce^{3+} crystals under different atmospheres［J］. Journal of Applied Physics，2008 103：083109.

［194］万欢欢，冯鹤，肖丰，等. $Gd_2Si_2O_7$–$Ce_2Si_2O_7$ 体系的相关系及其发光性能［J］. 硅酸盐学报，2017，45（1）：64–69.

［195］桂强，张春生，邹本飞，等. 直径 2 英寸氯化铈掺杂溴化镧晶体的制备与闪烁性能研究［J］. 人工晶体学报，2013，42（04）：616–619.

［196］胡德康，潘绍瑜. ϕ 55mm 优质 GGG 单晶的生长［J］. 人工晶体，1988（Z1）：233.

［197］王伟. 大尺寸 YBCO 超导单晶体的生长及其元素掺杂研究［D］. 上海：上海交通大学，2014.

［198］郭林山. 高温超导膜面外取向精细调控及大尺寸晶体生长研究［D］. 上海：上海交通大学，2015.

［199］CHEN X H，WU T，WU G，et al. Superconductivity at 43 K in $SmFeAsO_{(1-x)}F_x$［J］. Nature，2008，453：761–762.

［200］李玉科. 1111 相铁基超导体 LnFeAsO 的元素替代效应［D］. 杭州：浙江大学，2010.

［201］PLACHINDA P A，DOLGIKH V A，STEFANOVICH S Y，et al. Nonlinear–optical susceptibility of hilgardite–like borates $M_2B_5O_9X$（M = Pb，Ca，Sr，Ba，X = Cl，Br）［J］. Solid State Sciences，2005，7（10）：1194–1200.

［202］XUE D，SUN C，CHEN X. Hybridized valence electrons of $4f^{0-14}5d^{0-1}6s^2$：the chemical bonding nature of rare earth elements［J］. Journal of Rare Earths，2017，35（9）：837–843.

［203］仲维卓，刘光照，华素坤. 若干晶体结晶习性的形成机理［J］. 无机材料学报，1994，9（1）：7–14.

［204］SUN C，XUE D. Chemical bonding theory of single crystal growth and its application to crystal growth and design［J］. CrystEngComm，2016，18（8）：1262–1272.

［205］DIODATI S，DOLCET P，CASARIN M，et al. Pursuing the crystallization of mono–and polymetallic nanosized crystalline inorganic compounds by low–temperature wet–chemistry and colloidal routes［J］. Chemical Reviews，2015，115（20）：11449–11502.

［206］WANG Y，SUN C，TU C，et al. Applying the chemical bonding theory of single crystal growth to a $Gd_3Ga_5O_{12}$ Czochralski growth system：both thermodynamic and kinetic controls of the mesoscale process during single crystal growth［J］. CrystEngComm，2015，17（15）：2929–2934.

［207］SUN C，WANG Y，TU C，et al. Mesoscale morphology evolution of a $GdAl_3$（BO_3）$_4$ single crystal in a flux system：a case study of thermodynamic control of the anisotropic mass transfer during crystal growth［J］. CrystEngComm，2015，17（17）：3208–3213.

［208］YOON D H，FUKUDA T. Characterization of $LiNbO_3$ micro single–crystals grown by the micro–pulling–down method［J］. Journal of Crystal Growth，1994，144（3–4）：201–206.

［209］Saldick J. Graft Polymerization of PAN Initialed by Ce（Ⅲ）［J］. J Polym Sci，1956，19：73–89.

［210］Finch C A. Int Symp on Macromolecular Chemistry［J］. Mosoow：1960，11. 364.

［211］Jorgenson C K. Electron Transfer Spectra of Lanthanide complexes［J］. Mol Phys，1962，（5）：271–277.

［212］沈之荃，等. 稀土化合物在定向聚合中的催化活性［J］. 科学通报，1964，335：1339–1349.

［213］高田幸人. 国部恭一郎. ビニル樹脂安定化法：日本特殊公报，昭 46–40421. 1971–05–23.

［214］郑万云. 稀土化合物在工程塑料中的应用及理论［J］. 有色金属与稀土应用，1987，（1）：36-39.

［215］李萍. 稀土在涤纶及其混纺纱线染色中的应用研究［J］. 稀土，1987，1：42-46.

［216］林蕴和，等. 稀土元素在真丝染色中的应用及机理探讨［J］. 纺织学报，1990，（7）：24.

［217］章伟光，等. 橡胶硫化稀土促进剂的硫化性能研究［J］. 化学工程师，1992，27（3）：7-9.

［218］邱关明，等. 稀土 PMMA 包裹硅铝氧烷凝胶填充天然橡胶的抗疲劳作用［J］. 中国稀土学报，2002，20（1）：45-48.

［219］潘远凤，等. 稀土高分子发光材料研究的新进展［J］. 功能高分子学报，2003，16（4）：570-574.

［220］吴茂英，等. 稀土高分子材料助剂开发研究进展［J］. 稀土，2004，25（1）：63-67.

［221］孙文秀，等. 聚酰胺与稀土离子相互作用的研究［J］. 化学学报，58，1602-1607，2000.

［222］Xu YZ et al., A New Mechanism of Raman Enhancement and Its Application［J］. Chemistry-A European Journal，8，5323-5331，2002.

［223］Zhang CF et al., Crystalline Behaviors and Phase Transition during The Manufacture of Fine Denier PA6 Fibers［J］. Science in China Series B-Chemistry，52，1835-1842，2009.

［224］Li HZ et al., A New Facile Method for Preparation of Nylon-6 with High Crystallinity and Special Morphology［J］. Macromolecules，42，1175-1179，2009.

［225］章成峰，等. 生产细旦或超细旦尼龙纤维的组合物以及生产细旦或超细旦尼龙纤维的方法［P］. 中国发明专利，ZL 200710099455.3.

［226］来国桥，等. 细旦 / 超细旦锦纶母粒、POY 长丝、DTY 弹力丝及其制备方法［P］. 中国发明专利，ZL2009 10311395.

［227］来国桥，等. 生产细旦或超细旦尼龙纤维的组合物以及生产细旦或超细旦尼龙纤维的方法［P］. 中国发明专利，ZL200710099455.3.

［228］来国桥，等. 一种尼龙 66 树脂、尼龙 66 长丝及其制备方法［P］. 中国发明专利，ZL201110093112.2.

［229］郝超伟，等. 一种尼龙 6 树脂、尼龙 6 长丝及其制备方法［P］. 中国发明专利，ZL201110092912.2.

［230］郝超伟，等. 超细旦 PA6FDY 的开发［J］. 合成纤维工业，2010，33（6）：60-62.

［231］刘建钢，刘建宁，王飞，等. 一种硫熔法制备红色颜料用倍半硫化饰的方法［J］. CN102107902A，2011-06-29.

［232］沈化森，储茂友，黄松涛，等. -Ce2S3 型红颜料的制备研究［J］. 稀有金属，2002，26（5）：409-412.

［233］张明. 稀土倍半硫化物的合成及性质研究［D］. 博士论文. 大连：大连海事大学，2011.

［234］Roméro S，Mosset A，Trombe J-C，et al. Low-temperature process of the cubic lanthanide sesquisulfides: remarkable stabilization of the γ -Ce2S3 phase［J］. J Mater Chem，1997，7（8）：1541-1547.

［235］Prewitt CT，Sleight AW. Structure of Gadolinium sesquisulfide［J］. Inorg Chem，1968，7（6）：1090-1093.

［236］Besancon P，Laruelle P. Alpha-variety of rare earth sulfides［J］. CR Acad Sci Paris，Ser C，1969，268（1）：48.

［237］Besancon P. Teneur en oxygéne et formule exacte dúne famille de composés habituellement appelés "variété β" ou "phase complexe" des sulfures de terres rares［J］. J Solid State Chem，1973，7：232.

［238］张洪杰，李成宇，庞然，等. 稀土着色剂及其制备方法［P］. CN201110023162，2011-07-20.

［239］Perrin MA，Wimmer E. Color of pure and alkali-doped cerium sulfide: A local-density-functional study［J］. Phys Rev B，1996，54（4）：2428-2435.

［240］Yuan HB，Zhang JH，Yu RJ，Su Q. Synthesis of rare earth sulfides and their UV-vis absorption spectra［J］. J Rare Earths，2009，27（2）：308-311.

［241］张洪杰，于江波. 红色稀土硫化镧铈颜料及其制备方法［P］. CN 101104746，2008-01-16.

［242］Schevciw O，White WB. The optical absorption edge of rare earth sesquisulfides and alkaline earth-rare earth sulfides［J］. Mater Res Bull，1983，18（9）：1059-1068.

［243］Forster CM，White WB. Optical absorption edge in rare earth sesquisulfides［J］. Mater Res Bull，2006，41：448-454.

［244］Mauricot R, Gressier P, Evain M, Brec R. Comparative study of some rare earth sulfides: doped－［A］M2S3（M = La, Ce and Nd, A = Na, Kand Ca）and undoped－M2S3（M = La, Ce and Nd）［J］. J Alloys Compounds, 1995, 223（1）: 130–138.

［245］张洪杰, 庞然, 邓瑞平, 等. 稀土着色剂的制备方法［P］. CN201110023164, 2011–07–13.

［246］Zhukov V, Mauricot R, Gressier P, et al. Band electronic structure study of some doped and undoped－Ln_2S_3（Ln=La, Ce, Pr, and Nd）rare earth sulfides through LMTO–TB calculations［J］. J Solid State Chem, 1997, 128（2）: 197–204.

［247］Prokofiev AV, Shelykh AI, Golubkov AV, et al. Crystal growth and optical properties of rare earth sesquiselenides and sesquisulphides––new magneto–optic materials［J］. J Alloys Compounds, 1995, 219（1–2）: 172–175.

［248］Hirai S, Sumita E, Shimakage K, et al. Synthesis and sintering of cerium（II）monosulfide［J］. J Am Ceram Soc, 2004, 87（1）: 23–28.

［249］任杰, 周春根. 硅热还原三硫化二铈制备单硫化铈［J］. 湖南有色金属, 2006, 22（2）: 33–36.

［250］Mirkovic T, Hines MA, Nair PS, et al. Single–source precursor route for the synthesis of EuS nanocrystals［J］. Chem Mater, 2005, 17: 3451–3456.

［251］Sleight AW, Prewitt CT. Crystal chemistry of the rare earth sesquisulfides［J］. Inorg Chem, 1968, 7（11）: 2282–2288.

［252］Kamarzin AA, Mironov KE, Sokolov VV, et al. Growth and properties of lanthanum and rare–earth metal sesquisulfide crystals［J］. J Crystal Growth, 1981, 52: 619–622.

［253］王友. 高优值系数稀土硫化物热电材料的合成及性能研究［D］. 博士论文. 内蒙古: 内蒙古科技大学, 2007.

［254］Marrot F, Mosset A, Trombe JC, et al. The stabilization of －Ce_2S_3 at low temperature by heavy rare earths［J］. J Alloys Compounds, 1997, 259: 145–152.

［255］Luo XX, Zhang M, Ma LB, et al. Preparation and stabilization of－La_2S_3 at low temperature［J］. J Rare Earths, 2011, 29（4）: 313–316.

［256］吴宪江, 于世泳, 曾尚红, 等. 镨钕掺杂对 －Ce_2S_3 红颜料性能的影响［J］. 中国稀土学报, 2011, 29（6）: 714–717.

［257］Stober W, Fink A. Controlled growth of monodisperse silica spheres in the micron size range［J］. J Colloid Interface Sci, 1968, 26: 62–69.

［258］Chopin T, Dupuis D. Rare earth metal pigment compositions［P］. US 5401309A, 1995–03–28.

［259］Sylvain B, Macaudiere P. Sulphur compounds coated with a zinc compound for use as pigment［P］. FR 2741629（A1）, 1997–05–30.

［260］Franck F. Rare earth sulphide composition with improved chemical stability, preparation method and use thereof as pigment［P］. US 2003159621A1, 2003–08–28.

［261］Laronze H, Demourgues A, Tressaud A, et al. Preparation and characterization of alkali–and alkaline earth–based rare earth sulfides［J］. J Alloys Compounds, 1998, 275–277: 113–117.

［262］Macaudiere P, Morros J, Tourre J–M. Process for treating rare earth sulfide pigments, thus obtained pigments and their use［P］. EP 0628608（A1）, 1994–12–14.

［263］储茂友, 沈化森, 沈剑韵, 等. 新型颜料－稀土倍半硫化物（Ln_2S_3）的制备及应用前景［J］. 稀有金属, 2002, 26（2）: 134–138.

［264］张华, 杜海燕, 孙家跃. 稀土颜料的研究进展［J］. 化工新型材料, 2007, 35（9）: 27.

［265］熊炳昆, 陈蓬, 郭伯生, 等. 稀土农林研究与应用［M］. 北京: 冶金工业出版社, 2000: 4–5, 67, 352–370.

［266］李文连, 王庆荣, 卫革东, 等. 含稀土有机配合物的光能转换蔬菜大棚薄膜的研究［J］. 稀土, 1993, 14（1）: 25–28.

［267］郭伯生，竺伟民，熊炳昆，等. 农业中的稀土［M］. 北京：中国农业科技出版社，1988：1-310.

［268］王彩凤. 稀土在农业中应用的又一重大成果——稀土复合肥通过国家验收［J］. 稀土信息，1994，6：7.

［269］王树茂，郑伟. 迎接稀土农用技术发展新时期［J］. 稀土信息，1996，5：9-12.

［270］宁加贲. 离子型稀土农用综合技术研究通过鉴定［J］. 稀土信息，1996，Z1：10.

［271］郑伟. 国家自然基金重大项目"稀土农用的环境化学行为及生态、毒理效应"取得重大进展［J］. 稀土信息，2002，11：2-6，9.

［272］胡改善. 全国稀土农用协作网成立二十周年纪念暨全国稀土农用技术发展战略研讨会召开［J］. 稀土信息，1999，11：11.

［273］熊炳昆，郑伟，陈蓬，等. 农业环境中的稀土［M］. 北京：中国林业出版社，1999：1-248.

［274］梁兴泉，曾能. 我国稀土光功能农膜的研究进展［J］. 广西大学学报（自然科学版），2001，（4）：298-300.

［275］杨军，刘向生，王甲辰，等. 我国稀土农用现状、发展趋势及对策［J］. 稀土信息，2009，4：29-31.

［276］余超，何洁仪，李迎月，等. 不同生产年份普洱茶稀土残留状况分析［J］. 职业与健康，2016，32（6）：758-759，763.

［277］赵清荣，雒婉霞，程晓华，等. 新疆市售肉中稀土元素含量调查［J］. 疾病预防控制通报，2016，31（2）：8-11，14.

［278］程国霞，王彩霞，田丽，等. 陕西省蔬菜中稀土元素的含量特征及评价［J］. 现代预防医学，2016，43（13）：2355-2358，2371.

［279］Wang LH, Li JG, Zhou Q, et al. Rare earth elements activate endocytosis in plant cells［J］. PNAS, 2014, 111（35）：12936-12941.

［280］罗连光. 我国稀上农用又取得长足进展［J］. 稀土信息，1992，1：4-5.

［281］户如霞，程建波，卜登攀，等. 稀土壳糖胺螯合盐生物学功能及其在动物生产中的应用［J］. 动物营养学报，2013，25（8）：1703-1707.

［282］杜尚儒. 稀土饲料有望成为牛羊的"味精"——访包头稀土研究院副院长许涛［J］. 新西部，2010，12：29.

［283］瑞泽. 鱼水情深"八字"之首科技创新发展之魂——全省稀土渔用技术推广座谈交流会侧记［J］. 四川稀土，2007，1：28-29.

［284］《食品安全国家标准食品中真菌毒素限量》（GB2761—2017）及《食品安全国家标准食品中污染物限量》（GB2762—2017）解读［J］. 中国食品卫生杂志，2017，29（2）：154，229，237，250.

［285］王甲辰，亢锦文，刘向生，等. 硝酸稀土植物生长调节剂（GB9968-2008）. 中华人民共和国国家标准.

［286］王甲辰，亢锦文，刘向生，等. 柠檬酸稀土络合物饲料添加剂（XB504-2008）. 中华人民共和国稀土行业标准.

［287］陈兴安. "稀土化合物对小鼠免疫功能的增强及其抑癌作用十年研究"课题通过鉴定［J］. 稀土信息，2001，7：9.

［288］利用稀土促进抗癌药物紫杉醇合成技术［J］. 稀土信息，2002，12：6.

［289］王国平，雷群芳. 钆（Ⅲ）-喹诺酮配合物的合成、抗菌活性与抗肿瘤活性［J］. 浙江大学学报（理学版），2003，30（4）：417-421.

［290］尹敬群，田君，晏南富，等. 碳酸镧药物在高磷血症中的应用进展［J］. 生物化工，2016，2（3）：54-60.

［291］陈兴安. 我国正在开展稀土化合物抗SARS病毒药物研究［J］. 稀土信息，2003，11：14.

［292］余成洲，应启明. 我国第一条钐-钴永磁粉末生产线建成投产［J］. 粉末冶金技术，1983（4）.

［293］郭朝晖，李卫. 新型高温稀土永磁体的研究概况［J］. 金属功能材料，2000，7（5）：1-6.

［294］李卫，朱明刚. 高性能稀土永磁材料及其关键制备技术［J］. 中国有色金属学报，2004，14（f01）：332-336.

［295］N. F. Chaban, YuB Kuz'ma, N. S. Bilonizhko, et al. Petrov, Ternary（Nd, Sm, Gd）-Fe-B Systems, Dopov［J］. Akad. Nauk U RSR Ser. A Fit. Mat. Tekh. Nauki, 1979: 10：873-876.

［296］李红卫，徐静，于敦波，等. 一种具有织构的稀土铁硼合金快冷厚带及其制备方法［P］. CN101255526 ［P］. 2008.

［297］朱明刚，李卫. 多（硬磁）主相永磁体及矫顽力机制研究现状与展望［J］. 科学通报，2015，（33）：3161-3168.

［298］朱明刚，李卫，李岩峰，等. La-Fe 基双主相磁体及其制备方法［P］. 中国专利：201310683404. 0，2013-12-13.

［299］李卫，朱明刚，冯海波，等. 低成本双主相 Ce 永磁合金及其制备方法［P］. 中国专利：CN102800454，2012-11-28.

［300］朱明刚，李卫，韩瑞，等. 一种高矫顽力烧结态 Ce 磁体或富 Ce 磁体及其制备方法［P］. 中国专利：201510686157. 9，2015-10-21.

［301］Minggang Zhu, Wei Li, Jingdai Wang, et al. Influence of Ce content on the rectangularity of demagnetization curves and magnetic properties of Re-Fe-B magnets sintered by double main phase alloy method［J］. IEEE transactions on magnetics, 2014, 50（1）：1000104.

［302］Minggang Zhu, Rui Han, Wei Li, Shulin Huang, et al. An enhanced coercivity for（CeNdPr）-Fe-B sintered magnet prepared by structure design［J］. IEEE transactions on magnetics, 2015, 51（11）：2104604.

［303］周栋. 钢铁研究总院先进永磁材料基础科学及应用技术研究团队［J］. 中国材料进展，2016，32（2）：121-124.

［304］李卫，朱明刚. 高性能金属永磁材料的探索和研究进展［J］. 中国材料进展，2009，28（9）：62-73.

［305］于敦波. 稀土粘结永磁材料. 中国科技论坛. 2014.

［306］Yang Luo, Dunbo Yu, Hongwei Li, et al. Phase and microstructure of TbCu$_7$-type SmFe melt-spun powders［J］. 稀土学报（英文版），2013，31（4）：381-385.

［307］吴桂勇. TbCu$_7$ 型各向同性 SmFeN 的热稳定性研究［D］. 北京有色金属研究总院，2017.

［308］王士显. TbCu$_7$ 型快淬 SmFe 合金的制备及组织结构研究［D］. 北京有色金属研究总院，2012.

［309］Wenlong Yan, Ningtao Quan, Yang Luo, et al. Structure and hard magnetic properties of TbCu$_7$-type SmFe$_{8.95-x}$ Ga$_{0.26}$Nb$_x$ nitrides［J］. 稀土学报（英文版），2018，36（2）：165-169.

［310］胡昌勇，张世荣，于敦波，等. TbCu$_7$ 型 SmFe$_9$ 合金氮化过程中氮原子的扩散［J］. 中国稀土学报，2012，30（5）：37-41.

［311］杨红川，李红卫，张世荣，等. 制备稀土磁致伸缩材料的方法和稀土磁致伸缩材料［P］. CN1570187［P］. 2004.

［312］胡伯平. 稀土永磁材料的现状与发展趋势［J］. 磁性材料及器件，2014，45：66-80.

［313］刘贤豪，赵洪池，梁淑君. 光致发光材料的研究进展［J］. 信息记录材料，2005，6：26-30.

［314］稀土发光材料发展历程［J］. 稀土信息，2007，27：19-22.

［315］郭瑞华，李梅. 稀土抛光粉的发展现状及应用［J］. 稀土，2005，26：82-85.

［316］倪嘉缵，洪广言. 中国科学院稀土研究五十年［M］. 北京：科学出版社，2005.

［317］徐光宪. 稀土［M］. 北京：冶金工业出版社，1978.

［318］王珺之. 中国稀土保卫战［M］. 北京：中国经济出版社，2011.

［319］张洪杰，孟建，唐定骧. 高性能镁稀土结构材料的研制、开发与应用［J］. 中国稀土学报，2004，第 22 卷，第 1 期，40-47 页.

［320］魏龙. 日本稀土政策演变及其对我国的启示［J］. 现代日本经济，2014（2）.

［321］黄健. 浅析日本稀土战略［J］. 稀土信息，2010（8）.

中国稀土学科史大事记
（1927—2016 年）

1927 年

▲ 1927 年 7 月 3 日，中瑞（典）西北科学考察团中的中国地质工作者丁道衡（1898—1955）在途经包头白云鄂博时，首次发现白云鄂博矿主峰裸露的铁矿体，对该矿的地形地貌、地质结构、矿的生成、储量、成分及地表水源等项目进行了调查，并采集了岩矿标本。该团成员詹蕃勋绘制了两幅地形图。

1933 年

▲丁道衡在《地质汇报》第 23 期上发表了《绥远白云鄂博铁矿报告》，首次将白云鄂博矿公之于世，引起国内外地质矿业界的关注。

1934 年

▲我国著名矿物学家、中央研究院地质研究所研究员何作霖（1899—1967）在北平对丁道衡采回的白云鄂博矿石进行研究，发现该矿含有两种稀土矿物。

1935 年

▲何作霖在《中国地质学会会志》第 14 卷第 2 期上发表题为《绥远白云鄂博稀土类矿物的初步研究》（英文）的研究报告，首次向世界宣告，在白云鄂博萤石型矿石中发现两种稀土矿物。何作霖以"白云矿"和"鄂博矿"对所发现的两种稀土矿物予以命名。后经验证，这两种矿物即是氟碳铈矿和独居石。而后，我国著名化学家严济慈教授用光谱仪分析了白云鄂博矿，发现两种稀土矿物中的镧、铈、钕等元素含量，进一步证实了白云鄂博铁矿中伴生有大量稀土元素。

▲上海开始汽灯纱罩生产，其原料硝酸钍和硝酸铈均从英国进口，这是我国最早的稀土应用项目。

1944 年

▲6 月 11 日—8 月 2 日，台湾省地质工作者黄春江等人受伪华北开发会社资源调查局派遣，在白云鄂博进行了为时 70 天的调查。调查中，除发现白云鄂博"东方矿体"及"西方矿体群"（今白云鄂博铁矿的东矿和西矿）以外，还见到"萤石中常包裹淡绿黄色、微粒状屈折率较高

之矿物"。黄春江称:"此矿物曾由何作霖教授详细研究,分别为'白云矿'及'鄂博矿',系含有铈、镧等之稀土类元素矿物。"调查结束后,黄春江将其采集到的矿脉中氟石较富之标本数块,送到日本京都帝大田久保教授及东京帝大黑田副教授处,"据两氏分析之结果,氧化稀土元素(大部分为氧化铈)为 2.80% ~ 12%"。

1945 年

▲北京大学理学院日本人富田达对黄春江调查队所送的白云鄂博岩矿标本进行了室内研究,证实"白云矿"和"鄂博矿"为铈矿物。

据报告称,少量白云鄂博铁矿石曾在鞍山"昭和制钢所"进行试炼,效果良好。部分稀土矿样曾送日本京都帝大田久保和东京帝大黑田处进行了研究。

1946 年

▲ 8 月,台湾省地质工作者黄春江提交的《绥远百灵庙白云鄂博附近铁矿报告》,在《地质评论》第 11 号发表,认为"其规模之宏大为华北该种矿床之冠"。矿中的萤石是"殊堪注目"的稀有元素矿物。他首肯丁道衡关于在包头附近建设大型钢铁企业的设想,进而指出应用黄河为钢铁企业的水源。

1947 年

▲中央地质调查所北平分所所长高平等 4 人踏勘了白云鄂博矿区,并在北平对采集的岩矿标本进行室内研究。高平在《地质评论》第 13 卷第 3 ~ 4 合期上发表了《内蒙古草原地质》的报告,论述了白云鄂博铁矿和稀土元素矿产资源的发现,并进行评价。

1949 年

▲ 12 月,在全国第一次钢铁会议上,中央人民政府把包头列为"关内新建钢铁中心"之一,决定投入大量人力、物力对白云鄂博矿进行勘探工作。

1950 年

▲中央人民政府财经委员会将白云鄂博地质工作交由北京地质调查所负责。该所组成了以严坤元为队长的白云鄂博地质调查队,并于 5 月对白云鄂博主矿进行地质勘探和研究。该队 1951 年改称矿产地质勘探局白云鄂博铁矿调查队,1953 年又改名地质部华北地质局 241 地质勘探队。

1951 年

▲矿产地质勘探局分两批将 6 箱白云鄂博矿样交重工业部综合工业试验所。该所李维时对矿样进行分析证实:白云鄂博矿中的稀土大部分为铈,其余有镧、镨、钇等,并提取出 115 克稀土氧化铈,提供电极厂试做放映电影用的电极碳棒。李维时于同年提交了《铈之提取研究报告》。

1952 年

▲为解决国外对我国钍的禁运，中国科学院长春应用化学研究所的钟焕邦、苏锵、赵贵文、唐定骧、易瑛等人开始进行从独居石中提取分离钍的研究，以广西八步平桂矿务局开采锡矿过程中积累的独居石作为提取分离钍的原料。稀土作为副产品被分离出来。

1953 年

▲8 月 8 日，中国科学院召开第 25 次院务常务会议，讨论通过了"大冶、白云鄂博铁矿研究计划大纲"，并呈报国家文委审批。"大纲"规定，"鉴于白云鄂博铁矿情况特殊，其中含有一定数量的稀土金属与萤石，在生铁冶炼工作上尚无前例，所以该矿的研究工作应以冶炼为主，但必须同时进行选矿工作"。

▲9 月 23 日，郭承基、钟志诚、张大炳提出《绥远省白云鄂博矿的研究报告》。详述了郭承基等对何作霖于 1934 年发现的"白云矿"和"鄂博矿"进行的研究，论述了这两种稀土矿物的物质成分、物理性质及化学分析方法。通过分析，结果确定白云鄂博稀土矿为以铈组稀土为主要成分的轻稀土矿（Y_2O_3 含量为 0.32%）。

1954 年

▲中国科学院上海冶金陶瓷研究所研究成功用硅铁还原含稀土高炉渣制取稀土硅铁合金的独特工艺（1963 年获得国家创造发明奖二等奖）。

1955 年

▲11 月 15—16 日，包头钢铁公司设计总承包单位苏联黑色冶金设计院，举行包钢初步设计技术讨论会。该设计院院长考锡列夫在会上报告说，在包钢初步设计中，遇到下述困难：矿石复杂，性质特殊，含有 10% 的氟和 8% 的稀土元素，世界上从未见过。

1956 年

▲4 月 25 日，全国矿产储量委员会审查了地质部华北地质局 241 地质队 1951—1955 年提交的《内蒙古白云鄂博西矿地质勘探报告》。

▲中国科学院金属研究所经过 3 年的时间（从 1953 年开始）对白云鄂博矿进行研究，提出了 6 份报告，提供了选矿初步设计及设计方案等技术资料，在学术领域首次阐明了白云鄂博矿石的选矿方法和流程。

1957 年

▲2 月 27 日，包头钢铁公司决定成立白云鄂博铁矿。

▲上海永联化工厂开始用独居石为原料试制硝酸钍，独居石矿来自广西平桂矿务局，采用氢氧化钠分解工艺。由于自身厂房狭小，磨粉和氢氧化钠分解两个工序由上海大新化工厂承担。分解完的物料返回永联化工厂，采用草酸和硫代硫酸钠沉淀法精制成硝酸钍，稀土复盐为副产品。

▲中国科学院长沙矿冶研究所开始进行从白云鄂博选铁尾矿中回收稀土的选矿研究，用大豆油硫酸化皂为捕收剂，采用浮选法得到稀土粗精矿。

▲中国科学院上海冶金陶瓷研究所编写《包头矿提取稀土研究工作第三次进度报告》。

1958 年

▲中国科学院长春应用化学研究所苏锵、任玉芳开始溶剂萃取分离稀土的研究工作。

▲1月，冶金工业部决定在钢铁工业综合研究所基础上成立钢铁研究院。是年成立精密合金研究室，开始进行永磁材料、硅钢、弹性膨胀合金等研究工作，是我国最早专业从事永磁材料研发的单位；同时决定有色金属工业综合研究所扩大为有色金属研究院，是年成立。

第五冶金研究室，专门从事稀土分离提取和稀土材料应用研究，是我国最早的综合性稀土研究单位之一。

▲7月，湖南冶金材料研究所（湖南稀土金属材料研究院前身）成立，建立了稀土中心试验车间和冶金（稀土）研究室。

▲中苏白云鄂博合作地质队提交了《1958年度中苏白云鄂博合作地质队野外工作总结》，其中包括：工作情况、地质工作成果在实际和理论上的意义及工作取得的经验。合作队对白云鄂博所含稀土元素矿物再次确定为白云矿为氟碳铈矿、鄂博矿为独居石。

▲上海冶金陶瓷研究所的"炉渣入电炉冶炼混合稀土硅铁合金－湿法冶金制取氯化稀土－氯化稀土电解制取稀土金属的工艺流程"、长沙矿冶研究所的"选铁尾矿选出大于40%品位的稀土精矿工艺流程"、上海冶金陶瓷研究所的"稀土精矿酸法、碱法处理工艺"和"镧、铈、镨、钕、钐、钆、镝、钇等单一稀土金属的制备"、十几个单位参加的"稀土在钢铁中应用研究"等项目对白云鄂博复杂多金属共生矿在稀土提取利用研究方面取得了突破性进展。

▲有色金属研究院从1958年开始，针对独居石、褐钇铌矿和包头稀土矿，从矿石分解、变价元素的分离、化学法分离、离子交换分离与基础理论，溶剂萃取分离，氯化与熔盐电解，单一稀土金属和稀土合金的制取等领域，开展了多方面的研究工作，提出了除钷以外16个稀土（包括钪）的分离和金属制备的工艺技术。

▲中科院长春应用化学研究所综合使用分级结晶法、分级沉淀法、氧化还原法、离子交换法等，从独居石和包头尾矿所得的混合稀土中分离出15个单一稀土元素并建成稀土分离的中间工厂。在分离流程中，采用了EDTA和NTA作淋洗液的离子交换法分离稀土。开展了稀土的化学分析法、电弧/火花原子发射光谱法、X射线荧光分析法、吸收光谱法等分析方法的研究，解决不同稀土含量的样品分析。在此期间，结合稀土的分离流程研究，开展了分离化学、配位化学、萃取化学、物理化学分析等基础研究。

▲北京有色冶金设计研究总院和包钢设计院合作，根据冶金部1958年冶密设131号文及冶设224号文，编制了《包头稀土金属试验厂设计意见书》。工程规模为混合稀土金属50吨/年，用包钢高炉渣为原料，用5吨电弧炉还原回收稀土生产硅铁稀土合金，进而用HCL浸出，过滤浓缩得氯化稀土，熔盐电解得混合稀土金属。工艺由中国科学院上海冶金陶瓷研究所提供。厂址设于包钢炼钢厂南3千米。

1959 年

▲ 9 月，中科院地质研究所研究员、我国著名岩石矿物学家何作霖同苏联科学院教授 Г. А. 索洛科夫等 19 人组成的中苏合作地质队，完成了对白云鄂博矿床中的轻稀土元素进行地球化学、矿物学及成矿规律的研究。

▲ 12 月 30 日，包钢第二选矿厂第一座 5 吨电炉建成并炼出第一炉稀土硅铁合金。这是包头工业规模生产稀土合金的起始点。

▲中苏科学院白云鄂博合作地质队（中方队长为何作霖教授，苏方队长为索科洛夫教授，秘书为司幼东教授），经过 1958—1959 两年的野外地质工作和室内实验工作，编写出了《内蒙古白云鄂博铁 - 氟 - 稀土和稀有矿床研究总结报告》，作为内部资料，分上、下两册存档。

▲中国科学院上海冶金陶瓷研究所编写了《从包头铁矿中提取稀土元素第六次报告》。报告论述了用硅铁还原法从炉渣中提取稀土的研究获得初步成功后，曾在电弧炉及反射炉中进行扩大试验，初步证明该法具有工业化可行性。但所得合金质量不够稳定，杂质含量较高，且在电弧炉中反应时间较长。因此，该所针对上述问题又进行了较深入的工业性试验。

▲包头钢铁公司撤销了有色金属厂筹备处，成立第二选矿厂（即后来的 704 厂）。

▲上海工业生产委员会决定筹建上海稀有元素化工厂，后改名为上海跃龙化工厂，该厂由上海医药工业设计院承担设计。

▲上海跃龙化工厂在生产筹建过程中，利用上海永联化工厂处理独居石后堆存的大量稀土复盐，试制成功打火石。

▲湖南冶金材料研究所亦于同年试制成功打火石，结束了我国进口打火石的历史。

▲ 241 地质队李毓英的专著《白云鄂博铁矿地质与勘探》一书，由地质出版社出版。

▲中国科学院地质研究所洪文兴和包钢白云鄂博铁矿姜中元编写了《白云鄂博铁矿铌、钽产出情况及远景评价报告及其附图》。

▲上海跃龙化工厂处理独居石工艺改用硫酸分解法（简称酸法）。

▲包钢用稀土硅铁合金作球化剂，试制成功球墨铸铁。

1960 年

▲中国科学院长春应用化学研究所苏锵、李德谦开展用磷酸二丁酯（HDBP）及 P_{204} 萃取分离钍、铈（IV）和提取混合稀土的研究，苏锵首次提出了镧系元素性质变化的几种类型和钇与镧系元素相互之间的位置关系。

▲年初，包钢生产出的稀土硅铁合金提供给内蒙古第一机械制造厂和第二机械制造厂，试制用稀土代替镍、铬的军用钢材。

▲ 5 月，内蒙古第二机械制造厂、五机部五二研究所、大冶钢厂开始研制"701"无镍稀土炮钢，1969 年研制成功，1970 年冶金部和五机部联合批准定型。

▲根据中央指示，湖南冶金材料研究所开展了军用稀土材料的研制工作，先后完成了军工钢所需的添加剂—铈铁合金和军用电子管（WY2P、WY3P、WYP）阴极材料—混合稀土金属棒材的研制。

▲上海跃龙化工厂开始生产氧化钇。采用工艺为以独居石分离钍后的稀土复盐为原料，

经多次通氨分级沉淀、结晶而成，氧化钇纯度分 92% 和 95% ~ 97% 两种。

▲中国科学院长春应用化学研究所钟焕邦、苏锵、唐定骧、任玉芳、李有谟等人于 50 年代末开始了稀土萃取的研究。利用水杨酸、马尿酸、羧酸等作为萃取剂，从钇族稀土中分离钇。

▲中国科学院长春应用化学研究所提出醋酸铵离子交换法分离高纯氧化钇。

1961 年

▲1 月，北京有色冶金设计研究总院完成了"包钢 704 厂"的修改设计，产品设计规模为年产各种规格的稀土硅铁合金 10 000 吨。这是当时世界上最大的稀土硅铁合金厂。

▲3 月，包钢 8861 工程（后为包钢稀土三厂）开工建设。建设项目包括：稀土精矿选矿车间；混合稀土氧化物、混合稀土金属、单一稀土氧化物、单一稀土金属提取分离车间以及相应的辅助设施工程。

▲5 月 5 日，包钢 704 厂稀有金属研究所成立。

▲湖南冶金材料研究所完成的"混合稀土金属棒材（649）研制"获国家科委发明证书。

▲湖南冶金材料研究所研制了铈镧金属棒材，质量超过西德同类产品，冶金部由此确定该所为稀土金属棒材的定点生产。

▲中国科学院地质研究所、苏联科学院和包钢白云鄂博铁矿共同编写的《内蒙古自治区白云鄂博铁矿铁－氟－稀土和稀有元素矿床 1958—1959 年中苏科学院合作地质研究总结报告》，证明了矿石中主要稀土矿物为氟碳铈矿和独居石（即 1935 年何作霖教授发现的白云矿和鄂博矿）。

1962 年

▲有色金属研究院制备出除钷以外的 16 种稀土金属。

1963 年

▲3 月，冶金部将包钢稀土硅铁试验厂（代号 704 厂，后成为包钢稀土一厂）设计任务书报国家计划委员会审批。该厂位于包头市宋家壕工业区。

▲3 月，冶金部将包钢稀土及稀有金属试验厂（代号 8861 工程）设计任务书报送国家计划委员会审批。该厂厂址在包头市昆都仑区张家营（后来成为包钢稀土三厂）。

▲5 月 8 日，冶金部正式批准"包头冶金研究所设计任务书"提出："包头白云鄂博矿含有大量稀土稀有资源。该所研究任务是从包头矿中提取稀土稀有金属"。1963 年 4 月 1 日，冶金工业部包头冶金研究所（今包头稀土研究院）正式成立，李光任所长。

1964 年

▲8 月，上海跃龙化工厂建成投产。该厂组织技术骨干打通了从独居石选矿、分解到钍铀稀土分离的生产全流程，建成我国技术比较先进的以独居石为原料的稀土生产线，使该厂成为我国最早的现代化钍与稀土的专业生产厂之一。

▲有色金属研究院研制的 15 种稀土金属和钇镁中间合金分别获国家计划委员会、经济贸易委员会、科学技术委员会授予的工业新产品二等奖和三等奖。

▲有色金属研究院张国成团队研发出的锌粉还原碱度法生产高纯氧化铕工艺，使我国开始生产纯度大于 99.99% 的氧化铕产品，满足了国内刚起步的彩色电视生产对红色荧光粉的需求。

▲中科院长春应用化学研究所用熔盐电解法制备出镧、铈、镨单一稀土金属。

▲上海跃龙化工厂采用华东化工学院研究的萃取工艺生产出 99.99% 的氧化铈。

1965 年

▲包头冶金研究所采用高炉冶炼白云鄂博中贫铁矿制取稀土富渣，为冶炼稀土合金提供优质原料的试验取得成功。

▲国家科学技术委员会拨款在包头冶金研究所 8861 试验厂建成专门进行稀土湿法提取扩大试验的二车间。

▲上海跃龙化工厂试验用中国科学院上海有机化学研究所袁承业研制的 P_{350} 为萃取剂在硝酸体系分离提取镧获得成功。

▲上海跃龙化工厂生产的"葵花牌"打火石开始出口。

1966 年

▲1 月，白云鄂博中贫氧化矿浮选会战攻关组得到用浮选法处理包头矿回收稀土的较系统完整的半工业试验数据。

▲3 月，冶金部科技司在包头召开稀土元素应用基础研究座谈会。

▲4 月，冶金部委托包头冶金研究所在包头主持召开包头矿稀土提取分离流程座谈会。中科院、冶金部、内蒙古地区有关单位代表参加会议。

▲8 月，有色金属研究院、包头冶金研究所等单位组成的包头矿浮选会战队在包头冶金研究所 8861 试验厂进行了全浮选半工业试验（25 吨 / 日），获得稀土精矿品位为 REO 含量 24.84%，稀土回收率 37.29% 的试验结果。

▲有色金属研究院与上海跃龙化工厂、复旦大学合作研究成功采用 P_{204} 萃取分组 $-N_{263}$ 萃取提取氧化钇的工艺流程，得到纯度为 99% 的氧化钇。

▲西北有色地质研究院（原西北有色地质研究所）1965 年 9 月—1966 年 5 月，为配合地质找矿需要，由化学分析室组成的稀土分析方法研究小组，对 16 个稀土元素分量进行了定量分析，制定了一整套地质样品中稀土元素分析方法。

▲江西冶金研究所的冶金研究室与 801 厂实验室合并在南昌组建江西 801 厂实验厂，从事"从钨细泥中回收稀有金属"的科研及产业化工作。

▲湖南冶金材料研究所第二试验工厂成立。该厂由湖南冶金材料研究所稀土研究室和稀土中心试验车间合并组成。该试验工厂建有萃取车间（分离制取初级单一稀土氧化物），离子交换组（分离制取高纯单一稀土氧化物），金属组（制取单一纯金属和各种稀土合金）及材料组（研制各种稀土棒、箔、丝、粒等材料）。

▲按全国第二次"415"会议推荐的试验流程，由包头冶金研究所等单位组成的"415"会战队，在 8861 试验厂进行"碳酸钠焙烧精矿 – 硫酸浸出，用 P_{204} 萃取分离铈的流程"扩大试验，取得较好指标并用于该厂生产。

▲包钢选矿厂在第一系列生产线上安装摇床，开始稀土精矿的试验性生产。

1967 年

▲冶金部和内蒙古自治区决定由包头市东风钢铁厂生产稀土富渣供给包头冶金研究所 704 厂冶炼稀土中间合金。

▲包钢 704 厂改用包头东风钢铁厂生产的稀土富渣为原料，使稀土合金产量倍增，同时还增加了稀土硅铁镁合金新品种。产品成本下降。

▲上海跃龙化工厂开始以氟化钇为原料，采用钙热还原法生产金属钇。

▲中科院长春应用化学研究所完成了用溶剂萃取法从包头矿中分离钍、铈的工业流程。

1968 年

▲江西 801 厂实验厂与有色金属研究院合作研究，成功采用萃取提取氧化钇的工艺流程，建成氧化钇生产车间。

▲1968 年，有色金属研究院、复旦大学、上海跃龙化工厂合作采用 P_{350} 为萃取剂，以硝酸为介质，从少铈稀土中萃取分离镧，得到 $\geq$ 4N 氧化镧。

▲包头冶金研究所已能从包头稀土精矿中制备出 17 种稀土产品，其中氧化物有：混合稀土氧化物、氧化镧、氧化铈、氧化钕、氧化钐、氧化铕；化合物：混合稀土氯化物（或碳酸盐）、氟化铈、氯化铈、硝酸铈；金属：混合稀土金属、高镧金属、金属铈；中间合金：稀土镁合金、镨钕镁合金、钕镁合金、稀土铝合金。

▲上海跃龙化工厂开始以氟化镝为原料，采用钙热还原法生产金属镝。

1969 年

▲钢铁研究院成立稀土永磁研究组，开始稀土永磁材料的研究工作。

▲江西省地质局 908 地质队于 12 月在龙南足洞发现大型花岗岩风化壳稀土矿。由江西有色冶金研究所命名为离子吸附型稀土矿。

▲上海跃龙化工厂采用中科院上海有机化学研究所研制的萃取剂，应用硝酸体系对流萃取分离工艺成功生产出 99.99% 的氧化镧，满足了军工夜视技术材料的急需。

▲湖南冶金材料研究所完成的"军用电子管吸氧剂—镧粉的研制"获军工优秀新产品奖。

▲包头冶金研究所研制的 10MnNbRE 钢用于造船、石油井架和钢板桩。

1970 年

▲5 月 1 日，包头市东风钢铁厂 0.5 吨小电炉建成投产，用两步法炼出了合格的稀土硅铁合金。

▲7 月，上海跃龙化工厂完成复旦大学、北京有色金属设计研究总院、江西九江有色金属冶炼厂参加的"701 会战"，成功得到 99.99% 的氧化钇。在此基础上，该厂建起生产 99.99% 氧化钇生产线，以满足国内刚刚起步的彩色电视生产对红色荧光粉的需求。

▲8 月，江西有色冶金研究所在龙南足洞共大现场采用本所发明的离子型稀土洗涤工艺对离子吸附型稀土矿进行反复试验，成功提取出混合稀土氧化物。

▲有色金属研究院开始进行钐钴永磁体的研究，达到同类产品的国际水平，内置于高可靠行波管，成功应用于"尖兵 I 号"回收卫星。

▲有色金属研究院采用金属钙还原氯化钷制备出同位素金属 ^{147}Pm，填补了我国制备稀土金属钷的空白，同位素钷手提 X 射线机光源及手提 X 射线机。

▲冶金部在上海跃龙化工厂召开了"806 厂稀土分离提取工艺流程"技术论证会。

▲江西 801 厂实验厂改名为 603 厂，冶金部将该厂确定为以江西钨细泥为原料，冶炼生产钨制品、硬质合金，以及综合回收稀土、铌钽等稀有金属的专业三线工厂。

▲包头冶金研究所等单位，在包钢试验厂 500 毫米回转窑上进行了碳酸盐焙烧－硫酸浸出流程的半工业试验，稀土浸出率达 95% 以上。

▲包头市稀土冶炼厂开始采用酸法生产氯化稀土和电解法生产混合稀土金属。

▲包钢 704 厂新建一座 5 吨电炉进行稀土中间合金生产。本年内又增加了 6# 低稀土硅铁合金，并开始大量生产，主要用于球墨铸铁生产。

1971 年

▲5 月，包头市东风钢铁厂用 1 号电炉生产稀土硅铁合金，该厂炼钢车间从此转为稀土中间合金生产车间。当年，该厂冶炼稀土硅铁合金成功。

▲9 月，冶金工业部钢铁研究院研制的 $SmCo_5$ 磁能积达到 18MGOe，$SmPrCo_5$、$Ce(CoCuFe)$ 等合金在航天和雷达等多项军事工程中得到了应用。

▲上海跃龙化工厂与中科院上海有机化学研究所合作，获得 99.95% 的氧化镥，镥的回收率达 95%。

▲有色金属研究院研制出彩色电视 $YVO_4:Eu$ 红色荧光粉。

1972 年

▲年初，北京大学徐光宪先生从研究镨／钕分离开始，系统地开展了稀土分离方法的理论和实验研究。提出"混合萃取比"的新概念以及"混合萃取比恒定"的新假设，在国际上首次创建了适用于稀土分离的串级萃取理论。在此基础上，建立了"漏斗法串级试验"的动态模拟程序，计算获得了试验中无法得到的规律与数据，进而实现了对分离工艺流程工艺参数的正确性检验、评价及修正，应用于包头矿和南方稀土矿为原料的几种流程优化，效果显著。

▲2 月，上海跃龙化工厂成功研制 10 000 安培稀土氯化物电解槽，并成功用于生产混合稀土金属试验。

▲3 月，包头冶金研究所与包头市东风钢铁厂在 3 吨电炉上，以稀土富渣和白云石为主要原料进行冶炼稀土硅钙镁合金的工业试验获得成功。

▲8 月，有色金属研究院张国成团队率先开发并完成硫酸焙烧—硫酸浸出—复盐沉淀—碱转化—盐酸溶解—氯化稀土工艺（第一代酸法）工业试验。

▲冶金部下文（冶金部冶生计字 68-1408）：为建设 806 厂，有色金属研究院、806 厂、江西有色冶金研究所、长沙有色金属设计院 4 家单位联合攻关，在 1974 年，成功研发出环烷酸作萃取剂，混合醇作稀释剂，龙南矿混合稀土为原料，在盐酸介质中一步法制备出 99.99% 氧化钇。

▲南昌 603 厂成功研究 "N$_{263}$萃取－稀土自盐析分组分离提取高纯氧化钇"工艺流程，氧化钇纯度达到 99.99%。

▲年底，有色金属研究院研制出高压汞灯用 Y（V.P）O$_4$：Eu 荧光粉。

1973 年

▲中国科学院长春应用化学研究所开展了环烷酸分离钇的应用基础和工艺研究。

▲中国科学院长春应用化学研究所开展了 P$_{507}$萃取稀土和分离流程研究，提出 P$_{507}$分离稀土时，P$_{507}$的皂化度为 36%，用于皂化碱的阳离子为 NH$_4^+$、Na$^+$、Ca^{2+}等，开拓了氨化 P$_{507}$分组、分离单一稀土流程，氨化 P$_{507}$分离稀土研究成果获 3 项国家发明专利。

▲包头冶金研究所起草《稀土产品化学分析方法部颁标准》（1977 年定为冶金部标准）。氧化镧、氧化钕、氧化钐、氧化铕、氧化钆、氧化钇光谱分析方法均纳入了标准，被评为冶金部重大科技成果。

▲包钢选矿厂第三系列弱磁－强磁流程中增设了稀土浮选作业，泡沫品位 12%，稀土回收率 13% 左右。

▲有色金属研究院解决了彩色电视稀土硫氧化物的制备工艺和工业生产问题，产品性能达到当时进口的美国、日本、联邦德国样粉的水平。

▲上海跃龙化工厂开始生产低铈型稀土抛光粉。

▲济宁地区微山县 "715" 试验厂改名为郗山稀土矿。

▲有色金属研究院研制成功钇基重稀土合金球化剂，在鞍钢轧辊厂进行了钇基重稀土合金轧辊（Φ850 毫米 ×1200 毫米）试验及重稀土中间合金在高强度大断面铸件中的应用试验。钇基重稀土合金球化剂 1975 年在长春稀土合金厂投产。

▲北京有色金属研究院研制成功钇基重稀土合金球化剂。

1974 年

▲6 月，全国稀土元素分析化学报告会在武汉大学召开。来自全国各地的 150 多位稀土分析科技工作者参加会议并进行学术和经验交流。

▲12 月，山东省地质局第二勘探队提交了微山稀土矿地质报告。

▲中国科学院长春应用化学研究所制备出 99.9999% 的高纯氧化钇。

▲有色金属研究院研制出了铽激活的硫氧化钇钆白色荧光粉，应用于稀土荧光粉黑白投影电视机。

▲中国科学院长春应用化学研究所提出了一步法及二步法环烷酸在盐酸和硝酸体系从龙南矿中萃取分离高纯氧化钇，获 2 项中国发明专利。1975—1985 年，与江西省稀土所合作完成扩大试验和生产。"环烷酸萃取分离高纯钇"成果以专利所有权形式转让给核工业部上饶 713 矿。

▲中国科学院长春应用化学研究所开展了利用伯胺 N$_{1923}$从包头矿浓硫酸焙烧水浸液中萃取分离钍和提取氯化稀土流程研究。

▲中国科学院长春应用化学研究所生长出掺钕铝酸钇激光晶体。

▲中科院长春应用化学研究所开始研究稀土络合催化聚合体系。研制成功稀土顺丁和充

油稀土顺丁、稀土异戊、稀土丁戊等合成橡胶新品种。

▲湖南冶金材料研究所研制成功重点军工 718 工程所需的氧化钪（97.5%）、氧化钕（99.99%）材料。

▲上海跃龙化工厂成功研制并生产高铈型稀土抛光粉和低铈型稀土抛光粉。

▲上海钢铁研究所先后研制成 $SmCo_5$、$SmPrCo_5$、$PrCo_5$、$CeCoCuFe$ 等稀土永磁体。

▲江西地区 909 地质队在寻乌发现以轻稀土为主的离子型稀土矿后，在寻乌河岭建立年产 10 吨稀土氧化物精矿和浸出液直接萃取分组的试验厂，该厂为寻乌稀土地质评价和稀土开发提供了新工艺流程和各种参数。

▲包头冶金研究所创办了稀土科技期刊《稀土与铌》。起初作为院办内部交流刊物。1980 年定为中国稀土学会会刊，更名为《稀土》，面向全国发行。1980—1985 年间为季刊，1986 年改为双月刊。

▲包钢选矿厂重选车间建成投产。

▲12 月，北京大学校办工厂用环烷酸从龙南稀土离子型混合稀土中萃取分离高纯 Y_2O_3 成功，满足了当时北京化工厂生产彩色电视荧光粉之急需。

1975 年

▲5 月，包钢选矿厂稀土重选车间建成投产。

▲南昌 603 厂与中科院长春应用化学研究所、有色金属研究院、江西有色冶金研究所、兰州大学等单位合作研究成功第三代氧化钇提取流程——环烷酸一步法萃取提取高纯氧化钇工艺，1976 年在上海跃龙化工厂投产；完成 P_{507} 萃取分离工艺的研究并提出 P_{507} 氨皂的使用。

▲武汉大学发光材料科研组经过 5 年（1970 年 5 月至 1975 年 5 月）完成了彩色电视显像管用稀土红色荧光粉氧化钇铕和硫氧钇铕的研制，与该科研组研制的硫化物蓝、绿两种荧光粉制成彩色显像管，用于研制湖北省彩色电视机。

▲三种稀土 Y 型分子筛催化剂（Y-4，Y-5 和偏 Y-15）在兰州炼油厂催化剂分厂工业试生产成功，并用于玉门炼油厂提升管催化裂化装置上。与国外最先进的同类催化剂 MZ-3 进行了工业对比试验表明，我国催化裂化催化剂已达到国际水平。

▲中科院长春应用化学研究所研制出从红外到可见光的稀土绿色上转换材料。

▲湖南冶金材料研究所研制出 99.99%氧化钪材料，满足了军工急需。

▲内蒙古第一机械制造厂、五二研究所等单位研制成功并定型投产的第三代稀土装甲钢、稀土坦克履带钢板和坦克曲轴钢，解决了疲劳性能达不到要求的问题。

▲寻乌河岭稀土矿进行年产稀土氧化物 50 吨的半工业试验。该试验有两个创新点：一是用（NH_4）$_2SO_4$ 浸矿成功；二是浸出液直接以 P_{204} 萃取稀土并进行分组。使寻乌稀土产品打开国内外市场。

▲甘肃第一冶炼厂（甘肃稀土公司）建成隧道窑，进行稀土精矿焙烧分解，建成一条以包头稀土精矿为原料，采用浓硫酸焙烧法年产 200 吨氯化稀土的生产线。

▲九江有色金属冶炼厂开始从龙南稀土矿中提取氧化钇并投入小批量生产。

▲山东省微山稀土矿经省经委、省冶金局批准立项，新建生产氯化稀土车间和电解稀土金属车间。

▲有色金属研究院试制成功 Y_2O_3 : Eu 彩电红粉。

1976 年

▲从 1976 年起，冶金工业部钢铁研究院等单位开始进行 2∶17 型钐钴永磁材料的研究，试制成功辐射磁环和多极辐射磁环军工急需产品。

▲第一代酸法工艺在甘肃第一冶炼厂转产，并进行了高温焙烧、稀土水浸液的脂肪酸萃取法提取混合氯化稀土的工业试验，获得成功。

▲上海跃龙化工厂采用 P_{350} 分馏萃取和稀土自盐析工艺生产纯度为 99.99% 的氧化镧。

▲中国科学院长春应用化学研究所在包头召开的"第一次全国稀土萃取化学会议"上报告了 P_{507} 分离稀土的研究成果。

▲中国科学院长春应用化学研究所等单位在包钢有色三厂完成了 N_{1923} 萃取分离钍和提取氯化稀土的扩大试验。

▲包头冶金研究所与上海跃龙化工厂合作，开展碱法分解包头稀土精矿的试验研究，完成半工业试验后，通过冶金部组织的技术鉴定。此碱法工艺被称为第一代碱法。

▲中国科学院长春应用化学研究所研究的"YJ–I 型液体激光器"及"YJ–II 型液体激光器"获中科院重要科技成果奖。

▲有色金属研究院开始利用离子交换技术规模生产高纯单一稀土氧化物。

▲有色金属研究院提出"三出口"萃取工艺，用包头矿混合稀土提取铈后的富集物采用 N_{263} 萃取法分离镧镨钕，一次萃取分离中流出三个产品，氧化镧、氧化镨、氧化钕纯度均在 90% 左右。

▲包头冶金研究所与包头市第三化工厂完成"稀土矿物新型捕收剂——N 羟基环烷酸的研制及工业合成试验"（获自治区 1980—1981 年科技成果二等奖）。

▲包头钢铁公司和石油部、煤炭部北京煤炭机械厂达成试生产 40MnNbRE 钢，轧制石油套管的协议。

1977 年

▲3 月，甘肃第一冶炼厂开始动工建设两条 100 升钐铕钆富集物生产线，这两条生产线每年可分离氯化稀土 3000 吨。主要产品为少铕氯化稀土、钐铕钆富集物。

▲包头钢铁公司和石油部、煤炭部北京煤炭机械厂达成试生产 40MnNbRE 钢，轧制石油套管及煤矿用液压支柱的协议，包钢炼钢厂一次试炼成功过去依靠进口的液压支柱合金钢和抗硫化氢石油套管钢，填补了我国钢材生产上的两项空白。

▲包头市东风钢铁厂冶炼稀土镁硅铁合金成功并投入生产。硅铁车间 2 号炉建成投产。

▲北京大学在上海跃龙化工厂举办了全国稀土萃取串级理论与实践讨论会，徐光宪先生对串级萃取理论作了系统和全面的介绍；之后，徐先生又陆续在珠江冶炼厂、湖南、包头等地举办了串级萃取理论讲习班。随后，串级萃取理论被广泛应用于稀土萃取分离提纯的研究和生产。

▲有色金属研究院与 601 研究所、北京钢铁学院等单位合作，在 601 船舶厂研制 635 型钇基稀土铸铁曲轴以替代锻造曲轴，实现"以铸代锻"。

1978 年

▲北京大学提出的萃取分离及其理论获得全国科学大会奖。

▲有色金属研究院完成的"盐酸优溶、溶剂萃取分离独居石稀土新工艺""在盐酸体系中用环烷酸萃取提纯 99.99% 氧化钇""从氟化铈镧矿混合稀土中分离氧化镧（P_{350} 高浓度料液萃取法）""锌粉还原 – 碱度法制取高纯氧化铕""稀土钴永磁材料的研制与应用""稀土钴永磁材料测定技术的研究""电光源新添加剂发光材料的制备""彩色电视稀土红色荧光粉和投影电视稀土白色荧光粉""钇基重稀土合金工艺的研究与应用"等成果获得全国科学大会奖。

▲中国科学院长春应用化学研究所完成的"稀土元素的提取、分离、分析和应用的研究"获得全国科学大会奖。

▲有色金属研究院开始研制稀土镍合金贮氢材料和氢贮存器，该成果通过部级鉴定。与上海计量局共同研制成功原子钟用镧镍合金氢源发生器，可为小型携带式氢原子钟提供氢源。后来又研制了稀土贮氢电极材料，通过有色总公司鉴定。

▲中国科学院长春应用化学研究所等单位在北京通县冶炼厂完成了年处理 1000 吨包头稀土矿的伯胺 N_{1923} 萃取分离钍和制取硝酸钍的工业试验。"用伯胺从包头稀土精矿硫酸焙烧水浸液中萃取分离钍和制取硝酸钍工业试验"是当时处理包头矿的五大工艺流程之一。

▲一机部召开了稀土球墨铸铁基础理论研讨会，决心在稀土球墨铸铁产量、质量、基础理论研究等方面赶超世界先进水平。

▲自 1978 年起，国务院副总理、国家科委主任方毅七下包头，领导和组织全国上百个单位对于稀土资源合理利用进行了长时期的科技攻关，取得了大批科研成果。

▲徐光宪先生整理的串级萃取理论系列论文之Ⅰ：最优化方程及其应用以及Ⅱ：纯度对数图解法在北京大学学报刊出，标志着串级萃取理论的正式面世；之后数年，该系列文章之Ⅲ – Ⅷ陆续发表。

1979 年

▲1 月，有色金属研究院更名为有色金属研究总院，钢铁研究院更名为钢铁研究总院，直属冶金工业部领导。

▲2—6 月，有色金属研究总院开发出硫酸强化焙烧—水浸出—脂肪酸（环烷酸）萃取转型—制取氯化稀土工艺（第二代酸法），稀土回收率提高到 85%。同年，研究发现 P_{507}– 盐酸体系轻稀土各元素间的分离系数大于 P_{204}– 盐酸体系。

▲5 月 18 日，冶金部稀土公司在包头成立。30 日稀土公司正式接收包钢有色一、二、三厂，并将这三个厂改名为冶金工业部稀土公司一、二、三厂。

▲6—8 月，包头冶金研究所与稀土公司二厂等单位进行了包头高品位稀土精矿（REO ~ 60%）纯碱焙烧制取氯化稀土流程工业试验。

▲8 月，在包头召开的全国稀土会议上，郭承基、袁承业、李童、徐光宪等老科学家提出成立中国稀土学会的建议，得到会议代表一致同意，并召开了周传典等 34 人参加的中国稀土学会筹备委员会。

▲11 月 14 日，中国科协正式批准成立中国稀土学会。

▲沈阳机电学院（今沈阳工业大学）研制成功稀土永磁电机——3 千瓦、20 000 转 / 分稀土永磁同步发电机，成功应用于太阳能热发电，于 1981 年获第一机械工业部重大科技成果奖。

▲据全国稀土会议的决定，由北京有色冶金设计研究总院设计，包钢自筹资金、自行施工的年产 5000 吨高品位稀土精矿浮选车间破土兴建。中国稀土公司稀土三厂也建设一个年产 5000 吨高品稀土精矿选矿车间。

▲全国稀土推广应用领导小组办公室、江西省科委拨款对江西省寻乌县稀土原矿生产经销公司进行技术改造，分组稀土生产规模为 30 吨 / 年。

▲全国稀土推广应用会议确定白云鄂博矿综合利用二流程工业试验在包头市东风钢铁厂进行。

▲广州珠江冶炼厂建成磷钇矿碱法分解和富钇氧化物生产线，磷钇矿处理能力达到 150 吨 / 年，并实现富钇氧化物进一步分离的配套生产。

▲包头冶金研究所与包钢选矿厂，采用环烷基异羟肟酸铵为捕收剂，对重选稀土精矿进行再浮选试验。

▲冶金部批准《包钢有色三厂金属车间初步设计》。

▲冶金工业部钢铁研究总院分析和解决了稀土钴永磁合金热膨胀各向异性导致的幅向取向环体的断裂问题，获国家发明奖三等奖。

▲有色金属研究总院与北京有色金属冶金设计研究院等单位合作，在哈尔滨火石厂进行了包头 60% 稀土精矿直接氯化、电解制取无水氯化物及混合稀土金属的扩大试验，1980 年获冶金部科技进步奖二等奖。

1980 年

▲4 月，中国稀土学会出版发行会刊《稀土》。该刊的前身是包头冶金研究所在 1974 年创办的内部交流刊物《稀土与铌》，1980 年初改名为《稀土》。

▲4 月，中国科学院长春应用化学研究所完成的"用伯胺从包头稀土精矿硫酸焙烧水浸液中萃取分离钍和制取硝酸钍工业性试验"项目获中国科学院科技成果奖一等奖。

▲我国组团参加在比利时召开的国际溶剂萃取会议（ISEC´80），李德谦在大会上报告了 P_{507} 萃取分离稀土的研究成果。

▲5—8 月，北京矿冶研究院、包头冶金研究所和中国稀土公司三厂共同完成了"浮选 - 选择性絮凝脱泥流程选别白云鄂博主东矿中贫氧化矿半工业试验"（该成果 1982 年获冶金部科技成果奖一等奖，1984 年和 1986 年两次在包钢选矿厂进行工业试验，于 1988 年获得国家发明奖一等奖）。

▲6 月 25 日，包头冶金研究所等单位采用镧镍五（$LaNi_5$）稀土贮氢材料研制成功燃氢汽车。

▲7 月在中国稀土学会成立筹备会上，有色金属研究总院提出 Nd–Sm 分组简报，指出采用 P_{507}– 盐酸体系可以实现包头矿轻中稀土的连续萃取分离。

▲7 月 13 日，包钢选矿厂年产 5000 吨高品位稀土精矿（REO 60% 以上）浮选车间建成投产。产品品位达到设计标准要求。

▲12 月 3 日，中国稀土学会成立大会暨第一届学术会议在北京召开。经过差额选举产生了中国稀土学会理事会、常务理事会，周传典任理事长，徐光宪、刘耀宗、林华、郭承基、李东英任副理事长，李东英兼任秘书长。

▲湖南稀土冶金研究所为我国向南太平洋水域发射洲际导弹圆满成功作出贡献，受到中共中央、国务院、中央军委、国防科工委贺电、贺信表扬，导弹上的材料为稀土镁合金、稀土铝合金。

▲中科院长春应用化学研究所研究的"用伯胺从包头稀土精矿硫酸焙烧水浸液中萃取分离钍和制取硝酸钍工业性试验"项目获中科院重大科技成果奖一等奖。

▲中科院长春应用化学研究所研究成功稀土远红外辐射材料及电阻带式远红外辐射器，该成果获国家发明奖三等奖。

▲有色金属研究总院研制成功"778 型内燃机尾气净化稀土催化剂"，净化率达 80% 以上，并能取代汽车消音器，通过冶金部鉴定，获部级成果奖。

▲包头冶金研究所以包钢选矿厂高品位混合型稀土精矿（REO 59.15%）为原料，成功地完成了分选单一氟碳铈精矿的小型试验。

▲北京有色冶金设计研究总院把该院 1976 年完成的年处理 1000 吨稀土精矿配套工程和 1979 年破土动工建设的低温硫酸焙烧分解包头稀土精矿工艺，改为由有色金属研究总院和有关单位在哈尔滨和北京共同进行的"硫酸强化焙烧—萃取法生产氯化稀土"新工艺。

▲湖南稀土冶金研究所完成"磷钇矿精矿中二氧化锆的测定""氟碳铈镧矿中铁的测定（重铬酸钾容量法）"，并都被审定为国家标准分析方法。

▲有色金属研究总院开始研究重氮粉和静电粉，$Sr_2P_2O_7:Eu$ 荧光粉和静电粉于 1981 年 9 月通过冶金部级鉴定。

▲复旦大学化学系完成的"灯用稀土三基色荧光粉"通过上海市高教局组织的技术鉴定。

▲包头冶金研究所、包头第三化工厂、上海长风化工厂共同完成"稀土矿物新型捕收剂——N 羟基环烷酸酰胺的研制及工业合成试验"，1982 年获内蒙古自治区科技成果奖二等奖。

▲武汉大学发光材料科研组完成了"溴氧化镧铽和氟氯化钡铕稀土 X 射线增感屏荧光粉"的研制工作，并应用于生产实践中。

▲包头冶金研究所研制成功"大直径六硼化镧单晶"，经鉴定，符合应用要求并接近世界先进水平。

▲保定稀土材料试验厂开发出玻璃澄清脱色用氧化铈，我国日用玻璃行业开始用此产品代替白砒，使我国熔制玻璃技术达到先进国家水平。

▲1970—1980 年，中科院长春应用化学研究所建立了用伯胺从包头矿中分离钍和提取氯化稀土的环境友好流程，还开拓了以 P_{507} 溶剂萃取分离技术的第二代稀土全分离流程，已广泛用于我国稀土冶金生产。

▲甘肃第一冶炼厂试验室"提取氧化铕"工艺试验成功，同时采用 P_{204} 在 2.2 立升萃取槽中进行了钐、钆分离试验，获得成功。

▲江西省钨稀土贸易代表团访问日本，将江西离子型稀土矿产品推向国际市场。

▲中国稀土公司三厂建成年产 5000 吨 60% 品位稀土精矿和年产 3000 吨品位 30% 稀土精矿的选矿车间。该车间由北京有色冶金设计研究总院设计，由包建公司施工建设。

▲甘肃第一冶炼厂改造建成 3000 吨氯化稀土生产线和 30 吨的稀土抛光粉生产线。

1981 年

▲1981 年 4 月，有色金属研究总院设立 307 室（稀土农用研究室），专门研究稀土等稀有元素在农业上应用技术。

▲1981 年 4—6 月，有色金属研究总院与上海跃龙化工厂、中科院上海有机化学研究所、甘肃第一冶炼厂、包钢稀土三厂合作完成了 P_{507}– 盐酸体系 Nd–Sm、Ce–Pr、La–Ce 三步萃取分离工艺半工业试验，得到 99.99% 的氧化镧、99% 的氧化铈、镨钕富集物和钐铕钆富集物，稀土总收率大于 99%，同年 9 月由冶金部组织通过鉴定。

▲P_{507} 萃取分离龙南低钇稀土流程研究被列为国家科委"六五"重点科技攻关和中国科学院重点项目。

▲甘肃稀土公司氯化稀土荣获国家银质奖。

▲包钢选矿厂等单位采用苯羟肟酸为捕收剂进行了浮选稀土粗精矿和尾矿的工业试验，稀土回收率大幅提高。

▲中科院长春应用化学研究所研究成功用伯胺从包头矿硫酸焙烧浸液中萃取分离和提取氯化稀土的两个新流程，消除了放射性污染，均获得了中科院重大科技成果奖一等奖。

▲有色金属研究总院的"钙热还原法制备固相烧结用 SmCo$_x$（$4.5 < x < 5$）永磁粉末工艺"通过部级鉴定，并转让给上海跃龙化工厂，建成年产 30 吨 Sm–Co 永磁粉末生产线，产品成本低、实收率达 98%，磁性能稳定，达到同类产品的国际水平。1985 年获国家科技进步奖三等奖。

▲包头冶金研究所采用浮选稀土粗精矿为原料，研究成功电硅热法分段还原和末渣返回新工艺，制得高稀土低钛合金。

▲包头冶金研究所全面完成了"P_{507}– 盐酸体系萃取分离轻中稀土全流程的研究"并提交了报告。该流程采用一种萃取剂，在一种介质体系中连续萃取分离，完成了 La(镧)、Ce(铈)、Pr(镨)、Nd(钕)、Sm(钐)、Eu(铕)、Gd(钆) 等 7 种单一稀土的全萃取分离。

▲天津冶金地质调查所"白云鄂博共生矿地质科研新成果（1980—1981 年）"报告称：1980 年秋在白云鄂博铁 – 稀土矿床西矿下盘含稀土的白云岩中发现了一种淡灰黄色的锶、稀土磷酸盐矿物，以产地附近山脉命名为"大青山矿"，标本现存中国地质博物馆。

▲洛阳拖拉机研究所、包头冶金研究所、西安煤矿机械厂、齐齐哈尔钢厂、大冶钢厂、包钢机总厂合作研究的"低淬透性钢"获全国科学大会表彰及农机部科技成果奖二等奖。

▲有色金属研究总院开发的 TLB 型高分辨率溴氧化镧铽荧光粉、BY–1 型稀土重氮复印荧光粉、GC 型稀土静电复印荧光粉通过冶金部鉴定。

▲山东大学晶体材料研究所完成的"五磷酸钕激光晶体的研制与应用"通过技术鉴定。该所研制的五磷酸钕激光晶体，晶体尺寸达到世界先进水平，并在激光测距仪等方面获得应用。该项成果获 1981 年国家发明奖四等奖。

▲上海跃龙化工厂生产的荧光级氧化钇解决了钙镧含量问题，主要质量指标全部达到国际先进水平。

▲上海跃龙化工厂采用复旦大学化学系研究成果，建起灯用三基色稀土荧光粉生产线。

▲江西 603 厂首次将稀土元素分析的萃取色层技术成功地应用于高纯稀土元素的分离生产，建成萃取色层法高纯单一稀土生产线。

▲甘肃稀土公司建成年产 450 千克高纯氧化铕和配套的 7.5 升钐、钆分离生产线。

1982 年

▲有色金属研究总院的"硫酸强化焙烧萃取法生产氯化稀土工艺技术"转让给 903 厂。1982 年 10 月建成当时亚洲最大的年处理 6000 吨包头稀土精矿生产线。

▲12 月，包钢选矿厂与包头冶金研究所选别 68% 以上品位稀土精矿的工业试验获得成功。1983 年进一步进行试验，结果相同，此项目 1984 年获冶金部科技成果奖二等奖，1985 年获冶金部重大技术进步奖一等奖。

▲冶金部钢铁研究总院完成的"高性能辐向取向稀土永磁体及其制造工艺"获得国家科学技术奖三等奖。

▲包头市东风钢铁厂全年生产稀土合金 6000 吨，成为我国生产稀土合金的第二大厂家。

▲甘肃稀土公司新建了氧化铕、氧化铈生产线，改建了稀土单一分离车间和综合车间，产品规格数量增加，可批量生产并大量出口。

▲灯用稀土三基色荧光粉生产线在上海跃龙化工厂建成。

▲保定稀土材料试验厂试制成功溴氧化镧 X 射线发光材料并规模生产。

▲江西大学承担的江西省科委重点项目"龙南稀土矿提取稀土生产工艺流程改进的研究"，通过了专家鉴定，提出了用硫酸铵代替氯化钠浸取离子型稀土的新技术，为该类资源的高效绿色开采奠定了基础。

1983 年

▲11 月，有色金属研究总院更名为北京有色金属研究总院，同年，研究的"电场中分解包头稀土精矿新技术"获中国有色金属工业总公司科学技术奖二等奖。

▲11 月，"用工业铝电解槽生产铝稀土合金工艺"工业试验在包头铝厂获得成功，采用东北工学院（现东北大学）实验室成果，由包头铝厂和东北工学院合作，在内蒙古冶金研究所和包钢稀土三厂共同参与下完成的。

▲北京钢铁研究总院、包头冶金研究所、北京科技大学、东北工学院联合开展了铁基稀土永磁材料的研究。

▲沈阳机电学院与东方电机厂和哈尔滨电机厂合作，研制成功 60～75 千伏安稀土钴永磁发电机，成功应用于大型发电机作副励磁机，其中 75 千伏安稀土钴永磁发电机于 1985 年获国家科技进步奖二等奖（85-JJ-2-019-2）。

▲赣州有色冶金研究所氯化钠渗浸提取稀土氧化物工艺获得推广，该项成果获江西省科技成果奖一等奖。

▲中科院长春应用化学研究所研究的"用伯胺提取氯化稀土""在较低温度下熔盐电解制取混合稀土 – 铝中间合金的研究和扩大试验"获中科院重大科技成果奖一等奖。

▲由黑龙江省科委主持，黑龙江省农科院"稀土元素在春小麦上的应用技术和效果"完成省级鉴定，1985 年获黑龙江省科技进步奖二等奖。

▲西北有色地质研究院研究的"内蒙古白云西矿铁、铌、稀土矿床矿石物质成分及化学物相分析方法的研究"获冶金部科技成果奖二等奖。

▲中科院长春应用化学研究所研究的"在 60 千安铝电解槽添加氧氯化稀土制备铝－稀土合金""硼钒酸钇铕高压汞灯粉及其过硼酸钙添加剂研制应用"获中科院重大科技成果奖二等奖。

▲1976—1983 年包钢钢铁研究所试验采用浮选精矿和重选中矿各 50% 配成稀土精矿，初步摸索稀土精矿合理造块方法。使包钢大量生产的低品位浮选稀土精矿得到应用。

▲包头冶金研究所研制成功"制备稀土六硼化物单晶用双电弧加热悬浮区熔炉"。用该新型设备所生产的六硼化镧单晶性能已达到国际水平。用稀土六硼化物单晶制成的电子探针标样其稳定性和均匀性都超过 6B4930-85 国家标准，已被国家技术监督局批准为国家级电子探针标样。

▲由山东冶金研究所与山东定陶皮毛厂共同完成的"稀土用于羊剪绒的鞣制与染色研究"通过省技术鉴定并投入生产。

▲刘余九编著的《稀土》由冶金工业出版社出版。

1984 年

▲形成了稀土永磁两个科研团队：一个是冶金部所属的联合研究小组，组成单位有冶金工业部钢铁研究总院、包头稀土研究院、北京钢铁学院、东北工学院，另一个是由中科院物理所、电子学研究所、长春应用化学研究所等组成的联合研究小组。

▲北京有色金属研究总院开发了采用 P_{507} 萃淋树脂从铽富集物中分离制备高纯氧化铽的工艺。

▲冶金工业部钢铁研究总院、北京钢铁学院、东北工学院、包钢稀土公司合作开发新型稀土永磁材料 Nd-Fe-B，磁能积达到 25 ~ 35MGOe。

▲1 月，《稀土信息》创刊，同年 7 月成为全国稀土推广应用领导小组办公室和稀土金属情报网联办刊物，1993 年成为国家计划委员会稀土办公室机关刊物，2003 年国家机构改革，成立了国家发展和改革委员会稀土办公室，刊物仍作为其机关刊物，编辑部设在包头稀土研究院。

▲2 月，中科院物理所和电子所联合攻关，成功研制出磁能积达到 38 MGOe 的烧结钕铁硼永磁材料。

▲5 月，"P_{507} 盐酸体系轻中稀土全萃取连续分离工艺工业试验"在包钢稀土三厂建成并投入试运行。

▲7 月，包头冶金研究所等单位完成了"钕铁硼永磁材料研制""高矫顽力 2：17 型钐钴铜铁锆永磁材料""稀土钴永磁径向多极整体磁环"等 8 项成果并通过技术鉴定。

▲北京有色金属研究总院完成的"农用稀土化合物的应用研究"获得"六五"国家科技攻关奖。

▲甘肃稀土公司建成一条年产 300 吨的高品位氧化铈（99% ~ 99.99%）生产线。

▲湖南省稀土农用研究中心成立，可年产农用稀土系列产品 300 吨。

▲江西省寻乌县稀土原矿生产经销公司组建钐铕钆分离车间及提铕工艺年底投入生产。

▲保定稀土材料试验厂被原轻工业部评为轻工行业稀土供应基地。

▲江西大学提出的硫酸铵浸矿提取离子型稀土新技术在龙南稀土矿全面实现工业化应用，为该技术在全国的推广应用提供了很好的示范，并开始了向定南、信丰、兴国、赣县、寻乌以及广东、湖南等地推广应用。

1985 年

▲1 月，包头冶金研究所情报室（现为包头稀土研究院信息中心）主办的英文版《中国稀土信息》创刊（季刊）。1992 年成为正式期刊，向国内外正式发行。

▲4 月，中国科学院三环新材料研究开发公司在北京创立，推动了烧结钕铁硼科技成果产业化的试验和探索。

▲5 月，中科院上海有机化学研究所与江西奉新化工厂合作，成功地开发了 P_{507} 萃取剂并投入生产。

▲中国科学院长春应用化学研究所完成的"在工业铝电解槽中添加稀土氧氯化物或稀土碳酸盐直接生产稀土合金及其应用"获国家科技进步奖二等奖。

▲冶金部钢铁研究总院完成的"新型稀土永磁材料 NdFeB 的研制"冶金科学技术研究成果二等奖。

▲北京有色金属研究总院在第二代硫酸法处理包头稀土精矿工艺基础上，又研制成功第三代酸法工艺—P_{204} 从硫酸稀土溶液萃取分离稀土工艺，工艺流程短，稀土回收率高，成本低。

▲冶金部钢铁研究总院、包头稀土研究院、北京钢铁学院合作研究的"高磁能积（36 ~ 40 MGOe）Nd-Fe-B 永磁材料的研制"项目获冶金部科技成果奖二等奖。

▲北京有色金属研究总院研发的"回转窑焙烧—萃取法冶炼包头稀土精矿工艺"获国家发明奖三等奖。

▲经湖北省鄂西北地质调查所、701 地质队、第 14 地质队、第 5 地质队、省局中心实验室和地质部第九实验室为期 3 年的联合详查和初步勘探，确定湖北省竹山县苗垭大型碳酸岩型铌—稀土矿床铌资源储量。

▲北京有色金属研究总院、上海跃龙化工厂、甘肃稀土公司合作研究的"包头稀土硫酸浸出液转型、P_{507} 萃取半逆流反萃取法分离单一稀土工艺"获国家科技进步奖二等奖。

▲冶金工业部天津地质研究院研究的"内蒙古白云鄂博铁、铌、稀土矿床成因、物质成分及找矿远景研究"获冶金部科技进步奖二等奖及国家科技进步奖二等奖。

▲西北有色地质研究院研究的"内蒙古白云西矿铁、铌、稀土矿床矿石物质成分及化学物相分析方法的研究"获国家科技进步奖二等奖。

▲包头稀土研究院在湖南省桃江稀土冶炼厂进行的"独居石氯化稀土 P_{507} 萃取分组与中稀土分离工艺的工业试验——'一分三'萃取分离新工艺"获得满意结果。该成果当年获冶金部科技成果奖一等奖，1987 年获国家科技成果奖二等奖。

▲包头铝厂、东北工学院等单位研制的"用铝电解槽制取稀土－铝合金新工艺试验"，1985 年获国家科技进步奖二等奖。

▲北京有色金属研究总院以 171 万瑞士法郎将环烷酸萃取生产荧光级氧化钇转让给民主德国，这是我国第一个出口的稀土分离工艺技术。

▲湖南稀土金属材料研究所研究的"高纯钪的研制，5N 氧化钪和金属钪"获国家科技进

步奖三等奖。

▲包头稀土研究院、包钢稀土三厂、包头稀土冶炼厂合作研究的"P_{507}盐酸体系轻中稀土全萃取连续分离工艺"获国家科技进步奖二等奖。

▲江西大学提出的碳酸氢铵沉淀法提取稀土工艺研究在龙南稀土矿完成了工业化实验，各项指标达到生产要求。

▲由赣州有色冶金研究所和江西大学完成的"硫酸铵浸矿制取混合氧化稀土"获江西省科技进步奖二等奖。

▲北京钢铁研究总院、包头稀土研究院、北京钢铁学院合作研究的"高磁能积（288～320千焦/立方米）Nd-Fe-B永磁材料的研制"获冶金部科技成果奖二等奖。

▲赣州有色冶金研究所提出离子型中钇富铕分离新工艺，并在赣州有色冶金研究所完成年产20吨规模的工业试验。该项目获有色总公司科技进步奖二等奖。

▲湖南稀土金属材料研究所完成的"降低氯化稀土比放射性的研究"课题组获国家经贸委、国务院稀土推广应用领导小组颁发的先进集体奖，此项成果1986年获湖南省十大科技成果奖。

▲6月，赣县稀土矿率先推广硫酸铵代替氯化钠浸取稀土新工艺。

▲包头稀土研究院在研究成功氧化钕电解金属钕的基础上，经进一步研究，实现了氧化物电解法制取全部轻中稀土金属。

▲中科院长春应用化学研究所研究用环烷酸从龙南矿中分离高纯钇的新工艺和由18套工艺组成的龙南低钇稀土全分离工艺流程成功。

▲中科院长春应用化学研究所研究成功在工业铝电解槽中添加稀土氧氯化物或稀土碳酸盐直接生产稀土合金及其应用新工艺。已推广到全国20多个大、中型铝厂。

▲江西省寻乌县稀土原矿生产经销公司应用包头稀土研究院全套技术筹办100吨稀土分离厂。次年12月建成投产。

▲年产120吨单一稀土氧化物生产线在包钢稀土三厂正式建成投产。

▲江西省昌隆稀土冶炼厂成立。该厂由核工业部713矿、江西省稀土公司和龙南县稀土工业公司联合投资，在713矿原有厂房和设备基础上改造扩建而成，主要产品为荧光级氧化钇。

▲包头二〇二厂建成年处理150吨氢氧化稀土分离生产线。

▲福建省长汀省稀土开发公司成立。公司对全县26个矿山开采实行"三服务""五统一"即统一规划、统一管理、统一供应原材料和资金使用、统一焙烧、统一对外销售。

▲湖北省结晶硅厂稀土分厂1985年6月成立。该厂主要产品稀土金属丝、棒用于生产稀土处理钢。

▲阳江县矿品加工厂引进上海跃龙化工厂技术，建成年产20吨荧光级氧化钇生产线。

▲上海电子管二厂研制成功并批量生产采用稀土三基色荧光粉的T10、T12直管荧光灯，专供电视台演播用。

▲北京市稀土办公室与北京铝制品总厂举办全国稀土在民用铝制品中应用学习班。

▲江西909地质队在福建省龙岩市长汀县风流岭发现适宜工业开采的离子吸附型稀土矿床后，与长汀县合作兴建了龙岩市稀土示范矿山。

▲1月，全国农用稀土协作网与北京有色金属研究总院合作开发的"农用稀土化合物的

应用研究"项目获"六五"国家科技攻关奖。1988年7月获国家科技进步奖二等奖。

▲黑龙江省农科院完成了"大豆施用稀土技术与效果研究"项目。1985年在大豆田中施用稀土。

▲北京有色金属研究总院建成"稀土荧光粉中间试验室"，并通过国家科技攻关项目验收。

1986年

▲北京大学提出了"三出口"工艺流程概念及其工艺优化设计方法，在包钢稀土三厂完成了 P_{507}–HCl 体系 La/CePr/Nd 和 La/Ce/Pr 两段三出口萃取分离的工业试验，得到了大于 98% 的氧化镨、99.5% 的氧化镧、大于 85% 的氧化铈和 99% 的氧化钕。

▲在上海跃龙化工厂新建 P_{507}–HCl 体系轻稀土分离流程中进行了三出口工业试验，实现了将串级萃取理论设计直接放大到100吨的工业试验规模，极大地缩短了新工艺应用于生产的周期。

▲北京大学提出稀土分离回流启动模式，在广东珠江冶炼厂400吨稀土分离工程应用表明，萃取工艺一次性放大和全回流、大回流启动可节省工艺试验费和试车费。

▲8月，三环公司在宁波设立了烧结钕铁硼工厂——三环宁波磁厂，后更名为"宁波科宁达工业有限公司"（简称宁波科宁达），建成年产能为40吨级工业生产线。

▲中国科学院长春应用化学研究所圆满完成国家"六五"科技攻关项目"稀土在玻璃、皮毛、皮革、陶瓷、有色金属中的应用研究"，得到国家计划委员会、国家经济贸易委员会、国家科学技术委员会和财政部的表彰。

▲由赣州冶金研究所和江西大学共同完成"离子吸附型稀土矿稀土提取新工艺"，即硫酸铵浸取－碳酸氢铵沉淀工艺获国家发明奖三等奖。

▲由赣州冶金研究所、江西大学和赣南地调大队共同完成"江西稀土洗提工艺"获国家发明奖三等奖。

▲江西大学完成的"碳酸氢铵沉淀法提取稀土工艺研究"通过专家鉴定，并开始向稀土矿山推广应用。

▲江西大学成立"江西大学稀土化学研究所"。

▲北京有色金属研究总院、中科院长春应用化学研究所、九江有色金属冶炼厂、江西稀土研究所、赣州冶金研究所、北京有色冶金设计院合作研究的"六五"国家重大科技攻关项目"龙南低钇混合稀土分离工艺"，获"六五"国家科技攻关纪念奖、中国有色金属工业总公司科学技术奖二等奖，1988年获国家发明奖二等奖。成为我国离子型稀土全分离提纯的主体工艺。

▲北京有色金属研究总院"稀土金属综合利用研究""包头稀土放电冶炼""稀土永磁合金的研究""低钇稀土分离扩大试验和10吨/年中间试验"等项目获国家科技攻关奖。

▲北京有色金属研究总院、上海跃龙化工厂、甘肃稀土公司共同承担的"包头稀土硫酸浸出液转型、P_{507}萃取半逆流反萃取法分离单一稀土"项目成果获国家科技进步奖二等奖。

▲北京有色金属研究总院、赣州有色冶金研究所合作开发出"龙南矿浸出液捞稀土与粗分组工艺"。

▲哈尔滨工业大学完成的科研成果"稀土对碳氮共渗过程的活化催渗及其在汽车拖拉机

齿轮上的应用"获得航天部科技进步奖一等奖。

▲"稀土农用和机理研究""牧用、林用稀土化合物的应用研究""稀土在养殖业上的应用研究"三项课题列入国家科委"七五"国家重点科技攻关项目。

▲上海跃龙化工厂、上海有色金属研究所和上海东升钛白粉厂联合开展"从钛白水解母液中提取氧化钪"的研究并获得成功。

▲江西省稀土研究所的"低钇稀土分离扩大试验"获国家科技攻关奖。

▲钢铁研究总院、北京钢铁学院、包头稀土研究院合作研究的"高能积（328～360千焦/立方米）Nd-Fe-B永磁材料的研制"获冶金部科技进步奖二等奖。

▲包头稀土研究院、包钢选矿厂合作完成的"白云鄂博矿用新型稀土选矿捕收剂 H_{205}"用于稀土选矿领域，属国内外首创。

▲龙南稀土矿与湖南稀土金属材料研究所合作进行稀土母液萃取浓缩直接制取分离料液试验成功。

▲北京科技大学承担国家"七五"重点攻关项目"稀土在钢中应用的研究"。与包头稀土研究院、武钢、大冶钢厂、鞍钢、攀钢等单位联合攻关。

▲中科院长春应用化学研究所在国内较早地开展了稀土化合物高温超导体的研究，提出211相在晶界处的作用对123-Y系高温超导体有较大影响；提出Cu-O面同样对123-Y系高温超导体至关重要，申请并获得两项国家发明专利。

▲台湾鑫海稀土有限公司建成投产。该公司采用台湾原子能委员会核能研究所技术，分解处理台湾产黑色独居石精矿和进口原料，并通过溶剂萃取法分离提取镧、铈、钐、铕、钇等单一稀土化合物。

▲福建省发现多处离子型稀土矿。自909地质队1985年在长汀河田发现离子型稀土矿后，又在武平、上杭、宁化、清流、永安、明溪、建宁和将东等市县发现具有工业开采价值的离子型稀土资源。

▲采用北京有色金属研究总院开发的离子型稀土矿全分离提纯稀土技术，福建省建成长汀县稀土材料厂。

▲由包头稀土研究院与江苏省常熟市联合组建的"江南稀土材料总厂"正式建成投产。

▲内蒙古包头市万宝稀土金属有限责任公司成立。

▲上海跃龙化工厂采用 P_{507} 萃取工艺建成国内第一条氧化镝生产线，年生产能力为15吨。

▲10月，北京大学成立稀土化学研究中心。

1987 年

▲2月，我国宣布，中国科学院物理所研制出的钇钡铜氧高温超导体，性能跃居世界领先水平。

▲3月26—28日，上海市稀土材料开发应用办公室在江苏无锡市召开了首次"全国稀土三基色粉、三基色荧光灯座谈会"。特邀大学及企业界40多名代表参加了会议，酝酿成立全国稀土荧光粉、灯协作网。

▲6月，中国科学院长春应用化学研究所与定南县创办了定南县合营稀土冶炼厂（现定南县南方稀土有限公司前身）。1988年9月，建成年处理80吨（REO）稀土分离生产线。

1991 年 5 月，通过中国科学院和赣州地区的鉴定和验收。

▲冶金工业部钢铁研究总院、包头稀土研究院、北京钢铁学院合作研究的"高能积（41～45MGOe）Nd-Fe-B 永磁材料的研制"，获冶金部科技进步奖二等奖。

▲冶金部钢铁研究总院、中科三环、北京科技大学等单位在 80 年代后期即开展了热压/热变形磁体相关的研发工作。

▲新型高性能贮氢材料及其应用研究列入我国首批高新技术研究发展计划（"863"计划）新材料领域专题项目。先后有浙江大学、南开大学、北京有色金属研究总院、中科院上海冶金研究所、电子工业部十八所、包头稀土研究院、中山国家新型储能材料研究中心、北京大学、钢铁研究总院、武汉大学和厦门大学等我国著名大学和科研院所参加项目联合攻关。

▲长沙矿冶研究院、包钢选矿厂进行了综合回收铁和稀土矿物的工业分流试验。试验在包钢选矿厂第三系列进行。

▲包头稀土研究院完成的"氧化物电解法连续制取钕铁合金和金属钕"获国家科技进步奖二等奖。

▲包头稀土研究院、中国有色金属总公司、湖南省桃江县稀土金属冶炼厂合作研究的"独居石氯化稀土 P_{507} 萃取分离工业试验'一分三'萃取新工艺"获国家科技进步奖二等奖。

▲北京有色金属研究总院研究的"包头稀土精矿通电分解新工艺""交变电场碱分解包头稀土精矿""含铍钆的银基低电阻合金"分别获国家发明奖三等奖。

▲北京有色金属研究总院、哈尔滨火石厂合作研究的"用 P_{204} 从硫酸稀土溶液中萃取分离稀土工艺"获中国有色金属工业总公司科学技术奖一等奖。

▲中科院长春应用化学研究所研究的"龙南低钇混合稀土分离工艺流程"获中科院科技进步奖一等奖。

▲北京钢铁研究总院研究的"稀土元素在铁基、镍基溶液中的热力学性质、相平衡及其作用机理的研究"获国家自然科学奖四等奖。

▲包头稀土研究院的"全国冶金科技普查数据分析处理及科技活动分类研究"获冶金部科技进步软科学奖二等奖。

▲湖南稀土金属材料研究所和中国原子能科学研究院共同完成的"稀土中 Ac^{227} 的测定"获国家发明奖三等奖。

▲江西省稀土研究所"一步法"萃取分组分离富铕中钇稀土矿（即八出口工艺）扩大试验完成并通过省科委鉴定，获国家发明专利。

▲湖南稀土金属材料研究所完成的"用还原法制取高纯氧化铕新工艺研究"项目获得湖南省科技进步奖二等奖，并被评为 1986 年湖南省十大科技成果之一。

▲湖南稀土金属材料研究所完成的"RL-3 系列宽温镀铬添加剂及其应用工艺"研究获国家科委新产品奖、国家科技进步奖二等奖，1990 年列入"国家科技成果重点推广计划"。

▲包头稀土研究院从 1987 年起，承担了"高场强多级磁环充磁装置"课题，该课题研制了新型导航系统中陀螺仪马达所需的轴向多极整体磁环。

▲包头稀土研究院、江西省寻乌稀土分离厂共同完成了"寻乌矿 15 个稀土元素全萃取分离工艺"，该工艺在 1988 年获冶金部科技进步奖一等奖。

▲包头稀土研究院承担了"萃取过程稀土总量在线分析的研究课题"。在线测量萃取工艺

各段稀土总量的方法和装置获得成功。

▲经冶金工业部批准，东北工学院设立专门培养稀土科技人才的有色冶金（稀土工程）专业，纳入 1987 年指令性招生计划。

▲江西大学开设稀土化学专业（专科），并于年内正式招生（定向招生）。该专业由江西大学化学系和江西大学稀土化学研究所共同承担授课任务。

▲余宗森主编的《稀土在钢铁中的应用》由冶金工业出版社出版。

▲甘肃稀土公司《稀土微肥生产线技术改造项目可行性研究报告》通过专家和审查。

▲湖南稀土金属材料研究所研制的高纯度氧化钪被国家经济委员会确认为国家级新产品。

▲广州珠江冶炼厂建成了荧光级氧化钇生产线。

1988 年

▲冶金工业部钢铁研究总院完成的"高矫顽力钕铁硼永磁材料的研制"获冶金部科技进步奖二等奖。

▲北京矿冶研究总院、包头稀土研究院、包钢选矿厂、鞍山黑色冶金矿山设计研究院合作研究的"白云鄂博中贫氧化矿浮选——选择性絮凝选矿工艺"获国家发明奖一等奖。

▲三环公司"低纯度钕稀土铁硼永磁材料"成果获国家科技进步奖一等奖。

▲江西省稀土研究所与中科院长春应用化学研究所合作研究成功的国家"六五"攻关项目"龙南低钇稀土全分离工艺研究"获国家发明奖二等奖。

▲北京有色金属研究总院开发的"HEH（EHP）萃淋树脂分离纯氧化铽、氧化镝、氧化钇工艺"获国家发明奖三等奖。

▲中科院长春应用化学研究所研究的"稀土顺丁充油橡胶"获国家发明奖三等奖。

▲北京大学化学与分子工程学院研究的"串级萃取理论及其应用"获国家科委国家自然科学奖三等奖。

▲北京有色金属研究总院、哈尔滨火石厂联合开发的"用 P_{204} 从硫酸稀土溶液中萃取分离稀土工艺"项目获中国有色金属工业科学技术奖一等奖，1990 年获国家科技进步奖三等奖。

▲9 月和 11 月由北京大学主持完成的"低钇稀土三出口萃取分离新工艺的工业应用——理论设计一步放大"项目和"包头矿轻、中、重稀土三出口萃取工艺流程理论设计与工业应用"项目先后通过鉴定。

▲北京有色金属研究总院成功完成了用还原蒸馏法制备金属钇的工业试验。

▲稀土农用推广工作获国家计划委员会、国家科委、农业部、国务院稀土领导小组、中国有色金属工业总公司特等奖。

▲包头稀土研究院研究的"稀土氧化物电解制取稀土金属"，获国家科技进步奖二等奖，并获国家专利权和北京国际发明展览会铜牌奖。

▲包头稀土研究院与包钢选矿厂合作研究的"采用 H_{205} 从重选稀土粗精矿中分选高品位稀土精矿工业试验"项目获冶金部科技进步奖二等奖。

▲包头稀土研究院研究的"高矫顽力钕铁硼永磁材料的研制"获冶金部科技进步奖二等奖。

▲中科院长春应用化学研究所研究的"低价稀土离子铕（II）f–f 跃迁发射及其判据""75 千安铝电解槽添加稀土碳酸盐直接生产铝–稀土合金"获中科院科技进步奖二等奖。

▲江西大学的碳酸稀土转晶沉淀生产技术在龙南、万安、兴国、713、806 等企业推广应用，获江西省教委科技成果奖一等奖。

▲清华大学机械工程系完成的"蠕墨铸铁的研究"获国家教育委员会科技进步奖二等奖。

▲冶金部天津地矿研究院同美国地质调查局合作，对白云鄂博矿进行矿床和成矿条件研究，其成果"中国白云鄂博铁 – 铌 – 稀土后生熟液矿床"1988 年在美国华盛顿举行的第 28 届国际地质大会上介绍。

▲北京有色金属研究总院开发的第三代浓硫酸酸法流程在包钢稀土三厂建成年冶炼包头稀土精矿 2400 吨 / 年生产线并投产。

▲上海跃龙有色金属有限公司建成国内第一条彩电荧光粉生产线（10 吨 / 年）。

▲上海跃龙有色金属有限公司采用锌还原 – 硫酸钡共沉载带和碱度法锌还原工艺，建成荧光级氧化铕生产线。

▲广东阳江市国营稀土厂建成一条年产 40 吨荧光级氧化钇生产线，年产氧化钇达 110 吨。

1989 年

▲ 3 月，冶金工业部钢铁研究总院研制成功最大磁能积为 49 MGOe 的钕铁硼永磁体，为当时国内最高。该成果被评为我国 1989 年冶金十大科技成就之一。

▲冶金工业部钢铁研究总院牵头与包头稀土研究院、北京科技大学和东北大学合作，承担了国家"七五"重点攻关项目"新型稀土铁基永磁材料及其制造工艺"，获得国家"七五"攻关重大成果奖和国家科技进步奖一等奖（见下图）。

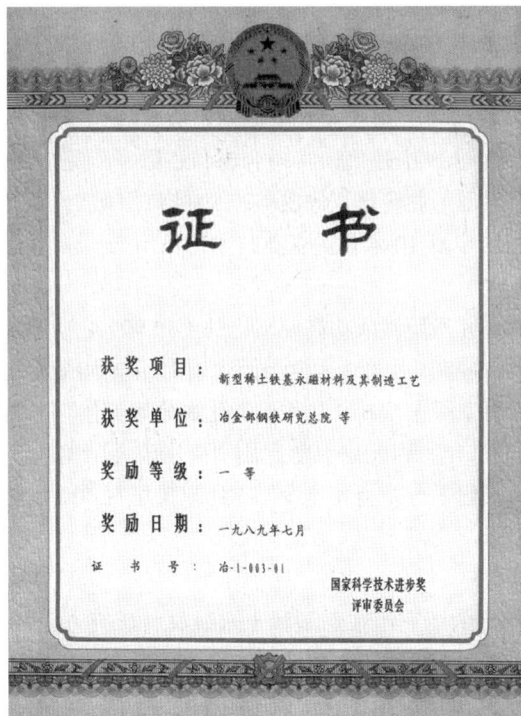

1989 年钢铁研究总院获科技进步奖一等奖证书

▲沈阳工业大学完成的国家自然科学基金项目"中型稀土永磁电机设计方法及其原理研究"于1989年获辽宁省科技进步奖一等奖。

▲中科院长春应用化学研究所研究的"掺钕和铈的钇铝石榴石激光晶体"获国家科技进步奖二等奖。

▲中国科学院地质研究所与地球化学研究所共同完成的"白云鄂博矿床矿物学地球化学综合研究"获国家自然科学奖二等奖。

▲北京大学化学与分子工程学院研究的"包头矿轻、中、重稀土三出口萃取工艺流程的理论设计和工业应用"获冶金部科技进步奖二等奖。

▲北京有色金属研究总院成功完成了多出口萃取分离中重稀土和中钇富铕稀土工业试验。

▲上海跃龙有色金属有限公司以 P_{507} 为萃取剂，采用溶剂萃取法成功制得纯度为99.95%的氧化铽。

▲上海跃龙有色金属有限公司生产的灯用稀土红粉向日本试销。

▲由北京大学化学系研制的"萃取法生产荧光级氧化铕（99.95%）新工艺"经过计算机模拟设计，采用一步放大技术，直接在广东省阳江市稀土冶炼厂进行工业试验获得成功，自此，萃取法代替色层法成为荧光级氧化铕主流生产工艺。

▲江西省地矿局完成的"离子吸附型稀土矿勘查评价方法研究"课题，提出准确划分风化壳层的新标志。

▲核工业总公司第二设计研究院与上海跃龙有色金属有限公司等企业合作，在生产线上实现了在线分析，于11月在上海通过鉴定。

▲北京有色金属研究总院建成了中间合金法生产金属镝的生产线。

▲包头稀土研究院和北京有色金属研究总院等单位共同起草的《稀土金属和氧化物国家标准分析方法》通过鉴定。

▲武汉大学发光材料科研组"稀土元素激活的铝酸盐荧光粉的新合成法"把合成和还原两步三次高温灼烧法用新合成法替代，实现合成和还原一步完成，该技术在中国有色金属总公司806厂（九江市）实现工业转化，建成年产50吨灯用稀土三基色荧光粉的荧光粉分厂。

▲宁夏稀土办公室组织宁夏10家相关企业技术厂长到全国学习考察稀土应用。引进稀土应用技术10项。

▲湖南稀土金属材料研究所研制成功高纯氧化钪（99.999%）。

▲自1989年起，历时3年，由北京大学全面应用前期技术成果，在广东珠江冶炼厂设计并实施了"年处理离子吸附型稀土矿650吨稀土氧化物分离工艺"工业项目。

▲自1989年起，历时3年，由北京大学完成"一步放大"工艺设计，由上海跃龙化工厂主持工程设计，在朝鲜咸兴化学合并会社建设了年处理独居石400吨稀土氧化物分离流程。

1990 年

▲北京大学教授杨应昌的研究组在新型稀土永磁材料研究方面取得突破，发现了钕铁氮新型永磁材料，其理论计算最大磁能积与钕铁硼相当，居里温度比钕铁硼高140℃。

▲中国科学院地质研究所课题组，在"六五"和"七五"期间，开展了对华南离子型稀土矿的地质学研究，调查和研究了南岭各省区离子型稀土矿的分布、分类、成矿过程、利用

前景和成因，完成了南方离子型稀土矿的地质学、矿物学和同位素地质学研究。

▲"七五"期间（1986—1990），中国科学院针对我国稀土资源特点，设立了中国科学院重点项目"南方离子型稀土矿地质地化，分离分析及综合利用"项目，负责人为倪嘉缵院士。共组织了科学院16个单位参加。

▲哈尔滨工业大学研制成功的"稀土特殊共渗热处理新技术"获国家发明奖二等奖。此新技术在理论上建立了原子极化模型和计算，突破了稀土大原子不能扩渗的理论禁区，在国际上首次发现了稀土在共渗中的催渗作用。

▲北京有色金属研究总院、东北工学院、株洲硬质合金厂、自贡硬质合金厂合作研究的"稀土在硬质合金中的应用研究"获中国有色金属工业总公司科学技术奖二等奖。

▲中科院长春应用化学研究所研究的"冠醚化合物的合成性能和应用"获中科院自然科学奖二等奖。

▲北京钢铁研究总院研究的"铈、钇与锡、锑、铅在铁基溶液中的热力学和稀土减少低熔点金属危害性的研究"获冶金部科技进步奖二等奖。

▲"稀土粉尘卫生标准研究"通过冶金部鉴定。

▲稀土永磁纺织专用电机通过国家鉴定，该种电机在纺织厂实际使用节能效果显著，节电达6%~13%。

▲包头稀土研究院对镍－金属氢化合物二次电池负极材料的研制，被列为国家"863"高技术研究项目，获国家科委"863"成果奖二等奖。

▲由包头稀土研究院信息中心建设的稀土事实数据库通过了冶金部科技司主持的鉴定。该数据库内分10个子库，输入1980年以后各种有关稀土事实信息。

1991 年

▲冶金工业部钢铁研究总院开展了添加液相调整主相的双相烧结技术基础理论研究，获国家发明奖三等奖。

▲北京有色金属研究总院拥有的专利"从硫酸体系中萃取分离稀土元素"获得中国专利优秀奖。

▲钢铁研究总院等采用HDDR法成功制造出粘接钕铁硼磁粉。

▲钢铁研究总院制备出GMM棒材，获得了国家专利。此后又进一步开展了低频水声换能器、光纤电流检测、大功率超声焊接换能器等的研究和应用，开发出了具有自主知识产权的年产能达吨级的高效集成生产GMM的技术和装备。在理论研究方面，率先用双格子分子场理论较为精确地计算了含有掺杂（Sm，R）Fe_2金属化合物的磁致伸缩效应以及磁化强度随温度的变化。

▲长沙矿冶研究院在包钢选矿厂"白云鄂博中贫氧化矿弱磁－强磁－浮选工艺流程"工业试验取得成功，推动了包钢公司选冶技术的快速进步，困扰包钢多年的"三口一瘤"的关键——精矿质量低的问题得以彻底解决，该项目1991—1992年分别获冶金部科技进步奖特等奖及国家科技进步奖二等奖。

▲武汉钢铁公司、包头稀土研究院和北京科技大学共同承担的"七五"攻关项目"武钢稀土处理钢的开发与推广"获冶金部科技进步奖二等奖。

▲北京大学化学与分子工程学院完成了稀土萃取分离工艺的一步放大技术，在国内不同类型的稀土骨干企推广应用，并获得国家科学技术进步奖三等奖和教育部科技进步奖一等奖。

▲中国科学院长春应用化学研究所完成的"RE-Mg-Al-Zn 基合金热镀钢管"获得吉林省科技进步奖二等奖。

▲北京科技大学"钢中稀土加入方法和作用机理研究"获国家"七五"科技攻关重大成果奖。

▲中国科学院长春应用化学研究所、重庆大学、中南大学、兰州连城铝厂、武汉大学和西南铝加工厂在"稀土有色合金新材料开发应用"中的突出贡献得到国务院稀土办公室的奖励。

▲我国首批高新技术研究发展计划（"863"计划）新材料领域专题项目"新型高性能贮氢材料及其应用研究"，先后有浙江大学、南开大学、北京有色金属研究总院、中科院上海冶金研究所、电子工业部十八所、包头稀土研究院、中山国家新型储能材料研究中心、北京大学、武汉大学和厦门大学等高校和科研院所参加联合攻关。

▲上海跃龙有色金属有限公司从日本东芝公司引进彩电粉生产技术和彩电红粉全套生产设备，建成 100 吨 / 年的彩电粉生产线。

▲上海跃龙有色金属有限公司采用复旦大学技术，建立 30 吨 / 年稀土三基色荧光粉生产线。

1992 年

▲长沙矿冶研究院研究的"弱磁 - 强磁 - 浮选综合回收铁、稀土、铌的选矿工艺流程"1992 年获冶金部科技进步奖特等奖。

▲中科院长春应用化学研究所研究的"稀土高强镁合金 MB26"获国家发明奖三等奖。

▲北京有色金属研究总院、东北工学院、株洲硬质合金厂、自贡硬质合金厂合作研究的"稀土在硬质合金中的应用"获国家科技进步奖三等奖。

▲包头稀土研究院研究的"高场强多级磁环充磁装置""高使用温度钕铁硼永磁体及其生产方法"获国家发明奖三等奖。

▲大冶钢厂、包头稀土研究院、北京科技大学合作研究的"特殊钢中稀土处理技术开发及推广"项目获冶金部科技进步奖一等奖。

▲北京有色金属研究总院研究的"稀土在 30 种作物上的大面积推广"获中国有色金属工业总公司科学技术奖二等奖。

▲北京有色金属研究总院研究了适于生产高质量金属钐的设备及工艺条件，建成了年生产能力为 5 吨的金属钐生产线。

▲包头稀土研究院与江西省寻乌稀土公司研究的"P_{204} 稀土三分组及轻稀土分离制备纯氧化钕工业试验"获冶金部科技进步奖二等奖。

▲包头稀土研究院、北京有色金属研究总院、湖南稀土金属材料研究所、上海跃龙有色金属有限公司、广州有色院等合作研究的"稀土金属及其氧化物国家标准分析方法的制定"获中国有色金属工业总公司科学技术奖二等奖。

▲1992 年 5 月 8 日，包头稀土高新技术产业开发区新闻发布会暨开工奠基典礼在包头举行。

▲1992年10月，中国科学院长春应用化学研究所完成的"定南中钇富铕型稀土分离流程"项目获中国科学院科技进步奖二等奖。

▲包头稀土研究院与江西省寻乌稀土公司研究的"P₂₀₄稀土三分组及轻稀土分离制备纯氧化钕工业试验"获冶金部科技进步奖二等奖。

▲中国石油化工总公司石油化工科学研究院承担的国家"八五"攻关项目"组合工艺专用重油裂化催化剂的研制"于1989年研究成功"磷改性一交一焙稀土氢Y分子筛催化剂"专利技术。

▲西南应用磁学研究所与华东输油管理局联合开发的采用NdFeB永磁材料制成的"内磁式原油输送除蜡降黏器"在山东济南市通过技术鉴定。

▲北京有色金属研究总院向深圳企荣五矿公司技术转让成功，建成了稀土蓝绿色荧光粉的高温连续气体还原炉，实现了蓝、绿粉变温气态连续化生产。

▲大连路明发光科技股份有限公司研制开发出多种稀土离子掺杂的铝酸盐长余辉发光材料，并实现了稀土长余辉发光材料的产业化。该公司还先后开发并生产黄绿色、蓝绿色、蓝色、紫色、红色等多系列、多颜色、多种型号的几十种长余辉发光粉。

▲稀土农用新技术对近40种农作物确有增产或改善农产品品质的作用，稀土农用技术的推广面积连续6年稳步发展。截至1992年年底，累计推广面积近2亿亩，农作物品种近40个，同时，还推广应用于猪、鸡等畜禽近1000万头只，林业200万亩，养鱼水面近万亩。

▲中国科学院长春应用化学研究所从1983—1992年持续开展的电解配制稀土合金锭、稀土铜板、稀土铜排及稀土铝合金导线、连铸连轧稀土铝合金盘条分别通过机械电子部、黑龙江省和吉林省冶金厅的鉴定并得到大规模工业应用。

1993 年

▲4月，三环公司购买了日本住友特殊金属公司和美国通用汽车公司的钕铁硼永磁材料专利许可，成为可以在全球销售钕铁硼磁体的中国企业。

▲中国科学院金属研究所和中国科学院长春应用化学研究所完成的"铸锭法铝锂-I合金"获国家科技成果。

▲包钢稀土一厂、包头稀土研究院、上海钢铁工艺技术研究所合作研究的"强化还原法冶炼稀土硅铁合金"获冶金部科技进步奖二等奖。

▲北京有色金属研究总院研究的"彩色金属卤素灯发光材料制备工艺的研究"获中国有色金属工业总公司科学技术奖二等奖。

▲北京有色金属研究总院开展了中间合金-真空蒸馏法制备高纯金属钪的工艺研究，建成了年产150千克的高纯钪生产线。

▲8月，稀土行业标准化工作办公室在内蒙古包头市通过了《氧化钐》《金属钐》《金属镝》3项国家标准和《稀土有机络合物饲料添加剂》行业标准审定。

▲宝山钢铁总厂、北京科技大学和包头稀土研究院等单位合作攻关的稀土处理J-55钢级石油套管性能研究取得进展。

▲由长沙矿冶研究院承担的国家自然科学基金资助项目"晶型碳酸稀土的形成机制及在稀土提取中的应用"圆满完成。

▲10月，第五次中日稀土交流会在日本举行。

▲包头稀土研究院等单位科研成果"金属氢化物－镍二次电池负极材料"，在广东中山市国家火炬高新技术开发区中山市天骄稀土材料公司成功地实现了产业化。

1994 年

▲中国科学院长春应用化学研究所完成的"稀土元素熔盐电化学研究"获中国科学院二等奖。

▲钢铁研究总院完成的"钕铁硼永磁材料的矫顽力机理的研究"获得中共中央组织部、人事部和中国科学技术协会第四届中国青年科技奖。

▲北京有色金属研究总院研究的"金属氢化物镍电池"获中国有色金属工业总公司科学技术奖二等奖。

▲江西省稀土研究所与原子能科学研究院合作研究的"静电式准液膜分离技术萃取回收稀土（钇）工艺研究"获核工业部科技进步奖一等奖。

▲1月，国务院国办通〔1994〕1号文件决定：国务院稀土领导小组撤销，稀土的业务工作由国家计划委员会继续担任。原国务院稀土办公室更名为国家计划委员会稀土办公室，职能不变。

▲第三届国家计划委员会稀土专家组会议召开。

▲4月16日，天津市经委和化工部科技司组织，由天津市黄海化工厂承担，上海化工研究院复肥所和中国农科院土肥所协作下完成的"稀土复混肥研制开发及3年大田肥效示范工作"通过验收。

▲5月9日，经国家民政部审核批准，中国稀土行业协会完成注册登记，颁发"中华人民共和国社团登记证书"。

▲10月26日，由国家计划委员会稀土办公室（原国务院稀土办公室）立项、包头稀土研究院承担的"稀土西文文献数据库"课题通过了技术鉴定。

1995 年

▲北京大学化学与分子工程学院研究的"南方离子吸附型矿混合稀土的萃取全分离"获教育部科技进步奖一等奖。

▲中国科学院长春应用化学研究所完成的"稀土在锌基热镀合金中应用研究"获中国科学院一等奖。

▲北京有色金属研究总院研究的"Cl-P$_{507}$萃取色层提取超高纯氧化铥工艺、制备高纯氧化铈扩大试验、制备高纯氧化铽工艺扩大试验""富镧农用硝酸稀土的应用研究"获中国有色金属工业总公司科学技术奖二等奖。

▲8月，由中国科学院院士、北京大学教授徐光宪担任主编，倪嘉缵、刘余九等担任副主编的大型稀土专著《稀土》（第2版），由冶金工业出版社出版发行。

▲10月30日，北京有色金属研究总院"稀土材料国家工程研究中心"建设项目获国家计划委员会批复并正式启动。

▲在首届何梁何利基金奖评奖中，北京大学徐光宪获化学奖。北京有色金属研究总院王

淀佐获技术科学奖。

▲南昌大学提出了"碳酸稀土结晶沉淀方法"专利申请，并在龙南稀土冶炼厂完成了高纯度氧化钇的工业化应用生产试验。

1996 年

▲北京有色金属研究总院完成的"高纯单一稀土提取技术研究"获国家"八五"科技攻关重大科技成果奖，"5 ~ 6N 超高纯 Y_2O_3、Nd_2O_3、Eu_2O_3、Gd_2O_3、Dy_2O_3、Yb_2O_3、Lu_2O_3 制备工艺"获中国有色金属工业总公司科学技术奖二等奖。

▲钢铁研究总院研究了 $La1-ZRZ（Fe1-X-YCo_xAl_y）_{13}$ 金属间化合物磁熵变。

▲4 月 5 日，中国科学院组织有关专家，对中科院"八五"期间重大项目"稀土新材料研究及其开发应用"进行审查与验收。

▲7 月，由徐光宪院士和倪嘉缵院士为首席科学家的"八五"国家重大基础性研究攀登计划项目《稀土科学基础研究》总结通过验收，被评为优秀。

▲由北京大学主持工艺设计，在江苏省溧阳市稀土总厂实施完成了"全厂年处理 3000 吨南方离子矿工艺调整"工业项目，建立了可进行全部 15 种稀土元素全分离的工艺流程。

▲中国石油化工科学研究院研制的含稀土"ZRP 择型分子筛"被评为我国 1996 年十大技术发明之一。

▲在国家"863"计划支持下，南开大学自 1993 年 9 月起先后取得 AB_5 型稀土镍基贮氢电极材料的美国、欧洲发明专利授权，为我国贮氢研究领域首次取得了美国、欧洲专利，打破了日本、美国等国家在该领域的专利垄断，为我国贮氢合金进入国际市场取得了部分知识产权。

▲北京有色金属研究总院研发成功的镍氢汽车动力电池在电动汽车上试用成功。充电一次可运行 120 千米，最高时速 112 千米。

▲南昌大学提出的从氯化稀土溶液中直接沉淀法生产高纯稀土碳酸盐和氧化物技术获得成功。

1997 年

▲北京有色金属研究总院张国成院士，荣获 1997 年度何梁何利基金进步奖。

▲北京有色金属研究总院承担的"固磷添加剂在冶炼包头稀土精矿中的应用"项目获中国有色金属工业总公司科学技术奖二等奖。

▲赣州有色冶金研究所"离子型稀土矿山原地浸矿新工艺"获国家科技进步奖二等奖。

▲攀枝花钢铁（集团）公司和北京科技大学共同承担的"稀土、碱土金属综合净化钢液技术应用研究"获冶金部科技进步奖二等奖。

▲湖南稀土金属材料研究所完成的"镁热还原法制备高纯金属钪"获湖南省科技进步奖二等奖。

▲3 月，中国科学院电工所把为阿尔发磁谱仪（AMS）组装好的稀土永磁体（约 1.9 吨高性能钕铁硼）运抵瑞士。该永磁体用于反物质和暗物质探测器（AMS），这是人类历史上第一个用于太空科学实验的大型磁体。这一成果获得了国际上的高度赞誉。

▲8 月 26—29 日，全国稀土标准化技术委员会在北京成立。

▲中国科学院磁学国家重点实验室成功生长出稀土大磁致伸缩材料 Tb-Dy-Fe 的〈111〉取向单晶。北京科技大学在〈110〉取向棒制备等多方面获得发明专利。同时包头稀土研究院承担的国家"八五"攻关项目"稀土超磁致伸缩材料研制的扩大试验"通过了技术鉴定。

▲保定稀土材料试验厂研制成功无尾气污染低温分解包头矿新工艺,其核心技术是氨固定氟化氢。

▲包头鹿西罗纳稀土有限公司稀土贮氢合金粉投入批量生产投放市场,法国罗纳普朗克公司完成了增资扩股计划。

▲南昌大学提出的从氯化稀土溶液中直接沉淀法生产高纯稀土碳酸盐和氧化物技术在包头和江苏等地推广应用。

1998 年

▲6月3日,阿尔法磁谱仪(AMS)的核心部分,随美国"发现号"航天飞机从美国肯尼迪航天中心成功升入太空,首次进行探测反物质和暗物质试验。该项试验由著名物理学家、诺贝尔奖获得者美籍华人丁肇中主持。包头稀土研究院积极参与了高性能稀土永磁材料的研制和提供,由中国科学院电工研究所完成 AMS 关键部件永磁磁体的设计和组装。

▲10月,内蒙古科技厅批准建立"内蒙古希苑稀土功能材料工程技术研究中心",由包头稀土研究院承建。

▲赣州有色冶金研究所"1000 吨/年稀土金属生产线"及九江有色金属冶炼厂"50 吨/年新型三基色荧光粉生产线"和江西贵雅电光源有限公司"大功率稀土节能灯生产线"列入国家计划委员会高新技术产业化示范工程项目计划。

▲钢铁研究总院开发出"铁钴复合基稀土永磁材料及其制备工艺",获国家冶金工业局科学技术进步奖一等奖。

▲中国稀土学会在北京召开了"1998 年国际稀土技术与贸易论坛"。

▲北京有色金属研究总院"包头混合型稀土精矿酸法冶炼工艺的应用推广"获国家科技进步奖二等奖。

▲北京大学进一步发展串级萃取理论,使之适用于非恒定混合萃取比体系,引入萃取过程的化学平衡计算,完成了皂化、萃取、反萃等全工序过程的模拟计算,拓展了串级萃取理论的适用范围;同时提出"相转移反萃取"思想,解决了高纯重稀土反萃取难题,为重稀土萃取分离的工艺设计提供了保证,在此基础上,首次建立了钇、镱、镥溶剂萃取分离工业生产线。相关工作"重稀土分离理论与实践"获教育部科技进步奖二等奖。

▲由北京大学、四川银山化工(集团)股份有限公司、西南民族学院共同完成的"四川冕宁稀土矿分离镧、铈、钕新工艺研究"项目完成了以冕宁稀土矿为原料生产高纯镧、铈、镨、钕单一氧化稀土的扩大试验,建立了四川冕宁稀土矿全分离示范流程。该项目于12月底通过了四川省科委鉴定。

▲湖南稀土金属材料研究所"抗破碎贮氢材料的研制"获国家发明奖二等奖。

▲江西省稀土研究所"分光光度法稀土在线检测系统的研制"获江西省科技进步奖二等奖。

▲中科院长春应用化学研究所在上海跃龙有色金属有限公司完成公斤级稀土纳米氧化物

的工业试验与应用。

▲北京有色金属研究总院完成"稀土农用环境化学行为基础研究"专题（1998—2000 年）研究。

▲ 1998 年 12 月，中国科学院长春应用化学研究所完成的"稀土及相关金属萃取与分离化学"项目获中国科学院自然科学奖二等奖。

1999 年

▲ 9 月，北京大学稀土材料化学及应用国家重点实验室经过科技部的评议，被评为 A 级。

▲ 10 月 11 日，国家计划委员会批准依托包头稀土研究院建设"稀土冶金及功能材料国家工程研究中心"。

▲冶金工业部钢铁研究总院（2000 年更名为钢铁研究总院）完成的"高稳定性稀土永磁材料与工艺"项目获得国家科技进步奖二等奖；有研总院完成的"包头混合型稀土精矿酸法冶炼工艺的应用推广（推广类）"项目获得国家科技进步奖二等奖。

▲中国科学院长春应用化学研究所稀土化学与物理重点实验室完成"攀西稀土矿铈、钍、稀土萃取分离流程扩大试验"研究，实现铈与钍和稀土的萃取分离，使钍得到有效回收。

▲北京有色金属研究总院完成"10～150 安时等系列方型密封稀土镍氢动力电池"的开发工作，用于 5 人座电动轿车。

▲北京有色金属研究总院承担了国家重点稀土建设项目"高纯稀土金属产业化示范工程"，开发的成果于 2005 年获北京市科学技术奖一等奖，2008 年获国家发改委"高技术产业化十年优秀项目成就奖"。

▲哈尔滨工业大学"稀土—钢纤维汽车刹车片"项目获航天部科学技术进步奖二等奖。

▲北京大学"重稀土分离理论与实践"获科技部国家科学技术进步奖二等奖。

▲赣州有色金属研究所"废旧钕铁硼回收工艺"获江西省科学技术进步奖二等奖。

▲年末，中国科学院长春应用化学研究所与江西金世纪新材料有限公司合作完成了 HAB 双溶剂萃取分离高纯氧化钇的工业试验，2000 年通过了江西省科委鉴定。

▲北京有色金属研究总院开发出性能达到 PDP 显示屏使用要求的荧光粉，并研发出 PDP 用荧光粉光学参数测试系统。

2000 年

▲ 7 月，中国科学院长春应用化学研究所稀土化学与物理重点实验室完成了"镍氢电池负极材料"重点攻关课题，开发的镍氢电池新型负极材料低温性能提高。

▲ 11 月，三环公司承担完成的"九五"国家"863"计划新材料领域重大项目"高档稀土永磁钕铁硼产业化"项目顺利通过验收，成功研制出 N50 系列高档烧结钕铁硼产品，为我国高档钕铁硼生产提供了工程化技术。

▲北京有色金属研究总院成功研制出电解还原 – 碱度法制备高纯氧化铈工艺，在甘肃稀土公司建立年产 20 吨高纯氧化铈生产线，提取出纯度 5N 的氧化铈产品。

▲上海广电电子股份有限公司（原上海真空电子器件股份有限公司）稀土荧光粉的 T5 细管径直管荧光灯年产能力达 150 万支。

▲中国稀土学会第四届年会在北京召开。

▲南昌大学完成了"新型稀土聚氨酯高速抛光材料生产技术与中试"项目。

▲冶金部钢铁研究总院更名为钢铁研究总院。

▲钢铁研究总院成功开发出低温度系数钐钴磁体。

▲北京大学开发了基于实际萃取槽模型的多组分体系多入口、多出口串级萃取仿真模拟软件,与基于"漏斗法"的模拟计算相比,新的仿真软件可以更为真实地反映串级萃取过程中的动态质量传输过程。

2001 年

▲依托北京有色金属研究总院的稀土材料国家工程研究中心通过验收,并整体转制成立有研稀土新材料股份有限公司。

▲由钢铁研究总院完成的"精密仪表用高性能稀土永磁材料"获得了冶金科学技术奖二等奖。

▲由中国科学院长春应用化学研究所完成的"稀土离子光谱性质的研究"获中国科学院自然科学奖二等奖。

▲沈阳工业大学完成的国家"863"计划项目"高效高起动转矩钕铁硼永磁同步电动机及其共性关键技术"于 2001 年获国家科技进步奖二等奖。

▲包头稀土研究院完成"万安培稀土熔盐电解关键技术与成套设备的研制"。

▲中国运载火箭技术研究院北京航天万源稀土电机应用技术有限公司完成"稀土永磁自同步无齿曳引机及驱动系统"的研制。

▲中国稀土学会第四届国际稀土学术会议在北京召开。

▲东北大学"碳热还原法制取稀土硅化合物合金冶金技术"获国家发明奖二等奖。

▲北京有色金属研究总院系统研究并开发出 YAG:Ce 荧光粉产业化技术。

2002 年

▲徐光宪院士获 2003 年度国家最高科学技术奖提名。这是国家最高科学技术奖自 2000 年颁发以来,化学界学者首次获得国家最高科学技术奖提名。

▲钢铁研究总院开发出的低温度系数钐钴磁体获 2002 年北京市科学技术奖一等奖。

▲钢铁研究总院完成的"精密仪表用高性能稀土永磁材料"获得 2002 年获得北京市科学技术奖一等奖。

▲ 12 月 16 日,科技部批准依托沈阳工业大学建设"国家稀土永磁电机工程技术研究中心"。

▲西北工业大学稀土永磁电机及控制技术研究所研制的某型特殊用途无人驾驶飞机主发电机"航空稀土永磁同步发电机"完成研发。

▲国家重点技术创新和内蒙古自治区重点科技攻关项目——包钢时速 200 千米客运专线用铌稀土轨技术完成研制。

▲中科院大连化学物理研究所"催化湿式氧化处理废水装置"获机械工业部科技进步奖二等奖。

▲ 2002 年 9 月，中国稀土永磁行业首家信赖性实验室由中科三环投资建成，后获得了"中国合格评定国家认可委员会"（CNAS）认可。

▲南昌大学的"碳酸稀土结晶沉淀方法"获国家知识产权局优秀专利奖。

2003 年

▲北京有色金属研究总院的"铕的电解还原工艺及设备研究开发"获中国有色金属工业科学技术奖一等奖。

▲中国稀土学会、日本稀土学会联合举办的首届中日双边稀土新材料学术研讨会在长春召开。

▲ 10 月 6 日，"神舟五号"飞船发射圆满成功，钢铁研究总院和包头稀土研究院提供了永磁体和器件，为圆满完成飞行任务提供了重要保证。

▲南开大学"镍氢电池负极合金粉再生技术"获天津市科技进步奖。

▲南昌大学完成的"新型稀土聚氨酯高速抛光材料生产技术与中试"成果转让给江苏宜兴新威利成公司。

▲ 11 月，中国科学院长春应用化学研究所与包钢稀土高科合作完成了"863"计划"2400吨 / 年规模的包头稀土清洁流程国家产业化示范工程"，2004 年 6 月通过了专家验收。

2004

▲由钢铁研究总院主持，北京大学、中科三环高技术股份有限公司、宁波韵升股份有限公司、安泰科技股份有限公司、北京科技大学、清华大学、中科院物理所、中科院金属所等单位参加的国家"863"重大科技项目"高性能稀土永磁材料、制备和表面处理关键技术"通过科技部验收，并被评为优秀。

▲中科三环高技术股份有限公司、安泰科技股份有限公司、中科院物理研究所、北京大学、北京科技大学、北京有色金属研究总院等单位联合承担的北京市科委重大科技项目"新型稀土永磁材料研究开发与应用"通过验收。

▲由我国自行研制的首辆永磁补偿式悬浮列车试运行成功。

▲有研稀土和西安交通大学研制了 FED 荧光粉发光性能测试系统。

▲中国稀土学会主办的中国稀土科技战略发展研讨会在长春召开。

▲北京大学稀土材料化学及应用国家重点实验室经过国家科技部的评议，继 1999 年之后，连续第二次被评为 A 级。

▲北京大学方正稀土与南方稀土研究所合作，在河南淅川金泰特种合金厂采用四川稀土矿分解产生的富铈优浸渣直接冶炼稀土硅铁试验成功。

2005 年

▲ "镧钼等热阴极材料及制备技术""具有抗菌、净化空气及产生负离子的功能材料""电动车动力系统关键技术产品"获国家技术发明奖二等奖。"稀土铁共生矿矿工吸入钍尘对矿工健康影响与防治措施系列研究"荣获国家科学技术进步奖二等奖。

▲ 5 月，中国科学院长春应用化学研究所与四川省冕宁县方兴稀土公司合作完成了"4000

吨／年规模的攀西稀土矿铈、钍、稀土萃取分离流程”的国家产业化示范工程，实现了直接从氟碳铈矿中制备高纯氟化铈（4～5N）纳米粉体的新技术，2006年4月通过了四川省计划委员会验收鉴定。

▲10月12日，中国“神舟六号”载人飞船成功发射，中国科学院长春应用化学研究所和中国科学院金属所为其提供了高强稀土镁合金材料。

▲10月14日，徐光宪院士获“2005年度何梁何利科学技术成就奖”，奖金达100万港元。徐光宪院士用该项奖金在北京大学化学院设立“霞光奖学金”。

▲北京大学稀土串级萃取联动工艺设计及控制方法通过教育部鉴定，本成果提出了联动工艺模式及其设计和控制方法，将串级萃取过程中占主要流通量的负载有机相进行优化连通、复式使用，降低了生产过程的酸碱消耗和污染物排放，应用于轻稀土和中重稀土萃取生产可使酸碱单耗降低26%～40%，在高效分离的前提下环保效应显著。

▲11月，中国航天科技集团表彰了钢铁研究总院为“神舟六号”载人航天任务飞船和运载火箭研制配套稀土永磁材料做出的贡献，并颁发了证书；同月，钢铁研究总院等联合承担的国家863重大科技项目“新型稀土永磁电机设计与集成技术”通过验收。

▲年底，由钢铁研究总院主持，北京大学、深圳北大双极高科技股份有限公司、中科三环、沈阳中北真空技术有限公司、安泰科技、中科院金属所、北京科技大学和宁波韵升强磁材料有限公司等单位参加的国家“863”重大科技项目“高性能稀土永磁材料、制备工艺及产业化关键技术”通过科技部验收，并被评为优秀。

▲中国稀土产业发展工程科技论坛在包头召开。

▲依托包头稀土研究院建设的“稀土冶金及功能材料国家工程研究中心”通过验收。

2006 年

▲1月，中国科学院长春应用化学研究所发明的“一种从硫磷混酸体系中萃取分离钍和提取氯化稀土的工艺”专利获中国专利优秀奖。

▲国家发展改革委编制完成《稀土工业产业发展政策》和《稀土工业中长期发展规划》并通过专家论证。

▲有研稀土、北京有色金属研究总院等10家单位共同承担的“稀土农用新材料技术在稀土地区应用示范”获中国有色金属工业科学技术奖一等奖。

▲8月，在中国北京召开第十九届国际稀土永磁与应用研讨会，罗阳和李卫担任大会执行主席。

▲中国稀土学会、日本稀土学会、韩国能源研究院主办的第二届中日韩三方稀土与新材料研讨会在长春召开。

▲钢铁研究总院研制的最高使用温度达到500℃的$Sm(Co, Fe, Cu, Zr)_z$系实用高温稀土永磁体，500℃下的性能达到了：$(BH)_{max}$=10.5 MGOe，H_{cj}=8.01kOe，为世界先进水平。

▲钢铁研究总院等联合承担的国家“863”重大科技项目“高性能稀土永磁电机技术集成及关键材料”通过验收。

▲有研稀土突破$Sr_2Si_5N_8$:Eu红色荧光粉的常压高温氮化技术，并于2014年获中国有色金属工业科学技术奖一等奖。

2007 年

▲1 月 25 日，稀土高性能永磁电机研发基地挂牌仪式在北京航空航天大学举行。

▲中科院长春应化所，稀土有机－无机杂化及纳米复合材料的制备、组装和性能研究，获吉林省科学技术进步奖一等奖。

▲北京大学团队开发了南方离子型稀土矿联动萃取四分组工艺，具有较好的经济性，先后在金坛海林稀土有限公司、虔东集团安远明达稀土有限公司、广东德庆兴邦稀土有限公司、甘肃稀土集团有限公司、赣县红金稀土有限公司及定南大华新材料资源有限公司等企业进行了推广实施。

▲10 月 24 日，"长征三号"甲运载火箭搭载"嫦娥一号"成功发射，钢铁研究总院、北京有色金属研究总院和包头稀土研究院提供了相关稀土材料。

▲钢铁研究总院与中科院宁波材料所合作，分别自行研制了 MQ－Ⅱ和 MQ－Ⅲ真空热压装置。

▲12 月，由钢铁研究总院等单位联合完成的"高性能稀土永磁材料、制备工艺及产业化关键技术"项目获北京市科学技术奖一等奖。

▲北京有色金属研究总院制备的金属钕纯度达到 99.9908%（测定 37 个杂质元素）。

▲中科院长春应用化学研究所和中国石油吉林石化分公司完成"新型稀土异戊橡胶小试技术的开发"项目。

▲12 月，上海大学材料学院成功制备了高质量的 Yb 氧化镧钇透明陶瓷，实现了掺 Yb 氧化镧钇透明陶瓷的激光输出。

▲北京有色金属研究总院"彩色等离子显示屏（PDP）用荧光体产业化关键技术"获中国有色金属工业科学技术奖一等奖。

▲"磁性金属配合物的设计、结构与性质""先进润滑材料制备与性能"获国家自然科学二等奖。"稀土激活新型硅酸盐发光材料及应用""钕铁硼永磁发电装置可控整流稳压技术及其应用"获国家科技发明奖。

2008 年

▲1 月，中国科学院长春应用化学研究所发明的"一种从氟碳铈矿浸出液中萃取分离铈、钍的工艺"专利获中国专利优秀奖。

▲钢铁研究总院成功研制最高使用温度达到 500℃的 Sm（Co，Fe，Cu，Zr）z 系高温永磁体，该成果成为 2008 年国家科技进步奖二等奖的重要成果之一。

▲钢铁研究总院稀土磁性材料团队被国防科工委授予"国防科技创新团队"。

▲2 月 1 日，国家发展和改革委员会发布第 11 号公告，公布国家发展改革委批准《汽车燃料消耗量标识》等 351 项行业标准，其中稀土行业标准 11 项。

▲3 月，包头市汇全稀土实业（集团）有限公司、内蒙古科技大学和包头市爱能控制工程有限公司共同研制成功"兆瓦级双电枢混合励磁风力发电机组"，此机组具有创新性和完全自主知识产权，机组的零部件全部实现了国产化。

▲3 月，中国科学院物理研究所制备出掺杂氟的镧氧铁砷化合物（LaOFeAs），在一周内

实现超导并研究了其物理性质。同时，该所通过在镧氧铁砷材料中用二价金属锶替换三价镧，发现有零下 248.15 摄氏度以上的超导电性。无氟缺氧钐氧铁砷化合物的超导临界温度可至零下 218.15 摄氏度。

▲中国科学院长春应用化学研究所在"稀土有机/无机杂化材料及纳米复合材料的制备、组装和性能研究"这一国际前沿领域取得了一系列成果，该成果荣获吉林省科技进步奖一等奖（基础类）。

▲5 月 27 日，我国新一代极轨气象卫星风云三号 01 星发射成功，当卫星进入太阳同步轨道，西北工业大学研制的双余度稀土永磁电机成功地展开了卫星太阳能帆板。该校研制的另一个稀土电机成功抬升了微波成像仪。

▲9 月 25 日，"神舟七号"飞船圆满完成发射、飞行和出舱任务，钢铁研究总院提供了钕铁硼永磁体，应用在关键部件中。

▲9 月 25—27 日，我国"神舟七号"载人航天飞行取得圆满成功。包头稀土研究院生产的稀土永磁制导器件，再一次被用到"神舟七号"载人航天飞船的"长征二号"F 运载火箭上。

▲10 月 21 日，"稀土产业技术创新战略联盟"在内蒙古自治区包头市举行了揭牌仪式。

▲11 月 18 日获悉，力德风力发电（江西）有限责任公司研制成功具有自主知识产权的 2.0 兆瓦永磁直驱风力发电机。

▲12 月，由钢铁研究总院、北京中科三环高技术股份有限公司、宁波韵升股份有限公司、安泰科技股份有限公司共同完成的"高性能稀土永磁材料、制备工艺及产业化关键技术"获国家科技进步奖二等奖。

▲由国家发改委稀土办公室负责组织编写的《中国稀土发展纪实》内部出版发行。

▲由北京科技大学新金属材料国家重点实验室完成的"宽温域和耐腐蚀巨磁致伸缩材料及应用"成果获 2008 年度国家技术发明奖一等奖。

2009 年

▲1 月 9 日，中共中央、国务院在北京隆重召开 2008 年度国家科学技术奖励大会，徐光宪院士被授予 2008 年度国家最高科学技术奖。徐光宪院士的串级萃取理论的广泛应用提升了我国在国际稀土分离科技和产业竞争中的地位。

▲2 月，国家钨与稀土产品监督检验中心（赣州）正式投入使用。

▲4 月，由中国恩菲公司、北京有色金属研究总院、四川省稀土行业协会、包头稀土研究院、内蒙古稀土行业协会等单位参与编制的首部专门针对稀土工业行业制定的污染物排放标准《稀土工业污染物排放标准》通过审议。

▲5 月，国家钨与稀土产品质量监督检验中心钨与稀土学术委员会正式成立。

▲5 月 7 日，国土资源部中央地质勘查基金管理中心在京组织召开国家矿产地战略储备专家研讨会，围绕开展矿产地储备涉及的矿种、规模、布局、管理体制以及运行机制等问题进行了研讨。据了解，稀土和煤炭纳入首批矿产地储备试点。

▲6 月 2—5 日，由稀标委组织的国家稀土检测标准鉴定会在厦门召开。经评审，包头质量监督检验检疫局参与制定的《稀土硅铁及镁硅铁合金化学分析方法》《氧化镁含量的测定》《电感耦合等离子体发射光谱法》三项标准通过专家组鉴定。

▲8月，科技部审批包头稀土研究院为国家级"稀土材料国际科技合作基地"。

▲8月，春兰公司"动力镍氢电源"和中科三环"高性能稀土永磁材料"入选首批国家自主创新产品名单。

▲8月9日，以"中国稀土永磁材料产业链的发展与共赢"为主题的首届"中国包头·稀土产业发展论坛"在内蒙古包头市稀土高新区隆重开幕。稀土磁性材料科技成果和产品设备展览会同期举行。

▲中科院长春应用化学研究所稀土资源利用国家重点实验室"新型稀土功能材料的研究与应用"创新研究群体获"2009年度国家自然科学基金委创新群体"立项支持。

▲11月17日，由包钢稀土与河北新奥博为共同投资兴建的"稀宝博为"生产的首台核磁共振仪交付肯尼亚用户。

▲深圳安托山特种机电有限公司开发的稀土永磁无铁芯电机实现了电机无铁芯化设计的重大突破，填补了国内空白。

▲有研稀土率先实现（Sr，Ca）AlSiN$_3$：Eu氮化物红粉的常压制备，负责起草国家标准《LED用稀土氮化物红粉荧光粉》（GB/T 30075-2013），并于2014年获中国有色金属工业科学技术奖一等奖。

▲12月17日，工信部公示第一批62个国家新型工业化产业示范基地名单，包头稀土高新区名列其中。

▲12月21日，《广西钟山—富川县花山矿区周家、邓家坝矿段稀土矿产资源储量核实报告》评审会在南宁召开。经评审，专家组原则通过了报告。

▲由清华大学、华东理工大学、天津大学等合作完成的"稀土催化材料及在机动车尾气净化中应用"项目获2009年国家科技进步奖二等奖。

▲由中国计量科学研究院完成的"飞秒激光光学频率梳"项目获2009年国家科学技术进步奖二等奖。

▲由北京有色金属研究总院和有研稀土共同完成的"稀土功能材料用高品质金属及合金快冷厚带产业化技术及装备"项目获2009年国家技术发明奖二等奖。

▲江苏春兰清洁能源研究院有限公司研发的"混合动力城市客车节能减排关键技术"获2009年度国家科技进步奖二等奖。

2010 年

▲北京大学与五矿（北京）稀土研究院有限公司合作开发出了针对包头矿硫酸焙烧后的硫酸稀土溶液的转型分组-联动萃取工艺。工艺中在硫酸稀土P$_{204}$转型为氯化稀土的过程中，同时完成了部分La/Ce的分组分离。

▲1月20日，中科院长春应用化学研究所稀土资源利用国家重点实验室通过科技部验收。

▲中科院长春应用化学研究所稀土单分子磁体弛豫研究入选2010年中国稀土十大科技新闻。

▲10月1日，"嫦娥二号"成功发射。包头稀土研究院承担了"嫦娥二号"长征三号丙运载火箭制导系统中的永磁器件制作。

▲由北京有色金属研究总院和有研稀土完成的"非皂化萃取分离稀土新工艺"项目获中

国有色金属工业科学技术进步奖一等奖。

▲经过近 5 年的技术开发，包钢集团研制出具有自主知识产权的新一代稀土钢轨（U76CrRE），强度、硬度、耐磨性和防腐蚀性显著提高。

▲钢铁研究总院在研究低重稀土永磁材料制备技术过程中，开发出"双（硬磁）主相"技术，重稀土 Dy、Tb 的应用量比常规减少 20% 以上，该项技术申请了国家发明专利。

▲有研稀土专利"含二价金属元素的铝酸盐荧光粉及制造方法和发光器件"被国家知识产权局评为"中国专利优秀奖"，并被评为"2010 年度百件优秀中国专利"。

▲北京有色金属研究总院牵头，联合 27 家从事稀土材料及清洁平衡利用相关技术的研究开发、设计、生产等优势企业、科研院所、高等院校共同组建了"先进稀土材料与清洁平衡利用产业技术创新战略联盟"。

2011 年

▲年初，包钢稀土（集团）稀土高科技股份有限公司技术中心被国家发改委认定为第 17 批国家级企业技术中心。

▲1 月 14 日，中科院长春应用化学研究所的"新型稀土杂化及纳米复合光电功能材料的基础研究及应用探索"项目获国家自然科学奖二等奖。

▲由唐定骧，刘余九，张洪杰，孟健编著的《稀土金属材料》由冶金工业出版社发行。并获得第四届中华优秀出版奖图书提名奖。

▲1 月，由钢铁研究总院、中科院宁波材料所等 6 家单位共同承担的 863 重大项目"热压稀土永磁体规模化制备关键技术"正式启动，该项目为期三年，成功解决了热变形磁体的均匀性和开裂问题，并在宁波金鸡强磁股份有限公司建立了试验生产线。项目实施过程中，钢铁研究总院提出并阐明了热流变磁体织构的生成机制，研制出磁能积 $(BH)_{max}$ = 53.67 MGOe 的大块各向异性纳米晶磁体，第三方检测认定为当时国际最高水平；同时制备出磁能积达到 42 MGOe 的辐射取向环，并开发了高剩磁（B_r > 13.4kGs）和高矫顽力（H_{cJ} > 20kOe）两类产品。

▲1 月 24 日，环保部批准《稀土工业污染物排放标准》（GB 26451—2011）为国家污染物排放标准。该标准自 2011 年 10 月 1 日起实施。

▲钢铁研究总院将"双（或多硬磁）主相"技术应用于铈或富铈永磁体的制备，成功地开发出"低成本双主相 Ce 永磁合金及其制备方法"，申请了国家发明专利，并开展技术转化尝试，解决了中试生产的关键技术。该技术不使用 Dy、Tb 重稀土元素，Pr、Nd 的使用量比常规减少 20% ~ 80%。

▲7 月，中科院长春应用化学研究所的高性能稀土镁合金研发及其应用获吉林省科学技术进步奖一等奖。

▲春兰（集团）公司研发的 6 项动力电池在电极材料配方、电池结构设计、电解液配方、生产工艺方面都进行了创新，研发出的动力电池在容量、能量密度、倍率性能、安全性能等方面均达到国际先进水平。

▲中国科学院长春应用化学研究所完成的"高性能稀土镁合金研发及其应用"获吉林省科学技术进步奖一等奖。

▲中国科学院长春应用化学研究所获国家产学研合作促进会的中国产学研合作创新奖。

▲中科院上海光学精密机械研究所恒益公司大口径钕玻璃加工取得重要进展，并具备小批量生产能力。

▲11月21日，包头稀土研究院瑞科稀土冶金及功能材料国家工程研究中心完成了"世界稀土行业专利信息服务平台建设"项目。

▲10月中旬，中国兵器工业集团内蒙古一机集团山西北方机械公司成功试制出280千瓦稀土永磁同步节能电动机样机，并完成型式试验。

▲北京有色金属研究总院、湖南稀土研究院、有研稀土、江西南方稀土公司等单位开展超高纯稀土金属及合金节能环保制备技术研发。成功开发出10000安液态下阴极稀土电解槽型及配套装置，并应用于金属镧电解；开发出系列高洁净提纯专用装备，制备13种以上超高纯稀土金属，绝对纯度大于4N，相对纯度大于5N（40个杂质总量小于100×10^{-12}）。

2012 年

▲由教育部推荐的北京大学"稀土纳米功能材料的可控合成、组装及构效关系研究"项目获2011年度国家自然科学奖二等奖。

▲由北京有色金属研究总院和有研稀土完成的"非皂化萃取分离稀土新工艺"获国家科学技术发明奖二等奖，2013年获中国专利优秀奖。

▲由中国科学院过程工程研究所、天津大学等单位联合北京赛科康仑环保科技有限公司等单位承担的"高浓氨氮废水资源化处理技术与工程示范"获得2012年环境保护科学技术奖一等奖。

▲中国科学院长春应用化学研究所完成的"无机功能材料的理论研究与性质预测"获吉林省科学技术进步奖一等奖。

▲包头稀土研究院开发了适合研制镍氢动力电池及低成本镍氢电池的La-Fe-B系储氢合金。

▲3月，兰州理工合金粉末公司研制成功新型高性能稀土镍铬合金粉体材料，这种新型合金粉体材料主要用于石油、化工、阀门、内燃机气门、电力、冶金、核电等行业机械设备耐磨蚀零部件的表面处理。

▲8月，中国科学院长春光学精密机械与物理研究所和长春希达电子技术有限公司承担了"高清晰高均匀度全色LED大屏幕显示器关键技术研究"项目，开发出LED大屏幕显示器高速高精度亮色度参数自适应采集系统。

▲中国科学院长春应用化学研究所为某型号武器提供了薄壁稀土镁合金筒体材料。

▲五矿（北京）稀土研究院有限公司所属发明专利"一种氨–钙复合皂化剂的制备及连续皂化萃取的方法"在中国国家知识产权局2012年第十四届中国专利奖评选中获得"中国专利优秀奖"。

▲南昌大学完成了"功能导向微纳米稀土化合物的控制合成与性能"项目。

2013 年

▲甘肃稀土公司、北京大学、北京有色金属研究总院及五矿（北京）稀土研究院共同完成的"4000吨/年硫酸体系非皂化联动萃取分离稀土产业化"获中国有色金属工业科学技术

奖一等奖。

▲中科院长春应用化学研究所新型稀土交流 LED 发光材料及器件获澳大利亚世界创新论坛金袋鼠世界创新奖。

▲2 月 22 日,《战略性新兴产业重点产品和服务指导目录》公布, 稀土功能材料包括高性能稀土(永)磁性材料及其制品, 稀土催化材料, 稀土储氢材料, 稀土发光材料, 稀土超磁致伸缩材料, 稀土光导纤维, 稀土激光晶体, 稀土精密陶瓷材料, 高性能稀土抛光材料, 稀土磁光存储材料, 稀土磁致冷材料等被列入其中。

▲3 月, 对中科院宁波材料技术与工程研究所等单位承担的国家 "863" 项目 "热压稀土永磁体规模化制备关键技术" 完成并建立了产业化示范线。

▲包头稀土研究院重新设计了室温磁制冷机并投入试运行。

▲有研稀土在稀土金属深度提纯技术开发方面取得重大突破, 成功获得了 10 多种超高纯稀土金属。

▲4 月, 由北京矿冶研究总院北矿新材科技有限公司为主承担的由科技部组织的国际合作项目 "极大规模集成电路刻蚀机用高纯氧化钇涂层联合研发" 项目通过验收。

▲4 月, 科技部批准建设国家离子型稀土资源高效开发利用工程技术研究中心。

▲4 月, 由彩虹荧光材料公司、有研稀土、中山大学、中科院长春应用化学研究所、中科院长春光学精密机械与物理研究所、广晟有色金属股份有限公司等六家单位共同承担的 863 项目 "高端应用稀土荧光粉及其规模化制备技术" 在咸阳实现产业化。

▲4 月, 由中国钢研科技集团有限公司、北京中科三环高技术股份有限公司、烟台正海磁性材料股份有限公司、宁波永久磁业有限公司、江西金力永磁科技股份有限公司、北京航空航天大学 6 家单位共同完成的国家 "863" 计划新材料技术领域 "先进稀土材料制备及应用技术" 重大项目 "高性能烧结稀土永磁产业化制备及应用技术" 课题通过验收。钢铁研究总院在研究低重稀土永磁材料制备技术过程中, 开发出 "双(硬磁)主相" 技术, 并率先完成新型烧结铈磁体的制备, 该成果成功推广应用于国内企业。中科三环的高性能烧结钕铁硼取得突破性成果, 室温综合磁性能达到 $(BH)_{max}(MGOe)+H_{cJ}(kOe)>75$, 为当时国际领先水平。

▲6 月, 中科院长春应用化学研究所与四川新力光源股份有限公司合作研发的 "发光余辉寿命可控稀土 LED 发光材料研发及其在半导体照明中的应用" 通过专家鉴定, 有效解决了国际一直未能攻破的交流 LED 照明设备的频闪问题。

▲6 月, 中国科学院长春应用化学研究所新型稀土交流 LED 发光材料及器件成果, 通过中科院组织的专家鉴定。

▲中山大学化学与化学工程学院自主开发出基于多种宽谱带敏化方式和高吸收效率的稀土光转换粉体、薄膜和玻璃材料。

▲工信部批准的稀土材料中试基地在包头稀土研究院建成, 该基地 8 月在包头稀土研究院开工建设, 2013 年稀土镁合金中试线和烧结钕铁硼磁环中试线已完成设备安装、调试工作。

▲7 月, 北京有色金属研究总院牵头成立的 "先进稀土材料与清洁平衡利用产业技术创新战略联盟" 和包钢稀土牵头成立的 "稀土产业技术创新战略联盟" 完成战略整合, 组建了 "先进稀土材料产业技术创新战略联盟", 并被科技部评选为第三批国家产业技术创新战略试

点联盟。

▲钢铁研究总院李卫院士团队发明了高矫顽力烧结态铈 Ce 磁体，随后申请并获得了发明专利权。钢铁研究总院李卫院士团队开发出"双（硬磁）主相"技术，在十余年的研究基础上成功开发新型铈磁体制备技术，并推广应用于国内企业。2015 年和 2017 年双（或多硬磁）主相制备高性能 Ce，La 烧结磁体制备技术获得中国、美国和德国等多项专利授权，发明的高矫顽力烧结态 Ce 磁体获得中国专利授权。

▲由中国钢研科技集团有限公司、北京中科三环高技术股份有限公司、宁波韵升股份有限公司、中国科学院宁波材料技术与工程研究所等联合完成的"组织调控超强稀土永磁材料工程化技术及应用"项目获北京市科学技术奖一等奖。

▲浙江大学及浙江英洛华磁业有限公司、宁波科宁达工业有限公司等合作完成的"钕铁硼晶界组织重构及低成本高性能磁体生产关键技术"获 2013 年度国家技术发明奖二等奖。

▲7 月，中国科学院长春应用化学研究所高强高韧镁合金的研发和应用，获吉林省科学技术发明奖一等奖。

▲9 月，中国科学院长春应用化学研究所完成的"离子液体萃取分离稀土等金属离子的过程机理及应用"项目获吉林省自然科学学术成果奖一等奖。

2014 年

▲1 月，中国科学院长春应用化学研究所开发的"稀土异戊橡胶成套工业化技术"通过成果鉴定，整体达到了国际领先水平。

▲5 月，由中国科学院长春应用化学研究所、包头稀土研究院、临江东锋有色金属有限公司和北京有研稀土新材料股份有限公司制定的《钇镁合金》国家标准正式实施。

▲11 月，中科院长春应用化学研究所"稀土单分子磁体弛豫机理与调控"获吉林省科学技术奖一等奖。

▲12 月，包头市经信委委托中国稀土学会编制的《包头稀土产业中长期发展规划》和《包头市稀土产业技术路线图》正式印发。

▲由中国钢研科技集团公司、北京中科三环高技术股份有限公司、宁波韵升股份有限公司、烟台正海磁性材料股份有限公司、中国科学院宁波材料技术与工程研究所完成的"稀土永磁产业技术升级与集成创新"项目获 2014 年度国家科学技术进步奖二等奖。

▲由中国科学院光电研究所、中国电子科技集团公司第三十四研究所、中国电子科技集团公司第二十三研究所、北京国科世纪激光技术有限公司、四川大学合作完成的"高光束质量超高斯平顶钕玻璃激光器关键技术及应用"获 2014 年度国家技术发明奖二等奖。

▲有研稀土"3N-4N 超高纯稀土金属及合金"被评为"2014 年度国家重点新产品"。

▲北京大学应用磁学中心承担的国家"十二五""'863'重大项目""高性能钐铁氮各向异性磁粉产业化技术研究和开发"课题开发了专用的速凝技术，实现了百公斤级钐铁合金的均匀而充分的氮化，开发了单晶颗粒磁粉的制粉技术，实现了低氧含量和高性能各向异性钐铁氮磁粉的规模化制备，建成了年产百吨级各向异性钐铁氮磁粉的生产线。

▲由北京有色金属研究总院和有研稀土共同研发的"白光 LED 用高性能铝酸盐/氮化物荧光粉及其产业化制备技术"，获中国有色金属工业科学技术奖一等奖。

▲中铝广西有色崇左稀土开发有限公司的"火山岩型离子型稀土矿开发利用关键技术与矿区生态保护研究"项目获中国有色金属工业科学技术奖一等奖。

▲临江有色金属股份有限公司和中国科学院长春应用化学研究所完成的"高性能稀土镁合金"获吉林省科学技术进步奖二等奖。

▲由中国科学院宁波材料技术与工程研究所承担，美国代顿大学、钢铁研究总院和宁波金鸡强磁股份有限公司参与的国家级国际科技合作项目"高效节能电机用纳米晶多极永磁环的制备及其应用研究"，攻克了模具设计、工艺参数控制和新型充磁方式等关键技术难题，研发了真空热压装备，建立了热压磁体生产示范线。

▲江钨稀有金属新材料有限公司、北京有色金属研究总院、北京中科三环高技术股份有限公司等企业在真空感应重熔快淬装备和工艺方面取得重大突破，已能大批量生产快淬钕铁硼磁粉打破了国外垄断。

▲有研稀土成为实现锗系氟化物荧光粉的生产单位，并与易美芯光、创维电视联合，制造出了广色域液晶背光源电视（创维 55E820），实现了 90%NTSC 的色域显示。

2015 年

▲北京有色金属研究总院"一种电解还原制备二价铕的工艺"获中国专利优秀奖。

▲5 月 12 日，由中国科学院北京分院、内蒙古自治区科技厅、包头市人民政府、包钢（集团）公司四方共建的"中国科学院包头稀土研发中心"在包头市揭牌成立。

▲由军事医学科学院微生物流行病研究所、中国科学院上海光学精密机械研究所、上海科炎光电技术有限公司和北京热景生物技术有限公司完成的"基于稀土纳米上转发光技术的即时检测系统创建及多领域应用"项目获国家技术发明奖二等奖。

▲中国科学院长春应化所稀土资源利用国家重点实验室自主设计合成并批量制备了新型中性磷萃取剂 Cextrant 230，开发出基于该萃取剂的氟碳铈矿清洁分离工艺，完成了扩大试验。

▲10 月 14 日，科技部下发《科技部关于批准建设第三批企业国家重点实验室的通知》文件，包头稀土研究院申报的"白云鄂博稀土资源研究与综合利用国家重点实验室"获批。

▲10 月，中国科学院长春应用化学研究所完成的"稀土绿色分离与清洁冶金科学基础"项目获吉林省自然科学奖二等奖。

▲中国科学院长春应用化学研究所"新型稀土功能材料基础研究和应用"获中国科学院杰出科技成就集体奖。"稀土新材料的研发与应用"获吉林省科学技术特殊贡献奖（吉林省科学技术最高奖）。

▲由中国恩菲工程技术有限公司、北京有色金属研究总院、包头稀土研究院等机构共同承担的"稀土工业污染物排放标准（GB 26451—2011）"和南京格洛特环境工程股份有限公司的"稀土工业中挥发性有机废气 VOCs 复相催化氧化治理技术及装备"获中国有色金属工业科学技术奖一等奖。

▲钢铁研究总院开发出的双（或多硬磁）主相制备高性能 Ce，La 烧结磁体制备技术和发明的高矫顽力烧结态 Ce 磁体分别获得专利授权。

▲钢铁研究总院李卫院士团队在十余年的研究基础上开发出新型铈磁体制备技术，并成功实现产业化。

▲有研稀土、南昌大学、东北大学、虔东稀土集团和全南包钢稀土共同承担的科技部支撑计划课题"离子吸附型稀土高效提取与稀土材料绿色制备技术"通过了专家验收。

▲北京有色金属研究总院、有研稀土黄小卫团队开发成功基于碳酸氢镁溶液浸矿和皂化萃取分离稀土的新一代包头稀土矿绿色冶炼分离工艺，并在甘肃稀土公司改建 30000 吨包头稀土矿冶炼分离生产线，实现硫酸镁废水的循环利用。

▲12 月，中国科学院长春应用化学研究所，新型稀土功能材料基础研究和应用，获中国科学院杰出科技成就集体奖。

2016 年

▲7 月，中科院长春应化所，余辉寿命可控稀土 LED 发光材料的研发及其在半导体照明中的应用，获吉林省科学技术发明奖一等奖。

▲9 月中国有色金属工业协会的评审专家对北京有研总院、有研稀土、中铝广西有色稀土开发有限公司等单位完成的"离子型稀土原矿绿色高效浸萃一体化新技术"和"低碳低盐无氨氮分离提纯稀土新工艺"给予高度评价。分别获中国有色金属工业科学技术奖一等奖，并入选国家《水污染防治重点行业清洁生产技术推行方案》。

▲北京有色金属研究总院、湖南稀土院、有研稀土合作的"4N 级超高纯稀土金属集成化制备技术"获中国有色金属工业科学技术奖一等奖。

▲中国科学院长春应化所稀土资源利用国家重点实验室团队成功实现了大尺寸高品质稀土晶体的快速生长。快速生长了系列稀土离子掺杂钇铝石榴石激光晶体和铈掺杂硅酸钇镥稀土闪烁晶体。

▲由华南理工大学、广东省稀有金属研究所（原广州有色金属研究院稀有金属研究所）、四会市达博文实业有限公司合作完成的"基于复相结构的低成本高性能镍氢动力电池负极材料"项目获 2016 年教育部技术发明奖一等奖。

▲中国科学院上海硅酸盐研究所研制出掺杂稀土离子的氟化锶（SrF_2）晶体，可克服 3 微米激光振荡的自终止效应。

▲湖南稀土金属材料研究院完成了"超高纯稀土金属钪、钬、铒、镱、铕的制备工艺及装备研制"，并获得了 2016 年度中国有色金属工业科学技术奖一等奖。

▲中国地调局成都综合所完成了《攀西难选稀土矿低碳高效利用新技术开发及应用》项目，新工艺在四川德昌大陆槽稀土矿选矿厂成功应用，提高了稀土精矿的品位和稀土氧化物总回收率。

▲中国科学院福建物构所光电材料化学与物理重点实验室和结构化学国家重点实验室合作研发稀土纳米荧光探针，并应用到甲胎蛋白（AFP）的体外检测。

▲8 月，中国科学院过程工程研究所和青岛生物能源与过程研究所联合研发完成"低浓度稀土溶液大相比鼓泡油膜萃取技术及装置"项目，新技术在江西省赣州市龙南县东江足洞稀土矿实施，建成稀土浸矿液的工业试验示范生产线。

▲南昌大学和全南包钢稀土共同承担完成的"高纯稀土生产过程节水降耗与减排新技术"通过了教育部组织的专家鉴定。

▲10 月，中国科学院长春应用化学研究所完成的"重稀土分离新工艺及工业应用（P_{507}-

ROH 体系）"成果通过了中国稀土行业协会组织的技术评价。

▲北京大学联合五矿（北京）稀土研究院有限公司进一步发展了串级萃取理论，系统推导得到了联动萃取分离流程中各种类型分离单元最小萃取量和最小洗涤量等工艺参数计算公式和分离单元间最优化联动衔接计算方法，建立了可用于具有理论最小消耗的多组分联动萃取全分离流程设计的基础理论。

▲中国科学院长春应用化学研究所"世界首条稀土硫化物着色剂连续化隧道窑中试生产线建成投产"入选中科院 2017 年度科技成果转移转化 6 项亮点工作之一。

为我国稀土科技发展做出
突出贡献的两院院士简介

（注：按照当选年限排序）

何作霖（1900 年 5 月 5 日—1967 年 11 月 17 日）

矿物学家。河北蠡县人。1926 年毕业于北京大学地质系。1939 年 10 月获奥地利茵城大学岩石矿物系博士学位。1955 年被选聘为中国科学院学部委员（院士）。曾任中国科学院地质研究所研究员。专长光性矿物学、岩组学、X 射线结晶学、稀有元素矿物学、工艺岩石学等研究，是中国最早的光性矿物学家。最先应用 X 射线进行岩组学研究。20 世纪 30 年代首次发现白云鄂博铁矿含有稀有金属和稀土矿物。从事镁质及耐火材料平炉底砖的技术和理论研究，对鞍钢的生产建设作出了一定的贡献。晚年曾设计变温盒，利用弗氏旋转台进行矿物折光率的双变法测定，并进行 X 射线岩组学研究。

严济慈（1901 年 1 月 23 日—1996 年 11 月 2 日）

物理学家。浙江东阳人。1923 年毕业于南京高等师范学校数理化部和东南大学物理系。1925 年获法国巴黎大学硕士学位，1927 年获法国国家科学博士学位。1948 年当选为中央研究院院士。1955 年被选聘为中国科学院学部委员（院士）。曾任北平研究院物理研究所所长兼镭学研究所所长，中国科学院应用物理研究所所长、东北分院院长，中国科学院副院长、技术科学部主任、学部主席团执行主席，中国科学技术大学副校长、校长，全国人大常委会副委员长，中国物理学会理事长等职。中国现代物理学研究的开创人之一。在压电晶体学、光谱学、大气物理学、应用光学与光学仪器研制等方面取得多项重要成果。精确测定了压电效应反现象并发现光双折射效应，发现石英扭电定律，发现压力减弱乳胶感光性能的现象。

王大珩（1915 年 2 月 26 日—2011 年 7 月 21 日）

曾任中国科学院长春光学精密机械研究所研究员、所长、名誉所长。在光学玻璃科学研究工作中有重要成就。我国光学事业奠基人之一。英国最早研究稀土光学玻璃的两位科学家之一。他用光谱方法研究了光学玻璃的吸收与脱色；研究了光学玻璃中 As_2O_3、Sb_2O_3 与氧化铁作用而达到化学脱色的现象；光学玻璃不同退火条件对折射率、内应力、光学均匀性的影响；改进了退火样品折射率微差干涉测量方法，为发展新品种光学玻璃掌握了一定主动权。研制我国第一埚光学玻璃、第一台电子显微镜、第一台激光器，并使它成为国际知名的从事应用光学和光学工程的研究发展基地。1955 年，当选为中国科学院院士。1985 年，获国家科技进步奖特等奖。1999 年获两弹一星功勋奖章。

周 仁（1892 年 8 月 5 日—1973 年 12 月 3 日）

冶金学和陶瓷学家。江苏江宁人。1910 年毕业于江南高等学校。1915 年获美国康奈尔大学硕士学位。1948 年选聘为中央研究院院士。中国科学院上海冶金研究所所长、研究员。1955 年选聘为中国科学院院士（学部委员）。中国电炉炼钢的创始人之一。1929 年领导建立了三相电弧炉，炼出不锈钢、锰钢、高速钢等。抗战期间，负责在昆明创办了中国电力制钢厂，任总经理兼总工程师，生产出自流井提盐卤用的钢丝绳及其他合金钢。50 年代初，率先研究成功并推广应用球墨铸铁。后又在研究所内建立了实验小高炉，对包头含氟稀土铁矿和攀枝花钒钛磁铁矿的冶炼与开发利用，进行了探索研究，为两个矿高炉冶炼工艺的确定提供了可靠的实验依据和精辟的理论分析。积极倡导开展国瓷研究，撰写了多篇论文。

叶渚沛（1902 年 1 月 1 日—1971 年 1 月 1 日）

冶金学家。祖籍福建厦门，生于菲律宾马尼拉市。1933 年毕业于美国宾夕法尼亚大学。1955 年，选聘为中国科学院院士（学部委员）。曾任中国科学院化工冶金研究所所长、研究员。倡导了化工冶金学和创建了化工冶金研究所。对中国采用当代钢铁冶金中的几项最主要的新技术，提出了带有方向性的预见。对中国几个主要的钢铁基地和包头、攀枝花复杂矿的综合利用以及一些有色金属矿藏的开发利用，都提出了重要的建议。积极建议发展钢铁化肥联合企业和竖炉炼磷，以迅速解决我国氮肥和磷肥短缺的局面。提出积极发展技术科学以及开展微粒学、计算机在冶金中的应用和超高温新化工冶金过程的建议。

邵象华（1913年2月22日—2012年3月21日）

钢铁冶金学家、钢铁工程技术专家。浙江杭州人。1932年毕业于浙江大学。1937年获英国伦敦大学冶金硕士学位。1955年选聘为中国科学院院士（学部委员）。1995年当选为中国工程院院士。我国近代钢铁冶金工程的奠基人和开拓者之一。抗日战争期间主持新型平炉炼钢厂的设计、施工和生产。1948年起在鞍钢参与恢复生产、建立我国第一代大型钢厂的生产技术和研究开发体系，参与主持大型钢铁联合企业技术管理的奠基工作。1959年起在研究院主持冶金反应、冶金新工艺、真空熔炼及铁矿资源综合利用等方面的一系列科研项目，在生产中得到应用。1998年获第二届中国工程科技光华奖。

顾翼东（1903年3月4日—1996年1月21日）

化学家。江苏苏州人。1923年毕业于东吴大学化学系。1925年获美国芝加哥大学硕士学位，1935年获该校博士学位。1980年当选为中国科学院学部委员（院士）。曾任复旦大学教授。主要从事我国丰产元素钨、钼、铌、钽及稀有元素化学的研究，开展有关液—固体系平衡相图及溶剂萃取工作。首先提出了内在还原法制备蓝色氧化钨，以及倒滴加法制备活性粉状白钨酸及铌酸，又从后者制得一系列已知和未见诸文献的含钨化合物。在稀土分离和化合物性质研究方面，进行了稀土亚砜加合物的制备，将酰代吡唑酮、多碳亚砜、二苯羟乙酸作为萃取剂。从离子交换淋出液中回收 EDTA、铜及轻稀土等研究均取得成果。

魏寿昆（1907年9月16日—2014年6月30日）

冶金学及冶金物理化学专家。天津人。1929年毕业于北洋大学，获学士学位。1935年获德国德累斯顿工业大学博士学位。北京科学技术大学教授。1980年当选为中国科学院院士（学部委员）。从事高等教学70年，培养了大量冶金人才。在冶金热力学方面造诣较深。先后进行过钢铁脱硫、钢液脱磷、活度理论、选择性氧化、固体电解质电池定氧和冶金热力学在我国特有矿产综合提取金属中的应用等研究，取得了重要成果，并多次获奖。

郭承基（1917 年 1 月 21 日—1997 年 2 月 13 日）

地球化学、矿物学家。山西清徐人。1943 年毕业于北京大学地质系。1947 年，毕业于日本京都大学理学部地质矿物学教研室。1980 年当选为中国科学院学部委员（院士）。1982 年、1989 年获国家自然科学奖二等奖。曾任中国科学院地球化学研究所研究员。参与开拓中国稀有元素矿物、地球化学研究领域。建立和拟定了稀有元素矿物化学全分析系统并被广泛应用。参与领导"白云鄂博矿床物质成分、地球化学及成矿规律的研究"，为矿山的合理开发及综合利用提供了依据。提出用云母类矿物划分花岗岩及花岗伟晶岩类型、地球化学作用的继承发展关系、离子分异与氧的作用、成矿作用的三多性（多来源、多阶段、多成因）、类质同象置换的有限性及分类多型演化等理论。代表作有《稀土矿物化学》《稀有元素矿物化学》和《稀土地球化学演化》等。

邹元爔（1915 年 10 月 6 日—1987 年 3 月 20 日）

冶金和材料科学家。浙江平湖人。1937 年毕业于浙江大学。1947 年获美国匹兹堡卡耐基理工学院博士学位。1980 年当选为中国科学院院士（学部委员）。曾任中国科学院上海冶金研究所研究员。50 年代初，和周仁合作对包头含氟稀土铁矿高炉冶炼中氟的行为和冶炼过程进行了研究，解决了含氟铁矿高炉冶炼问题，使包钢得以投入全面开发。1957 年承担了攀枝花铁矿炼试验任务，在国际上首先采用钒钛铁矿高炉冶炼新工艺，实现了风口喷吹新技术。60 年代后期，致力于半导体材料和有关高纯金属及其物理化学研究。领导研制出高纯金属镓、磷、砷等，为我国高纯金属研究和生产奠定了良好的基础。致力于砷化镓材料质量的提高及缺陷的研究，用物理化学观点研究结构缺陷，提出砷化镓结构缺陷模型的新理论。

严东生（1918 年 2 月 10 日—2016 年 9 月 18 日）

无机材料与材料科学专家。浙江杭州人。1935 年进入清华大学，1939 年毕业于燕京大学。1949 年获美国伊利诺伊大学博士学位。1980 年当选为中国科学院院士。1994 年当选为中国工程院首批院士。先后当选为美国纽约科学院院士、第三世界科学院院士、国际陶瓷科学院院士。亚洲各国科学院联合会主席，美国陶瓷学会"杰出终身会员"。曾任中国科学院副院长。我国无机材料科学技术的奠基人和开拓者之一。研究成功高温熔烧及扩散涂层、碳纤维增强陶瓷复合材料等，均成功地应用于飞机发动机、人造卫星和远程运载火箭等领域；在先进陶瓷特别是氮化物材料设计与微结构调控等方面的研究具有开创性；主持参与制订我国第一套冶金工业用耐火材料标准，1956 年的《十二年科技发展规划》和 1962 年的《十年科技发展规划》。1992—1997 年任"纳米材料科学"首批攀登计划首席科学家。获国家级自然科学奖、科技进步奖及发明奖 7 项，出版专著四部。

师昌绪（1920 年 11 月 15 日—2014 年 11 月 10 日）

金属学及材料科学家。河北保定人。1945 年毕业于国立西北工学院，获学士学位。1948 年获美国密苏里矿冶学院硕士学位，1952 年获欧特丹大学博士学位。1980 年当选为中国科学院院士（学部委员）。1994 年选聘为中国工程院院士。1995 年当选为第三世界科学院院士。曾任中国工程院副院长、中国科学院金属研究所名誉所长、研究员、国家自然科学基金委员会特邀顾问。中国高温合金开拓者之一，发展了中国第一个铁基高温合金，领导开发我国第一代空心气冷铸造镍基高温合金涡轮叶片，可用作耐热、低温材料和无磁铁锰铝系奥氏体钢等，具有开创性。多次参加或主持制订我国有关冶金材料、材料科学、新材料全国科技发展规划主持国家重点实验室、国家工程研究中心及国家重大科学工程的立项和评估工作。荣获 2010 年度国家最高科学技术奖。

郭慕孙（1920 年 6 月 24 日—2012 年 12 月 20 日）

化学工程学家。广东潮州人。1943 年毕业于沪江大学化学系。1947 年获美国普林斯顿大学硕士学位。1980 年当选为中国科学院学部委员（院士）。1997 年当选为瑞士工程科学院外籍院士。曾任中国科学院过程工程研究所研究员、所长、名誉所长。早年发现液—固和气—固两种截然不同的流态化现象，分别命名为"散式"和"聚式"流态化，已成为化学工程术语。后将散式流态化理想化，提出了描述流体和颗粒两相流最简易的"广义流态化"理论，可适用于颗粒物料的受阻沉降、浸取和洗涤、移动床输送等工艺。对气体和颗粒的聚式流态化，于 20 世纪 50 年代即指出其接触差、能耗高的缺点，相继研究稀相、快速、浅床等其他流态化方法，逐步形成"无气泡气固接触"理论。上述理论已多次应用于金属提取等资源开发。两次获国家自然科学奖二等奖，并获国际流态化成就奖。

徐光宪（1920 年 11 月 7 日—2015 年 4 月 28 日）

无机和物理化学家。浙江绍兴人。1944 年毕业于上海交通大学化学系。1951 年获美国哥伦比亚大学博士学位。1980 年当选为中国科学院学部委员（院士）。曾任北京大学化学学院教授、稀土材料化学国家重点实验室学术委员会名誉主任。长期从事物理化学和无机化学的教学和研究，涉及量子化学、化学键理论、配位化学、萃取化学、核燃料化学和稀土科学等领域。20 世纪 70 年代建立了具有普适性的串级萃取理论。该理论已广泛应用于我国稀土分离工业，彻底改变了稀土分离工艺从研制到应用的试验放大模式，实现了设计参数到工业生产的"一步放大"，引导了我国稀土分离科技和产业的全面革新，大大地提高了我国稀土产业的国际竞争力。撰写了《物质结构》和《量子化学—基本原理和从头计算法》等重要教材。荣获 2008 年度国家最高科学技术奖。

肖纪美（1920 年 12 月 7 日—2014 年 3 月 24 日）

材料科学家。湖南凤凰人。1943 年毕业于交通大学唐山工学院，获学士学位。1950 年获美国密苏里大学博士学位。1980 年当选为中国科学院院士（学部委员）。曾任北京科学技术大学教授、材料失效研究所所长。主要在合金钢、晶界吸附、脱溶沉淀、晶间腐蚀、断裂学科和氢损伤等领域进行科学研究。强调综合应用金属物理、断裂力学和腐蚀科学分析，解决了国民经济与国防建设中的若干重要断裂问题和材料质量问题。结合解决实际问题的需要，开展材料的应力腐蚀及氢开裂机理方面理论研究。先后开设了金属材料学、合金相理论、金属物理、腐蚀金属学、金属的韧性与韧化、断裂力学、合金能量学和材料学的方法论等课程，出版了十部专著。

陈家镛（1922 年 2 月 17 日—2019 年 8 月 26 日）

化学工程专家。四川金堂人。1943 年毕业于中央大学化工系。1951 年获美国伊利诺伊大学（尔班纳—香槟校园）化工系博士学位。1980 年当选为中国科学院学部委员（院士）。我国湿法冶金科学研究的开拓者和学术带头人，中国科学院过程工程研究所研究员，曾任该所副所长。主要从事多相反应工程及动力学化工及分离科学与工程等方面的研究，并将其应用于湿法冶金及生化工程等方面。在用湿法冶金方法处理我国难选金属矿、制备新型复合涂层粉末、多相反应工程以及金属、抗生素及酶的分离原理、技术及方法等方面，长期进行具有创新性的科研及开发工作，如研究出高效萃取分离钒与铬、铼与钼等的新过程。长期坚持生产自己研究成功的多种复合涂层粉末，满足了我国国防工业的需要。1996 年获"何梁何利基金科学与技术进步奖"。

倪嘉缵（1932 年 5 月 10 日—　　）

无机化学家。浙江嘉兴人。1952 年毕业于上海大同大学化学系。1961 年获苏联科学院无机化学研究所副博士学位。1980 年当选为中国科学院学部委员（院士）。中国科学院长春应用化学研究所研究员，曾任该所副所长、所长。现任深圳大学生命及海洋学院名誉院长。主要从事核燃料化学、配位化学、稀土化学、稀土元素的生物无机化学、抗体酶及基因工程药物等的研究。提出了二价铂络合物结构具有特殊的配位数，开展了重铀酸铵形成过程、草酸铀和草酸钍的生成、吸附法净化六氟化铀等研究。系统研究了冠醚、酞菁、羧酸等稀土络合物的合成、结构和性质。开展了稀土萃取分离、高压离子交换、彩色电视的红色荧光粉等研究。在生物无机化学的研究方面，从分子水平及细胞、亚细胞水平初步阐明了微量稀土对细胞生理、细胞膜、细胞膜上的钾、钠、钙、镁离子通道及膜蛋白的作用。

干福熹（1933 年 1 月 3 日—　）

光学材料、非晶态物理学家。浙江杭州人。1952 年毕业于浙江大学。1959 年获苏联科学院硅酸盐化学研究所副博士学位。1980 年当选为中国科学院院士（学部委员）。中国科学院上海光学精密机械研究所研究员。1957 年建立了我国第一个光学玻璃试制基地。建立了我国耐辐射光学玻璃系列；研制掺钕激光玻璃，国内第一个获得激光输出，建立激光钕玻璃系列；建立完整的无机玻璃性质的计算体系。研究光存储用各种先进薄膜，发展了可擦重写新型光盘。曾获国家自然科学奖三等奖、国家科学进步奖二等奖、中国科学院科技进步奖一等奖、国家优秀科技图书奖特等奖等。1997 年获何梁何利科学和技术进步奖。2001 年获国际玻璃界的大奖—国际玻璃协会主席奖。

申泮文（1916 年 9 月 7 日—2017 年 7 月 4 日）

无机化学家。1916 年 9 月 7 日生于吉林市，籍贯广东从化。1940 年毕业于昆明西南联合大学化学系。南开大学教授。曾任山西大学化学系主任，南开大学新能源材料化学研究所学术委员会主任。1980 年当选为中国科学院学部委员（院士）。长期致力于无机化学的教学和科研工作。多次举办不同层次的无机化学教师讲习班。撰写并翻译出版了一批无机化学专著和教科书。为发展我国无机化学教育事业作出了贡献。长期从事金属氢化物化学的研究工作。以我国独特的方法合成了一系列离子型金属氢化物，包括硼和铝的复合氢化物，以化学方法合成并研究了三类主要的储氢合金，在储氢合金研究的基础上发展出镍 / 金属氢化物可逆电池，均取得较新成果。

王　夔（1928 年 5 月 7 日—　）

王夔，北京大学医学部教授，中国科学院学部委员。曾任北京医科大学药学院院长，国家自然科学基金委员会化学科学部主任等职。早期从事分析化学研究。20 世纪 70 年代以来研究与医学有关的生物无机化学。90 年代后期，研究主要集中在稀土生物效应的化学基础，解释了稀土金属离子生物效应的两面性和非线性浓度依赖关系。研究发现且解释了许多稀土生物效应的机理，为稀土的正确应用确立了重大的意义。1991 年，当选为中国科学院院士。迄今发表论文 250 多篇，主编了中国第一部《生物无机化学》教材。获国家教委及教育部科技进步奖、科学院科技进步奖、何梁何利科技进步二等奖等，曾被授予北京大学"蔡元培奖"和北京医科大学"桃李奖"。

王佛松（1933 年 5 月 23 日—2022 年 12 月 31 日）

王佛松，高分子化学家，中国科学院学部委员，第三世界科学院院士。曾任太平洋地区高分子联合会（PPF）主席、中国石油学会副理事长、中国科学院副院长、长春应用化学研究所所长、中国科学院化学部主任等职。主要从事定向聚合、稀土催化及导电高分子研究。于20 世纪首次发现了稀土催化剂可用于异戊二烯的定向聚合，并开发出橡胶新品种——稀土异戊橡胶。1991 年，当选为中国科学院院士。曾获得国家科技进步奖特等奖 1 项（1985）、国家自然科学奖二等奖 2 项（1982、1988）、三等奖 1 项（1991），中国科学院自然科学奖一等奖 1 项（1990），中国科学院科技进步奖二等奖 2 项（1983、1986），日本高分子学会国际奖（2002）及何梁何利科学技术进步奖等。获权美国专利 2 项，中国发明专利 45 项，发表 SCI 论文 350 余篇。

王淀佐（1934 年 3 月 23 日—2023 年 10 月 25 日）

王淀佐，矿物加工与冶金专家。现代浮选药剂分子设计理论创始人。曾任中南工业大学校长、北京有色金属研究总院院长、中国工程院副院长。现任北京有色金属研究总院名誉院长，中国工程院主席团成员。长期从事选矿领域的教学与科研工作，在矿物加工浮选理论方面做出了开创性的贡献。在稀土矿选矿、稀土金属的提取和分离精制等方面也卓有成就。1991 年当选中国科学院学部委员（院士），1994年当选中国工程院院士，1990 年当选美国工程院外籍院士，2006 年当选俄罗斯科学院外籍院士。在科学出版社出版了《稀土选矿和提取技术》，时至今日仍然是一本较经典的著作。获得国家级、省部级科研成果奖励 10 余项，发表论文 300 余篇，出版著作9 部。

赵忠贤（1941 年 1 月 30 日—   ）

赵忠贤，我国著名物理学家、超导专家，第三世界科学院院士，中国科学院学部委员。曾任中国科协副主席、中国科学院数学物理学部主任、学部咨询评议工作委员会主任等。长期从事低温与超导研究，探索高温超导电性研究，是我国高温超导研究的主要倡导者、推动者和践行者。研究了氧化物超导体 BPB 系统及重费米子超导性，在 Ba-La-Cu-O 系统研究中，注意到杂质的影响，并参与发现了液氮温区超导体。与合作者独立发现液氮温区高温超导体和发现系列 50 开尔文以上铁基高温超导体并创造 55 开尔文纪录。1991 年当选中国科学院院士。2011 年获国家自然科学奖二等奖；2013 年获国家自然科学奖一等奖；2015 年获国际超导领域重要奖项马蒂亚斯（Matthias）奖。2016 年获得国家最高科学技术奖。

黎乐民（1935 年 12 月 6 日—　　）

黎乐民，化学家。曾任美国能源部能源与矿物资源研究所客座科学家。现任北京大学化学与分子工程学院教授、博士生导师、院学术委员会主任；北京大学校学术委员会和理学部学术委员会委员；北京大学稀土化学研究中心主任。专长于应用量子化学及物理无机化学。长期从事应用量子化学及无机配位化学、萃取化学方面的研究。系统研究镧系化合物的电子结构和成键特征以及相对论效应产生的影响，阐明了这类化合物稳定性变化规律的微观机制。"应用量子化学—成键规律和稀土化合物的电子结构"荣获 1987 年国家自然科学奖二等奖。"萃取机理与稀土络合物的红外光谱研究"获得国家教委科技进步奖二等奖（1987 年）。1991 年当选为中国科学院院士。

周　廉（1940 年 3 月 11 日—　　）

周廉，我国著名超导和稀有金属材料专家。曾任西北有色金属研究院院长、党委书记和西研稀有金属新材料股份分公司董事长，兼任中国材料研究学会理事长，国家超导技术专家委员会首席专家等。长期致力于超导和稀有金属材料的研究与发展工作。在高温超导材料研究方面，主持了钇系超导块材、铋系超导带材及高温超导电缆等多项研究，在高温超导材料合成、制备、性能及应用方面取得了一系列重大突破。1994 年当选为中国工程院院士。曾荣获国家发明奖、国家科技进步奖等奖励 22 项、发明专利 16 项。发表论文 400 余篇。先后被授予"全国先进工作者""国家有突出贡献的中青年专家""有色金属工业特等劳动模范""何梁何利基金科学与技术进步奖"等荣誉。

王震西（1942 年 9 月 3 日—　　）

王震西，磁性及非晶态材料专家。现任北京中科三环高技术股份有限公司董事长、中国科学院物理所研究员。曾任中国物理学会常委、中国材料研究学会副理事长、欧美同学会副会长。长期从事稀土磁性材料的研发及产业化。研制成功我国第一代国防用多种微波铁氧体材料和器件。在非晶态 $DyCo_{3.4}$ 合金薄膜中，合作发现并命名了"Sperimagnet"（散磁性）新型磁结构。研制成功具有中国特色的低纯度钕稀土铁硼永磁合金，系统地解决了大规模工业生产中整套关键技术、工艺和设备。创建产业型三环新材料高技术公司，经济和社会效益显著。多次获国家及省部级奖励，"低纯度钕稀土铁硼永磁合金"1988 年获国家科技进步奖一等奖，发表论文 70 余篇。1995 年当选为中国工程院院士。

左铁镛（1936 年 9 月 3 日—　）

左铁镛，材料学专家。现任北京工业大学学术委员会主任，兼任国家教育咨询委员会委员、教育部高等学校章程核准委员会委员、教育部科技委员会副主任、中国产学研合作促进会副会长等。专长于金属材料及其塑性加工，特别是在难熔金属材料、稀土功能材料、低塑性材料、铝镁材料及其加工等方面做出了重要贡献。发明了以稀土、钼取代了沿用百年的工作温度高、脆性大及产生放射性污染的钍钨阴极，成功制成了世界上首个实用型镧钼阴极的 FU-6051 电子管。推动了我国富有资源钨、钼、稀土材料的科技进步和发展。承担数十项国家重大科研课题，并获得重要成果；发表学术论文 300 多篇，出版专著 8 部；获国家、省部级奖 15 项。1995 年当选中国工程院院士。

苏　锵（1931 年 7 月 15 日—2017 年 2 月 17 日）

苏锵，著名无机化学家。曾任中国科学院长春应用化学研究所学术委员会主任。主要从事稀土化学和物理的研究。20 世纪 50 年代，建立了从独居石和包头矿中提取钍和分离单一纯稀土的中间工厂。提出了利用钇的位置变化来分离钇的原理和铈的湿法空气氧化法等分离工艺并用于工业生产。70 年代以后，合成了一系列稀土化合物，开展了稀土固体化学和光谱性质的研究。提出了制备变价稀土的新方法，研制出掺镝的发光材料、长余辉发光材料等。先后发表论文 450 余篇，出版学术专著《稀土化学》、科普读物《稀土元素——您身边的大家族》等。获全国科学大会奖（集体奖）、中国科学院自然科学奖二等奖、国家自然科学奖二等奖等重要奖项。1995 年当选为中国科学院院士。

李东英（1920 年 12 月 14 日—2020 年 9 月 22 日）

李东英，稀有金属冶金及材料专家。我国稀有金属工业创始人之一。曾任中国稀土学会第一届理事会副理事长兼任秘书长等。长期从事稀土开发和应用的科技工作；率先提出并组织实施稀土微量元素用于农业生产实际的科学研究和应用推广，获得普遍增产、优质和抗逆效果，使中国在世界上率先实现了稀土农用的产业化。主持研究成功 30 余种稀有金属的生产方法，保证"两弹一星"等军工和大规模集成电路等尖端技术所急需的新材料。多次获得国家及省部级奖励，"国家十二个重要领域技术政策的研究""1986—2000 年全国科技长远规划前期研究"分别获 1987 年、1989 年国家科学技术进步奖一等奖。主编大型丛书《有色金属进展》40 卷。1995 年当选为中国工程院院士。

余永富（1932 年 9 月 30 日—　　）

余永富，选矿工程专家。现任武汉理工大学资环学院名誉院长，曾任长沙矿冶研究院科协主席、武汉理工大学学术委员会副主任。长期从事铁矿、稀土、铜钴硫化矿选矿研究。针对包头白云鄂博大型多金属矿，研制成功弱磁—强磁—浮选回收铁、稀土矿物选矿新工艺研究，解决了长期制约包钢铁及稀土生产的白云鄂博多金属矿选矿生产关键技术难题；开展了稀土矿物选矿新工艺研究，使得包头白云鄂博铌资源开发利用。先后获得"国家科技进步奖"一等奖 2 项、二等奖 3 项。发表论文 100 余篇。1986 年被授予"国家有突出贡献中青年专家"称号，曾获得"湖南省劳动模范""全国五一劳动奖章"，并被国务院授予"全国先进工作者"称号。1995 年当选为中国工程院院士。

汪燮卿（1933 年 2 月 11 日—　　）

汪燮卿，石油加工专家。曾任中国石油学会炼制分会副主任、国家发明奖评审委员会化学化工专业组委员、美国化学会会员等。现任中国石化科技委资深顾问。长期从事石油炼制、石油化工的科研开发和管理工作。开展了含磷和稀土的烃类裂化催化剂方面的研究；研制出含磷和稀土、兼有二次孔的五元环结构高硅 ZRP 分子筛，采用沉积硅和稀土氧化物与 Y 型分子筛之间水热反应的独特改性方法制成 SRNY 分子筛等；指导研制成功钛硅分子筛作氧化催化剂并实现工业化应用。先后获全国科学大会奖 2 项，国家技术发明二等奖 1 项、科技进步奖二等奖和中国专利发明金奖各 1 项。发表论文 190 余篇、出版专著 4 部。1995 年当选为中国工程院院士。

沈之荃（1931 年 5 月 27 日—　　）

沈之荃，高分子化学家与化学教育家。曾任浙江省科学技术协会副主席，浙江大学化学系主任、高分子研究所所长等职。1998 年被评为第二届中国"十大女杰"。长期从事高分子化学领域的基础研究和应用基础研究，主攻过渡金属和稀土络合催化聚合。20 世纪 60 年代首先研制三元镍系顺丁橡胶，并为成功地建立我国万吨级顺丁橡胶工厂作出突出贡献。在创建具有中国特色的稀土络合催化聚合学科方面作出了重大贡献。60—70 年代开展并组织领导了稀土络合催化双烯烃聚合及产物橡胶的研究。80—90 年代将稀土络合催化聚合研究推进发展，又取得一系列创新成果。曾获国家自然科学奖二等奖、国家科技进步奖特等奖等。1995 年当选为中国科学院院士。

张国成（1931年10月12日—2022年12月21日）

张国成，稀有金属冶炼分离专家。长期从事稀土精矿冶炼和单一稀土元素分离的研究开发，是中国稀土矿物冶金工业技术的开创者之一。发明了锌粉还原—碱度法及电解还原法制取高纯氧化铕独特工艺，在稀土行业广泛应用。开创了包头稀土精矿第一代、第二代和第三代酸法冶炼工艺，其中第三代酸法先后在30多家稀土企业应用，成为行业主流技术，年冶炼能力超过15万吨，产量占包头矿的90%。创新成果获省部级及以上奖励16项，其中国家科技进步奖二等奖2项，国家技术发明三等奖1项。1997年获何梁何利基金科技进步奖。

1995年当选为中国工程院院士。

涂铭旌（1928年11月15日—2019年1月1日）

涂铭旌，金属材料专家。任四川大学教授，曾任第一届全国金属材料及热处理专业教学指导委员会主任委员，国家自然科学基金委员会材料学科评审组成员，国务院学位委员会"冶金与材料"学科评议组成员。自1988年以来，主要从事稀土功能材料及纳米材料的研究与应用，并取得了多项研究成果。成功开发出低成本低钕纳米晶 NdFeB 交换耦合永磁材料；率先在国内外提出利用四川提铈提钕后无钕的 LPC 新型混合稀土金属；自主开发出 Gd 系四元室温磁致冷材料等，其中有十余项被列入"十五""十一五""863"高技术材料项目；与合作者申报国家发明专利105项，获国家级及省部级奖10项，其中国家科技进步奖二等奖1项；发表论文300余篇。1995年当选为中国工程院院士。

袁承业（1924年8月14日—2018年1月9日）

袁承业，著名有机化学家。曾任中国化学会理事、中国稀土学会常务理事。长期从事萃取剂化学和有机磷化学研究，是中国萃取剂化学研究的奠基人之一。1958年开始从事核燃料萃取剂研究，1970年后结合我国有色金属的综合利用研制成功分离稀土及钴镍的多种萃取剂。研制成功的 P_{507}、P_{204}、N_{235} 等已广泛用于稀土分离。尤其使 P_{507} 在我国的工业应用较国外早五年。将 P_{507} 用于稀土分组及单一稀土分离，成为用量最大、应用面最广的稀土萃取剂。研制成功的 P_{350} 萃取剂在高纯氧化镧、氧化镨及富钕氧化物生产中获广泛应用。合著《稀土的溶剂萃取》，获全国优秀图书一等奖，曾获国家科技进步奖二等奖2项、国家发明三等奖3项、国家自然科学奖二等奖1项等。1997年当选为中国科学院院士。

姜中宏（1930 年 8 月 7 日— ）

无机非金属材料专家。原籍广东广州，1930 年 8 月 7 日生于广东台山。1953 年毕业于华南工学院化工系。中国科学院上海光学精密机械研究所研究员。1999 年当选为中国科学院院士。长期从事光学材料领域研究。先后研制成功高能激光系统用的硅酸盐钕玻璃高功率激光系统"神光Ⅱ"和"神光Ⅲ"预研装置用的Ⅱ型和Ⅲ型磷酸盐钕玻璃。根据混合键型玻璃形成特性，首次提出用相图热力学计算法，实现了玻璃形成区的半定量预测。采用连续相变方法推导出非对称不溶区。提出玻璃是由最邻近的同成分熔融化合物的混合物构成理论，可计算玻璃中的基团及硼配位数比例。曾获 1985 年国家科技进步奖二等奖、1987 年国家科技进步奖二等奖、1990 年国家进步奖一等奖、2000 年上海市科技进步奖一等奖。

唐任远（1931 年 6 月 25 日— ）

电气工程专家。上海市人。1952 年毕业于上海交通大学。现任沈阳工业大学教授、国家稀土永磁电机工程技术研究中心主任。兼任中国电工技术学会常务理事暨永磁电机专业委员会名誉主任委员。曾任辽宁省科学技术协会副主席。2001 年当选为中国工程院院士。长期致力于稀土永磁电机和计算电磁学研究。创建了稀土永磁电机的理论研究体系、产品设计和制造技术；完善和发展了时空有限元法、电磁场逆问题求解和场路耦合法，解决了永磁电机三维瞬态电磁场计算中的难题；在钕铁硼永磁电机抗局部失磁能力、永磁磁路结构设计计算和永磁电机现代设计技术等共性关键技术上，取得重大进展。研制出国内首台稀土永磁电机；为稀土永磁电机的推广应用起到重要的推动作用。

黄春辉（1935 年 5 月 4 日— ）

无机化学家。1933 年 5 月 4 日生于河北邢台，籍贯江西吉安。1955 年毕业于北京大学化学系。北京大学化学学院教授及复旦大学先进材料实验室教授。2001 年当选为中国科学院院士。主要研究领域是稀土配位化学和分子基功能膜材料。前者内容涉及稀土元素的萃取分离、稀土配合物的分子设计、合成、结构及性质研究，特别是稀土配合物的光致发光及电致发光性质的研究。在分子基功能材料的研究中，将二阶非线性光学材料分子设计的原理引入到光电转化材料的设计中，发现了两者在构效关系上的相关性，开发了一类新的光电转化材料。著有《稀土配位化学》《光电功能超薄膜》和《有机电致发材料与器件导论》等。曾获国家自然科学奖二等奖等。

才鸿年（1940 年 1 月 29 日— ）

金属材料专家。北京市人。1966 年于北京科技大学研究生毕业。中国兵器装备集团公司科技委副主任、原总装备部先进材料专业组组长。长期从事军用新材料的研究工作。2001 年当选为中国工程院院士。主持了焊后不回火薄装甲钢和我国第一代复合装甲的研究工作，发明了我国第一代具有自主知识产权的薄装甲钢，为我国复合装甲材料与结构的发展奠定了较好的基础；主持了火炮身管自紧技术及应用基础研究工作，参加了自紧身管疲劳寿命的研究，先后创立了火炮身管液压自紧技术和高效液压自紧技术，使炮管强度提高 60% ~ 100%，并成倍提高疲劳寿命；组织了军用新材料发展战略、中长期规划研究和先进材料技术预先研究"十五""十一五"计划指南、关键技术报告的编写工作。

陈立泉（1940 年 3 月 29 日— ）

四川省南充人。1964 年毕业于中国科学技术大学。现任中科院物理所研究员。曾任亚洲固体离子学会副主席。2004 至今任中国硅酸盐学会副理事长。2001 年当选为中国工程院院士。在中国率先开展锂电池及相关材料研究。在国内首先研制成功锂离子电池。解决了锂离子电池规模化生产的科学技术与工程问题，实现了锂离子电池的产业化。曾是物理所高温超导材料研究的负责人和主要研究者，首次发现 70 开尔文超导迹象，研制出液氮温区超导体并首次公布了材料成分。开展了全固态锂电池、锂硫电池、锂空气电池、室温钠离子电池和固体氧化物燃料电池中的物理化学过程及相关材料的设计、合成、表征及应用研究。为开发下一代动力电池和储能电池奠定了基础。

干 勇（1947 年 8 月 3 日— ）

教授级高级工程师，冶金材料专家，中国工程院院士（2001 年），博士生导师。1994 年至今任连铸技术国家工程研究中心主任，2001 年 4 月至今任钢铁研究总院院长。曾兼任中国稀土行业协会会长、中国稀土学会理事长，现兼任中国金属学会理事长等职。2002 年当选中国共产党十六大代表、主席团成员，2007 年当选中国共产党十七大代表。2010 年 6 月当选中国工程院副院长，现任第十二届全国政协委员及人口、资源与环境委员会副主任，国家新材料产业发展专家指导委员会主任。2001 年当选为中国工程院院士。

柴天佑（1947 年 11 月 20 日—　　）

控制理论和控制工程专家。甘肃兰州人。1983 年毕业于东北工学院，获博士学位。曾任 IFAC 制造与仪表技术协调委员会主席。现任东北大学教授、博士生导师，国家冶金自动化工程技术研究中心（沈阳分中心）主任。提出了多变量自适应解耦控制理论与方法，与智能控制、计算机集散控制技术相结合，主持研制出智能解耦控制技术及系统，并应用于 20 万千瓦国产机组钢球磨中储式制粉系统和进口 30 万千瓦发电机组的机炉协调系统等工业过程，取得显著应用成效。提出以生产指标为目标的复杂工业过程优化控制方法，并主持研制了选矿过程优化控制技术和金矿企业综合自动化系统，应用于企业，产生了显著的社会、经济效益。2003 年当选为中国工程院院士。

都有为（1936 年 11 月—　　）

磁学与磁性材料专家。南京大学教授。浙江杭州人。1957 年毕业于南京大学物理系。现任中国物理学会磁学专业委员会副主任，中国颗粒学会超微颗粒专业委员会副主任、中国仪表材料学会副理事长等职。2005 年当选为中国科学院院士。长期从事磁学和磁性材料的教学和研究工作，开展了磁性、磁输运性质与材料组成、微结构关系的研究。研究了锰钙钛矿化合物的大磁熵变效应以及锰钙钛矿化合物小颗粒体系中的隧道型磁电阻效应。研究了磁性纳米微粒的小尺寸效应与表面效应，以及颗粒膜的巨磁电阻效应、磁光效应、反常霍尔效应与微结构的依赖性等。目前重点研究纳米材料的磁性以及与自旋相关的输运性质。研究了高温超导体中的磁有序，发现超导性与磁有序共存的现象，为超导机制的探索提供实验依据。2005 年当选为中国科学院院士。

高　松（1964 年 2 月—　　）

无机化学家。北京大学化学与分子工程学院教授。安徽泗县人。1985 年毕业于北京大学化学系，1988 年、1991 年先后获该校硕士、博士学位。现任北京大学副校长。2007 年当选中国科学院院士。主要从事配位化学与分子磁性研究，将分子设计合成、实验表征与理论研究相结合，系统研究了分子固体中磁性离子的相互作用、磁弛豫、磁有序等与结构的关系。在发展新的磁现象、发展新类型的分子和单链磁体等方面合成了具有独特拓扑结构的氰根桥连二维配合物，依赖外磁场具有磁弛豫现象。设计合成了一系列短桥配体构建的分子磁体，高含水有机晶体中的分子簇和网络可以为理解宏观水的结构提供线索。曾获 2004 年中国青年科技奖、2006 年国家自然科学二等奖等多项奖励。

万立骏（1957 年 7 月—　　）

物理化学家。辽宁大连人。1982 年 1 月毕业于大连工学院（现大连理工大学）机械系，1987 年获大连理工大学硕士学位，1996 年获日本东北大学博士学位。2009 年当选中国科学院院士。现任中国侨联主席、党组书记，中国科学院化学研究所研究员。主要从事电化学扫描隧道显微学（ECSTM）、电化学和表面科学的交叉学科的研究。发展了ECSTM 的高分辨稳定成像技术和表面分子组装的系列方法，提出了基于不同相互作用的表面分子吸附和组装规律，并应用于表面分子组装、组装结构转化和原子分子迁移等基本物理化学问题研究。研究了多种类型手性分子的表面吸附和 STM 成像机制，为表面手性识别和结构研究提供了又一方法。在电化学和纳米科学的交叉领域进行研究，所发展的微纳复合结构和碳网络技术显著提高了纳米材料的电催化性能和电荷传输速率。

徐惠彬（1959 年 7 月 6 日—　　）

金属材料专家。生于吉林大安人，原籍河北武安。1982 年毕业于阜新矿业学院，1987 年获德国克劳斯塔尔工业大学硕士学位，1992 年获德国柏林工业大学博士学位，1993 年在德国慕尼黑工业大学完成博士后研究后回国。现任北京航空航天大学常务副校长、教授。兼任国务院学位委员会材料科学与工程评议组召集人、总装备部先进材料技术专业组成员。2011 年当选中国工程院院士。长期从事航空发动机叶片热障涂层、形状记忆合金和磁致伸缩材料等方面的研究和人才培养，主持了多个国家（国防）重点和重大项目，获国家技术发明奖一等奖和二等奖各 1 项、省部级科技一等奖 4 项。在国际期刊上发表论文 200 余篇，获授权发明专利 100 余项。

严纯华（1961 年 1 月—　　）

无机化学家。北京大学教授。1961 年 1 月出生于上海市，籍贯江苏如皋人。1982 年 7 月毕业于北京大学化学系，1985 年 7 月和 1988 年 1 月先后获该校硕士、博士学位。现任兰州大学校长。2011 年当选为中国科学院院士。主要从事稀土分离理论、应用及稀土功能材料研究。发展了"串级萃取理论"，实现了中重稀土串级萃取工艺参数的准确设计，实现了高纯重稀土的大规模工业生产；提出了"联动萃取工艺"的设计和控制方法。建立了稀土纳米晶的可控制备方法，系统研究了"镧系收缩"效应对稀土纳米晶的结构影响规律；发现稀土晶发光主要受到表面晶格对称性破损控制，实验上率先证实了 CeO_2 对 CO 的催化活性与其外露晶面有关的理论预测；实现了不同结构与组成的稀土氟化物纳米晶的多色上转换发光。

沈保根（1952 年 9 月 1 日—　）

磁学和磁性材料专家。中国科学院物理研究所研究员。1952 年 9 月 1 日出生于浙江平湖，籍贯浙江平湖。1976 年毕业于中国科学技术大学物理系。现任中国科学院磁学国家重点实验室主任，中国电子学会应用磁学分会主任，中国物理学会磁学专业委员会主任。2011 年当选为中国科学院院士。2013 年当选发展中国家科学院院士。长期从事磁性物理学和磁性材料的研究工作。开展了非晶态合金的磁性和输运性质研究，解释了金属－金属基非晶态合金中磁性和电性的反常现象；研究了稀土－铁基化合物的结构与磁性，合成出多种新型纳米晶稀土永磁材料，揭示了它们的矫顽力机理；研究了稀土—过渡族化合物的晶体结构、相变、磁性和磁热效应，发现了多种新型大磁热效应材料，阐明了一级相变体系中磁热效应的物理机制。

丁文江（1953 年 3 月 28 日—　）

轻合金研究专家。生于上海市，原籍浙江绍兴。1981 年毕业于上海交通大学铸造专业。现任轻合金精密成型国家工程研究中心主任。曾任上海交通大学副校长、上海市科委副主任。在国际上担任或曾担任：世界轻合金联盟轮值主席，中挪（中国和挪威）轻合金研究中心中方主席；日本九州大学外部评价委员；美国通用—交大先进材料制造联合实验室主任。2013 年当选为中国工程院院士。长期从事先进镁合金材料及其精密成形研究，把镁与稀土相结合，开展系统研究，形成中国特色，迄今为止，在镁研究领域发表 SCI 论文 308 篇，拥有发明专利 114 项；创建了国家工程中心，凝聚三百余人的研发队伍，实现了基础研究、应用开发、工程化和技术转移的良性互动。

张洪杰（1953 年 9 月 22 日—　）

无机化学家。中国科学院长春应用化学研究所研究员。吉林榆树人。1978 年毕业于北京大学化学系，1985 年在中国科学院长春应用化学研究所获硕士学位，1993 年在法国波尔多第一大学获博士学位。长期从事稀土材料的基础与应用研究。发展了快速溶胶－凝胶制备新方法，解决了稀土杂化发光材料稳定性差的难题，获得了一系列性能优异的稀土杂化发光材料；系统研究了稀土离子发射强度、能量传递与环境温度之间的关系，解决了稀土发光材料温敏涂层全表面精确测量和快速获得模型表面热流分布的关键科学问题和技术，制备出一系列超高声速飞行器风洞测温的稀土发光材料；获得了交流 LED 稀土荧光粉和器件制备的专利技术，实现了从基础研究到产业化应用。2013 年当选为中国科学院院士。

李 卫（1957 年 12 月—　　）

磁学与磁性材料专家。生于北京，原籍河南洛阳。1982 年毕业于山东大学物理系磁学专业。现任钢铁研究总院副总工程师、教授级高级工程师、博士生导师，稀土永磁材料研究室主任，国家科技重点专项（稀土材料专项）专家组专家，兼任 IEEE 及国际稀土永磁及应用委员会委员，亚洲磁学联盟委员会委员，中国稀土学会理事，全国磁性材料与器件行业协会副理事长。2015 年当选中国工程院院士。长期从事高性能稀土永磁新材料、产业化关键技术研发和创新工作，获得了低温度系数、高磁能积钕铁硼永磁材料，特殊取向稀土永磁环和新型铈永磁体等多项核心技术创新成果，率领团队为我国稀土永磁产业发展壮大作出了重要贡献，相关成果获国家科技进步奖一等奖 1 项、国家科技进步奖二等奖 3 项、国家发明奖三等奖 1 项、中国工程院光华工程科技奖。

黄小卫（1962 年 1 月 29 日—　　）

1962 年生，稀有金属冶金专家。现任有研科技集团有限公司首席专家，稀土材料国家工程研究中心主任，兼任中国稀土学会稀土化学与湿法冶金专业委员会主任等。长期从事稀土冶金与材料研究、工程化开发与应用。在稀土资源高效清洁提取、绿色分离提纯等方面取得系列创新成果。发明了非皂化萃取分离稀土新技术、离子型稀土原矿浸萃一体化、碳酸氢镁法冶炼分离稀土等低碳低盐无氨氮分离提纯稀土等专利技术，在 40 多家稀土企业规模应用。先后获国家技术发明二等奖、国家科技进步二等奖各 1 项，省部级科技进步一等奖 4 项，授权发明专利 82 项，发表论文 160 余篇。先后获得中国首届"杰出工程师奖"、全国劳动模范、全国创新争先奖状等荣誉称号。

2017 年当选中国工程院院士。

聂祚仁（1963 年 1 月 15 日—　　）

难熔金属粉末冶金和铝合金领域专家，湖南长沙人。1983 年武汉理工大学本科毕业参加工作，1997 年中南大学研究生毕业获博士学位。现任北京工业大学教授、副校长，兼任中国材料研究学会副理事长、教育部科技委材料科学学部副主任，国际 LCA（生命周期评价）中心联盟和 Int. J. LCA 中方委员；2002—2004 年曾任日本东京大学、名古屋大学客员教授。2017 年当选中国工程院院士。长期从事有色金属冶金材料及加工领域教学与科研工作，致力于材料全生命周期环境友好发展。在难熔金属、铝合金等方面取得系列原创性和工程应用成果。带领团队研制出多元复合稀土钨电极及钨钴镍再生粉末技术、铒微合金化铝合金，形成了我国特色，解决社会民生和国家工程难题；推进了材料 LCA 技术实际应用。